普通高等教育“十二五”规划教材
电工电子基础课程规划教材

电路与信号分析

陈　亮　刘景夏　贾永兴　王丽娟　胡冰新　编著

電子工業出版社
Publishing House of Electronics Industry
北京 · BEIJING

内 容 简 介

本书依据教育部电工电子基础课程教学指导委员会相关课程规范，基于非电类专业对电类基础课程的实际需求编写，主要讨论电路与信号系统的基本规律和分析方法。全书按照从电阻电路到动态电路，从微观电路到宏观系统，从时域分析到变换域分析的思路进行内容组织，分为两部分，共6章。第1部分介绍电路分析基础，主要内容包括：直流电阻电路分析、动态电路时域分析、正弦稳态分析；第2部分从信号与系统的角度对电路进行讨论和拓展，主要内容包括：信号与系统的时域分析、频域分析、复频域分析。每章附思考与练习及习题，提供电子课件、习题参考答案等。

本书可作为高等学校本科非电类专业学生相关课程的教材，也可作为高等学校专科、成人教育相关课程的教材，还可供电子工程科技人员学习参考。

图书在版编目 (CIP) 数据

电路与信号分析 / 陈亮等编著. —北京：电子工业出版社，2014.4
电工电子基础课程规划教材
ISBN 978-7-121-22565-9

I. ①电… II. ①陈… III. ①电路分析－高等学校－教材 ②信号分析－高等学校－教材
IV. ①TM133 ②TN911

中国版本图书馆 CIP 数据核字（2014）第 047719 号

策划编辑：王羽佳
责任编辑：周宏敏
印　　刷：北京盛通商印快线网络科技有限公司
装　　订：北京盛通商印快线网络科技有限公司
出版发行：电子工业出版社
　　　　　北京市海淀区万寿路 173 信箱　　邮编：100036
开　　本：787×1 092　1/16　印张：19　字数：548 千字
版　　次：2014 年 4 月第 1 版
印　　次：2021 年 3 月第 7 次印刷
定　　价：39.90 元

凡所购买电子工业出版社图书有缺损问题，请向购买书店调换。若书店售缺，请与本社发行部联系，联系及邮购电话：(010)88254888。

质量投诉请发邮件至 zlts@phei.com.cn，盗版侵权举报请发邮件至 dbqq@phei.com.cn。

服务热线：(010)88258888。

前　言

本书作者团队所在的课程教学组 20 多年来一直承担着电类基础课程的教学任务，有着丰富的教学实践经验。近年来，面对电工电子系列课程改革的潮流，伴随高校课程和学时调整的趋势，为适应非电类专业对电类基础课程通识教育的实际教学需求，我们经过长达 5 年的教学改革探索，将传统的“电路分析基础”与“信号与系统”课程的内容有机融合，开设了“电路与信号分析”课程。

本课程按照从电阻电路到动态电路、从微观电路到宏观系统、从时域分析到变换域分析的指导思想，抓住两者的内在联系优化设计。强调理论分析方法的物理意义和工程背景，揭示问题的本质和知识发现过程，突出知识点间的联系，注重发现问题、分析问题和解决问题的思路，培养学生的科学思维能力、分析计算能力和创新能力。

我们依据教育部电工电子基础课程教学指导委员会相关课程规范，广泛听取师生意见，编写了本书。本书以讲义形式已在校内使用两年，深受师生的欢迎，普遍反映内容精练实用，物理概念清晰，分析透彻，深入浅出，注重理论与实践的紧密结合，应用实例丰富。全书共 6 章，分为电路分析基础、信号与系统两个部分，建议理论教学 50～60 学时。其中，第 1～3 章主要讨论电路的基础知识和基本分析方法，包括直流电阻电路分析、动态电路时域分析、正弦稳态分析等。第 4～6 章主要从信号与系统的角度来讨论解决电路分析问题的基本方法，包括信号与系统的时域分析、频域分析和复频域分析。每章后附思考与练习及习题。

本书配有电子课件和习题参考答案等教学资源，方便教学，易于自学。请登录华信教育资源网http://www.hxedu.com.cn注册下载。

本书由陈亮、刘景夏、贾永兴、王丽娟和胡冰新编写。刘景夏和胡冰新编写了第 1、2、3 章，陈亮编写了第 4 章，贾永兴编写了第 5 章，王丽娟编写了第 6 章，全书由陈亮统稿和审校。通信工程学院电路与信号分析课程教学组张兆东、孙梯全、王娜、于战科、朱莹、王渊、张静、林莹、杨宇、荣传振、倪雪等老师在本书策划和编写过程中，提出了许多宝贵的意见和建议，电子技术教研中心的全体老师为本书的出版做了许多工作，在此一并深致谢意。

本书得到国家自然科学基金（项目编号 61072042）和大学教育教学研究重点课题（项目编号 GJ1302008）的资助。

由于作者水平有限，书中难免有疏漏或错误之处，恳请广大读者不吝赐教。

作　者

目　　录

第 1 章　直流电阻电路分析

提到电路，大家并不陌生。人类进入电气时代已经一个半世纪了，电灯、电扇、电冰箱、电话、手机、计算机等，无数改变了我们生活面貌的发明创造，都要依赖于电路来实现。可以说，各种电路设备对于人类社会已经不可或缺。

那么，这些纷繁复杂的各类电路遵循着哪些共性的规律呢？又需要哪些分析方法呢？电路理论即研究电路的基本规律及基本分析方法的工程学科，它起源于物理学中电磁学的一个分支，若从欧姆定律（1827 年）和基尔霍夫定律（1845 年）的发表算起，至今至少已有 160 多年的历史。电路理论通常指电路分析和电路综合与设计两个分支。电路分析是根据已知的电路结构和元件参数，在电源或信号源（可统称为激励）作用下，分析计算电路的响应（计算电压、电流和功率等），以讨论给定输入下电路的特性。电路综合与设计是电路分析的逆命题，即根据所提出的对电路性能的要求，确定给定输入和输出下合适的电路结构和元件参数。另外，由于电子元件与设备的规模扩大，促进了故障诊断理论的发展，因而故障诊断理论被人们视为继电路分析和电路综合与设计之后电路理论的一个新的分支，它指预报故障的发生及确定故障的位置、识别故障元件的参数等技术。电路综合与设计、故障诊断都是以电路分析为基础的。

本课程在电路理论中主要研究电路分析这一分支。作为电路理论的基础和入门，本书前三章主要讨论电路分析的基本规律和电路的各种分析计算方法。

本章讨论电路的基本概念与基本定律、直流电阻电路的各种分析方法。

1.1　实际电路与电路模型

1.1.1　实际电路的组成与功能

电路是电流的通路，它是为了某种需要由某些元器件或电气设备按一定方式组合起来的。电路的结构形式和所能完成的任务是多种多样的，它的一种作用是实现电能的传输、分配和转换，如电力系统完成电能的传输和分配。如图 1-1 所示为手电筒电路，可完成能量的转换功能。

图 1-1 所示的手电筒电路由灯泡、开关、导线、电池等连接而成，可归纳为电源、负载和中间环节三个组成部分。电池是一种常用的电源，为电路提供电能。灯泡是负载，是取用电能器件，把电能转换为光能。导线、开关等称为中间环节，是连接电源和负载的部分，起传输和控制作用。

电路的另一种作用是传递和处理信号。常见的一个例子如扩音器，其电路示意图如图 1-2 所示。先由话筒把语音或音乐等（通常称为信息）转换为相应的电压和电流（称为电信号），而后通过放大电路传递到扬声器，把电信号还原为语音或音乐等。由于由话筒输出的电信号比较微弱，不足以推动扬声器发音，因此中间还要用放大电路来放大。信号的这种转换和放大称为信号处理。事实上，为使信号转换和放大，中间的放大电路中还需加有类似电池的直流电源，否则就不能正常工作。

图 1-1　　　　图 1-2

在图 1-2 中，话筒是输出信号的设备，称为信号源，但与上述的电池电源不同，信号源输出的电信号（电压和电流）的变化规律是取决于所加信息的。扬声器是接收和转换信号的设备，也就是负载。

信号传递和处理的例子很多，如收音机和电视机，它们的接收天线（信号源）把载有语音、音乐、图像等信息的电磁波接收后转换为相应的电信号，而后通过电路将信号进行传递和处理（调谐、变频、检波、放大等），送到扬声器和显像管（负载），还原为原始信息。

1.1.2 电路模型

实际电路中使用的电路元器件一般都和电能的消耗现象及电磁能的储存现象有关，这些现象交织在一起并发生在整个部件中。如果把这些现象或特性全部加以考虑，就给分析电路带来了困难。因此，必须在一定条件下，忽略它的次要性质，用一个足以表征其主要电磁性能的模型来表示，以便进行定量分析。

当实际电路尺寸远小于其使用时最高工作频率所对应的波长时（这个条件称为集总假设），可以定义出几种理想元件，用来构成实际部件的模型。在集总假设条件下，每种理想元件只反映一种基本电磁现象，其电磁过程分别集中在各元件内部进行，且可由数学方法精确定义，这样的元件称为集总参数元件，简称集总元件。例如，电阻元件表征消耗电能的特性，电容元件表征储存电场能量的特性，电感元件表征储存磁场能量的特性。这三种理想元件模型如图 1-3 所示。

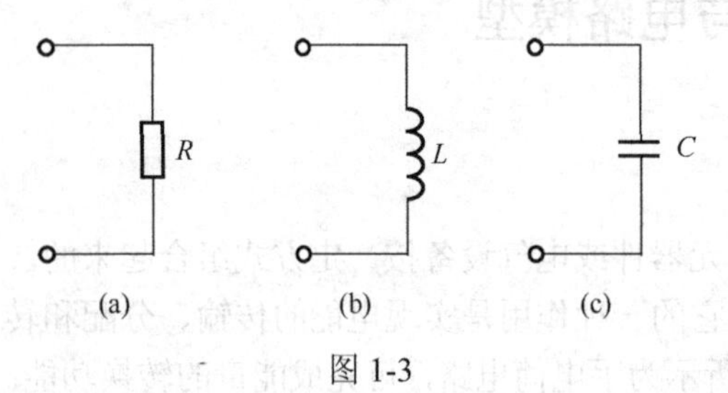

图 1-3

电路模型即是在集总假设条件下实际电路的科学抽象和足够精确的数学描述。电路理论中所说的电路一般是指由一些理想元件按一定方式连接组成的总体（电路模型），也称集总参数电路，即由集总元件构成的电路。

不同的实际部件，只要具有相同的主要电磁性能，在一定条件下可用同一个模型表示。例如，电灯、电扇、电吹风、电阻器等都是以消耗电能为主的元件和设备，因此都可以将其用理想电阻元件模型来代替。同一个实际部件在不同的条件下，它的模型也可以有不同的形式。例如，实际电感器在不同条件下的模型如图 1-4 所示。

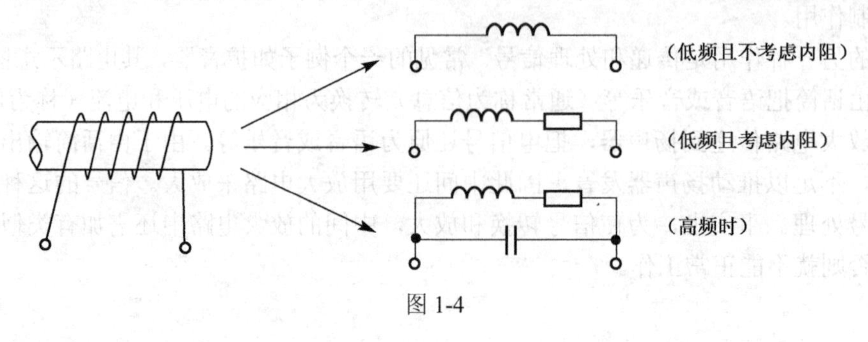

图 1-4

将实际电路中的各个部件用其电路模型表示，这样画出的图即为实际电路的电路模型，亦称电路原理图。如图 1-1 所示的手电筒电路，就可抽象为如图 1-5 所示的电路模型。本课程进行电路分析的对象主要是电路模型。

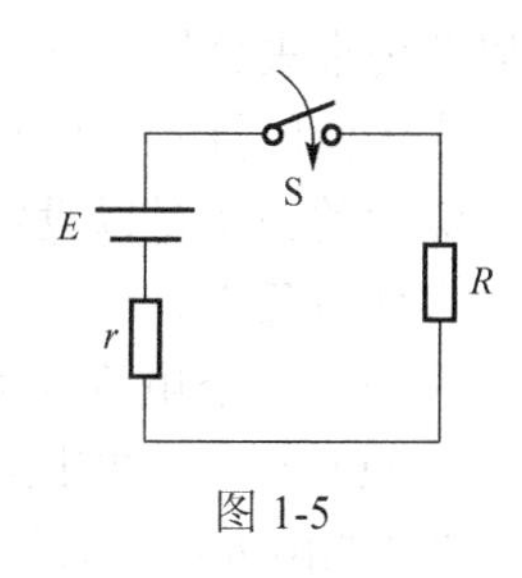

图 1-5

相反，不满足集总假设的电路则不能用上述电路模型表示。例如，我国电力系统供电的频率为 50Hz，对应的波长为 6000km，而输电网络的距离动辄数千公里，其尺寸与所供电的波长相差不大。类似这些情况不能按照集总参数电路去分析。

思考与练习

1.1-1　实际电路的基本功能主要包括几类？在本教材所举的例子之外各举 2 个实例。

1.1-2　电路的主要组成部分是什么？常见的理想元件有哪些？

1.2　电路基本变量

电路的电性能通常可以用一组变量来描述，电路分析的任务在于解得这些变量。电路分析的基本变量是：电流、电压和功率。电压和电流都易于测定，其中功率又可由电压、电流算得。因此，电路分析问题往往侧重于求解电流和电压。

1.2.1　电流

电荷有规则的定向运动，形成传导电流。金属导体中的大量自由电子在外电场的作用下逆电场运动而形成电流，电解液中带电离子做规则的定向运动形成电流。

电流是电流强度的简称，定义为单位时间内通过导体横截面的电荷量，一般用字母 i 表示，即

$$i(t)=\frac{\mathrm{d}q(t)}{\mathrm{d}t} \tag{1.2-1}$$

在国际单位制中，电荷量的单位是库仑（C），时间的单位是秒（s），电流的单位是安培，简称安，常用字母 A 来表示。实际应用中，该单位有时过小或过大，可在其前适当加词头，形成十进倍数单位和分数单位，如 mA、μA、kA 等。

由于电流的本质是电荷的定向流动，因此电流是有方向的。实际电路中流动的电荷可能是正电荷（如电解质溶液中的正离子）或负电荷（如电解质溶液中的负离子以及导线中的自由电子），但习惯上规定正电荷流动的方向为电流的方向，并称为电流的真实方向或实际方向。

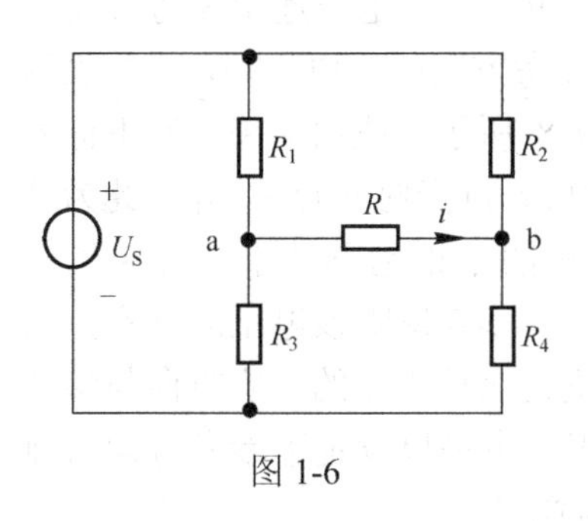

图 1-6

在实际问题中，电流的真实方向往往在电路图中难以判断。如图 1-6 所示，电阻 R 上的电流实际方向不是一看便知的，但它的实际方向无非是 a 流向 b 或 b 流向 a。因此，可以像其他代数量问题一样任意假设正电荷的运动方向，这种假定的正电荷运动方向称为电流的参考方向，用箭头标在电路图上，或用双下标表示（如 i_{ab} 表示电流从 a 点流向 b 点），并

以此为准去分析计算。对电路进行计算的结果不外乎以下三种：$i>0$、$i=0$和$i<0$。其中，$i>0$代表电流的真实方向与参考方向相同，$i<0$则代表电流的真实方向与参考方向相反。因此，电流值的正负是以设定了参考方向为前提的，如果没有设定参考方向，则电流值的正负符号没有任何意义。

如果一个电流的大小和方向均不随时间而改变，则称其为直流电流，常用 DC（Direct Current）表示，如图 1-7(a)所示。如果一个电流的大小和方向随时间而改变，则称其为时变电流，如图 1-7(b)所示。如果时变电流的大小和方向均做周期性变化且均值为零，则称其为交变电流，简称交流，常用 AC（Alternating Current）表示，如图 1-7(c)所示。

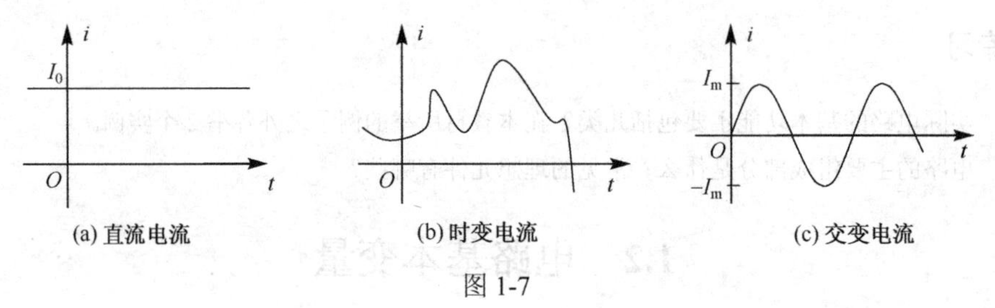

(a) 直流电流　(b) 时变电流　(c) 交变电流

图 1-7

1.2.2 电压

电荷在电路中流动，就必然发生能量的交换。电荷可能在电路的某处获得能量而在另一处失去能量。因此，电路中存在着能量的流动，电源一般提供能量，有能量流出，电阻等元件吸收能量，有能量流入。为便于研究问题，引入了“电压”这一物理量。

在电路理论中，电压定义为将单位正电荷从一点移到另一点时电场力所做的功。电压用字母 u 表示，即

$$u(t)=\frac{\mathrm{d}w(t)}{\mathrm{d}q} \tag{1.2-2}$$

在国际单位制中，功的单位是焦耳（J），电压的单位是伏特，简称伏，用字母 V 表示。实际应用中，该单位有时过小或过大，可在其前适当加词头，形成十进倍数单位和分数单位，如 mV，μV，kV 等。

与电流一样，电压也是有方向的。实际电路中，电压的方向不同，将电荷从一点移动到另一点时的做功情况也可能不同，既可能是电场力对外做功（如电灯发光），也可能是外力对电场力做功（如蓄电池充电）。通常规定电位降落的方向为电压的真实方向或实际方向，而把高电位端标为“+”极，低电位端标为“−”极。

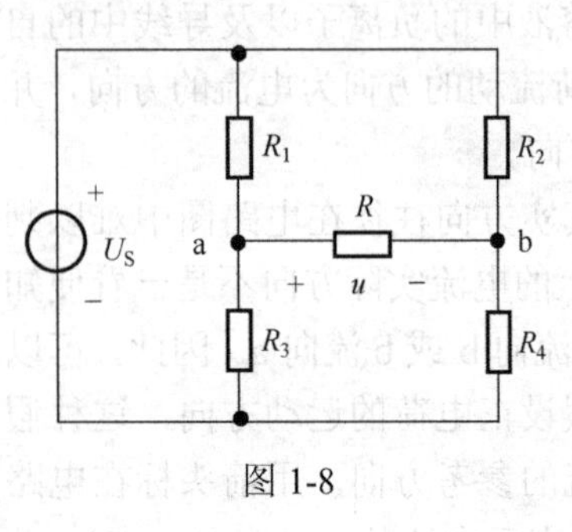

图 1-8

同电流的参考方向一样，也需要为电压选定参考方向。通常在电路图上用“+”表示参考方向的高电位端，“−”表示参考方向的低电位端，如图 1-8 所示。或用箭头、双下标表示（如 u_{ab} 表示电压参考方向从 a 点指向 b 点），并以此为准去分析计算。对电路进行计算的结果也不外乎三种结果：$u>0$、$u=0$和 $u<0$。其中，$u>0$说明该电压的真实方向与所设参考方向一致，$u<0$则说明该电压的真实方向与参考方向相反。因此，电压值的正负也是以设定了参考方向为前提的，如果没有设定参考方向，则电压值的正负符号没有任何意义。

在电路分析中还会经常用到“电压降”、“电压升”的概念。电压降即指电压，而电压升则是电压降的相反值。例如，图 1-8 中从电压源正极性端到负极性端的电压降为 U_S，电压升为$-U_S$。

DC 和 AC 最早是针对电流而提出来的概念，但人们习惯上也用其来表示直流电压和交流电压，主要也是依据电压方向和取值的变化与否。如果一个电压的大小和方向均不随时间变化，则称其为直流（DC）电压，否则即为时变电压，如果这种变化是呈周期性的且均值为零，又被称为交流（AC）电压。例如，我们日常生产生活中经常遇到的工频电压（220V，50Hz）即指正弦交流电压。

除了电压，电路中还有一个重要的“电位”概念。电路中常假设一个零电位点，用符号“⊥”表示，称为参考点。在电路中，某点的电位是将单位正电荷沿一路径移至参考点时电场力做的功。因此，某一点的电位就是该点到参考点的电压降。所以计算电位的方法与计算电压的方法完全相同。

在电路分析中引入了电位，电路中任一支路的电压均可由支路两端（或该两点之间）电位之差得到，从而简化了电路分析计算的过程。且当电路中有多个电压源时，将它们一一画出是很不方便的，我们可以采用电位的概念，仅将各电压源正极性端在图中标出，并注明其电压值，而将电压源支路省略不画。在后续的电子电路课程中，把这种画法叫“习惯画法”。例如，采用习惯画法可将图 1-9(a)所示电路改画成图 1-9(b)所示电路。

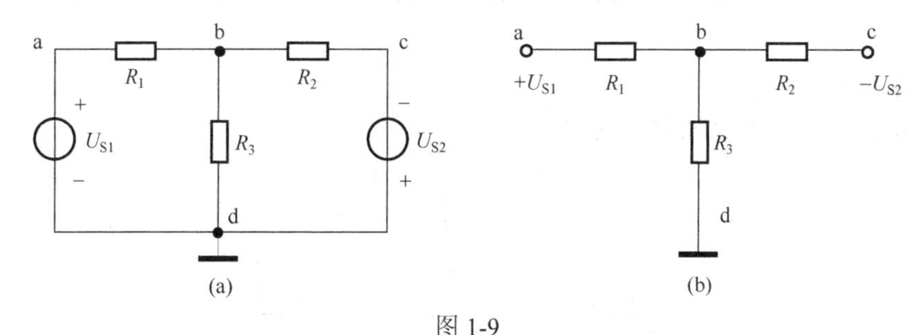

图 1-9

在电路分析中，对一个元件或一段电路上的电流与电压的参考方向是任意选定的，两者之间独立无关。但为了方便起见，常采用关联参考方向：电流参考方向与电压参考“+”到“−”极的方向一致，即电流与电压参考方向一致，如图 1-10(a)所示。否则称二者为非关联的，如图 1-10(b)所示。

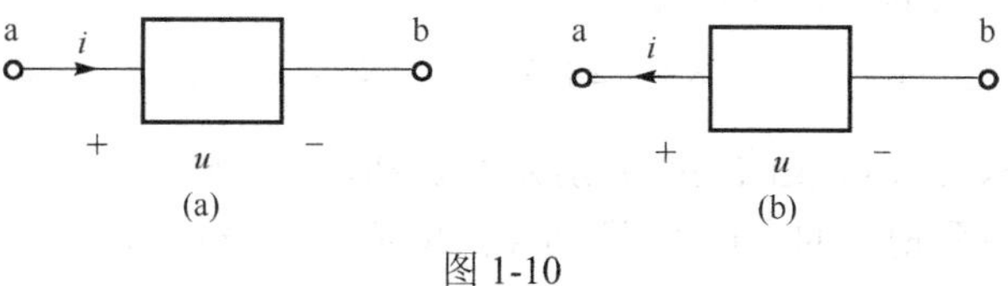

图 1-10

1.2.3　功率

电路中存在着能量的传输，讨论能量传输的速率使用功率变量。

功率定义为单位时间内电场力所做的功或电路所吸收的能量，用字母 p 表示，其定义式为

$$p(t)=\frac{\mathrm{d}w(t)}{\mathrm{d}t} \tag{1.2-3}$$

在国际单位制中，功率的单位是瓦特，简称瓦，用字母 W 表示。

根据电压和电流的定义式，在电压和电流关联参考方向的前提下，可以导出功率的计算式，其过程如下

$$p(t)=\frac{\mathrm{d}w(t)}{\mathrm{d}t}=\frac{\mathrm{d}w(t)}{\mathrm{d}q(t)}\cdot\frac{\mathrm{d}q(t)}{\mathrm{d}t}=u(i)i(t)$$

或简写为

$$p=ui \tag{1.2-4}$$

即在电压 u、电流 i 参考方向关联的条件下，一段电路所吸收的功率为该段电路两端电压、电流的乘积。显然，若 u、i 参考方向非关联，则计算吸收功率的公式中应冠以负号，即 $p(t)=-ui$。

据此，代入 u、i 数值，若计算得 p 为正值，该段电路实际是吸收功率（或消耗功率）；若 p 为负值，该段电路实际向外提供功率（或产生功率）。

与功率问题密切相关的还有能量问题。在电路理论中，功率是能量随时间的变化率，即微分，因此在从 t_0 时刻到 t 时刻电路吸收或产生的能量 w 即为功率 p 随时间的积分，有

$$w(t_0,t)=\int_{t_0}^{t}p(\xi)\mathrm{d}\xi=\int_{t_0}^{t}u(\xi)i\xi\mathrm{d}\xi \tag{1.2-5}$$

例 1-1　图 1-11 所示电路中，已知 $I_1=3\text{A}$，$I_2=-2\text{A}$，$I_3=1\text{A}$，电位 $V_\text{a}=8\text{V}$，$V_\text{b}=6\text{V}$，$V_\text{c}=-3\text{V}$，$V_\text{d}=8\text{V}$。

（1）求电压 U_ac、U_db。

（2）求元件 1、3、5 上吸收的功率。

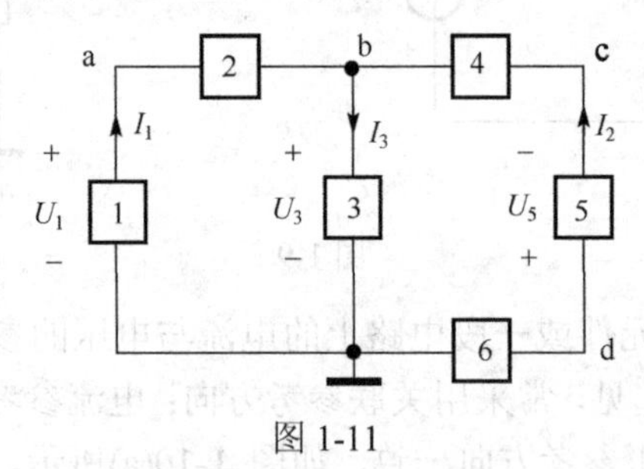

图 1-11

解：（1）由电压和电位的关系可得

$$U_\text{ac}=V_\text{a}-V_\text{c}=8+3=11\text{V},U_\text{db}=V_\text{d}-V_\text{b}=8-6=2\text{V}$$

（2）设元件 1、3、5 上吸收的功率分别为 P_1、P_3、P_5，则：

在元件 1 上，a 点到地间的电压 U_1 即为 a 点电位 V_a，该电压参考方向与元件 1 上电流 I_1 的参考方向为非关联的，故根据吸收功率计算式，有 $P_1=-V_\text{a}I_1=-8\times3=-24\text{W}$。吸收功率为负值，表明其实际是发出功率的。

在元件 3 上，电压为 $U_3=V_\text{b}$，电流为 I_3，二者参考方向为关联的，故吸收功率 $P_3=V_\text{b}I_3=6\times1=6\text{W}$，表明实际为吸收功率。

在元件 5 上，电压为 $U_5=U_\text{dc}$，电流为 I_2，二者参考方向为关联的，故吸收功率 $P_5=U_\text{dc}I_2=(V_\text{d}-V_\text{c})I_2=(8+3)\times(-2)=-22\text{W}$，其值为负，表明实际为发出功率。

思考与练习

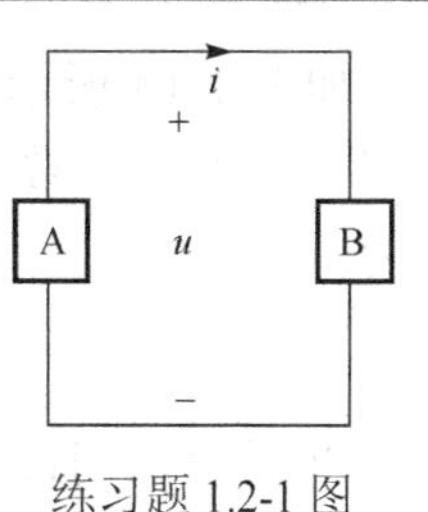

练习题 1.2-1 图

1.2-1　图示电路中，电压 u、电流 i 参考方向是否关联？

1.2-2　有人说"电路中两点之间的电压等于该两点之间的电位差，因这两点的电位数值随参考点不同而改变，所以这两点间的电压数值亦随参考点的不同而改变"，试判断其正误，并给出理由。

1.3　基尔霍夫定律

电路是由一些元件相互连接构成的整体。电路中各个元件的电流和电压受到两类约束：一类约束来自元件的相互连接方式，由基尔霍夫定律体现，称为拓扑约束；另一类约束来自元件的性质，每种元件的电压、电流形成一个约束。例如，线性电阻元件服从欧姆定律，别无选择，这种只取决于元件性质的约束，称为元件约束。拓扑约束和元件约束合称为两类约束。

基尔霍夫定律是由德国物理学家基尔霍夫于 1845 年（当时他还是一名大学生）提出的，它与欧姆定律一起奠定了电路理论的基础。该定律包括基尔霍夫电流定律和基尔霍夫电压定律，它是分析一切集总参数电路的根本依据，一些重要的定理、有效的电路分析方法，都是以基尔霍夫定律为"源"推导、证明、归纳总结得出的。由于涉及元件的互联形式，故先介绍电路模型中的几个名词，然后再介绍基尔霍夫定律。

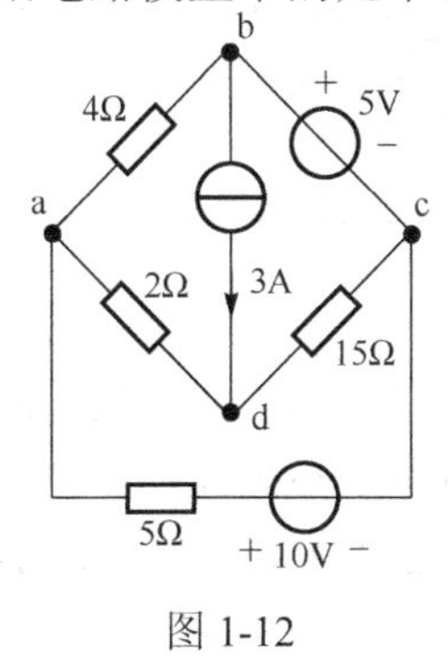

图 1-12

支路：一个二端元件或若干个二端元件的串联构成的每个分支。为方便起见，本书多用"若干个二端元件的串联构成的每个分支"作为支路，如图 1-12 中共有 6 条支路：ab、bc、cd、ad、bd、ac。

节点：支路与支路的连接点。如图 1-12 所示电路中共有 4 个节点，即 a、b、c、d。

回路：电路中任何一个闭合路径称为回路。如图 1-12 所示有 7 个回路，即 abda、bcdb、adca、abca、abcd、abdca、adbca。

网孔：内部不含支路的回路称为网孔。网孔一定是回路，但回路不一定是网孔。图 1-12 中有 3 个回路是网孔：abda、bcdb、adca。

1.3.1　基尔霍夫电流定律

基尔霍夫电流定律的内容是：对于集总参数电路中的任意节点，任一时刻流入或流出该节点电流的代数和为零。基尔霍夫电流定律也简称为 KCL。其数学表示式为

$$\sum_{k=1}^{m} i_k(t) = 0 \tag{1.3-1}$$

该式称为节点电流方程，简称 KCL 方程。其中，m 为连接节点的电流总数，$i_k(t)$为第 k 条支路电流，$k = 1, 2, \cdots, m$。其含义即把连接节点的支路电流都看成是流进（或流出）的话，那么这些支路电流的代数和为零。因此，必然要求为每个电流规定符号，如假设流入该节点的电流取正号，则流出该节点的电流取负号（也可反过来规定）。

建立 KCL 方程时，首先要设定每一支路电流的参考方向，然后依据参考方向取号，电流流入或流出节点可取正或取负，但列写的同一个 KCL 方程中取号规则一致。

如图 1-13 所示，设 a 为集总参数电路中的某一节点，共有 5 个电流流入或流出该节点，这些电流可以是常量，也可以是时间变量。根据 KCL，不妨假设流入为正，列出 KCL 方程为

$$i_1 - i_2 - i_3 - i_4 + i_5 = 0$$

该 KCL 方程又可改写为

$$i_1 + i_5 = i_2 + i_3 + i_4$$

由此式之含义可得 KCL 的另一种叙述方式：对于集总参数电路中的任意节点，任一时刻流入该节点的电流之和等于流出该节点的电流之和。即

$$\sum i_{出} = \sum i_{入} \tag{1.3-2}$$

电流定律可推广适用于电路中任意假设的封闭面（广义节点）。如图 1-14 电路中对封闭面 S，有

$$i_1 + i_2 + i_3 = 0$$

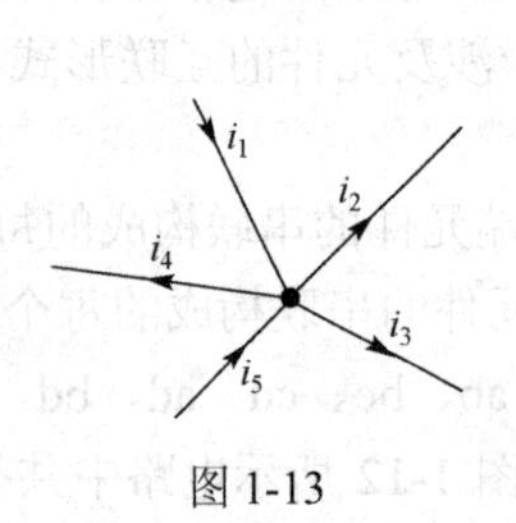

图 1-13

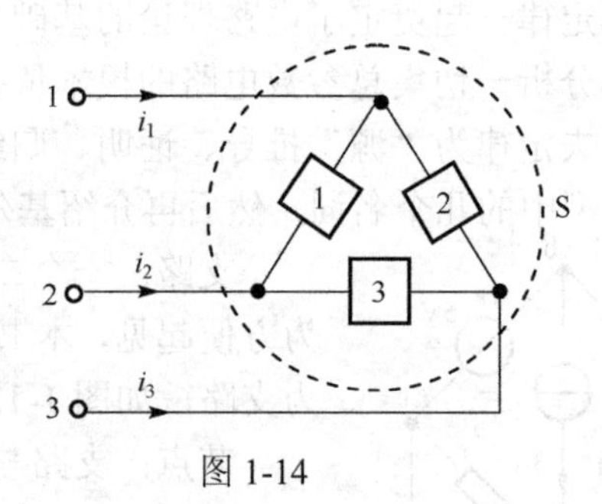

图 1-14

KCL 的实质是电荷守恒定律和电流连续性在集总参数电路中任意节点处的具体反映，即：对集总参数电路中流入某一横截面多少电荷即刻从该横截面流出多少电荷，不可能产生电荷的积累。dq /dt 在一条支路上应处处相等。对于集总参数电路中的节点，它“收支”完全平衡，故 KCL 成立。

需要说明的是，基尔霍夫定律适用于任意时刻、任意激励源情况的任意集总参数电路，激励源可为直流、交流或其他任意时间函数，电路可为线性、非线性、时变、非时变电路。

例 1-2　求图 1-15 所示电路中的未知电流。

解：列 a 节点的 KCL 方程为（设流出为正）

$$I_1 + 4 + 7 = 0$$

得：$I_1 = -11\text{A}$。

列 b 节点的 KCL 方程为（设流入为正）

$$I_1 + I_2 + 2 - 10 = 0$$

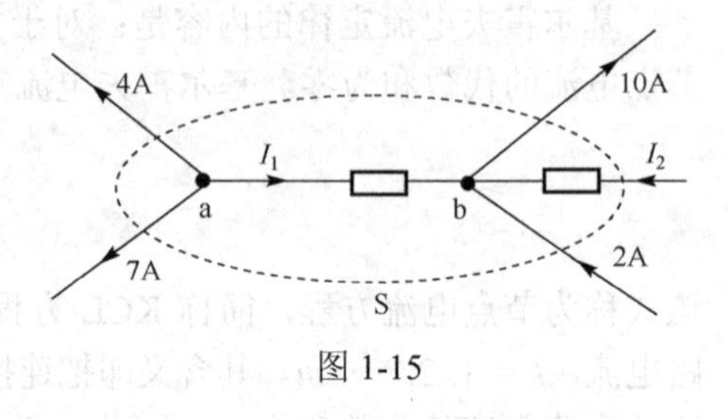

图 1-15

得：$I_2 = 19\text{A}$。

求 I_2 时还可直接按假设的封闭面 S 列 KCL 方程为

$$I_2 + 2 = 4 + 7 + 10$$

得：$I_2 = 19\text{A}$。

1.3.2　基尔霍夫电压定律

基尔霍夫电压定律的内容是：在集总参数电路中，任一时刻沿任一回路绕行一周的所有支路电压的代数和等于零。基尔霍夫电压定律也简称为 KVL。其数学表示式为

$$\sum_{k=1}^{m} u_k(t) = 0 \tag{1.3-3}$$

该式称为回路电压方程，简称 KVL 方程。其中，m 为回路内出现的电压段总数，$u_k(t)$为第 k 段电压，$k = 1, 2, \cdots, m$。其含义即把沿绕行方向的支路电压都看成是电压降（或电压升）的话，那么这些支路电压的代数和为零。通常，建立 KVL 方程时规定顺绕行方向的电压（电压降）取正号，逆绕行方向的电压（电压升）取负号。

如图 1-16 所示，回路中共有五个支路电压，其参考方向已经给出。取顺时针方向为绕行方向，则根据 KVL，其方程为

$$u_1 + u_2 - u_3 - u_4 - u_5 = 0 \tag{1.3-4}$$

式（1.3-4）又可改写为

$$u_1 + u_2 = u_3 + u_4 + u_5$$

由该式之含义可得 KVL 另一叙述方式为：在集总参数电路中，任一时刻沿任一回路的支路电压降之和等于电压升之和。即

$$\sum u_{降} = \sum u_{升} \tag{1.3-4}$$

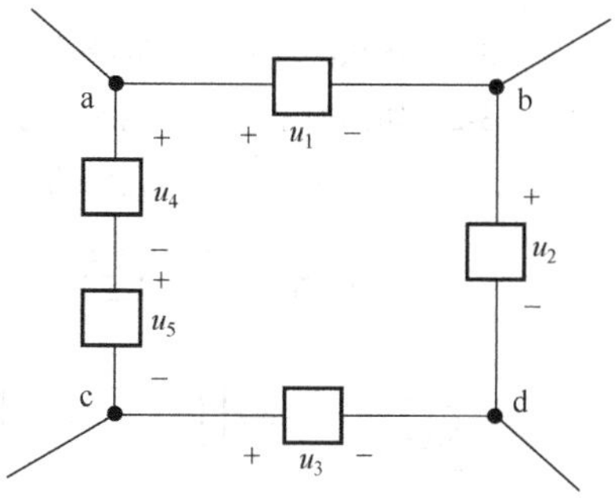

图 1-16

与 KCL 类似，KVL 也可推广适用于电路中任意假想的回路（广义回路或虚回路）。在图 1-16 所示电路中，ad 之间并无支路存在，但仍可把 abd 或 acd 分别看成一个回路（它们是假想的回路），由 KVL 分别得

$$u_1 + u_2 - u_{ad} = 0$$

$$u_{ad} - u_3 - u_4 - u_5 = 0$$

原图中回路 KVL 方程为：$u_1 + u_2 - u_3 - u_4 - u_5 = 0$，故有

$$u_{ad} = u_1 + u_2 = u_3 + u_4 + u_5$$

可见，两点间电压与选择的路径无关。据此可得出求任意两点间电压的重要结论：任意 ab 两点间的电压，等于自 a 点出发沿任何一条路径绕行至 b 点的所有电压降的代数和。

KVL 的实质反映了集总参数电路遵从能量守恒定律。从电压变量的定义容易理解 KVL 的正确性：如果单位正电荷从 a 点移动，沿着构成回路的闭合路径又回到 a 点，相当于求电压 u_{aa}。显然 $u_{aa} = 0$，即该正电荷既没得到又没失去能量。

同样，KVL 适用于任意时刻、任意激励源下的任意集总参数电路。

例 1-3　电路如图 1-17 所示，已知：$I_1 = 1\text{A}$，$I_2 = 2\text{A}$，$U_1 = 1\text{V}$，$U_2 = -3\text{V}$，$U_4 = -4\text{V}$，$U_5 = 7\text{V}$，求电压 U_{bd} 及元件 1、3、6 所消耗的功率。

解：设元件 5 电流 I_3 如图 1-17 所示，列节点 a 的 KCL 方程

$$I_1 + I_3 = I_2$$

得：$I_3 = I_2 - I_1 = 1\text{A}$。

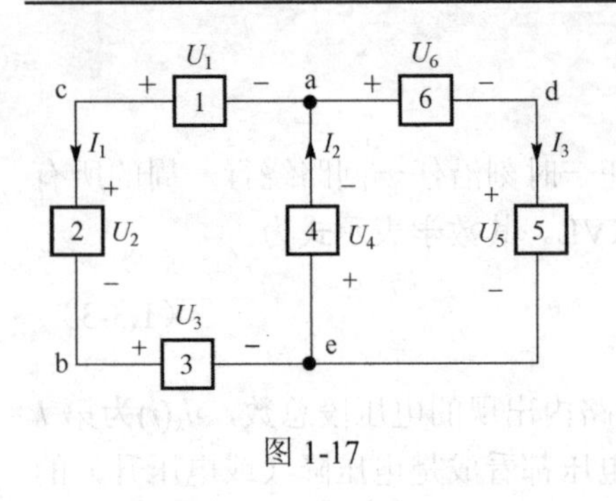

图 1-17

运用任意两点的电压计算的重要结论：

$$U_{bd} = -U_2 + U_1 - U_4 - U_5 = 3+1+4-7 = 1V$$

$$U_3 = -U_2 + U_1 - U_4 = 3+1+4 = 8V$$

$$U_6 = -U_4 - U_5 = 4-7 = -3V$$

计算 1、3、6 元件消耗的功率为

$P_1 = -U_1 I_1 = -1\times1 = -1W$（实为产生 1W 功率）

$P_3 = U_3 I_1 = 8\times1 = 8W$

$P_3 = U_6 I_3 = -3\times1 = -3W$（实为产生 3W 功率）

思考与练习

1.3-1　试从物理原理上解释基尔霍夫电流和电压定律的本质。

1.3-2　如图所示电路中电流 I 为多少？

1.3-3　试求电路图中各元件的功率，并指出实际是吸收还是发出的。

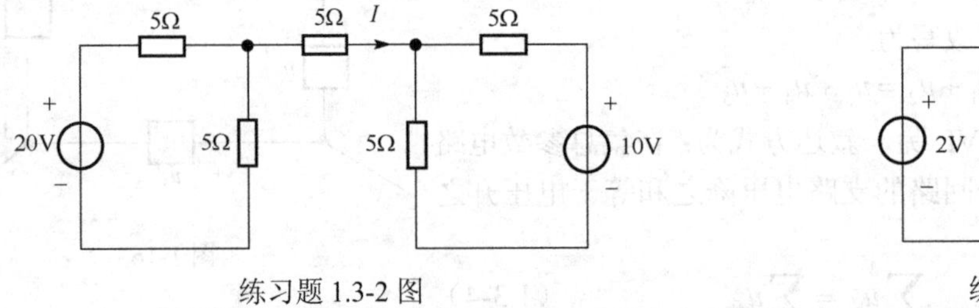

练习题 1.3-2 图

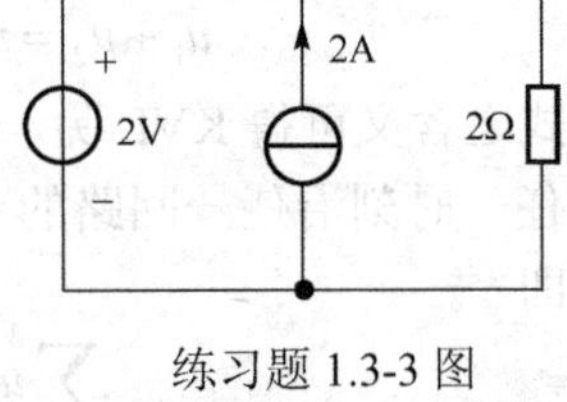

练习题 1.3-3 图

1.4　电路基本元件

电路元件是组成电路模型的最小单元，电路元件的特性由端口电压、电流关系来表征，简称伏安特性，简记为 VAR 或 VCR，可用数学关系式表示，也可描绘成 u～i 平面曲线，称为伏安特性曲线。

常用的电路元件包括电阻、电容、电感、电压源、电流源、受控源、运算放大器、耦合电感、变压器以及一些非线性元件等。电路元件根据其外接端钮的个数可以分为二端元件和多端元件。例如，电阻元件、电感元件和电容元件等是二端元件，三极管元件、受控源元件、运算放大器元件等是多端元件。此外，还可以根据电路元件在工作时是否还需要外加电源才能工作将其分为有源元件和无源元件，电阻、电容、电感等是无源元件，运算放大器等是有源元件。

本章首先介绍构成电阻电路的四种常用元件：电阻、电压源、电流源和受控源元件，其他一些元件将在后续章节中陆续介绍。

1.4.1　电阻

电阻元件是从实际电阻器件抽象出来的理想模型，它是表征电阻器对电流呈现阻碍作用、消耗电能的一种理想元件。

如果一个二端元件在任意时刻，其伏安特性均能用 u～i 平面上的一条曲线描述，则称为电阻元件。若该曲线是过原点的直线且不随时间变化，则称为线性时不变电阻元件。本课程涉及的电阻元件主要为线性时不变电阻元件。

线性电阻元件的电路模型如图 1-18(a)所示，伏安特性曲线如图 1-18(b)所示。

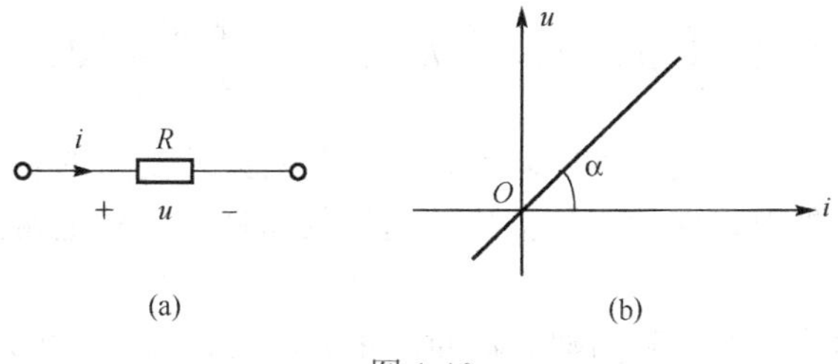

图 1-18

从图 1-18(b)可以看出，若线性电阻元件两端的电压电流参考方向为关联的，则其伏安关系呈正比例关系，其比例系数即为电阻元件的阻值。此即欧姆定律，用公式表示为

$$u = Ri \tag{1.4-1}$$

当电压电流参考方向为非关联时，式（1.4-1）应改写为

$$u = -Ri \tag{1.4-2}$$

电阻的单位为欧姆，简称欧，单位符号用Ω表示。另外几个常用的单位有：千欧（kΩ）、兆欧（MΩ）和毫欧（mΩ）等。

电阻是反映物体对电流的阻碍作用的一个物理量，也可以从物体对电流的导通作用来定义另一个对偶的物理量，这就是电导，是电阻的倒数，用字母 G 表示，即

$$G = \frac{1}{R} \tag{1.4-3}$$

因此，欧姆定律也可以写成

$$i = Gu \text{（}u\text{、}i\text{ 关联）或 } i = -Gu \text{（}u\text{、}i\text{ 非关联）} \tag{1.4-4}$$

可见，电阻和电导是同一个问题的两个方面，物体的电阻越大，则其电导应该越小；反之，若电阻越小，电导越大。

在国际单位制中，电导的单位是西门子，简称西，用 S 表示。

在实际中经常会听到开路、断路、短路等说法，它们的本质都是电阻的特定值或状态。具体地说，如果电阻 $R \to \infty$ 或电导 $G = 0$，则称其为开路或断路，如果电阻或电导 $G \to \infty$，则称其为短路。

根据功率的定义和欧姆定律，当电压和电流参考方向关联时，电阻元件吸收的功率 p 可计算如下

$$p = ui = i^2 R = \frac{u^2}{R} \tag{1.4-5}$$

当电压和电流参考方向非关联时，电阻元件吸收的功率 p 计算公式为

$$p = -ui = -(-Ri)i = i^2 R = \frac{u^2}{R}$$

显然，两种情况下，功率的计算公式是一样的。观察功率计算公式可发现一个重要特点，即当电阻为正值时，电阻元件吸收功率是非负值，即其只消耗功率，而不可能产生功率，此即电阻元件的耗能性质。从 t_0 到 t 时刻电阻元件所消耗或吸收的能量 $w(t_0, t)$为

$$w(t_0, t) = \int_{t_0}^{t} p(\xi)\,\mathrm{d}\xi = \int_{t_0}^{t} Ri^2(\xi)\,\mathrm{d}\xi = \int_{t_0}^{t} \frac{u^2(\xi)}{R}\,\mathrm{d}\xi \tag{1.4-6}$$

需要注意的是，有时也会遇到负电阻元件，它是对某些复杂的有源电子电路或某些特殊器件（如隧道二极管）外部特性的一种抽象，这样的器件会向外电路提供功率和能量，不是耗能元件。

例 1-4 图 1-19 中，已知电阻两端某瞬间电压 $u = 4\text{V}$，且 $R = 2\Omega$，试求流经电阻的电流 i 和该瞬间电阻的吸收功率 p。

解： 在图示电路中，电压和电流采用非关联参考方向，欧姆定律应表示为

$$u = -Ri$$

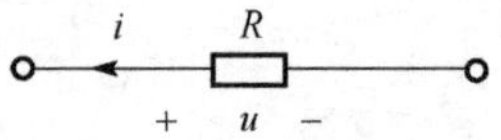

故有

$$i = -\frac{u}{R} = -\frac{4}{2} = -2\text{A}$$

图 1-19

该瞬间电阻的吸收功率为：$p = -u\,i = 8\text{W}$。

理想电阻元件的伏安特性曲线是向两端无限延伸的，意味着其电压电流可以不加约束地满足欧姆定律，因而其功率值也可以为任意值。但电灯、电烙铁等实际电阻器件却不能对其电压、电流和功率不加限制。这是因为根据电流的热效应，电阻器件有电流流过时不可避免地要产生热量，而过大的电压和电流会使器件过热而损坏，这个限额通常称为额定值，如额定电压、额定电流、额定功率。实际电阻器件使用时不得超过其规定的额定值，以保证安全工作。

1.4.2 电压源与电流源

电路中提供功率和能量的元件是电源元件，通常包括电压源和电流源两类。其中电压源是对外电路提供电压的实际电源的抽象，例如干电池、稳压电压源、交流电源等。电流源是对外电路提供电流的实际电源的抽象，例如光电池、恒流源等。

1. 电压源

如果一个二端元件不论其上流过的电流大小和方向如何，其两端的电压始终保持恒定的值或一定的时间函数（例如正弦波形），则称其为电压源元件。

电压源的电路模型如图 1-20(a)、(b)所示，其中图 1-20(a)可表示直流或时变电压源，图 1-20(b)仅用以表示直流电压源。电压源的伏安特性曲线如图 1-20(c)所示。

电压源的伏安特性可以表示为

$$\begin{cases} u \equiv u_{\mathrm{S}} \\ i = \text{任意值} \end{cases} \tag{1.4-7}$$

观察电压源的伏安特性曲线，可知：

（1）在任意时刻，电压源的伏安特性曲线是平行于 i 轴、其值为 $u_{\mathrm{S}}(t_1)$的直线。

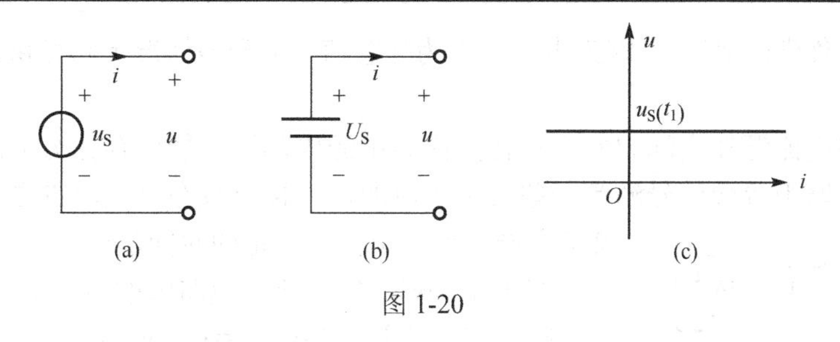

图 1-20

（2）若 $u_S(t_1) = 0$，则伏安特性曲线是 i 轴，在 t_1 时刻它相当于短路。

（3）电压源两端的电压与流过它的电流无关。这意味着其流过的电流值和方向可以是任意的。当电压源接在电路中时，流经它的电流值将由电压源和外电路共同确定。根据不同的外电路，电流可以不同方向流过电源，因此理想电压源可对电路提供能量（起激励作用），也可从外电路接受能量（起负载作用）。又因为电流可以为任意值，故理想情况下它可供出或吸收无穷大的能量。

理想电压源实际并不存在，因为电源内部不可能储存无穷大的能量。但对一些实际电源来说，当外接负载在一定范围之内变化时确实能近似为定值或一定的时间函数。这种情况下，把这些实际电源看成理想电压源在工程计算中是允许的。即使在有些条件下不能把实际电压源看作理想电压源，亦可用理想电压源串联一适当电阻作为实际电压源的模型。

2. 电流源

如果一个二端元件不论其两端的电压大小和方向如何，其电流始终保持恒定值或一定的时间函数（例如正弦波形），则称其为电流源元件。

电流源的电路模型如图 1-21(a)所示，电流源的伏安特性曲线如图 1-21(b)所示。

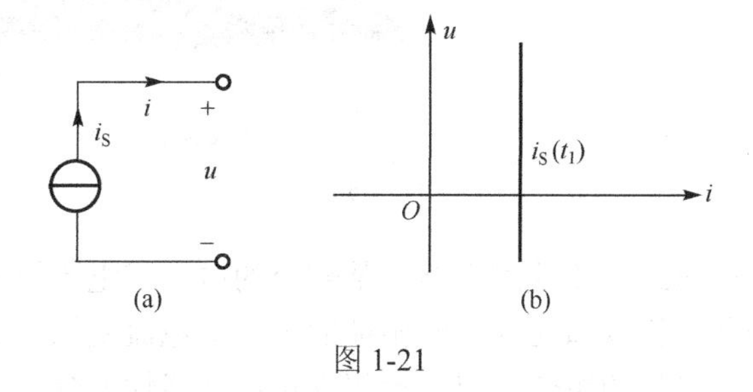

图 1-21

电流源的伏安特性可以表示为

$$\begin{cases} i \equiv i_S \\ u = \text{任意值} \end{cases} \tag{1.4-8}$$

观察电流源的伏安特性曲线，可知：

（1）在任意时刻，电流源的伏安特性曲线是平行于 u 轴（垂直于 i 轴）、其值为 $i_S(t_1)$ 的直线。

（2）若 $i_S(t_1)=0$，则伏安特性曲线是 u 轴，在 t_1 时刻它相当于开路。

（3）电流源输出的电流与其两端的电压无关，这意味着其两端的电压值和方向可以是任意的。当电流源接在电路中时，其两端电压将由电流源和外电路共同确定。根据不同的外电路，电压可以有不同的极性，因此理想电流源可对电路提供能量（起激励作用），也可从外电路接受能量（起负载作用）。又因为电压可以为任意值，故理想情况下它可供出或吸收无穷大的能量。

同样，理想电流源在实际中并不存在，因为电源内部不可能储存无穷大的能量。但对于光电池或电子线路中等效信号源等一些实际电流源，外接负载在一定范围之内变化时输出电流确实能近似为定值或一定的时间函数。

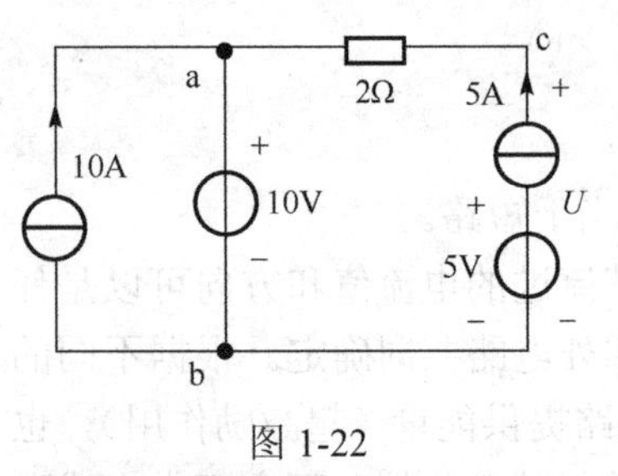

图 1-22

例 1-5 求图 1-22 所示电路中的电压 U。

解： 由 KVL 方程：$U = U_{ca} + U_{ab}$

$U_{ab} = 10\text{V}$（仅取决于 10V 电压源）

$U_{ca} = 2\times 5 = 10\text{V}$（欧姆定律，2Ω电阻与 5A 电流源串联，故其电流为 5A）

故： $U = U_{ca} + U_{ab} = 10 + 10 = 20\text{V}$

1.4.3 受控源

前面讨论的电压源和电流源，由于电压源供出的电压和电流源供出的电流均由其内部特性决定，独立于电路的其他部分，因此均可称为独立电源。电路中还存在另一种电源，它供出的电压或电流由其他部分的电压或电流决定或控制，因而称为受控源。受控源是由一些电子器件抽象而来的一种模型。一些电子器件如晶体管、运算放大器（见图 1-23）等均具有输入端电流（或电压）能控制输出端电流（或电压）的特点，于是提出了受控源元件。

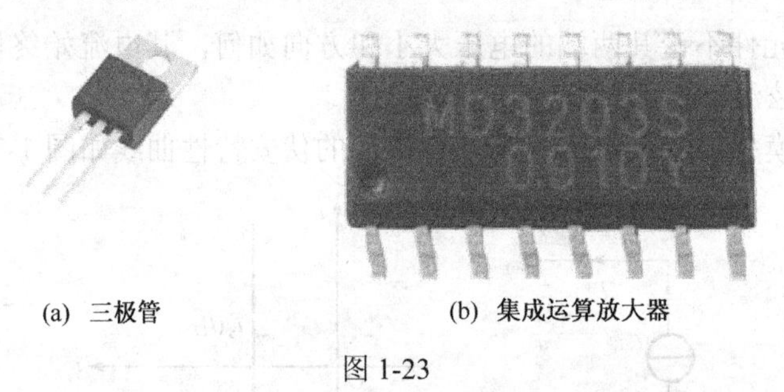

(a) 三极管 (b) 集成运算放大器

图 1-23

受控源定义为输出电压或电流受到电路中某部分的电压或电流控制的电源。受控源有输入和输出两对端钮，因此又称双口元件。输出端的电压或电流受输入端所加的电压或电流的控制，按照控制量和被控制量的组合情况，理想受控源（线性）分为四种：电压控制电压源（VCVS）、电压控制电流源（VCCS）、电流控制电压源（CCVS）、电流控制电流源（CCCS），如图 1-24 所示。

图中的比例系数 μ、γ、g、β 是反映每种受控源控制关系的一个关键参数。其中 μ 和 β 是没有量纲的，γ 和 g 则分别具有电阻和电导的量纲。

受控源与独立源（电压源和电流源）虽然同为电源，但却有本质的不同。独立源在电路中可对外独立提供能量，直接起激励作用，因为有了它才能在电路中产生响应；而受控源则不能直接起激励作用，它的电压或电流受电路中其他电压或电流的控制。控制量存在，则受控源就存在，当控制量为零时，则受控源也为零。需要说明的是，受控源的这种“控制”与“被控制”关系，是电路内部一种物理现象而已。

例 1-6 计算图 1-25 中各元件的功率，并说明是吸收的还是产生的。

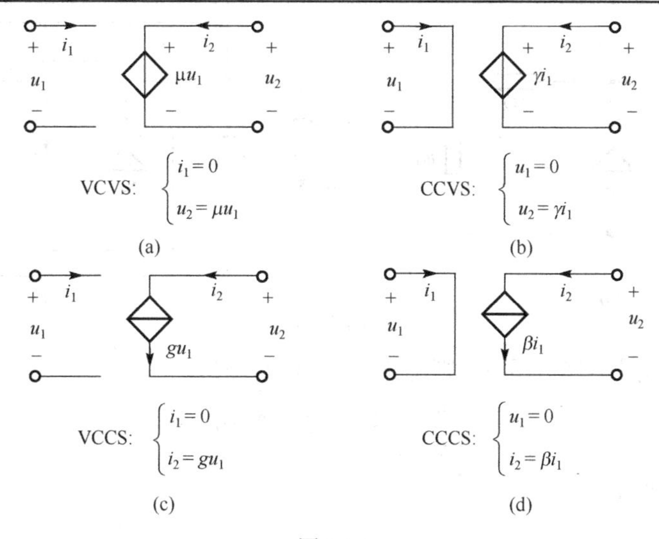

图 1-24

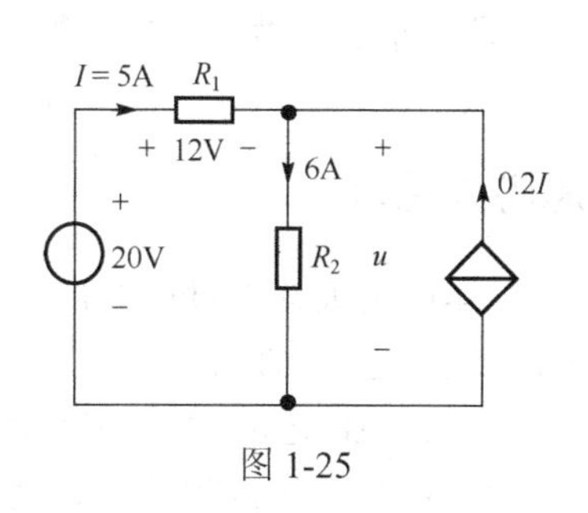

图 1-25

解：根据图中各元件的电压电流关系以及发出或吸收功率的定义来求解。

对于 20V 电压源，电压电流参考方向为非关联，可直接计算其发出功率为

$$p_{20\text{V}} = 20 \times 5 = 100\text{W}$$

对于电阻 R_1，其上电压和电流参考方向为关联的，可直接计算其吸收功率为

$$p_{R_1} = 12 \times 5 = 60\text{W}$$

对于电阻 R_2，其两端电压 u 可根据 KVL 求得

$$u = 20 - 12 = 8\text{V}$$

故图中电阻 R_2 上电压和电流参考方向关联，其吸收的功率可直接计算

$$p_{R_2} = 8 \times 6 = 48\text{W}$$

最后计算受控电流源（CCCS）上的功率。其电压 u 与电流 $0.2I$ 参考方向为非关联的。考虑受控源为理想的，其功率即为受控支路的功率，将条件 $I = 5\text{A}$ 代入，可得受控源发出功率为

$$p_{0.2I} = 8 \times 0.2I = 8 \times (0.2 \times 5) = 8\text{W}$$

显然，有

$$p_{R_1} + p_{R_2} = p_{20\text{V}} + p_{0.2I} = 108\text{W}$$

即电路中产生的总功率等于吸收的总功率，符合能量守恒定律。

例 1-7　含 CCCS 电路如图 1-26(a)所示，试求电压 u_O。

解：图 1-26(a)是含受控源电路的简化图，若为了显现受控源的控制和受控支路的电路图，则可画为图 1-26(b)所示。今后常见的电路图一般为简化图。

在列写 KCL、KVL 方程时，应注意两点：①可把受控源暂时看作独立源；②列出方程后，必须找出控制量与列方程所选变量的关系。

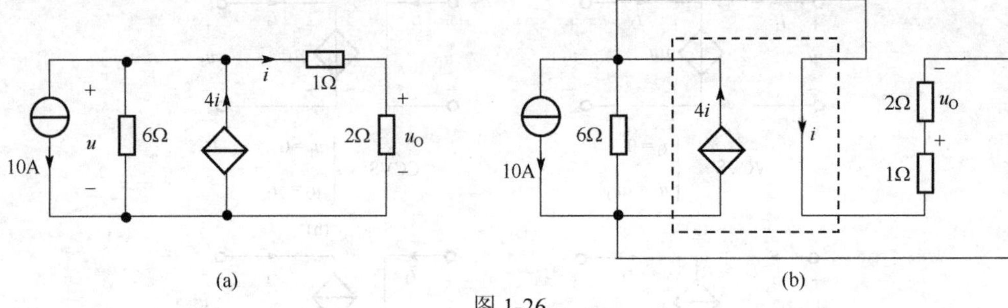

图 1-26

选择变量 u（如图 1-26 所示），则电路的 KCL 方程为

$$\frac{u}{6}+\frac{u}{1+2}-4i+10=0$$

控制量 i 与 u 的关系是

$$i=\frac{u}{3}$$

联立求解上两方程式，得：$u=12\text{V}$，$i=4\text{A}$。

故 $$u_O=2i=8\text{V}$$

思考与练习

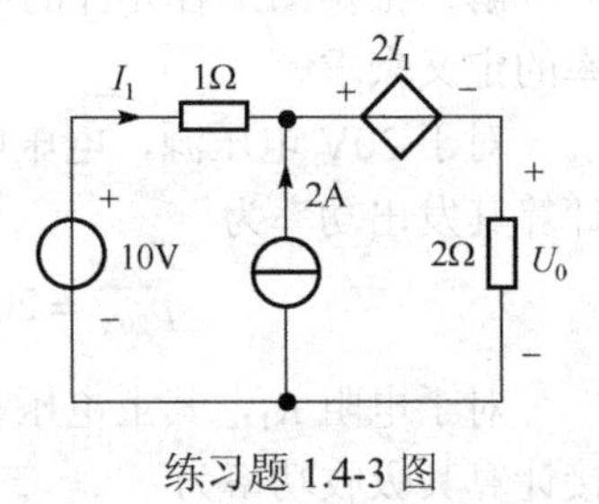

练习题 1.4-3 图

1.4-1　有人说“理想电压源可看作内阻为零的电源，理想电流源可看作内阻为无穷大的电源”。这种说法对吗？为什么？

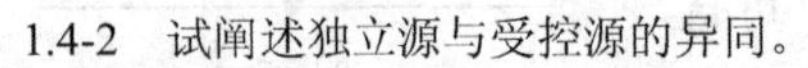

1.4-2　试阐述独立源与受控源的异同。

1.4-3　试求电路图中电压 U_0 的值。

1.5　简单电路分析

当元件相互连接组成一定几何结构形式的电路后，电路中出现了节点和回路，其各部分的电压、电流将为两类约束所支配。电路分析的任务即是在给定电路的结构、元件特性以及电源条件下，求出电路中所有支路电压和电流或某些指定的支路电压、电流等。根据两类约束总能列出所需的方程组，从而解出所需的未知量。因此，两类约束是解决集总参数电路问题的基本依据。

本节讨论利用两类约束来分析两类简单电路：单回路电路和单节点偶电路。

1.5.1　单回路电路分析

单回路电路即只有一个回路的电路，通常以回路电流为变量，列一个 KVL 方程，求得回路电流后可再求其他响应。

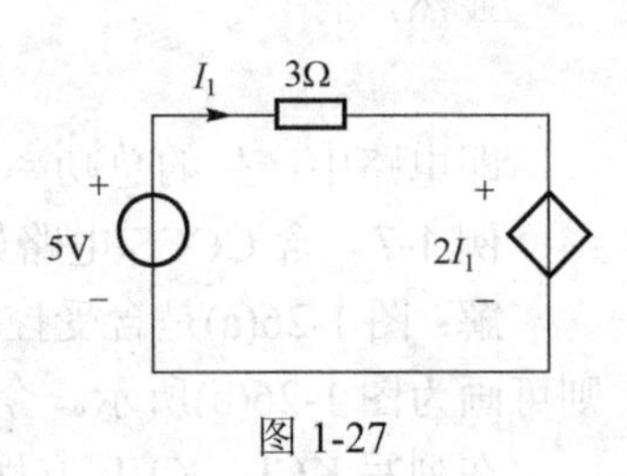

图 1-27

例 1-8　求图 1-27 所示单回路电路中电阻和受控源的功率，说明其是产生的还是吸收的。

解：根据电路列出回路 KVL 方程如下

$$3I_1+2I_1-5=0$$

解得：$I_1=1\text{A}$。

故电阻上吸收的功率为　　$p_{3\Omega}=3I_1^2=3\times1^2=3\text{W}$

受控源上吸收的功率为　　$p_{2I_1}=2I_1\times I_1=2\times1^2=2\text{W}$

例 1-9　求电路图 1-28 中的各点电位。

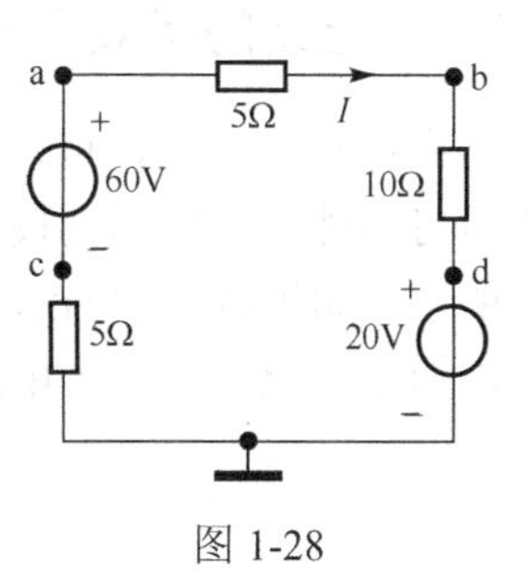

图 1-28

解：设回路电流 I 如图 1-28 所示。列 KVL 方程：

$$5I+10I+20+5I-60=0$$

解得：$I=2\text{A}$。

再求各点电位如下：

$$V_\text{d}=20\text{V}$$

$$V_\text{b}=10I+V_\text{d}=40\text{V}$$

$$V_\text{a}=5I+V_\text{b}=10+40=50\text{V}$$

$$V_\text{c}=-5I=-10\text{V}$$

从上例 1-8 和例 1-9 可以看出，在分析单回路电路时，计算回路电流和其余各变量都使用了拓扑约束（KVL）和元件特性约束（VAR）。

1.5.2　单节点偶电路分析

单节点偶电路即具有两个节点的电路，通常以节点间电压为变量，列一个 KCL 方程。求得节点间电压后可再求其他响应。

例 1-10　求图 1-29 所示电路中的电流 I 和电压 U 值。

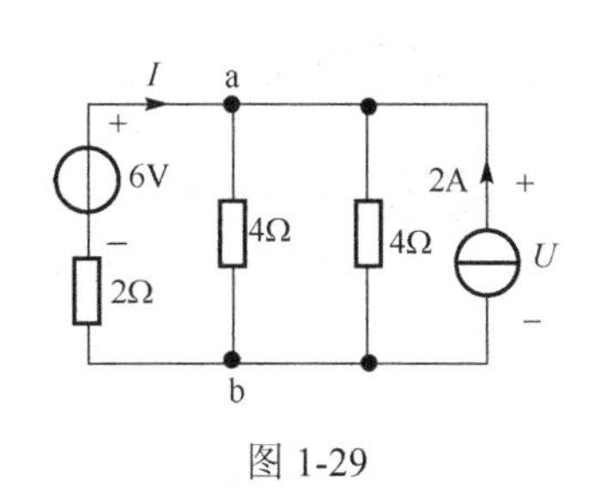

图 1-29

解：该电路为单节点偶电路，且节点间电压为 U。根据 KCL 列写节点 a 的电流方程（假设流入为正）为

$$\frac{6-U}{2}+2-\frac{U}{4}-\frac{U}{4}=0$$

解得：$U=5\text{V}$，故

$$I=\frac{6-U}{2}=\frac{6-5}{2}=0.5\text{A}$$

同样，上例计算节点间电压 U 和其余各变量时都使用了拓扑约束（KCL）和元件特性约束（VAR）。

思考与练习

1.5-1　分析电路的基本依据是两类约束。试就单回路电路和单节点偶电路的分析过程加以说明。

1.5-2　若电路既非单回路也非单节点偶电路，如何利用两类约束来求解？

1.6　电路的等效变换

由以上分析可知，对一些简单的电阻电路问题，只需运用 KCL 或 KVL 或元件的 VAR 即可解决。典型的问题是单回路电路和单节点偶电路分析。对于一些复杂电路，运用两类约束当然可以解决问题，但用什么变量去建立什么样的电路方程一时还很难入手。如果要求一条支路上的响应，能否寻求一个简单的电路去替代该支路以外的电路，从而在简化了的电路（如单回路电路和单节点偶电路）中求出该支路响应，且对于求任何外接电路的响应均不受影响呢？回答是肯定的。

1.6.1　电路的等效概念

在电路分析中，可以把一组相互连接的元件作为一个整体来看待，若这个整体只有两个端钮可与外部电路相连接，则称该整体为二端网络。一个典型的二端网络如图 1-30(a)虚线框内所示。如果将二端网络看成一个广义节点，则根据广义 KCL 可得到结论：进出二端网络两个端钮的电流是同一个电流。如果一个二端网络 N 的内部结构和参数未知，则常用图 1-30(b)来表示。

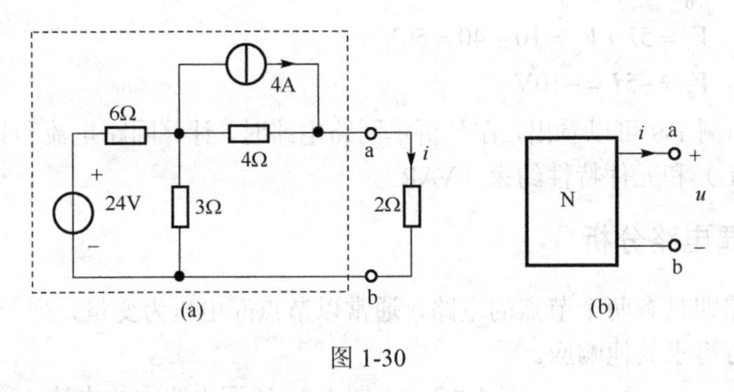

图 1-30

在图 1-30(a)所示的电路中，要求计算 2Ω电阻支路上的电流 i。对 ab 以左虚线框内的二端网络，如何用一个简单的电路来替代而不影响电流 i 的值呢？

这里首先给出电路等效的定义：两个二端网络 N_1 和 N_2，如果它们的端口伏安关系完全相同，则 N_1 和 N_2 是等效的，或称 N_1 和 N_2 互为等效电路，如图 1-31 所示。也就是说，二端网络 N_1 和 N_2 可以互为替代。

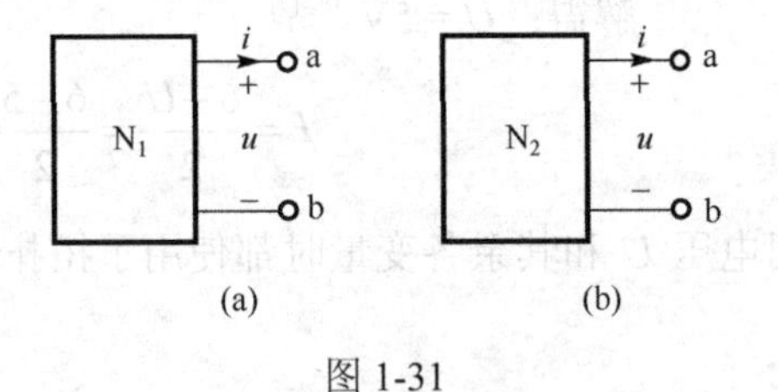

图 1-31

在上述电路等效定义的要求下，可以证明，两个二端网络 N_1 和 N_2，若分别连接到同一个任意的二端网络 M 时不会影响到 M 内的电压和电流值，如图 1-32 所示。因此，又可得到等效的另一定义：两个二端网络 N_1 和 N_2，若能分别连接到同一个任意的二端网络 M 而不致影响到 M 内的电压和电流值，则 N_1 和 N_2 是等效的。

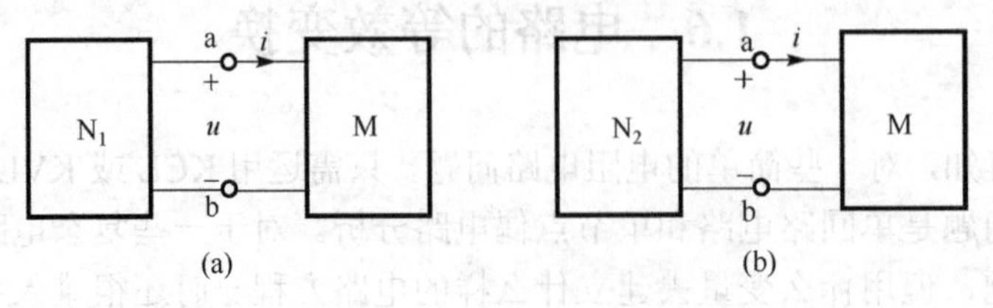

图 1-32

可见，只要 N_1 和 N_2 端口的伏安关系完全相同，则两个网络端口以外的变量 u、i 即相同，或者说，这两个网络互为替代后对求端口以外的电路变量不受影响。

在介绍了电路等效概念后，若要求解某支路电压或电流，则可先把该支路以外的电路进行化简，用简单网络替代原来复杂的二端网络，从而把原电路转化为单回路电路或单节点偶电路，这样求解就大大简便了。

下面根据等效的定义来求解电路问题，其步骤为：

（1）计算断开待求支路后余下的二端网络的端口伏安关系；

（2）将求得的端口伏安关系用一个最简等效电路来表示；

（3）将待求支路与最简等效电路相联接，在得到的简单电路中解出待求变量。

例 1-11　利用等效概念求图 1-33(a)所示电路中的电流 i。

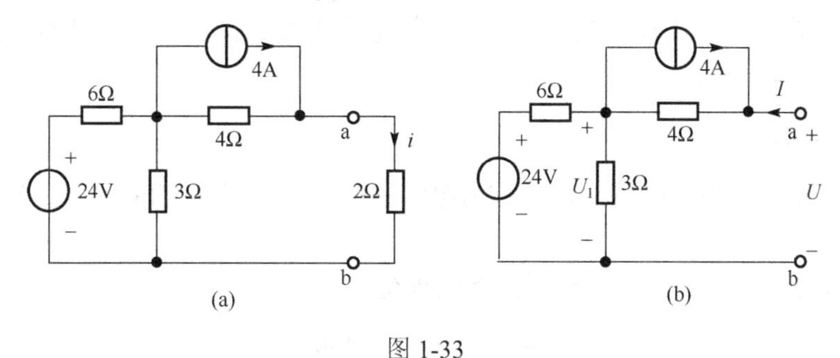

图 1-33

解：将待求支路断开，余下的电路如图 1-33(b)所示。假设其端口电压为 U，端口电流为 I，则根据两类约束可列写方程为

$$\begin{cases} 4(4+I)+U_1=U \\ \dfrac{24-U_1}{6}+I=\dfrac{U_1}{3} \end{cases}$$

消去中间变量 U_1，可得图 1-33(b)所示电路的端口伏安关系如下

$$U=24+6I$$

该式可看成一条支路的 KVL 方程，故其所对应的最简等效电路如图 1-34(a)所示。

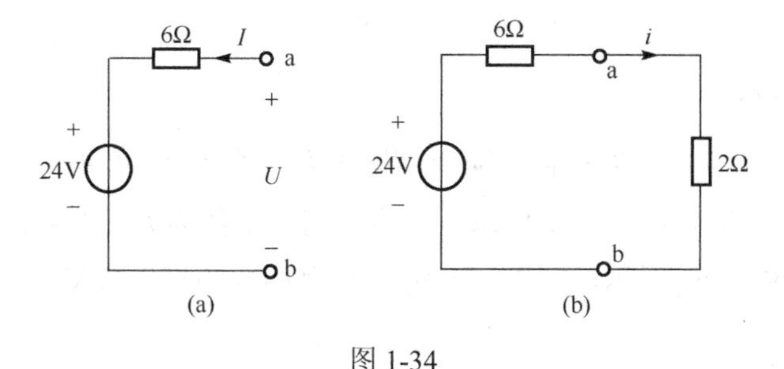

图 1-34

将待求变量支路接上，可得图 1-34(b)所示的单回路电路。从中解得待求变量为

$$i=\frac{24}{6+2}=3\text{A}$$

例 1-11 说明，一个二端网络的端口伏安关系完全由它本身确定，与外电路无关。就像一个电阻元件的伏安关系为 $u = Ri$ 一样，不会因为这个电阻所接的外电路不同而有所不同。只要求出一个二端网络的端口伏安关系，即可根据这一伏安关系得到其化简等效电路。这种方法称为端口伏安关系法，该方法适用于任何二端网络的等效化简。

值得注意的是，两个网络 N_1 和 N_2 等效，但它们的内部结构和元件参数可能完全不同，对其外部电路而言，无论接入的是 N_1 还是 N_2，它们的作用完全相同，因而外部电路各处的电流、电压将不会改变，故称为“对外等效”。

1.6.2 电阻的串联、并联和混联等效

一些简单电路，如电阻的串联、并联和混联，理想电源的串联、并联等，可以从定义出发，导出一些等效规律和公式，在等效化简分析电路中可直接引用。本节首先给出电阻的串联、并联和混联等效公式。

1. 电阻的串联

多个电阻首尾依次串行联接的形式称为电阻的串联。如图 1-35(a)所示，图中假设有 n 个电阻相串联。

根据 KVL，网络 N_1 的端口电压可由下式求得

$$u = u_1 + u_2 + \cdots + u_n$$

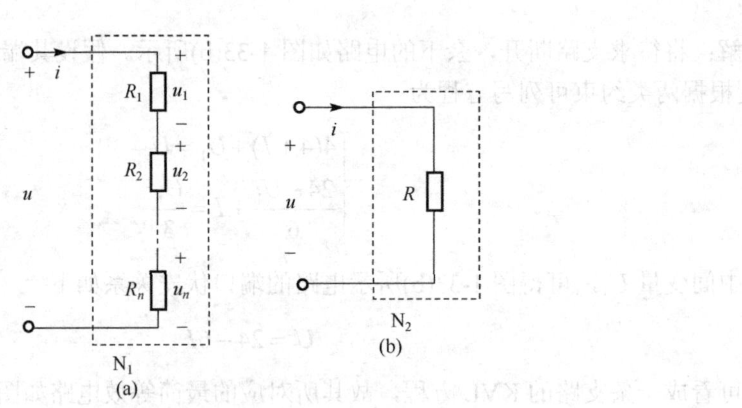

图 1-35

根据欧姆定律可得

$$u = R_1 i + R_2 i + \cdots R_n i = (R_1 + R_2 + \cdots + R_n)i \tag{1.6-1}$$

式（1.6-1）即为 N_1 网络的端口 VAR。若将其用一个值为 $R = R_1 + R_2 + \cdots + R_n$ 的电阻来替换，如图 1-35(b)中网络 N_2 所示，则 N_1 与 N_2 将具有相同的端口 VAR。因此可得串联等效电阻的计算公式为

$$R = R_1 + R_2 + \cdots + R_n$$

每个电阻上的分压可由下列公式求得

$$u_1 = R_1 i = R_1 \frac{u}{R_1 + R_2 + \cdots + R_n} = \frac{R_1}{R_1 + R_2 + \cdots + R_n} u$$

$$u_2 = \frac{R_2}{R_1 + R_2 + \cdots + R_n} u$$

$$\vdots$$

$$u_n = \frac{R_n}{R_1 + R_2 + \cdots + R_n} u$$

可见，其中任意一个电阻 R_k 的电压为

$$u_k = \frac{R_k}{R_1 + R_2 + \cdots + R_n} u \tag{1.6-2}$$

式（1.6-2）称为分压公式，即每个电阻上的分压与其在串联总电阻中所占的比例成正比。工程实际中，常用串联电阻作为分压装置，电阻值越大，分配的电压也越大。

对于两个电阻 R_1 和 R_2 串联的情况，分压公式为

$$u_1 = \frac{R_1}{R_1 + R_2} u ,\quad u_2 = \frac{R_2}{R_1 + R_2} u$$

2. 电阻的并联

多个电阻首尾分别并接在一起的形式称为电阻的并联。如图 1-36(a)所示，图中假设有 n 个电阻相并联。由于电阻的并联等效公式用电导来推导较为方便，因此图中所有电阻均用其电导值来表示。

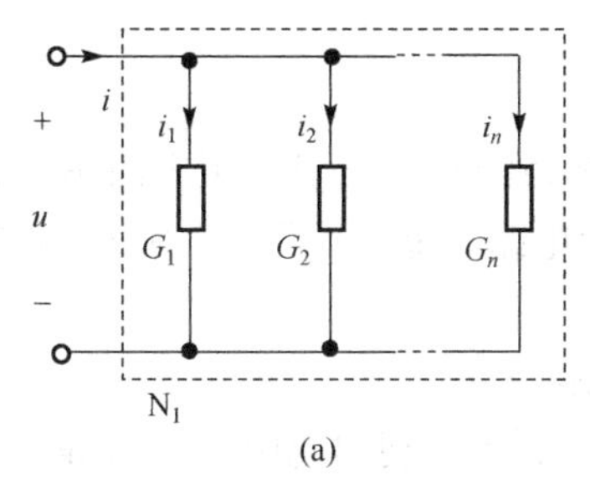

(a)

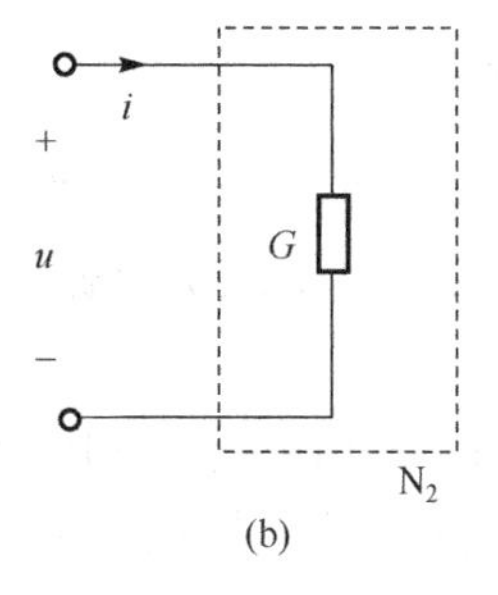

(b)

图 1-36

根据 KCL，网络 N_1 的端口电流可由下式求得

$$i = i_1 + i_2 + \cdots + i_n$$

根据欧姆定律可得

$$i = G_1 u + G_2 u + \cdots + G_n u = (G_1 + G_2 + \cdots + G_n) u \tag{1.6-3}$$

式（1.6-3）即为 N_1 网络的端口 VAR。若将其用一个值为 $G = G_1 + G_2 + \cdots + G_n$ 的电导来替换，如图 1-36(b)中网络 N_2 所示，则 N_1 与 N_2 将具有相同的端口 VAR。故并联等效电导为

$$G = G_1 + G_2 + \cdots + G_n$$

每个电导上的分流可由下列公式求得

$$i_1 = G_1 u = G_1 \frac{i}{G_1 + G_2 + \cdots + G_n} = \frac{G_1}{G_1 + G_2 + \cdots + G_n} i$$

$$i_2 = \frac{G_2}{G_1 + G_2 + \cdots + G_n} i$$

$$\vdots$$

$$i_n = \frac{G_n}{G_1 + G_2 + \cdots + G_n} i$$

可见，其中任意一个电导 G_k 的电流为

$$i_k = \frac{G_k}{G_1 + G_2 + \cdots + G_n} i \tag{1.6-4}$$

式（1.6-4）称为分流公式，即每个电导上的分流与其在并联总电导中所占的比例成正比。工程实际中，常用并联电阻作为分流装置，电阻值越小，分配的电流越大。

对于两个电阻 R_1 和 R_2 并联的情况，并联总电阻为

$$R = \frac{R_1 R_2}{R_1 + R_2} \tag{1.6-5}$$

该并联总电阻常写为：$R = R_1 // R_2$。分流公式为

$$i_1 = \frac{R_2}{R_1 + R_2} i \text{，} i_2 = \frac{R_1}{R_1 + R_2} i$$

3．电阻的混联

电阻的连接中既有串联又有并联的形式称为混联。一般运用电阻串、并联公式从局部到端口进行逐级化简，具体方法为“设电流、走电路、缩节点”。其中缩节点指将电路中电位相同的节点缩为一个节点。

例 1-12 求图 1-37(a)所示端口的等效电阻。

解：如图 1-37(b)所示，按从局部到端口的顺序，利用电阻串并联等效方法可得

$$R_{ab} = 12 // 4 = 3\Omega$$

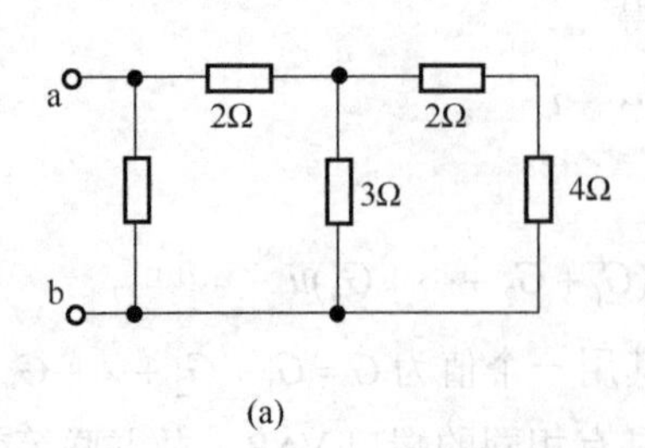

(a)

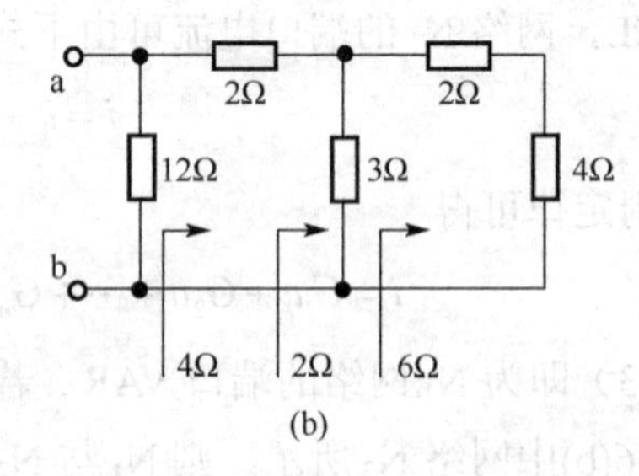

(b)

图 1-37

例 1-13 求图 1-38(a)所示电路 ab 端的等效电阻。

解：按“缩节点，画等效图”的方法，电路中实际上只有 3 个节点：节点 a、b 和 c。因此可依次画出图 1-38(b)、(c)的等效图。结果是三个 6Ω电阻进行并联，然后与 3Ω串联，最后可得等效电阻为 5Ω。

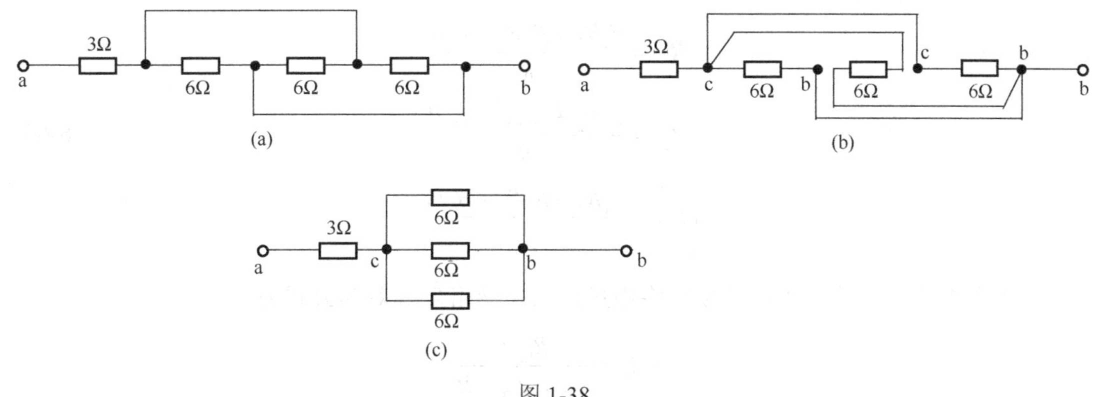

图 1-38

1.6.3　电阻星形和三角形联接的等效变换*

图 1-39 所示电路（实线所示）是桥形结构电路，ab 端口内电阻的连接既非串联，又非并联，难以用电阻串、并联的结论求解等效电阻 R_{ab}。但考虑到 1、2、3 节点连接的电阻接成星形，如能转换成三角形（如图中虚线所示），则问题将转化为一般电阻混联电路的化简。这种转换实际上是多端网络的等效问题，可由等效二端网络概念加以推广应用。

参考二端网络的等效概念，如图 1-40 所示的星形联接（用“Y”表示）的电阻网络和三角形联接（用“△”表示）的电阻网络， 如果两者相互等效，则要求它们任意两个端钮之间具有相同的端口伏安关系，即要求任意两个端钮之间的等效电阻都是相同的。因此，图 1-40 所示电路的等效条件应为

$$R_{ab}=R_1+R_2=R_{12}//(R_{13}+R_{23})=\frac{R_{12}(R_{13}+R_{23})}{R_{12}+R_{13}+R_{23}}$$

$$R_{bc}=R_2+R_3=R_{23}//(R_{12}+R_{13})=\frac{R_{23}(R_{12}+R_{13})}{R_{12}+R_{13}+R_{23}}$$

$$R_{ca}=R_1+R_3=R_{13}//(R_{12}+R_{23})=\frac{R_{13}(R_{12}+R_{23})}{R_{12}+R_{13}+R_{23}}$$

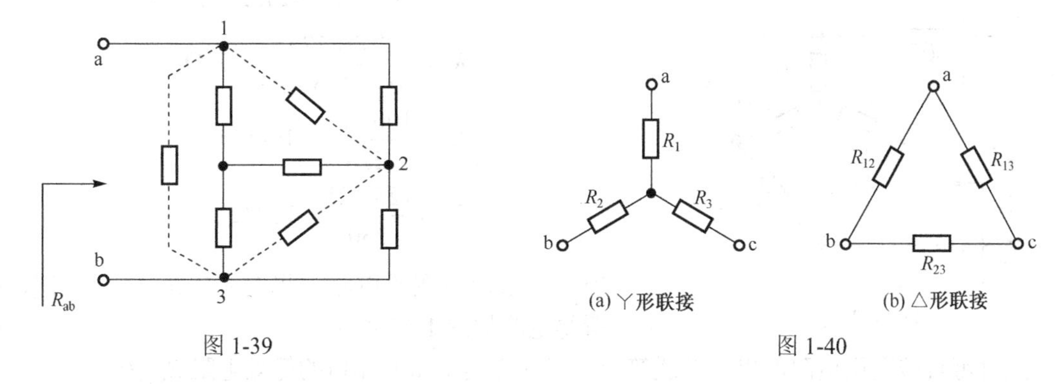

图 1-39　　图 1-40

若需要将电阻的星形联接网络用三角形联接网络来等效，只需要将 R_1、R_2、R_3 作为已知量，利用上述公式求解 R_{12}、R_{23}、R_{13} 即可。解得这个方程组的结果为

$$
\begin{cases}
R_{12} = \dfrac{R_1R_2 + R_2R_3 + R_3R_1}{R_3} \\
R_{23} = \dfrac{R_1R_2 + R_2R_3 + R_3R_1}{R_1} \\
R_{13} = \dfrac{R_1R_2 + R_2R_3 + R_3R_1}{R_2}
\end{cases}
\qquad (1.6\text{-}6)
$$

也可求得将电阻的三角形联接网络用星形联接网络来等效的公式为

$$
\begin{cases}
R_1 = \dfrac{R_{12}R_{31}}{R_{12} + R_{23} + R_{31}} \\
R_2 = \dfrac{R_{23}R_{12}}{R_{12} + R_{23} + R_{31}} \\
R_3 = \dfrac{R_{31}R_{23}}{R_{12} + R_{23} + R_{31}}
\end{cases}
\qquad (1.6\text{-}7)
$$

当星形电路的三个电阻相等（即对称）时，三角形电路的三个电阻也相等（即对称），即

$$若\ R_1 = R_2 = R_3 = R_{\curlyvee}，则\ R_{12} = R_{23} = R_{31} = R_{\triangle} = 3R_{\curlyvee}。$$

例 1-14 求出图 1-41 所示电路中电压源的电流 I 和发出的功率。

解：本题只需要求解电源的电流和功率，因此只需要求出图中电阻网络对于电压源端口的等效电阻即可。可考虑将图 1-41 中虚线框内的三角形网络变换为星形网络，如图 1-42 所示。

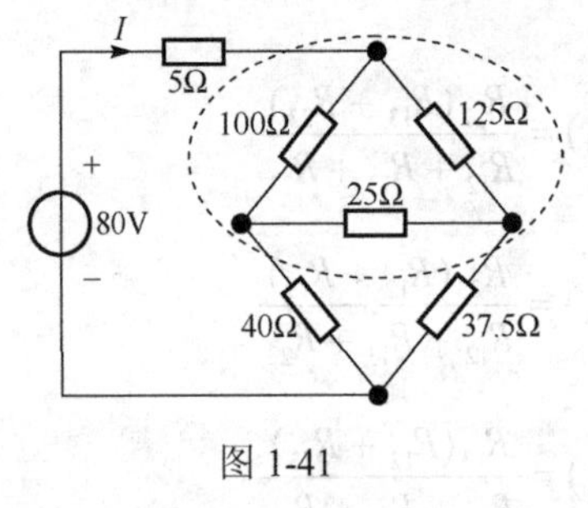

图 1-41

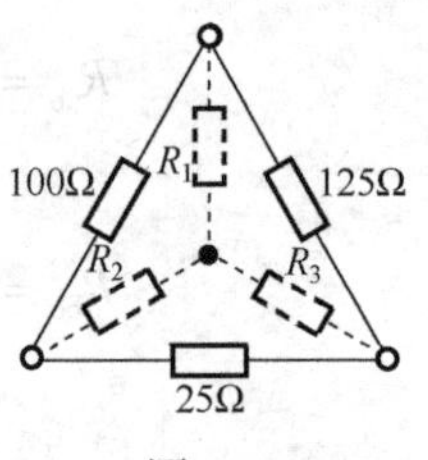

图 1-42

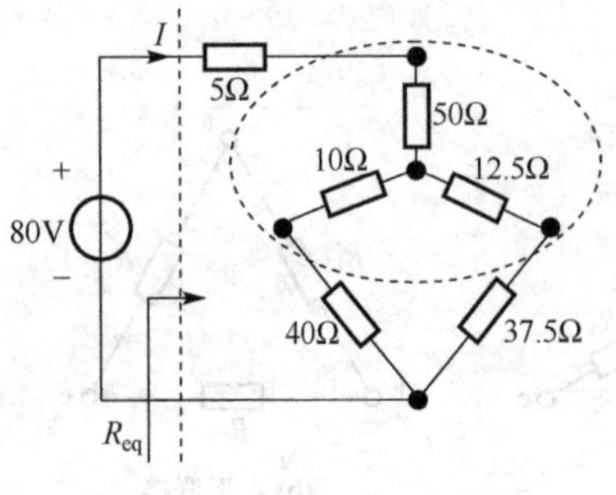

代入求解星形联接等效电阻的公式，可得

$$R_1 = \frac{100 \times 125}{100 + 125 + 25} = 50\Omega$$

$$R_2 = \frac{100 \times 25}{250} = 10\Omega$$

$$R_3 = \frac{125 \times 25}{250} = 12.5\Omega$$

用该星形网络在原电路中将对应三角形网络等效代换，所得电路如图 1-43 所示。

图 1-43

此时可直接利用电阻的串、并联等效公式计算出电压源端口的等效电阻 R_{eq} 为

$$R_{\text{eq}} = 5 + 50 + (10 + 40)//(12.5 + 37.5) = 80\Omega$$

故电源电流 $I = 80/80 = 1\text{A}$，电压源发出的功率为 $P = 80I = 80\text{W}$。

1.6.4　理想电源的串、并联等效

以下以两个理想电源为例介绍其串、并联等效，多个电源的情况可类推得到。

1. 理想电压源的串联

两个理想电压源的串联电路如图 1-44(a)所示。根据 KVL 可立即得到图 1-44(a)中网络 N_1 的端口伏安关系为

$$\begin{cases} u \equiv u_{S1} + u_{S2} \\ i = \text{任意值} \end{cases}$$

故其可等效为一个值为 $u_S = u_{S1} + u_{S2}$ 的理想电压源，即图 1-44(b)中的网络 N_2。

2. 理想电流源的并联

两个理想电流源的并联电路如图 1-45(a)所示。根据 KCL 可立即得到图 1-45(a)中网络 N_1 的端口伏安关系为

$$\begin{cases} i \equiv i_{S1} + i_{S2} \\ u = \text{任意值} \end{cases}$$

故其可等效为一个值为 $i_S = i_{S1} + i_{S2}$ 的理想电流源，即图 1-45(b)中的网络 N_2。

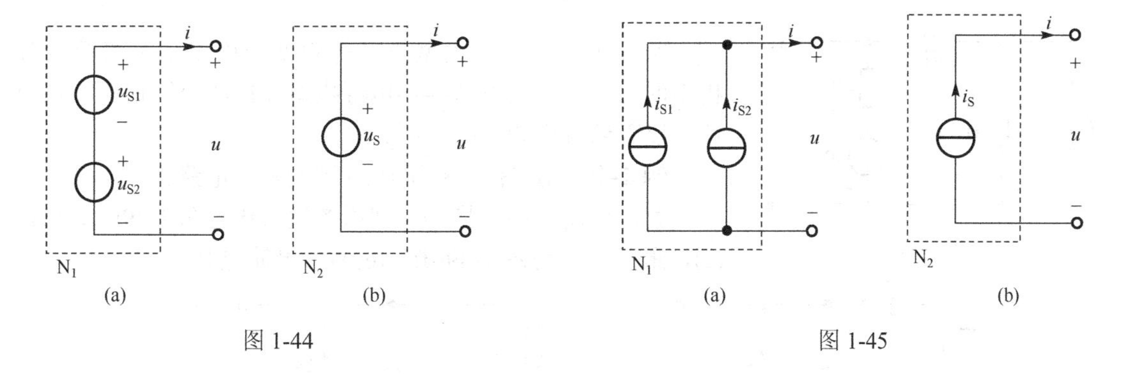

图 1-44　　图 1-45

1.6.5　实际电源的两种模型及其等效变换

理想电源在实际中是不存在的，实际电源都存在一定的内阻。考虑了内阻影响的实际电源（见图 1-46(a)）的外特性一般可近似表示为图 1-46(b)所示的线段。其中，u_S 是电源在输出电流为零时的输出电压，称为开路电压。i_S 是电源在输出电压为零时的输出电流，称为短路电流。显然，该特性既不与 i 轴垂直也不与 i 轴平行。

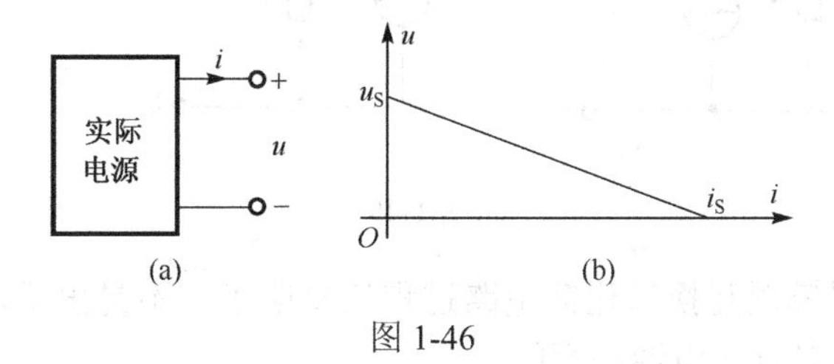

图 1-46

根据图 1-46(b)所示的伏安特性可写出其数学方程（即端口伏安关系）为

$$u = u_S - \frac{u_S}{i_S} i = u_S - R_S i \qquad 或 \qquad i = i_S - \frac{u}{R_S}$$

式中，$R_S = u_S / i_S$。上述端口伏安关系可分别看成一个 KVL 和 KCL 方程的形式，故其电路模型可用电压源串联电阻或电流源并联电阻的两种模型表示，如图 1-47 所示。这样，实际电源就存在两种等效模型：理想电压源与内阻的串联组合和理想电流源与内阻的并联组合，两者也必然是等效的，因它们均来自同一个实际电源。通常也将电压源串联电阻的模型称为有伴电压源，电流源并联电阻的模型称为有伴电流源，而将单独的理想电压源或电流源支路称为无伴电压源或无伴电流源。

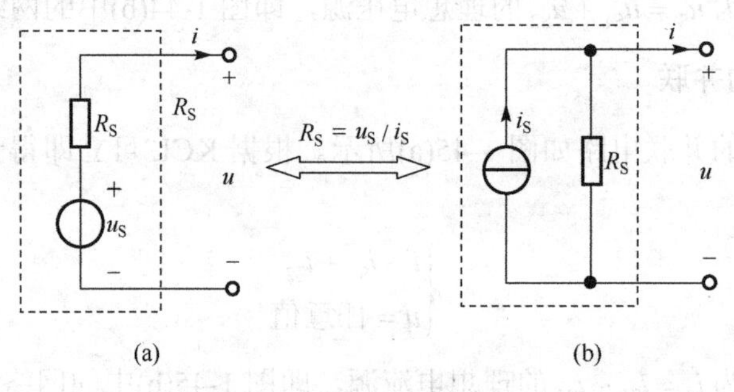

图 1-47

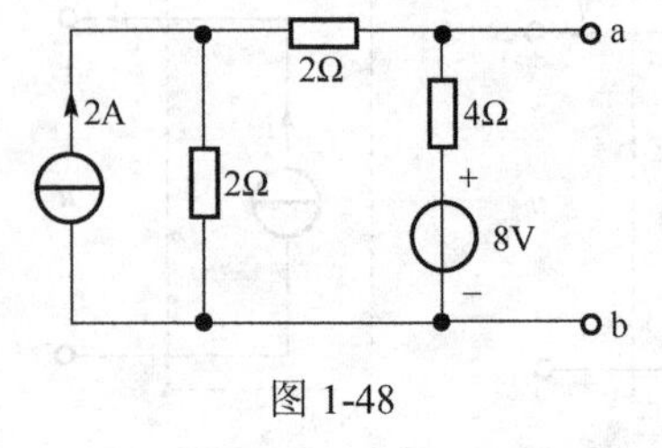

图 1-48

实际电源的两种模型及其等效变换引出了电路等效分析中的另一种重要方法——电源模型互换法，简称模型互换法。以下结合例题进行介绍。

例 1-15 求图 1-48 所示 ab 端的等效电路。

解：应用模型互换法，把原图逐次化为图 1-49(a)、(b)、(c)，最后可化为图 1-49(d)、(e)两种最简电路。

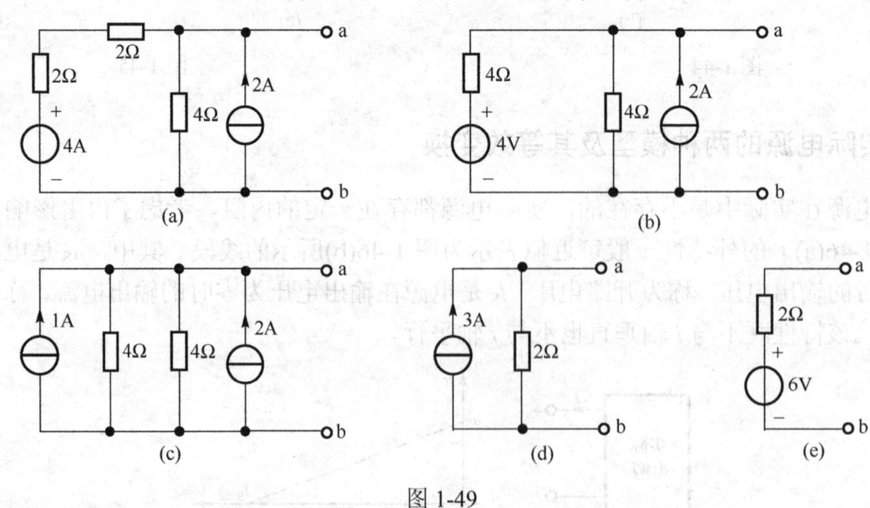

图 1-49

由此例可见，使用模型互换法化简电路过程清楚明了、不易出错，但中间过程图较多，且模型互换法一般是针对有伴电源进行的。

1.6.6 含受控源电路的等效变换

含受控源电路的等效变换，一般应采用端口伏安关系法。

例 1-16　求图 1-50 中 1.5Ω电阻上的电流 i_1。

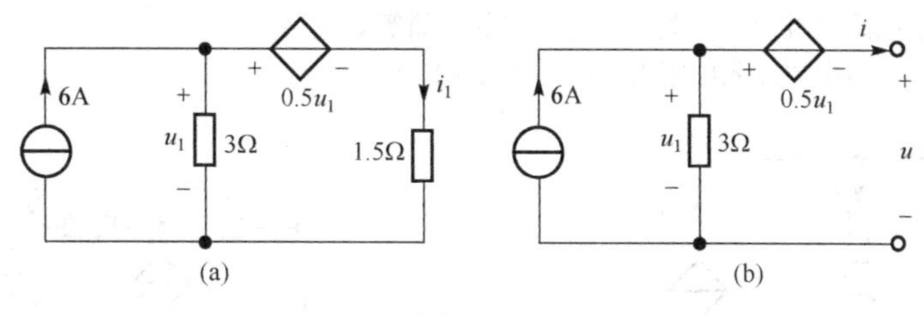

图 1-50

解：利用等效概念，将待求支路断开后余下的网络如图 1-50(b)所示。现在求解它的端口伏安关系。假设其接上任意外电路后端口电压为 u，端口电流为 i，则可列出如下方程：

$$\begin{cases} u = -0.5u_1 + u_1 = 0.5u_1 \\ i = 6 - \dfrac{u_1}{3} \end{cases}$$

解得：$u = 9 - 1.5i$。

画出其最简等效电路并将待求支路接上，如图 1-51 所示。

由图可得 1.5Ω电阻上的电流为：$i_1 = \dfrac{9}{1.5 + 1.5} = 3\text{A}$。

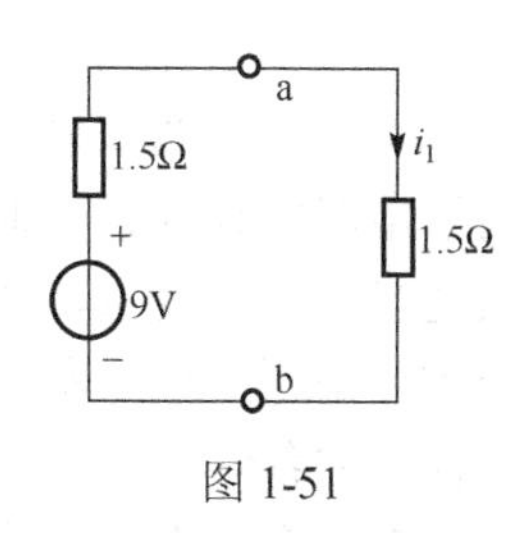

图 1-51

例 1-17　求图 1-52 所示电路 ab 端的最简等效电路。

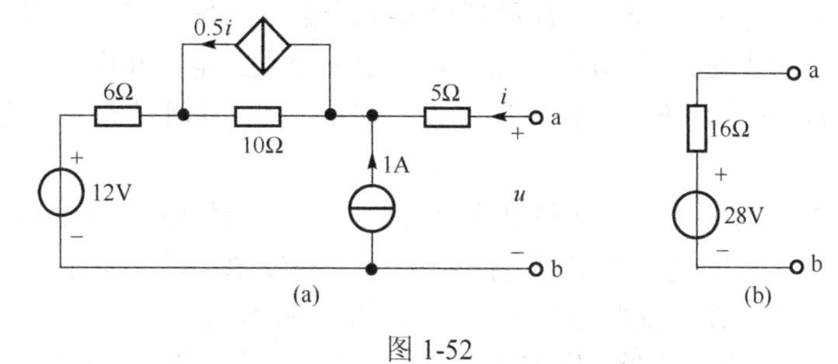

图 1-52

解：采用端口伏安关系法。设端口电压为 u，观察电路即可写出：

$$u = 5i + 10(1 + i - 0.5i) + 6(1 + i) + 12 = 28 + 16i$$

由该端口伏安关系可画出 ab 端的最简等效电路，如图 1-52(b)所示。

例 1-18　含受控源电路如图 1-53 所示，求 ab 端的等效电阻 R_{ab}。

解：采用端口伏安关系法求解。

$$U_{ab} = R_B I_B + R_E(I_B + \beta I_B) = [R_B + (1+\beta)R_E]I_B$$

$$R_{ab} = \frac{U_{ab}}{I_B} = R_B + (1+\beta)R_E$$

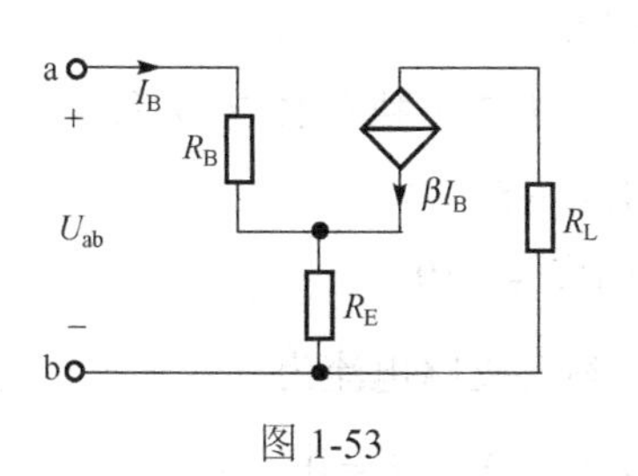

图 1-53

由此例题还可推广得到一个重要结论：任何一个含有受控源的无独立源的二端网络均可以等效为一个纯电阻。

思考与练习

1.6-1　列出图示电路的端口伏安关系，并画出其最简等效电路。

1.6-2　试求图示电路中的输入电阻 R_{in}（$\alpha \neq 1, \mu \neq 1$）。

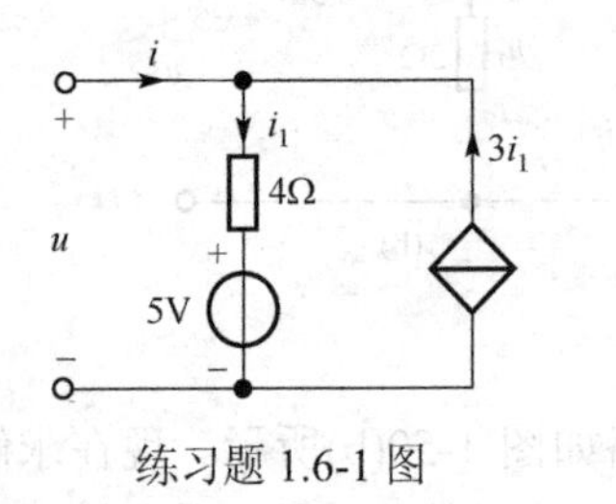

练习题 1.6-1 图

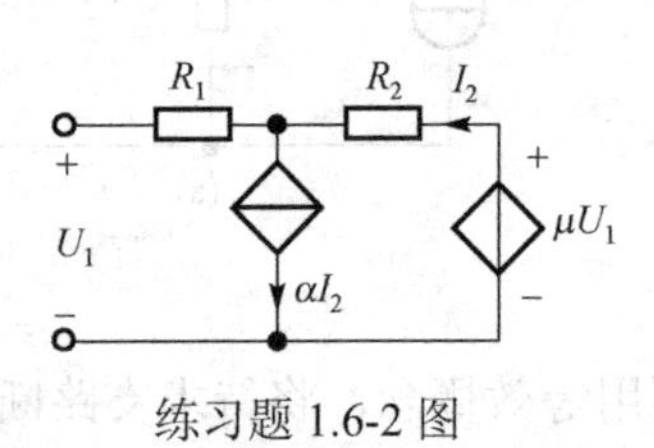

练习题 1.6-2 图

1.7　支路电流法

本节及后两节将介绍一般分析法或方程法，这类方法不仅适用于手工计算，更被广泛应用于电路的计算机辅助分析。我们主要介绍支路法、网孔法和节点法等。其基本思路是：选取适当的一组变量，依据两类约束建立电路方程，求得这组变量后再确定所求响应。其中一个重点是利用独立变量概念对线性电路进行分析（网孔法和节点法），所选取的变量应具有独立性和完备性。

对一个具有 b 条支路和 n 个节点的电路，当以支路电压和支路电流同时作为变量列写方程时，共有 $2b$ 个未知变量。根据 KCL 可列出$(n-1)$个独立方程，根据 KVL 可列出$(b-n+1)$个独立方程；根据元件的伏安关系，b 条支路又可列出 b 个支路电压和电流关系方程。于是所列出的 $2b$ 个方程足以用来求解 b 个支路电压和 b 个支路电流。这种选取未知变量列方程求解电路的方法称为 $2b$ 法。

为了减少求解方程的个数，以支路电流为变量列出独立的 KCL 和 KVL 方程（可以利用元件的伏安关系将各元件的电压以支路电流表示），解得支路电流后再求其他响应，这种方法称为支路电流法。显然，在求支路电流时，所需要的方程数为 b 个。

例 1-19　如图 1-54 所示电路，用支路电流法求出 cd 两点间的电压及各电源产生的功率。

解：（1）设支路电流变量为 i_1、i_2、i_3，其参考方向如图 1-54 所示。

（2）电路图中节点数为 2，支路数为 3。

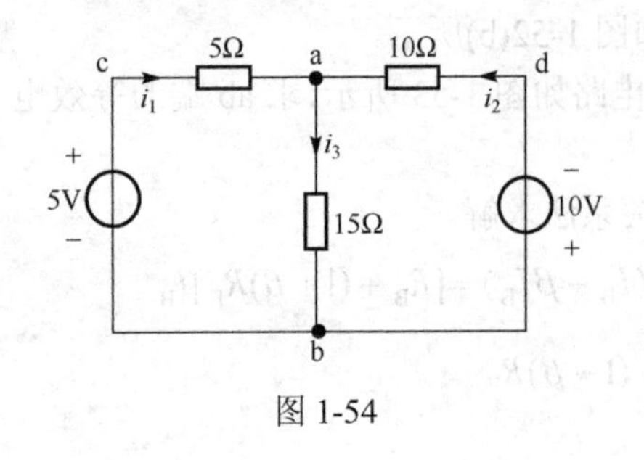

图 1-54

任选 a 节点或 b 节点，列出 1 个独立 KCL 方程为

$$i_1 + i_2 = i_3$$

（3）任选两个回路，列出 2 个独立 KVL 方程为

$$5i_1 + 15i_3 = 5$$
$$10i_2 + 15i_3 = -10$$

（4）联立解方程组，得各支路电流为

$$i_1 = 1\text{A} \quad i_2 = -1\text{A} \quad i_3 = 0$$

（5）由支路电流求待求响应：

$$u_{cd} = 5i_1 - 10i_2 = 15\text{V}$$
$$P_{5\text{V}} = 5 \times i_1 = 5\text{W}$$
$$P_{10\text{V}} = -10 \times i_2 = 10\text{W}$$

由该例题可以看出，支路电流间由 KCL 联系，可以互相表示，因而不具有独立性。另外，独立的 KCL 方程和 KVL 方程数分别为 1 个和 2 个，这是由电路结构决定的。另外，求解电路的上述几个步骤适用于电路中每一条支路电压都能用支路电流来表示的情况。如遇这些支路恰好是电流源或受控电流源时，则可直接利用电流源省去一些方程，其中遇受控电流源时还需要补足辅助方程才能进行求解。

支路电流法的方程数仍然较多，特别是电路复杂、支路数较多时，联立求解 b 个方程，计算工作量仍然相当繁重。

思考与练习

1.7.1　“支路法相对于 2b 法减少了一半的方程，因此支路法才是分析电路的最简方法”。这种说法对吗？为什么？

1.8　网　孔　法

以网孔电流为电路变量，直接列写网孔的 KVL 方程，先求得网孔电流进而求得响应，这种求解方法称为网孔法。实际所遇到的电路大都是平面电路，网孔法只适用于这类电路分析。以下讨论均对具有 n 个节点、b 条支路的电路而言。

这里，网孔电流定义为沿网孔边界流动的假想电流。电路中共有 $L=(b-n+1)$ 个网孔，因而也有 L 个网孔电流。图 1-55 所示电路中有三个网孔，其三个网孔电流分别为 i_a、i_b、i_c，分别沿 abca、abda、bcdb 网孔边界流动。

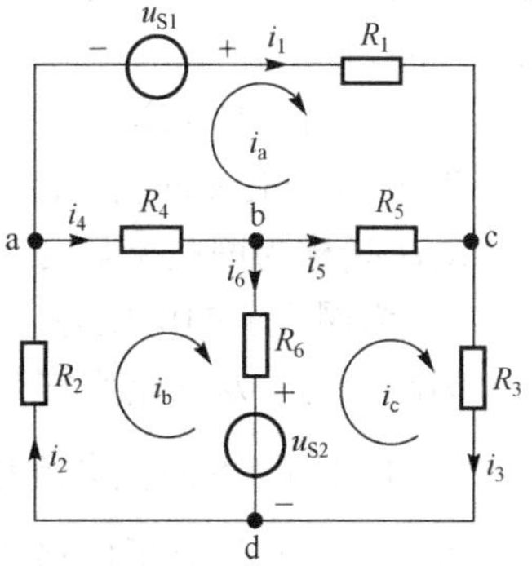

网孔电流是相互独立的变量。由于每一网孔电流流经某一节点时，必然流入又流出该节点，因此若以网孔电流列节点的 KCL 方程，各网孔电流将彼此抵消，它们相互间不受 KCL 约束，具有独立性。

网孔电流是完备的变量。对于平面网络，网络边界的每条支路只与一个网孔关联，支路电流视其参考方向或等于其所关联网孔的网孔电流，或与该网孔电流相差一个负号；而网络内部的每条支路与两个网孔关联，支路电流等于其所关联两网孔的网孔电流和或差（视网孔电流的参考方向而定）。可见，网孔电流一旦求得，所有支路电流（或电压等）随之即可求出，因此网孔电流具有完备性。如图 1-55 所示电路有

图 1-55

$$i_1 = i_a,\quad i_2 = i_b,\quad i_3 = i_c$$
$$i_4 = i_b - i_a,\quad i_5 = i_c - i_a,\quad i_6 = i_b - i_c$$

为了求出 L 个网孔电流，必须建立 L 个以网孔电流为变量的独立方程，由于网孔电流不

受 KCL 约束，因此只能根据 KVL 和支路的伏安关系列方程。若利用网孔电流的完备性以及支路的伏安关系，将各支路电压用网孔电流表示，则可得到 L 个以网孔电流为变量的独立方程，该组方程就称为网孔方程。对图 1-55 所示电路列写 KVL 方程如下：

网孔 a：$R_1 i_a - R_5(i_c - i_a) - R_4(i_b - i_a) = u_{S1}$

网孔 b：$R_2 i_b + R_4(i_b - i_a) - R_6(i_b - i_c) = -u_{S2}$

网孔 c：$R_3 i_c - R_6(i_b - i_c) + R_5(i_c - i_a) = u_{S2}$

整理得

$$\begin{cases}(R_1 + R_4 + R_5)i_a - R_4 i_b - R_5 i_c = u_{S1} \\ (R_2 + R_4 + R_6)i_b - R_4 i_a + R_6 i_c = -u_{S2} \\ (R_3 + R_5 + R_6)i_c - R_5 i_a - R_6 i_b = u_{S2}\end{cases} \tag{1.8-1}$$

写成一般形式

$$\begin{cases}R_{11} i_a + R_{12} i_b + R_{13} i_c = u_{S11} \\ R_{21} i_a + R_{22} i_b + R_{23} i_c = u_{S22} \\ R_{31} i_a + R_{32} i_b + R_{33} i_c = u_{S33}\end{cases} \tag{1.8-2}$$

如果用网孔法分析电路都有上述方程的整理过程，那显然还是比较麻烦的。能否简化方程的列写呢？比如，能否观察电路直接写出每一个网孔的 KVL 方程？不妨先看整理后每一个方程式有何规律。

观察方程组（1.8-1）的第一个方程可以看出：以网孔电流参考方向作为绕行方向，方程的左端为电压降之和（含网孔电流变量），方程的右端为电压升之和。i_a 前的系数 $(R_1 + R_4 + R_5)$ 恰好是网孔 a 内所有电阻之和，称它为网孔 a 的自电阻；i_b 前的系数 $(-R_4)$ 是网孔 a 和网孔 b 公共支路上的电阻，称它为 a 和网孔的互电阻。由于流过 R_4 的网孔电流 i_a、i_b 方向相反，故 R_4 前冠以“−”（如一致，则取“+”）；同样，i_c 前系数 $(-R_5)$ 是网孔 a 和网孔 c 公共支路上的电阻，称它为网孔 a 和网孔 c 的互电阻。等式右端表示网孔 a 中沿绕行方向电压源电压升之和，电压升即为 u_{S1}。

在方程组（1.8-2）中：

R_{kk} 称为网孔 k 的自电阻，恒取“+”号。

$R_{kj}(k \neq j)$ 称为网孔 k 与网孔 j 的互电阻。

u_{Skk} 为网孔 k 的电压源之代数和（沿绕行方向的电压升之和）。

因此，可得从网络直接列写网孔方程的通式为

自电阻×本网孔电流+Σ 互电阻×相邻网孔电流=本网孔所含电压源电压升之和

综上，网孔法分析电路的步骤归纳如下：

（1）设定网孔电流及其参考方向（通常同取顺时针方向或逆时针方向）；

（2）列网孔方程组，联立求解，解出网孔电流；

（3）由网孔电流求出电路响应。

列网孔方程时，要将各网孔 KVL 方程中的各支路电压用网孔电流表示。若网络含有电流源，由于电流源的电压要由外电路确定而不能直接用网孔电流表示，故一般采用以下处理方法：

（1）若存在电流源并联电阻的有伴电流源，则将其并联组合转换成电压源串联电阻模型；

（2）若某个无伴电流源所在支路单独属于某个网孔，则与其关联网孔的网孔电流为已知，该网孔的 KVL 方程可省去；

（3）若某个无伴电流源为两个网孔所共有，则可增设电流源两端电压为未知变量，从而增补一个辅助方程，使电流源电流与网孔电流相联系。

例 1-20　用网孔分析法求例 1-19 中的各支路电流。

解：设网孔电流变量及其参考方向分别与图 1-54 所标示的 i_1 和 i_3 相同，则两个网孔 KVL 方程为

$$5i_1 + 15(i_1 + i_2) = 5$$
$$10i_2 + 15(i_1 + i_2) = -10$$

或应用网孔方程通式，得到方程组

$$(5+15)i_1 + 15i_2 = 5$$
$$(10+15)i_2 + 15i_1 = -10$$

联立解方程组，得各支路电流为：i_1=1A，i_2=−1A。

由 KCL 得

$$i_3 = i_1 + i_2 = 0$$

例 1-21　如图 1-56(a)所示电路，试用网孔分析法求电流 i 和电压 u。

解：图 1-56(a)中 20A 电流源有伴，将其并联组合转换成电压源串联电阻，如图 1-56(b)所示；在图 1-56(b)中，10A 电流源为网孔 a 独有，故 i_a =10A，该网孔 KVL 方程可省去；5A 电流源为 b、c 两网孔共有，应增设其两端电压变量 u_x。故应列 KVL 方程 2 个、辅助方程 1 个：

网孔 b：$10i_b + 2(i_b - i_a) = 10 - 40 - u_x$

网孔 c：$1 \times i_c + 2(i_c - i_a) = 20 + u_x$

辅助方程：$i_c - i_b = 5$

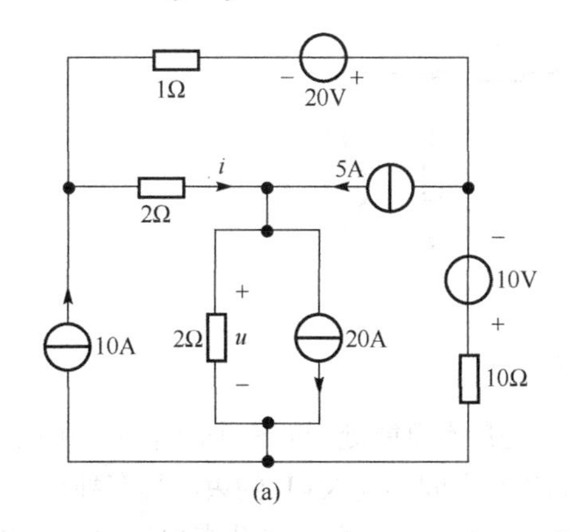

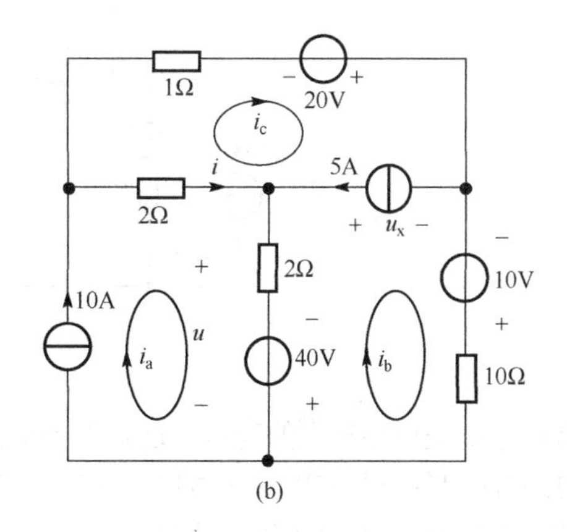

图 1-56

或应用网孔方程通式加上辅助方程，得到方程组

$$\begin{cases}(10+2)i_b - 2i_a = 10 - 40 - u_x \\ (1+2)i_c - 2i_a = 20 + u_x \\ i_c - i_b = 5\end{cases}$$

联立求解上述方程（其中 i_a=10A），得

$$i_b = 1\text{A}, \quad i_c = 6\text{A}$$

故用网孔电流表示所求响应为

$$i = i_a - i_c = 10 - 6 = 4\text{A}$$
$$u = 2(i_a - i_b) - 40 = 2(10 - 1) - 40 = -22\text{V}$$

如果电路中含有受控源，可先将受控源按独立源一样对待，列写网孔方程，再增加辅助方程，即将受控源的控制量用网孔电流表示。

思考与练习

1.8.1 有人说：“若电路不含受控源，在对电路列写网孔方程时，如果网孔电流都设成顺时针或逆时针方向，则所列出的网孔方程中的互电阻均为负”。这种说法正确吗？为什么？

1.8.2 有人说：“以网孔电流为变量的方程必是 KCL 方程”，这种说法正确吗？为什么？

1.9 节 点 法

以节点电压为电路变量，直接列写独立节点的 KCL 方程，先求得节点电压，进而求得响应。这种求解方法称为节点法。以下讨论均对具有 n 个节点、b 条支路的电路而言。

这里，节点电压定义为：任意选定电路中某一节点为参考点，其余节点指向参考点之间的电压（或称节点电位）。显然，节点电压的数目为 $T=(n-1)$ 个。如图 1-57 所示，当选择节点 d 为参考点时，节点电压则为 u_a、u_b、u_c。

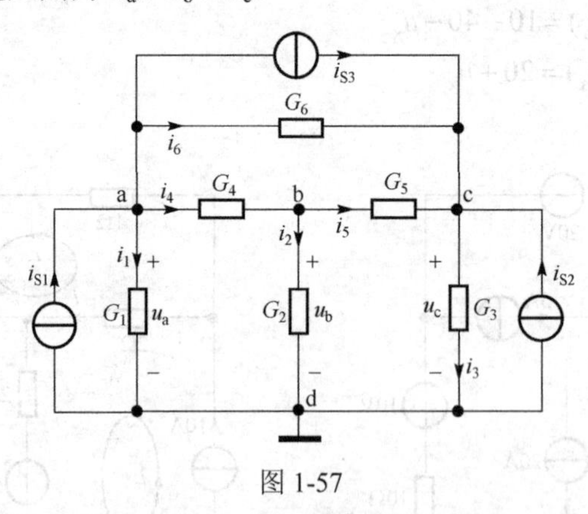

图 1-57

节点电压是相互独立的变量。这是因为节点电压变量不可能处于同一个回路内，所以不能通过 KVL 方程把各个节点电压变量联系起来，即它们相互之间不受 KVL 约束，具有独立性。

节点电压是完备的变量。由图可以看出，任何支路的电压均可用节点电压表示。由支路伏安关系还可求出各支路电流，进而可进一步求出其余变量，因此节点电压具有完备性。

设电路有 T（$T=n-1$）个节点电压，必须建立 T 个以节点电压为变量的独立方程，由于节点电压不受 KVL 约束，因此只能根据 KCL 和支路的伏安关系列写方程。若利用节点电压的完备性及支路伏安关系，将这些 KCL 方程中的各支路电流用节点电压表示，则可得到 T 个以节点电压为变量的独立方程，该组方程就称为节点方程。

对图 1-57 所示电路，对 a、b、c 三节点列写 KCL 方程如下：

$$\begin{cases} G_1u_a + G_4(u_a - u_b) + G_6(u_a - u_c) = i_{S1} - i_{S3} \\ G_2u_b + G_4(u_b - u_a) + G_5(u_b - u_c) = 0 \\ G_3u_c + G_5(u_c - u_b) + G_6(u_c - u_a) = i_{S2} + i_{S3} \end{cases} \tag{1.9-1}$$

整理得

$$\begin{cases} (G_1 + G_4 + G_6)u_a - G_4u_b - G_6u_c = i_{S1} - i_{S3} \\ (G_2 + G_4 + G_5)u_b - G_4u_a - G_5u_c = 0 \\ (G_3 + G_5 + G_6)u_c - G_5u_b - G_6u_a = i_{S2} + i_{S3} \end{cases} \tag{1.9-2}$$

写成一般形式

$$\begin{cases} G_{11}u_a + G_{12}u_b + G_{13}u_c = i_{S11} \\ G_{21}u_a + G_{22}u_b + G_{23}u_c = i_{S22} \\ G_{31}u_a + G_{32}u_b + G_{33}u_c = i_{S33} \end{cases} \tag{1.9-3}$$

式（1.9-3）中：

- G_{kk} 称为节点 k 的自电导，它是连接到节点 k 的所有支路的电导之和，恒取“+”。
- G_{kj}（$k \neq j$）称为节点 k 与节点 j 的互电导，它是节点 k 与节点 j 之间共有支路的电导之和，恒取“−”。
- i_{Skk} 为流入节点 k 的电流源之代数和。

上述方程的左端为流出某节点的电导上电流之代数和，方程的右端为流入该节点的电流源之代数和。同网孔分析法一样，节点法也能仅观察电路即可写出不需要整理的通式，可对式（1.9-2）中的每一个方程总结为以下通式：

自电导×本节点电压+Σ 互电导×相邻节点电压=流入本节点电流源电流代数和

综上，节点法分析电路的步骤归纳如下：

（1）设定参考节点，确定节点电压变量；

（2）列节点方程组，联立求解，解出节点电压；

（3）由节点电压求出电路响应。

列节点方程时，要将各独立节点 KCL 方程中的各支路电流用节点电压表示。若网络含有电压源，由于电压源的电流要由外电路确定而不能直接用节点电压表示，故一般采用以下处理方法：

（1）若存在电压源串联电阻的有伴电压源，则可将其串联组合转换成电流源并联电阻模型；

（2）若存在无伴电压源支路，可将无伴电压源支路的一端设为参考点，则它的另一端的节点电压即为已知量，等于该电压源的电压或差一个负号，此节点的节点方程可省去。

（3）若存在两个或两个以上无伴电压源支路，可对其中的一个无伴电压源支路按第（2）种方法处理。而对其余的无伴电压源支路，可增设流过无伴电压源的电流为未知量，先列节点方程，再增补一个或若干个辅助方程，使电压源电压与节点电压相联系。

例 1-22　用节点分析法求例 1-20 中的各支路电流。

解：设 b 点为参考节点，则关于 a 节点的 KCL 方程为

$$\frac{u_a}{15}+\frac{u_a-5}{5}+\frac{u_a+10}{10}=0$$

或由通式得 KCL 方程为

$$\left(\frac{1}{15}+\frac{1}{5}+\frac{1}{10}\right)u_a=\frac{5}{5}-\frac{10}{10}$$

解方程得：$u_a=0$，故有

$$i_1=\frac{5-u_a}{5}=1\text{A}$$

$$i_2=\frac{-10-u_a}{10}=-1\text{A}$$

$$i_3=0$$

例 1-23 如图 1-58 所示电路，应用节点分析法求电流 i 和电压 u。

解： 此电路含有两个无伴电压源，只能选择其中一个理想电压源的一端为参考点。设节点 d 为参考点，则 u_a =10V 为已知量，该节点的 KCL 方程可省去。设流过 5V 电压源的电流为 i_x，则列出节点方程及辅助方程为

节点 b：$-\frac{1}{5}u_a+\left(\frac{1}{5}+\frac{1}{5}\right)u_b=-i_x$

节点 c：$-\frac{1}{10}u_a+\left(\frac{1}{10}+\frac{1}{10}\right)u_c=i_x+2$

辅助方程：$u_b-u_c=5$

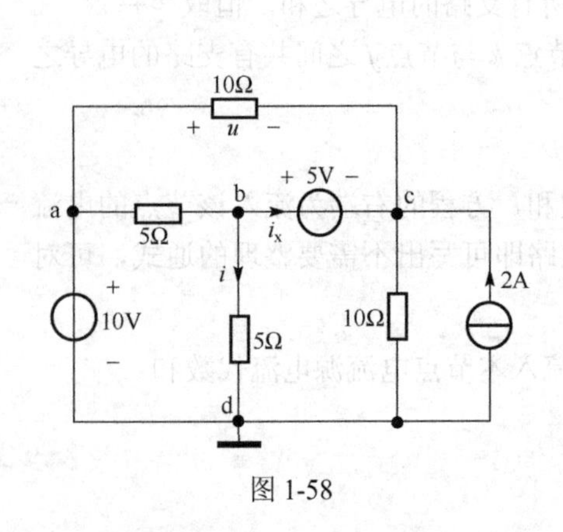

图 1-58

联立求解以上方程可得：

$$u_b=10\text{V},\ u_c=5\text{V}$$

故有

$$u=u_a-u_c=10-5=5\text{V}$$

$$i=\frac{u_b}{5}=\frac{10}{5}=2\text{A}$$

同样，如果电路中含有受控源，可先将受控源按独立源一样对待，列写节点方程，再增加辅助方程，即将受控源的控制量用节点电压表示。

思考与练习

1.9.1 “若电路中不含受控源，应用节点法时均有互电导相等，即：$G_{kj}=G_{jk}$”，这种说法对吗？若电路中含有受控源，情况又如何？

1.9.2 用网孔法求解例 1-23 中的变量。并比较两种方法哪一种更好？

1.10 齐次定理和叠加定理

线性电路是由线性元件组成的，其重要特性是同时具有齐次性（又称比例性或均匀性）和叠加性。由此可总结为两个重要定理：齐次定理和叠加定理。当电路中有多种或多个信号

激励时，它们为研究响应与激励的关系提供了理论依据和方法，并经常作为推导其他电路定理的基础。

1.10.1　齐次定理

在介绍齐次定理之前，先看以下例题。

例 1-24　求电路图 1-59(a)中的电流 I_1' 和图 1-59(b)中的电流 I_1''。

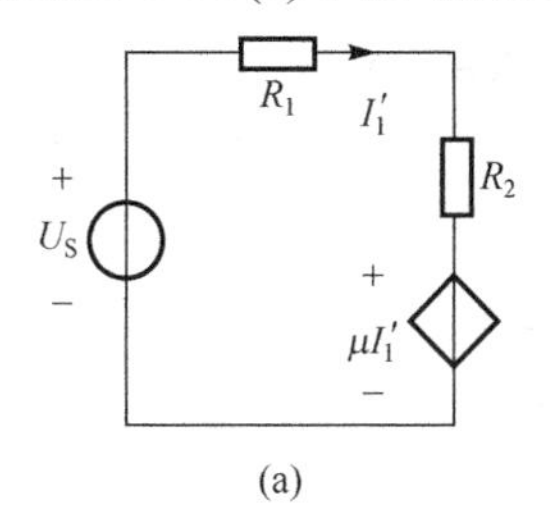

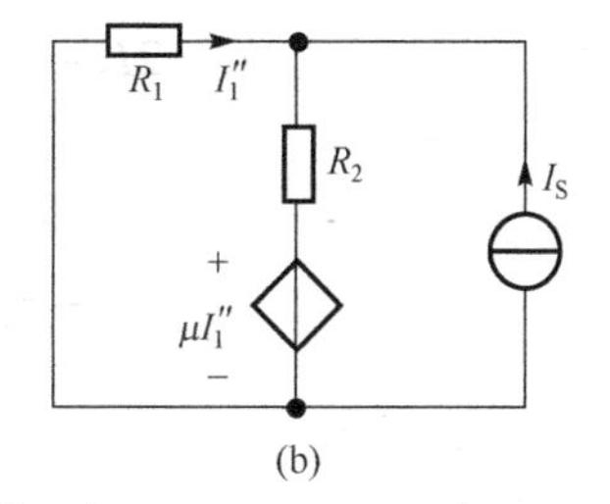

图 1-59

解：(a)以回路电流为变量，列出回路的 KVL 方程

$$(R_1+R_2)I_1'+\mu I_1'=U_S$$

解得

$$I_1'=\frac{U_S}{R_1+R_2+\mu}$$

可见，由于电阻值和受控源参数均为常数，响应 I_1' 与激励 U_S 成正比。

(b)网孔法求解。设两个网孔电流与 I_1'' 和 I_S 一致，则网孔方程为

$$(R_1+R_2)I_1''+R_2I_S+\mu I_1''=0$$

解得

$$I_1''=\frac{-R_2I_S}{R_1+R_2+\mu}$$

同样，由于电阻值和受控源参数均为常数，响应 I_1'' 与激励 I_S 成正比。

上例中反映的响应与激励成正比的关系具有一定的普遍性，可将其总结为齐次定理。

齐次定理的内容为：当线性电路中只有一个激励源作用时，其任意支路上的响应与激励值成正比。

其中，激励源可以是独立电压源，也可以是独立电流源，但不可以是受控源。例如，假设激励是电压源 u_S，响应是某支路电流 i，则根据齐次定理有 $i=ku_S$。式中 k 为常数，它只与电路结构和元件参数有关，而与激励源无关。

例 1-25　如图 1-60 所示电路中，已知电流源 $I_S=15$A，试求电流 I_0。

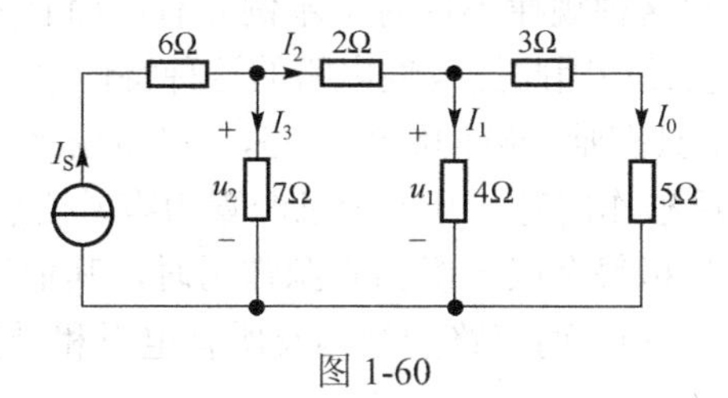

图 1-60

解：利用齐次定理求解。不妨先假设电流 I_0=1A，则

$$u_1 = (3+5)I_0 = 8\times 1 = 8\text{V}$$

$$I_1 = \frac{u_1}{4} = \frac{8}{4} = 2\text{A}, \quad I_2 = I_1 + I_0 = 2+1 = 3\text{A}$$

可求得

$$u_2 = 2I_2 + u_1 = 2\times 3 + 8 = 14\text{V}$$

从而有

$$I_3 = \frac{u_2}{7} = \frac{14}{7} = 2\text{A}$$

此时的 $I_\text{S} = I_2 + I_3 = 3+2 = 5\text{A}$。

显然，根据齐次定理，当 I_s= 15A 时：

$$I_0 = 1\times\frac{15}{5} = 3\text{A}$$

1.10.2 叠加定理

在介绍叠加定理之前，再看一道例题。

例 1-26 求解电路图 1-61 中的 I_1。

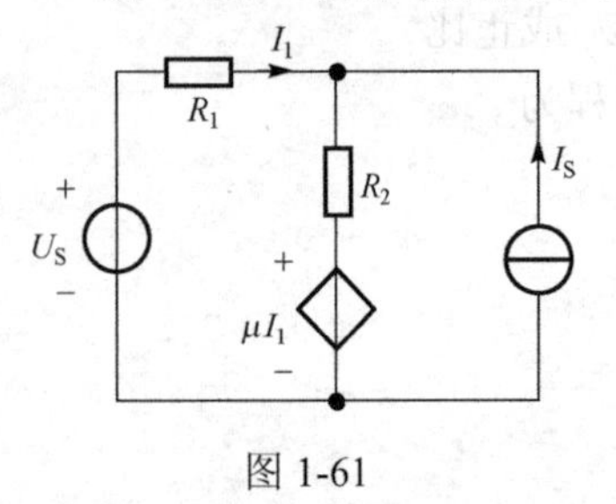

图 1-61

解：网孔法求解。设网孔电流同 I_1 和 I_S（大小及参考方向均相同），则网孔方程为

$$(R_1+R_2)I_1 + R_2 I_\text{S} + \mu I_1 = U_\text{S}$$

解得

$$I_1 = \frac{U_\text{S} - R_2 I_\text{S}}{R_1+R_2+\mu} = \frac{U_\text{S}}{R_1+R_2+\mu} + \frac{-R_2 I_\text{S}}{R_1+R_2+\mu}$$

分析该结果可知，响应 I_1 与两个独立源 U_S 和 I_S 均有关系。I_1 的表达式中第一项只与 U_S 有关，第二项只与 I_S 有关。若令 $I_1' = \dfrac{U_\text{S}}{R_1+R_2+\mu}$，$I_1'' = \dfrac{-R_2 I_\text{S}}{R_1+R_2+\mu}$，则显然有

$$I_1 = I_1' + I_1''$$

联系例 1-25，可以发现 I_1' 和 I_1'' 在两道题中是一致的。故本例中的 I_1' 可看作仅有 U_S 作用而 I_S 不作用（视为开路）时 R_1 上的电流，I_1'' 可看成仅有 I_S 作用而 U_S 不作用（视为短路）时 R_1 上的电流。即电流 I_1 可以看成独立电压源 U_S 与独立电流源 I_S 分别单独作用时产生电流的代数和。响应与激励之间关系的这种规律不仅对于本例才有，而且所有具有唯一解的线性电路都具有这种特性，具有普遍意义，因此把线性电路的这种特性总结为叠加定理。

叠加定理的内容为：对于具有唯一解的线性电路，多个激励源共同作用时引起的响应（电流或电压）等于各个激励源单独作用时（其他激励源置为零）所引起的响应之代数和。

所谓激励源单独作用，是指每个或一组独立源作用时，其他独立源均置为零（即其他独立电压源短路，独立电流源开路），而电路的结构及所有电阻和受控源均不得变动。

叠加定理用来分析线性电路的基本思想是“化整为零”的思想，它将多个独立源作用的复杂电路分解为每一个（或每一组）独立源单独作用的较简单的电路，在分解图中分别计算某支路的电流或电压响应，然后通过求代数和求出它们共同作用时的响应。对于独立源数目不是很多的线性电路，用叠加定理分析有方便之处。

例 1-27　利用叠加定理求图 1-62(a)所示电路的电压 u_2。

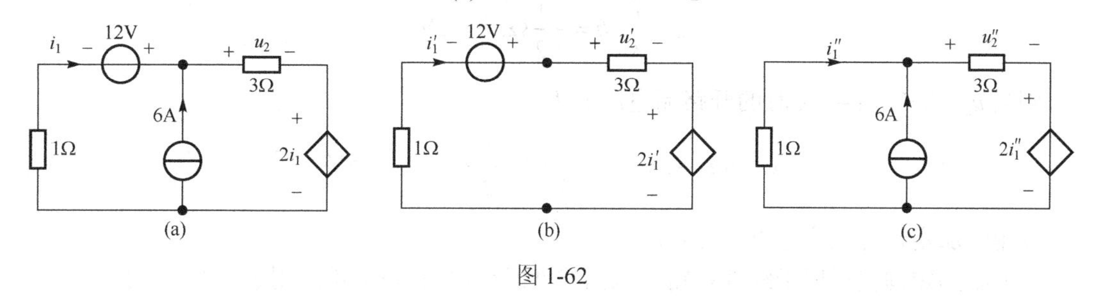

图 1-62

解：根据叠加定理，首先分别画出两个独立源分别单独作用时的分解电路。

（1）当 12V 电压源单独作用时，6A 电流源被置零，即开路，如图 1-62(b)所示。可得

$$(3+1)i_1' + 2i_1' = 12$$
$$i_1' = 2\text{A}$$
$$u_2' = 3i_1' = 6\text{V}$$

（2）当 6A 电流源单独作用时，12V 电压源被置零，即短路，如图 1-62(c)所示。可得

$$u_2'' = 3(6+i_1'') = -1\times i_1'' - 2i_1'' = -3i_1''$$
$$i_1'' = -3\text{A}$$
$$u_1'' = 9\text{A}$$

故由叠加定理得：$u_2 = 6+9 = 15\text{V}$。

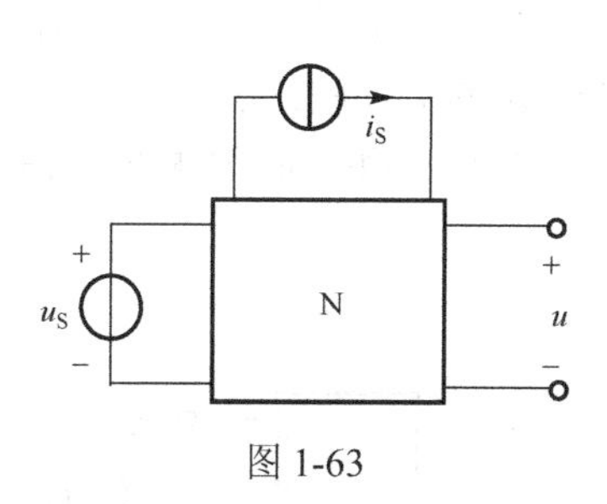

图 1-63

例 1-28　如图 1-63 所示的电路中，N 为含有独立源的线性电阻电路。已知：

当 $u_S = 6\text{V}$，$i_S = 0$ 时，开路端电压 $u = 4\text{V}$；

当 $u_S = 0\text{V}$，$i_S = 4\text{A}$ 时，$u = 0$；

当 $u_S = -3\text{V}$，$i_S = -2\text{A}$ 时，$u = 2\text{V}$。

求当 $u_S = 3\text{V}$，$i_S = 3\text{A}$ 时的开路端电压 u。

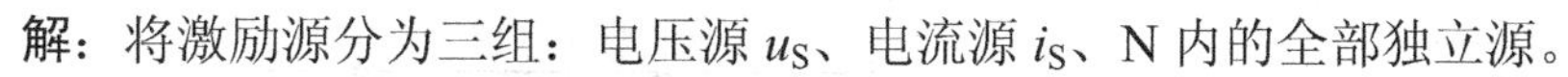

解：将激励源分为三组：电压源 u_S、电流源 i_S、N 内的全部独立源。

设仅有电压源 u_S 产生的响应为 u_1，则 $u_1=a\,u_S$（u_S 发生变化）；

设仅有电流源 i_S 产生的响应为 u_2，则 $u_2=b\,i_S$（i_S 发生变化）；

设 u_S=0，i_S=0 时，仅由 N 内部所有独立源引起的响应为 u_3，$u_3=c$（N 内独立源不发生变化，故设为常数）。

于是，在任何情况下均有

$$u = u_1 + u_2 + u_3 = au_S + bi_S + c$$

将已知条件代入得

$$\begin{cases} 6a+c=4 \\ 4b+c=0 \\ -3a-2b+c=2 \end{cases}$$

解得：

$$a=\frac{1}{3},\ b=-\frac{1}{2}\Omega,\ c=2\text{V}$$

则当 $u_S=3$V，$i_S=3$A 时的开路端电压 u 为

$$u=au_S+bi_S+c=\frac{1}{3}\times3-\frac{1}{2}\times3+2=1.5\text{V}$$

使用叠加定理时应注意以下几点：

（1）叠加定理仅适用于线性电路（包括线性时变电路），而不适用于非线性电路。

（2）叠加定理只适用于计算电流和电压，而不能用于计算功率。这是因为电压和电流都与激励呈一次函数关系，而功率与激励不是一次函数关系。

（3）若电路中含有受控源，受控源不单独作用。在独立源每次单独作用时受控源都要保留其中，其数值随每一独立源单独作用时控制量数值的变化而变化。

（4）应用叠加定理时，可以分别计算各个独立电压源和电流源单独作用下的电流或电压，然后把它们进行叠加；也可以将电路中的所有独立源分为几组，按组计算所需的电流或电压，然后叠加。特别是对于内部结构未知的“黑箱”问题，只能通过将其中所有的独立源作为一组进行分析。

思考与练习

1.10.1　电路如图所示，N 为含有独立源和电阻的线性电路，已知 $U_S=2$V 时，$I=1$A，则当 $U_S=4$V 时，$I=2$A，这个结论对吗？为什么？

1.10.2　用叠加定理求电路图中 I 和 U_{ab}。

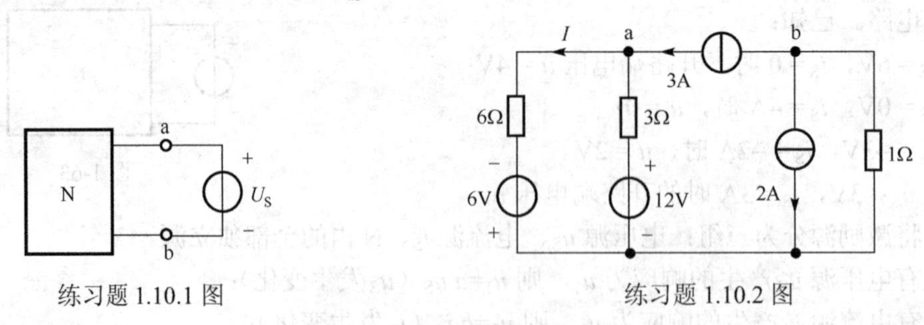

练习题 1.10.1 图　　　　练习题 1.10.2 图

1.10.3　有人说：“叠加定理只适用于线性电路，它可以用来求线性电路中的任何量，包括电流、电压、功率。”，你同意这种观点吗？为什么？

1.11　替代定理*

替代定理（又称置换定理）是集总参数电路理论中一个重要的定理。既适用于线性电路，又适用于非线性电路。内容为：在具有唯一解的线性或非线性电路中，若已知某一支路的电

压为 u，电流为 i，那么该支路可以用“$u_S = u$”的电压源替代，或者用“$i_S = i$”的电流源替代。替代后电路其他各处的电压、电流均保持原来的值。

定理中所说的某支路可以是无源的，也可以是含独立源的，或是一个二端网络（又称广义支路）。但是，被替代的支路与原电路的其他部分（图 1-64(a)中的电路 N）间不应有耦合。例如，在被替代部分的电路中不应有控制量在 N 中的受控源，而 N 中受控源的控制量也不应在被替代部分的电路中。图 1-64 为替代定理示意图，其中 M 为被替代的广义支路。

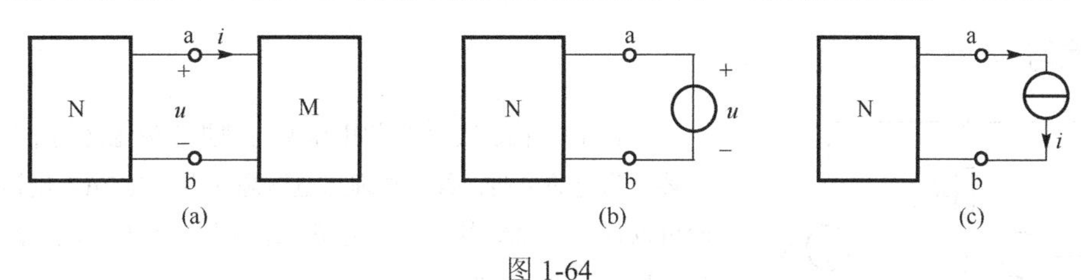

图 1-64

替代定理可论证如下：设原电路（图 1-64 中的 N 部分）各支路电流、电压具有唯一的解，它们满足 KCL、KVL 和各支路的伏安关系。当某条支路用电压源 u 替代后，其电路拓扑结构与原电路完全相同，因而原电路与替代后的电路的 KCL 和 KVL 方程完全相同；除被替代的支路外，替代前后电路的支路约束关系也完全相同。替代后的电路中，电压源支路的电压为 u 没有变化，而它的电流是任意的（因电压源的电流可为任意值）。所以，上述原电路各支路的电流、电压满足替代后电路的所有约束关系。故它也是替代后电路的唯一的解。

若用电流源来替代，也可进行类似的论证。

在分析电路时，经常使用替代定理化简电路，辅助其他方法求解。在推导许多新的定理与等效变换方法时也常用到替代定理。实际工程中，在测试电路或试验设备中采用假负载（或称模拟负载）的理论根据即是替代定理。

例 1-29　在含源网络 N 的一侧接 π 形衰减器，如图 1-65(a)所示，求解当负载电阻 R_L 为何值时，负载中的电流为网络 N 的输出电流的一半。

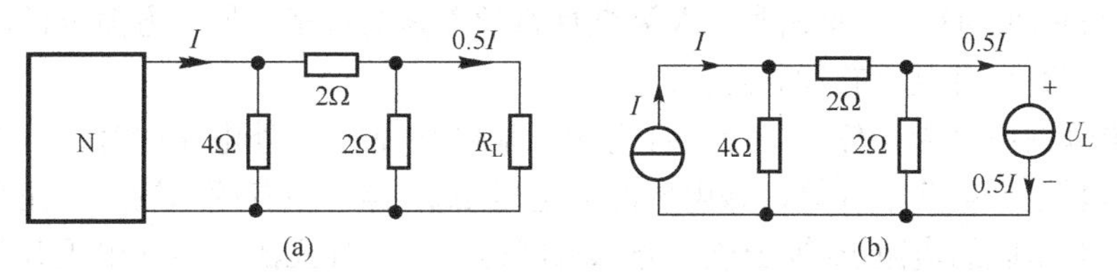

图 1-65

解：为求出电阻 R_L，可先求其两端电压，并以 U_L 表示，再利用欧姆定律求出电阻 R_L。为此，根据替代定理，N 网络及负载均用电流源替代，得电路如图 1-65(b)所示。

由叠加定理，求得负载电阻电压为

$$U_L = I \times \frac{4}{4+2+2} \times 2 + \left(-\frac{I}{2}\right) \times [2//(2+4)] = 0.25I$$

故利用欧姆定律有

$$R_L = \frac{U_L}{0.5I} = \frac{0.25I}{0.5I} = 0.5\Omega$$

即当 R_L =0.5Ω时，负载中的电流为网络 N 的输出电流的一半。

应当注意，“替代”与“等效变换”是两个不同的概念，“替代”是用独立电压源或电流源替代已知电压或电流的支路，替代前后替代支路以外电路的拓扑结构和元件参数不能改变，因为一旦改变，替代支路的电压和电流也将发生变化；而等效变换是两个具有相同端口伏安特性的电路间的相互转换，与变换以外电路的拓扑结构和元件参数无关。

从等效的角度看，替代定理属于有条件等效。即必须在电路确定并已知支路上电压或电流的限定条件下支路才能被替代，替代前后各支路的电压、电流、功率是等效的。

思考与练习

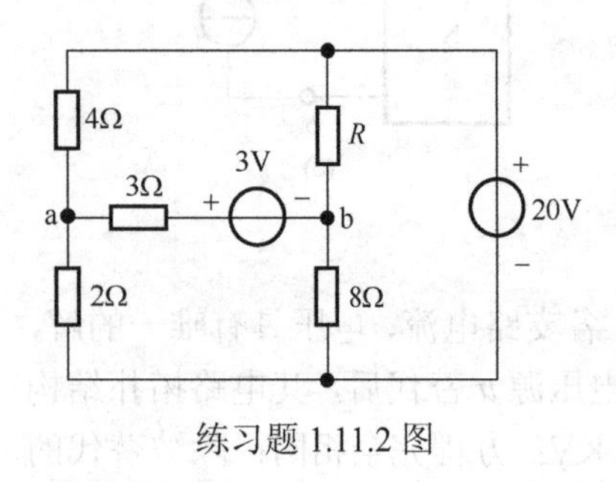

练习题 1.11.2 图

1.11.1　有人说：“理想电压源与理想电流源之间不能互换，但对某一确定的电路，若已知理想电压源的电流为 2A，则该理想电压源可以替代为 2A 的理想电流源，这种替代不改变原电路的工作状态。”你认为对吗？

1.11.2　图示电路中，已知 $u_{ab}=0$，求电阻 R。

1.11.3　在待替代支路中串联两个极性相反且数值等于该支路已知电压值的电压源，即可证明替代定理。试画出电路图，并证明之。

1.12　等效电源定理

在 1.6 节曾介绍了二端网络的一些等效方法，本节介绍的等效电源定理则说明另一种等效变换方法，即如何将一个有源线性二端网络（指一个含电源、线性电阻和线性受控源的二端网络）等效成一个电源，它包括戴维南定理和诺顿定理。如果将有源线性二端网络等效成电压源形式，应用的则是戴维南定理；如果将有源线性二端网络等效成电流源形式，应用的则是诺顿定理。前者由法国电讯工程师戴维南（L. C. Thévenin）于 1883 年提出，后者由美国贝尔实验室的工程师诺顿（L. Norton）于 1933 年提出。两个定理具有对偶性，但两者的提出却相隔了 50 年的时间，这一方面说明了人类进行科学探索的艰辛，另一方面也说明了科学的方法论对于科研实践具有重要的指导意义。

戴维南定理的内容为：任何一个线性有源二端网络 N，对外电路而言，可以用一个电压源和电阻的串联组合电路来等效，该电压源的电压 u_{OC} 等于该有源二端网络在端口处的开路电压，与电压源串联的电阻 R_0 等于该有源二端网络中全部独立源置零（电压源短路，电流源开路）后的等效电阻。

上述电压源和电阻的串联组合称为戴维南等效电路，电阻 R_0 又称为戴维南等效电阻。

诺顿定理的内容为：任何一个线性有源二端网络 N，对外电路而言，可以用一个电流源和电导的并联组合电路来等效，该电流源的电流 i_{SC} 等于该有源二端网络端口处的短路电流，与电流源并联的电导 G_0 等于该有源二端网络中全部独立源置零后的等效电导。

上述电流源和电导的并联组合电路称为诺顿等效电路，电导 G_0 称为诺顿等效电导。

等效电源定理的示意图如图 1-66 所示。

由图 1-66 可以看出，由于网络 N_1 和 N_2 都是网络 N 的等效电路，它们彼此之间也是等效的，则显然有

$$u_{OC}=R_0 i_{SC} \quad 或 \quad i_{SC}=\frac{u_{OC}}{R_0},\ G_0=\frac{1}{R_0}$$

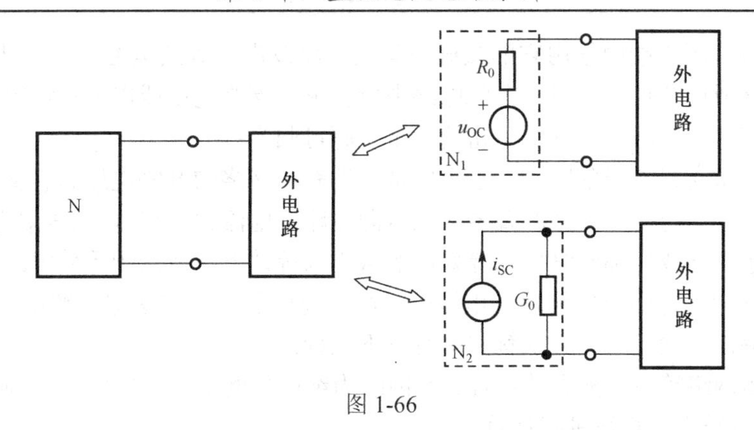

图 1-66

需要指出的是，一般来说，二端网络的两种等效电路都存在。但当网络内含有受控源时，其等效电阻有可能为零，这时戴维南等效电路即为理想电压源，而其诺顿等效电路将不存在。如果其等效电导为零，这时诺顿等效电路即为理想电流源，戴维南等效电路将不存在。

应用叠加定理和替代定理可以推导出等效电源定理。以下仅以戴维南定理为例，用替代定理和叠加定理加以证明。

在图 1-67(a)所示电路中，N 为有源二端网络，当接外电路后，N 端口电压为 u，电流为 i。根据替代定理，外电路可用一个电流 $i_s = i$ 的电流源替代，替代后的电路如图 1-67 (b)所示。

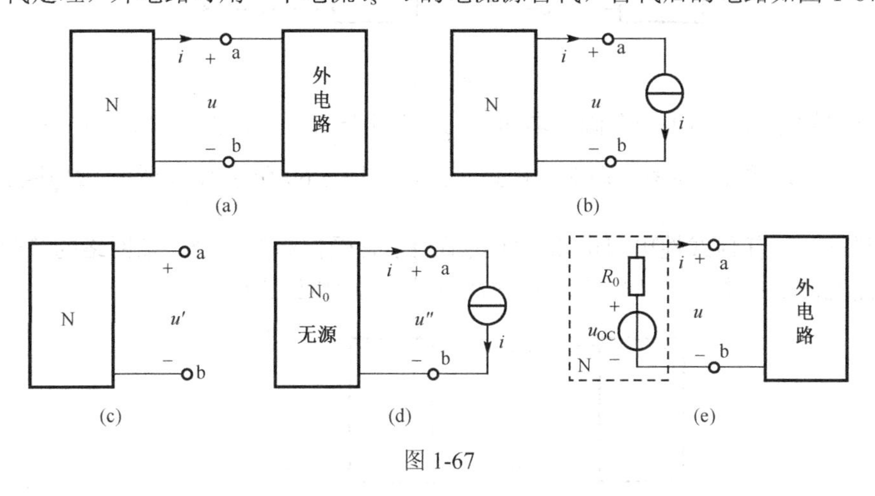

图 1-67

应用叠加定理推导出 N 端口的电压与电流的关系。对图 1-67 (b)所示电路，可分解为图 1-67(c)和(d)两个分解图。其中图 1-67(c)所示电路为电流源 i 不作用、由 N 中全部独立源作用时的电路，此时端口电压即为 ab 支路开路电压，即有 $u' = u_{OC}$；图 1-67(d)所示电路为电流源 i 单独作用、而 N 中全部独立源不作用时的电路，即 N 变为 N_0（无源网络），ab 端口的等效电阻为 R_0，此时其端口电压 $u'' = -R_0 i$ 。

根据叠加定理，端口电压为

$$u = u' + u'' = u_{OC} - R_0 i$$

该 N 端口的电压与电流的关系对应的电路模型即为戴维南等效电路，如图 1-67(e)中虚线框内所示。

等效电源定理在网络分析中十分有用，如果要求解网络中某一条支路的电压或电流，这时可将该支路从网络中抽出，而将网络的其余部分视为一个有源二端网络，应用戴维南定理或诺顿定理将该有源二端网络用它的戴维南等效电路或诺顿等效电路等效，从而把原电路简化为一个单回路或单节点偶电路，在此电路中所要求的支路电压或电流可很容易求得。

因此，应用等效电源定理分析电路的基本步骤可归为：

（1）断开待求支路或局部网络，求出所余二端有源网络的开路电压 u_{OC} 或短路电流 i_{SC}；

（2）将二端网络内所有独立源置零（电压源短路，电流源开路），求等效电阻 R_0；

（3）将待求支路或局部网络接入等效后的戴维南等效电路或诺顿等效电路，求取响应。

在这个过程中，开路电压和短路电流的求解用前面学过的方法即可解决，需要注意的是等效电阻的求解。归纳起来，其求解方法有以下几种：

（1）纯电阻网络等效变换方法：若二端网络为纯电阻网络（无受控源），则可利用电阻串联、并联和 Y-△转换等规律进行计算。

（2）外加电源法：在无源二端网络的端口处施加电压源 u 或电流源 i，在端口电压和电流关联参考方向下，求得端口处电流 i（或电压 u），得等效电阻 $R_0 = u/i$。此法适用于任何线性电阻电路，尤其适用于含受控源二端网络的等效电阻的计算，如图 1-68 所示。

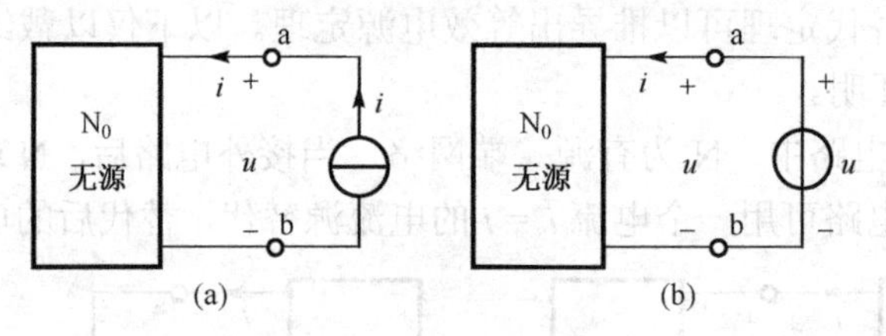

图 1-68

（3）开路短路法：当求得有源二端网络的开路电压 u_{OC} 后，把端口 ab 处短路，求出短路电流 i_{SC}（注意 u_{OC} 和 i_{SC} 参考方向对外电路一致，如图 1-69 所示），于是等效电阻 $R_0=\dfrac{u_{OC}}{i_{SC}}$。此方法同样适用于任何线性电阻电路，尤其适用于含受控源的有源二端网络的等效电阻的计算。需要注意的是：求 u_{OC} 和 i_{SC} 时，N 内所有独立源均应保留。

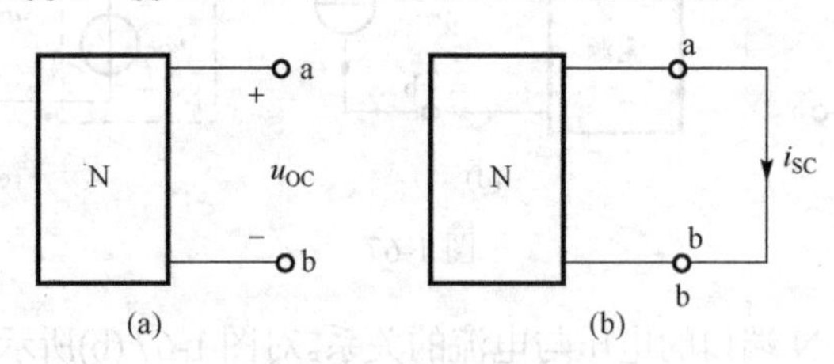

图 1-69

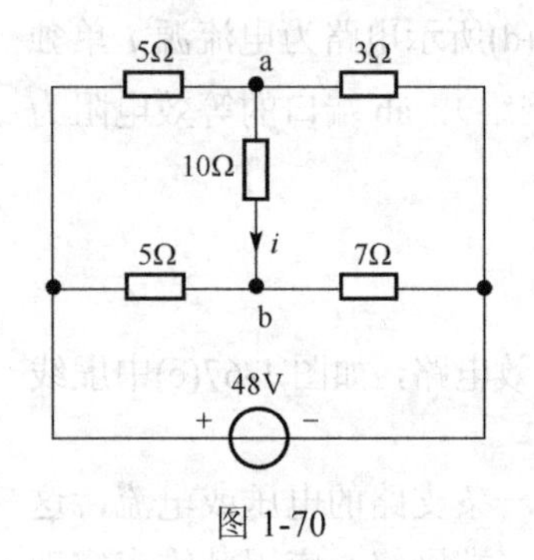

图 1-70

例 1-30 求图 1-70 中的支路电流 i。

解：利用戴维南定理求解。

将待求支路断开，得到如图 1-71(a)所示的二端网络。计算 ab 端口的开路电压如下

$$u_{OC}=48\times\frac{3}{5+3}-48\times\frac{7}{5+7}=-10\text{V}$$

再计算等效电阻 R_0，将独立源电压源置零(短路)，如图 1-71(b)所示。由图可得等效电阻 R_0 为

$$R_0=(5//3)+(5//7)=4.8\Omega$$

则接上10Ω电阻后，原电路等效为图 1-71(c)。

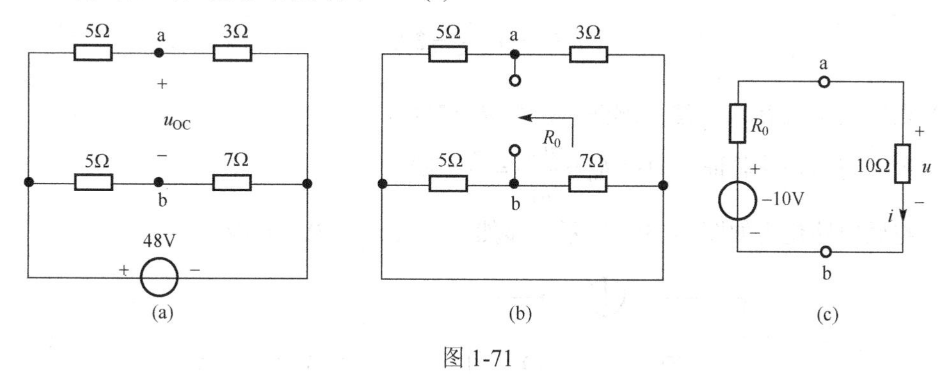

图 1-71

从而可得支路电流 $i=\dfrac{-10}{4.8+10}=-0.68\text{A}$。

例 1-31　用等效电源定理求电路图 1-72(a)中的负载电压 u。

解法一：戴维南定理求解。

（1）断开负载 3Ω电阻，如图 1-72(b)所示。求开路电压 u_{OC} 为

$$u_{OC}=3\times1+6=9\text{V}$$

（2）把独立源置为零，得图 1-72(c)所示电路。求等效电阻 R_0 为

$$R_0=3\Omega$$

（3）接上负载，原电路可简化为如图 1-72(d)所示。

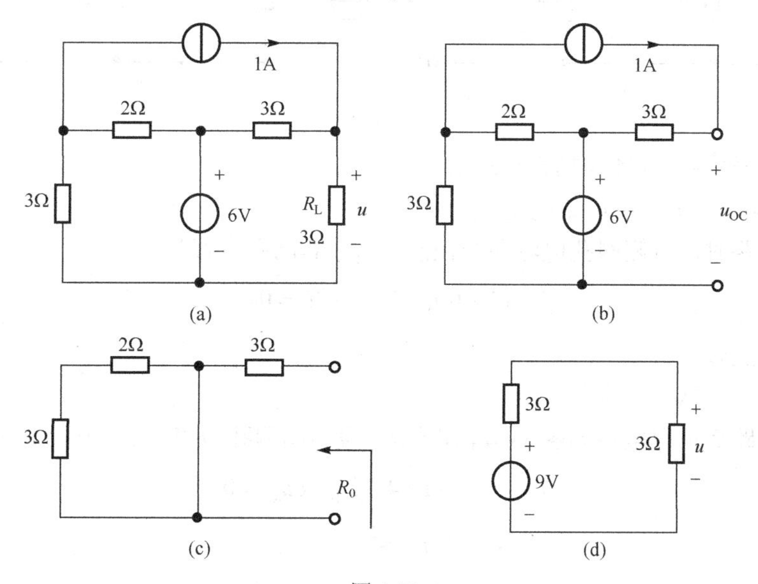

图 1-72

由分压公式可得

$$u=4.5\text{V}$$

解法二：诺顿定理求解。

（1）将负载短路，如图 1-73(a)所示，求短路电流 i_{SC} 为

$$i_{SC}=1+\frac{6}{3}=3\text{A}$$

（2）求等效电阻 R_0，方法同解法一，得 $R_0=3\Omega$。

也可用开路短路法验证，即：$R_0=\dfrac{u_{OC}}{i_{SC}}=\dfrac{9}{3}=3\Omega$

（3）将原电路化为如图 1-73(b)所示。显然，$u=3\times(3//3)=4.5\text{V}$ 。

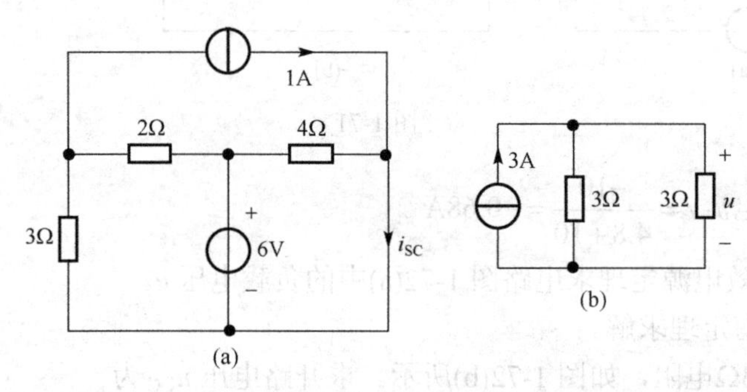

图 1-73

例 1-32 电路如图 1-74 所示，求 ab 端口的戴维南等效电路和诺顿等效电路。

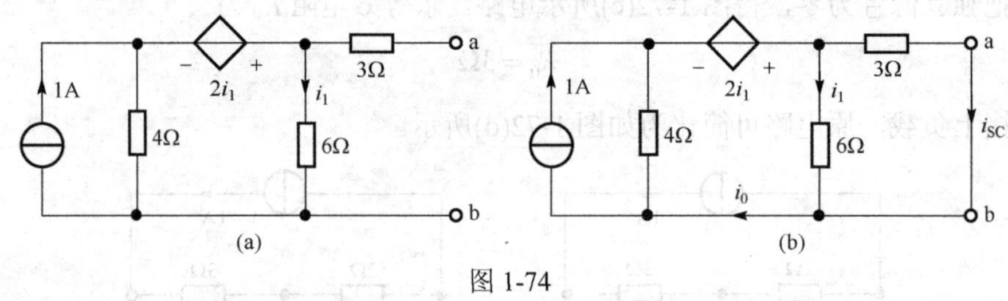

图 1-74

解：利用戴维南定理和诺顿定理求解。

（1）求开路电压 u_{OC} 和短路电流 i_{SC}。

当 ab 端开路时，右侧网孔电流即为控制量 i_1，其网孔方程为

$$(4+6)i_1-1\times4-2i_1=0$$

解得 $i_1=0.5\text{A}$。

故 $u_{OC}=6i_1=3\text{V}$。

当 ab 端短路后可得电路如图 1-74 (b)所示，设中间网孔电流为 i_0，则中间网孔方程为

$$(4+6)i_0-1\times4-2i_1-6i_{SC}=0$$

又

$$i_{SC}=2i_1$$

$$i_1=i_0-i_{SC}$$

由以上三式消去 i_1 和 i_0 可得

$$i_{SC}=0.5\text{A}$$

（2）求等效电阻 R_0。

① 开路短路法：

$$R_0=\frac{u_{\mathrm{OC}}}{i_{\mathrm{SC}}}=\frac{3}{0.5}=6\Omega$$

② 外加电源法：令网络内部独立源为零（电流源开路），受控源保留，在 ab 端加一电压源 u，得电路如图 1-75 所示。

设端口流入无源网络的电流为 i，则等效电阻 $R_0=\frac{u}{i}$。故只需列出端口 u 和 i 关系即可。

右网孔的 KVL 方程为

$$u=3i+6i_1$$

外沿回路的 KVL 方程为

$$u=3i+2i_1+4(i-i_1)$$

从中消去 i_1 得

$$u=6i$$

故 $R_0=\frac{u}{i}=6\Omega$。

（3）由求得的开路电压 u_{OC} 或短路电流 i_{SC} 和 R_0 可画出原二端网络的戴维南等效电路和诺顿等效电路，如图 1-76 所示。

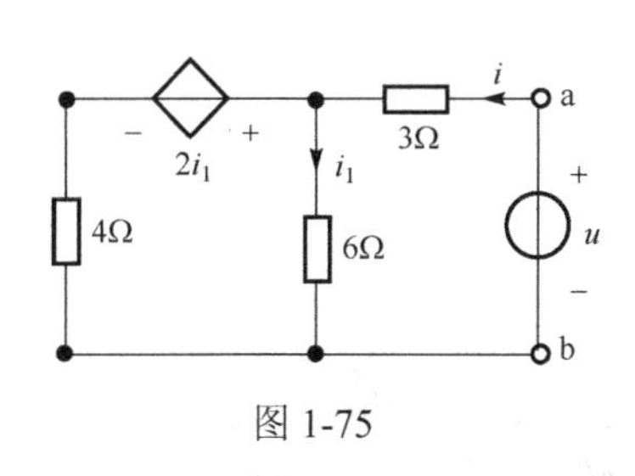

图 1-75

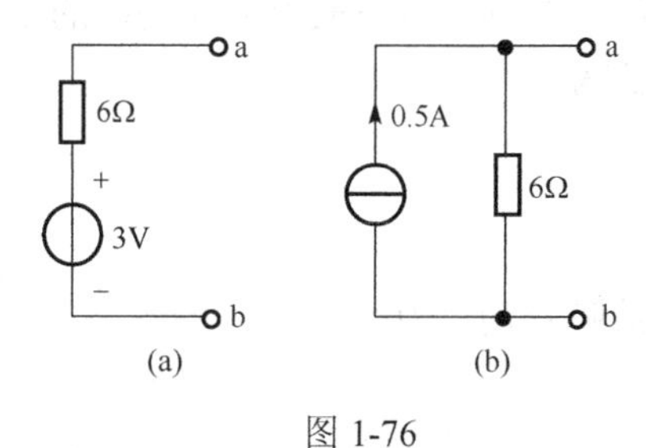

图 1-76

应用等效电源定理时，需要注意以下两点：

（1）等效电源定理只要求被等效的有源二端网络是线性的（可含线性电阻、独立源和受控源），而对该网络所接的外电路是没有限制的（线性或非线性均可），但被等效的二端网络与外电路之间不能有耦合关系，例如含有控制变量在外电路中的受控源等；

（2）求等效电阻 R_0 时，将有源二端网络中的所有独立源置零，但受控源应保留不变。

思考与练习

1.12.1　有人说："一线性二端网络 N 的戴维南等效内阻为 R_0，则 R_0 上消耗的功率等于 N 内所有电阻及受控源吸收功率之和。"，你同意这样的观点吗？说明理由。

1.12.2　求线性有源网络的等效电阻 R_0 也可以用测量的方法完成。如图所示，设断开负载 R_L 时测得开路电压为 u_{OC}，接入后测得电压为 u_1（电压表内阻为无穷大），试证明

$$R_0=\left(\frac{u_{\mathrm{OC}}}{u_1}-1\right)R_{\mathrm{L}}$$

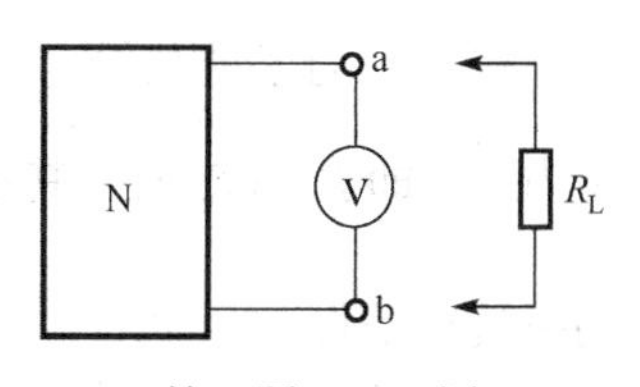

练习题 1.12.2 图

1.13 最大功率传输定理

在电路分析中还常遇到最大功率传输问题。所谓最大功率传输是指有源二端网络联接负载电阻后，通过改变负载电阻的阻值使有源二端网络传递最大功率，也就是说此时负载电阻获得的功率最大。在电子技术中，负载电阻可能接在某些电源或信号源上，这些电源或信号源内部结构复杂，因此可以看成一个有源二端网络。

应用戴维南定理和诺顿定理分析这类问题十分方便。最大功率传输问题可以用图 1-77(a)来说明，即对于外接负载 R_L 的有源二端网络 N，当负载 R_L 调至多少时可使负载上获得最大功率。

首先，利用戴维南定理将原电路转化为图 1-77(b)所示电路。

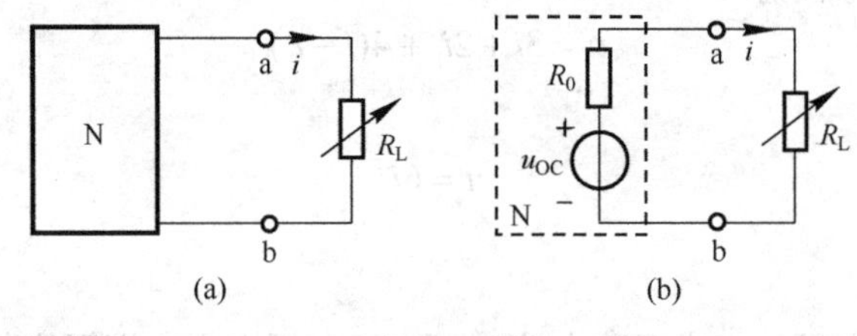

图 1-77

其次，推导出负载取得最大功率的条件及其取得的最大功率。由图 1-77(b)可知，流经负载的电流为

$$i = \frac{u_{OC}}{R_0 + R_L}$$

负载吸收功率为

$$p_L = i^2 R_L = \frac{u_{OC}^2}{(R_0 + R_L)^2} R_L = \frac{u_{OC}^2 R_L}{R_0^2 + R_L^2 + 2R_0 R_L} = \frac{u_{OC}^2}{\frac{R_0^2}{R_L} + R_L + 2R_0}$$

由数学极值定理可知，当 $\frac{R_0^2}{R_L} = R_L$ =时，即 $R_L = R_0$ 时上式分母最小，则负载吸收功率最大。即有

$$p_{Lmax} = \frac{u_{OC}^2}{4R_0} \tag{1.13-1}$$

可见，为了能从给定的网络或电源获得最大功率，应使负载电阻等于网络等效电阻或电源内阻，即 $R_L = R_0$ 时，其最大功率为 $p_{Lmax} = \frac{u_{OC}^2}{4R_0}$。这常称为最大功率传输定理，也称为最大功率传输条件。

上面的结论是通过戴维南等效电路得到的，若改用诺顿等效电路来求解，其结论是一样的，负载功率仍然是当 $R_L = R_0$ 时获得最大值，最大值为 $p_{Lmax} = \frac{1}{4} i_{SC}^2 R_0$（读者可自行证明）。

不难看出，求解最大功率传输问题的关键是求出一个二端网络的戴维南等效电路或诺顿等效电路。

例 1-33　如图 1-78(a)所示电路，当 R_L 为何值时能取得最大功率？该最大功率是多少？

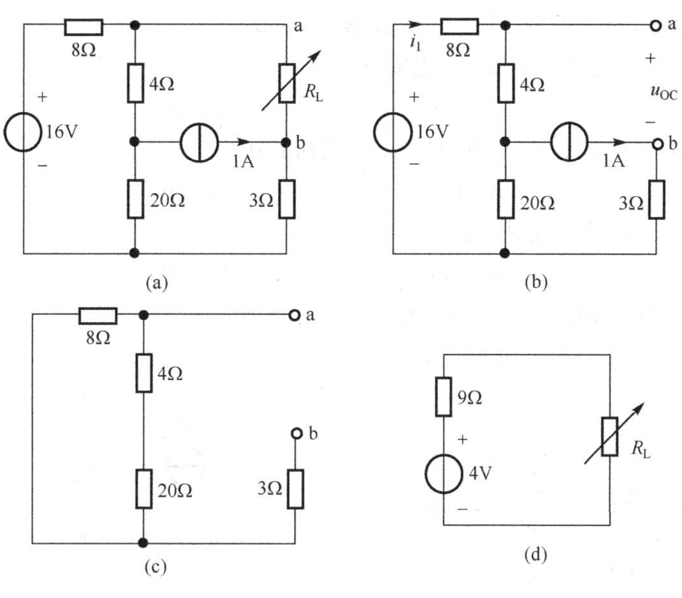

图 1-78

解：（1）断开 R_L 支路，如图 1-78(b)所示，求开路电路电压 u_{OC}。设左网孔电流为 i_1，列出该网孔的 KVL 方程为

$$(8+4+20)i_1-20\times1=16$$

解得：

$$i_1=\frac{9}{8}\text{A}$$

由 KVL 得：

$$u_{OC}=-8i_1+16-3\times1=4\text{V}$$

（2）将独立源置零，得图 1-78(c)所示电路，求等效电阻 R_0。

$$R_0=3+8//(4+20)=9\Omega$$

（3）根据求出的 u_{OC} 和 R_0 得出戴维南等效电路，并接上负载，得到如图 1-78(d)所示电路。根据最大功率传输定理可知，当 $R_L=R_0=9\Omega$ 时，负载可获得最大功率，其最大功率为

$$p_{L\max}=\frac{u_{OC}^2}{4R_0}=\frac{4^2}{4\times9}=\frac{4}{9}\text{W}$$

思考与练习

1.13.1 “实际电压源接上可调负载电阻 R_L 时，只有当 R_L 等于其内阻时，R_L 才能获得最大功率，此时电源产生的功率也最大”。这种说法正确吗？为什么？

1.13.2　试将线性含源二端网络 N 等效为诺顿电路后证明，负载获得最大功率条件及其最大功率为：当 $R_L=R_0$ 时，$p_{L\max}=\frac{1}{4}i_{SC}^2R_0$。

习 题 1

1-1　选择合适答案填入括号内，只需填入 A、B、C 或 D。

（1）电路如题 1-1（1）图所示，其端口电压 U_{ab} =（　）。

A．−8V　　B．14V　　C．2V　　D．−14V

（2）电路如题 1-1（2）图所示，其中电压源产生的功率为（　）。

A．0　　B．1W　　C．2W　　D．−1W

（3）如题 1-1（3）图所示，图中的 U_x=（　）。

A．2V　　B．−13V　　C．3V　　D．−3V

（4）题 1-1（4）图所示电路中，电流 I =（　）。

A．0　　B．−1A　　C．1A　　D．5A

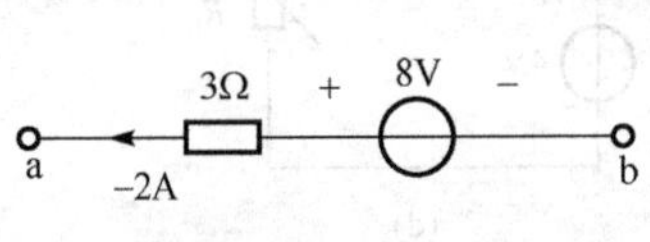

题 1-1（1）图

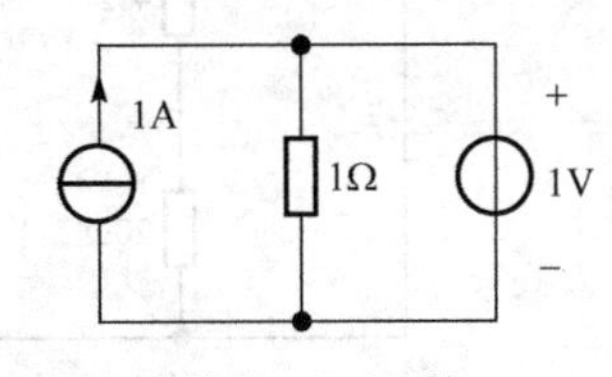

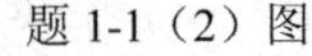
题 1-1（2）图

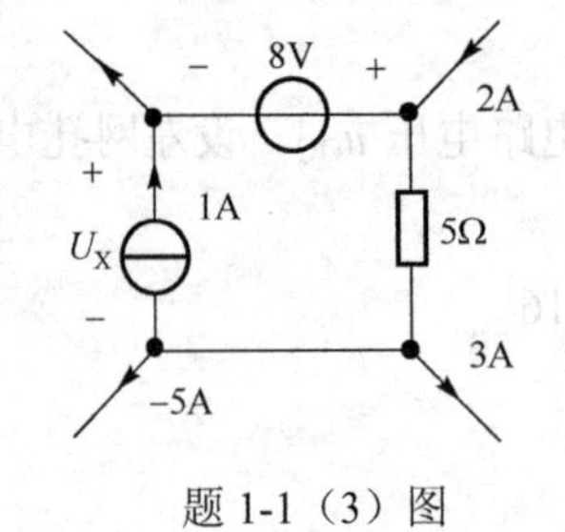

题 1-1（3）图

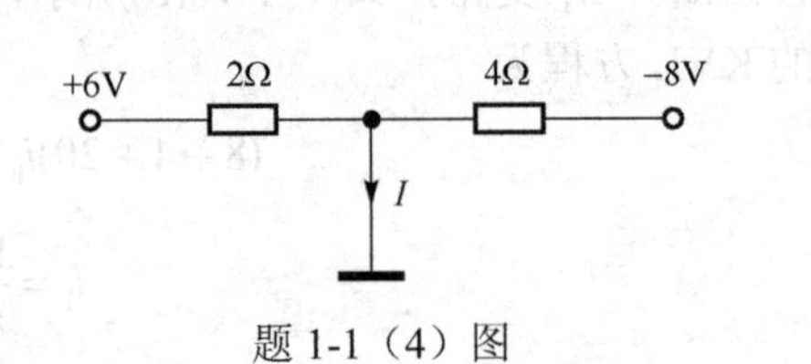

题 1-1（4）图

（5）题 1-1（5）图所示电路中，ab 端的等效电阻为（　）。

A．14Ω　　B．9Ω　　C．4Ω　　D．11Ω

（6）电路如题 1-1（6）图所示，已知网孔电流 I_1 =2A，I_2 =1A，则 U_{S1} 和 R 应分别为（　）。

A．16V，17Ω　　B．16V，9Ω　　C．−16V，10Ω　　D．−16V，9Ω

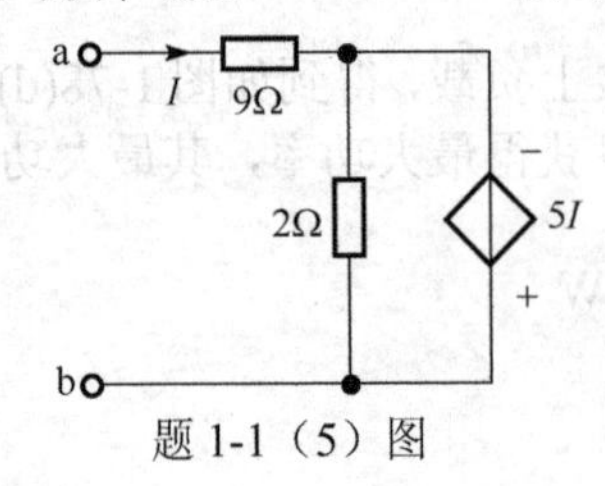

题 1-1（5）图

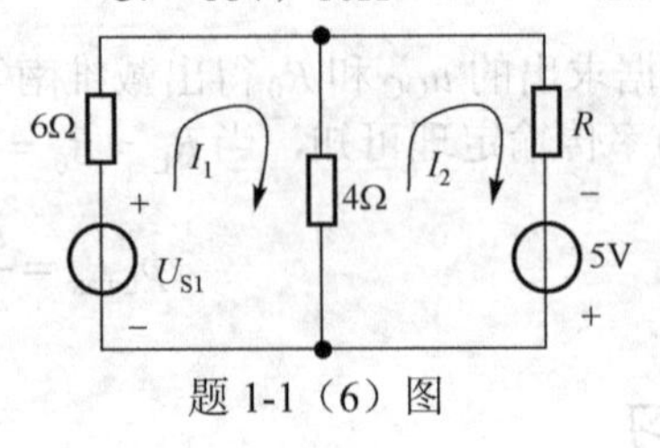

题 1-1（6）图

（7）电路如题 1-1（7）图所示，已知 A 点的电位为 6V，则电路中 R=（　）。

A．2Ω　　B．4Ω　　C．5Ω　　D．3Ω

（8）题 1-1（8）图所示电路中，N 为含独立源的电阻电路。已知：当 U_S = 0 时，I = 4mA；当 U_S = 10V 时，I = −2mA。则当 U_S = −15V 时，I =（　）。

A．2mA　　B．11mA　　C．13mA　　D．−11mA

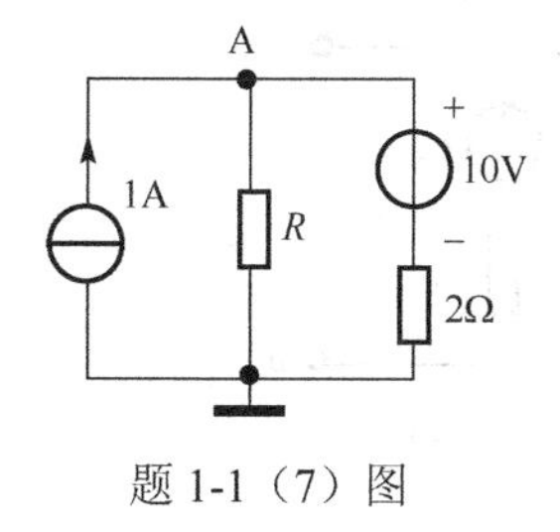

题 1-1（7）图

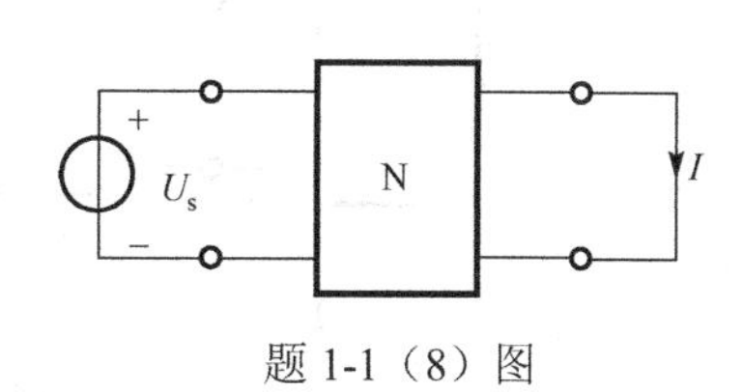

题 1-1（8）图

（9）题 1-1（9）图所示电路中，当开关 S 在位置“1”时，电压表读数为 20V；S 在位置“2”时，电流表的读数为 50mA。则 S 在位置“3”时，电压表及电流表的读数分别为（　　）。

A．40mA，2V　　B．40mA，8V　　C．20mA，4V　　D．40mA，4V

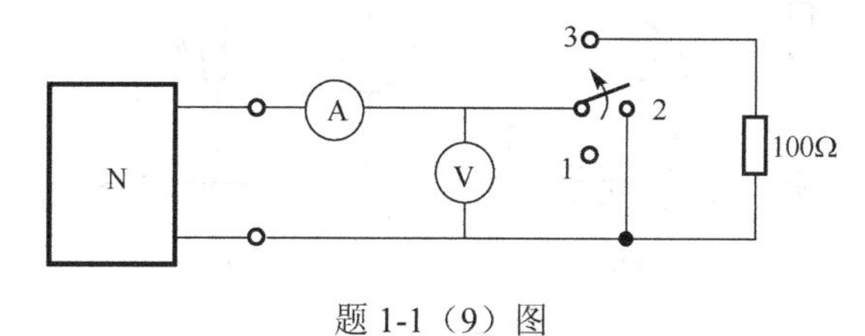

题 1-1（9）图

（10）题 1-1（10）图所示电路中，24V 电压源单独作用产生的电流 I 分量应为（　　）。

A．−6A　　B．0　　C．−2A　　D．−1A

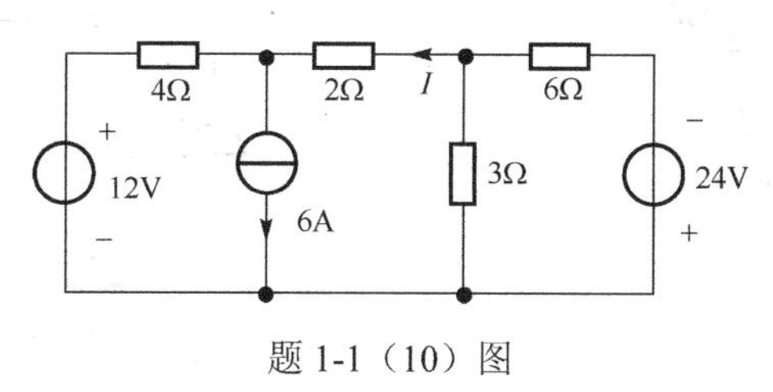

题 1-1（10）图

1-2　将合适答案填入空内。

（1）题 1-2（1）图所示电路中 U=________。

（2）题 1-2（2）图所示电路中 I= ________。

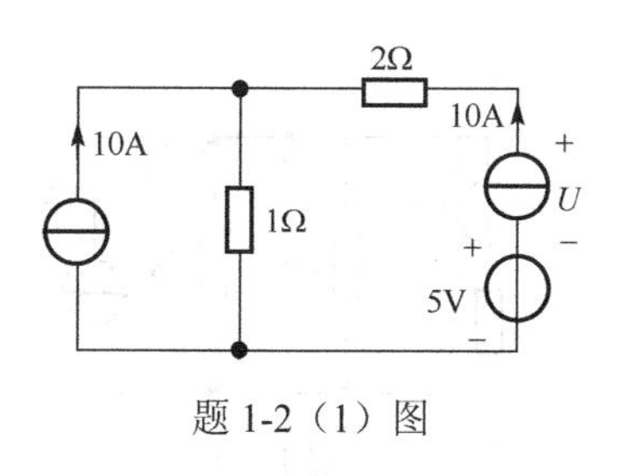

题 1-2（1）图

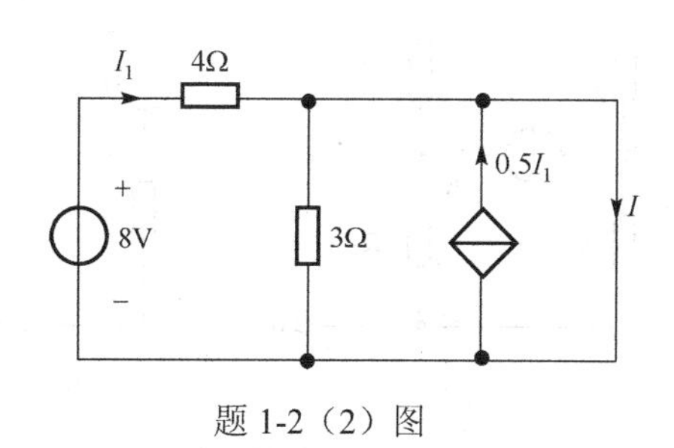

题 1-2（2）图

（3）测得题 1-2（3）图(a)所示网络端口的电压电流关系如图(b)所示，则其等效为图(c)电路中的 U_S =________，R_S =________。

（4）题 1-2（4）图(a)所示电路等效为图(b)所示电路，则 I_S = ________，R_S = ________。

（5）题 1-2（5）图示电路中 A 点的电位 U_A =________。

（6）电路如题 1-2（6）图所示，由节点法可得 A 点的电位为________。

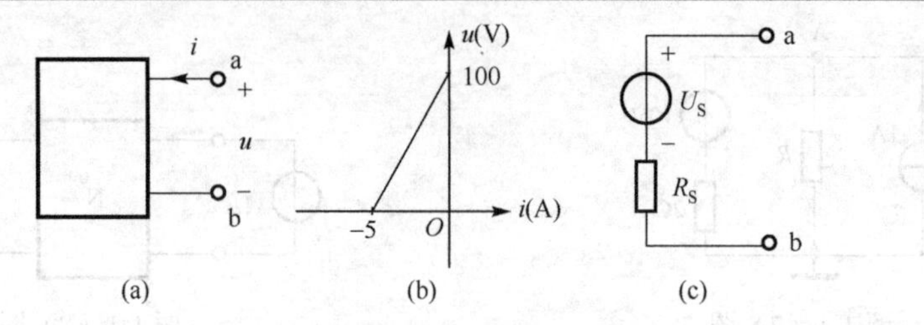

题 1-2（3）图

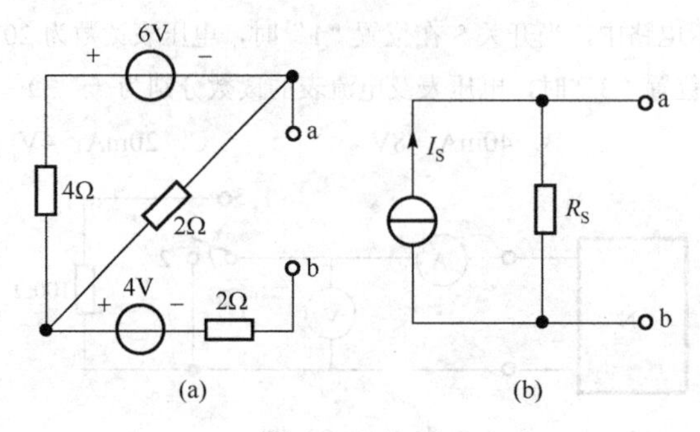

题 1-2（4）图

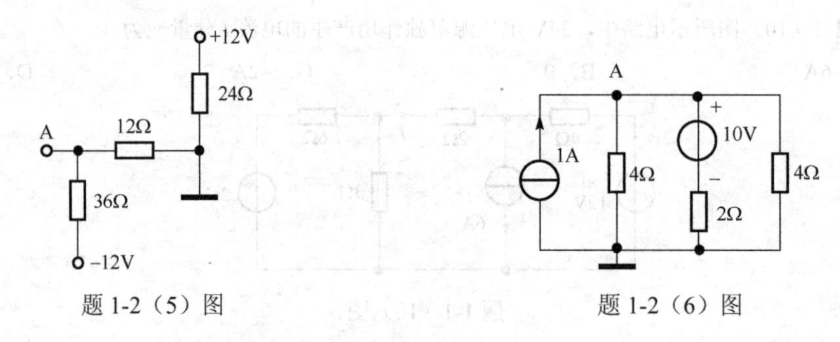

题 1-2（5）图　　题 1-2（6）图

（7）题 1-2（7）图所示电路中图(a)端口等效为图(b)时，则 U_S =________，R_S =________。

（8）题 1-2（8）图所示电路中，电压源单独作用时 I = ________，电流源单独作用时 I =________。

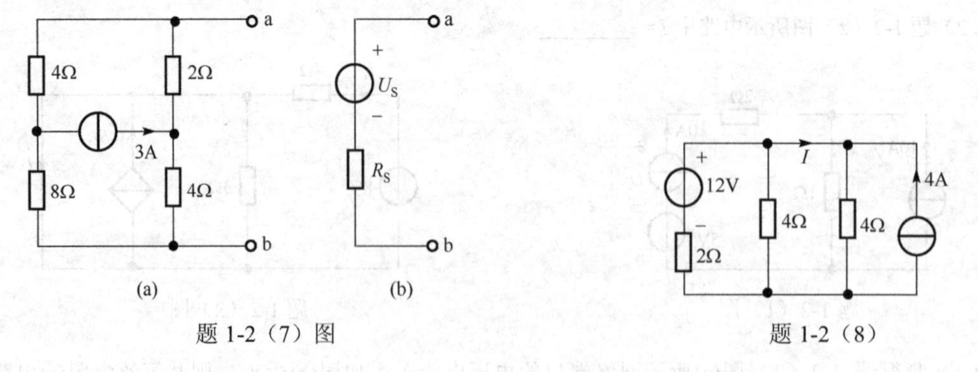

题 1-2（7）图　　题 1-2（8）

（9）题 1-2（9）图所示电路中，若开关 S 在位置“1”时，I=3A。则开关在位置“2”时，I=________。

（10）题 1-2（10）图所示电路中 R=________时可获得最大功率。

1-3　题 1-3 图是电路中的一条支路，其电流、电压参考方向如图所示。

（1）如果 i=2A，u=4V，求元件吸收功率；

（2）如果 i=2mA，u=−5mV，求元件吸收功率；

（3）如果 i=2.5mA，元件吸收功率 p=10mW，求电压 u；

（4）如果 u=–200V，元件吸收功率 p=12kW，求电流 i。

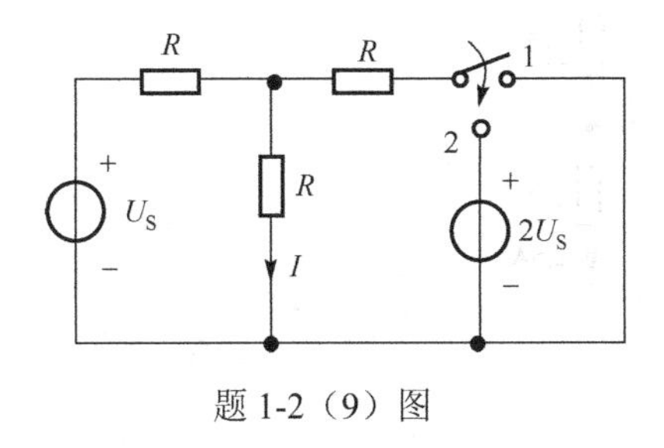

题 1-2（9）图

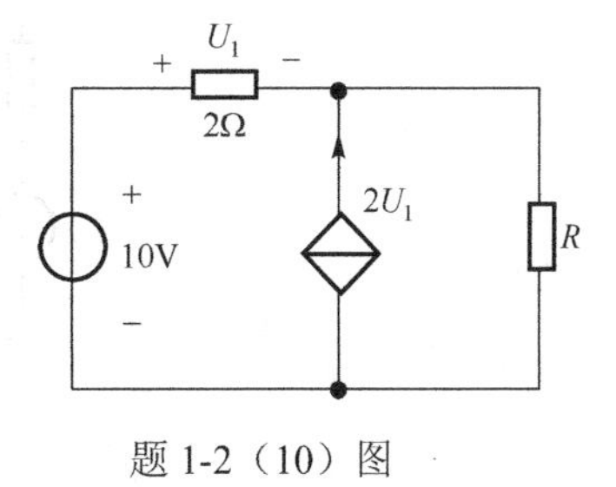

题 1-2（10）图

1-4　题 1-4 图是电路中的一条支路，其电流、电压参考方向如图所示。

（1）如果 i=2A，u=3V，求元件发出功率；

（2）如果 i=2mA，u=5V，求元件发出功率；

（3）如果 i=–4A，元件发出功率为 20W，求电压 u；

（4）如果 u=400V，元件发出功率为–8kW，求电流 i。

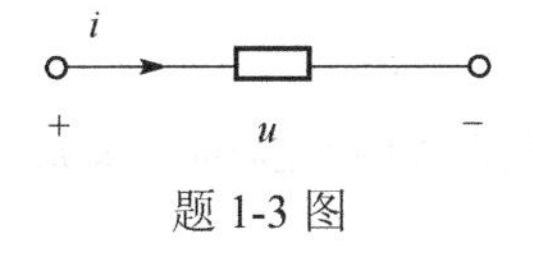

题 1-3 图

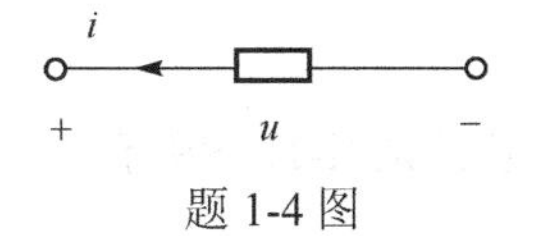

题 1-4 图

1-5　如题 1-5 图示电路，若已知元件 C 发出功率为 20W，求元件 A 和 B 吸收的功率。

1-6　如题 1-6 图示电路，若已知元件 A 吸收功率为 20W，求元件 B 和 C 吸收的功率。

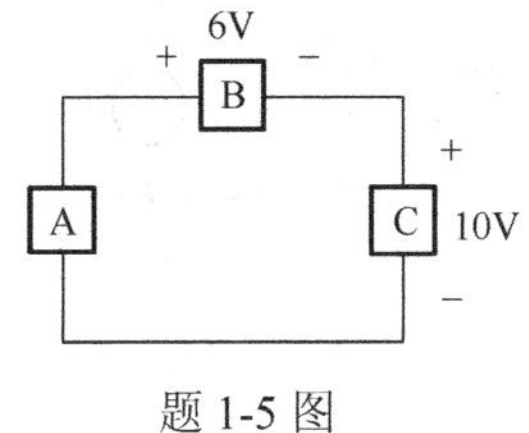

题 1-5 图

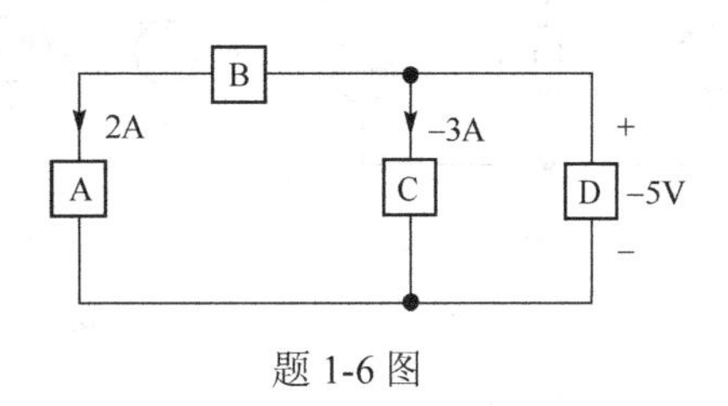

题 1-6 图

1-7　电路如题 1-7 图所示，求电流 i_1 和 i_2。

1-8　电路如题 1-8 图所示，求电压 u_1 和 u_{ab}。

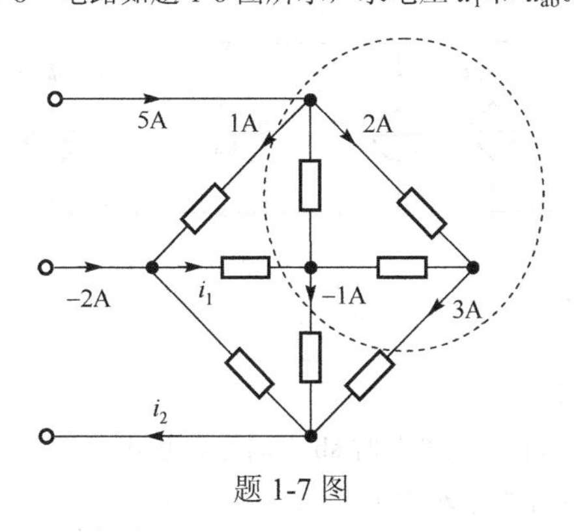

题 1-7 图

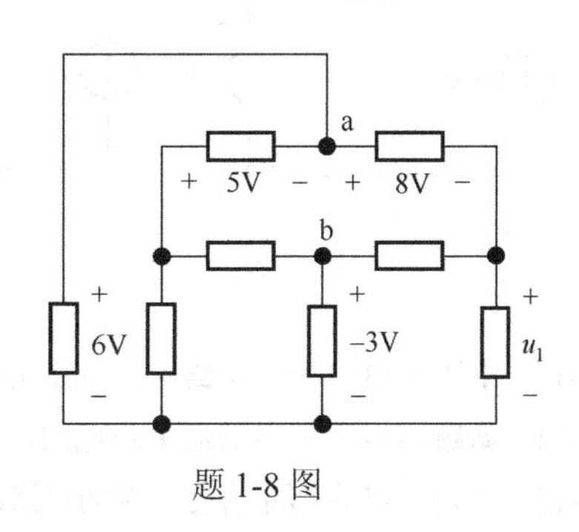

题 1-8 图

1-9　电路如题 1-9 图所示，求电流 i。

1-10 题 1-10 图所示电路中，分别求图(a)和图(b)中的未知电阻 R。

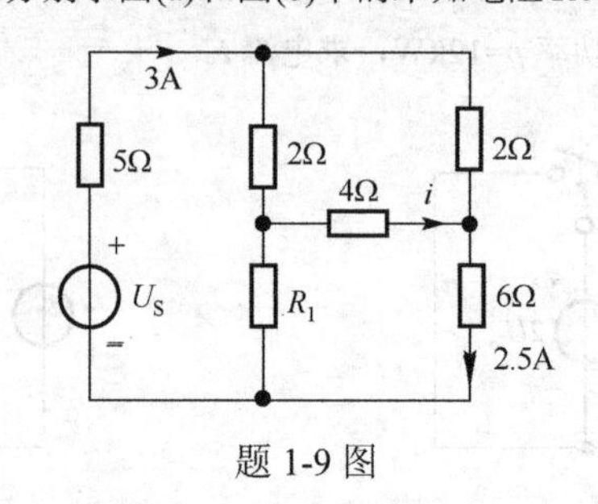

题 1-9 图

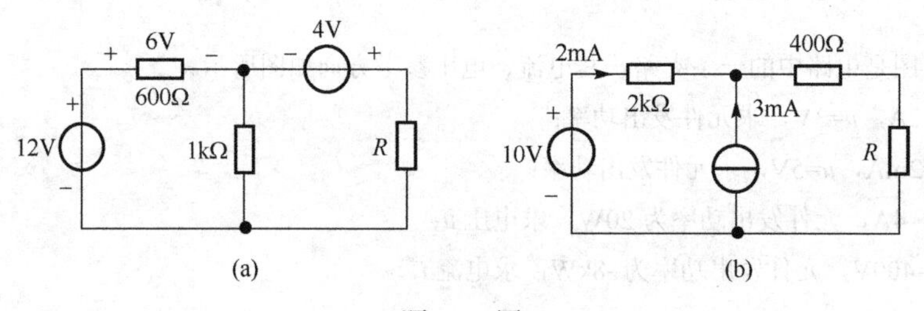

题 1-10 图

1-11 电路如题 1-11 图所示。（1）求图(a)中的电流 i；（2）求图(b)中电流源的电压 u；（3）求图(c)中的电流 i。

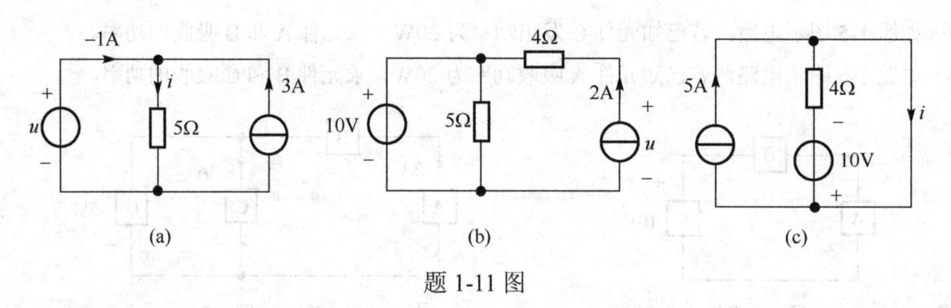

题 1-11 图

1-12 在题 1-12 图所示含受控源的电路中，分别求：（1）图(a)中的电流 i；（2）图(b)中的电流 i；（3）图(c)中的电压 u。

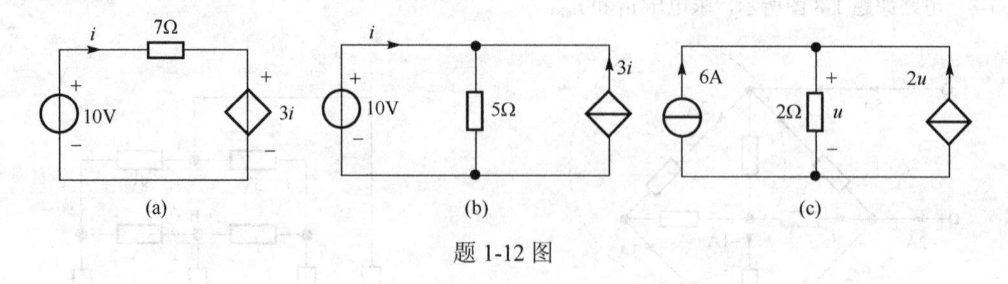

题 1-12 图

1-13 求题 1-13 图所示电路中各电路 ab 端的等效电阻。

1-14 如题 1-14 图所示的双 T 形电路，分别求当开关 S 闭合及断开时 ab 端的等效电阻。

1-15 如题 1-15 图所示含受控源的电路，求各图中 ab 端的等效电阻。

1-16 化简题 1-16 图所示的各二端网络。

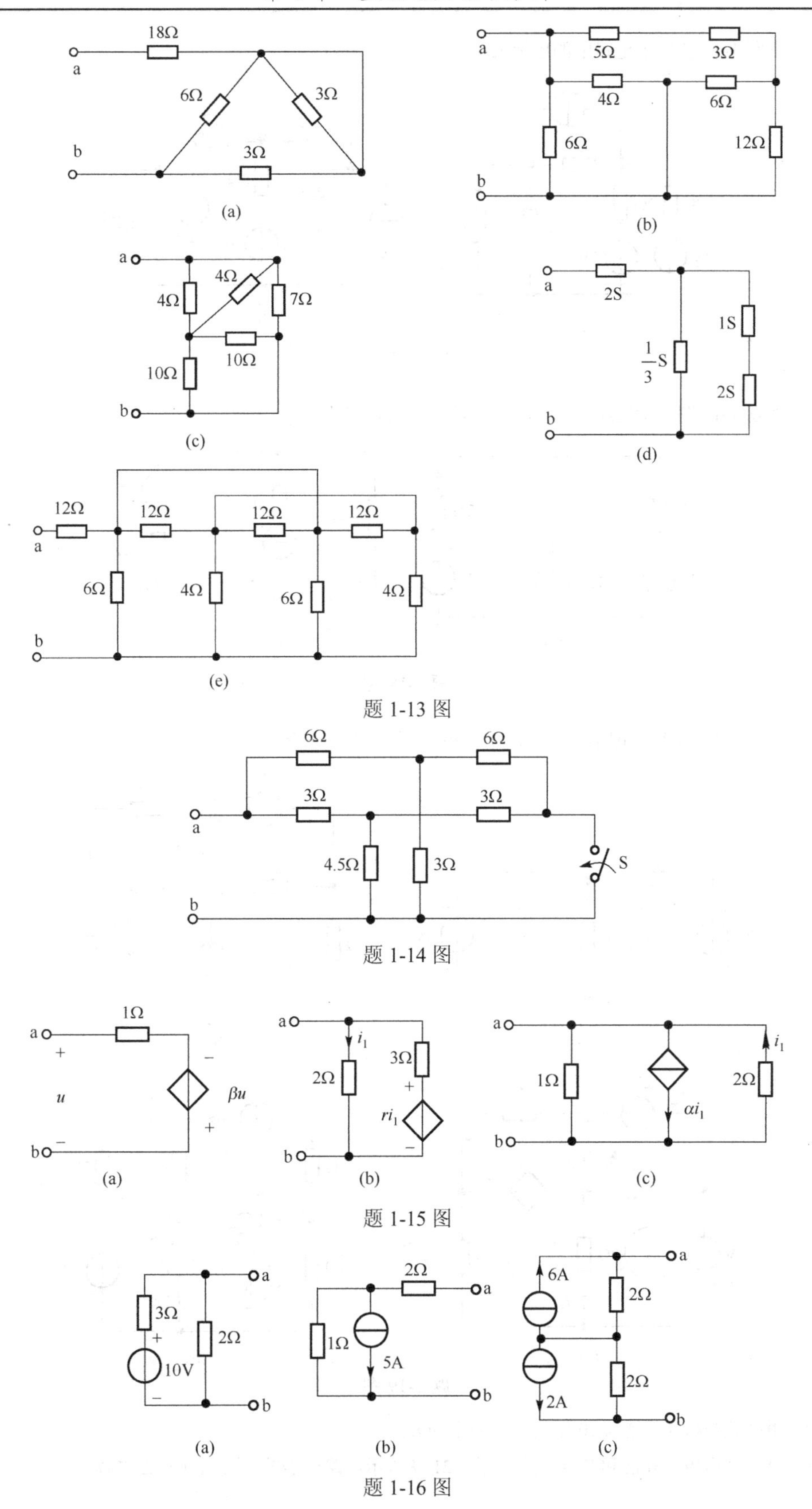

题 1-13 图

题 1-14 图

题 1-15 图

题 1-16 图

1-17 求题 1-17 图所示电路中的电流 i。

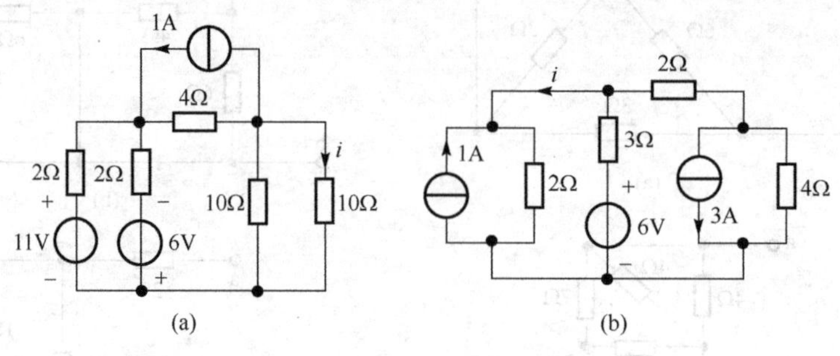

题 1-17 图

1-18 如题 1-18 图所示电路，用支路电流法求各支路电流。

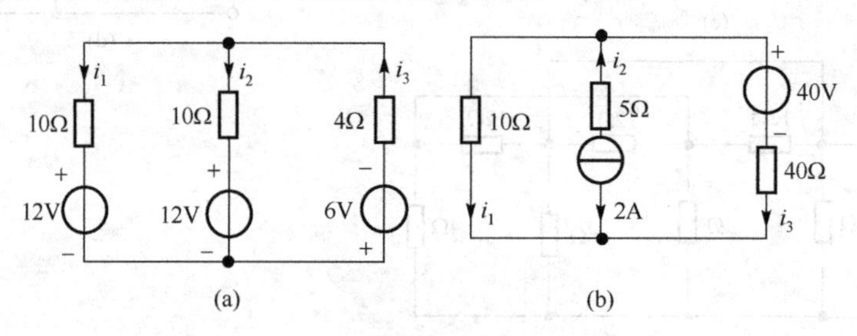

题 1-18 图

1-19 如题 1-19 图所示电路，试分别列出网孔方程（不必求解）。

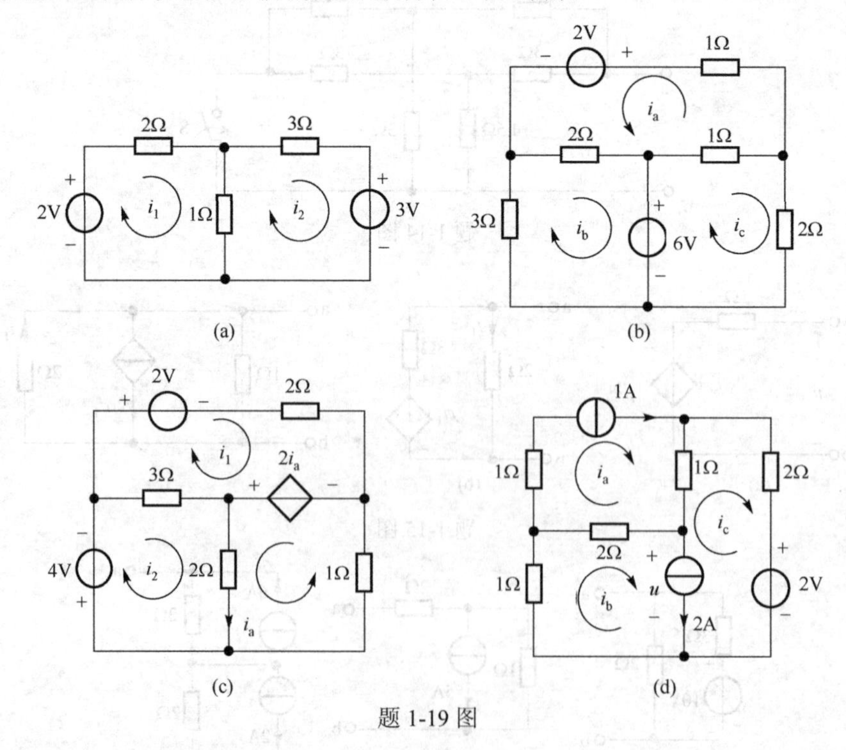

题 1-19 图

1-20 用网孔分析法求题 1-20 图所示电路中的 i_x。

1-21 分别列出用网孔法和节点法分析题 1-21 图所示电路所需的方程组（不必求解）。

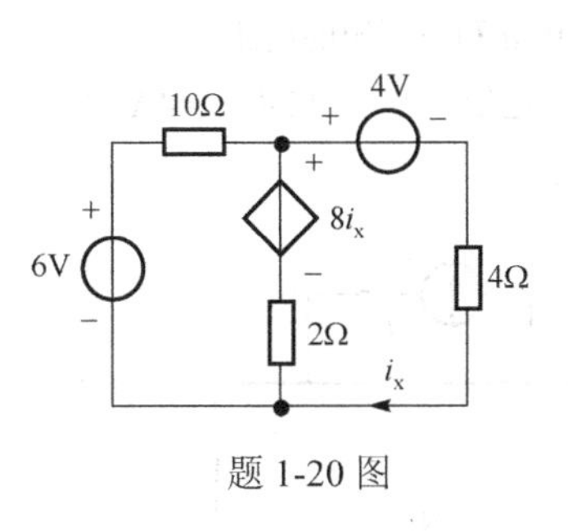

题 1-20 图

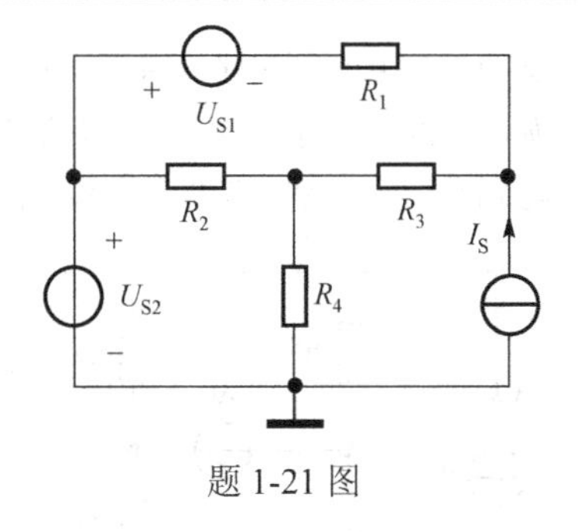

题 1-21 图

1-22　如题 1-22 图所示电路，参考点如图所示，试分别列出节点方程。

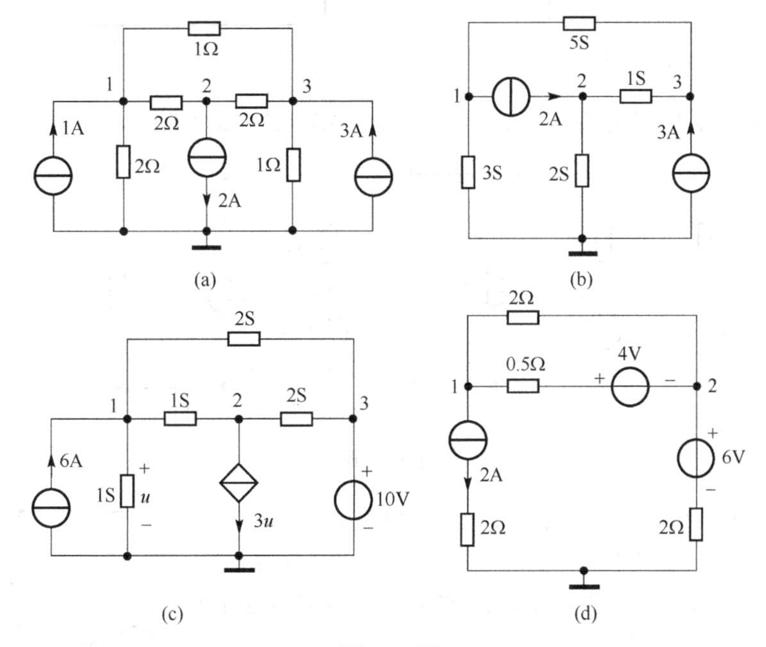

题 1-22 图

1-23　如题 1-23 图的电路，求电压 u 和电流 i。

1-24　用最少的方程求解题 1-24 图所示电路的 u_X。

（1）若 N 为 12V 的独立电压源，正极在 a 端；

（2）若 N 为 0.5A 的独立电流源，箭头指向 b；

（3）若 N 为 6u_X 受控电压源，正极在 a 端。

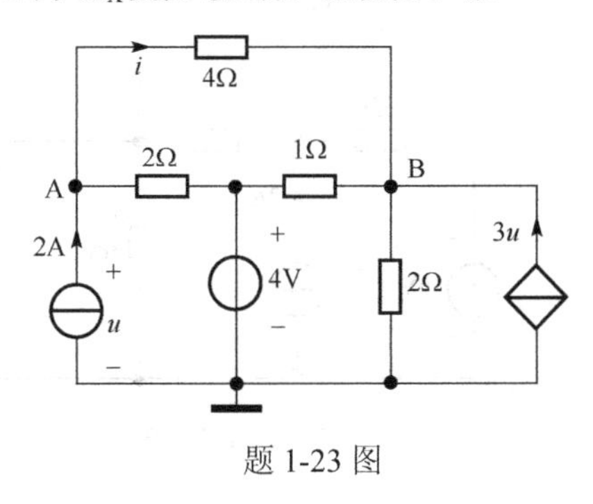

题 1-23 图

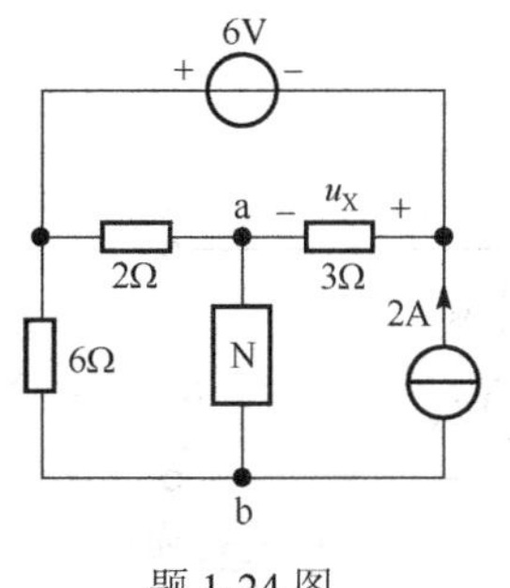

题 1-24 图

1-25　如题 1-25 图所示电路，用叠加定理求电流源的端电压 u 和电压源的电流 i。

1-26　如题 1-26 图所示电路，N 为不含独立源的线性电路。已知：当 u_S=12V，i_S=4A 时，u=0；　当 u_S=−12V，i_S=−2A 时，u=−1V。求当 u_S=9V，i_S=−1A 时的电压 u。

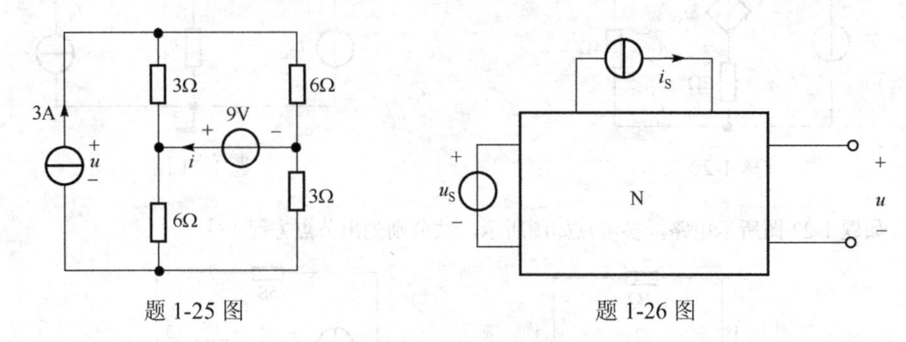

题 1-25 图　　　　题 1-26 图

1-27　求题 1-27 图所示各电路 ab 端的戴维南等效电路或诺顿等效电路。

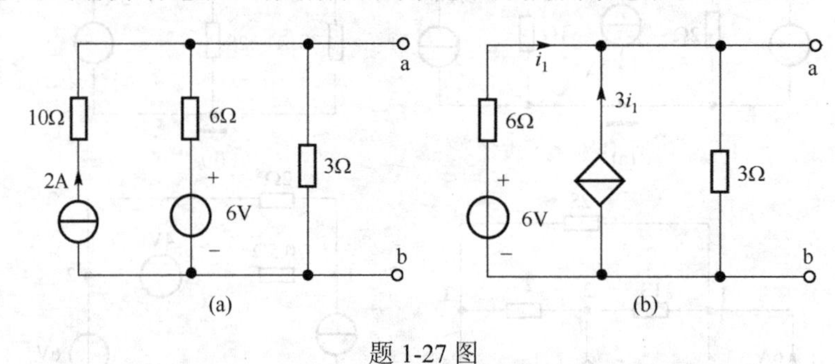

题 1-27 图

1-28　如题 1-28 图所示的电路，已知 u=8V，求电阻 R。

1-29　用电压表测量直流电路中某条支路的电压，如题 1-29 图所示。当电压表的内电阻为 20kΩ时，电压表的读数为 5V；当电压表的内电阻为 50kΩ时，电压表的读数为 10V。问该支路的实际电压为多少？

1-30　（1）求题 1-30 图所示电路 ab 端的戴维南等效电路或诺顿等效电路；（2）当 ab 端接可调电阻 R_L 时，问其为何值时能获得最大功率？此最大功率是多少？

1-31　如题 1-31 图所示的各电路，负载 R_L 为何值时能获得最大功率？此最大功率是多少？

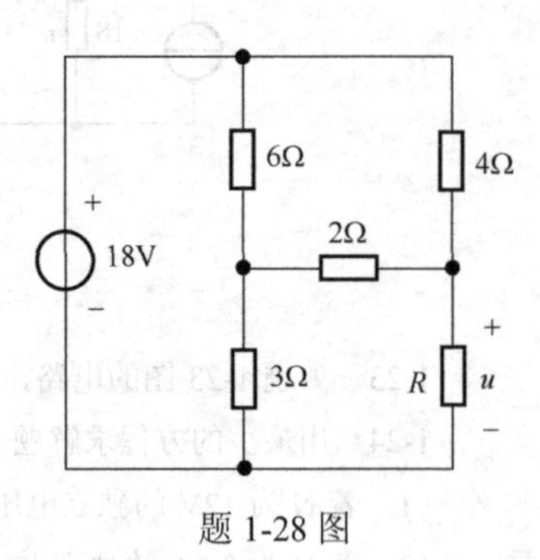

题 1-28 图

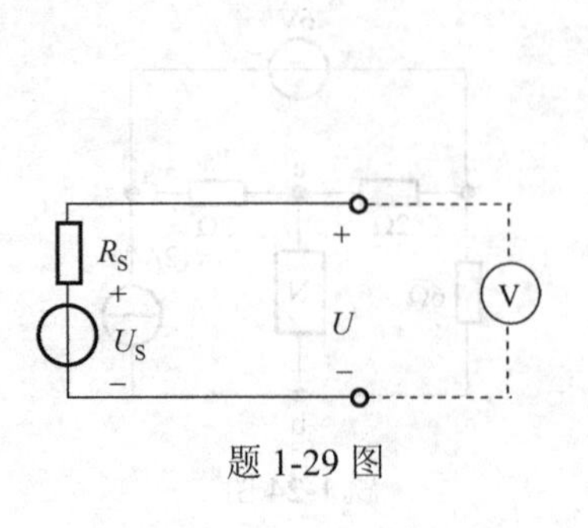

题 1-29 图

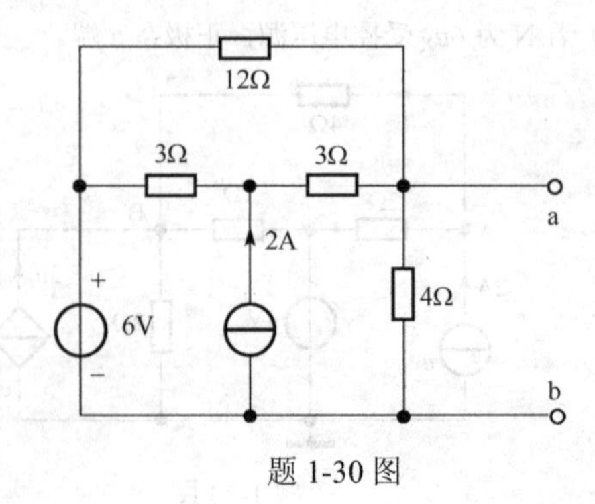

题 1-30 图

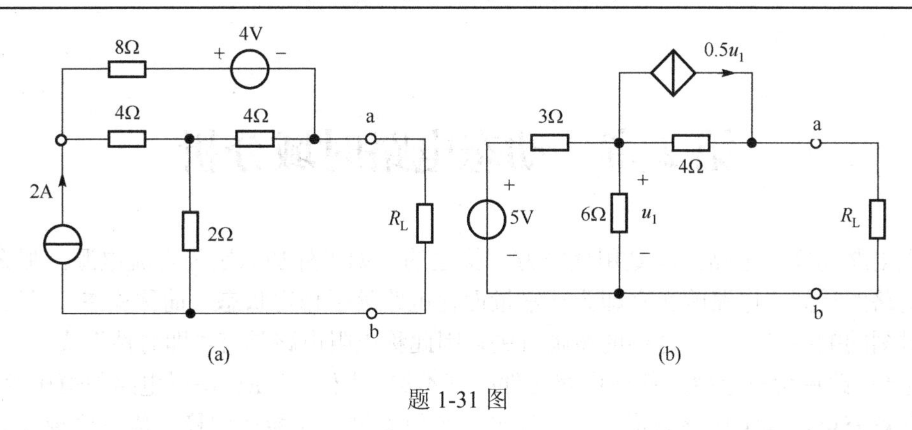

题 1-31 图

第2章　动态电路时域分析

电阻电路建立的电路方程是用代数方程描述的。如果外加激励为直流电源，那么在激励作用到电路的瞬间，电路响应立即为一常量而使电路处于稳定状态（简称稳态）。这就是说，在任一时刻的响应只与同一时刻的激励有关，因此称电阻电路具有“即时性”或“无记忆性”特点。但当电路中含有电感元件或电容元件时则不然。比如，当 *RC* 串联电路与恒压源接通后，电容元件被充电，其电压逐渐增长，要经过一个暂态过程才能达到稳定值。这种现象是由电感元件或电容元件的性质决定的，因为这类元件的电压、电流关系涉及对电流、电压的微分或积分，称为动态元件。含动态元件的电路称为动态电路。

由于动态元件压流关系为微积分关系，建立的电路方程将用微分方程描述，这就决定了动态电路在任一时刻的响应与激励的全部历史有关，并且将使电路产生暂态过程或过渡过程。例如，一个动态电路，尽管已不再作用，但仍有输出，因为输入曾经作用过，我们称这种电路具有“记忆性”特点。

本章主要利用两类约束研究暂态过程或过渡过程中响应随时间而变化的规律。首先介绍两个动态元件，随后主要介绍直流一阶电路的零输入响应、零状态响应和全响应，以及一阶电路的三要素法等。

研究暂态过程的目的是：认识和掌握这种客观存在的物理现象和规律，既要充分利用暂态过程的特性，同时也必须预防它所产生的危害。例如，在工程应用中常利用电路中的暂态过程来改善波形和产生特定波形。但某些电路在与电源接通或断开的暂态过程中会产生过电压或过电流，从而使电气设备或器件遭到损坏。

2.1　动 态 元 件

2.1.1　电容元件

电容器是最常用的电能储存器件。用介质（如云母、绝缘纸、电解质等）把两块金属极板隔开即可构成一个电容器，如图 2-1 所示。

在电容器两端加上电源，两块极板能分别聚集等量的异性电荷，在介质中建立电场并储存电场能量。电源移去后，这些电荷由于电场力的作用而互相吸引，但却被介质所绝缘而不能中和，因而极板上的电荷能长久地储存起来，所以电容器是一种能够储存电场能量的实际器件。

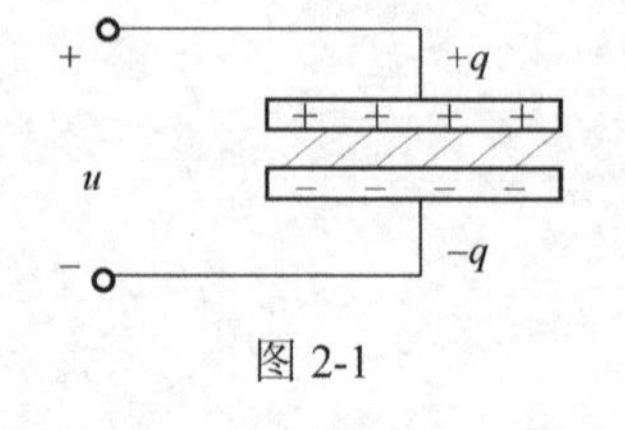

图 2-1

应用电荷、电压关系 $q\sim u$（称为库伏特性）表征电容器的外特性，经理想化处理，可建立电容元件的模型。

一个二端元件，在任意时刻，其电荷 q、电压 u 关系能用 $q\sim u$ 平面上的曲线确定，则称此二端元件为电容元件，简称电容。

若电容元件在 $q\sim u$ 平面上的曲线是通过原点的一条直线，且不随时间变化，则称为线性

时不变电容元件。即电荷 q 与其两端电压 u 的关系为

$$q = Cu \tag{2.1-1}$$

式中，C 称为电容量，单位为法拉（F），简称法，另外也常用 μF（10^{-6}F）和 pF（10^{-12}F）等单位。其电路模型及库伏特性如图 2-2 所示。本教材主要讨论线性时不变电容元件。

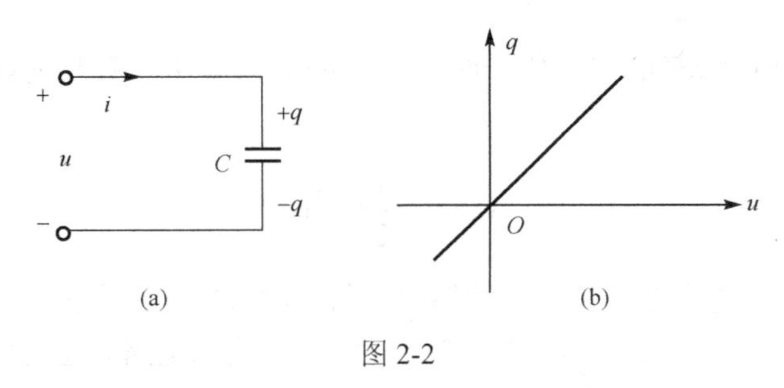

图 2-2

在电路分析中，人们更关注的是电容元件的伏安关系和储能公式等。当电容电压 u 发生变化时，聚集在电容极板上的电荷也相应地发生变化，从而形成电容电流，在电压和电流关联参考方向下，线性电容的伏安关系为

$$i = \frac{\mathrm{d}q}{\mathrm{d}t} = C\frac{\mathrm{d}u}{\mathrm{d}t} \tag{2.1-2}$$

写成积分形式

$$u(t) = \frac{1}{C}\int_{-\infty}^{t} i(\xi)\mathrm{d}\xi \tag{2.1-3}$$

如果只对某一任意选定的初始时刻 t_0 以后的电容电压的情况感兴趣，便可将积分形式写为

$$\begin{aligned} u(t) &= \frac{1}{C}\int_{-\infty}^{t_0} i(\xi)\mathrm{d}\xi + \frac{1}{C}\int_{t_0}^{t} i(\xi)\mathrm{d}\xi \\ &= u(t_0) + \frac{1}{C}\int_{t_0}^{t} i(\xi)\mathrm{d}\xi \end{aligned} \tag{2.1-4}$$

上式表明如果知道了由初始时刻 t_0 开始作用的电流 $i(t)$以及电容的初始电压 $u(t_0)$，就能确定 $t \geqslant t_0$ 时的电容电压 $u(t)$。

由以上线性电容的伏安关系可得到以下重要结论：

（1）任何时刻，线性电容的电流与该时刻电压的变化率成正比。如果电容电压不变，即 $\mathrm{d}u/\mathrm{d}t$ 为零，此时电容上虽有电压，但电容电流为零。这时的电容相当于开路，故电容有隔断直流的作用。

（2）如果在任何时刻，通过电容的电流是有限值，则 $\mathrm{d}u/\mathrm{d}t$ 就必须是有限值，这就意味着电容电压不可能发生跃变，而只能是连续变化的。

（3）积分形式表明：在某一时刻 t 电容电压的数值不仅取决于该时刻的电流值，而且取决于从 $-\infty$ 到 t 所有时刻的电流值，即与电流全部的历史有关。所以，电容电压具有“记忆”电流的性质，电容是一种“记忆元件”。

在电压和电流关联参考方向下，线性电容吸收的瞬时功率为

$$p = ui = Cu\frac{\mathrm{d}u}{\mathrm{d}t} \tag{2.1-5}$$

若 $p > 0$，表示电容被充电而吸收能量；若 $p < 0$，表示电容放电而释放能量。从 $-\infty$ 到 t

时刻，电容吸收的能量为

$$w_C(t)=\int_{-\infty}^{t}p\mathrm{d}\xi=\int_{-\infty}^{t}Cu(\xi)\frac{\mathrm{d}u(\xi)}{\mathrm{d}\xi}\mathrm{d}\xi=\int_{u(-\infty)}^{u(t)}Cu(\xi)\mathrm{d}u(\xi)$$
$$=\frac{1}{2}Cu^2(t)-\frac{1}{2}Cu^2(-\infty)$$

设 $u(-\infty)=0$，则意味着电容在任一时刻储存的能量等于它吸收的能量，即电容储能公式为

$$w_C(t)=\frac{1}{2}Cu^2(t) \qquad (2.1\text{-}6)$$

式（2.1-6）表明，电容在任何时刻的储能只与该时刻的电压有关，而与通过的电流大小无关。只要电压存在，即使没有电流（如断开与它相连接的电路）也有储能。因此电容元件是储能元件，电容吸收的能量以电场能量形式储存在元件的电场中。

在电容电流是有限值时，电容电压不能跃变，实质上也就是电容的储能不能跃变的反映。如果电容储能跃变，则功率将是无限大，当电容电流是有限值时，这种情况实际是不可能的。

例 2-1　电容元件如图 2-2(a)所示，已知 $C=1\text{F}$，$t=0$ 以前无初始储能。若其电流 i 为如图 2-3(a)所示的波形，试作出其电压 u 的波形图。

解：由图 2-3(a)所示波形可知，电流 i 的表达式为

$$i(t)=\begin{cases}2\text{A} & 0<t<1\text{s},\ 2\text{s}<t<3\text{s}\\ 0 & \text{其他}\end{cases}$$

$t=0$ 以前无初始储能。故根据电容元件伏安关系积分形式，有

$$u(t)=\frac{1}{C}\int_0^t i(\xi)\mathrm{d}\xi+\int_0^t i(\xi)\mathrm{d}\xi$$
$$=\begin{cases}\int_0^t 2\mathrm{d}\xi=2t\text{V}, & 0\leqslant t\leqslant 1\text{s}\\ u(1)+\int_1^t 0\times\mathrm{d}\xi=2\text{V}, & 1\text{s}\leqslant t\leqslant 2\text{s}\\ u(2)+\int_2^t 2\mathrm{d}\xi=2t-2\text{V}, & 2\text{s}\leqslant t\leqslant 3\text{s}\\ u(3)=4\text{V}, & t\geqslant 3\text{s}\end{cases}$$

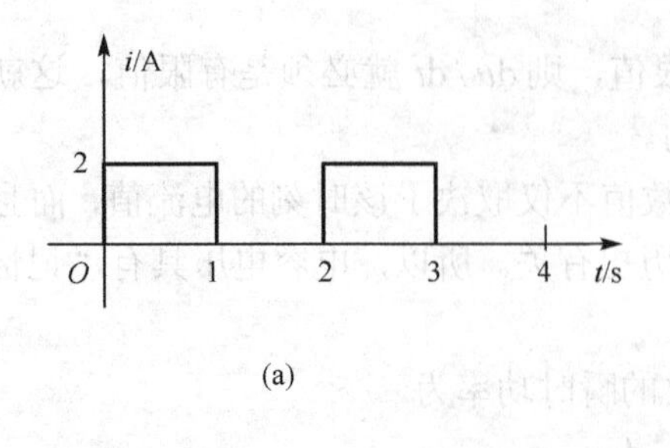

(a)

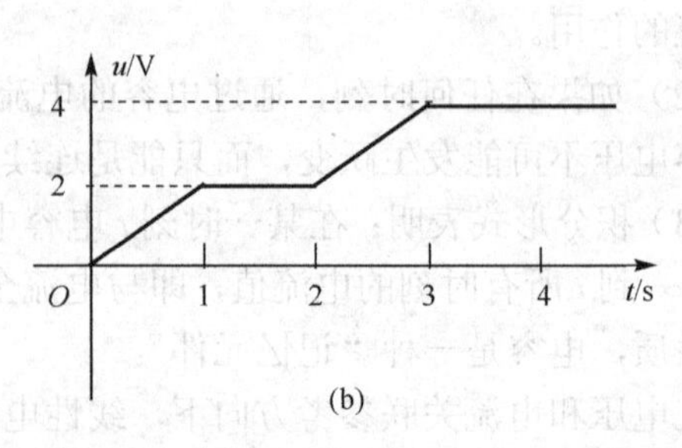

(b)

图 2-3

据此，可画出电压波形图如图 2-3(b)所示。

实际的电容器除了有储能作用外，还会消耗一部分电能。主要原因是由于介质不可能是

理想的，其中多少存在一些漏电流。由于电容器消耗的功率与所加电压直接相关，因此可用电容与电阻的并联电路模型来表示实际电容器，如图 2-4 所示。

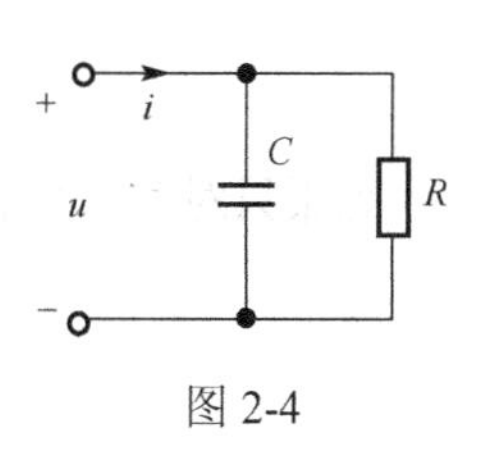

图 2-4

另外，每个电容器所能承受的电压是有限的，电压过高，介质就会被击穿，从而丧失电容器的功能。因此，一个实际的电容器除了要标明电容量外，还要标明其额定工作电压，使用电容器时不应高于它的额定工作电压。

2.1.2　电感元件

用导线绕制成空芯或具有铁芯的线圈即可构成一个电感器或电感线圈。线圈中通以电流 i 后将产生磁通 Φ_L，在线圈周围建立磁场并储存磁场能量，所以电感线圈是一种能够储存磁场能量的实际器件。

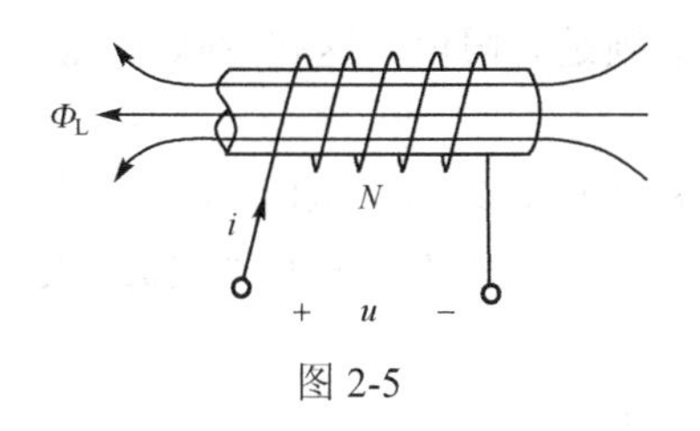

图 2-5

如果磁通 Φ_L 与线圈的 N 匝都交链，则磁链 $\Psi_L = N\Phi_L$（无漏磁时），如图 2-5 所示。Φ_L 和 Ψ_L 都是由线圈本身的电流产生的，称为自感磁通和自感磁链。

应用磁链、电流关系 $\Psi_L \sim i$（称为韦安特性）表征电感器的外特性，经理想化处理，可建立电感元件的模型。

一个二端元件，在任意时刻，其磁链 Ψ_L、电流 i 关系能用 $\Psi_L \sim i$ 平面上的曲线确定，则称此二端元件为电感元件。

若电感元件 $\Psi_L \sim i$ 平面上的曲线是通过原点的一条直线，且不随时间变化，则称为线性时不变电感元件。设电感上磁通 Φ_L 的参考方向与电流 i 的参考方向之间满足右手螺旋定则，则任何时刻线性电感的自感磁链 Ψ_L 与其中电流 i 的关系为

$$\Psi_L = Li \tag{2.1-7}$$

式中，L 称为电感量，单位为亨利（H），简称亨。另外也常用 mH（10^{-3}H）和 μH（10^{-6}H）等单位。其电路模型及韦安特性如图 2-6 所示。本教材主要讨论线性时不变电感元件。

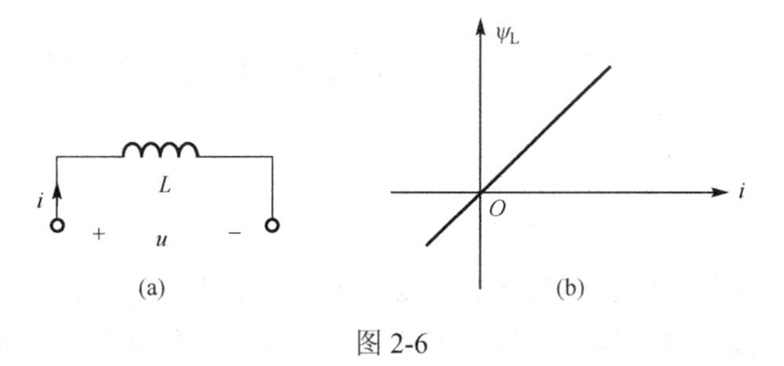

图 2-6

在电路分析中，同样更关注的是电感元件的伏安关系和储能情况等。当电感电流发生变化时，自感磁链也相应地发生变化，于是该电感上将出现感应电压 u。根据电磁感应定律，在电感电流与自感磁链的参考方向符合右手螺旋定则、电压和电流参考方向关联时，有

$$u = \frac{\mathrm{d}\Psi_L}{\mathrm{d}t} = L\frac{\mathrm{d}i}{\mathrm{d}t} \tag{2.1-8}$$

写成积分形式：

$$i(t)=\frac{1}{L}\int_{-\infty}^{t}u(\xi)\mathrm{d}\xi \tag{2.1-9}$$

如果只对某一任意选定的初始时刻 t_0 以后的电感电流的情况感兴趣，便可将积分形式写为

$$\begin{aligned}i(t)&=\frac{1}{L}\int_{-\infty}^{t_0}u(\xi)\mathrm{d}\xi+\frac{1}{L}\int_{t_0}^{t}u(\xi)\mathrm{d}\xi\\&=i(t_0)+\frac{1}{L}\int_{t_0}^{t}u(\xi)\mathrm{d}\xi\end{aligned} \tag{2.1-10}$$

上式表明如果知道了由初始时刻 t_0 开始作用的电压 $u(t)$以及电感的初始电流 $i(t_0)$，就能确定 $t\geqslant t_0$ 时的电感电流 $i(t)$。

由以上线性电感的伏安关系可得到以下重要结论：

（1）任何时刻，线性电感的电压与该时刻电流的变化率成正比。如果电感电流不变，即 $\mathrm{d}i/\mathrm{d}t$ 为零，则此时电感中虽有电流但电感电压为零，这时的电感相当于短路。

（2）如果在任何时刻，电感的电压是有限值，则 $\mathrm{d}i/\mathrm{d}t$ 就必须是有限值，这就意味着电感电流不可能发生跃变，而只能是连续变化的。

（3）积分形式表明：在某一时刻 t 电感电流的数值不仅取决于该时刻的电压值，而且取决于从 $-\infty$ 到 t 所有时刻的电压值，即与电压的全部历史有关。所以，电感电流具有“记忆”电压的性质，电感也是一种“记忆元件”。

在电压和电流关联参考方向下，线性电感吸收的瞬时功率为

$$p=ui=Li\frac{\mathrm{d}i}{\mathrm{d}t} \tag{2.1-11}$$

若 $p>0$，表示电感吸收能量；若 $p<0$，表示电感释放能量。从 $-\infty$ 到 t 时刻，电感吸收的能量为

$$\begin{aligned}w_{\mathrm{L}}(t)&=\int_{-\infty}^{t}p\mathrm{d}\xi=\int_{-\infty}^{t}Li(\xi)\frac{\mathrm{d}i(\xi)}{\mathrm{d}\xi}\mathrm{d}\xi=\int_{i(-\infty)}^{i(t)}Li(\xi)\mathrm{d}i(\xi)\\&=\frac{1}{2}Li^2(t)-\frac{1}{2}Li^2(-\infty)\end{aligned}$$

设 $i(-\infty)=0$，则意味着电感在任一时刻储存的能量等于它吸收的能量，即电感储能公式为

$$w_{\mathrm{L}}(t)=\frac{1}{2}Li^2(t) \tag{2.1-12}$$

此式表明，电感在任何时刻的储能只与该时刻通过的电流有关，而与其电压大小无关。只要电流存在，即使没有电压也有储能。因此电感元件是储能元件，电感吸收的能量以磁场能量形式储存在元件的磁场中。

当电感电压是有限值时，电感电流不能跃变，实质上也就是电感的储能不能跃变的反映，如果电感储能跃变，则功率将是无限大，当电感电压是有限值时，这种情况是不可能的。

例 2-2 电路如图 2-7 所示，已知 $i_{\mathrm{L}}(t)=3\mathrm{e}^{-2t}\mathrm{A}(t\geqslant 0)$，求 $t\geqslant 0$ 时的端口电流 $i(t)$。

解：设电感电压为 $u(t)$，参考方向与 i_{L} 关联。

根据电感元件伏安关系得

$$u(t)=L\frac{\mathrm{d}i_{\mathrm{L}}(t)}{\mathrm{d}t}=1\times(-2)\times3\mathrm{e}^{-2t}=-6\mathrm{e}^{-2t}\mathrm{V}$$

由 KCL，端口电流 i 是电阻电流和电感电流之和，即

$$i(t)=\frac{u(t)}{1}+i_{\mathrm{L}}(t)=-6\mathrm{e}^{-2t}+3\mathrm{e}^{-2t}=-3\mathrm{e}^{-2t}\mathrm{A}$$

实际的电感器除了有储能作用外，还会消耗一部分电能。这主要是由于构成电感的线圈导线多少存在一些电阻的缘故。由于电感器消耗的功率与流过它的电流直接相关，因此可用电感与电阻的串联电路作为实际电感器的电路模型，如图 2-8 所示。

图 2-7　　图 2-8

另外，每个电感器所能承受的电流是有限的，流过的电流过大，会使线圈过热或使线圈受到过大电磁力的作用而发生机械形变，甚至烧毁线圈。因此，一个实际的电感器除了要标明电感量外，还要标明额定工作电流，使用电感器时不应高于它的额定工作电流。

2.1.3　电感、电容的串联和并联

工程实际中常会遇到单个电容器的电容量或电感线圈的电感量不能满足电路的要求的情况，需将几个电容器或几个电感线圈适当地连接起来，组成电容器组或电感线圈组。电容器或电感线圈的连接形式与电阻相同，可采用串联、并联、混联方式，利用等效概念最终可以等效为一个电感或电容。以下主要讨论电感、电容的串联和并联后的等效。

1. 电感的串联

电感的串联如图 2-9(a)所示，可等效为一个电感，如图 2-9(b)所示。

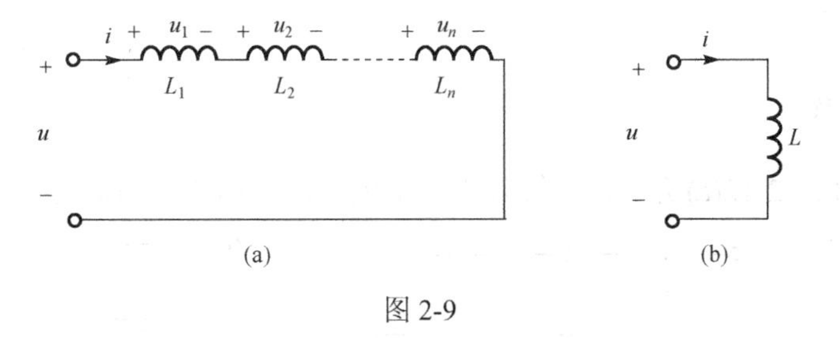

图 2-9

其中，$L=L_1+L_2+\cdots+L_n$。利用等效概念可以说明两者是等效的。图 2-9(a)中，流过各电感的电流是同一电流 i，根据 KVL 和电感元件的端口伏安关系，端口压流关系为

$$\begin{aligned}u&=u_1+u_2+\cdots+u_n=L_1\frac{\mathrm{d}i}{\mathrm{d}t}+L_2\frac{\mathrm{d}i}{\mathrm{d}t}+\cdots+L_n\frac{\mathrm{d}i}{\mathrm{d}t}\\&=(L_1+L_2+\cdots+L_n)\frac{\mathrm{d}i}{\mathrm{d}t}\end{aligned}$$

若图 2-9(b)中的电感 $L=L_1+L_2+\cdots+L_n$，则两个电路端口具有相同的伏安关系，故两者是等效的。

2．电感的并联

电感的并联如图 2-10(a)所示，可等效为一个电感，如图 2-10(b)所示。

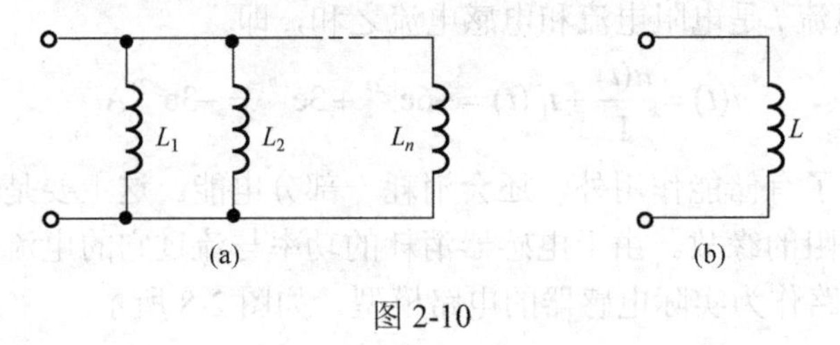

图 2-10

其中，$\frac{1}{L}=\frac{1}{L_1}+\frac{1}{L_2}+\cdots+\frac{1}{L_n}$。

可见，电感线圈串、并联等效电感的计算方式和电阻串、并联等效电阻的计算方式相同。

电感线圈串联后的额定电流是其中最小的额定电流值。电感量相同的电感线圈并联后的额定电流是各线圈额定电流值之和。因此，串联使用电感线圈可以提高电感量，并联使用电感线圈可以增大额定电流。实际使用各种线圈时，除了考虑电感量的大小外，还要注意使正常工作时通过线圈的电流小于线圈的额定电流值，否则会烧坏线圈绕组。

3．电容的串联

电容的串联如图 2-11(a)所示，可等效为一个电容，如图 2-11(b)所示。

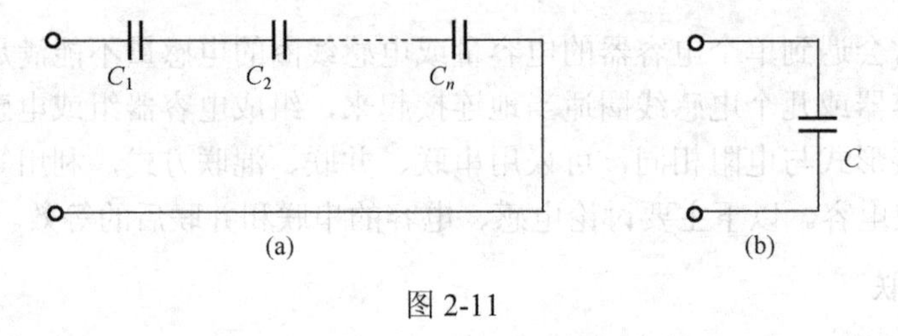

图 2-11

其中，$\frac{1}{C}=\frac{1}{C_1}+\frac{1}{C_2}+\cdots+\frac{1}{C_n}$。

4．电容的并联

电容的并联如图 2-12(a)所示，可等效为一个电容，如图 2-12(b)所示。

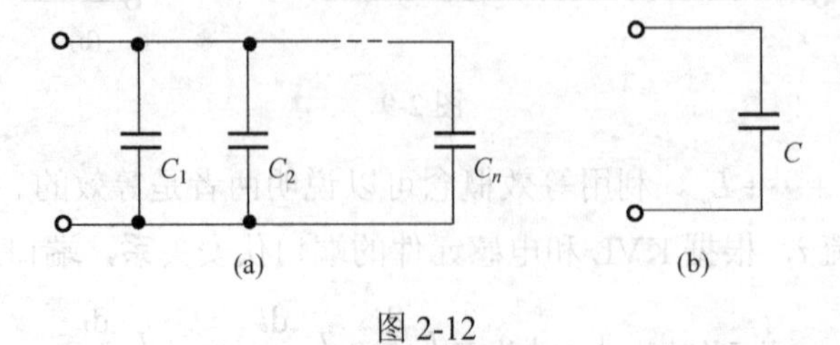

图 2-12

其中，$C=C_1+C_2+\cdots+C_n$。

可见，电容器串联与并联等效电容的计算方式和电阻串、并联等效电阻的计算方式正好相反。

电容器串联后的等效电容量比每一个电容器的电容量都小。电容器串联时，由于静电感应的作用，每一个电容器上所带的电量是相同的，所以各电容器上所分得的电压与其电容量成反比，电容量大的分配的电压低，电容量小的分配的电压高。具体使用时必须根据上述关系慎重考虑各电容器的耐压情况。

若所需的电容量大于单个电容器的电容量，则可以采用电容器的并联组合，同时也应考虑耐压问题。并联电容器组中的任何一个电容器的耐压值都不能低于外加电压，否则该电容器就会被击穿。

电容器和电感线圈还可混联使用，以获得合适的电容量及耐压、电感量及额定电流。

思考与练习

2.1-1　若 L、C 元件端口电压电流参考方向非关联，则它们的端口伏安关系应改写为何种形式？

2.1-2　判断下列命题是否正确，并说明理由。

(a) 电感电压为有限值时，电感电流不能跃变；

(b) 电感电流为有限值时，电感电压不能跃变；

(c) 电容电压为有限值时，电容电流可以跃变；

(d) 电容电流为有限值时，电容电压可以跃变；

(e) 由于电阻、电感、电容元件都能从外部电路吸收功率，所以它们都是耗能元件。

2.1-3　如果一个电感元件两端的电压为零，其储能是否也一定等于零？如果一个电容元件中电流为零，其储能是否也一定等于零？

2.1-4　一电感 L = 1H，某时刻电感电流 2A，问该时刻电感两端的电压和储能是否可能都等于零？为什么？一电容 C = 1F，某时刻电容两端的电压 2V，问该时刻通过电容的电流和电容储能是否可能都等于零？为什么？

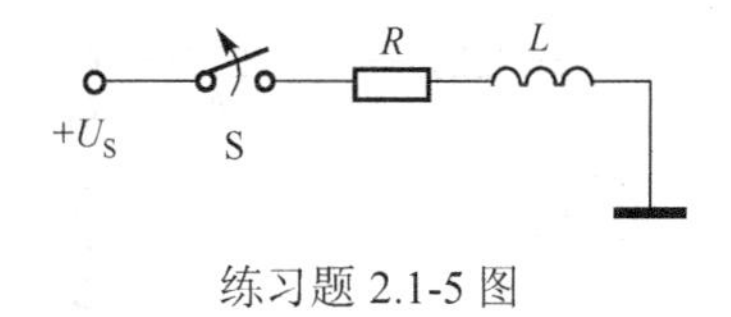

练习题 2.1-5 图

2.1-5　试标出右图所示电路中开关 S 打开瞬间，电感两端电压的极性。

2.2　动态电路方程的建立及其解

2.2.1　动态电路方程的建立

分析电路时首先要选择变量建立电路方程。基本依据是基尔霍夫定律和元件的伏安关系。由于动态元件的伏安关系是微积分关系，因此根据两类约束所建立的动态电路方程是以电流、电压为变量的微分-积分方程，一般可归为微分方程。如果电路中只有一个独立的动态元件，则描述该电路的是一阶微分方程，相应的电路称为一阶电路。如果电路中有 n 个独立动态元件，那么描述该电路的将是 n 阶微分方程，则相应的电路称为 n 阶电路。

动态电路中的暂态过程是由换路动作引起的。通常把电路中开关的接通、断开或者元件参数的突然变化等统称为换路。换路前后，电路结构或者元件参数不同，原有的工作状态经过过渡过程到达一个新的稳定工作状态。常设 $t=0$ 时换路，$t=0_-$表示换路前的终了时刻，$t=0_+$表示换路后的初始时刻。动态电路建立的方程就是指换路后的电路方程。

在动态电路的许多电压变量和电流变量中，电容电压和电感电流具有特别重要的地位，它们确定了电路储能的状况，常称电容电压 $u_C(t)$和电感电流 $i_L(t)$为状态变量。如果选择状态变量建立电路方程，则可以通过状态变量很方便地求出其他变量。以下讨论一些典型电路的建立电路方程的过程。

1．一阶 RC 电路

图 2-13 所示一阶 RC 电路中，以电容电压 $u_C(t)$为变量。

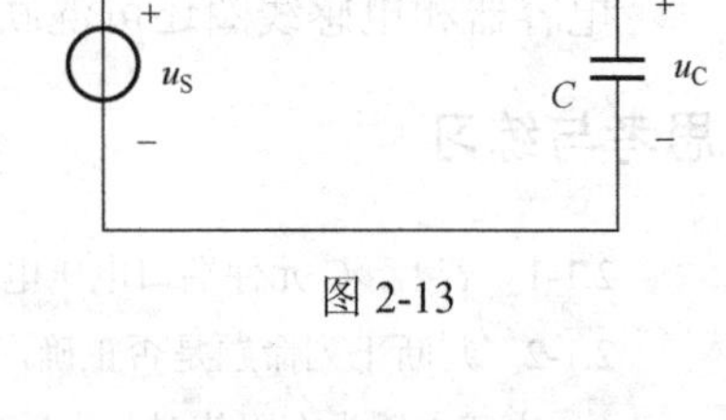

图 2-13

对 $t > 0$ 时的电路，根据 KVL，得：

$$u_R + u_C = u_S$$

把元件的伏安关系 $u_R = Ri$，$i(t) = C\dfrac{du_C}{dt}$ 等代入上式，得到以 $u_C(t)$为变量的一阶微分方程

$$RC\frac{du_C}{dt} + u_C = u_S$$

可将上述方程进一步化为

$$\frac{du_C}{dt} + \frac{1}{RC}u_C = \frac{1}{RC}u_S \qquad (2.2\text{-}1)$$

2．一阶 RL 电路

图 2-14 所示一阶 RL 电路中，以电感电流 $i_L(t)$为变量。对 $t > 0$ 时的电路，根据 KVL，得：

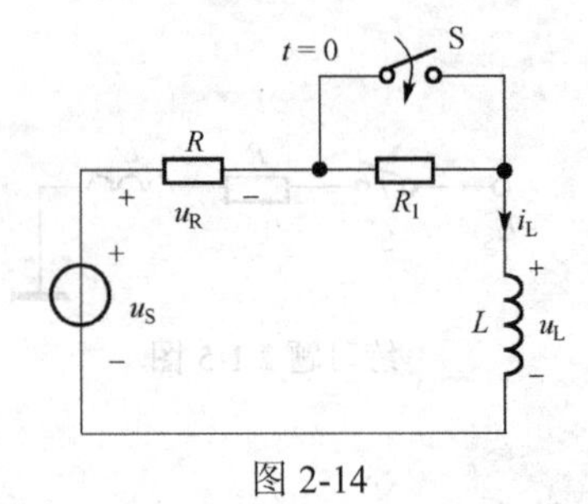

图 2-14

$$u_R + u_L = u_S$$

把元件的伏安关系 $u_R = Ri_L$，$u_L(t) = L\dfrac{di_L}{dt}$ 等代入上式，得到以 $i_L(t)$为变量的一阶微分方程

$$L\frac{di_L}{dt} + Ri_L = u_S$$

可将上述方程进一步化为

$$\frac{di_L}{dt} + \frac{R}{L}i_L = \frac{1}{L}u_S \qquad (2.2\text{-}2)$$

综上，建立动态电路方程的步骤可归纳如下：

（1）根据电路建立 KCL 和 KVL 方程，写出各元件的伏安关系；

（2）在以上方程中消去中间变量，得到所需变量的微分方程。

2.2.2　动态方程的解

对于一阶电路的时域分析，考虑类似式（2.2-1）和式（2.2-2）典型一阶电路的方程为线性常系数微分方程，其一般形式可归为

$$\frac{dy(t)}{dt} + \frac{1}{\tau}y(t) = bf(t) \qquad (2.2\text{-}3)$$

$f(t)$表示激励源（或激励的运算函数），$y(t)$表示响应（任意的电压或电流，而不一定限于电容电压、电感电流）。求解微分方程时，需已知或确定该方程成立之时的初始值。现设 $t = 0$ 时换路，并已知响应的初始值为 $y(0_+)$。

线性常系数微分方程的解由两部分组成，即

$$y(t)=y_{\mathrm{h}}(t)+y_{\mathrm{p}}(t)$$

其中，$y_{\mathrm{h}}(t)$是齐次方程$\dfrac{\mathrm{d}y(t)}{\mathrm{d}t}+\dfrac{1}{\tau}y(t)=0$的通解（齐次解），解的形式为$y_{\mathrm{h}}(t)=A\mathrm{e}^{pt}$。$p$ 由特征方程$p+\dfrac{1}{\tau}=0$确定，即$p=-\dfrac{1}{\tau}$。故通解为$y_{\mathrm{h}}(t)=A\mathrm{e}^{-\frac{t}{\tau}}$。

$y_{\mathrm{p}}(t)$一般具有与激励形式相同的函数形式。常见的激励函数$f(t)$及相应的特解$y_{\mathrm{p}}(t)$列于表 2-1 中。

表 2-1　常见激励函数对应动态电路的特解

激励 $f(t)$	特解 $y_{\mathrm{p}}(t)$
直流	K
t^n	$K_nt^n+K_{n-1}t^{n-1}+\cdots+K_0$
$\mathrm{e}^{\alpha t}$	$K\mathrm{e}^{\alpha t}$（当 α 不是特征根时） $(K_1t+K_0)\mathrm{e}^{\alpha t}$（当 α 是单特征根时） $(K_2t^2+K_1t+K_0)\mathrm{e}^{\alpha t}$（当 α 是二重特征根时）
$\cos\beta t$ 或 $\sin\beta t$	$K_1\cos\beta t+K_2\sin\beta t$

注：表中 $K, K_0, K_1, \cdots, K_n$ 均为待定常数。

故完全响应为

$$y(t)=y_{\mathrm{h}}(t)+y_{\mathrm{p}}(t)=A\mathrm{e}^{pt}+y_{\mathrm{p}}(t)$$

其中，A 可由初始值确定

$$y(0_+)=A+y_{\mathrm{p}}(0_+)$$

$$A=y(0_+)-y_{\mathrm{p}}(0_+)$$

故得一阶电路方程的解为

$$y(t)=y_{\mathrm{p}}(t)+[y(0_+)-y_{\mathrm{p}}(0_+)]\mathrm{e}^{-\frac{t}{\tau}} \tag{2.2-4}$$

2.2.3　初始值的计算

描述动态电路的方程是常系数微分方程。由式（2.2-4）可知，在求解常系数微分方程时，需要根据初始值$y(0_+)$确定待定系数。下面讨论任意电压和电流初始值的计算方法。

在 2.1 节介绍动态元件时曾得到这样的结论：电容电流 $i_{\mathrm{C}}(t)$和电感电压 $u_{\mathrm{L}}(t)$为有限值，则电容电压和电感电流不发生跃变。动态电路在换路期间也有相应的结论，并可总结为换路定律：

如果在换路期间，电容电流 $i_{\mathrm{C}}(t)$和电感电压 $u_{\mathrm{L}}(t)$为有限值，则电容电压和电感电流不发生跃变，称为换路定律。设 $t=0$ 时换路，则有

$$\begin{cases}u_{\mathrm{C}}(0_+)=u_{\mathrm{C}}(0_-)\\ i_{\mathrm{L}}(0_+)=i_{\mathrm{L}}(0_-)\end{cases} \tag{2.2-5}$$

由动态元件伏安关系的积分形式也可说明换路定律。设 $t=0$ 时换路，换路经历时间为 0_- 到 0_+。当 $t=0_+$时，电容电压和电感电流分别为

$$\begin{cases}u_{\mathrm{C}}(0_+)=u_{\mathrm{C}}(0_-)+\dfrac{1}{C}\displaystyle\int_{0_-}^{0_+}i_{\mathrm{C}}(\xi)\mathrm{d}\xi\\ u_{\mathrm{L}}(0_+)=i_{\mathrm{L}}(0_-)+\dfrac{1}{L}\displaystyle\int_{0_-}^{0_+}u_{\mathrm{L}}(\xi)\mathrm{d}\xi\end{cases} \tag{2.2-6}$$

如果在换路期间，电容电流 $i_{\mathrm{C}}(t)$和电感电压 $u_{\mathrm{L}}(t)$为有限值，则上两式中等号右方积分项将为零，此时电容电压和电感电流不发生跃变。

换路定律还可以从能量的角度来理解。我们知道，电容和电感的储能分别为

$$w_C(t)=\frac{1}{2}Cu^2(t),\ w_L(t)=\frac{1}{2}Li^2(t)$$

如果电容电压或电感电流发生跃变，那么电容和电感的储能也发生跃变。而能量的跃变意味着瞬时功率为无限大，这在实际电路中是不可能的。

由换路定律可见，关于电容电压、电感电流 $u_C(0_+)$和 $i_L(0_+)$，一般可由 $t=0_-$时的 $u_C(0_-)$和 $i_L(0_-)$来确定。求解步骤如下：

（1）求 $u_C(0_-)$和 $i_L(0_-)$。可画出 $t=0_-$时的电路：对于激励源为直流的电路，若原电路已处稳态，电容可视为开路，电感可视为短路，然后求出 $u_C(0_-)$和 $i_L(0_-)$。

（2）用换路定律求得：$u_C(0_+)=u_C(0_-)$，$i_L(0_+)=i_L(0_-)$。

那么，如何求取其他任意变量的初始值呢？在求得电容电压、电感电流的初始值 $u_C(0_+)$和 $i_L(0_+)$后，关键是寻求 $t=0_+$时的等效电路。

设图 2-15(a)中 N 为含源电阻网络，该网络在 $t=0$ 时换路，则由换路定律可得

$$u_C(0_+)=u_C(0_-),\ i_L(0_+)=i_L(0_-)$$

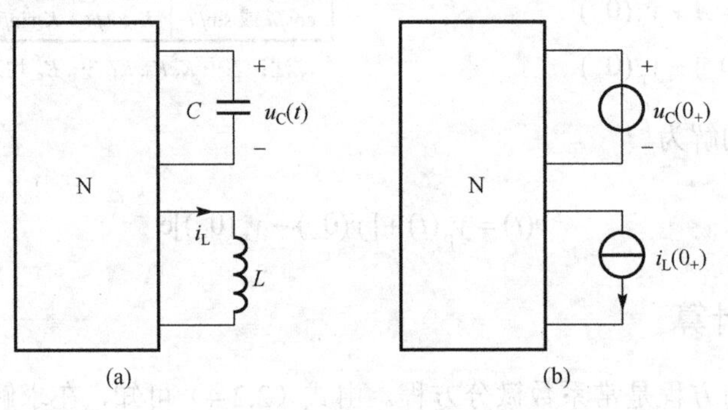

图 2-15

由于所求的是任意支路的电压、电流在换路后 $t=0_+$时刻的值，因此一般无“连续性”。根据替代定理，此时电容支路可用电压源 $u_C(0_+)$替代，电感支路可用电流源 $i_L(0_+)$替代，于是得到图 2-15 (b)所示的等效电路。此时电路已转化为直流电阻电路，由此可运用直流电阻电路中各种分析方法确定任意变量的初始值。其基本步骤可归纳如下：

（1）由 $t=0_-$时的电路求出 $u_C(0_-)$和 $i_L(0_-)$；

（2）由换路定律作出 $t=0_+$时的等效电路，此时电容可用大小和方向同 $u_C(0_+)$的电压源替代，电感可用大小和方向同 $i_L(0_+)$的电流源替代；

（3）运用电阻电路分析方法计算初始值。

需要注意的是，上述换路定律仅在电容电流和电感电压为有限值的情况下才成立。在某些理想情况下，电容电流和电感电压可以为无限大，这时电容电压和电感电流将发生跃变，换路定律不再适用。此时，可根据电荷守恒和磁链守恒原理确定独立初始值。

例 2-3 求图 2-16 所示电路在换路后的初始值 $i(0_+)$和 $u(0_+)$。

解：求 $i_L(0_-)$ 时，L 相当于短路，$i_L(0_-)=\frac{72}{2+4}=12\text{A}$。

由换路定律，$i_L(0_+)=i_L(0_-)$，作出 $t=0_+$时的等效电路，如图 2-17 所示。

以 $i(0_+)$为变量，列出该等效电路中左网孔的 KVL 方程：

$$4i(0_+) + 2[12 + i(0_+)] = 72$$

解得：$i(0_+) = 8\text{A}$，由 KVL 方程可得：

$$u(0_+) = -4\times 12 + 4\times 8 = -16\text{V}$$

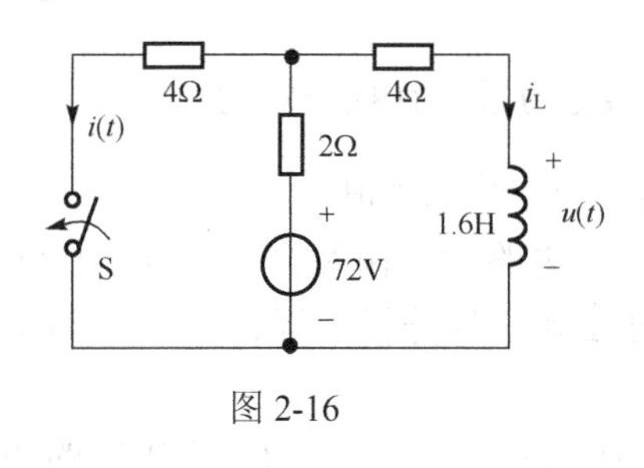

图 2-16

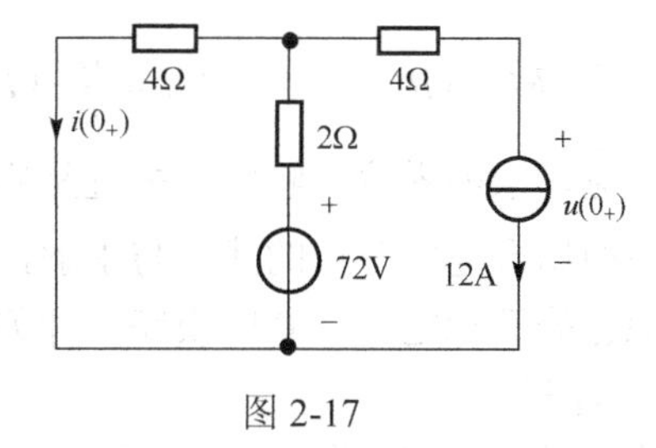

图 2-17

思考与练习

2.2-1　电路如图所示，列出关于 $u_C(t)$的微分方程。

2.2-2　“在电感电压为有限值时，电感电流不能跃变，实质上也就是电感的储能不能跃变的反映。”，你认为这种说法正确吗？为什么？

2.2-3　“在电容电流为有限值时，电容电压不能跃变，实质上也就是电容的储能不能跃变的反映。”，你认为这种说法正确吗？为什么？

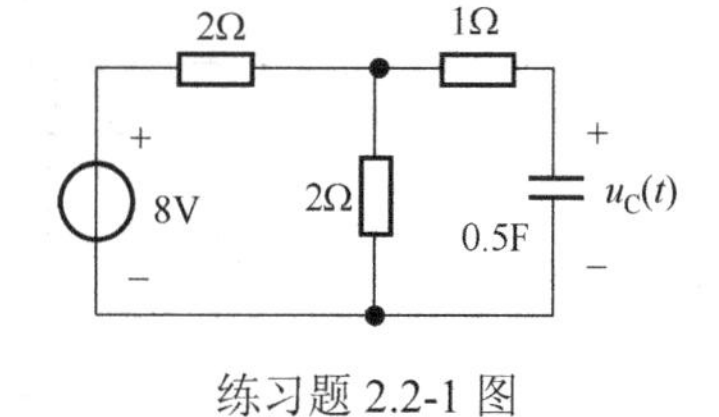

练习题 2.2-1 图

2.2-4　利用等效概念，证明具有初始电压的电容图(a)可等效为图(b)的电路。

2.2-5　如图所示电路，已知 $R = 2\Omega$，电压表的内阻为 2.5kΩ，电源电压 $U = 4\text{V}$。电路已处于稳态，试求开关 S 断开瞬间电压表两端的电压，分析其结果，并请考虑采取何种措施来防止这种后果的发生。

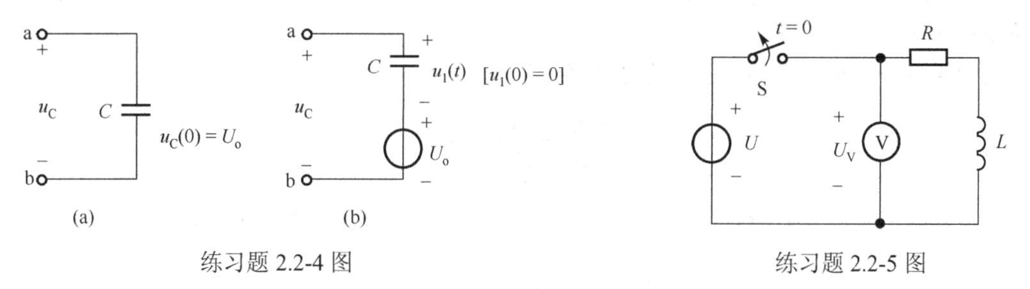

练习题 2.2-4 图　　练习题 2.2-5 图

2.3　直流一阶动态电路的响应

动态电路的响应是指换路后过渡过程中的电压、电流随时间变化的规律。电路的响应可能仅仅取决于动态元件的初始储能，或仅仅取决于外加激励源，或由初始储能和外加激励源共同作用而产生，因而引出了零输入响应、零状态响应和全响应的概念及计算问题。本节主要研究在直流电源作用下一阶动态电路（称直流一阶电路）的响应问题，有关分析方法也适用于一些特殊的二阶直流电路问题的分析。

2.3.1　零输入响应

换路后外加激励为零，仅由电路初始储能作用产生的响应称为零输入响应。

显然，当外加激励为零时，由式（2.2-4）可知：一阶电路方程的特解 $y_p(t)=0$，$y_p(0_+)=0$，于是得到零输入响应的一般形式为

$$y(t)=y(0_+)\mathrm{e}^{-\frac{t}{\tau}} \tag{2.3-1}$$

其中，$\tau=RC$ （RC 电路）或 $\tau=\frac{L}{R}$ （RL 电路），是由微分方程特征根决定的。

可见，求解零输入响应的关键是确定初始值 $y(0_+)$ 及方程中的 τ 值。

下面结合电路方程的建立与求解，首先研究一阶 RC 电路的零输入响应。图 2-18(a)所示电路原已处于稳定。$t=0$ 时换路，开关 S 由 1 侧闭合于 2 侧。现分析求解 $t>0$ 时电路中的变量 u_C、u_R 和 i。

换路后的电路如图 2-18(b)所示，电路中无外加激励作用，所有响应取决于电容的初始储能，因此所求变量 u_C、u_R 和 i 均为零输入响应。电容初始储能通过电阻 R 放电，逐渐被电阻消耗，电路零输入响应则从初始值开始逐渐衰减为零。

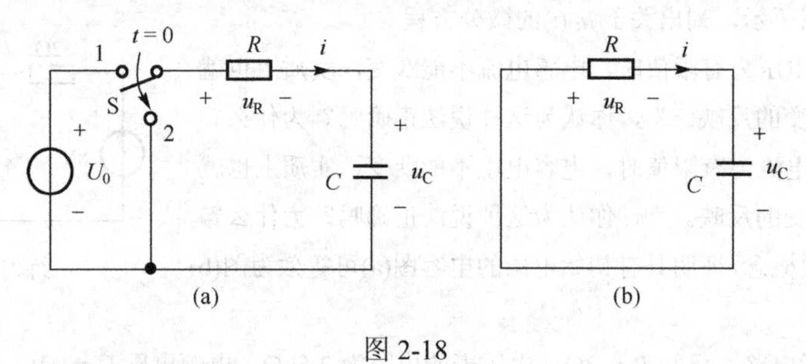

图 2-18

$t<0$ 时，开关 S 一直闭合于 1 侧。电容 C 被电压源 U_0 充电到电压 U_0，即 $u_C(0_-)=U_0$。由换路定律可知，$u_C(0_+)=U_0$。

由两类约束，建立以 u_C 为变量的电路方程为

$$\frac{\mathrm{d}u_C}{\mathrm{d}t}+\frac{1}{RC}u_C=0$$

对应一般形式，$\tau=RC$，方程特征根 $p=-\frac{1}{\tau}$，故零输入响应 u_C 为

$$u_C(t)=u_C(0_+)\mathrm{e}^{-\frac{t}{\tau}}=U_0\mathrm{e}^{-\frac{t}{RC}}, \qquad t>0$$

由 KVL 方程 $u_C+u_R=0$ 得

$$u_R(t)=-u_C(t)=-u_C(0_+)\mathrm{e}^{-\frac{t}{\tau}}=-U_0\mathrm{e}^{-\frac{t}{RC}}$$

由欧姆定律得

$$i(t)=\frac{u_R(t)}{R}=\frac{-u_C(0_+)\mathrm{e}^{-\frac{t}{\tau}}}{R}=-\frac{U_0}{R}\mathrm{e}^{-\frac{t}{RC}}$$

u_C、u_R 和 i 随时间变化的曲线如图 2-19 所示。可见，u_C、u_R 和 i 都按同样指数规律变化。由于方程特征根 $p=-1/\tau$ 为负值，所以 u_C、u_R 和 i 都按指数规律不断衰减，最后当 $t\to\infty$ 时，它们都趋于零。

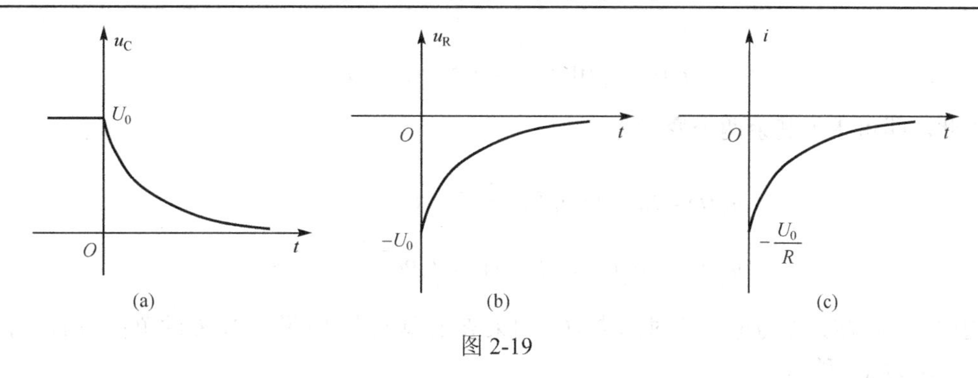

图 2-19

注意：在 $t=0$ 时，$u_C(t)$是连续的，没有跃变，而 u_R 和 i 分别由零跃变为$-U_0$和$-U_0/R$，发生跃变，这正是由电容电压不能跃变所决定的。

$\tau=RC$ 称为电路的时间常数。如果 R 的单位为Ω（欧姆）、C 的单位为 F（法拉），则 τ 的单位为 s（秒）。

τ 的大小反映此一阶电路过渡过程的变化速度。τ 越小，过渡过程越快，反之，则越慢。τ 是反映过渡过程特性的一个重要参量。

以电容电压为例，当 $t=\tau$ 时，$u_C(\tau)=U_0e^{-1}=0.368U_0$；

当 $t=3\tau$ 时，$u_C(3\tau)=U_0e^{-3}=0.05U_0$；

当 $t=5\tau$ 时，$u_C(5\tau)=0.007U_0$。

一般可认为换路后时间经 $3\tau\sim5\tau$ 后电压、电流已衰减到零（从理论上讲 $t\to\infty$时才衰减到零），电路已达到新的稳定状态。

一阶 RL 电路零输入响应的分析过程和一阶 RC 电路相同。

设图 2-20(a)所示电路原已处于稳定，$t=0$ 时换路，开关 S 由 1 侧闭合于 2 侧。现分析求解 $t>0$ 时电路中的变量 i_L、u_L 和 u_R。

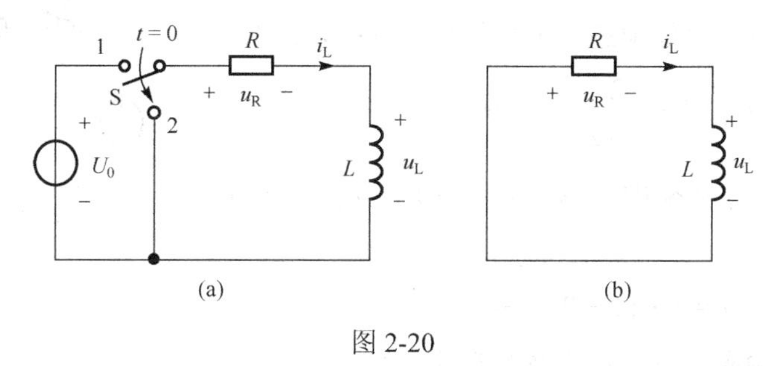

图 2-20

当 $t<0$ 时，开关 S 一直合于 1 侧，电感电流为 $i_L(0_-)=\dfrac{U_0}{R}=I_0$。在 $t>0$ 时，原电路转化为如图 2-20(b)所示，$i_L(0_+)=i_L(0_-)=I_0$。根据 KVL，可得电路方程

$$L\frac{di_L}{dt}+Ri_L=0,\qquad t>0$$

即为

$$\frac{di_L}{dt}+\frac{R}{L}i_L=0$$

对应一般形式，$\tau=\dfrac{L}{R}$，故零输入响应量 i_L 为

$$i_{\mathrm{L}}(t)=i_{\mathrm{L}}(0_{+})\mathrm{e}^{-\frac{t}{\tau}}=I_{0}\mathrm{e}^{-\frac{Rt}{L}},\qquad t>0$$

由此，即可求得其余两个变量为

$$u_{\mathrm{R}}(t)=Ri_{\mathrm{L}}(t)=I_{0}R\mathrm{e}^{-\frac{Rt}{L}},\qquad t>0$$

$$u_{\mathrm{L}}(t)=-u_{\mathrm{R}}(t)=-Ri_{\mathrm{L}}(t)=-I_{0}R\mathrm{e}^{-\frac{Rt}{L}},\qquad t>0$$

同样，$\tau=L/R$，称为电路的时间常数。如果 R 的单位为Ω（欧姆），L 的单位为 H（亨利），则τ 的单位为 s（秒）。

i_{L}、u_{R} 和 u_{L} 随时间变化的曲线如图 2-21 所示，它们都是随时间衰减的指数曲线。

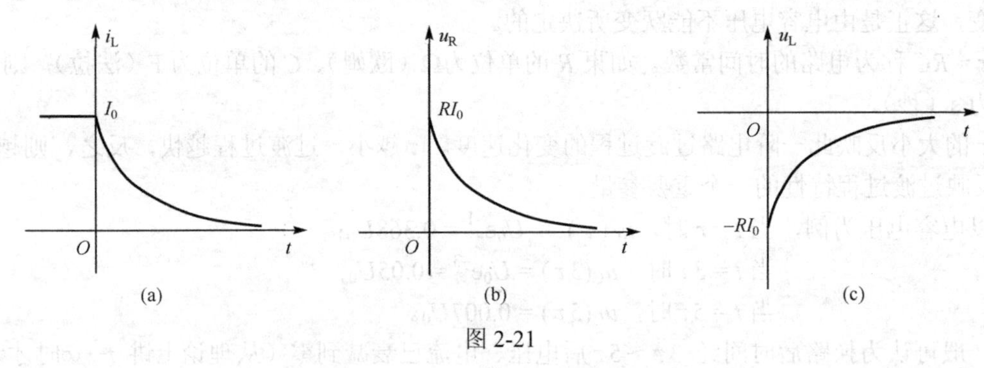

图 2-21

注意：RL 串联电路中，时间常数τ 与电阻 R 成反比，R 越大，τ 越小；而在 RC 串联电路中，τ 与 R 成正比，R 越大，τ 越大。

例 2-4　图 2-22 所示电路原已处于稳态，$t=0$ 时将开关 S 打开。求 $t>0$ 时的电压 u_{R} 和电流 i。

解：换路前原电路已处稳态，电容相当于开路，故有

$$u_{\mathrm{C}}(0_{-})=\frac{2}{3+2}\times 15=6\mathrm{V}$$

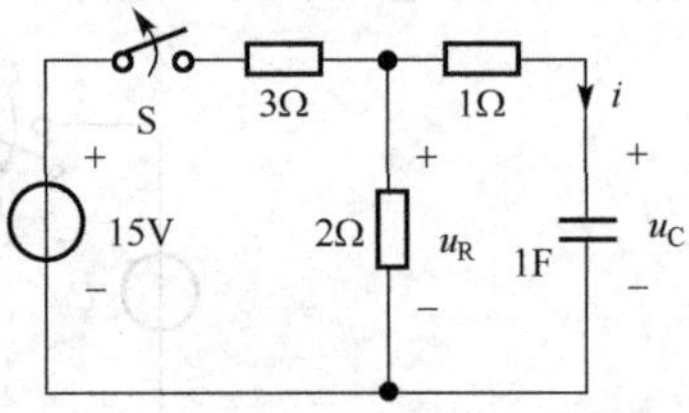

根据换路定律，得电容电压的初始值 $u_{\mathrm{C}}(0_{+})=u_{\mathrm{C}}(0_{-})=6\mathrm{V}$。

电路时间常数为

$$\tau=1\times(1+2)=3\mathrm{s}$$

图 2-22

换路后，由零输入响应的一般形式及两类约束得

$$u_{\mathrm{C}}(t)=u_{\mathrm{C}}(0_{+})\mathrm{e}^{-\frac{t}{\tau}}=6\mathrm{e}^{-\frac{t}{3}}\mathrm{V},\qquad t>0$$

$$i(t)=-\frac{u_{\mathrm{C}}}{1+2}=-2\mathrm{e}^{-\frac{t}{3}}\mathrm{A},\qquad t>0$$

$$u_{\mathrm{R}}(t)=-2i(t)=\frac{2}{1+2}u_{\mathrm{C}}(t)=4\mathrm{e}^{-\frac{t}{3}}\mathrm{V},\qquad t>0$$

例 2-5　图 2-23 所示电路原已处于稳态，$t=0$ 时将开关 S 打开。求 $t>0$ 时电流 i_{L} 和电压 u_{L}。

解：换路前原电路已处稳态，电感相当于短路，故有

$$i_L(0_-)=\frac{11}{3+2/(1+2)}\times\frac{2}{1+2}=2\text{A}$$

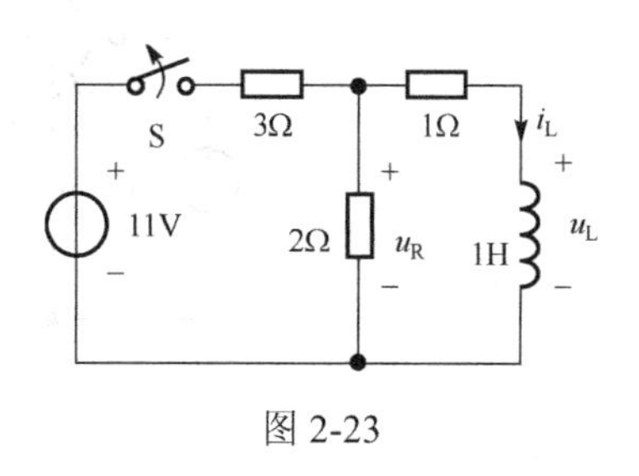

图 2-23

根据换路定律，得电感电流的初始值 $i_L(0_+)=i_L(0_-)=2\text{A}$。

电路时间常数为

$$\tau=\frac{1}{1+2}=\frac{1}{3}\text{s}$$

换路后，由零输入响应的一般形式及两类约束得：

$$i_L(t)=i_L(0_+)\text{e}^{-\frac{t}{\tau}}=2\text{e}^{-3t}\text{A},\qquad t>0$$

$$u_L(t)=L\frac{\text{d}i_L}{\text{d}t}=1\times2\times(-3)\text{e}^{-3t}=-6\text{e}^{-3t}\text{V},\qquad t>0$$

或

$$u_L(t)=-i_L(t)\times(1+2)=-6\text{e}^{-3t}\text{V},\qquad t>0$$

由以上分析和举例可得到以下重要结论：

（1）一阶电路中任意变量的响应具有相同的时间常数。其公式中的 R 值为电容或电感元件以外电路的戴维南等效电阻。

（2）任何零输入响应均正比于独立初始值，称此为零输入线性。

2.3.2　零状态响应

初始储能为零，换路后仅由外加激励作用产生的响应，称为零状态响应。

当外加激励为直流电源时，响应的特解为常数。即由式（2.2-4）可知：$y_p(t)=y_p(0_+)=K$（常数），于是得到零状态响应的一般形式为

$$y(t)=y_p(t)+[y(0_+)-y_p(0_+)]\text{e}^{-\frac{t}{\tau}}=K+[y(0_+)-K]\text{e}^{-\frac{t}{\tau}}\qquad(2.3\text{-}2)$$

显然，$y(\infty)=K$，即电路达到新的稳定状态时对应的稳态值。

当初始储能为零时，即 $u_C(0_+)=u_C(0_-)=0$，$i_L(0_+)=i_L(0_-)=0$，但非状态变量 $y(0_+)$ 不一定为零（它取决于外加激励），故可先考虑计算状态变量的零状态响应（通过状态变量再求其他响应），并得到如下通式：

$$\begin{cases}u_C(t)=u_C(\infty)(1-\text{e}^{-\frac{t}{\tau}})\\ i_L(t)=i_L(\infty)(1-\text{e}^{-\frac{t}{\tau}})\end{cases}\qquad(2.3\text{-}3)$$

可见，求解零状态响应的关键是确定状态变量稳态值 $y(\infty)$ 及方程中的 τ 值，利用以上通式求得状态变量后可方便地求出其他变量。

以下结合电路方程的建立与求解，说明零状态响应的求解问题。

直流一阶 RC 电路如图 2-24(a)所示，原已处于稳定。$t=0$ 时换路，开关 S 由 1 侧闭合于 2 侧。现分析与求解 $t>0$ 时的电容电压 u_C 和电流 i。

换路后的电路如图 2-24(b)所示，电路中电容无初始储能，所有响应均取决于外加激励作用，因此所求变量 u_C 和 i 均为零状态响应。换路后电路中电容元件的电压将逐渐增大直至稳定，零状态响应 u_C 的建立过程就是 RC 电路的充电过程。

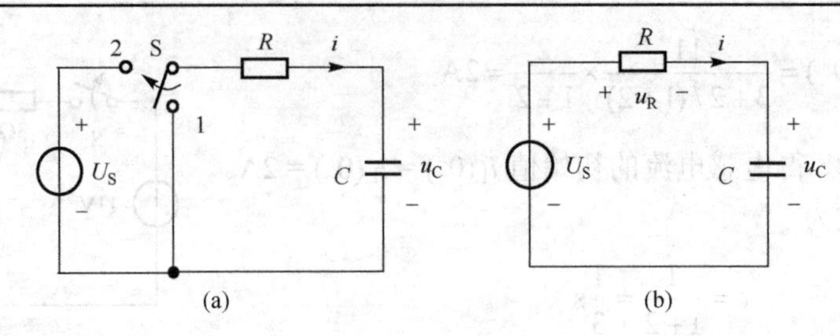

图 2-24

在图 2-24(b)中，以 u_C 为变量，建立 $t>0$ 时的电路方程为

$$RC\frac{\mathrm{d}u_C}{\mathrm{d}t}+u_C=U_S$$

进一步化为

$$\frac{\mathrm{d}u_C}{\mathrm{d}t}+\frac{1}{RC}u_C=\frac{1}{RC}U_S$$

显然，时间常数 $\tau=RC$，而响应 u_C 则由微分方程的解确定为

$$u_C(t)=u_C(\infty)(1-\mathrm{e}^{-\frac{t}{\tau}})=U_S(1-\mathrm{e}^{-\frac{t}{\tau}}),\qquad t>0$$

由电容元件的端口伏安关系，得：

$$i(t)=C\frac{\mathrm{d}u_C}{\mathrm{d}t}=\frac{U_S}{R}\mathrm{e}^{-\frac{t}{\tau}},\qquad t>0$$

或由 KVL 方程 $Ri+u_C=U_S$ 求得电流 i 为

$$i(t)=\frac{U_S-u_C}{R}=\frac{U_S}{R}\mathrm{e}^{-\frac{t}{\tau}},\qquad t>0$$

由以上分析和举例，同样可得到重要结论：任何零状态响应均正比于外加激励值，称此为零状态线性。

例 2-6　图 2-25 所示电路原已处于稳态，$t=0$ 时开关 S 闭合。求 $t>0$ 时的电压 u_R 和电流 i。

解：换路前原电路已处稳态，即换路时电容已无初始储能，故 $u_C(0_+)=u_C(0_-)=0$。

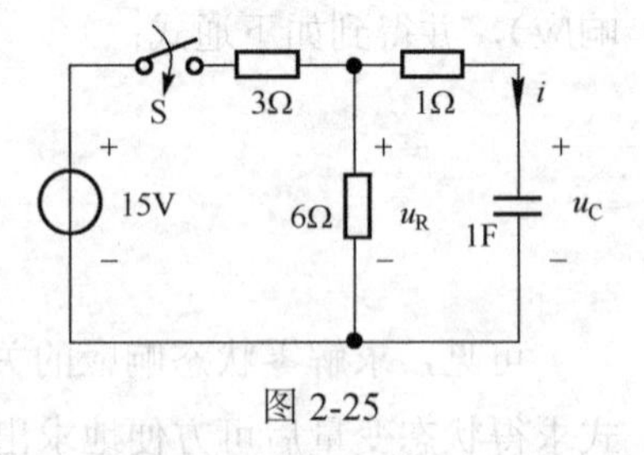

图 2-25

$$u_C(\infty)=\frac{6}{3+6}\times15=10\mathrm{V}$$

电路时间常数为

$$\tau=1\times(1+3//6)=3\mathrm{s}$$

则换路后，

$$u_C(t)=u_C(\infty)(1-\mathrm{e}^{-\frac{t}{\tau}})=10(1-\mathrm{e}^{-\frac{t}{3}})\mathrm{V},\qquad t>0$$

$$i(t)=C\frac{\mathrm{d}u_C}{\mathrm{d}t}=1\times10\times\frac{1}{3}\mathrm{e}^{-\frac{t}{3}}=\frac{10}{3}\mathrm{e}^{-\frac{t}{3}}\mathrm{A},\qquad t>0$$

$$u_R(t)=1\times i(t)+u_C(t)=-\frac{10}{3}\mathrm{e}^{-\frac{t}{3}}+10(1-\mathrm{e}^{-\frac{t}{3}})=10-\frac{40}{3}\mathrm{e}^{-\frac{t}{3}}\mathrm{V},\qquad t>0$$

例 2-7　图 2-26 所示电路原已处于稳态，$t=0$ 时开关 S 闭合。求 $t>0$ 时的电流 i_L 和电压 u_L。

解：换路前原电路已处稳态，即换路时电容已无初始储能，故 $i_L(0_+)=i_L(0_-)=0$。

$$i_L(\infty)=\frac{11}{3+2/(1+2)}\times\frac{2}{1+2}=2\text{A}$$

电路时间常数为

$$\tau=\frac{1}{1+6/5}=\frac{5}{11}\text{s}$$

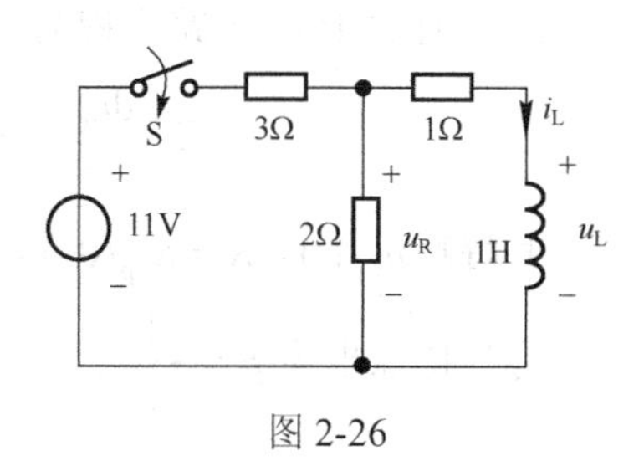

图 2-26

换路后，

$$i_L(t)=i_L(\infty)(1-\mathrm{e}^{-\frac{t}{\tau}})=2(1-\mathrm{e}^{-2.2t})\text{A},\qquad t>0$$

$$u_L(t)=L\frac{\mathrm{d}i_L}{\mathrm{d}t}=1\times2\times2.2\mathrm{e}^{-2.2t}=-4.4\mathrm{e}^{-2.2t}\text{V},\qquad t>0$$

另一解题思路：由戴维南定理，$t>0$ 时的电路可等效为典型的 *RC* 或 *RL* 电路，再利用有关结论先求状态变量，再求其他响应。

2.3.3　全响应

电路换路后既有初始储能作用，又有外加激励作用所产生的响应，称为全响应。

在激励为直流电源时，全响应即为微分方程全解，即有

$$\begin{aligned}y(t)&=y_p(t)+y_h(t)=y_p(t)+[y(0_+)-y_p(0_+)]\mathrm{e}^{-\frac{t}{\tau}}\\&=\underbrace{K+}_{\substack{\text{强迫响应}\\\text{（稳态响应）}}}\underbrace{[y(0_+)-K]\mathrm{e}^{-\frac{t}{\tau}}}_{\substack{\text{固有响应}\\\text{（暂态响应）}}}\end{aligned}\qquad(2.3\text{-}4)$$

式中，第一项（即特解）与激励具有相同的函数形式，称为强迫响应；它又是响应中随时间的增长稳定存在的分量，故又称为稳态响应。第二项（即齐次解）的函数形式仅由电路方程的特征根确定，而与激励的函数形式无关（它的系数与激励有关），称为固有响应或自由响应；它又是响应中随时间的增长最终衰减为零的分量，故又称为暂态响应。

如果除独立电源外，视动态元件的初始储能为电路的另一种激励，那么根据线性电路的叠加性质，电路响应是两种激励各自作用所产生的响应的叠加。也就是说，根据响应引起原因的不同，可将全响应分解为零输入响应（由初始储能产生）和零状态响应（由独立电源产生）两种分量：全响应=零输入响应+零状态响应，即

$$y(t)=\underbrace{y_x(t)}_{\text{零输入响应}}+\underbrace{y_f(t)}_{\text{零状态响应}}\qquad(2.3\text{-}5)$$

基于以上不同观点，电路全响应的几种分解方式如下：

全响应=强迫响应+固有响应
=稳态响应+暂态响应
=零输入响应+零状态响应

以下对 *RC* 电路问题从列解电路微分方程和零输入响应、零状态响应叠加的观点做一对比讨论。

如图 2-27 所示电路原已处于稳定，$t=0$ 时换路。求换路后电容电压 u_C 和电流 i。

（1）经典法（列解电路微分方程）求解全响应。

换路前电路稳定，$u_C(0_-)=U_0$。由换路定律：$u_C(0_+)=u_C(0_-)=U_0$。

$t>0$ 时关于 u_C 电路方程为

$$RC\frac{\mathrm{d}u_C}{\mathrm{d}t}+u_C=U_S$$

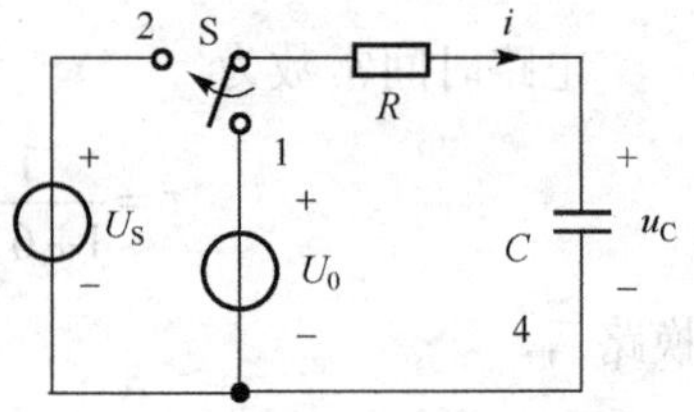

其特解 $u_{Cp}(t)=K=u_{Cp}(0_+)=u_C(\infty)=U_S$。

方程特征根为 $p=-\frac{1}{\tau}$，$\tau=RC$，故全响应形式为

$$u_C(t)=U_S+A\mathrm{e}^{-\frac{t}{\tau}}$$

图 2-27

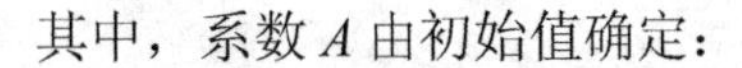

其中，系数 A 由初始值确定：

$$u_C(0_+)=U_S+A=U_0$$
$$A=U_0-U_S$$

最后得全响应为

$$u_C(t)=U_S+(U_0-U_S)\mathrm{e}^{-\frac{t}{\tau}}=\underbrace{U_0\mathrm{e}^{-\frac{t}{\tau}}}_{\text{零输入响应}}+\underbrace{U_S(1-\mathrm{e}^{-\frac{t}{\tau}})}_{\text{零状态响应}}$$

$$i(t)=\frac{U_S-u_C}{R}=\frac{U_S-U_0}{R}\mathrm{e}^{-\frac{t}{\tau}}=\underbrace{-\frac{U_0}{R}\mathrm{e}^{-\frac{t}{\tau}}}_{\text{零输入响应}}+\underbrace{\frac{U_S}{R}\mathrm{e}^{-\frac{t}{\tau}}}_{\text{零状态响应}}$$

（2）利用叠加原理求全响应。

原电路及对应的分解图如图 2-28 所示。

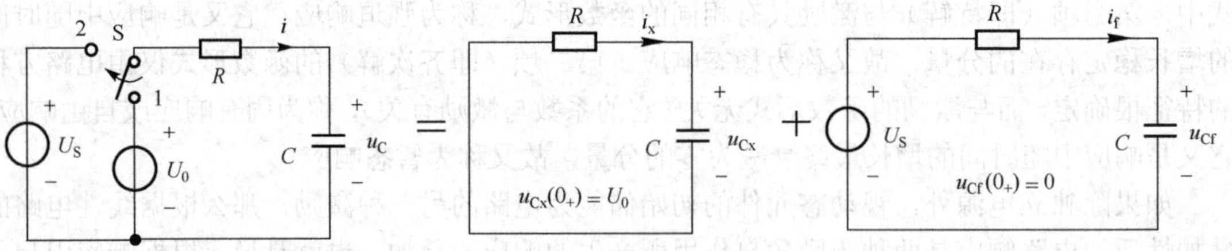

图 2-28

零输入响应 $u_{Cx}(t)=U_0\mathrm{e}^{-\frac{t}{\tau}}$，$i_x(t)=C\frac{\mathrm{d}u_{Cx}}{\mathrm{d}t}=-\frac{U_0}{R}\mathrm{e}^{-\frac{t}{\tau}}$

零状态响应 $u_{Cf}(t)=U_S(1-\mathrm{e}^{-\frac{t}{\tau}})$，$i_f(t)=C\frac{\mathrm{d}u_{Cf}}{\mathrm{d}t}=\frac{U_S}{R}\mathrm{e}^{-\frac{t}{\tau}}$

故全响应为

$$u_C(t)=u_{Cx}(t)+u_{Cf}(t)=U_S+(U_0-U_S)\mathrm{e}^{-\frac{t}{\tau}}$$

$$i(t)=i_x(t)+i_f(t)=\frac{U_S-U_0}{R}\mathrm{e}^{-\frac{t}{\tau}}$$

可见，两种方法的结论完全一致。强调一下，零输入响应正比于状态变量初始值，零状态响应正比于外加激励。

例 2-8　如图 2-29 所示电路原已处于稳定，$t = 0$ 时将开关 S 合上。求 $t > 0$ 时的 $i(t)$和 $u(t)$。

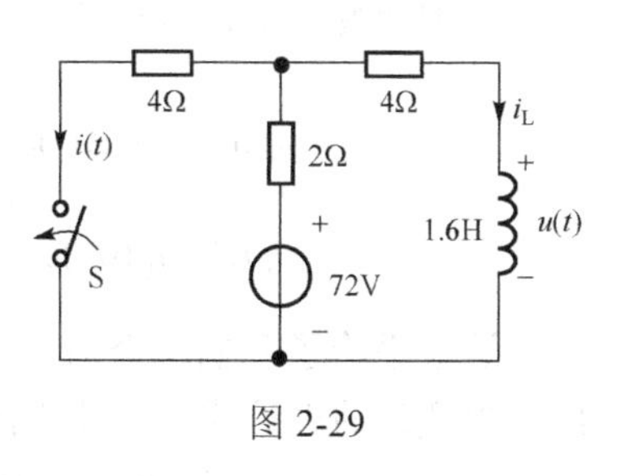

图 2-29

解：换路后电路初始状态不为零，又有外加电源作用，故电路中的所有响应都为完全响应。可先用叠加法求状态变量 $i_L(t)$，再求 $i(t)$和 $u(t)$。

换路后 $i_L(t)$的初始值为

$$i_L(0_+) = i_L(0_-) = \frac{72}{2+4} = 12\text{A}$$

故关于 $i_L(t)$的零输入响应为：$i'_L(t) = 12\text{e}^{-\frac{t}{\tau}}\text{A}$（采用状态变量零输入响应通式）。其中，$\tau = \dfrac{L}{R}$，$L = 1.6\text{H}$，$R = 4 + 4//2 = \dfrac{16}{3}\Omega$，即 $\tau = 0.3\text{s}$。

换路后电感支路的稳态电流 $i_L(\infty)$为

$$i_L(\infty) = \frac{72}{2+4//4} \times \frac{1}{2} = 9\text{A}$$

故关于 $i_L(t)$的零状态响应为

$$i''_L(t) = 9(1 - \text{e}^{-\frac{t}{\tau}})\text{A}\text{（采用状态变量零状态响应通式）。}$$

应用叠加定理，状态变量 $i_L(t)$的完全响应为

$$i_L(t) = i'_L(t) + i''_L(t) = 9 + 3\text{e}^{-\frac{t}{\tau}} = 9 + 3\text{e}^{-\frac{10}{3}t}\text{A}, \qquad t > 0$$

由 $i_L(t)$求 $i(t)$和 $u(t)$的完全响应为

$$u(t) = 1.6\frac{\text{d}i_L}{\text{d}t} = 1.6 \times 3 \times \left(-\frac{10}{3}\right)\text{e}^{-\frac{10}{3}t} = -16\text{e}^{-\frac{10}{3}t}\text{V}, \qquad t > 0$$

$$i(t) = \frac{4i_L + u(t)}{4} = \frac{4(9 + 3\text{e}^{-\frac{10}{3}t}) - 16\text{e}^{-\frac{10}{3}t}}{4} = 9 - \text{e}^{-\frac{10}{3}t}\text{A}, \qquad t > 0$$

思考与练习

2.3-1　试证明零输入响应 u_C 曲线在 $t = 0$ 处的切线交时间轴于 τ。这一结果说明什么？

2.3-2　“电路的全响应为零输入响应和零状态响应的叠加。若电路的初始状态或输入有所变化时，只需对有关的零输入响应分量或零状态响应分量作出相应变更即可。”你认为这种说法正确吗？为什么？

2.3-3　试证明电容元件 C 通过电阻 R 放电，当电容电压降到初始值的一半时所需的时间约为 0.7τ。

2.4　直流一阶电路的三要素法

在上一节求解电路响应时，依据两类约束，一般以电容电压、电感电流这两个状态变量建立电路方程进行求解。由于它们均有可直接利用的通式，因此可避开建立微分方程而先求取状态变量，再求其他响应。

现在要问：在直流激励条件下，如果对电路中的任意变量$y(t)$均感兴趣，能否选取该变量$y(t)$来列解方程而得到一个通式呢？回答是肯定的。这就是下面要介绍的三要素法。

仔细观察一下，典型的RC电路和RL电路的状态变量完全响应表达式为

$$u_C(t)=u_C(0_+)e^{-\frac{t}{\tau}}+u_C(\infty)(1-e^{-\frac{t}{\tau}})=u_C(\infty)+[u_C(0_+)-u_C(\infty)]e^{-\frac{t}{\tau}}$$

$$i_L(t)=i_L(0_+)e^{-\frac{t}{\tau}}+i_L(\infty)(1-e^{-\frac{t}{\tau}})=i_L(\infty)+[i_L(0_+)-i_L(\infty)]e^{-\frac{t}{\tau}}$$

这似乎给了我们一个启示：只要确定了初始值、稳态值、时间常数这三个要素，即可得出有关变量的表达式，三要素法的名称正是由此而来。

设$y(t)$为直流一阶有耗电路中的任意变量（电流或电压），$t=0$时换路，则$t>0$时$y(t)$的表达式为

$$y(t)=y(\infty)+[y(0_+)-y(\infty)]e^{-\frac{t}{\tau}},\qquad t>0 \tag{2.4-1}$$

其中，$y(0_+)$为换路后$y(t)$相应的初始值，$y(\infty)$为换路后电路达稳态时$y(t)$相应的稳态值，τ为换路后电路的时间常数。对RC电路，$\tau=RC$；对RL电路，$\tau=\dfrac{L}{R}$。

在任一直流一阶电路中，时间常数对于任意变量均相同。这是因为对任意变量建立的电路微分方程均有相同的特征根。从前面所举例子中也可看出，由状态变量确定其他任意变量时，无非是对指数函数的加减、微积分，其指数规律根本不会发生变化。

一阶电路的响应是按指数规律变化的，都有它的初始值和稳态值，其变化过程的快慢由时间常数决定。利用三个要素就可以迅速分析有关电路，如作出输出波形曲线等，这也是工程技术分析中的实际需要。

对三要素法公式，可给出如下简要的证明：

一阶动态电路$t>0$时方程及其解为

$$\frac{dy(t)}{dt}+\frac{1}{\tau}y(t)=bf(t) \qquad \text{（一阶动态电路方程）}$$

$$y(t)=y_p(t)+y_h(t)=y_p(t)+[y(0_+)-y_p(0_+)]e^{-\frac{t}{\tau}} \qquad \text{（完全解）}$$

当外加激励为直流电源时，$y_p(t)=y_p(0_+)=K$（常数），于是得到全响应的一般形式为

$$y(t)=y_p(t)+[y(0_+)-y_p(0_+)]e^{-\frac{t}{\tau}}=K+[y(0_+)-K]e^{-\frac{t}{\tau}}$$

而其中，$K=\lim\limits_{t\to\infty}y(t)=y(\infty)$，于是得三要素法公式为

$$y(t)=y(\infty)+[y(0_+)-y(\infty)]e^{-\frac{t}{\tau}},\qquad t>0$$

若电路换路时刻为$t=t_0$，则三要素法公式可改写为

$$y(t)=y(\infty)+[y(t_{0+})-y(\infty)]e^{-\frac{t-t_0}{\tau}},\qquad t>t_0 \tag{2.4-2}$$

根据三要素法公式的含义，用三要素法分析电路的步骤可归纳如下：

（1）确定电压、电流初始值 $y(0_+)$。其中关键是利用 L、C 元件的换路定律，作出 $t=0_+$时的等效电路。

（2）确定换路后电路达到稳态时的 $y(\infty)$。其中关键是电路达稳态时，电感元件相当于短路，电容元件相当于开路。

（3）确定时间常数τ值。其中关键是求等效电阻 R 值。而 R 的含义是动态元件两端以外令其独立源置零时的等效电阻，具体方法即为戴维南定理和诺顿定理中求二端网络内部电阻的方法。

（4）代入公式：$y(t)=y(\infty)+[y(0_+)-y(\infty)]\mathrm{e}^{-\frac{t}{\tau}},\ t>0$。

例 2-9　用三要素法求解例 2-8 中的相同变量。

解：第一步，求初始值。该题求解初始值问题同例 2-3。即有

$$i(0_+)=8\text{A},\quad u(0_+)=-16\text{V}$$

第二步，求稳态值。作出 $t=\infty$时的等效电路，如图 2-30 所示（稳态时 L 相当于短路）。显然有

$$u(\infty)=0$$

$$i(\infty)=\frac{1}{2}\times\frac{72}{2+4//4}=9\text{A}$$

第三步，求时间常数τ值。令电压源短路，则电感以外的等效电阻可由图 2-31 所示的电路求取。

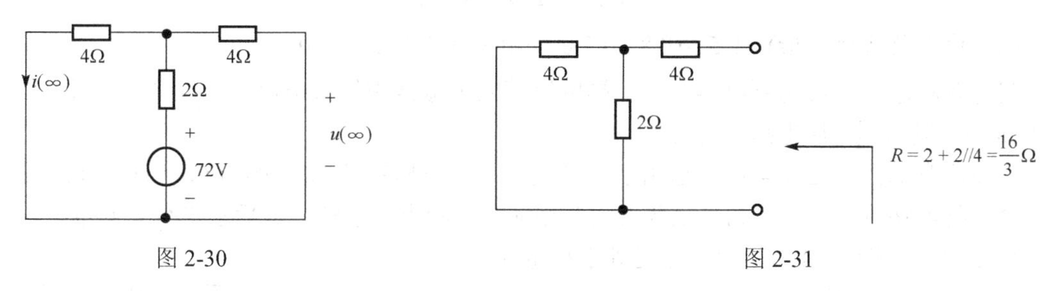

图 2-30　　　图 2-31

$$L=1.6\text{H},\quad \tau=\frac{L}{R}=0.3\text{s}$$

第四步，代入公式。

$$i(t)=9-(8-9)\mathrm{e}^{-\frac{10}{3}t}=9-\mathrm{e}^{-\frac{10}{3}t}\text{A},\qquad t>0$$

$$u(t)=0+(-16-0)\mathrm{e}^{-\frac{10}{3}t}=-16^{-\frac{10}{3}t}\text{V},\qquad t>0$$

例 2-10　$t=0$ 时换路后的电路如图 2-32 所示，已知电容初始储能为零，用三要素法求 $t>0$ 时的 $i_1(t)$。

解：（1）求初始值。电容的初始储能为零，即有 $u_C(0_+)=u_C(0_-)=0$。

作出 $t=0_+$时的等效电路，如图 2-33 所示。

列出左、右两网孔的 KVL 方程（以 i_1、i 为变量）：

$$1\times i_1+1\times(i_1-i)+2i_1=2$$

$$1\times(i_1-i)+2i_1=1\times i$$

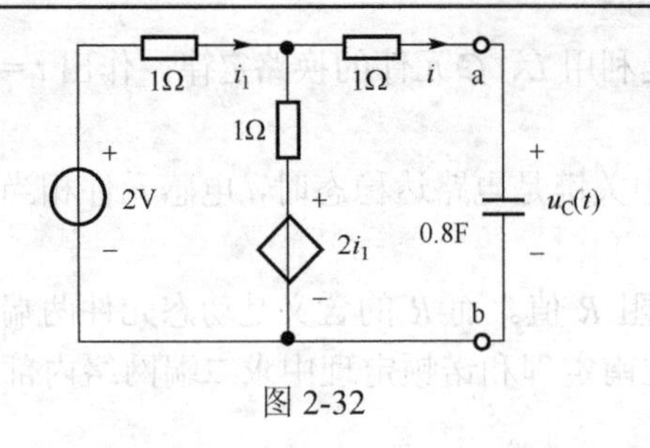

图 2-32

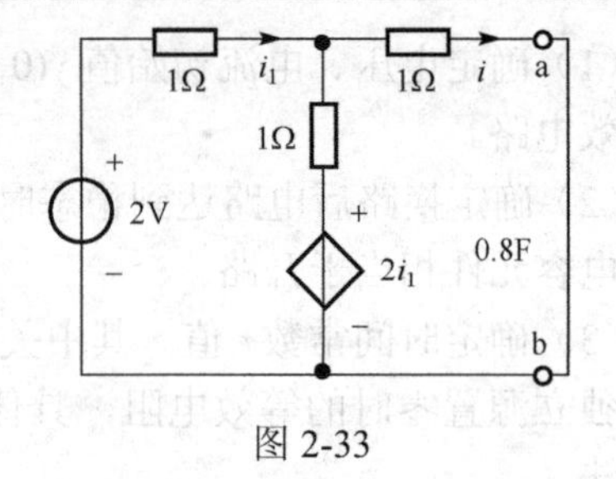

图 2-33

联立解得：

$$i_1(0_+) = 0.8\text{A}，\ i(0_+) = 1.2\text{A}$$

（2）求稳态值。稳态时电容 C 相当于开路，列出 KVL 方程：

$$1\times i_1 + 1\times i_1 + 2i_1 = 2$$

解得：$i_1(\infty) = 0.5\text{A}$，则 ab 端口开路电压为

$$u_C(\infty) = 1\times i_1(\infty) + 2i_1(\infty) = 1.5\text{V}$$

（3）求时间常数。注意：$i(0_+)$正好是 ab 端的短路电流，在求 ab 端以左二端网络等效电阻时有用。故用开路短路法有

$$R = \frac{u_C(\infty)}{i(0_+)} = \frac{1.5}{1.2} = 1.25\Omega$$

$$\tau = RC = 1.25\times 0.8 = 1\text{s}$$

（4）代入公式得：$i(t) = 0.5 + (0.8-0.5)\text{e}^{-t} = 0.5 + 0.3\text{e}^{-t}\text{A}，\ t>0$

另一解题思路：可先将电容左边二端网络等效为戴维南等效电路，用简化的电路求电容电压 $u_C(t)$，然后回到原电路求 $i_1(t)$。

需要注意的是，三要素法只适用于一阶电路。但一些特殊的二阶电路，当它们可以分解为两个一阶电路时，仍然可利用三要素法对相应的一阶电路求解，最后求出有关变量。

例 2-11 如图 2-34 所示电路原已处于稳定，$t=0$ 时 S 合上。求 $t>0$ 时的 $i(t)$。

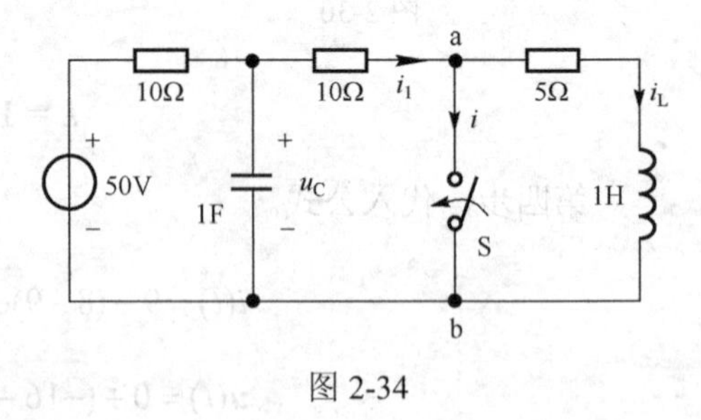

图 2-34

解：开关 S 所在支路电流为二阶电路变量，不能用三要素法。但可按以下思路分析求解：

由 a 节点 KCL 方程 $i(t) = i_1(t) - i_L(t)$，可将 ab 两节点缩成一点，ab 左右为两个一阶电路，用三要素法求两个一阶电路中的 $u_C(t)$（进而求出 $i_1(t)$!）和 $i_L(t)$。

开关 S 闭合前电路稳定，两个状态变量为

$$i_L(0_-) = \frac{50}{10+10+5} = 2\text{A},\ u_C(0_-) = (10+5)i_L(0_-) = 30\text{V}$$

由换路定律得：

$$i_L(0_+) = i_L(0_-) = 2\text{A}，\ u_C(0_+) = u_C(0_-) = 30\text{V}$$

$t>0$ 时，先求出电路中的 $i_1(t)$和 $i_L(t)$。为求这两个变量，原电路可化为两个一阶电路，如图 2-35 和图 2-36 所示。

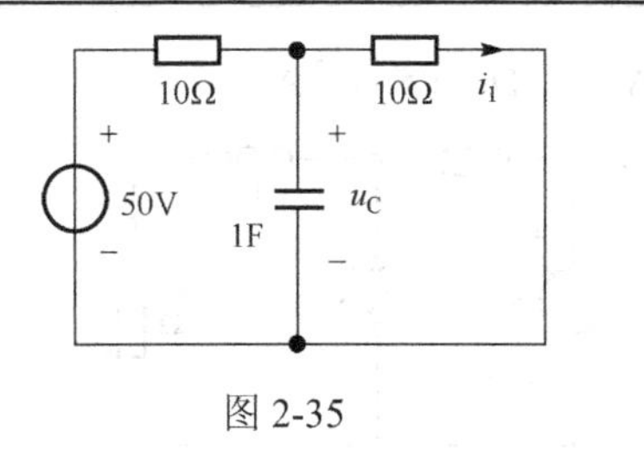

图 2-35

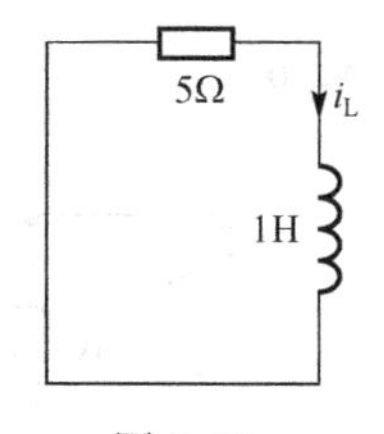

图 2-36

$$u_C(\infty)=25\text{V},\ \ \tau_C=(10//10)\times 1=5\text{s}$$

$$u_C(t)=25+(30-25)e^{-\frac{t}{5}}=25+5e^{-\frac{t}{5}}\text{V}$$

$$i_1(t)=\frac{u_C(t)}{10}=2.5+0.5e^{-\frac{t}{5}}\text{A}$$

$$i_L(\infty)=0,\ \ \tau_L=\frac{1}{5}=0.2\text{s}$$

$$i_L(t)=0+(2-0)e^{-5t}=2e^{-5t}\text{A}$$

于是，由 a 节点 KCL 方程得：

$$i(t)=i_1(t)-i_L(t)=2.5+0.5e^{-\frac{t}{5}}-2e^{-5t}\text{A},\qquad t>0$$

思考与练习

2.4-1　直流一阶电路的完全响应可以用三要素法求解，那么零输入响应和零状态响应能否用三要素法来求解？如果能，怎样求？

2.4-2　在三要素法公式中，如按下式拆分为零输入响应和零状态响应分量，对不对？

$$y(t)=\underbrace{y(0_+)e^{-\frac{t}{\tau}}}_{\text{零输入响应}}+\underbrace{y(\infty)(1-e^{-\frac{t}{\tau}})}_{\text{零状态响应}}$$

习　题　2

2-1　选择合适答案填入括号内，只需填入 A、B、C 或 D。

（1）题 2-1(1)图所示电路，$i_L=e^{-2t}$A，则其端口电压 $u_{ab}=$（　　）。

A．$3e^{-2t}$V　　B．$2e^{-2t}$V　　C．e^{-2t}V　　D．$-2e^{-2t}$V

（2）题 2-1(2)图所示电路原已处于稳定，$u_C(0_-)=3$V，$t=0$ 时开关 S 合上，则 $i_C(0_+)=$（　　）。

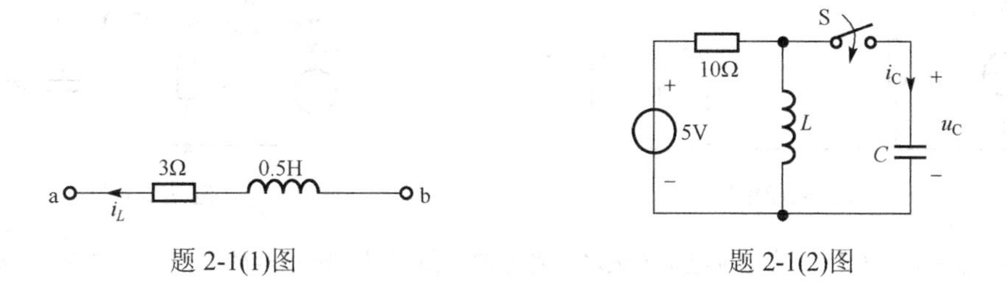

题 2-1(1)图　　　　题 2-1(2)图

A．0　　B．−0.3A　　C．0.7A　　D．0.5A

（3）题 2-1(3)图所示电路在 $t=0$ 时换路，其电容电压 u_C 的零状态响应为（　　）。

A．$1-e^{-t}$V　　B．$1-e^{-4t}$V　　C．e^{-t}V　　D．1V

（4）题 2-1(4)图所示电路原已处于稳定，$t=0$ 时 S 闭合，则 $t>0$ 时电流 $i=$（　　）。

A. 0　　　B. e^{-2t}A　　　C. $e^{-0.5t}$A　　　D. $1.5-e^{-2t}$A

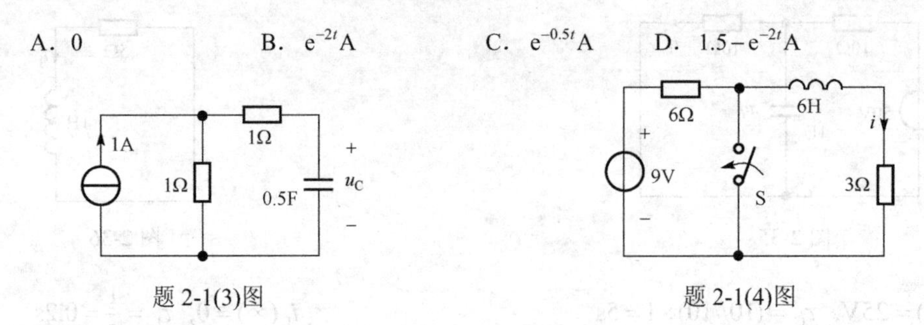

题 2-1(3)图　　　　题 2-1(4)图

（5）题 2-1(5)图所示电路中，灯 A 和灯 B 规格相同，当开关 S 闭合后，则（　　）。

A．A、B 两灯同时亮

B．A 灯先亮，B 灯后亮

C．B 灯先亮，A 灯后亮

D．A 灯灭，B 灯亮

2-2　将合适答案填入空内。

（1）题 2-2(1)图所示电路原已处于稳态，$t=0$ 时开关 S 打开，则 $u_L(0_+)=$________，$i_C(0_+)=$ ________。

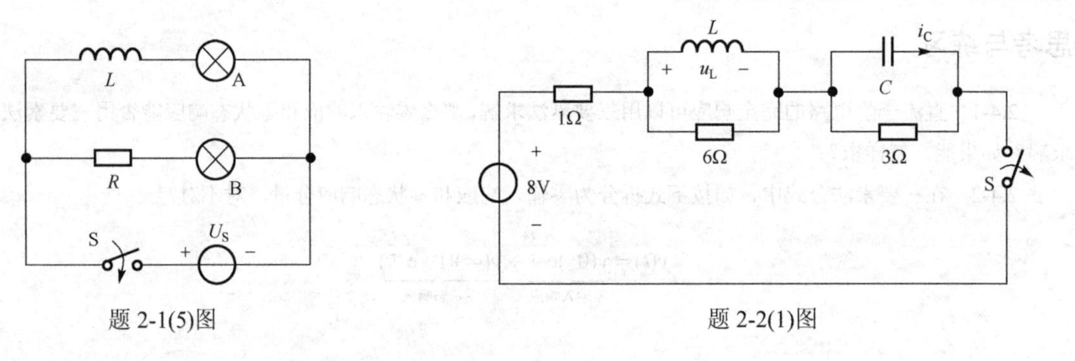

题 2-1(5)图　　　　题 2-2(1)图

（2）题 2-2(2)图所示电路在 $t=0$ 时换路，其 $u_1(\infty)=$________。

（3）换路后的电路如题 2-2(3)图所示，其时间常数 $\tau=$________。

（4）在 $t=0$ 时换路的一阶 RC 电路中，电容电压为 $u_C(t)=5-10e^{-4t}$V，$t>0$，则其零输入响应分量为________，零状态响应分量为________。

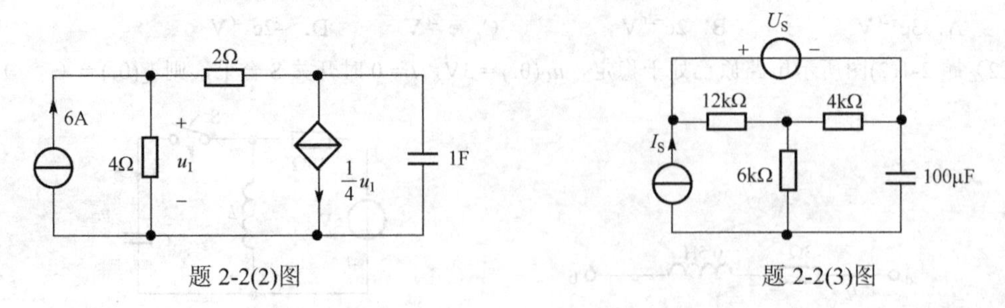

题 2-2(2)图　　　　题 2-2(3)图

2-3　某电容 $C=0.5$F，其电流电压为关联参考方向。如其端电压 $u=4(1-e^{-t})$V，$t\geqslant0$。求 $t\geqslant0$ 时的电流 i，粗略画出其电压和电流的波形。电容的最大储能是多少？

2-4　题 2-4(a)图所示电路，电容电压随时间按三角波方式变化，如题 2-4(b)图所示。试画电容电流波形。

2-5　某电容 $C=0.2$F，其电流如题 2-5 图所示，若已知在 $t=0$ 时，电容电压 $u(0)=0$，求其端电压 u 并画出波形。

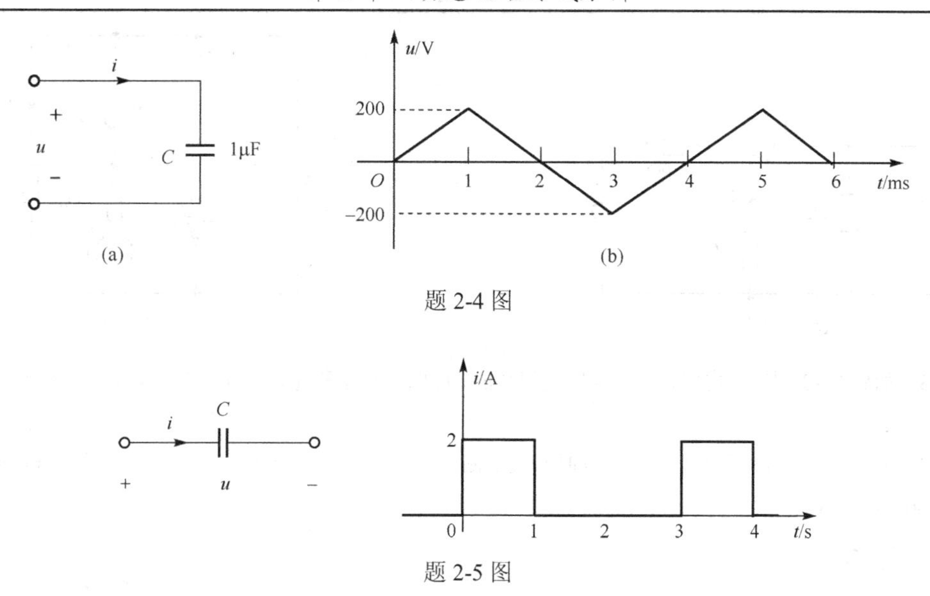

题 2-4 图

题 2-5 图

2-6　某电感 $L = 0.2\text{H}$，其电流电压为关联参考方向。如通过它的电流 $i = 5(1 - \mathrm{e}^{-2t})\text{A}$，$t \geqslant 0$。求 $t \geqslant 0$ 时的端电压，并粗略画出其波形。电感的最大储能是多少？

2-7　某电感 $L = 4\text{H}$，其端电压的波形如题 2-7 图所示，已知 $i(0) = 0$，求其电流并画出其波形。

2-8　如题 2-8 图所示电路，已知电阻端电压 $u_{\text{R}} = 5(1 - \mathrm{e}^{-10t})\text{V}$，$t \geqslant 0$，求 $t \geqslant 0$ 时的电压 u。

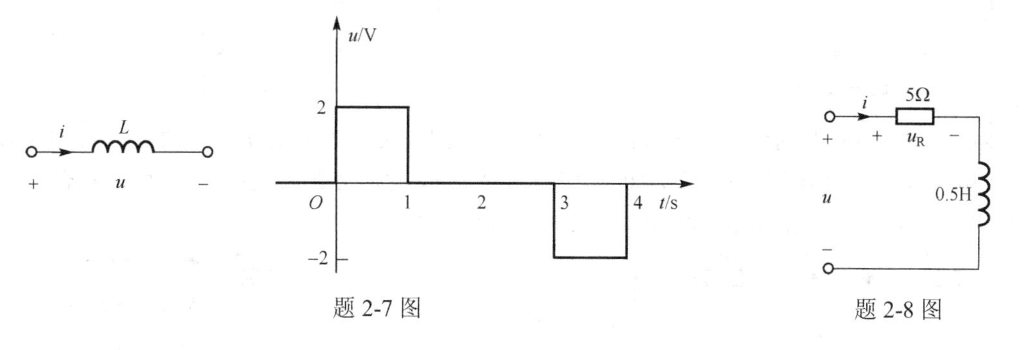

题 2-7 图　　题 2-8 图

2-9　如题 2-9 图所示电路，已知电阻中电流 i_{R} 的波形如图所示，求总电流 i。

2-10　电路如题 2-10 图所示，已知 $u = 5 + 2\mathrm{e}^{-2t}\text{V}$，$t \geqslant 0$，$i = 1 + 2\mathrm{e}^{-2t}\text{A}$，$t \geqslant 0$，求电阻 R 和电容 C。

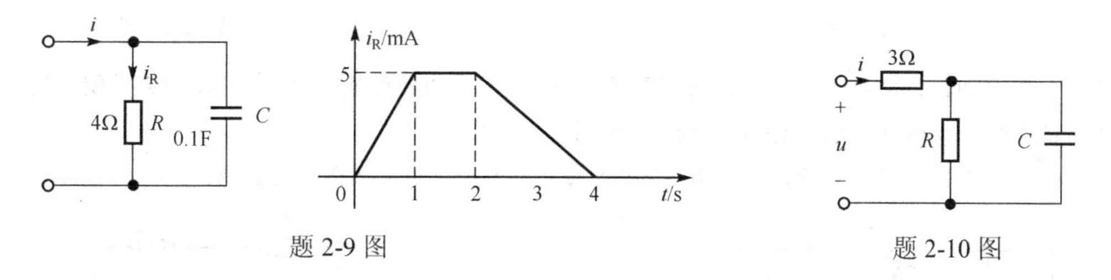

题 2-9 图　　题 2-10 图

2-11　如题 2-11 图所示电路，在 $t < 0$ 时开关 S 位于 1 侧，已处于稳态，当 $t = 0$ 时开关 S 由 1 侧闭合到 2 侧，求初始值 $i_{\text{L}}(0_+)$ 和 $u_{\text{L}}(0_+)$。

2-12　如题 2-12 图所示电路，开关 S 原是断开的，电路已处于稳态，$t = 0$ 时开关闭合。求初始值 $u_{\text{C}}(0_+)$、$i_{\text{L}}(0_+)$、$i_{\text{C}}(0_+)$ 和 $i_{\text{R}}(0_+)$。

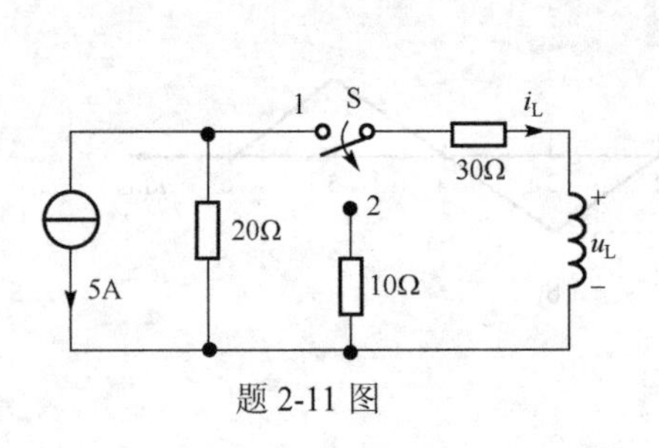

题 2-11 图

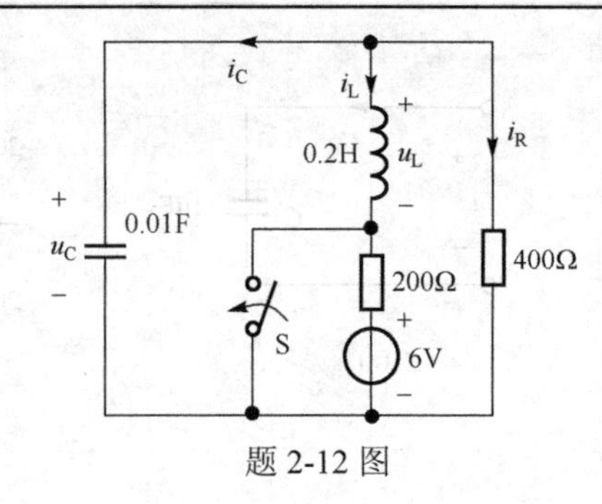

题 2-12 图

2-13 如题 2-13 图所示电路，开关 S 原是闭合的，电路已处于稳态，$t=0$ 时开关断开。求初始值 $u_L(0_+)$、$i(0_+)$和 $i_C(0_+)$。

2-14 如题 2-14 图所示电路，在 $t<0$ 时开关 S 断开时电路已处于稳态，当 $t=0$ 时开关闭合，求初始值 $u_R(0_+)$、$i_C(0_+)$和 $u_L(0_+)$。

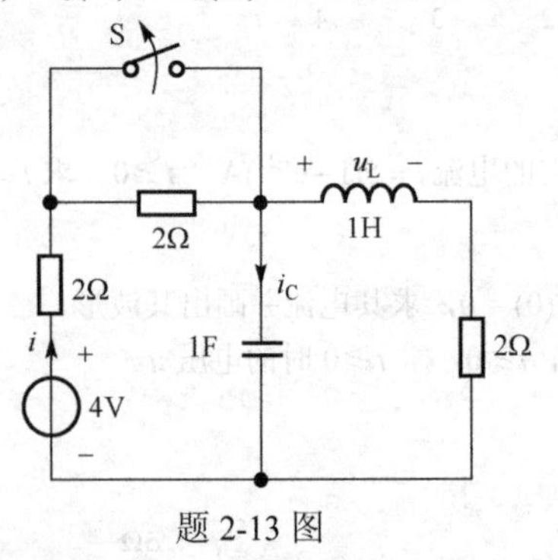

题 2-13 图

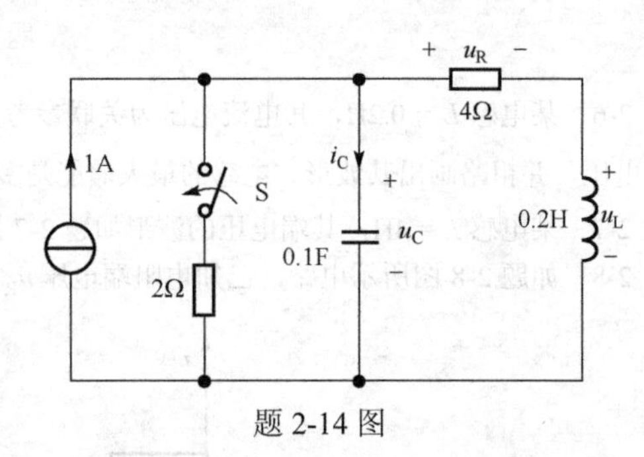

题 2-14 图

2-15 如题 2-15 图所示电路，$t=0$ 时开关闭合，闭合前电路处于稳态，求 $t \geqslant 0$ 时的 $u_C(t)$并画出其波形。

2-16 电路如题 2-16 图所示，在 $t<0$ 时开关 S 是断开的，电路已处于稳态。$t=0$ 时开关闭合，求 $t \geqslant 0$ 时的电压 u_C、电流 i 的零输入响应和零状态响应，并画出其波形。

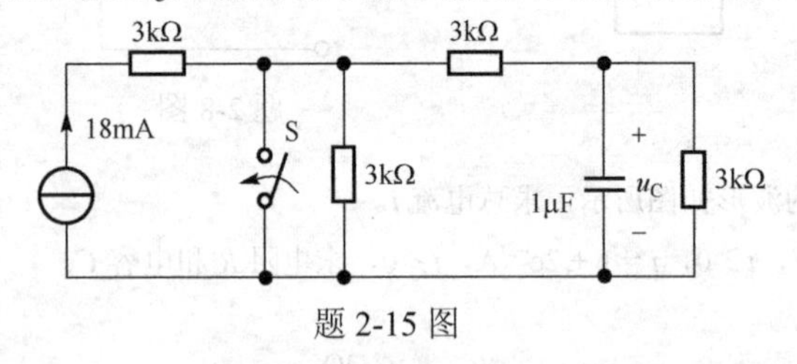

题 2-15 图

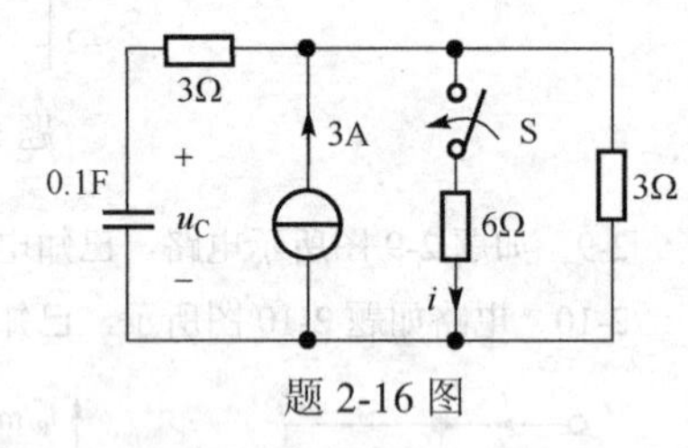

题 2-16 图

2-17 电路如题 2-17 图所示，在 $t=0$ 时开关 S 位于 1 侧，电路已处于稳态。$t=0$ 时开关闭合到 2 侧，求 i_L 和 u 的零输入响应和零状态响应，并画出其波形。

2-18 如题 2-18 图所示电路，电容初始储能为零，$t=0$ 时开关 S 闭合，求 $t \geqslant 0$ 时的电压 u_C。

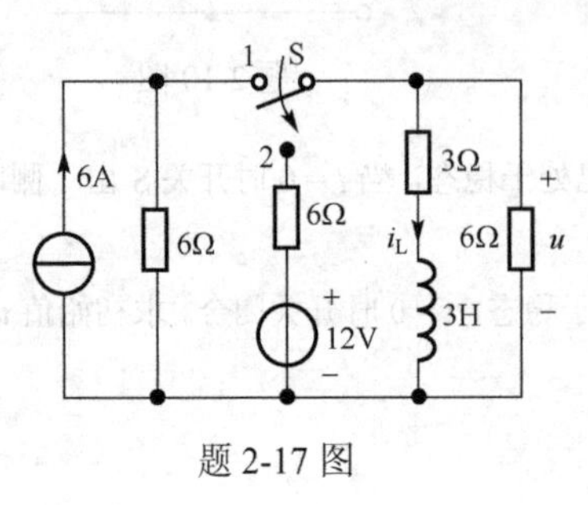

题 2-17 图

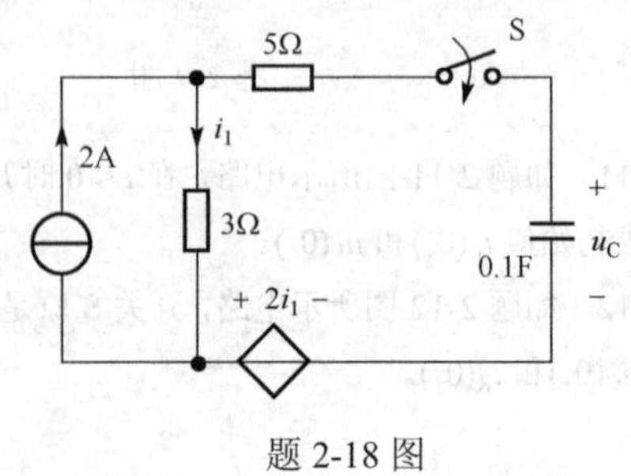

题 2-18 图

2-19　电路如题 2-19 图所示，在 $t<0$ 时开关 S 位于 1 侧，电路已处于稳态。$t=0$ 时开关由 1 侧闭合到 2 侧，求 $t\geqslant 0$ 时的 i_L 和 u。

2-20　电路如题 2-20 图所示，$t<0$ 时电路已处于稳态，$t=0$ 时开关 S 闭合，闭合后经过 10s 后，开关又断开，求 $t\geqslant 0$ 时的 u_C，并画出其波形。

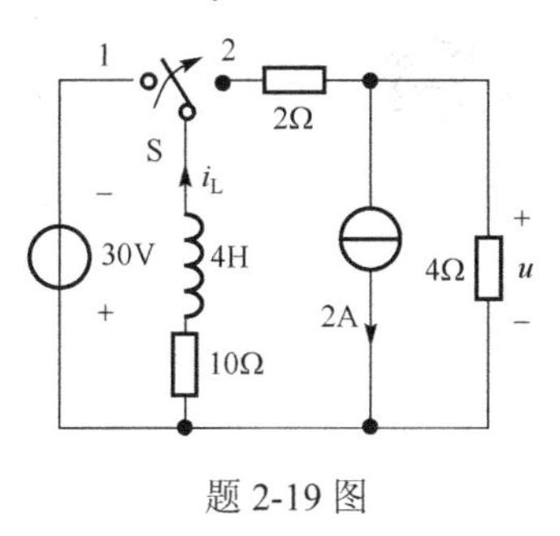

题 2-19 图

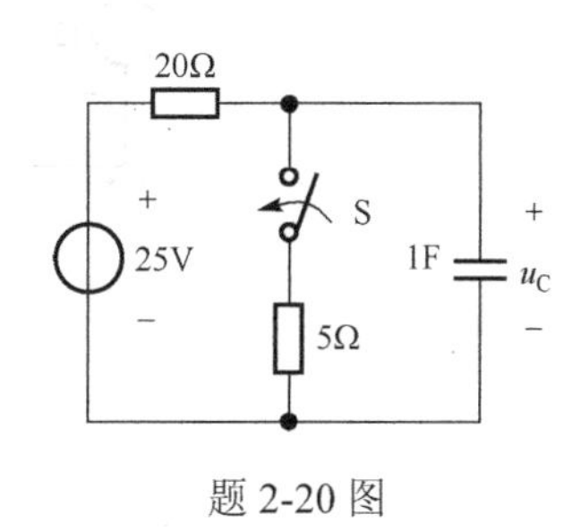

题 2-20 图

2-21　电路如题 2-21 图所示，$t<0$ 时开关 S 位于 1 侧，电路已处于稳态。$t=0$ 时开关由 1 侧闭合到 2 侧，经过 2s 后，开关又由 2 侧闭合到 3 侧。

（1）求 $t\geqslant 0$ 时的电压 u_C，并画出其波形。

（2）求电压 u_C 恰好等于 3V 的时刻 t 的值。

2-22　电路如题 2-22 图所示，在 $t<0$ 时开关 S 是断开的，电路已处于稳态，$t=0$ 时开关 S 闭合，求 $t\geqslant 0$ 时的电流 i。

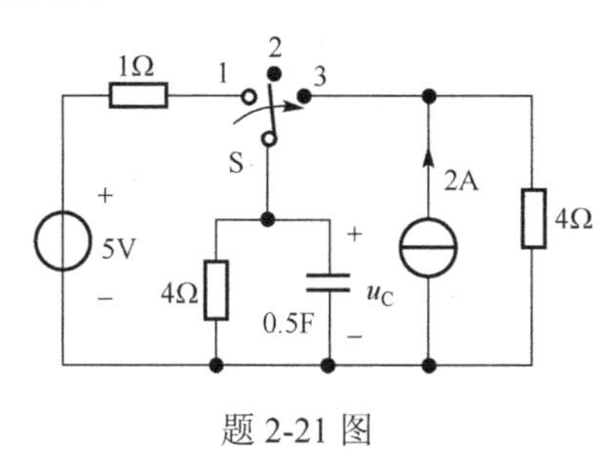

题 2-21 图

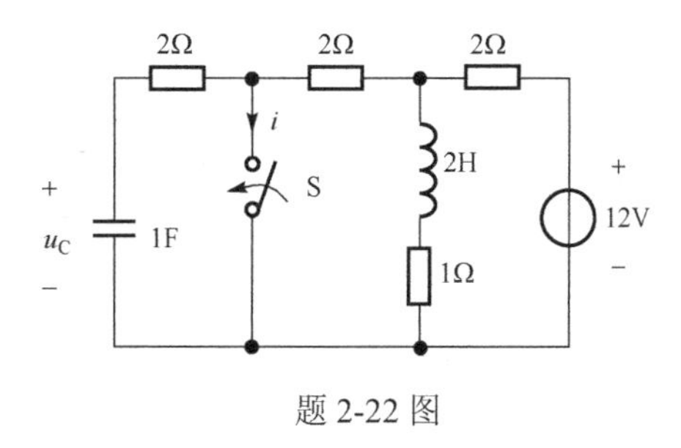

题 2-22 图

2-23　电路如题 2-23 图所示，已知 $u_C(0_-)=0$，$i_L(0_-)=0$，当 $t=0$ 时开关 S 闭合，求 $t\geqslant 0$ 时的电流 i 和电压 u。

2-24　题 2-24 图所示的 RC 电路是用于报警的，当流过报警器的电流超过 120μA 时就报警。若 $0\leqslant R\leqslant 6\text{k}\Omega$，求 $t=0$ 时开关 S 闭合后电路产生的报警时间延迟范围。

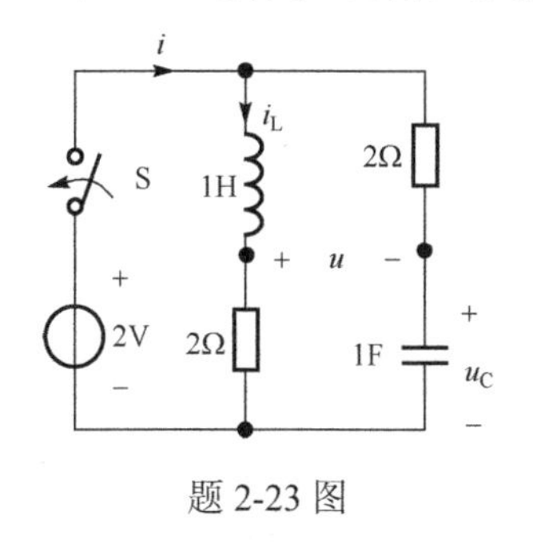

题 2-23 图

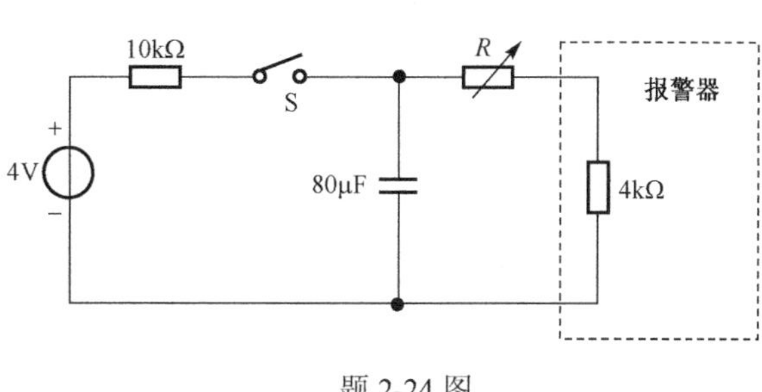

题 2-24 图

2-25　题 2-25 图所示的电路用于生物课中让学生观察“青蛙的跳动”。学生注意到，当开关闭合时，青蛙只动一动，而当开关断开时，青蛙很剧烈地跳动了 5s，将青蛙的模型视为一电阻，计算该电阻值。（假设青蛙激烈跳动需要 10mA 的电流。）

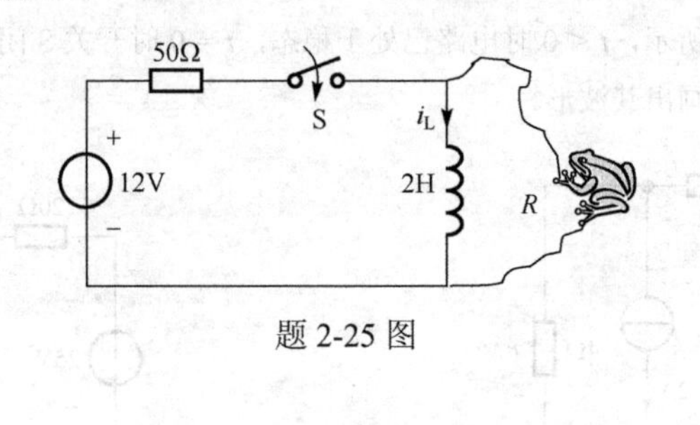

题 2-25 图

第 3 章　正弦稳态分析

本章介绍正弦稳态分析。正弦激励下电路的稳定状态称为正弦稳态。不论在理论分析中还是在实际应用中，正弦稳态分析都是极其重要的，许多电气设备的设计、性能指标就是按正弦稳态来考虑的。例如，在设计高保真音频放大器时，就要求它对输入的正弦信号能够“忠实地”再现并加以放大。又如，在电力系统中，全部电源均为同一频率的交流电源，大多数问题都可以用正弦稳态分析来解决。以后还会知道，如果掌握了线性时不变电路的正弦稳态响应，那么从理论上来说便掌握了它对任何信号的响应。

上一章中，我们用经典法分析了直流一阶动态电路，若将电源改为正弦函数激励，则可用待定系数法求出响应的特解——稳态解（读者可自行练习）。这种方法虽然直接明了，但过程比较烦琐。本章中将介绍一种简便的计算方法——相量法，它将时间 t 的正弦函数变换为相应的复数（相量）后，解微分方程特解的问题就可以简化为解代数方程的问题，且可以进一步运用电阻电路的分析方法来处理正弦稳态分析问题。

本章将首先介绍正弦量及其相量表示以及两类约束的相量形式；然后介绍一般 RLC 电路的分析、正弦稳态电路中的功率计算、电路中的谐振；最后介绍三相电路分析及基本用电常识。

3.1　正　弦　量

3.1.1　正弦量的三要素

电路中，随时间以正弦规律变化的电压、电流等电学量统称为正弦量。对正弦量的数学描述，可以用正弦函数表示，也可以用余弦函数表示。本书统一用余弦函数表示。

正弦量在某时刻的值称为该时刻的瞬时值，用小写字母表示。在指定参考方向的条件下，正弦电流和电压瞬时表达式可表示为

$$i(t) = I_{\mathrm{m}}\cos(\omega t+\theta_i)$$

$$u(t) = U_{\mathrm{m}}\cos(\omega t+\theta_u)$$

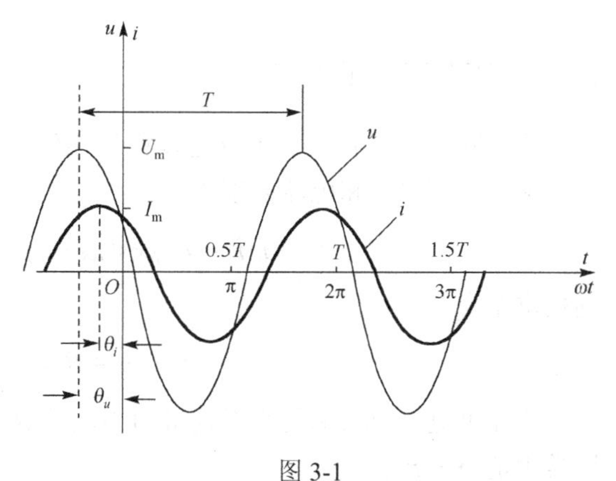

图 3-1

其对应有波形图，如图 3-1 所示。表达式中 I_{m}（U_{m}）、ω、θ_i（θ_u）分别称为振幅、角频率和初相位。对任何一个正弦量来说，这三个物理量确定后，这个正弦量也随之确定，因此这三个物理量称为正弦量的三要素。

（1）振幅 I_{m}（U_{m}）：是正弦量在整个变化

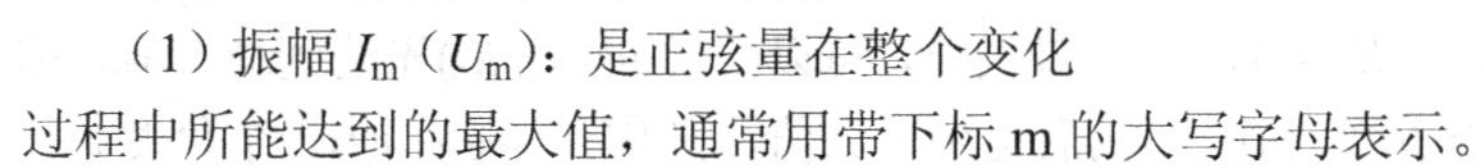
过程中所能达到的最大值，通常用带下标 m 的大写字母表示。

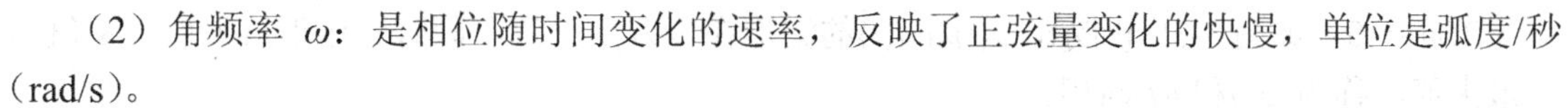
（2）角频率 ω：是相位随时间变化的速率，反映了正弦量变化的快慢，单位是弧度/秒（rad/s）。

瞬时表达式中$(\omega t+\theta)$即是正弦量的瞬时相位角，单位为弧度（rad）或度（°）。正弦量变化一周（周期为T），瞬时相位角变化为2π弧度，于是有

$$[\omega(t+T)+\theta]-(\omega t+\theta)=\omega T=2\pi$$

$$\omega=\frac{2\pi}{T} \tag{3.1-1}$$

上式表明角频率是相位随时间变化的速率，反映了正弦量变化的快慢。由于频率$f=\dfrac{1}{T}$，因此，ω、T与f三者之间的关系为

$$\omega=\frac{2\pi}{T}=2\pi f \tag{3.1-2}$$

显然，ω、T与f三者都能反映正弦量变化的快慢。频率f的单位是赫兹（Hz），周期T的单位是秒（s）。例如，我国电力系统的正弦交流电频率是50Hz，周期为0.02s。

（3）初相位θ：是正弦量在计时起点$t=0$时刻的相位，决定了正弦量的初始值，简称为初相，通常规定$|\theta|\leqslant\pi$。θ的大小与计时起点和正弦量参考方向的选择有关。

为方便起见，作波形图时，通常以ωt为横轴坐标，图3-2(a)和(b)分别给出了$\theta>0$和$\theta<0$时正弦电流$i(t)$的波形图。由图可知，θ就是正弦电流值的各最大值中最靠近坐标原点的正最大值点与坐标原点之间的角度值。

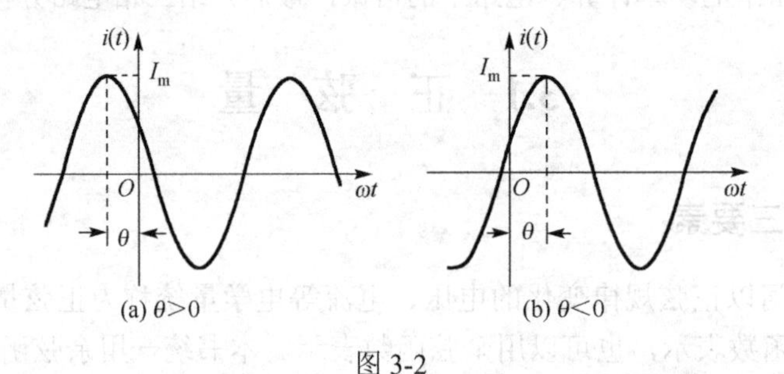

图 3-2

3.1.2 正弦量的相位差

两个同频率正弦量的相位之差称为相位差，它描述了同频率正弦量之间的相位关系。设同频率的正弦电压和电流分别为

$$u(t)=U_{\rm m}\cos(\omega t+\theta_u),\qquad i(t)=I_{\rm m}\cos(\omega t+\theta_i)$$

则相位差为

$$\varphi=(\omega t+\theta_u)-(\omega t+\theta_i)=\theta_u-\theta_i$$

由此可见，同频率的两正弦量的相位差等于它们的初相之差，并且是与时间无关的常数。通常规定$|\varphi|\leqslant\pi$。

若$\varphi>0$，如图3-3(a)所示，如仅观察各波形的最大值，可以发现$u(t)$比$i(t)$先达到最大值，称$u(t)$超前$i(t)$一个角度φ；反之，若$\varphi<0$，$u(t)$比$i(t)$后达到最大值，则称$u(t)$滞后$i(t)$一个角度φ。

若$\varphi=0$，如图3-3(b)所示，$u(t)$和$i(t)$的波形在步调上一致，同时到达正最大值、零值和负最大值，称为$u(t)$和$i(t)$同相。

若$\varphi = \pm\dfrac{\pi}{2}$，如图 3-3(c)所示，当 $u(t)$和 $i(t)$中的一个达到最大值时，另一个恰好达到零值，称 $u(t)$和 $i(t)$正交。

若$\varphi = \pm\pi$，如图 3-3(d)所示，当 $u(t)$和 $i(t)$中一个达到正最大值时，另一个恰好达到负最大值，称 $u(t)$和 $i(t)$反相。

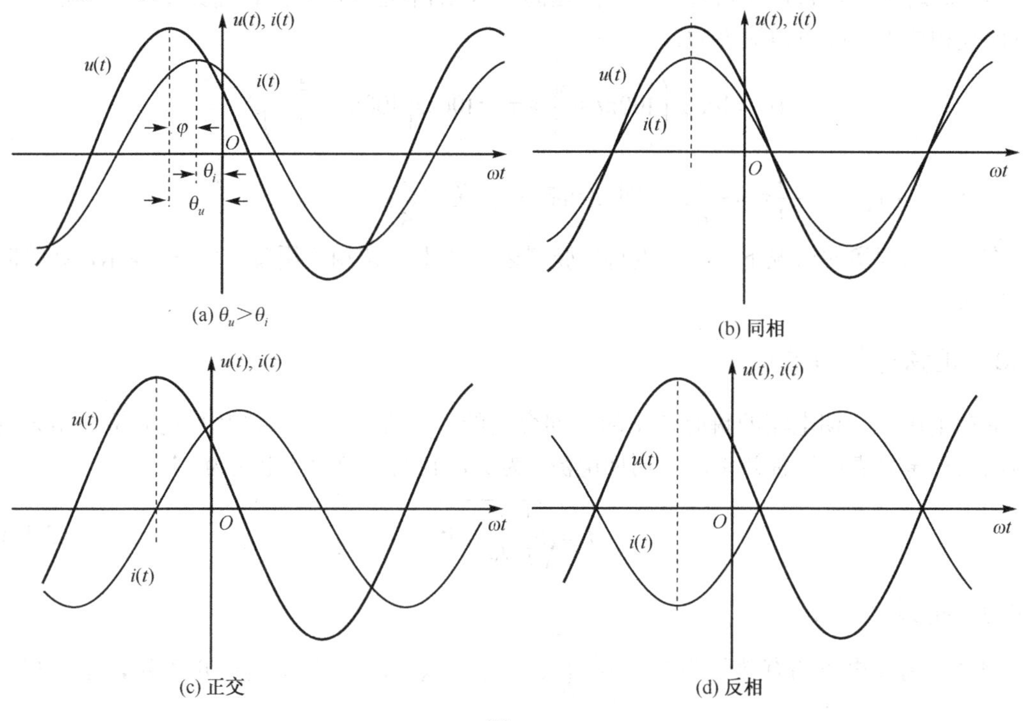

图 3-3

例 3-1　已知正弦电压 $u(t) = 30\cos(100\pi t+\dfrac{\pi}{2})$V，正弦电流 $i(t)$为如下几种情况：

（1）$i(t) = 50\cos\left(100\pi t + \dfrac{3}{4}\pi\right)\text{A}$；（2）$i(t) = 40\cos\left(100\pi t - \dfrac{3}{4}\pi\right)\text{A}$；

（3）$i(t) = 30\sin\left(100\pi t + \dfrac{2}{3}\pi\right)\text{A}$；（4）$i(t) = -10\cos\left(100\pi t + \dfrac{\pi}{3}\right)\text{A}$。

求 $u(t)$和 $i(t)$之间的相位差。

解：（1）相位差$\varphi = \theta_u - \theta_i = \dfrac{\pi}{2} - \dfrac{3}{4}\pi = -\dfrac{\pi}{4}$

即 $u(t)$滞后 $i(t)$角度$\dfrac{\pi}{4}$。也可以说 $i(t)$超前 $u(t)$角度$\dfrac{\pi}{4}$，还可以说 $u(t)$超前 $i(t)$角度$-\dfrac{\pi}{4}$。

（2）相位差$\varphi = \theta_u - \theta_i = \dfrac{\pi}{2} - \left(-\dfrac{3}{4}\pi\right) = \dfrac{5}{4}\pi > \pi$，超出了$\varphi$的取值范围。取$\varphi = \dfrac{5}{4}\pi - 2\pi = -\dfrac{3}{4}\pi$，即 $u(t)$滞后 $i(t)$角度$\dfrac{3}{4}\pi$，或 $i(t)$超前 $u(t)$角度$\dfrac{3}{4}\pi$。

（3）此时两个正弦量函数形式不同，应首先将函数形式一致化，即均用余弦函数表示。即对电流 $i(t)$有

$$i(t)=30\cos\left(100\pi t+\frac{2}{3}\pi-\frac{\pi}{2}\right)=30\cos\left(100\pi t+\frac{\pi}{6}\right)\text{A}$$

所以，$\varphi=\theta_u-\theta_i=\frac{\pi}{2}-\frac{\pi}{6}=\frac{\pi}{3}$，即 $u(t)$超前 $i(t)$角度$\frac{\pi}{3}$。

（4）此时两个正弦量的函数形式虽然相同，但 $i(t)$不是标准形式，需先变成标准形式后才可以比较相位差。即对电流 $i(t)$有

$$i(t)=10\cos\left(100\pi t+\frac{\pi}{3}+\pi\right)=10\cos\left(100\pi t+\frac{4}{3}\pi\right)\text{A}$$

所以，$\varphi=\theta_u-\theta_i=\frac{\pi}{2}-\frac{4}{3}\pi=-\frac{5}{6}\pi$，即 $u(t)$滞后 $i(t)$角度$\frac{5}{6}\pi$。

在不引起混淆的情况下，经常也将正弦量表示式中的初相位用度（°）来表示，计算时要注意转换。

3.1.3 正弦量的有效值

周期电压、周期电流的瞬时值是随时间变化的。工程上为了衡量其平均效应，常采用有效值的物理量来表征这种效果。以周期电流 i 为例，它的有效值 I 定义为

$$I=\sqrt{\frac{1}{T}\int_0^T i^2\text{d}t} \tag{3.1-3}$$

也称为 i 的方均根值。

同样，周期电压的有效值为$U=\sqrt{\frac{1}{T}\int_0^T u^2\text{d}t}$。有效值通常用大写字母表示，单位与其瞬时值的单位相同。

周期电压、电流的有效值是从能量角度来定义的。如图 3-4(a)(b)所示，令正弦电流 i 和直流电流 I 分别通过两个阻值相等的电阻 R，如果在相同的时间 T（T 为正弦信号的周期）内电阻 R 消耗的能量相同，则对应的直流电流 I 的值即为正弦电流 $i(t)$的有效值。

如图 3-4(a)所示，在一周内消耗的能量为

$$\int_0^T p(t)\text{d}t=\int_0^T Ri^2\text{d}t=R\int_0^T i^2(t)\text{d}t$$

如图 3-4(b)所示，直流电流 I 流过同一电阻时，在时间 T 中消耗的能量为

$$PT=RI^2T$$

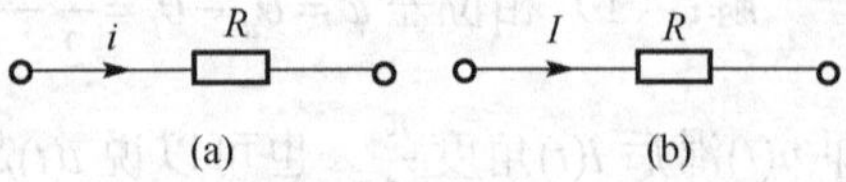

令上面两个能量表达式相等，即

$$R\int_0^T i^2(t)\text{d}t=RI^2T$$

(a) (b)

图 3-4

解得：

$$I=\sqrt{\frac{1}{T}\int_0^T i^2\text{d}t}$$

当周期电流为正弦电流时，即若 $i(t)=I_\text{m}\cos(\omega t+\theta_i)$，则有效值为

$$I=\sqrt{\frac{1}{T}\int_0^T I_m^2\cos^2(\omega t+\theta_i)\mathrm{d}t}=\sqrt{\frac{I_m^2}{T}\int_0^T\frac{1+\cos 2(\omega t+\theta_i)}{2}\mathrm{d}t}=\frac{I_m}{\sqrt{2}}=0.707I_m$$

同理可得正弦电压的有效值为$U=\frac{U_m}{\sqrt{2}}=0.707U_m$。

由此可见，正弦量的有效值等于其振幅值的$\frac{1}{\sqrt{2}}$倍，与角频率ω和初相位θ无关。

引入有效值以后，正弦量可以表达为

$$i(t)=\sqrt{2}I\cos(\omega t+\theta_i)$$
$$u(t)=\sqrt{2}U\cos(\omega t+\theta_u)$$

有效值概念在工程中的应用十分广泛。实验室中使用的许多交流测量仪表的读数，交流电机和电器铭牌上所标注的额定电压或电流，日常生活中使用的交流电的电压 220V，指的均是有效值。但一般在工程实际中，各种器件和电气设备的耐压值多数按振幅考虑。

思考与练习

3.1-1 电压或电流的瞬时值表示式为

（1）$u(t)=30\cos(314t+45°)$V；

（2）$i(t)=8\cos(6280t-120°)$mA；

（3）$u(t)=15\cos(10000t+90°)$V。

试分别画出其波形，指出其振幅、频率和初相。

3.1-2 三个同频率正弦电流i_1、i_2和i_3，若i_1的初相为 15°，i_2较i_1滞后 30°，i_3较i_2超前 45°，则i_1较i_3滞后多少度？

3.2 正弦量的相量表示

在单频正弦稳态电路中，分析电路时常遇到正弦量的加、减、求导及积分问题，而由于同频率的正弦量之和或之差仍为同一频率的正弦量，正弦量对时间的导数或积分也仍为同一频率的正弦量。因此，各支路中的电压电流均为正弦量，频率均和外加激励的频率相同（通常该频率由激励给出，是已知的）。故分析单频正弦稳态电路时只需确定正弦量的振幅和初相就能完整地表达它。如果将正弦量的振幅（或有效值）和初相与复数中的模和辐角相对应，那么在频率已知的条件下，就可以用复数来表示正弦量。用来表示正弦量的复数称为相量。借用复数表示正弦量后，可以避开利用三角函数进行正弦量的加、减、求导及积分等运算的麻烦，从而使正弦稳态电路的分析和计算得到简化。这种方法是由美国电机工程师斯泰因梅茨（C. P. Steinmetz，1865—1923）于 1893 年国际电工会议上提出的。

3.2.1 复数的表示及运算

由复数的知识可知，任何一个复数A可用如下几种数学形式表达：

（1）直角坐标形式或三角形式：$A=a+\mathrm{j}b$ 或 $A=|A|(\cos\theta+\mathrm{j}\sin\theta)$，其中$a$和$b$分别称为复数$A$的实部和虚部，用 Re、Im 分别表示取实部、虚部后可表示为

$$a=\mathrm{Re}[A],\ b=\mathrm{Im}[A]$$

（2）指数形式或极坐标形式：$A=|A|\mathrm{e}^{\mathrm{j}\theta}$ 或 $A=|A|\underline{/\theta}$

其中，$|A|$称为 A 的模，总是非负值，θ 称为 A 的辐角；$\mathrm{j}=\sqrt{-1}$ 称为虚数单位（虚数单位在数学中是用 i 表示的，但在电路中 i 已用于表示电流，为避免混乱，故用 j 表示）。上述几种数学表达式可根据欧拉公式 $\mathrm{e}^{\mathrm{j}\theta}=\cos\theta+\mathrm{j}\sin\theta$ 建立联系，并可得到如下相互转换关系：

$$\begin{cases}|A|=\sqrt{a^2+b^2}\\ \theta=\arctan\dfrac{b}{a}\end{cases},\quad \begin{cases}a=|A|\cos\theta\\ b=|A|\sin\theta\end{cases}$$

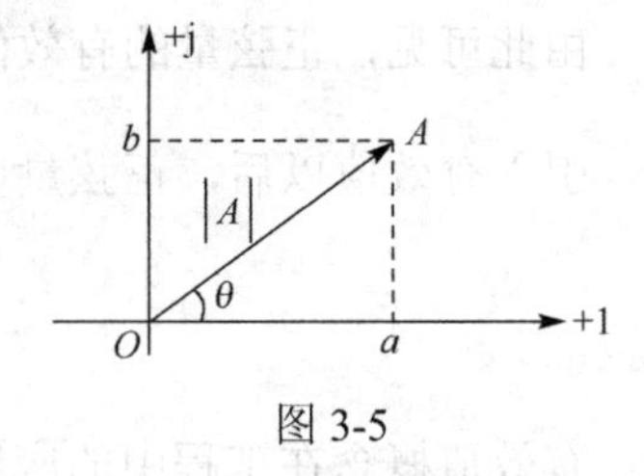

图 3-5

一个复数还可在复平面内用一有向线段表示，如图 3-5 所示。设：

$$A_1=a_1+\mathrm{j}b_1=|A_1|\mathrm{e}^{\mathrm{j}\theta_1}=|A_1|\underline{/\theta_1}$$
$$A_2=a_2+\mathrm{j}b_2=|A_2|\mathrm{e}^{\mathrm{j}\theta_2}=|A_2|\underline{/\theta_2}$$

复数的四则运算如下：

$$A_1\pm A_2=(a_1\pm a_2)+\mathrm{j}(b_1\pm b_2)$$
$$A_1A_2=|A_1|\underline{/\theta_1}\times A_2|\underline{/\theta_2}=|A_1|\cdot|A_2|\underline{/(\theta_1+\theta_2)}$$
$$\frac{A_1}{A_2}=\frac{|A_1|\underline{/\theta_1}}{|A_2|\underline{/\theta_2}}=\frac{|A_1|}{|A_2|}\underline{/(\theta_1-\theta_2)}$$

可见，进行加（减）运算时，复数宜采用直角坐标形式，进行乘（除）运算用极坐标形式比较方便。复数的加减运算还可以用复平面上的图形来表示，这种运算在复平面上是符合平行四边形法则的，参见例 3-4。

3.2.2 正弦量的相量表示

根据欧拉公式，一个自变量在实数域里变化、函数值在复数域里变化的复值函数 $I_{\mathrm{m}}\mathrm{e}^{\mathrm{j}(\omega t+\theta_i)}$ 可展开为

$$I_{\mathrm{m}}\mathrm{e}^{\mathrm{j}(\omega t+\theta_i)}=I_{\mathrm{m}}\cos(\omega t+\theta_i)+\mathrm{j}I_{\mathrm{m}}\sin(\omega t+\theta_i)\tag{3.2-1}$$

而其实部即为正弦电流的瞬时表达式，即可看成取自该复值函数的实部，写为

$$\begin{aligned}i(t)&=I_{\mathrm{m}}\cos(\omega t+\theta_i)=\sqrt{2}I\cos(\omega t+\theta_i)=\mathrm{Re}[\sqrt{2}I\mathrm{e}^{\mathrm{j}(\omega t+\theta_i)}]=\mathrm{Re}[\sqrt{2}I\mathrm{e}^{\mathrm{j}\theta_i}\mathrm{e}^{\mathrm{j}\omega t}]\\&=\mathrm{Re}[\sqrt{2}\dot{I}\mathrm{e}^{\mathrm{j}\omega t}]=\mathrm{Re}[\dot{I}_{\mathrm{m}}\mathrm{e}^{\mathrm{j}\omega t}]\end{aligned}\tag{3.2-2}$$

式中，$\dot{I}=\mathrm{e}^{\mathrm{j}\theta_i}=I\underline{/\theta_i}$ 是以正弦电流 $i(t)$的有效值为模、以 $i(t)$的初相为辐角的复常数。在频率已知的情况下，它与正弦电流 $i(t)$有一一对应关系，称为有效值相量，用大写字母上加一点来表示，说明相量不同于一般的复数，它同时代表了一个正弦量。必须指出，相量与正弦量之间仅仅是对应关系，而不能说相量就等于正弦量。称 $\dot{I}_{\mathrm{m}}=\sqrt{2}I\mathrm{e}^{\mathrm{j}\theta_i}=I_{\mathrm{m}}\underline{/\theta_i}$ 为振幅相量。相量中包含了正弦量的两个要素——有效值（或幅值）和初相。

于是，正弦电流、电压及其相量间存在以下对应关系：

$$i(t)=\sqrt{2}I\cos(\omega t+\theta_i)\leftrightarrow\dot{I}=I\mathrm{e}^{\mathrm{j}\theta_i}=I\underline{/\theta_i}$$
$$u(t)=\sqrt{2}U\cos(\omega t+\theta_u)\leftrightarrow\dot{U}=U\mathrm{e}^{\mathrm{j}\theta_u}=U\underline{/\theta_u}$$

利用以上对应关系可实现正弦量与相量之间的相互表示。这实质上是一种“变换”，正弦量的瞬时形式可以变换为与时间无关的相量，相量（再加上已知的电源频率）可以变换为正弦量的瞬时形式。因此，通常将正弦量的瞬时形式称为正弦量的时域表示，而将相量称为正弦量的频域表示。

式（3.2-2）中的 $e^{j\omega t}$ 是一个特殊的复数函数，它的模等于 1，初始辐角为零。随着时间的增加，它以角速度 ω 逆时针旋转。任何一个复数乘以它，在复平面内都会逆时针旋转 ωt 的角度，因此它又被称为旋转因子。

引入旋转因子后，称 $\sqrt{2}\dot{I}e^{j\omega t}$ 为旋转相量，可用图 3-6 说明正弦量和相量之间的一一对应关系，即一个正弦量在任意时刻的瞬时值，等于对应的旋转相量同一时刻在实轴上的投影。

同复数一样，相量在复平面上可用一条有向线段表示，这种图称为相量图，如图 3-7 所示。只有相同频率的相量才能画在同一复平面内。在分析正弦稳态电路时，有时可借助相量图来分析电路。

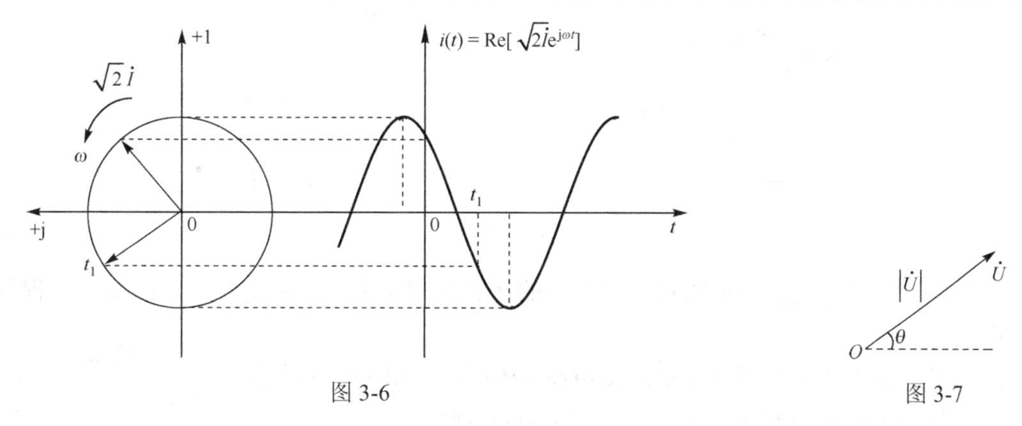

图 3-6　　图 3-7

相量运算与复数运算相同。使用相量运算可实现同频率正弦量的运算。下面列出了几种常用的同频率正弦量运算与相应相量运算之间的对应关系：

（1）$i(t)=i_1(t)\pm i_2(t)\to\dot{I}=\dot{I}_1\pm\dot{I}_2$　　（2）$Ai(t)\to A\dot{I}$

（3）$L\dfrac{di}{dt}\to j\omega L\dot{I}$　　（4）$\dfrac{1}{C}\displaystyle\int_0^t i dt\to\dfrac{1}{j\omega C}\dot{I}$

例 3-2　已知：$i(t)=10\sqrt{2}\cos(314t+90°)\text{A}, u(t)=220\sqrt{2}\cos(314t-30°)\text{V}$，试写出 i、u 的有效值相量的极坐标形式和直角坐标形式，并画出它们的相量图。

解：i、u 为同频正弦量，取它们的有效值和初相即构成相量。它们所对应的有效值相量的极坐标形式和直角坐标形式分别为

$$\dot{I}=10\angle 90°\ \text{A}=\text{j}10\text{A}$$

$$\dot{U}=220\angle -30°\ \text{V}=190.5-\text{j}110\text{V}$$

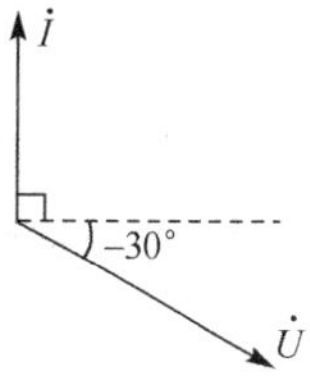

其相量图如图 3-8 所示。

$\dot{I}$　$-30°$　$\dot{U}$

图 3-8

例 3-3　已知两个同频率变化正弦量的相量形式为 $\dot{U}=10\angle 30°\ \text{V}$，$\dot{I}=5\sqrt{2}\angle -36.9°\ \text{A}$，且 $f=50\text{Hz}$，试写出它们对应的瞬时表达式。

解：先求角频率：$\omega=2\pi f=314\text{rad/s}$。再写出电压、电流对应的瞬时表达式：

$$u(t)=10\sqrt{2}\cos(314t+30°)\text{V}$$

$$i(t)=10\cos(314t-36.9°)\text{A}$$

例 3-4　已知两个正弦电流分别为：$i_1=\sqrt{2}\cos(100t+30°)\text{A},\ i_2=2\sqrt{2}\cos(100t-45°)\text{A}$，求 i_1+i_2 和 i_1-i_2。

解：i_1 和 i_2 为同频率的正弦量，它们的和或差仍为一个同频率的正弦量。设 $i=i_1+i_2$，$i'=i_1-i_2$，利用其对应的相量运算法则（或利用平行四边形法则作出对应的相量图，如图 3-9 所示），有

$$\dot{I}=\dot{I}_1+\dot{I}_2=1\angle 30°+2\angle -45°=(0.866+\text{j}0.5)+(1.414-\text{j}1.414)=2.456\angle -21.84°\ \text{A}$$

由两个相量及已给定的电源频率，可得：

$$\dot{I}'=\dot{I}_1-\dot{I}_2=1\angle 30°-2\angle -45°=(0.866+\text{j}0.5)-(1.414-\text{j}1.414)=1.991\angle 105.98°\ \text{A}$$

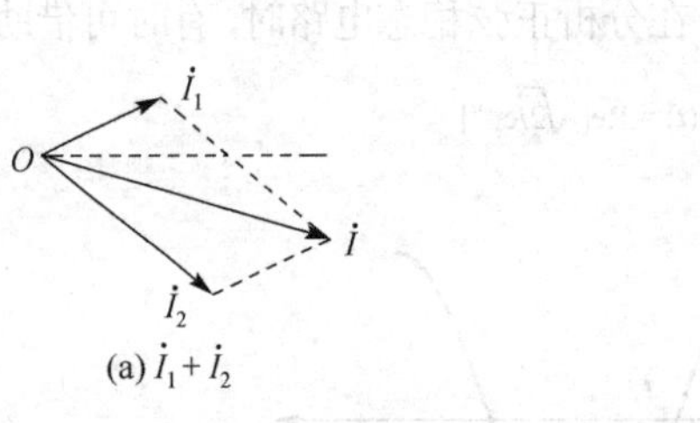

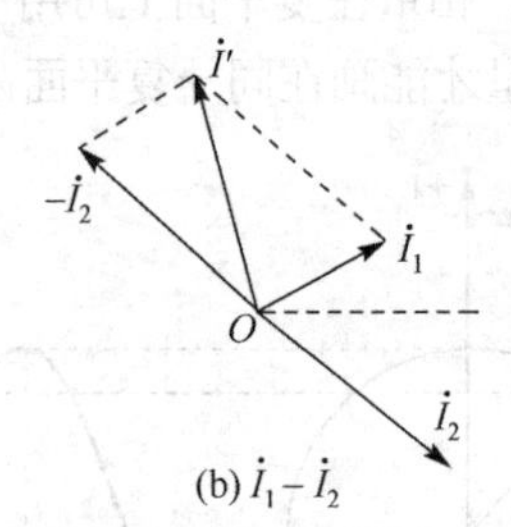

图 3-9

下面举例说明运用正弦量的相量和相应的运算法则来求解正弦交流电路的微分方程特解的过程。

例 3-5　将正弦电压源 $u_\text{S}=\sqrt{2}U_\text{S}\cos(\omega t+\theta_u)$ 加到电阻和电感的串联电路上，如图 3-10 所示。求回路电流 i 的稳态响应。

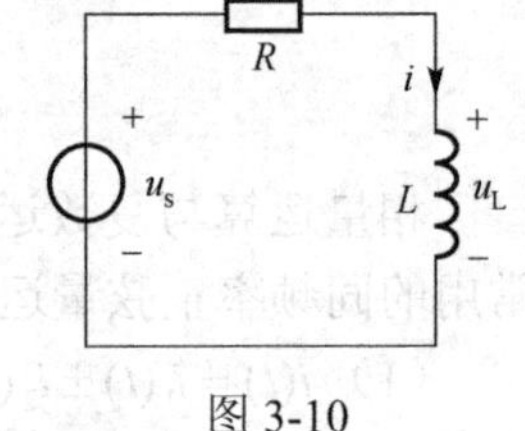

图 3-10

解：由两类约束，得到描述电路的微分方程为

$$L\frac{\text{d}i}{\text{d}t}+Ri=\sqrt{2}U_\text{S}\cos(\omega t+\theta_u)$$

由微分方程解的构成可知，当激励 u_S 为正弦量时，方程的特解一般是与 u_S 同频率变化的正弦量。

设 $i(t)=\sqrt{2}I\cos(\omega t+\theta_i)$，$u_\text{S}(t)$和 $i(t)$对应的相量分别为 $\dot{U}_\text{S}=U_\text{S}\angle\theta_u$ 和 $\dot{I}_\text{S}=I\angle\theta_i$。利用前面所列的常用的同频率正弦量运算与相应相量运算之间的对应关系，可以将微分方程变换为对应的复数代数方程：

$$\text{j}\omega L\dot{I}+R\dot{I}=\dot{U}_\text{S}$$

这个复数代数方程反映了正弦激励和与其同频率正弦稳态响应之间的相量关系。

求解该方程得：

$$\dot{I}=\frac{U_\text{S}}{\text{j}\omega L+R}=\frac{U_S\angle\theta_u}{\sqrt{(\omega L)^2+R^2}\angle\arctan\dfrac{\omega L}{R}}=I\angle\theta_i$$

式中，

$$I=\frac{U_\text{S}}{\sqrt{(\omega L)^2+R^2}}$$

$$\theta_i = \theta_u - \arctan\frac{\omega L}{R}$$

最后解得：
$$i = \frac{\sqrt{2}U_S}{\sqrt{(\omega L)^2 + R^2}}\cos\left(\omega t + \theta_u - \arctan\frac{\omega L}{R}\right)$$

思考与练习

3.2-1　设正弦电流 i_1 和 i_2 同频率，其有效值分别为 I_1 和 I_2，i_1+i_2 的有效值为 I，问下列关系在什么条件下成立？

（1）$I_1+I_2=I$　（2）$I_1-I_2=I$　（3）$I_2-I_1=I$

（4）$I_1^2+I_2^2=I^2$　（5）$I_1+I_2=0$　（6）$I_1-I_2=0$

3.2-2　判断正误：

（1）$u=100\cos 10t=\dot{U}$

（2）$\dot{U}=50\mathrm{e}^{\mathrm{j}15^\circ}=50\sqrt{2}\cos(\omega t+15^\circ)$

（3）已知：$i=10\cos(\omega t+45^\circ)\mathrm{A}$，则 $I=\frac{10}{\sqrt{2}}\angle 45^\circ\mathrm{A}$，$\dot{I}_\mathrm{m}=10\mathrm{e}^{45^\circ}\mathrm{A}$

（4）已知：$u=10\sqrt{2}\cos(\omega t-15^\circ)\mathrm{V}$，则 $U=10\mathrm{V}$，$\dot{U}=10^{\mathrm{j}15^\circ}\mathrm{V}$

（5）已知：$I=100\angle 50^\circ\mathrm{A}$，则 $i=100\cos(\omega t+50^\circ)\mathrm{A}$

3.2-3　画出下列各电流的相量图，若已知电源角频率为 ω，写出各瞬时值表达式。

（1）$\dot{I}_{1\mathrm{m}}=30+\mathrm{j}40\mathrm{A}$

（2）$\dot{I}_{2\mathrm{m}}=50\mathrm{e}^{-\mathrm{j}60^\circ}\mathrm{A}$

（3）$\dot{I}_{3\mathrm{m}}=25+\mathrm{j}60\mathrm{A}$

3.2-4　图示正弦稳态电路，已知：$u_S(t)=10\cos 2t\mathrm{V}$。试建立关于电容电压 u_C 的电路方程，并用相量及其运算法则求出该方程的特解。

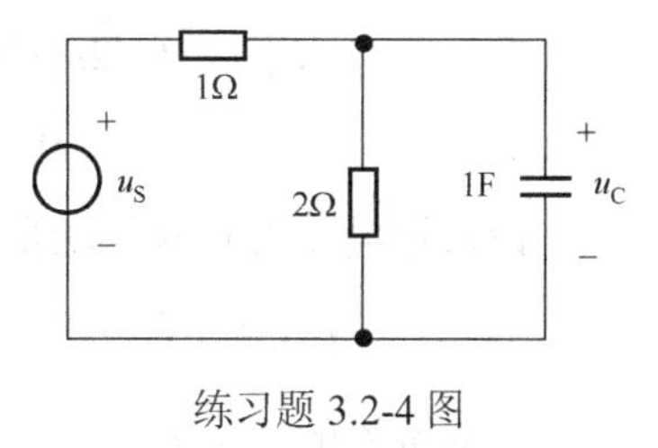

练习题 3.2-4 图

3.3　两类约束的相量形式

两类约束即基尔霍夫定律和电路元件的伏安关系是电路分析的基本依据。引入相量后，正弦稳态响应可以对建立的电路微分方程进行简化计算，还可以避开建立微分方程而直接从正弦稳态电路列出相量方程，但首先必须解决在正弦稳态条件下两类约束的相量形式问题。

3.3.1　基尔霍夫定律的相量形式

由 KCL 可知，在任一时刻，连接在电路任一节点（或闭合面）的各支路电流的代数和为零。设线性时不变电路在单一频率 ω 的正弦激励下（正弦电源可以有多个，但频率必须相同）进入稳态后，各处的电压、电流都将为同频率的正弦量。

若某节点连接有 m 条支路，其中流入第 k 条支路的电流为 $i_k(t)=I_{km}\cos(\omega t+\theta_{ik})$，则该节点 KCL 的时域形式为 $\sum_{k=1}^{m} i_k=0$。利用相量又可将其表示为

$$\sum_{k=1}^{m} i_k=\sum_{k=1}^{m}\mathrm{Re}[\sqrt{2}\dot{I}_k\mathrm{e}^{\mathrm{j}\omega t}]=\mathrm{Re}\left[\sqrt{2}\mathrm{e}^{\mathrm{j}\omega t}\sum_{k=1}^{m}\dot{I}_k\right]=0$$

其中，$\dot{I}_k = I_k \mathrm{e}^{\mathrm{j}\theta_{ik}} = I_k \underline{/\theta_{ik}}$ 为流入该节点的第 k 条支路正弦电流 i_k 对应的相量。由于此式对任意 t 都成立，且 $\mathrm{e}^{\mathrm{j}\omega t}$ 不恒为零，因此可推导出 KCL 的相量形式，即

$$\sum_{k=1}^{m} \dot{I}_k = 0 \tag{3.3-1}$$

同理，在正弦稳态电路中，沿任一回路，KVL 可表示为

$$\sum_{k=1}^{m} \dot{U}_k = 0 \tag{3.3-2}$$

式中，$\dot{U}_k$ 为回路中第 k 条支路的电压相量。因此，在正弦稳态电路中，基尔霍夫定律可直接用相量写出。

注意：基尔霍夫定律表达式中是相量的代数和恒等于零，并非是有效值的代数和恒等于零。

例 3-6　图 3-11 所示为电路中的一个节点，已知

$$i_1(t) = 10\sqrt{2}\sin(\omega t + 60^\circ)\text{A}$$
$$i_2(t) = 5\sqrt{2}\cos\omega t\ \text{A}$$

求：$i_3(t)$和 I_3。

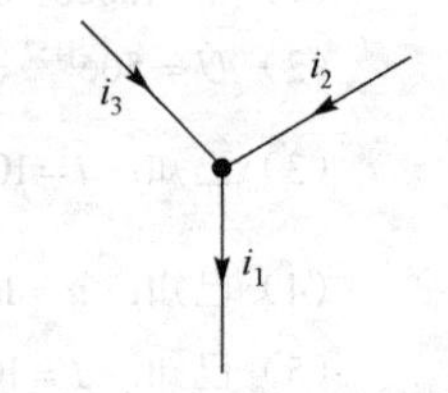

图 3-11

解：首先统一 i_1 和 i_2 的瞬时表达式，然后写出它们对应的相量形式。

$$i_1(t) = 10\sqrt{2}\sin(\omega t + 60^\circ) = 10\sqrt{2}\cos(\omega t - 30^\circ)\text{A}$$
$$\dot{I}_1 = 10\ \underline{/-30^\circ}\ \text{A} \quad \dot{I}_2 = 5\underline{/0^\circ}\ \text{A}$$

设未知电流 i_3 对应的相量为 $\dot{I}_3$，则由 KCL 可得：

$$\dot{I}_3 = \dot{I}_1 - \dot{I}_2 = 10\underline{/-30^\circ} - 5\underline{/0^\circ} = 8.66 - \mathrm{j}5 - 5 = 3.66 - \mathrm{j}5 = 6.2\ \underline{/-53.8^\circ}\ \text{A}$$

根据所得的相量 $\dot{I}_3$ 即可写出对应的正弦电流 i_3 为

$$i_3(t) = 6.2\sqrt{2}\cos(\omega t - 53.8^\circ)\text{A}$$

其中，　　$I_3 = 6.2\text{A}$

显然，　　$I \neq I_1 - I_2$

即有效值在形式上不符合 KCL。

3.3.2　基本元件伏安关系的相量形式

设 RLC 元件的电压、电流参考方向关联，如图 3-12 所示。现统一设定它们的正弦电压、电流及对应的相量为

$$i(t) = \sqrt{2}I\cos(\omega t + \theta_i) \leftrightarrow \dot{I} = I\mathrm{e}^{\mathrm{j}\theta_i} = I\underline{/\theta_i}$$
$$u(t) = \sqrt{2}U\cos(\omega t + \theta_u) \leftrightarrow \dot{U} = U\mathrm{e}^{\mathrm{j}\theta_u} = U\underline{/\theta_u}$$

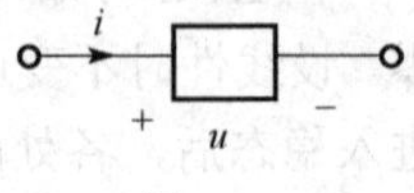

图 3-12

以下分别从各元件伏安关系的时域形式推导出对应的相量形式。

（1）电阻元件 R

由欧姆定律得：

$$u(t) = Ri = \sqrt{2}RI\cos(\omega t + \theta_i)$$

由此式可得电压的相量为

$$\dot{U} = RI\angle\theta_i = R\dot{I} \tag{3.3-3}$$

$\dot{U} = R\dot{I}$ 即为电阻上欧姆定律的相量形式，即电阻元件伏安关系的相量形式。它既反映了电阻上电压电流的大小关系，又反映了电压电流的相位关系。即有

$$\begin{cases} U = RI \\ \theta_u = \theta_i \end{cases} \tag{3.3-4}$$

将瞬时电路中的电压、电流用它们对应的相量表示，可得到如图 3-13 所示的电阻元件的相量模型。电阻元件上电压、电流的相量图如图 3-14 所示。

图 3-13　　图 3-14

（2）电感元件 L

由电感上的伏安关系得

$$u(t) = L\frac{\mathrm{d}i}{\mathrm{d}t} = -\sqrt{2}\omega LI\sin(\omega t + \theta_i) = \sqrt{2}\omega LI\cos(\omega t + \theta_i + 90^\circ)$$

由此式可得电压的相量为

$$\dot{U} = \omega LI\angle(\theta_i + 90^\circ) = \omega LI\angle\theta_i \times 1\angle 90^\circ = \mathrm{j}\omega L\dot{I} = \mathrm{j}X_{\mathrm{L}}\dot{I} \tag{3.3-5}$$

其中，$X_{\mathrm{L}} = \omega L$ 为电感的电抗，简称感抗，单位为欧姆（Ω）。

$\dot{U} = \mathrm{j}\omega L\dot{I}$ 为电感元件伏安关系的相量形式。它既反映了电感上电压电流的大小关系，又反映了电压电流的相位关系（电压超前于电流 90°）。即有

$$\begin{cases} U = \omega LI = X_{\mathrm{L}}I \\ \theta_u = \theta_i + 90^\circ \end{cases} \tag{3.3-6}$$

将瞬时电路中的电压、电流用它们对应的相量表示，元件参数以 jωL 表示，称为电感的阻抗。可得到图 3-15 所示的电感元件的相量模型。电感元件上电压、电流的相量图如图 3-16 所示。

图 3-15　　图 3-16

（3）电容元件 C

由电容上的伏安关系得：

$$i(t) = C\frac{\mathrm{d}u}{\mathrm{d}t} = -\sqrt{2}\omega CU\sin\left(\omega t + \theta_u\right) = \sqrt{2}\omega CU\cos(\omega t + \theta_u + 90^\circ)$$

由此式可得电流相量为

$$\dot{I}=\omega CU\angle(\theta_u+90^\circ)=\omega CU\angle\theta_u\cdot 1\angle 90^\circ=\mathrm{j}\omega C\dot{U} \tag{3.3-7}$$

或写为

$$\dot{U}=\frac{1}{\mathrm{j}\omega C}\dot{I}=-\mathrm{j}X_\mathrm{C}\dot{I} \tag{3.3-8}$$

其中，$X_\mathrm{C}=\dfrac{1}{\omega C}$ 为电容的电抗，简称容抗，其单位也为欧姆（Ω）。

$\dot{U}=\dfrac{1}{\mathrm{j}\omega C}\dot{I}=-\mathrm{j}X_\mathrm{C}\dot{I}$ 称为电容元件伏安关系的相量形式。它既反映了电容上电压电流的大小关系，又反映了电压电流的相位关系（电流超前于电压 90°）。即有

$$\begin{cases}U=\dfrac{1}{\omega C}I=X_\mathrm{C}I\\ \theta_u=\theta_i-90^\circ\end{cases} \tag{3.3-9}$$

将瞬时电路中的电压、电流用它们对应的相量表示，元件参数以 $\dfrac{1}{\mathrm{j}\omega C}$ 表示，称为电容的阻抗。即可得到图 3-17 所示的电容元件的相量模型。电容上电压、电流的相量图如图 3-18 所示。

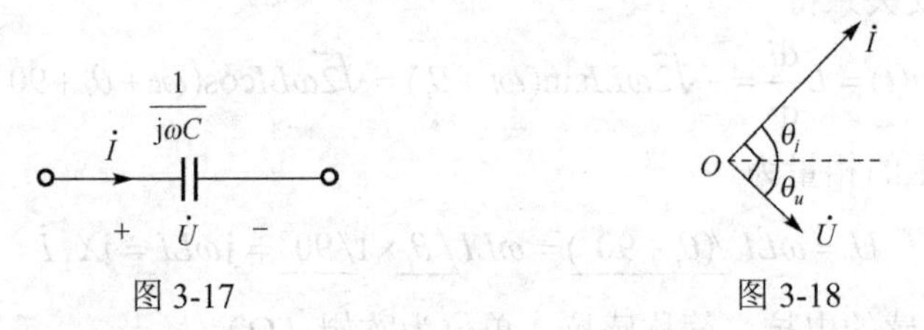

图 3-17　　　　图 3-18

例 3-7　一个 0.7H 的电感元件，接到工频 220V 的正弦电源上，求电路中的电流并写出电流瞬时表达式。

解：感抗 $X_\mathrm{L}=\omega L=2\pi fL=2\times3.14\times50\times0.7=220\Omega$

电感中的电流为：$I_\mathrm{L}=\dfrac{U_\mathrm{L}}{X_\mathrm{L}}=\dfrac{220}{220}=1\mathrm{A}$

现设 u_L 为参考正弦量，即 $u_\mathrm{L}=220\sqrt{2}\cos314t\mathrm{V}$，在 u_L 和 i_L 为关联参考方向时，电压超前于电流 90°，故电流瞬时表达式为：$i_L(t)=\sqrt{2}\cos(314t-90^\circ)\mathrm{A}$。

由于电感和电容是一对对偶元件，它们的对偶关系如表 3-1 所示。表中电感和电容的电压电流变量参考方向全部关联，并分别加注下标“L”和“C”。

表 3-1　电感元件与电容元件的对偶关系

	电感 L	电容 C
伏安特性时域形式	$u_\mathrm{L}=L\dfrac{\mathrm{d}i_\mathrm{L}}{\mathrm{d}t}$	$i_\mathrm{C}=C\dfrac{\mathrm{d}u_\mathrm{C}}{\mathrm{d}t}$
伏安特性相量形式	$\dot{U}_\mathrm{L}=\mathrm{j}\omega L\dot{I}_\mathrm{L}$	$\dot{I}_\mathrm{C}=\mathrm{j}\omega C\dot{U}_\mathrm{C}$
电压电流有效值关系	$U_\mathrm{L}=\omega LI_\mathrm{L}=X_\mathrm{L}I_\mathrm{L}$	$I_\mathrm{C}=\omega CU_\mathrm{C}=\dfrac{U_\mathrm{C}}{X_\mathrm{C}}$
电压电流相位关系	u_L 超前 i_L 90°	i_C 超前 u_C 90°

思考与练习

3.3-1　设单个元件上电压电流参考方向关联，试判断下列哪些表达式是正确的？

（1）$i_R = \dfrac{U_R}{R}$　（2）$I_L = \dfrac{U_L}{R}$　（3）$i_L = \dfrac{u_L}{\omega L}$　（4）$i_R = \dfrac{U_{Rm}}{R}$

（5）$\dot{I}_R = \dfrac{\dot{U}_R}{R}$　（6）$\dot{I}_R = \dfrac{\dot{U}_R}{\mathrm{j}R}$　（7）$\dot{I}_L = \mathrm{j}\dfrac{\dot{U}_L}{\omega L}$　（8）$\dot{I}_C = \dfrac{U_C}{\omega C}$

（9）$\dot{I}_C = \dfrac{\dot{U}_C}{\mathrm{j}\dfrac{1}{\omega C}}$　（10）$i_C = \dfrac{u_C}{\mathrm{j}\dfrac{1}{\omega C}}$

3.4　阻抗和导纳

在电阻电路中，任意一个不含独立源的线性二端网络端口上的电压与电流间成正比关系，可等效为一个电阻或一个电导。在正弦稳态电路中，对任意一个不含独立源的线性二端网络的相量模型，其端口上的电压相量与电流相量间也成正比关系，因此通过引入阻抗与导纳的概念，也可以对其进行等效化简。

3.4.1　阻抗 Z

如图 3-19 所示为无独立源的二端网络相量模型，设其端口电压相量为 $\dot{U}$，电流相量为 $\dot{I}$，电压与电流取关联参考方向，则阻抗的定义为

$$Z = \frac{\dot{U}}{\dot{I}} = \frac{U}{I}\angle(\theta_u - \theta_i) = R + \mathrm{j}X = |Z|\angle\varphi \qquad (3.4\text{-}1)$$

其中，R 为阻抗的电阻分量，X 为阻抗的电抗分量。

阻抗模 $|Z| = \sqrt{R^2 + X^2} = \dfrac{U}{I}$，阻抗角 $\varphi = \arctan\dfrac{X}{R} = \theta_u - \theta_i$。

阻抗的单位为欧姆（Ω）。它是复数，但不是相量，因此不加“·”。

阻抗可借助一个直角三角形来辅助记忆，称为阻抗三角形，如图 3-20 所示。

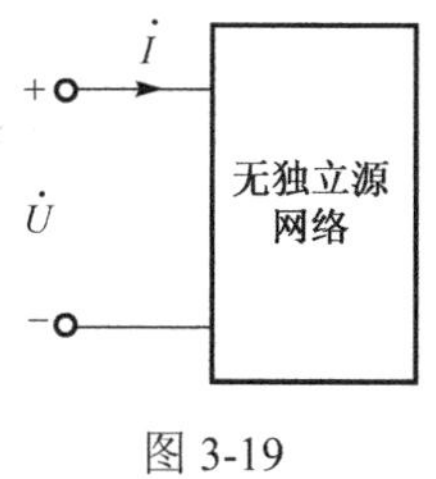

图 3-19

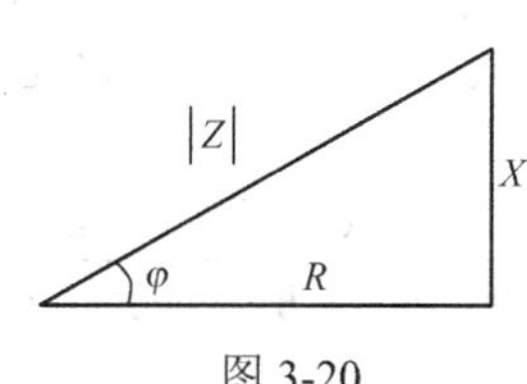

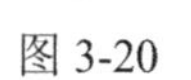
图 3-20

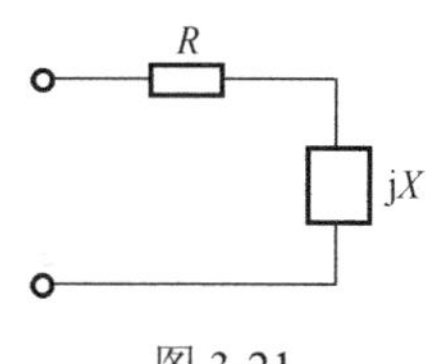

图 3-21

根据式（3.4-1），阻抗可以用一个电阻元件和一个电抗元件的串联电路来等效。根据串联的电抗元件性质的不同，电路呈现出不同的性质。当 $X>0$ 时，$\varphi>0$，端口电压超前电流，电路可等效为电阻元件与电感元件的串联，称电路呈电感性；当 $X<0$ 时，$\varphi<0$，端口电压滞后电流，电路可等效为电阻元件与电容元件的串联，称电路呈电容性；当 $X=0$ 时，$\varphi=0$，端口电压与电流同相，电路可等效为一个电阻元件，称电路呈电阻性。

3.4.2 导纳 Y

对图 3-19 所示无独立源的二端网络相量模型，导纳的定义为

$$Y=\frac{\dot{I}}{\dot{U}}=\frac{I}{U}\underline{/(\theta_i-\theta_u)}=G+\mathrm{j}B=|Y|\underline{/\varphi'} \tag{3.4-2}$$

其中，G 为导纳的电导分量，B 为导纳的电纳分量。

导纳模 $|Y|=\sqrt{G^2+B^2}=\dfrac{I}{U}$，导纳角 $\varphi'=\arctan\dfrac{B}{G}=\theta_i-\theta_u=-\varphi$ 。

导纳的单位为西门子（S）。与阻抗一样，虽然它是复数，但不是相量，因此也不加“•”。

导纳也可借助一个直角三角形来辅助记忆，称为导纳三角形，如图 3-22 所示。

导纳可以用一个电导元件和一个电抗元件的并联电路来等效，如图 3-23 所示。根据并联的电抗元件性质的不同，电路呈现出不同的性质。当 $B>0$ 时，$\varphi'>0$，端口电流超前电压，电路可等效为电导元件与电容元件的并联，称电路呈电容性；当 $B<0$ 时，$\varphi'<0$，端口电流滞后电压，电路可等效为电导元件与电感元件的并联，称电路呈电感性；当 $B=0$ 时，$\varphi'=0$，端口电压与电流同相，电路可等效为一个电导元件，称电路呈电阻性。

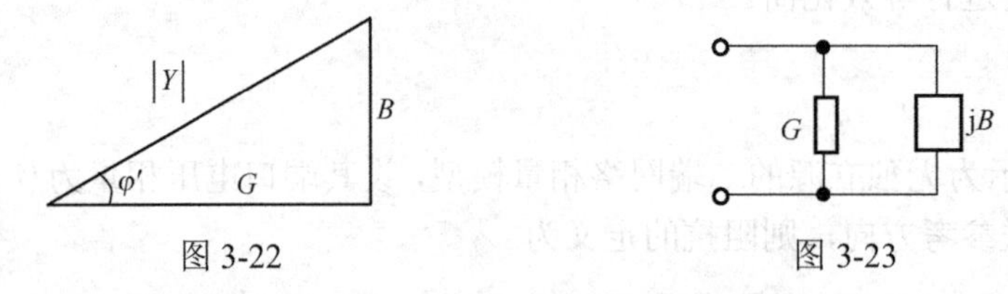

图 3-22　　　　图 3-23

3.4.3 阻抗和导纳的关系

由阻抗和导纳的定义可知：对同一电路，阻抗与导纳互为倒数，即 $Z=\dfrac{1}{Y}$ 。而电阻、电抗分量与电导、电纳分量之间的关系如下：

$$Y=\frac{1}{Z}+\frac{1}{R+\mathrm{j}X}=\frac{R}{R^2+X^2}+\mathrm{j}\frac{-X}{R^2+X^2}=G+\mathrm{j}B \tag{3.4-3}$$

即

$$G=\frac{R}{R^2+X^2}\qquad B=-\frac{-X}{R^2+X^2} \tag{3.4-4}$$

同样，

$$Z=\frac{1}{Y}=\frac{1}{G+\mathrm{j}B}=\frac{G}{G^2+B^2}-\mathrm{j}\frac{B}{G^2+B^2}=R+\mathrm{j}X$$

即

$$R=\frac{G}{G^2+B^2}\qquad X=\frac{-B}{G^2+B^2} \tag{3.4-5}$$

由此可见，一般情况下 $R\neq\dfrac{1}{G},X\neq\dfrac{1}{B}$ 。

例 3-8　电路如图 3-24 所示，已知：$U=100\mathrm{V}$，$I=5\mathrm{A}$，且 $\dot{U}$ 超前于 $\dot{I}$ 相位 53.1°，求 R 和 X_L。

解法一：设 $\dot{U}=100\underline{/0^\circ}\,\mathrm{V}$，则 $\dot{I}=5\underline{/-53.1^\circ}\,\mathrm{A}$ 。

总导纳 $Y=\dfrac{\dot{I}}{\dot{U}}=\dfrac{5\angle -53.1^\circ}{100\angle 0^\circ}=\dfrac{1}{20}\angle -53.1^\circ=0.03-\mathrm{j}0.04\mathrm{S}$。

因电路为 R 和 L 为并联，故 $Y=\dfrac{1}{R}+\dfrac{1}{\mathrm{j}X_\mathrm{L}}=\dfrac{1}{R}-\mathrm{j}\dfrac{1}{X_\mathrm{L}}$。

所以 $R=\dfrac{1}{0.03}=33.33\Omega$，$X_\mathrm{L}=\dfrac{1}{0.04}=25\Omega$。

解法二：此题还可借助相量图的方法求解。

设端口电压为参考相量，即 $\dot{U}=100\angle 0^\circ\ \mathrm{V}$，然后根据各元件上电压电流的相位关系以及KCL，可画出电流相量图，如图 3-25 所示。

由相量图可知：

$$I_\mathrm{R}=I\cos 53.1^\circ=3\mathrm{A}$$
$$I_\mathrm{L}=I\sin 53.1^\circ=4\mathrm{A}$$

所以，

$$R=\frac{U}{I_\mathrm{R}}=\frac{100}{3}=33.33\Omega$$
$$I_\mathrm{L}=\frac{U}{I_\mathrm{L}}=\frac{100}{4}=25\Omega$$

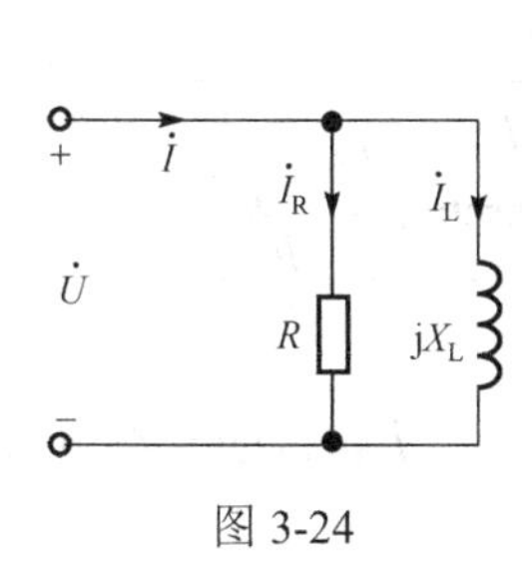

图 3-24

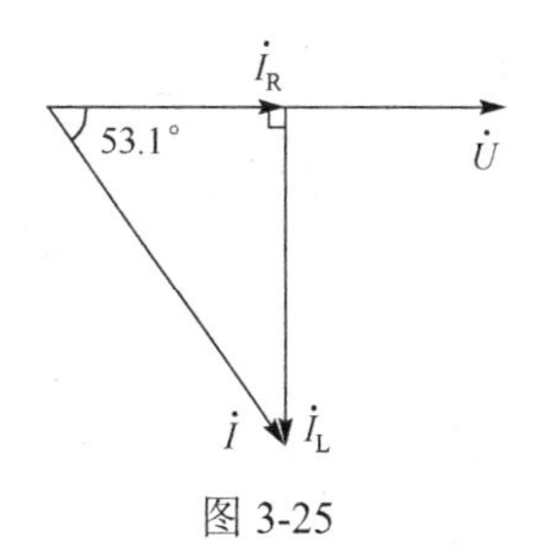

图 3-25

思考与练习

3.4-1　如图所示的二端网络 N 中不含独立源，若其端口电压 u 和电流 i 分别有以下几种情况，求各种情况下的阻抗和导纳。

（1）$u=200\cos\pi t\mathrm{V}$，$i=10\cos\pi t\mathrm{A}$

（2）$u=10\cos(10t+45^\circ)\mathrm{V}$，$i=2\cos(10t+35^\circ)\mathrm{A}$

（3）$u=200\cos(5t+60^\circ)\mathrm{V}$，$i=10\cos(5t-30^\circ)\mathrm{A}$

（4）$u=40\cos(2t+17^\circ)\mathrm{V}$，$i=8\cos 2t\mathrm{A}$

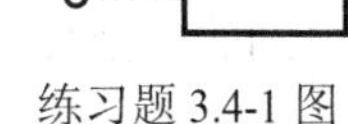

练习题 3.4-1 图

3.4-2　并联正弦交流电路如图所示，图中电流表 A_1 读数为 5A，A_2 为 20A，A_3 为 25A。

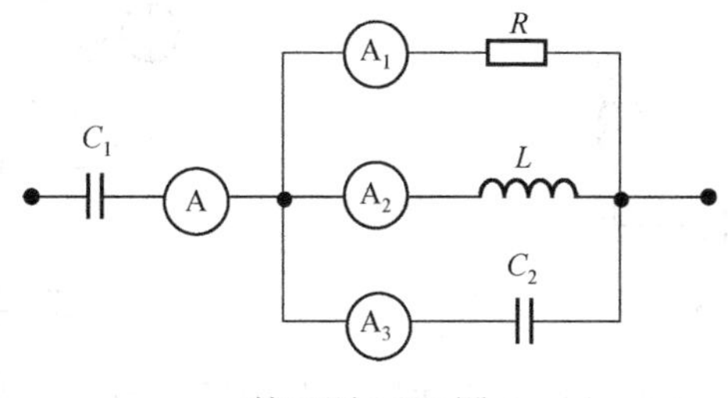

练习题 3.4-2 图

（1）图中电流表 A 的读数是多少？

（2）如果维持第一只表 A_1 读数不变，而把电路的频率提高一倍，再求其他各表读数。

3.5 正弦稳态电路的分析与计算

3.5.1 相量模型和相量法

在前面介绍了两类约束的相量形式以及电路元件的相量模型后，就可以运用相量和相量模型来分析正弦稳态电路了，这种分析方法称为相量法。采用相量法求正弦稳态响应要比时域方法求解方便得多。先分析一个 *RLC* 串联电路中回路电流 i 的求解问题，如图 3-26 所示。

电路 KVL 方程及其相量形式为

$$u_{\mathrm{R}}+u_{\mathrm{L}}+u_{\mathrm{C}}=u_{\mathrm{S}}\Rightarrow\dot{U}_{\mathrm{R}}+\dot{U}_{\mathrm{L}}+\dot{U}_{\mathrm{C}}=\dot{U}_{\mathrm{S}}$$

将各元件的伏安关系相量形式代入 KVL 的相量形式，得关于 $\dot{I}$ 的方程为

$$R\dot{I}+\mathrm{j}\omega L\dot{I}+\frac{1}{\mathrm{j}\omega C}\dot{I}=\dot{U}_{\mathrm{S}}$$

求解上述方程可得：

$$\dot{I}=\frac{\dot{U}_{\mathrm{S}}}{R+\mathrm{j}\omega L+\dfrac{1}{\mathrm{j}\omega C}}=\frac{U_{\mathrm{S}}\angle\theta_i}{\sqrt{R^2+\left(\omega L-\dfrac{1}{\omega C}\right)^2}\angle\arctan\dfrac{\omega L-\dfrac{1}{\omega C}}{R}}=I\angle\theta_i$$

其中，$I=\dfrac{U_{\mathrm{S}}}{\sqrt{R^2+\left(\omega L-\dfrac{1}{\omega C}\right)^2}}$，$\theta_i=\theta_u-\arctan\dfrac{\omega L-\dfrac{1}{\omega C}}{R}$。由 $\dot{I}$ 相量即可得电流 i 的表达式为

$$i=\sqrt{2}I\cos(\omega t+\theta_i)$$

显然，上述关于 $\dot{I}$ 的 KVL 方程与电阻电路建立的代数方程在形式上完全相同。不同的是，这是一个复代数方程，可以看成是原电路模型对应的图 3-27 所示的相量模型直接列出的 KVL 方程，更重要的是其中避开了建立微分方程的复杂过程（也正是相量法分析正弦稳态响应的方便之处）。其中，将时域模型中的正弦量表示为相量，无源元件参数表示为阻抗或导纳，这样得到的模型称为电路的相量模型。

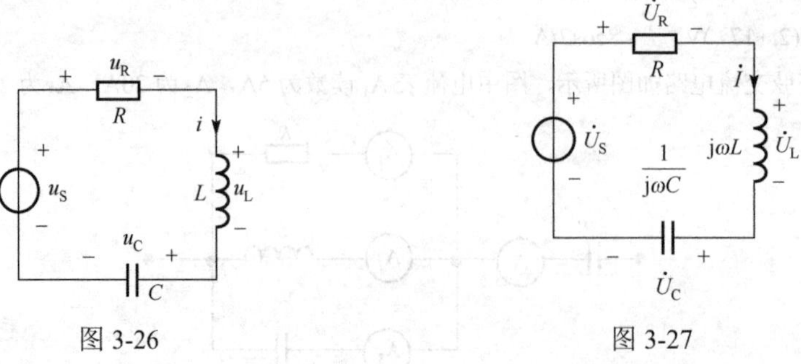

图 3-26　　　　图 3-27

相量模型和时域模型具有相同的拓扑结构。在相量模型中，汇于同一节点或属于同一割

集的各支路电流相量满足 KCL 相量形式，属于同一网孔或回路的各支路电压相量满足 KVL 相量形式。

两类约束是分析集总参数电路的理论基础。由于它们的相量形式与电阻电路中的形式一致，因此可将电阻电路中适用的各种定理、公式和分析方法推广应用于正弦稳态电路分析。运用相量法分析正弦稳态电路的具体分析步骤是：

（1）画出电路的相量模型；

（2）选择一种适当的求解方法，根据两类约束的相量形式建立电路的相量方程（组）；

（3）解方程（组），求得待求的电流或电压相量，然后写出其对应的时间函数式；

（4）必要时画出相量图。

可以看出，相量法实质上是一种“变换”，它通过相量把时域求微分方程的正弦稳态解的问题，“变换”为在频域里解复数代数方程的问题。

3.5.2　等效分析法

电阻电路中曾介绍常用的化简方法是端口伏安关系法、模型互换法、等效电源定理等，一些简单的等效规律和公式可直接引用。对正弦稳态电路问题都可沿用类似的方法，例如对阻抗的串联和导纳的并联电路就有以下的等效规律和公式。

（1）阻抗的串联。与电阻串联等效一样，当 n 个阻抗互相串联时（如图 3-28 所示），整个电路可等效为一个阻抗，且总阻抗 $Z = Z_1+Z_2+\cdots+Z_n$。另外，阻抗串联电路中也有和电阻串联类似的分压公式：

$$\dot{U}_k = \frac{Z_k}{\sum_{k=1}^{n} Z_k}\dot{U} \tag{3.5-1}$$

式中，$\dot{U}_k$ 是第 k 个阻抗的电压相量。

（2）导纳的并联。与电导并联等效一样，当 n 个导纳互相并联时（如图 3-29 所示），整个电路可等效为一个导纳，且总导纳 $Y = Y_1+Y_2+\cdots+Y_n$。另外，导纳并联电路中也有和电导并联类似的分流公式：

$$\dot{I}_k = \frac{Y_k}{\sum_{k=1}^{n} Y_k}\dot{I} \tag{3.5-2}$$

式中，$\dot{I}_k$ 是第 k 个导纳的电流相量。

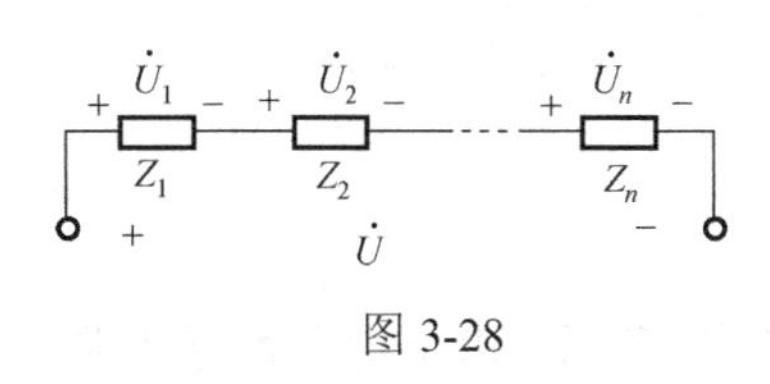

图 3-28

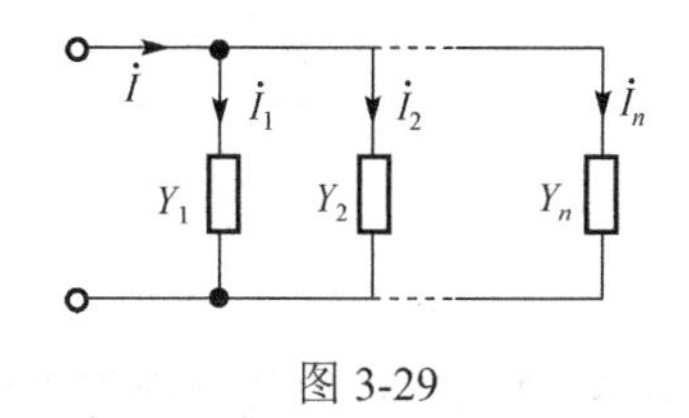

图 3-29

例 3-9　如图 3-30 所示电路，已知：$u_s(t) = 10\sqrt{2}\cos 10t\text{V}$，求稳态电流 $i_1(t)$、$i_2(t)$、$i_3(t)$。

解：首先作出原电路对应的相量模型，如图 3-31 所示。其中：

$$\dot{U}_S = 10\underline{/0^\circ}\ \text{V}$$

$$Z_L = \mathrm{j}\omega L = \mathrm{j}10 \times 0.3 = \mathrm{j}3\Omega$$

$$Z_C = \frac{1}{\mathrm{j}\omega C} = \frac{1}{\mathrm{j}10 \times 0.012} = -\mathrm{j}\frac{25}{3}\Omega$$

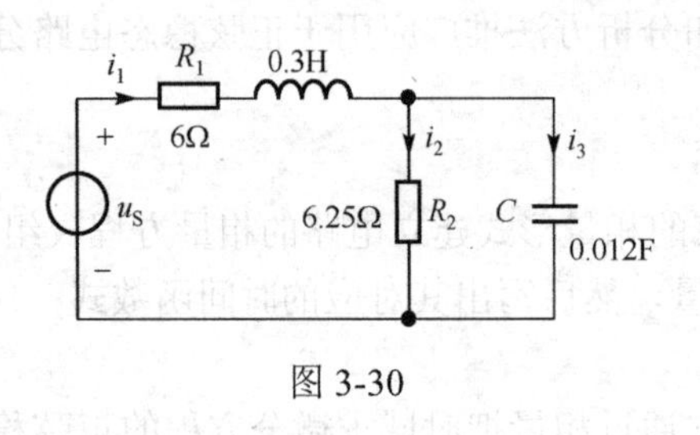

图 3-30

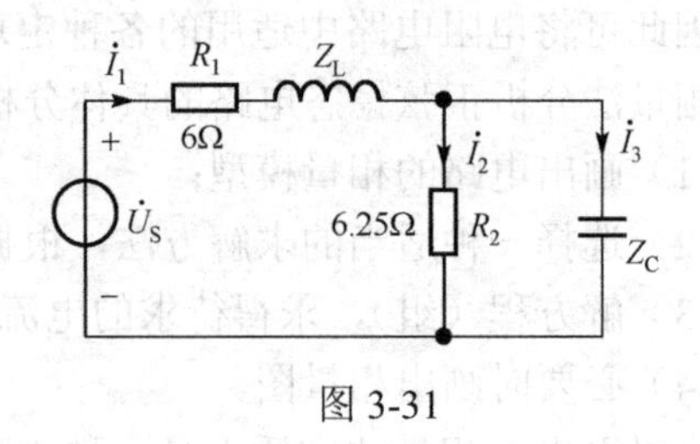

图 3-31

为求电流 $\dot{I}_1$，电源以右的等效阻抗为

$$Z = R_1 + Z_L + R_1 // Z_C = 6 + \mathrm{j}3 + 6.25 // \left(-\mathrm{j}\frac{25}{3}\right) = 100\angle 0^\circ\ \Omega$$

由 KVL 得：

$$\dot{I}_1 = \frac{\dot{U}_S}{Z} = \frac{10\angle 0^\circ}{10\angle 0^\circ} = 1\angle 0^\circ\ \mathrm{A}$$

由分流公式得：

$$\dot{I}_2 = \frac{Z_C}{R_2 + Z_C}\dot{I}_1 = 0.8\angle -37^\circ\ \mathrm{A}$$

$$\dot{I}_3 = \frac{R_2}{R_2 + Z_C}\dot{I}_1 = 0.6\angle 53^\circ\ \mathrm{A}$$

于是可写出各电流的瞬时表达式为

$$i_1(t) = \sqrt{2}\cos 10t\mathrm{A}$$

$$i_2(t) = 0.8\sqrt{2}\cos(10t - 37^\circ)\mathrm{A}$$

$$i_3(t) = 0.6\sqrt{2}\cos(10t + 53^\circ)\mathrm{A}$$

例 3-10 电路如图 3-32(a)所示，求 ab 端口的最简等效电路。

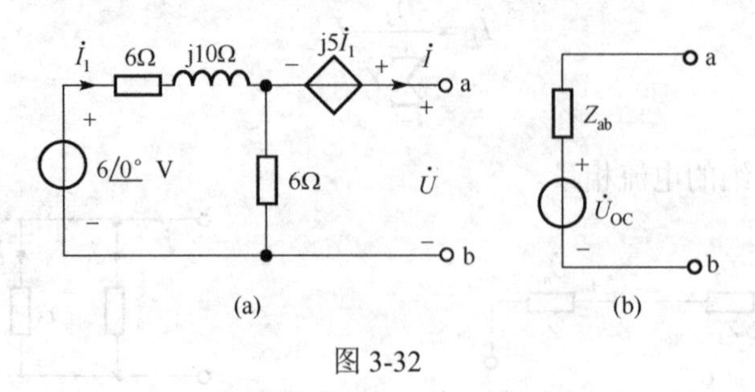

图 3-32

解：图 3-32(a)所示的戴维南等效电路可用图 3-32(b)表示。以下用两种方法求等效电路中的电压源电压和等效阻抗。

（1）戴维南定理求解。

ab 开路时，
$$\dot{I}_1 = \frac{6\angle 0^\circ}{6 + 6 + \mathrm{j}10}$$

$$\dot{U}_{OC}=\mathrm{j}5\dot{I}_1+\frac{6}{6+6+\mathrm{j}10}\times 6\underline{/0^\circ}=\frac{\mathrm{j}5\times 6\underline{/0^\circ}}{6+6+\mathrm{j}10}+\frac{6}{6+6+\mathrm{j}10}\times 6\underline{/0^\circ}=3\underline{/0^\circ}\ \mathrm{V}$$

ab 短路时，有 KVL 方程为

$$(6+\mathrm{j}10)\dot{I}_1-\mathrm{j}5\dot{I}_1=6\underline{/0^\circ}$$

$$\dot{I}_1=\frac{6\underline{/0^\circ}}{6+\mathrm{j}5}\mathrm{A}$$

ab 短路电流为

$$\dot{I}=\dot{I}_{SC}=\dot{I}_1+\frac{\mathrm{j}5\dot{I}}{6}=\left(1+\frac{\mathrm{j}5}{6}\right)\dot{I}_1\times\frac{6\underline{/0^\circ}}{6+\mathrm{j}5}=1\underline{/0^\circ}\ \mathrm{A}$$

则 ab 端等效内阻抗为

$$Z_{ab}=\frac{\dot{U}_{OC}}{\dot{I}_{SC}}=\frac{3\underline{/0^\circ}}{1\underline{/0^\circ}}=3\underline{/0^\circ}\ \Omega$$

（2）端口伏安关系法求解。

$$\dot{U}=\mathrm{j}5\dot{I}_1+6(\dot{I}_1-\dot{I})=(6+\mathrm{j}5)\dot{I}_1-6\dot{I}$$

又：

$$(6+\mathrm{j}10)\dot{I}_1+6(\dot{I}_1-\dot{I})=6\underline{/0^\circ}$$

由上述两个方程求得电路端口电压 $\dot{U}$ 与电流 $\dot{I}$ 的关系式为

$$\dot{U}=3-3\dot{I}$$

即

$$\dot{U}_{OC}=3\underline{/0^\circ}\ \mathrm{V},\ Z_{ab}=3\Omega$$

3.5.3　相量图法

分析正弦稳态电路时还有一种辅助方法称为相量图法。该方法通过作电流、电压的相量图求得未知相量，它特别适用于简单的 *RLC* 串联、并联和混联正弦稳态电路的分析（例 3.8 中的解法二即是并联电路的相量图法）。相量图法的分析步骤是：

（1）画出电路的相量模型；

（2）选择参考相量，令该相量的初相为零。通常，对于串联电路，选择其电流相量作为参考相量，对于并联电路，选择其电压相量作为参考相量；

（3）从参考相量出发，利用元件伏安特性及有关电流电压间的相量关系，定性画出相量图；

（4）利用相量图表示的几何关系，求得所需的电流、电压相量。

例 3-11　电路如图 3-33 所示，已知：$I_1=10\mathrm{A}$，$I_2=10\mathrm{A}$，$U=100\mathrm{V}$，且 $\dot{U}$ 与 $\dot{I}$ 同相，求 R、X_L、X_C 及 I。

解：此题已知电压电流的有效值，求电路元件参数，这类问题可借助电路相量图并辅以几何关系或简单复数计算进行求解。现假设 $\dot{U}_L$ 为参考相量，根据单个基本元件上电压电流的相位关系以及电路中 KCL 和 KVL 的关系方程，可画出如图 3-34 所示的电路相量图。由相量图可知：

$$I=\sqrt{I_1^2+I_2^2}=10\sqrt{2}\mathrm{A},\quad U_C=U=100\mathrm{V},\quad U_L=\sqrt{U^2+U_C^2}=100\sqrt{2}\mathrm{V}$$

$$R=\frac{U_L}{I_1}=10\sqrt{2}\Omega,\quad X_L=\frac{U_L}{I_2}=10\sqrt{2}\Omega,\quad X_C=\frac{U_C}{I}=\frac{100}{10\sqrt{2}}=5\sqrt{2}\Omega$$

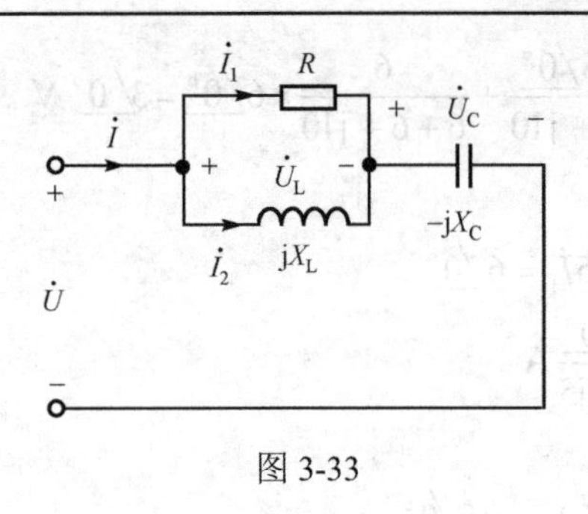

图 3-33

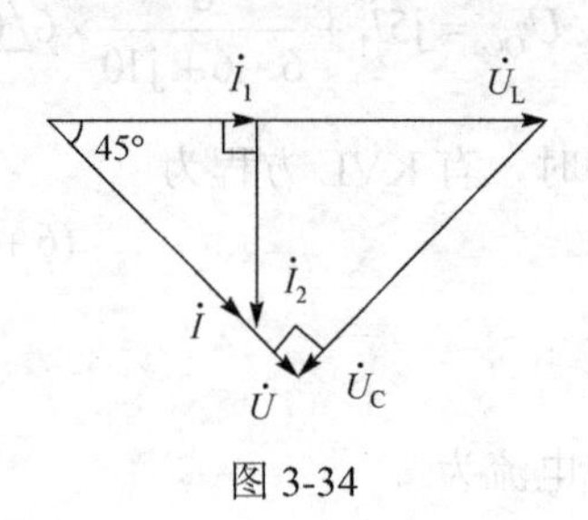

图 3-34

3.5.4 方程法

对一些较为复杂的电路，求解响应特别是一组变量时同样可以使用回路法、网孔法、节点法等方程法。

例 3-12 如图 3-35 所示的正弦稳态电路中，已知：$i_S = 2.5\sqrt{2}\cos 10^3 t\text{A}, u_S = 3\sqrt{2}\cos 10^3 t\text{V}$。求图中的电压 u 和电流 i。

解：首先作出原电路对应的相量模型，如图 3-36 所示。其中：

$$\dot{I}_S = 2.5\angle 0^\circ\ \text{A}，\dot{U}_S = 3\angle 0^\circ\ \text{V}$$

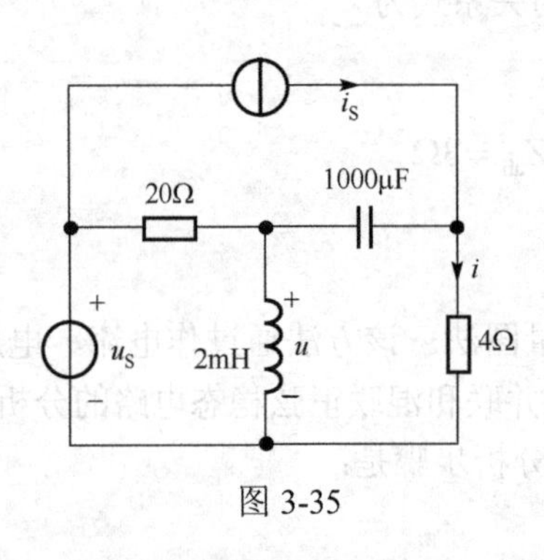

图 3-35

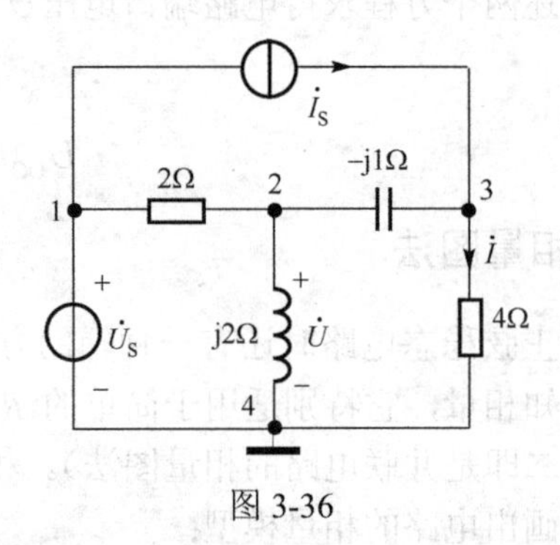

图 3-36

节点法求解。设图 3-36 中节点 4 为参考节点，由于节点 1 的电压即为 $\dot{U}_S$，故只需列出节点 2、节点 3 的方程，利用节点方程的通式，可得：

节点 2：$\left(\dfrac{1}{2}+\dfrac{1}{\text{j}2}+\dfrac{1}{-\text{j}1}\right)\dot{U}_2-\dfrac{1}{2}\dot{U}_S-\dfrac{1}{-\text{j}1}\dot{U}_3=0$

节点 3：$\left(\dfrac{1}{4}+\dfrac{1}{-\text{j}1}\right)\dot{U}_3-\dfrac{1}{-\text{j}1}\dot{U}_2=2.5\angle 0^\circ$

整理得：

$$\begin{cases}(1+\text{j}1)\dot{U}_2-\text{j}2\dot{U}_3=3\\ \text{j}4\dot{U}_2-(1+\text{j}4)\dot{U}_3=-10\end{cases}$$

解得：$\dot{U}_2=\dot{U}=4.53\angle 39.6^\circ\ \text{V}$，$\dot{U}_3=3.40\angle 20.6^\circ\ \text{V}$，而电流 $\dot{I}$ 为

$$\dot{I}=\frac{\dot{U}_3}{4}=0.85\angle 20.6^\circ\ \text{A}$$

由电压电流相量可得到它们的瞬时表达式为

$$u(t)=4.53\sqrt{2}\cos(10^3t+39.6^\circ)\text{V}$$
$$i(t)=0.85\sqrt{2}\cos(10^3t+20.6^\circ)\text{A}$$

例 3-13　如图 3-37 所示的正弦稳态电路中，已知 $u_S=10\sqrt{2}\cos10^3t$ V。求图中的电流 i_1、i_2 和电压 u_{ab}。

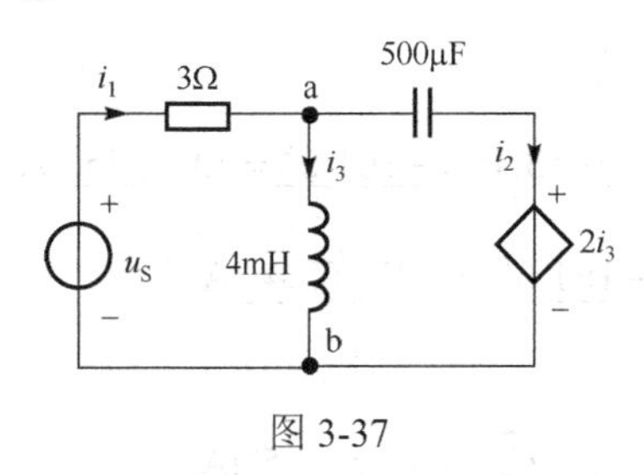

图 3-37

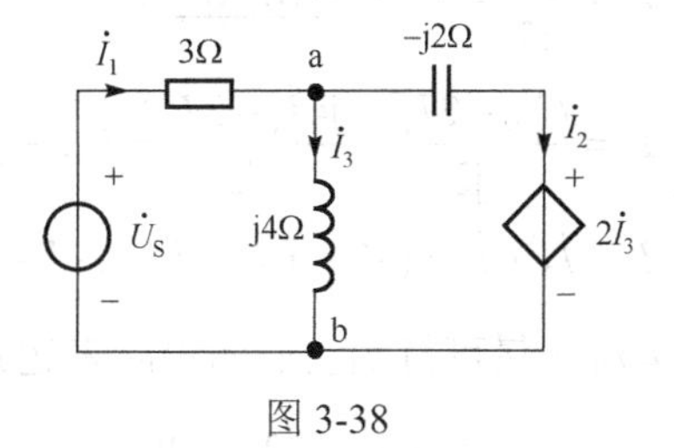

图 3-38

解： 作出原电路对应的相量模型，如图 3-38 所示。用网孔法和节点法求解。

（1）网孔法求解。网孔电流即为图中所标出的支路电流 $\dot{I}_1$、$\dot{I}_2$，列出网孔 KVL 方程为

左网孔：$(3+\text{j}4)\dot{I}_1-\text{j}4\dot{I}_2=10\angle 0^\circ$

右网孔：$(\text{j}4-\text{j}2)\dot{I}_2-\text{j}4\dot{I}_1=-2\dot{I}_3$

由于电路中的受控源电压受电流 $\dot{I}_3$ 控制，应将 $\dot{I}_3$ 用网孔电流表示的辅助方程为

$$\dot{I}_3=\dot{I}_1-\dot{I}_2$$

将该式代入上述右网孔的 KVL 方程，整理得：

$$\begin{cases}(3+\text{j}4)\dot{I}_1-\text{j}4\dot{I}_2=10\angle 0^\circ\\(2-\text{j}4)\dot{I}_1+(-2+\text{j}2)\dot{I}_2=0\end{cases}$$

解得：

$$\dot{I}_1=4.47\angle 63.4^\circ\text{ A},\ \dot{I}_2=7.07\angle 45^\circ\text{ A}$$
$$\dot{I}_3=\dot{I}_1-\dot{I}_2=4.47\angle 63.4^\circ-7.07\angle 45^\circ=(2+\text{j}4)-(5+\text{j}5)$$
$$=3.16\angle -161.6^\circ\text{ A}$$
$$\dot{U}_{ab}=\text{j}4\dot{I}_3=\text{j}4\times 3.16\angle -161.6^\circ\text{ V}$$
$$=12.64\angle -71.6^\circ\text{ V}$$

由电压、电流相量可得到它们的瞬时表达式为

$$i_1=4.47\sqrt{2}\cos(10^3t+63.4^\circ)\text{A},\ i_2=7.07\sqrt{2}\cos(10^3t+45^\circ)\text{A}$$
$$u_{ab}=12.64\sqrt{2}\cos(10^3t-71.6^\circ)\text{V}$$

（2）节点法求解。设节点 b 为参考点，则独立节点 a 的 KCL 方程为

$$\left(\frac{1}{3}+\frac{1}{\text{j}4}+\frac{1}{-\text{j}2}\right)\dot{U}_{ab}=\frac{1}{3}\dot{U}_S+\frac{2\dot{I}_3}{-\text{j}2}$$

将 $\dot{I}_3$ 用节点电压表示的辅助方程为

$$\dot{I}_3=\frac{\dot{U}_{ab}}{\text{j}4}$$

联立求解上述 KCL 方程和辅助方程，可得：

$$\dot{U}_{ab} = 12.64 \underline{/-71.6^\circ}\ \mathrm{V}$$

其他变量可由节点电压表示为

$$\dot{I}_3 = \frac{\dot{U}_{ab}}{j4} = 3.16 \underline{/-161.6^\circ}\ \mathrm{A}$$

$$\dot{I}_2 = \frac{\dot{U}_{ab} - 2\dot{I}_3}{-j2} = \frac{j4\dot{I}_3 - 2\dot{I}_3}{-j2} = (-2-j)\dot{I}_3 = (-2-j)\times 3.16 \underline{/-161.6^\circ} = 7.07 \underline{/45^\circ}\ \mathrm{A}$$

$$\dot{I}_1 = \dot{I}_2 + \dot{I}_3 = (-2-j)\dot{I}_3 + \dot{I}_3 = (-1-j)\times 3.16 \underline{/-161.6^\circ} = 4.47 \underline{/63.4^\circ}\ \mathrm{A}$$

由电压、电流相量可得到它们的瞬时表达式为

$$i_1 = 4.47\sqrt{2}\cos(10^3 t + 63.4^\circ)\mathrm{A},\ i_2 = 7.07\sqrt{2}\cos(10^3 t + 45^\circ)\mathrm{A}$$

$$u_{ab} = 12.64\sqrt{2}\cos(10^3 t - 71.6^\circ)\mathrm{V}$$

3.5.5 多频电路的分析

以上主要介绍了单一频率的正弦电源激励下电路的稳态响应分析。如果电路包括多个不同频率的正弦电源，则应对多个不同频率的电源分别用相量法求出相量形式的响应分量，并将它们还原为正弦量，再在时域中叠加得到各电源共同作用时的稳态响应。由于利用相量法求得的响应分量具有不同的频率，故不能用相量形式直接叠加。

例 3-14 如图 3-39 所示电路，已知 $u_S(t) = 10+10\cos t$ V，$i_S(t) = 5+5\cos 2t$ A，求 $u(t)$。

解：

$$u_S(t) = 10 + 10\cos t = u_{S1} + u_{S2}, u_{S1} = 10\mathrm{V}, u_{S2} = 10\cos t\ \mathrm{V}$$

$$i_S(t) = 5 + 5\cos 2t = i_{S1} + i_{S2}, i_{S1} = 5\mathrm{A}, i_{S2} = 5\cos 2t\ \mathrm{A}$$

（1）当仅由 $u_{S1} = 10$V，$i_{S1} = 5$A 作用时，电容相当于开路，电感相当于短路。

$$u(t) = 2\times i_{S1} = 10\mathrm{V}$$

（2）当仅由 $u_{S2} = 10\cos t$ V 电压源作用时，画出相量模型，如图 3-40(a)所示。

$$\dot{U}_{2m} = \left(\frac{2}{2-j2} - \frac{j}{2+j}\right)\times \dot{U}_{Sm} = \left(\frac{2}{2-j2} - \frac{j}{2+j}\right)\times 10 = 3 + j = \sqrt{10}\underline{/18.4^\circ}\ \mathrm{V}$$

$$u_2(t) = \sqrt{10}\cos(t + 18.4^\circ)\mathrm{V}$$

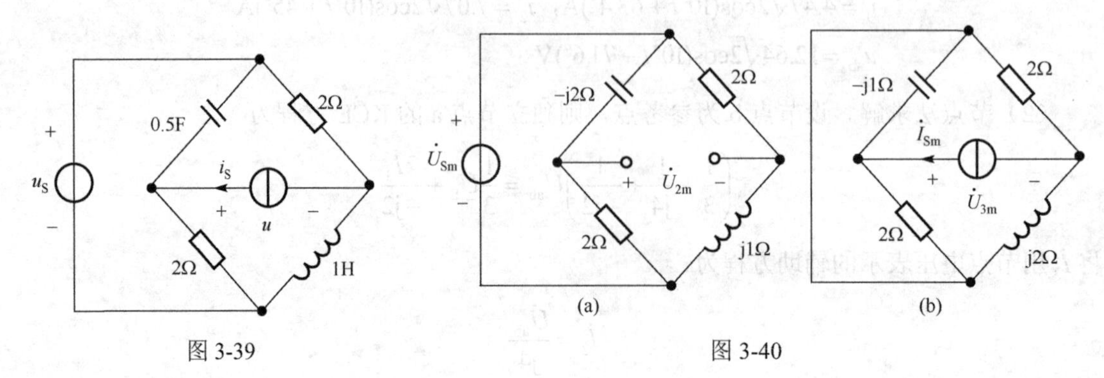

图 3-39　　　　图 3-40

（3）当仅由 $i_{S2}=5\cos 2t$A 电流源作用时，画出相量模型如图 3-40(b)所示。

$$\dot{U}_{3m}=[2//j2+2//(-j)]\dot{I}_{Sm}=\left(\frac{j4}{2+j2}-\frac{j2}{2-j}\right)\times 5=7+j=\sqrt{50}\angle 8.13^\circ \text{ V}$$

$$u_3(t)=\sqrt{50}\cos(2t+8.13^\circ)\text{V}$$

故在原图中，当 $u_S(t)$和 $i_S(t)$共同作用时有

$$u(t)=u_1+u_2+u_3=10+\sqrt{10}\cos\left(t+18.4^\circ\right)+\sqrt{50}\cos\left(2t+8.13^\circ\right)\text{V}$$

思考与练习

3.5-1　如图所示电路，设伏特计内阻为无限大，已知伏特计 V_1、V_2、V_3的读数依次为 3V、5V、9V，求电源电压的有效值。

3.5-2　如图所示电路，设毫安表内阻为零，已知毫安表 mA_1、mA_2、mA_3的读数依次为 40mA，80mA，50mA，求总电流 I。

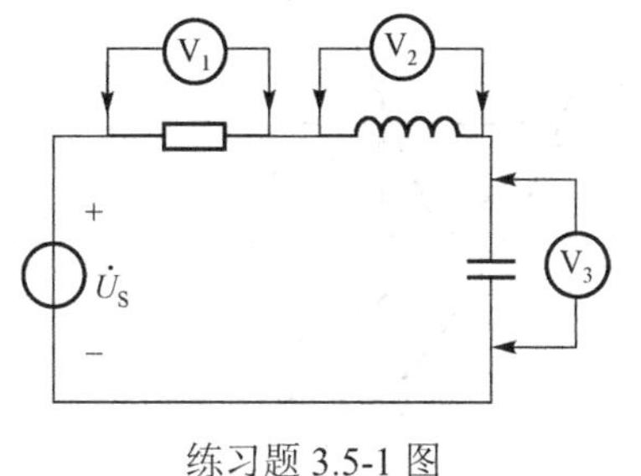

练习题 3.5-1 图

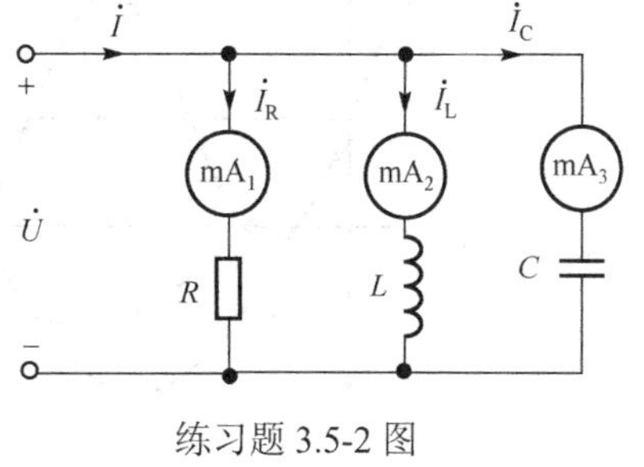

练习题 3.5-2 图

3.5-3　如图所示电路，已知电流相量 $\dot{I}=4\angle 0^\circ$ A，电压相量 $\dot{U}=80+\text{j}200\text{V}$，$\omega=10^3$rad/s，求电容 C。

3.5-4　如图所示电路，已知电流相量 $\dot{I}_1=20\angle -36.9^\circ$ A，$\dot{I}_2=10\angle 45^\circ$ A，电压相量 $\dot{U}=100\angle 0^\circ$ V，求元件 R_1、X_L、R_2、X_C和端口输入阻抗 Z。

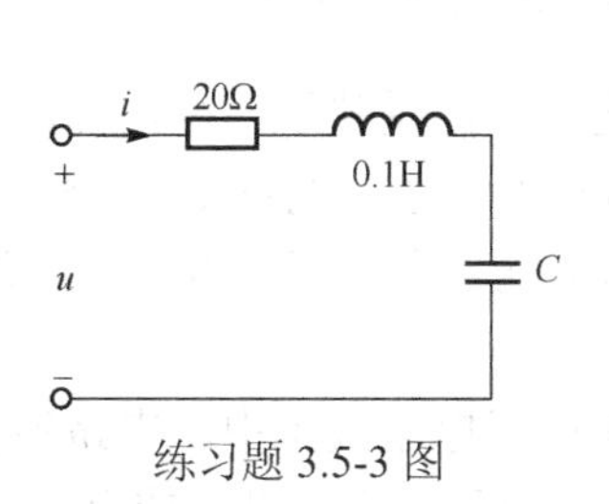

练习题 3.5-3 图

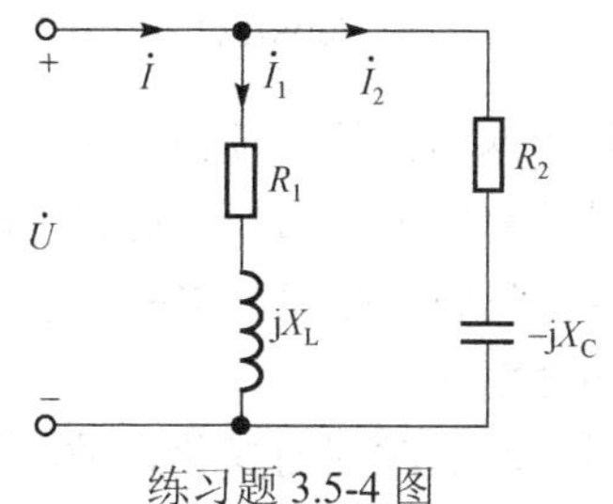

练习题 3.5-4 图

3.6　正弦稳态电路的功率

在正弦交流电路中，由于电感和电容等储能元件的存在，使功率出现一种在纯电阻电路中没有的现象，即能量的往返现象。因此，一般交流电路功率的分析比纯电阻功率的分析要复杂得多。本节主要研究正弦稳态二端网络的平均功率、无功功率、复功率、视在功率和功率因数等概念及其分析计算，最后讨论最大功率的传输条件。

3.6.1　二端网络的功率

设图 3-41 所示无源二端网络端口电压、电流采用关联参考方向，它们的瞬时表达式与对应的相量为

$$i(t)=\sqrt{2}I\cos(\omega t+\theta_i)\leftrightarrow \dot{I}=I\mathrm{e}^{\mathrm{j}\theta_i}=I\ \underline{/\theta_i}$$

$$u(t)=\sqrt{2}U\cos(\omega t+\theta_u)\leftrightarrow \dot{U}=U\mathrm{e}^{\mathrm{j}\theta_u}=U\ \underline{/\theta_u}$$

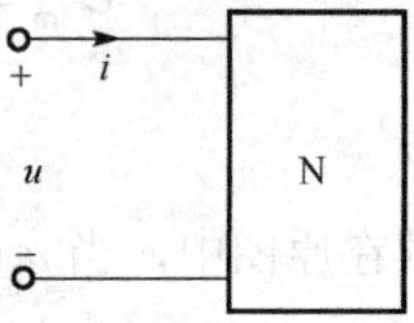

则瞬时功率为

$$\begin{aligned}p&=ui\\&=\sqrt{2}\cos(\omega t+\theta_u)\times\sqrt{2}I\cos(\omega t+\theta_i)\\&=UI\cos(\theta_u-\theta_i)+UI\cos(2\omega t+\theta_u+\theta_i)\\&=UI\cos\varphi+UI\cos(2\omega t+\theta_u+\theta_i)\end{aligned}\tag{3.6-1}$$

图 3-41

其中，$\varphi=\theta_u-\theta_i$。可见，瞬时功率有两个分量：一为恒定分量，二为正弦分量，且其频率为电源频率的两倍。如图 3-42 所示，从图中可以看出，瞬时功率 p 有时为正，有时为负，但其平均值不为零，这说明一般情况下无源二端网络既有能量消耗，又有能量交换。

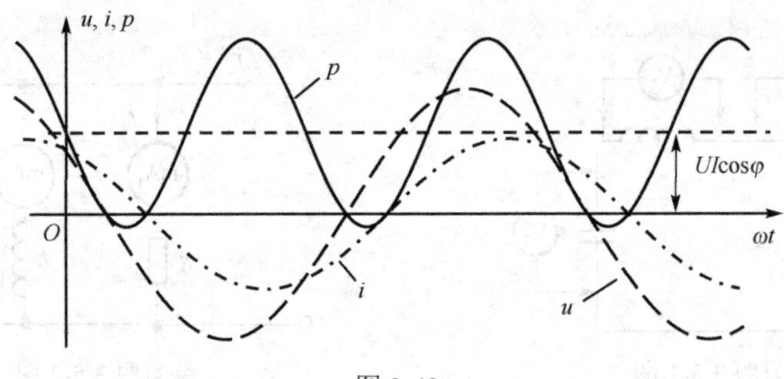

图 3-42

利用三角公式还可将瞬时功率改写为以下形式：

$$\begin{aligned}p&=UI\cos\varphi+UI\cos(2\omega t+2\theta_u-\varphi)\\&=UI\cos\varphi\{1+\cos[2(\omega t+\theta_u)]\}+UI\sin\varphi\sin[2(\omega t+\theta_u)]\end{aligned}\tag{3.6-2}$$

上式也包含两项，第一项恒大于等于零，是不可逆部分，反映了网络消耗能量的情况；第二项是瞬时功率的可逆部分，反映了网络内部、网络与电源之间能量交换的情况。

为了直观地反映正弦稳态电路中能量消耗与交换的情况，在工程上常用下面几种功率：

（1）平均功率 P

由于瞬时功率随时间而变化，故实用意义不大。在电工电子技术中，电路消耗功率的大小是用瞬时功率在一个周期内的平均值来表示的，此平均值称为平均功率或有功功率。即

$$\begin{aligned}P&=\frac{1}{T}\int_0^T p\mathrm{d}t\\&=\frac{1}{T}\int_0^T UI[\cos\varphi+\cos(2\omega t+\theta_u+\theta_i)]\,\mathrm{d}t\\&=UI\cos\varphi\\&=S\lambda\end{aligned}\tag{3.6-3}$$

式中，T 为正弦电流或电压的周期，$\lambda=\cos\varphi$ 称为二端网络的功率因数，S 称为视在功率。可见，平均功率不仅取决于电压和电流的有效值，还与电压和电流的相位差有关。平均功率的单位是瓦（W），视在功率的单位是伏安（VA）。

对于 RLC 三个基本元件，若各元件电压和电流有效值分别为 U 和 I，相位差为φ。可以得到它们的平均功率为

电阻元件 R：$P_R = UI\cos\varphi = UI\cos 0^\circ = UI = I^2 R = \dfrac{U^2}{R}$

电感元件 L：$P_L = UI\cos\varphi = UI\cos 90^\circ = 0$

电容元件 C：$P_C = UI\cos\varphi = UI\cos(-90^\circ) = 0$

可见，电感和电容元件的平均功率为零。而对于一个由基本元件组成的无源二端网络，端口总的瞬时功率（吸收）应该是电路中每个元件瞬时功率（吸收）之和，即有

$$p = \Sigma p_R + \Sigma p_L + \Sigma p_C$$

对上式两端取一周期平均值，有

$$P = \sum P_R + \sum P_L + \sum P_C$$

由于电感和电容元件平均功率为零，故有

$$P = \sum P_R$$

可见，对于由基本元件 RLC 组成的无源二端网络，端口总的平均功率是网络内部所有电阻消耗的平均功率之和。

工程实际中，对于电阻性电气产品或设备，由于$\varphi = 0$，$\lambda = 1$，其额定功率常以平均功率的形式给出，例如 60W 灯泡、800W 电吹风等。但对于发电机、变压器等电器设备来说，额定功率通常以视在功率给出，表示设备允许输出的最大功率容量，因为它们的平均功率取决于负载功率因数，即 $\cos\varphi$是由负载决定的。如一台发电机的容量为 75000kVA，若负载的功率因数 $\cos\varphi = 1$，则发电机可输出 75000kW 的平均功率。但若 $\cos\varphi = 0.7$，则发电机最多只可能输出 52500kW 的平均功率。因此，在实际应用中，为了充分利用设备的功率容量，应尽可能提高功率因数（见 3.6.2 节）。

（2）无功功率 Q

平均功率衡量了网络消耗功率的大小，而网络中进行交换的能量情况也需要加以衡量。

通常用无功功率来衡量网络交换能量的规模，定义瞬时功率可逆部分的最大值（即式（3.6-2）中正弦项 $UI\sin\varphi\sin\left[2(\omega t + \theta_u)\right]$ 的最大值）为无功功率，即

$$Q = UI\sin\varphi \qquad (3.6\text{-}4)$$

无功功率单位为乏（Var）。

对于 RLC 三个基本元件，若各元件电压电流有效值分别为 U 和 I，相位差为φ。可以得到它们的无功功率为

电阻元件 R：$Q_R = UI\cos\varphi = UI\sin 0^\circ = 0$

电感元件 L：$Q_L = UI\sin\varphi = UI\sin 90^\circ = UI = I^2 X_L = \dfrac{U^2}{X_L}$

电容元件 C：$Q_C = UI\sin\varphi = UI\sin(-90^\circ) = -I^2 X_C = -\dfrac{U^2}{X_C}$

可以证明，对于一个由基本元件 RLC 组成的无源二端网络，端口总的无功功率是网络内全部电感、电容元件的无功功率之和，即

$$Q = \sum Q_{\mathrm{L}} + \sum Q_{\mathrm{C}}$$

（3）复功率 $\tilde{S}$

为了简化功率计算，还常常引入复功率概念。复功率用 $\tilde{S}$ 表示，定义为

$$\tilde{S} = P + \mathrm{j}Q \tag{3.6-5}$$

将平均功率和无功功率的公式代入上式，可得

$$\tilde{S} = UI\sin\varphi + \mathrm{j}UI\sin\varphi = UI\mathrm{e}^{\mathrm{j}(\theta_u - \theta_i)} = U\mathrm{e}^{\mathrm{j}\theta_u} \cdot I\mathrm{e}^{-\mathrm{j}\theta_i} = \dot{U}\dot{I}^* \tag{3.6-6}$$

式中，$\dot{I}^*$ 是电流相量 $\dot{I}$ 的共轭复数。复功率的单位与视在功率相同，也为伏安（VA）。事实上，复功率的模为

$$|\tilde{S}| = \sqrt{P^2 + Q^2} = UI = S$$

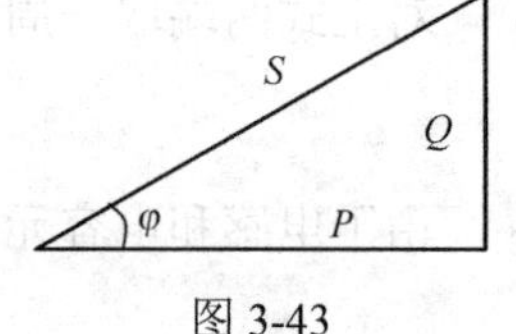

图 3-43

故复功率的模即为视在功率。为便于记忆，常引入一个功率三角形来辅助记忆，它与阻抗三角形为相似三角形，如图 3-43 所示。

引入复功率后，就可以使用计算出的电压相量和电流相量，直接代入式（3.6-6）计算后取其实部、虚部和模即为平均功率、无功功率和视在功率，使对这些功率的计算更为简便。但需要注意，复功率本身无任何物理意义，只是为计算方便而引入的，它不代表正弦量，故不能用相量符号表示。

可以证明，电路中平均功率、无功功率和复功率是守恒的。如，对于一个具有 n 条支路的二端网络，其端口的平均功率、无功功率和复功率是相应支路中的平均功率、无功功率和复功率之和，即

$$P = P_1 + P_2 + \cdots + P_n,\ Q = Q_1 + Q_2 + \cdots + Q_n,\ \tilde{S} = \tilde{S}_1 + \tilde{S}_2 + \cdots + \tilde{S}_n$$

但视在功率不守恒，即 $S \neq S_1 + S_2 + \cdots + S_n$。

例 3-15 电路如图 3-44 所示，已知 $\dot{U}_{\mathrm{S}} = 100\angle 0^\circ\ \mathrm{V}$，支路 1 中：$Z_1 = R_1 + \mathrm{j}X_1 = 10 + \mathrm{j}17.3\Omega$；支路 2 中：$Z_2 = R_2 - \mathrm{j}X_2 = 17.3 - \mathrm{j}10\Omega$。求电路的平均功率 P、无功功率 Q、复功率 $\tilde{S}$，且验证其功率守恒。

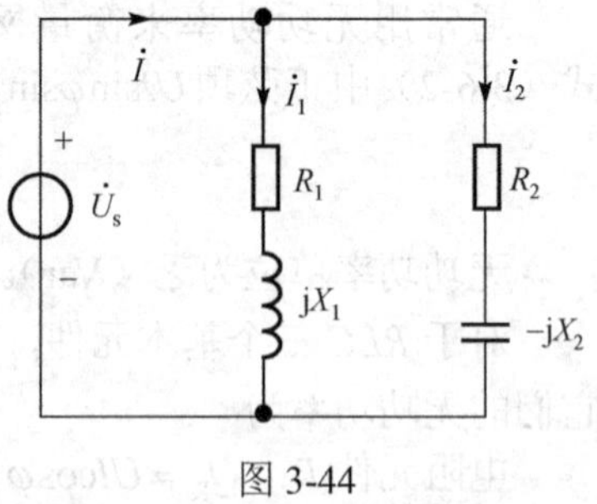

图 3-44

解：在图示电流参考方向下，有

$$\dot{I}_1 = \frac{\dot{U}_{\mathrm{S}}}{R_1 + \mathrm{j}X_1} = \frac{100\angle 0^\circ}{10 + \mathrm{j}17.3} = \frac{100\angle 0^\circ}{20\angle 60^\circ} = 5\angle -60^\circ\ \mathrm{A}$$

$$\dot{I}_2 = \frac{\dot{U}_{\mathrm{S}}}{R_2 - \mathrm{j}X_2} = \frac{100\angle 0^\circ}{17.3 - \mathrm{j}10} = \frac{100\angle 0^\circ}{20\angle -30^\circ} = 5\angle 30^\circ\ \mathrm{A}$$

$$\dot{I} = \dot{I}_1 + \dot{I}_2 = 7.07\angle -15^\circ\ \mathrm{A}$$

电路的平均功率：$P = U_{\mathrm{S}}I\cos 15^\circ = 100 \times 7.07\cos 15^\circ = 683\mathrm{W}$

电路的无功功率：$Q = U_{\mathrm{S}}I\sin 15^\circ = 100 \times 7.07\sin 15^\circ = 183\mathrm{Var}$

复功率：$\tilde{S} = \dot{U}_{\mathrm{S}}\dot{I}^* = 100 \times 7.07\angle 15^\circ = 683 + \mathrm{j}183\mathrm{VA} = P + \mathrm{j}Q$

以下验证其功率守恒：

对电源：$\tilde{S} = -\dot{U}_{\mathrm{S}}\dot{I}^* = -100 \times 7.07\angle -165^\circ = -683 - \mathrm{j}183\mathrm{VA} = -P - \mathrm{j}Q$

支路 1：$\tilde{S}_1 = \dot{U}_{\mathrm{S}}\dot{I}_1^* = 500\angle 60^\circ = 250 + \mathrm{j}433\mathrm{VA} = P_1 + \mathrm{j}Q_1$

支路 2：$\tilde{S}_2 = \dot{U}_S \dot{I}_2^* = 500\angle{-30^\circ} = 433 - \mathrm{j}250\text{VA} = P_2 + \mathrm{j}Q_2$

显然有

$$\sum P_k = -P + P_1 + P_2 = -683 + 250 + 433 = 0$$

$$\sum Q_k = -Q + Q_1 + Q_2 = -183 + 433 - 250 = 0$$

$$\sum \tilde{S}_k = \tilde{S} + \tilde{S}_1 + \tilde{S}_2 = 683 - \mathrm{j}183 + 250 + \mathrm{j}433 + 433 - \mathrm{j}25 = 0$$

但
$$\sum S_k = S + S_1 + S_2 = 707 + 500 + 500 = 1707\text{VA} \neq 0$$

注意：平均功率和无功功率还可通过计算复功率后取其实部和虚部求取。其中电路消耗的平均功率还可以用 $P = I_1^2 R_1 + I_2^2 R_2$ 求取。

例 3-16　电路如图 3-45 所示，已知：$I = 0.5\text{A}$，$U = U_1 = 250\text{V}$，电路消耗的平均功率 $P = 100\text{W}$。求：R_1、X_C 和 $X_L(X_L \neq 0)$。

解：此题可用相量图辅助计算，设 $\dot{U}_1 = 250\angle{0^\circ}\ \text{V}$，则可画出如图 3-46 所示的相量图。注意，由于 $X_L \neq 0$，可以排除 $\dot{U}$ 与 $\dot{U}_1$ 同相的情况。由题意可知：

$$R_1 = \frac{U_1^2}{P} = 625\Omega$$

$$I_R = \frac{U_1}{R_1} = 0.4\text{A}$$

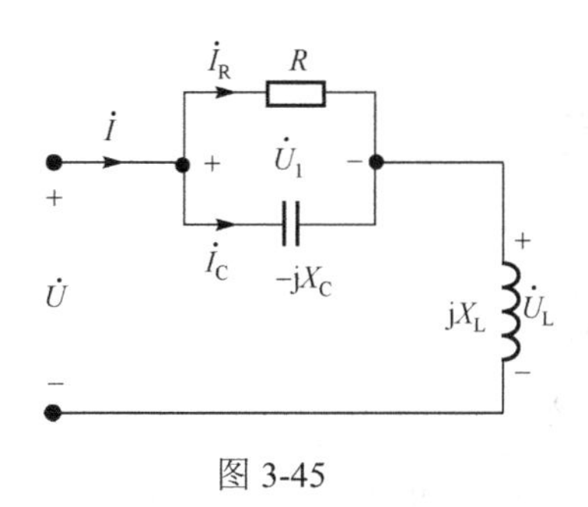

图 3-45

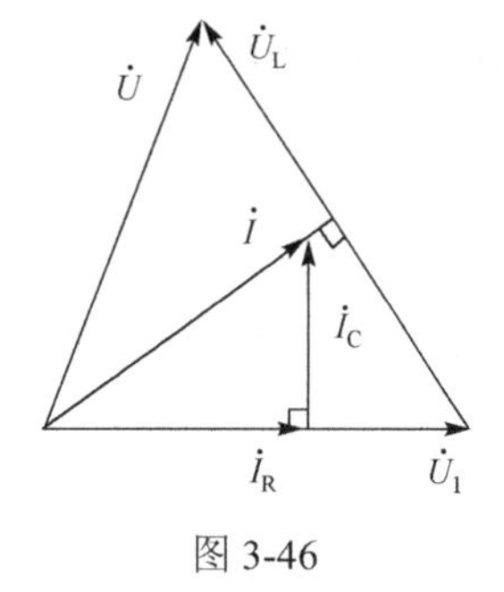

图 3-46

由相量图可知：$I_C = \sqrt{I^2 - I_R^2} = \sqrt{0.5^2 - 0.4^2} = 0.3\text{A}$，由此可得

$$X_C = \frac{U_1}{I_C} = \frac{250}{0.3} = \frac{2500}{3} \approx 833.3\Omega$$

$$U_L = 2 \times \frac{I_C}{I} \times U = 6 \times 50 = 300\Omega\text{（注意观察相似三角形中的关系）}$$

$$X_L = \frac{U_L}{I} = \frac{300}{0.5} = 600\Omega$$

3.6.2　功率因数的提高

在工农业生产中，广泛使用的异步电动机、感应加热设备等都是感性负载，有的感性负载功率因数很低。由平均功率表达式 $P = UI\cos\varphi$ 可知，$\cos\varphi$ 越小，由电网输送给此负载的电

流就越大。这样一方面占用较多的电网容量，使电网不能充分发挥其供电能力，又会在发电机和输电线上引起较大的功率损耗和电压降，因此有必要提高此类感性负载的功率因数。

工程上，一种常用的方法是给负载并联适当的电容来提高整个电路的功率因数，现就这种方法给出简要说明。

现假设有一感性负载，如图 3-47 所示，其额定工作电压为 U，额定功率为 P，功率因数为 $\cos\varphi_1$，工作频率为 f，现欲将其功率因数提高到 $\cos\varphi_2$，问应并多大的电容 C？为了能清楚地看出端口上并联电容器后的补偿作用和功率因数的提高过程，先定性地画出电路电压、电流相量图，如图 3-48 所示。从相量图可以看出，感性负载上并联了电容器后，并未改变原来负载的工作情况，负载的电流和平均功率均和并联电容前相同，但整个电路功率因数角却从 φ_1 减小到 φ_2，即整个电路功率因数得到了提高。另外，线路上的电流也从原来的 I_{RL} 减小到 I，从而在输电线上的功率损耗也将减小。电容 C 的计算过程如下：

并联电容前：

$$I = I_{\mathrm{RL}}$$

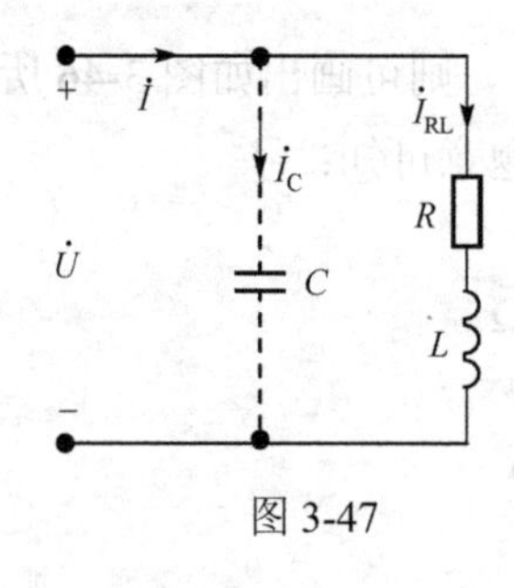

图 3-47

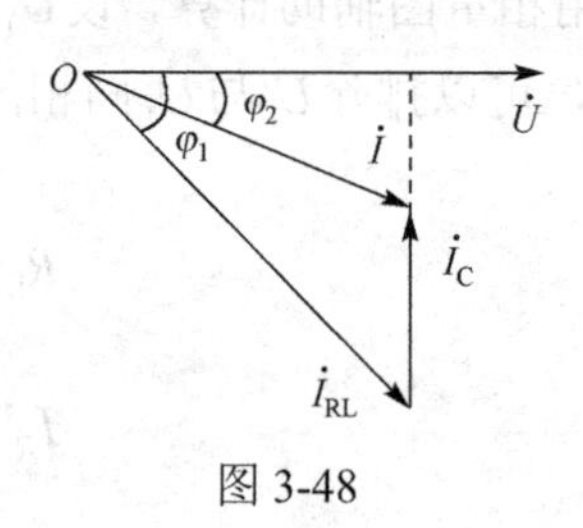

图 3-48

由 $P = UI_{\mathrm{RL}}\cos\varphi_1$ 得：

$$I_{\mathrm{RL}} = \frac{P}{U\cos\varphi_1}$$

并联电容后：

$$I = \frac{P}{U\cos\varphi_2}$$

$$\begin{aligned}I_{\mathrm{C}} &= I_{\mathrm{RL}}\sin\varphi_1 - I\sin\varphi_2 \\ &= \frac{P}{U\sin\varphi_1}\sin\varphi_1 - \frac{P}{U\sin\varphi_2}\sin\varphi_2 \\ &= \frac{P}{U}(\tan\varphi_1 - \tan\varphi_2)\end{aligned}$$

又

$$I_{\mathrm{C}} = \omega CU = 2\pi fCU$$

所以

$$C = \frac{I_{\mathrm{C}}}{2\pi fU} = \frac{P}{2\pi fU^2}(\tan\varphi_1 - \tan\varphi_2)$$

3.6.3 最大功率传输条件

在工程上，常常会涉及正弦稳态电路功率传输问题。当传输的功率较小（如通信系统）而不必计较传输效率时，常常要研究负载在什么条件下可获得最大平均功率（有功功率）的问题。

如图 3-49(a)所示，可调负载 Z_{L} 接于二端网络 N，根据戴维南定理可将该图化简为图 3-49(b)

所示。假设等效电源电压和内阻抗已知，其中 $Z_0 = R_0+\mathrm{j}X_0$。依据负载可调条件分以下两种情况讨论。

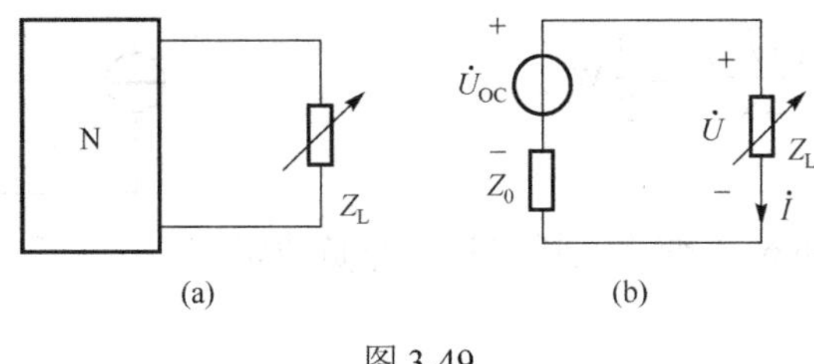

图 3-49

（1）共轭匹配

假设负载的实部和虚部分别可调。由图 3-49(b)可知，电路中的电流为

$$\dot{I} = \frac{\dot{U}_{OC}}{(R_0 + R_L) + \mathrm{j}(X_0 + X_L)}$$

负载所吸收的平均功率为

$$P_L = R_L I^2 = \frac{R_L U_{OC}^2}{(R_0 + R_L)^2 + (X_0 + X_L)^2}$$

要使负载功率最大，由上式可知，必须首先满足：

$$X_L = -X_0$$

当满足上式后，可进一步得到：

$$P_L = \frac{R_L U_{OC}^2}{(R_0 + R_L)^2}$$

参照第 1 章最大功率传输定理的推导，可得出上式取得最大值的条件为

$$R_0 = R_L$$

综合上述两个条件，可得负载获得最大功率的条件为

$$\begin{cases} R_L = R_0 \\ X_L = -X_0 \end{cases} \quad 或 \quad Z_L = Z_0^* \tag{3.6-7}$$

这一条件称为共轭匹配，此时负载获得的最大功率为

$$P_{Lmax} = \frac{U_{OC}^2}{4R_0} \tag{3.6-8}$$

例 3-17　如图 3-50 所示的电路，已知：$\dot{I}_S = 2\angle 0^\circ\ \mathrm{A}$。求负载 Z_L 获得最大功率时的阻抗值，并求此最大功率。

解： 先将负载断开，求 ab 左侧电路的戴维南等效电路。ab 两端的开路电压 $\dot{U}_{OC}$ 为

$$\dot{U}_{OC} = (6 // \mathrm{j}6)\dot{I}_S = 6 + \mathrm{j}6 = 6\sqrt{2}\angle 45^\circ\ \mathrm{V}$$

ab 以左的等效阻抗 Z_{ab} 为

$$Z_{ab} = 1 + 6 // \mathrm{j}6 = 4 + \mathrm{j}3\Omega$$

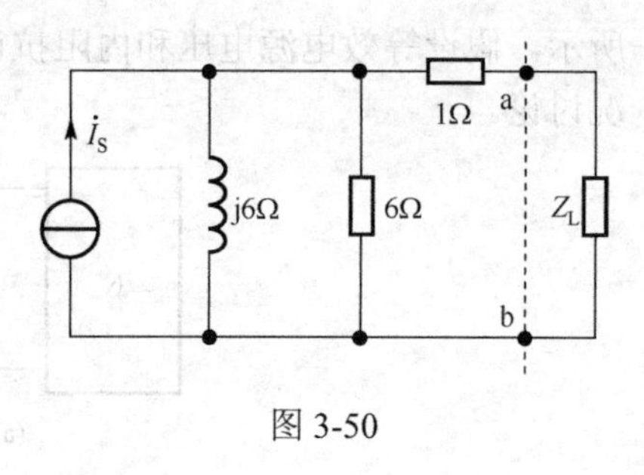

图 3-50

故当 $Z_L = Z_{ab}^* = 4 - j3\Omega$ 时，负载 Z_L 获得最大功率，且此最大功率为

$$P_{Lmax} = \frac{(6\sqrt{2})^2}{4\times 4} = \frac{9}{2}\text{W}$$

（2）模值匹配

假设负载 Z_L 的阻抗角 φ_L 不变而其模可调。令负载阻抗为

$$Z_L = |Z_L|\angle\varphi_L = |Z_L|\cos\varphi_L + j|Z_L|\sin\varphi_L$$

由图 3-49(b)可知，电路中的电流为

$$\dot{I} = \frac{\dot{U}_{OC}}{Z_0 + Z_L} = \frac{\dot{U}_{OC}}{(R_0 + |Z_L|\cos\varphi_L) + j(X_0 + |Z_L|\sin\varphi_L)}$$

而负载所吸收的平均功率是其电阻部分消耗的功率，即有

$$P_L = |Z_L|\cos\varphi_L I^2 = \frac{|Z_L|\cos\varphi_L U_{OC}^2}{(R_0 + |Z_L|\cos\varphi_L)^2 + (X_0 + |Z_L|\sin\varphi_L)^2}$$

令

$$\frac{dP_L}{d|Z_L|} = U_{OC}^2\left\{\frac{\cos\varphi_L}{(R_0 + |Z_L|\cos\varphi_L)^2 + (X_0 + |Z_L|\sin\varphi_L)^2} - \frac{|Z_L|\cos\varphi_L[2\cos\varphi_L(R_0 + |Z_L|\cos\varphi_L) + 2\sin\varphi_L(X_0 + |Z_L|\sin\varphi_L)]}{[(R_0 + |Z_L|\cos\varphi_L)^2 + (X_0 + |Z_L|\sin\varphi_L)^2]^2}\right\} = 0$$

由此解得负载获得最大功率的条件为

$$|Z_L| = |Z_0| \tag{3.6-9}$$

此时负载获得的最大功率为

$$P_{Lmax} = \frac{|Z_0|\cos\varphi_L U_{OC}^2}{(R_0 + |Z_0|\cos\varphi_L)^2 + (X_0 + |Z_0|\sin\varphi_L)^2} \tag{3.6-10}$$

例 3-18 电路如图 3-51 所示，求：(1) 共轭匹配时 Z_L 的值和它获得的最大平均功率；(2) 模值匹配时 Z_L 的值（已知 $\varphi_L = 0°$）和它获得的最大平均功率。

解：首先将负载两端左侧的有源二端网络用戴维南等效电路替代（如图 3-52 所示），其中：

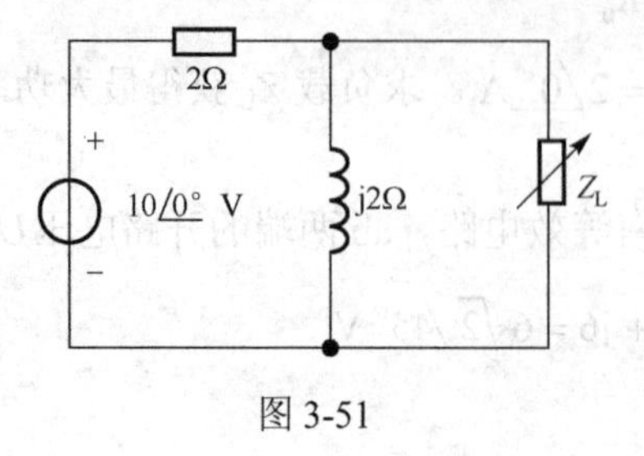

图 3-51

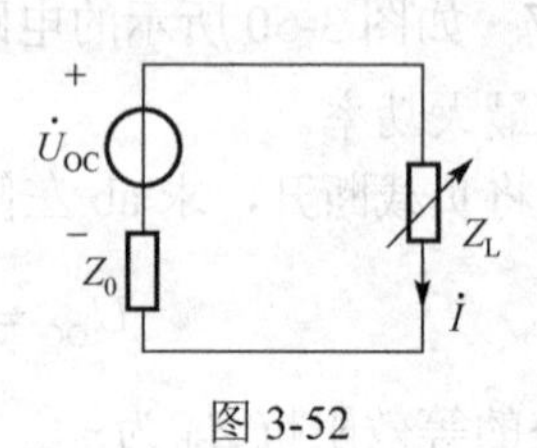

图 3-52

$$\dot{U}_{\mathrm{OC}}=\frac{\mathrm{j}2}{2+\mathrm{j}2}\times 10=5\sqrt{2}\angle 45^{\circ}\ \mathrm{V}$$

$$Z_0=\frac{2\times \mathrm{j}2}{2+\mathrm{j}2}=1+\mathrm{j}\Omega$$

（1）共轭匹配

当 $Z_{\mathrm{L}}=Z_0^{*}=1-\mathrm{j}\Omega$ 时，

$$P_{\mathrm{L}}=P_{\mathrm{Lmax}}=\frac{U_{\mathrm{OC}}^2}{4R_0}=\frac{(5\sqrt{2})^2}{4\times 1}=12.5\mathrm{W}$$

（2）模值匹配

当 $|Z_{\mathrm{L}}|=|Z_0|=\sqrt{2}\Omega$ 时（已知 $\varphi_{\mathrm{L}}=0^{\circ}$，故 $Z_{\mathrm{L}}=\sqrt{2}\Omega$ 为纯电阻），

$$P_{\mathrm{L\,max}}=\frac{|Z_0|\cos\varphi_{\mathrm{L}}U_{\mathrm{OC}}^2}{(R_0+|Z_0|\cos\varphi_{\mathrm{L}})^2+(X_0+|Z_0|\sin\varphi_{\mathrm{L}})^2}$$

$$=\frac{\sqrt{2}\times(5\sqrt{2})^2}{(1+\sqrt{2})^2+(1+0)^2}=10.35\mathrm{W}$$

为避免使用上述烦琐的公式，也可这样求取最大功率：先求出等效电路中通过负载的电流，再计算负载实部的平均功率（即为最大功率）。如：

$$\dot{I}=\frac{\dot{U}_{\mathrm{OC}}}{Z_0+Z_{\mathrm{L}}}=\frac{5\sqrt{2}\angle 45^{\circ}}{1+\mathrm{j}+\sqrt{2}}\mathrm{A}$$

$$I=\frac{5\sqrt{2}}{\sqrt{(1+\sqrt{2})^2+1^2}}\approx 2.71\mathrm{A}$$

$$P=I^2\,\mathrm{Re}[Z_{\mathrm{L}}]=2.71\times\sqrt{2}=10.35\mathrm{W}$$

通常满足共轭匹配时所获得的最大平均功率要比满足模值匹配时所获得的最大平均功率大（从此例可以看出）。从数学上看，这是因为前者是在无约束条件下获得的全局最大值，而后者是在有约束条件下的局部极大值。

思考与练习

3.6-1　在 RLC 串联电路中，在电压电流关联的参考方向下，下列各式中正确的是________。

（1）$U=U_{\mathrm{R}}+U_{\mathrm{L}}+U_{\mathrm{C}}$　　（2）$\dot{U}=\dot{U}_{\mathrm{R}}+\mathrm{j}(\dot{U}_{\mathrm{L}}-\dot{U}_{C})$

（3）$U=\sqrt{U_{\mathrm{R}}^2+U_{\mathrm{L}}^2+U_{\mathrm{L}}^2}$　　（4）$U=\sqrt{U_{\mathrm{R}}^2+(U_{\mathrm{L}}-U_{C})^2}$

（5）$Z=R+\mathrm{j}\omega C-\dfrac{1}{\mathrm{j}\omega L}$　　（6）$P=\dfrac{U^2}{R}$

（7）$S=I^2(R+\mathrm{j}X)$　　（8）$Q=I^2\left(\omega L+\dfrac{1}{\omega C}\right)$

（9）$u=Ri+X_{\mathrm{L}}i-\dfrac{1}{\omega C}i$　　（10）$Z=\sqrt{R^2+\left(\omega L-\dfrac{1}{\omega C}\right)^2}$

3.6-2　如图所示的电路 N，若其端口电压 $u(t)$ 和电流 $i(t)$ 为下列函数，分别求电路 N 的阻抗，电路 N 吸收的有功功率、无功功率和视在功率。

（1）$u(t) = 100\cos(10^3t+20^\circ)$V，$i(t) = 0.1\cos(10^3t-10^\circ)$A；

（2）$u(t) = 50\cos(10^3t-80^\circ)$V，$i(t) = 0.2\cos(10^3t-35^\circ)$A。

3.6-3　已知电路中一个负载 $P_1 = 70$kW，$\cos\varphi_1 = 0.7(\varphi_1<0)$；另一个负载 $P_2 = 90$kW，$\cos\varphi_2 = 0.85(\varphi_2>0)$。求：（1）$\varphi_1<0$，$\varphi_2>0$ 含义是什么？

（2）此电路总的功率因数 $\cos\varphi$是多少？

3.6-4　如图所示的电路，已知 $U = 100$V，$I = 100$mA，电路吸收功率 $P = 6$W；$X_{L1} = 1.25$kΩ，$X_C = 0.75$kΩ。电路呈电感性，求 r 和 X_L。

3.6-5　如图所示的电路，已知 $\dot{I}_S = 2\angle 0^\circ$ A，负载 Z_L 为何值时才能获最大功率？最大功率 P_{Lmax} 是多少？

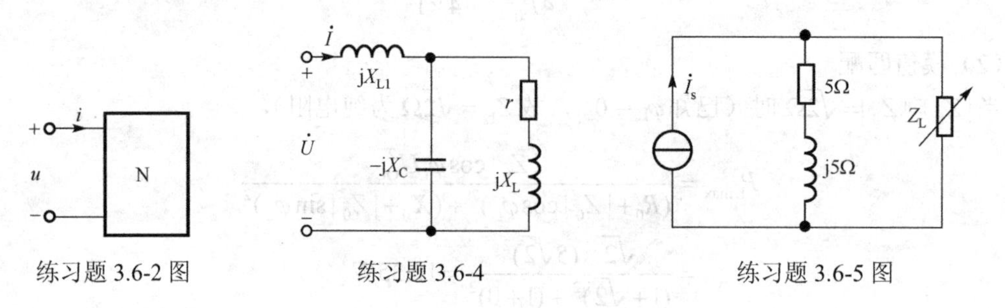

练习题 3.6-2 图　　练习题 3.6-4　　练习题 3.6-5 图

3.7　电路中的谐振

谐振是正弦稳态电路的一种特定的工作状态。一个含有动态元件的正弦稳态电路，其两端电压和通过的电流一般不是同相位的。但在一定条件下，如果选择合适的电源频率或电路元件参数，就会使电路的等效阻抗或等效导纳的虚部为零，电压与电流同相，电路呈电阻性，电路中只有电阻的耗能，电路与外部不存在能量交换。此时电路即处于谐振工作状态。谐振一方面在工程实际中有广泛的应用，例如用于收音机、电视机中；另一方面，谐振时会在电路的某些元件中产生较大的电压或电流，致使元件受损，在这种情况下又要注意避免工作在谐振状态。无论是利用它还是避免它，都必须研究它、认识它。

3.7.1　串联谐振电路

将信号源串入 LC 振荡回路即可构成串联谐振电路（如图 3-53 所示）。以下讨论该电路的谐振条件、谐振时的电路工作特点和频率特性。

1．谐振条件

在 RLC 串联电路的相量模型（如图 3-54 所示）中，由 KVL 得：

$$\dot{U}_S = \dot{U}_R + \dot{U}_L + \dot{U}_C = \left[R + j\left(\omega L - \frac{1}{\omega C}\right)\right]\dot{I} = Z\dot{I}$$

电路端口等效阻抗为

$$Z = \frac{\dot{U}_S}{\dot{I}} = R + j\left(\omega L - \frac{1}{\omega C}\right)$$

从电路呈阻性来看，谐振的条件是网络的等效阻抗虚部为零，即有：$\omega L = \dfrac{1}{\omega C}$，解得

$$\omega = \frac{1}{\sqrt{LC}} = \omega_0 \quad 或 \quad f = \frac{1}{2\pi\sqrt{LC}} = f_0 \tag{3.7-1}$$

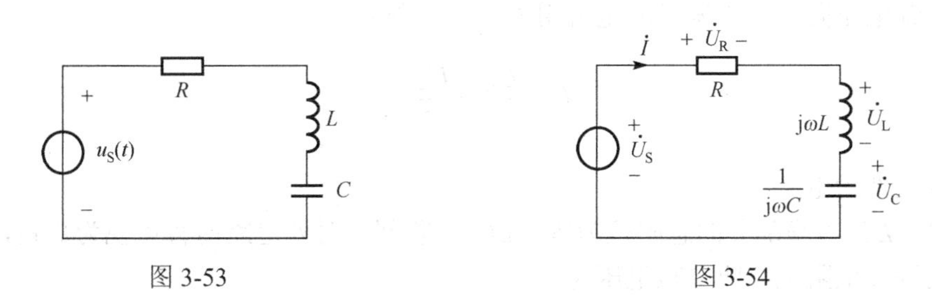

图 3-53　　图 3-54

可见，电路的谐振频率仅由回路元件参数 L 和 C 决定（式（3.7-1）表示的频率亦称电路固有频率），而与激励无关，仅当激励源的频率等于电路的谐振频率时，电路才发生谐振现象。因此电路实现谐振的两种情况是：

（1）当激励的频率一定时，改变 L、C 使电路的固有频率与激励频率相同而达到谐振。

（2）当回路元件参数 L 或 C 一定时，改变激励频率以实现 $f = f_0$，此时电路达到谐振。上式说明，在 RLC 串联电路中，当容抗与感抗相等时，电路发生谐振。此时，电源角频率就等于电路的固有角频率。

在 ω、L、C 这三个参数中，改变其中一个，就可以改变电路的谐振状态，这种改变 ω、L 或 C 而使电路出现谐振的过程称为调谐。通信设备中，经常利用调谐原理来选择信号的频率。一般收音机的输入电路，就是电台频率与输入电路的电感量固定不变，改变电容量 C 以改变电路的固有频率使电路达到谐振状态，因此该电容器也称为调谐电容。

2. 串联谐振电路的特点

研究谐振时的电路特性，主要从阻抗、电流、电压、功率与能量几个方面讨论。为强调谐振特性，有关变量附加“0”下标。

（1）电路的等效阻抗

一般情况下，电路的等效阻抗为

$$Z = R + \mathrm{j}\left(\omega L - \frac{1}{\omega C}\right) \tag{3.7-2}$$

电路达到谐振时，等效阻抗的虚部为零，即有：

$$\omega_0 L = \frac{1}{\omega_0 C} = \sqrt{\frac{L}{C}} = \rho \tag{3.7-3}$$

此式表明串联谐振时感抗等于容抗，且数值上仅由元件参数 L、C 决定，ρ 称为串联谐振电路的特性阻抗。若谐振时等效阻抗用 Z_0 表示，故有：

$$Z_0 = R \tag{3.7-4}$$

显然，一般情况下的等效阻抗比谐振时阻抗要大，或者说谐振时等效阻抗最小。同时上式说明，出现串联谐振时，LC 串联部分的总阻抗为零，LC 串联部分对外电路而言可视为短路，电路呈阻性。

（2）电路中的电流

电路发生谐振时，等效阻抗最小，则电路中电流一定最大；电路呈阻性，则电路中的电流一定与电源电压同相。谐振时的电流用$\dot{I}_0$表示，则：

$$\dot{I}_0=\frac{\dot{U}_S}{Z_0}=\frac{\dot{U}_S}{R} \tag{3.7-5}$$

（3）各元件的电压

谐振时，LC 串联部分的总阻抗为零，LC 串联部分对外电路而言可视为短路，故电源电压全部加在等效电阻上。即电阻电压为

$$\dot{U}_{R0}=R\dot{I}_0=\dot{U}_S \tag{3.7-6}$$

谐振时，因$\omega_0 L=\dfrac{1}{\omega_0 C}=\rho$，则电感电压和电容电压为

$$\dot{U}_{L0}=j\omega_0 L\dot{I}_0=j\omega_0 L\frac{\dot{U}_S}{R}=j\frac{\omega_0 L}{R}\dot{U}_S=j\frac{\rho}{R}\dot{U}_S=jQ\dot{U}_S \tag{3.7-7}$$

$$\dot{U}_{C0}=\frac{1}{j\omega_0 C}\dot{I}_0=-j\frac{1}{\omega_0 C}\frac{\dot{U}_S}{R}=-j\frac{\rho}{R}\dot{U}_S=-jQ\dot{U}_S \tag{3.7-8}$$

可见，图 3-54 所示的电感电压和电容电压大小相等，方向相反。因此，串联谐振又可称电压谐振。在工程上，通常用电路的特性阻抗与电路的电阻值之比来表征谐振电路的一个重要性质，此值定义为回路的品质因数，记为 Q，即

$$Q=\frac{\rho}{R}=\frac{\omega_0 L}{R}=\frac{1}{\omega_0 RC}=\frac{1}{R}\sqrt{\frac{L}{C}} \tag{3.7-9}$$

而由电感电压和电容电压表达式可知：

$$\frac{U_{L0}}{U_S}=\frac{U_{C0}}{U_S}=\frac{\omega_0 L}{R}=\frac{1}{\omega_0 CR}=Q \tag{3.7-10}$$

LC 回路的品质因数反映了实际 LC 回路接近理想 LC 回路的程度，回路 Q 值越高说明回路的损耗越小，回路越趋于理想。实际中，LC 回路的 Q 值比较容易测量得到，且在一定的频率范围内 Q 值近似不变。

在工程应用中，串联谐振电路中有$\rho>>R$，品质因数 Q 有几十、几百的数值，这就意味着，谐振时电容或电感上电压可以比输入电压大几十、几百倍。通信系统中，谐振电路中的电源一般不作为提供电能的器件，而是作为需要传输或处理的信号源，由于传输的信号比较微弱，利用串联谐振电路的电压谐振特性，就可以使需要选择的信号获得较高的电压，起到选频的作用，因此应用十分广泛。而在电力工程中一般应避免发生串联谐振。

（4）功率与能量

谐振时，电路呈阻性，$\cos\varphi=1$，总无功功率为零。故电路消耗的平均功率等于损耗电阻上的功率，即

$$P=S=UI_0=I_0^2 R \tag{3.7-11}$$

此时，尽管总无功功率为零，但电感的无功功率与电容的无功功率依然存在，且数值上

相等，即有：

$$Q_{L0}=|Q_{C0}|=\omega_0 LI_0^2=\frac{1}{\omega_0 C}I_0^2$$

此时，Q 值可以定义为

$$Q=\frac{Q_{L0}}{P}=\frac{|Q_{C0}|}{P} \tag{3.7-12}$$

即谐振电路的 Q 值描述了电感的无功功率或电容的无功功率与平均功率之比。因为

$$Q=\frac{Q_{L0}}{P}=\frac{|Q_{C0}|}{P}=\frac{\omega_0 LI_0^2}{RI_0^2}=\frac{\omega_0 L}{R}$$

可见，上述结论与式（3.7-9）中 Q 值的定义一致。

下面讨论谐振时电路能量的特点。设 $u_S(t)=\sqrt{2}U_S\cos\omega_0 t$，则谐振时电路中的电流为

$$i_0=\frac{u_S(t)}{R}=\frac{\sqrt{2}U_S\cos\omega_0 t}{R}=\sqrt{2}I_0\cos\omega_0 t$$

电感的瞬时储能为

$$w_L=\frac{1}{2}Li_0^2=LI_0^2\cos^2\omega_0 t$$

谐振时电容电压为

$$u_{C0}=\frac{\sqrt{2}I_0}{\omega_0 C}\cos(\omega_0 t-90^\circ)=\frac{\sqrt{2}I_0}{\omega_0 C}\sin\omega_0 t$$

电容的瞬时储能为

$$w_C=\frac{1}{2}Cu_{C0}^2=C\left(\frac{I_0}{\omega_0 C}\right)^2\sin^2\omega_0 t=LI_0^2\sin^2\omega_0 t$$

电路的总储能为

$$w=w_L+w_C=\frac{1}{2}LI_0^2+\frac{1}{2}Cu_{C0}^2=LI_0^2 \tag{3.7-13}$$

可见，谐振电路中在任意时刻的电磁能量恒为常数，说明电路谐振时与激励源之间确实无能量交换，只是电容与电感之间存在电磁能量的相互交换。

此时，Q 值又可以定义为

$$Q=2\pi\frac{\text{回路总储能}}{\text{每周期内耗能}} \tag{3.7-14}$$

即谐振电路的 Q 值描述了谐振电路的储能和耗能之比。因为

$$Q=2\pi\frac{\text{回路总储能}}{\text{每周期内耗能}}=2\pi\frac{LI_0^2}{TRI_0^2}=\frac{\omega_0 L}{R}$$

可见，上述结论与式（3.7-9）中 Q 值的定义一致。必须指出，谐振电路的 Q 值仅在谐振时才有意义，在失谐（电路不发生谐振时）的情况下，上式不再适用。即计算电路 Q 值时应该采用谐振角频率。

例 3-19 图 3-55 是应用串联谐振原理测量线圈电阻 r 和电感 L 的电路。已知 $R=10\Omega$，$C=0.1\mu F$，保持外加电压有效值 $U=1V$ 不变，而改变频率 f，同时用电压表测量电阻 R 的电压 U_R，当 $f=800Hz$ 时，U_R 获得最大值为 0.8V，试求电阻 r 和电感 L。

解：根据题意，当 $f=800Hz$ 时，U_R 获得最大值为 0.8V，电路达到谐振，即 $f_0=800Hz$。

$$f_0 = 800\text{Hz} = \frac{1}{2\pi\sqrt{LC}} = \frac{1}{2\pi\sqrt{0.1\times10^{-6}\times L}}$$

$$L = 0.396\text{H}$$

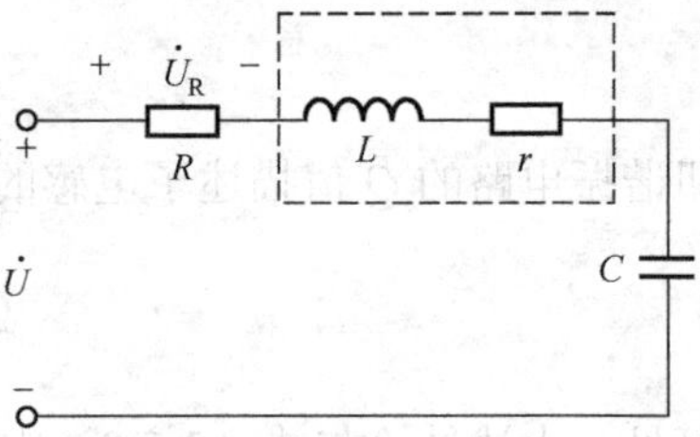

回路电流为

$$I_0 = \frac{U}{R+r} = \frac{1}{10+r} = \frac{U_R}{R} = \frac{0.8}{10}$$

解得： $r = 2.5\Omega$

图 3-55

3. 频率特性

前面讨论了串联谐振电路谐振时的工作特点，以下研究串联谐振电路的频率特性，通常以响应相量与激励相量的比而得的网络函数进行。如选择网络的函数为

$$H(\mathrm{j}\omega) = \frac{\dot{I}}{\dot{U}_S} = \frac{1}{R+\mathrm{j}\left(\omega L - \frac{1}{\omega C}\right)} = \frac{1/R}{1+\mathrm{j}\frac{\omega_0 L}{R}\left(\frac{\omega}{\omega_0}-\frac{\omega_0}{\omega}\right)} = \frac{Y_0}{1+\mathrm{j}Q\left(\frac{\omega}{\omega_0}-\frac{\omega_0}{\omega}\right)}$$

其中，$Y_0 = H(\mathrm{j}\omega_0) = H_0 = \frac{1}{R}$。为了分析问题的方便，一般对网络函数采用归一化处理。例如，可定义谐振函数：

$$N(\mathrm{j}\omega) = \frac{H_Y(\mathrm{j}\omega)}{Y_0} = \frac{1}{1+\mathrm{j}Q\left(\frac{\omega}{\omega_0}-\frac{\omega_0}{\omega}\right)} \tag{3.7-15}$$

对应幅频特性和相频特性为

$$|N(\mathrm{j}\omega)| = \frac{1}{\sqrt{1+Q^2\left(\frac{\omega}{\omega_0}-\frac{\omega_0}{\omega}\right)^2}} \tag{3.7-16}$$

$$\varphi(\omega) = -\arctan\left(\frac{\omega}{\omega_0}-\frac{\omega_0}{\omega}\right) \tag{3.7-17}$$

对应的频率特性曲线如图 3-56 所示。

在幅频特性中，当 $|H(\mathrm{j}\omega)| = \frac{1}{\sqrt{2}}|H(\mathrm{j}\omega)|_{\max}$ 或 $|N(\mathrm{j}\omega)| = \frac{1}{\sqrt{2}}|N(\mathrm{j}\omega)|_{\max}$ 时可确定两个特殊的频率，称为截止频率，它表明了通带（有较大输出的频率范围）与阻带（有较小输出的频率范围）的交界点，并确定上、下截止频率 ω_{C1} 和 ω_{C2} 为

$$\omega_{C1} = -\frac{R}{2L} + \sqrt{\left(\frac{R}{2L}\right)^2 + \frac{1}{LC}} = \left(\sqrt{1+\frac{1}{4Q^2}} - \frac{1}{2Q}\right)\omega_0 \tag{3.7-18}$$

$$\omega_{C2} = \frac{R}{2L} + \sqrt{\left(\frac{R}{2L}\right)^2 + \frac{1}{LC}} = \left(\sqrt{1 + \frac{1}{4Q^2}} + \frac{1}{2Q}\right)\omega_0 \tag{3.7-19}$$

通频带宽为

$$\mathrm{BW} = \omega_{C2} - \omega_{C1} = \frac{R}{L} = \frac{\omega_0}{\omega_0 \frac{L}{R}} = \frac{\omega_0}{Q} \tag{3.7-20}$$

或

$$B_f = \frac{f_0}{Q} = \frac{1}{2\pi}\frac{R}{L} \tag{3.7-21}$$

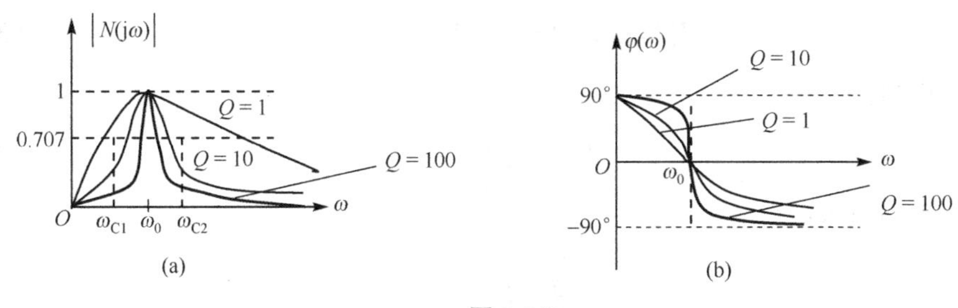

图 3-56

由幅频特性可知，串联谐振电路具有带通滤波器的特性（实际电路中通常分低通、高通、带通、带阻等几种情况，起到选频和滤波的作用。可参见本教材第 5 章介绍的几种情况）。电路的 Q 值越高，谐振曲线越尖锐，电路对偏离谐振频率的信号的抑制能力越强，更适合对高频窄带信号的选择。谐振电路具有选出所需信号而同时抑制不需要信号的能力称为电路的选择性。显然，Q 值越高电路的选择性越好；相反，选择性越差。因此，串联谐振电路适用于内阻小的电源条件下工作。

实际信号都占有一定的频带宽度，如果 Q 值过高，电路的带宽则过窄，这样会过多地削弱所需信号中的主要频率分量，从而引起严重失真。例如，广播电台的信号占有一定的频带，选择某个电台的信号的谐振回路应同时具备两个功能：一方面从减小失真的观点出发，要求回路的特性曲线尽可能平坦一些，以便信号通过回路后各频率分量的幅度相对值变化不大，为此希望 Q 值低一些较好；另一方面从抑制邻近电台信号的观点出发，要求回路对阻止的信号频率成分都有足够大的衰减，为此希望回路的 Q 值越高越好。因此，针对这两方面的矛盾，工程上需折中考虑。

3.7.2　并联谐振电路

由以上分析可知，串联谐振电路适用于信号源（电压源）内阻较小的情况。当信号源内阻很大时，串联谐振电路的品质因数很低，电路的谐振特性变坏。另一种对偶的情况是，若回路的损耗等效为在理想 LC 回路上并联电导 G，则并联电路中的 G 越小，回路的损耗就越小，LC 回路越趋于理想，此时若将信号源（电流源）并入 LC 振荡回路，则要求与电流源并联的内阻较大，才能使电路具有良好的谐振特性。

以下首先讨论典型的并联谐振电路。因它与 RLC 串联谐振电路相对偶，根据对偶特性，容易得到电路的谐振特性。并联谐振电路相量模型如图 3-57 所示。

电路的总导纳为

$$Y = G + \mathrm{j}\left(\omega C - \frac{1}{\omega L}\right) = G + \mathrm{j}B \tag{3.7-22}$$

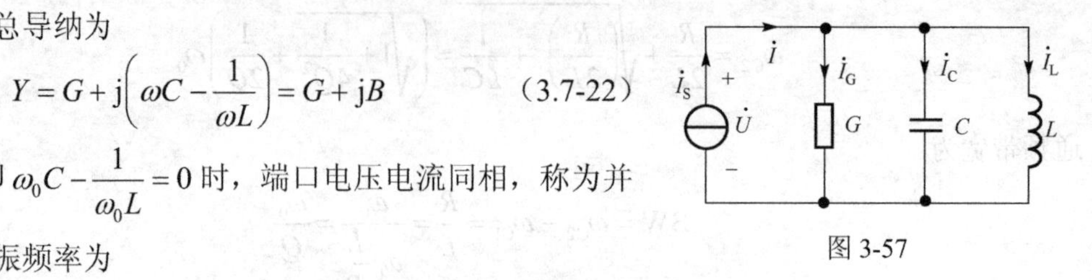

图 3-57

令 $B=0$，即 $\omega_0 C - \dfrac{1}{\omega_0 L} = 0$ 时，端口电压电流同相，称为并联谐振。谐振频率为

$$\omega_0 = \frac{1}{\sqrt{LC}} \quad 或 \quad f_0 = \frac{1}{\sqrt{2\pi LC}} \tag{3.7-23}$$

并联谐振时电路主要特点如下：

（1）电路的导纳：

$$Y_0 = G + \mathrm{j}B = G = |Y|_{\min} \tag{3.7-24}$$

（2）电导电流：

$$\dot{I}_{G0} = \dot{I}_S \tag{3.7-25}$$

（3）并联端口电压：

$$\dot{U} = \frac{\dot{I}_S}{G} = \dot{U}_0 \tag{3.7-26}$$

此时端口电压有效值最大，相位和端口电流 $\dot{I}_S$ 相同。

（4）电感电流和电容电流：

$$\dot{I}_{C0} = \mathrm{j}\omega C\dot{U}_0 = \mathrm{j}\omega_0 C\frac{\dot{I}_S}{G} = \mathrm{j}Q\dot{I}_S \tag{3.7-27}$$

$$\dot{I}_{L0} = \frac{\dot{U}_0}{\mathrm{j}\omega L} = -\mathrm{j}\frac{\dot{I}_S}{G\omega_0 L} = -\mathrm{j}Q\dot{I}_S \tag{3.7-28}$$

电感电流和电容电流大小相等，方向相反。其中，Q 为电路的品质因数，即有

$$Q = \frac{\omega_0 C}{G} = \frac{1}{\omega_0 GL} = \frac{\sqrt{\dfrac{C}{L}}}{G} \tag{3.7-29}$$

可以发现，电感或电容电流是电源电流的 Q 倍（均指有效值），因此并联谐振也称电流谐振。又有 $\dot{I}_{C0} + \dot{I}_{L0} = 0$，这表明并联谐振时电源只供给电导电流，电容电流与电感电流大小相等、相位相反而互相抵消，意味着 LC 支路构成的并联部分相当于开路，但在 LC 回路内形成一个较大的环流，因此常称 LC 并联的回路为槽路，此时的电感或电容电流称为槽路电流，槽路两端的电压称为槽路电压。

GCL 并联谐振电路同样具有带通特性，频率特性曲线类似图 3-56 所示。

3.7.3 实用的简单并联谐振电路

由实际的电感线圈与电容器相并联组成的电路称为实用的简单并联谐振电路。收音机中的中频放大器的负载使用的就是这种并联谐振电路，如图 3-58(a)所示。图中，电流源 $\dot{I}_S$ 可能

是晶体管放大器的等效电流源，电阻 r 是实际线圈本身损耗的等效电阻，实际电容器的损耗很小，可以忽略不计。

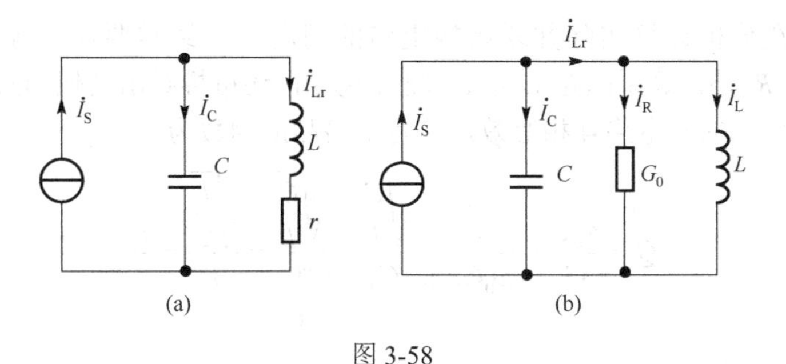

图 3-58

1．谐振条件

电路的策动点阻抗函数为

$$Z(\mathrm{j}\omega)=\frac{(r+\mathrm{j}\omega L)\dfrac{1}{\mathrm{j}\omega C}}{r+\mathrm{j}\omega L+\dfrac{1}{\mathrm{j}\omega C}}=\frac{(r+\mathrm{j}\omega L)\dfrac{1}{\mathrm{j}\omega C}}{r+\mathrm{j}(\omega L-\dfrac{1}{\omega C})} \tag{3.7-30}$$

在通信和无线电技术中，线圈损耗电阻 r 一般非常小，谐振频率及电路 Q 值较高，并且工作于谐振频率附近，这时总有 $\omega L>>r$，因此，分子中的 r 可忽略，但分母中 $\omega L-\dfrac{1}{\omega C}$ 的取值可能很小，甚至为零，故分母中的 r 仍应保留。于是有：

$$Z(\mathrm{j}\omega)=\frac{\dfrac{L}{C}}{r+\mathrm{j}(\omega L-\dfrac{1}{\omega C})} \tag{3.7-31}$$

因此，电路的策动点导纳为

$$Y(\mathrm{j}\omega)=\frac{Cr}{L}+\mathrm{j}(\omega C-\frac{1}{\omega L})=G_0+\mathrm{j}B \tag{3.7-32}$$

据此可得到图 3-58(b)所示的等效电路，其中 $G_0=\dfrac{Cr}{L}$。由于谐振条件是网络的等效阻抗虚部为零，即令 $B=0$ 时，电路发生并联谐振，谐振频率为

$$\omega_0=\frac{1}{\sqrt{LC}}\quad 或\quad f_0=\frac{1}{2\pi\sqrt{LC}} \tag{3.7-33}$$

从形式上看，在满足高频高 Q 条件下，这种实用的简单并联谐振电路谐振频率的计算公式同并联谐振电路一样。

2．谐振时电路的特点

电路发生谐振时，即激励源的角频率等于电路谐振角频率时，电路具有以下特点：

（1）端口等效导纳或等效阻抗

等效导纳：

$$Y_0=G_0=\frac{Cr}{L} \tag{3.7-34}$$

等效阻抗：

$$Z_0=\frac{1}{Y_0}=\frac{L}{Cr}=R_0 \tag{3.7-35}$$

顺便指出，在分析计算实际并联谐振电路的问题时，经常要计算等效阻抗 R_0。除用式（3.7-35）计算 R_0 外，联系回路 Q 值、特性阻抗ρ，还可推导出其他形式的 R_0 计算公式。因图 3-58(a)和(b)所示的两电路互相等效，则有电路品质因数为

$$Q=\frac{\omega_0 C}{G}=\frac{1}{\omega_0 GL}=\frac{\sqrt{\frac{C}{L}}}{G_0}=\frac{\sqrt{\frac{C}{L}}}{\frac{rC}{L}}=\frac{\sqrt{\frac{L}{C}}}{r}=\frac{\rho}{r} \tag{3.7-36}$$

故有：

$$R_0=\frac{L}{Cr}=\sqrt{\frac{L}{C}}\times\frac{\sqrt{\frac{L}{C}}}{r}=Q\sqrt{\frac{L}{C}}=Q\rho=\frac{\frac{L}{C}}{r^2}\times r=Q^2 r \tag{3.7-37}$$

（2）回路端电压

$$\dot{U}_0=\frac{\dot{I}_S}{G_0}=R_0\dot{I}_S \tag{3.7-38}$$

其数值为最大值，且与激励同相位。实验观察并联谐振电路的谐振状态时，常用电压表并接到回路两端，以电压表指示作为回路处于谐振状态的标志。

（3）各支路电流

并联回路谐振时电容支路的电流为

$$\dot{I}_{C0}=\mathrm{j}\omega C\dot{U}_0=\mathrm{j}\omega_0 C\frac{\dot{I}_S}{G_0}=\mathrm{j}Q\dot{I}_S \tag{3.7-39}$$

谐振时电感支路的电流为

$$\dot{I}_{Lr0}=\dot{I}_S-\dot{I}_{C0}=(1-\mathrm{j}Q)\dot{I}_S\approx-\mathrm{j}Q\dot{I}_S \tag{3.7-40}$$

其中品质因数为

$$Q=\frac{\omega_0 C}{G_0}=\frac{\omega_0 C}{\frac{Cr}{L}}=\frac{\omega_0 L}{r} \tag{3.7-41}$$

若定义电感线圈在谐振频率ω_0时的品质因数为$Q_L=\dfrac{\omega_0 L}{r}$，则实际并联谐振电路的品质因数$Q=Q_L$。

可见，实际并联谐振电路电容支路电流与电感支路电流几乎大小相等，相位相反。二者的大小都近似等于电源电流的 Q 倍。同 GCL 并联电路一样，因为谐振时相并联的两支路的电流近似相等、相位相反，所以同样会在 LC 回路内形成一个较大的环流。

同样，上述实用的简单并联谐振电路具有带通特性，频率特性曲线类似图 3-56 所示。

作为上述串、并联谐振电路的推广，当有多个电抗元件组成谐振电路时，一般来说，策动点阻抗虚部为零时，电路发生串联谐振；策动点导纳虚部为零时，电路发生并联谐振。相应的频率分别称为串联谐振频率和并联谐振频率。其中的特殊情况是当电路中全部电抗元件

组成纯电抗局部电路（支路）且局部电路的阻抗为零时，该局部电路发生串联谐振；局部电路的导纳为零时，该局部电路发生并联谐振。

例 3-20　如图 3-59 所示电路，已知 $u_S(t) = 10\cos100\pi t + 2\cos300\pi t\text{V}$，$u_O(t) = 2\cos300\pi t\text{V}$，$C = 9.4\mu\text{F}$，求 L_1 和 L_2 的值。

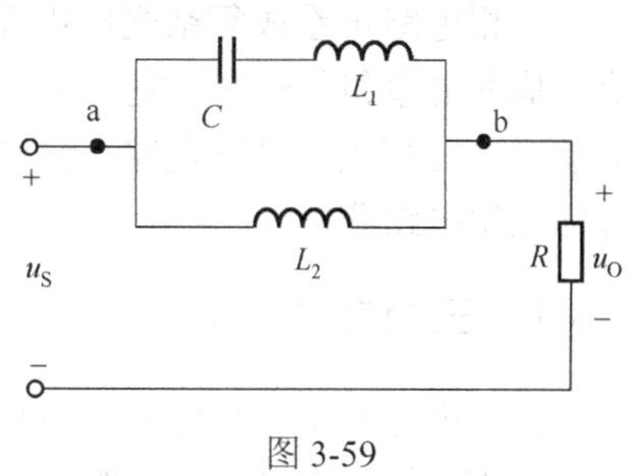

图 3-59

解：设　$u_{S1}(t) = 10\cos100\pi t$，$u_{S2}(t) = 2\cos300\pi t\text{V}$

$$u_S(t) = u_{S1}(t) + u_{S2}(t)$$

电源的两个工作频率为

$$\omega_{01} = 100\pi\,\text{rad/s}$$

$$\omega_{02} = 300\pi\,\text{rad/s}$$

通过 $u_S(t)$和 $u_O(t)$比较可知：

L_1C 支路发生串联谐振时，才有 $u_O(t) = u_{S2}(t) = 2\cos300\pi t\text{V}$。

ab 两点间电路发生并联谐振时，输出电压才会失去频率成分ω_{02}。根据 RLC 串并联谐振电路中谐振频率的计算方法，有

$$\omega_{02} = \frac{1}{\sqrt{L_1C}} = 300\pi$$

$$L_1 = \frac{1}{300^2\pi^2C} = \frac{1}{300^2\pi^2 \times 9.1\times10^{-6}} = 0.12\text{H}$$

$$\omega_{01} = \frac{1}{\sqrt{(L_1+L_2)C}} = 100\pi$$

$$L_1 + L_2 = \frac{1}{100^2\pi^2C} = \frac{1}{100^2\pi^2 \times 9.1\times10^{-6}} = 1.079\text{H}$$

$$L_2 = 0.96\text{H}$$

思考与练习

3.7-1　若 RLC 串联电路的输出电压取自电容，则该电路具有带通、高通、低通三种性质中的哪一种？

3.7-2　图示电路的输入 $u_S(t)$为非正弦波,其中含有ω = 3rad/s 及ω = 7rad/s 的谐波分量。如果要求在输出电压 $u(t)$中不含这两个谐波分量，问 L 和 C 应为多少？

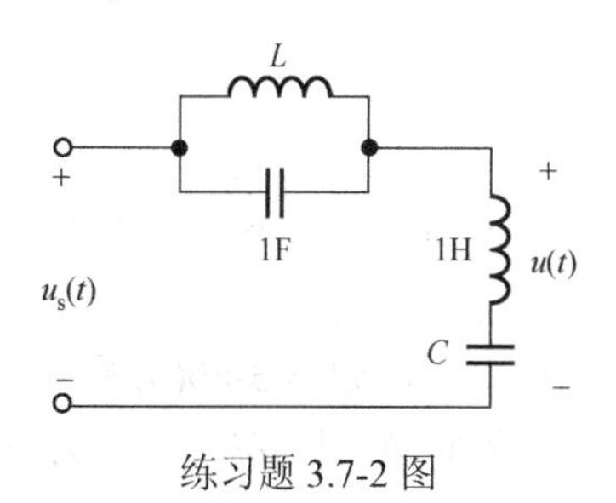

练习题 3.7-2 图

3.8　三相电路

目前，世界各国的电力系统普遍采用三相制供电方式。三相电力系统由三相电源、三相负载和三相输电线路几部分组成。生活中使用的单相交流电源只是三相制中的一相。三相制得到普遍应用是因为它比单相制具有明显的优越性。例如，从发电方面看，同样尺寸的发电机，采用三相电路比单相电路可以增加输出功率；从输电方面看，在相同输电条件下，三相电路可以节约铜线；从配电方面看，三相变压器比单相变压器经济，而且便于接入三相或者单相负载；从用电方面看，常用的三相电动机具有结构简单、运行平稳可靠等优点。

三相交流电技术的创始人是俄国电工科学家多利沃·多布罗沃利斯基（1861—1919），他于 1888 年研制成首台旋转磁场式三相交流发电机。1890 年又设计制成三相变压器，并于 1891 年在法兰克福世界电工技术博览会上演示了世界上第一条长达 170km 的三相输电系统。

三相电路可看成复杂交流电路的一种特殊类型，因此前述的有关正弦交流电路的基本理论、基本定律和分析方法完全适用于三相正弦交流电路。但是，三相电路又有其自身的特点，本节讨论三相正弦稳态电路，主要介绍三相电源及其联接、对称三相电路分析，以及简单不对称三相电路分析。

3.8.1 三相电源

三相电源是由三相交流发电机组产生的，由三个同频率、等振幅而相位依次相差 120° 的正弦电压源按一定联接方式组成，又称为对称三相电源，如图 3-60(a)所示。三相交流发电机由三个缠绕在定子上的独立线圈构成。每个线圈即为发电机的一相。发电机的转子是一个运动的物体，一般为由水流或空气涡轮机等驱动的匀速转动的电磁铁。电磁铁的转动使每个线圈上产生一个正弦电压，通过设计线圈的位置以使线圈上产生的正弦电压幅值相同、相位角相差 120°，电磁铁转动时线圈的位置保持不变，因此每个线圈上的电压的频率一致。

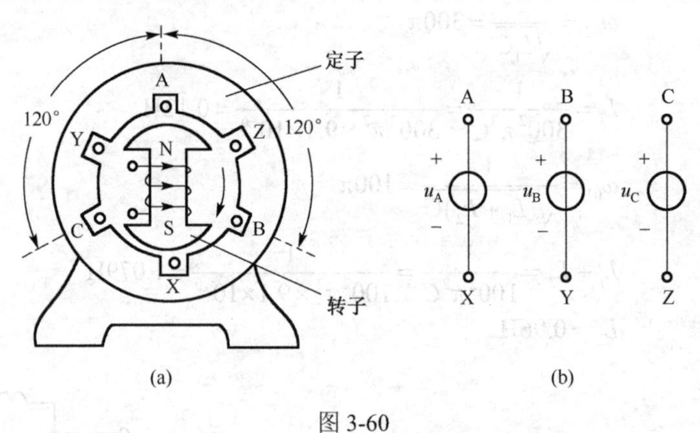

图 3-60

习惯上，三个线圈的始端分别标记为 A、B 和 C，末端分别标记为 X、Y 和 Z。三个线圈上的电压分别为 u_A、u_B 和 u_C，依次称为 A 相、B 相和 C 相的电压。这样一组电压称为对称三相电压，如图 3-60(b)所示。

若设 A 相电源初相位为零，则它们的瞬时表达式为

$$u_A = \sqrt{2}U_p\cos\omega t$$

$$u_B = \sqrt{2}U_p\cos(\omega t - 120^\circ)$$

$$u_C = \sqrt{2}U_p\cos(\omega t + 120^\circ)$$

其波形图如图 3-61(a)所示。

相量表达式为

$$\dot{U}_A = U_p\angle 0^\circ$$

$$\dot{U}_B = U_p\angle -120^\circ$$

$$\dot{U}_C = U_p\angle 120^\circ$$

其波形图如图 3-61(b)所示。

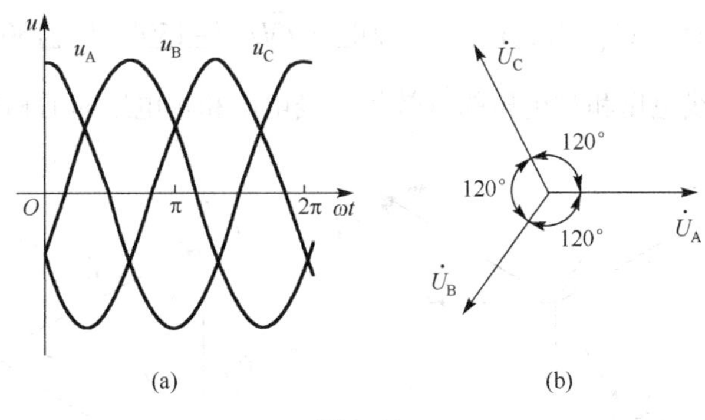

图 3-61

各相电压依次达到最大值的先后次序称为相序。上述三相电源的相序为 A→B→C，称为正相序。如果次序为 A→C→B，则为负相序。一般以正相序为主讨论三相电路问题。

对称三相电压有一个重要特点：在任一瞬间，对称三相电压之和恒等于 0，即

$$u_{\mathrm{A}}(t)+u_{\mathrm{B}}(t)+u_{\mathrm{C}}(t)=0$$

对应的相量形式为

$$\dot{U}_{\mathrm{A}}+\dot{U}_{\mathrm{B}}+\dot{U}_{\mathrm{C}}=U_{\mathrm{p}}\underline{/0^\circ}+U_{\mathrm{p}}\underline{/-120^\circ}+U_{\mathrm{p}}\underline{/120^\circ}=0$$

表现在相量图上，即有任何两个电压相量的和必与第三个电压相量大小相等、方向相反，如图 3-62 所示。

在实际应用中，三相电源的六个端钮并不需要都引出去与负载相联，通常它们先在内部作某种方式的联接，再引出较少的端钮与负载相联。一般有星形（Y形）和三角形（△形）两种联接方式。

（1）三相电源的星形（Y形）联接。

将三相线圈的末端联在一起，用 N 表示，称为中点或零点，加上三相线圈的始端共引出四根导线，这种联接方式称为星形（Y形）联接，如图 3-63 所示。其中，始端引出的三根导线称为端线（俗称火线），中点引出的导线称为中线（亦称零线或地线），各端线之间的电压 $\dot{U}_{\mathrm{AB}}$、$\dot{U}_{\mathrm{BC}}$、$\dot{U}_{\mathrm{CA}}$ 称为线电压，各端线与中线间的电压 $\dot{U}_{\mathrm{A}}$、$\dot{U}_{\mathrm{B}}$、$\dot{U}_{\mathrm{C}}$ 称为相电压。

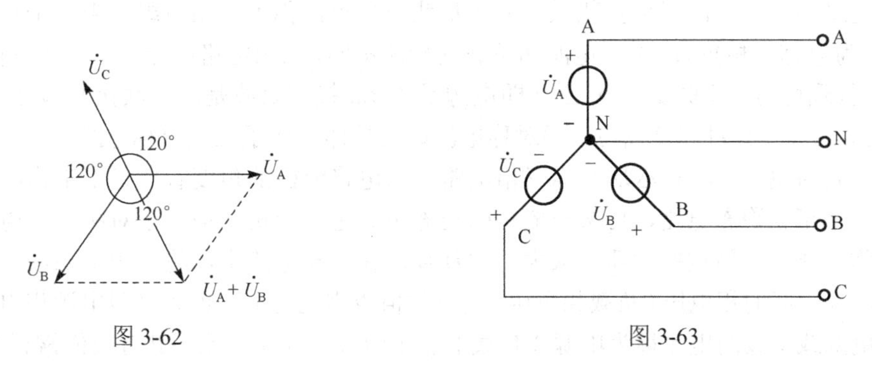

图 3-62　　图 3-63

线电压和相电压间的关系为

$$\dot{U}_{\mathrm{AB}}=\dot{U}_{\mathrm{A}}-\dot{U}_{\mathrm{B}}=U_{\mathrm{p}}\underline{/0^\circ}-U_{\mathrm{p}}\underline{/-120^\circ}=\sqrt{3}U_{\mathrm{p}}\underline{/30^\circ}=U_{l}\underline{/30^\circ}$$

$$\dot{U}_{BC}=\dot{U}_B-\dot{U}_C=U_p\angle-120°-U_p\angle120°=\sqrt{3}U_p\angle-90°=U_l\angle-90°$$

$$\dot{U}_{CA}=\dot{U}_C-\dot{U}_A=U_p\angle120°-U_p\angle0°=\sqrt{3}U_p\angle-150°=U_l\angle150°$$

其中，U_l、U_p分别为线电压和相电压的有效值。线电压和相电压间的相量图如图 3-64 所示。

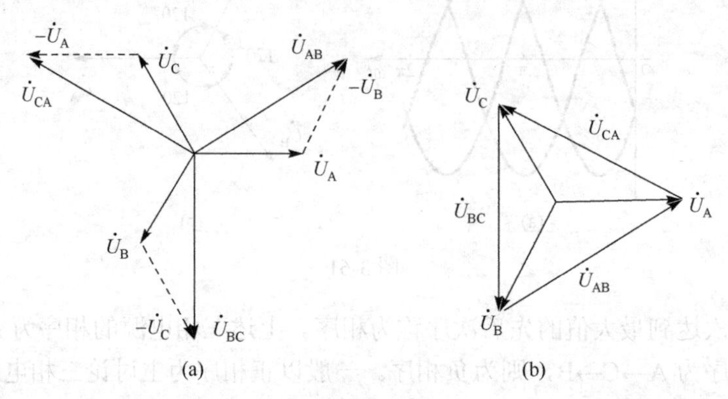

图 3-64

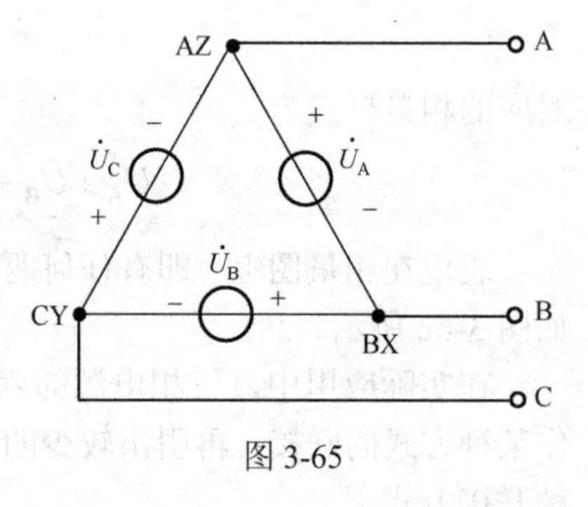

图 3-65

可见，星形联接的对称三相电源中，线电压与相电压一样，也是对称的，且有$U_v=\sqrt{3}U_p$，线电压超前对应相电压 30°。

（2）三相电源的三角形（△形）联接

将三相线圈的始、末端依次相联，再从各联接点引出三根端线，这种联接称为三角形（△形）联接，如图 3-65 所示。三角形联接没有中点，线电压等于相电压，且$\dot{U}_A+\dot{U}_B+\dot{U}_C=0$，自动满足 KVL 方程。

必须注意，如果任何一相定子绕组接法相反，沿回路绕行方向的三个电压降之和将不为零，由于发电机绕组的阻抗很小，故在回路中会产生很大的电流，会烧毁发电机绕组，造成严重后果。

3.8.2 对称三相电路的分析

三相电路中，通常由三个负载联接成星形或三角形，称为三相负载。当三个负载的参数相同时，称为对称三相负载。由于电源和负载的接法不同，三相电路可分为以下几种情况：Y-Y（即电源和负载均为Y形联接），Y-△（即电源是Y形联接，负载是△形联接），以此类推，还有△-Y和△-△。三相对称负载与三相对称电源联接后即组成了三相对称电路。

下面主要讨论Y-Y、Y-△形对称三相电路。从电路分析的角度看，稳定工作的三相电路实质上是一个正弦稳态电路，可按一般正弦稳态电路进行分析。但由于对称三相电路有一些特殊的对称性质，利用这些性质可大大简化计算。在三相电路中，将每相电源或负载上的电压称为电源或负载的相电压（负载相电压，其有效值也常记为U_p，但含义跟电源相电压不同），流过每相电源或负载的电流称为电源或负载的相电流（负载相电流，其有效值常记为I_p），端线间的电压称为线电压，端线上的电流称为线电流（其有效值常记为I_l）。分析研究的几个基本问题是：负载上的相电压、相电流计算；端线上电流计算；负载的功率计算等。

（1）Y-Y 形电路分析

图 3-66 所示电路为负载星形联接、有中线的情况，此时仅通过四根导线传输三相电压，故称为对称三相四线制系统。

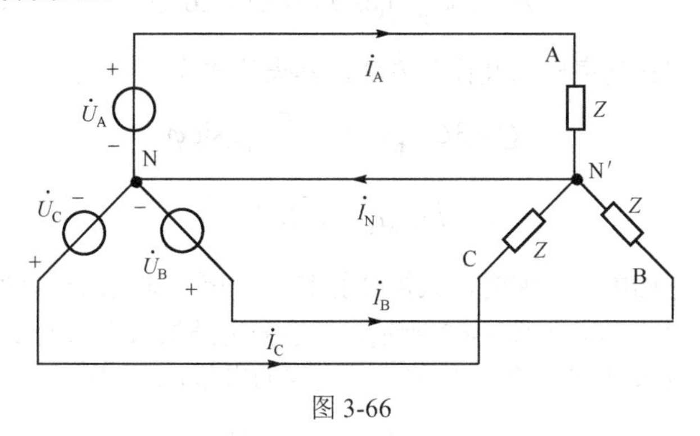

图 3-66

显然，该电路的特点为：负载的电压（相电压）等于电源的相电压，相电流等于线电流。即有 $I_p = I_l$，$U_p = \frac{1}{\sqrt{3}} U_l$。

若设电源电压 $\dot{U}_A = U_p \angle 0^\circ$，负载 $Z = R + jX = |Z| \angle\varphi$，则线（相）电流可分别在 A 相回路（由 A 相电源、A 相负载、A 端线和中线组成）、B 相回路、C 相回路中求得：

$$\dot{I}_A = \frac{\dot{U}_A}{Z} = \frac{U_p}{|Z|}\angle -\varphi = I_p \angle -\varphi$$

$$\dot{I}_B = \frac{\dot{U}_B}{Z} = I_p \angle(-120^\circ - \varphi)$$

$$\dot{I}_C = \frac{\dot{U}_C}{Z} = I_p \angle(120^\circ - \varphi)$$

$$\dot{I}_N = \dot{I}_A + \dot{I}_B + \dot{I}_C = \frac{\dot{U}_A}{Z} + \frac{\dot{U}_B}{Z} + \frac{\dot{U}_C}{Z} = \frac{\dot{U}_A + \dot{U}_B + \dot{U}_C}{Z} = 0$$

其中，$I_p = \frac{U_p}{|Z|}$。

对每相负载而言，其平均功率为

$$P_A = U_A I_A \cos\varphi = U_p I_p \cos\varphi$$
$$P_B = U_B I_B \cos\varphi = U_p I_p \cos\varphi$$
$$P_C = U_C I_C \cos\varphi = U_p I_p \cos\varphi$$

其中，P_A、P_B、P_C 中的 U_p、I_p 指负载上的相电压、相电流，但数值上又跟电源相电压、相电流相同，故三相负载的总平均功率为

$$P = P_A + P_B + P_C = 3U_p I_p \cos\varphi \tag{3.8-1}$$

又 $U_l = \sqrt{3} U_p$，$I_l = I_p$，则

$$P = 3U_p I_p \cos\varphi = \sqrt{3} U_l I_l \cos\varphi \tag{3.8-2}$$

根据平均功率的概念及计算方法，总平均功率还可通过每相负载中电阻部分消耗的平均功率之和进行计算，即有：

$$P = \sqrt{3} U_{\mathrm{p}} I_{\mathrm{p}} \cos\varphi = \sqrt{3} U_l I_l \cos\varphi \tag{3.8-3}$$

根据无功功率和视在功率概念及计算方法，其表达式为

无功功率：
$$Q = 3 U_{\mathrm{p}} I_{\mathrm{p}} \sin\varphi = \sqrt{3} U_l I_l \sin\varphi \tag{3.8-4}$$

视在功率：
$$S = \sqrt{3} U_{\mathrm{p}} I_{\mathrm{p}} = \sqrt{3} U_l I_l \tag{3.8-5}$$

显然，计算对称三相电路电流时，只需计算其中一相，其余两相可根据对称性得出。

若考虑中线存在阻抗 Z_{N}，如图 3-67 所示，上述分析结果将会如何变化？显然，这是具有两个节点的电路，若设 N 为参考点，则 N'、N 之间的电压 $\dot{U}_{\mathrm{N'N}}$ 为

$$\dot{U}_{\mathrm{N'N}} = \frac{\dfrac{\dot{U}_{\mathrm{A}}}{Z} + \dfrac{\dot{U}_{\mathrm{B}}}{Z} + \dfrac{\dot{U}_{\mathrm{C}}}{Z}}{\dfrac{1}{Z} + \dfrac{1}{Z} + \dfrac{1}{Z} + \dfrac{1}{Z_{\mathrm{N}}}}$$

由于电源对称，即 $\dot{U}_{\mathrm{A}} + \dot{U}_{\mathrm{B}} + \dot{U}_{\mathrm{C}} = 0$，故可解得：$\dot{U}_{\mathrm{N'N}} = 0$，所以 N'、N 为等电位点，即可以用短路线替代存在阻抗 Z_{N} 的中线，前面分析结果不会发生变化。从以上分析中又可注意到中线电流为零，故在理想情况下有无中线对电路是不会有影响的。因此，可将上述三相四线制改为负载星形联接、无中线的对称三相三线制系统，如图 3-68 所示。但需要说明的是，三相三线制系统中要求负载严格对称，而事实上较难做到这样，故实际工程中更多使用的仍然是三相四线制。

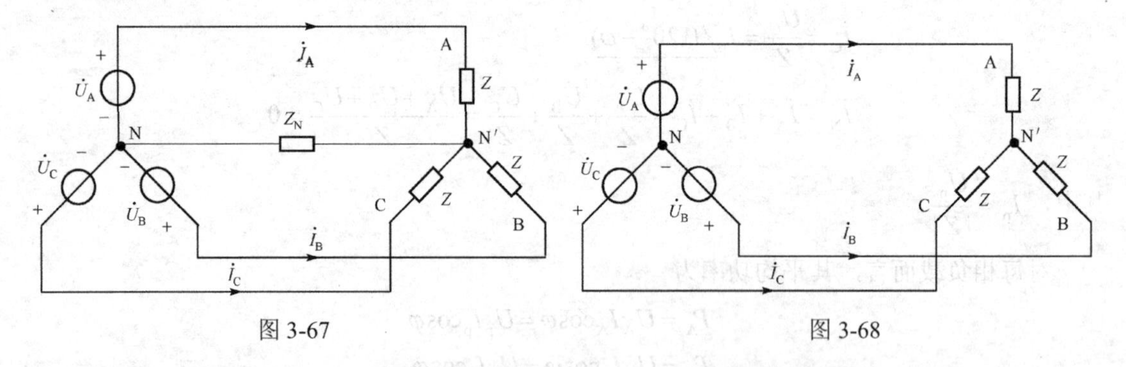

图 3-67　　　　图 3-68

综上，对于对称三相四线制系统或三相三线制可以得到如下结论：

① 负载上相电压有效值等于电源相电压的有效值，等于线电压有效值的 $1/\sqrt{3}$，线电压在相位上超前对应相电压 30°；

② 负载上的相电流等于端线上的线电流，即有 $I_{\mathrm{p}} = I_l$；

③ 各端线电流大小、频率相同，相位互差 120°，它们在任一瞬时的代数和均等于零，为一组对称电流；

④ 如果有中线，则中线上电流为零。

例 3-21 Y-Y联接的三相电路，其负载如图 3-69 所示。已知：$Z = 8 + \mathrm{j}6\Omega$，$u_{\mathrm{AB}} = 380\sqrt{2}\cos\omega t\mathrm{V}$。求各线（相）电流及三相负载的总平均功率 P。

解：因负载对称，故可先计算一相有关变量。由题可知：$\dot{U}_{AB}=380\angle 0°$ V，则 $\dot{U}_A=220\angle -30°$ V。

故

$$\dot{I}_A=\frac{\dot{U}_A}{Z}=\frac{220\angle -30°}{8+j6}=22\angle -66.9° \text{ A}$$

根据对称性，得：

$$\dot{I}_B=\dot{I}_A\angle -120°=22\angle 173.1° \text{ A}$$
$$\dot{I}_C=\dot{I}_A\angle 120°=22\angle 53.1° \text{ A}$$

所以，

$$P=3I_p^2R=3\times 22^2\times 8=11616\text{W}$$

（2）Y-△形电路分析

三角形联接的三相对称负载，与星形联接的对称三相电源的三根端线相连，就构成了另一种对称三相三线制的Y-△形电路，如图 3-70 所示。显然，该电路的特点为：负载上的电压（相电压）等于电源的线电压。

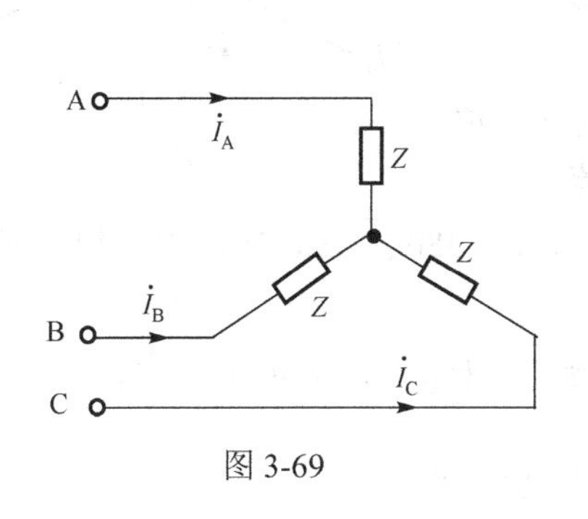

图 3-69

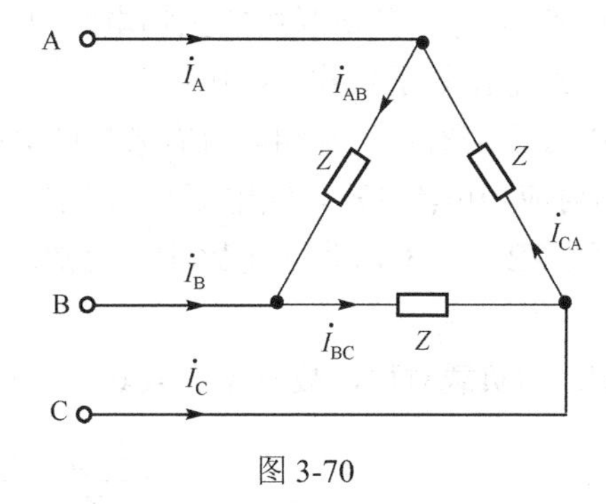

图 3-70

若设电源电压 $\dot{U}_{AB}=U_l\angle 0°$，且负载 $Z=|Z|\angle\varphi$ 已知，则负载上的电流（相电流）分别为

$$\dot{I}_{AB}=\frac{\dot{U}_{AB}}{Z}=\frac{U_l\angle 0°}{|Z|\angle\varphi}=I_p\angle -\varphi$$
$$\dot{I}_{BC}=\frac{\dot{U}_{BC}}{Z}=I_p\angle(-120°-\varphi)$$
$$\dot{I}_{CA}=\frac{\dot{U}_{CA}}{Z}=I_p\angle(120°-\varphi)$$

由 KCL 得各端线上的电流（线电流）分别为

$$\dot{I}_A=\dot{I}_{AB}-\dot{I}_{CA}=\sqrt{3}I_p\angle(-30°-\varphi)=I_l\angle(-30°-\varphi)=\sqrt{3}\dot{I}_{AB}\angle -30°$$
$$\dot{I}_B=\dot{I}_{BC}-\dot{I}_{AB}=\sqrt{3}I_p\angle(-150°-\varphi)=I_l\angle(-150°-\varphi)=\sqrt{3}\dot{I}_{BC}\angle -30°$$
$$\dot{I}_C=\dot{I}_{CA}-\dot{I}_{BC}=\sqrt{3}I_p\angle(90°-\varphi)=I_l\angle(90°-\varphi)=\sqrt{3}\dot{I}_{CA}\angle -30°$$

可见，线电流与相电流之间有以下关系：

$$I_l=\sqrt{3}I_p$$

每相负载的平均功率为

$$P_1 = U_p I_p \cos\varphi = \frac{\sqrt{3}}{3} U_l I_l \cos\varphi = I_p^2 R \qquad (3.8\text{-}6)$$

故三相负载总的平均功率为

$$P = U_p I_p \cos\varphi = \sqrt{3} U_l I_l \cos\varphi = 3 I_p^2 R \qquad (3.8\text{-}7)$$

根据无功功率和视在功率的概念及计算方法，其表达式为

无功功率： $$Q = 3U_p I_p \sin\varphi = \sqrt{3} U_l I_l \sin\varphi \qquad (3.8\text{-}8)$$

视在功率： $$S = 3U_p I_p = \sqrt{3} U_l I_l \qquad (3.8\text{-}9)$$

分析负载三角形联接的对称三相电路时，也只需先计算一相，其余两相可根据对称性得出。线电流和相电流的相量图如图 3-71 所示，显然，有 $\dot{I}_A + \dot{I}_B + \dot{I}_C = 0$，$\dot{I}_{AB} + \dot{I}_{BC} + \dot{I}_{CA} = 0$，故线电流和相电流均为对称电流。

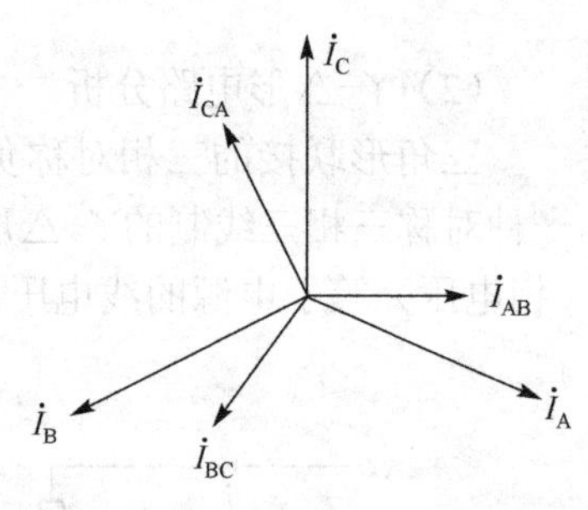

图 3-71

在对称负载三角形联接的三相电路中可得如下结论：

① 线电压等于负载相电压；

② 线电流有效值是相电流有效值的 $\sqrt{3}$ 倍，线电流在相位上滞后对应相电流 30°，线电流和相电流均为对称电流。

例 3-22 图 3-70 所示电路中，已知：$Z = 8+j6\Omega$，$u_{AB} = 380\sqrt{2}\cos\omega t$V 。求各相电流和线电流。

解：因负载对称，故只需先取其中一相计算。由题知：$\dot{U}_{AB} = 380\angle 0°$ V，有：

$$\dot{I}_{AB} = \frac{\dot{U}_{AB}}{Z} = \frac{380\angle 0°}{8+j6} = 38\angle -36.9° \text{ A}$$

$$\dot{I}_A = \sqrt{3}\dot{I}_{AB}\angle -30° = 65.8\angle -66.9° \text{ A}$$

根据对称性，得：

$$\dot{I}_{BC} = \dot{I}_{AB}\angle -120° = 38\angle -156.9° \text{ A}$$

$$\dot{I}_{CA} = \dot{I}_{AB}\angle 120° = 38\angle 83.1° \text{ A}$$

$$\dot{I}_B = \dot{I}_A\angle -120° = 65.8\angle 173.1° \text{ A}$$

$$\dot{I}_C = \dot{I}_A\angle 120° = 65.8\angle 53.1° \text{ A}$$

例 3-23 已知三相对称电源 $U_l = 380$V，对称负载 $Z = 3+j4\Omega$，求：（a）负载为星形联接时的 P、Q、S；（b）负载为三角形联接时的 P、Q、S。

解：（a）负载为星形联接时，有：

$$I_l = \frac{U_p}{|Z|} = \frac{380/\sqrt{3}}{5} \approx 44\text{A}$$

$$P = \sqrt{3} U_l I_l \cos\varphi_z = \sqrt{3} \times 380 \times 44 \times \frac{3}{5} \approx 17.4\text{kW}$$

$$Q = \sqrt{3}U_l I_l \sin\varphi_z = \sqrt{3}\times 380\times 44\times\frac{4}{5}\approx 23.2\text{kVar}$$

$$S = \sqrt{3}U_l I_l = \sqrt{3}\times 380\times 44\approx 29\text{kVA}$$

（b）负载为三角形联接时，有：

$$I_l = \sqrt{3}\frac{U_l}{|Z|} = \sqrt{3}\times\frac{380}{5}\approx 132\text{A}$$

$$P = \sqrt{3}U_l I_l \cos\varphi_z = \sqrt{3}\times 380\times 132\times\frac{3}{5}\approx 52.5\text{kW}$$

$$Q = \sqrt{3}U_l I_l \sin\varphi_z = \sqrt{3}\times 380\times 132\times\frac{4}{5}\approx 70\text{kVar}$$

$$S = \sqrt{3}U_l I_l = \sqrt{3}\times 380\times 132\approx 87.5\text{kVA}$$

最后再说明一下对称三相电路的瞬时功率问题。三相负载吸收的瞬时功率等于各相负载瞬时功率的和，即有：

$$\begin{aligned}p &= p_{\text{A}} + p_{\text{B}} + p_{\text{C}} = u_{\text{A}}i_{\text{A}} + u_{\text{B}}i_{\text{B}} + u_{\text{C}}i_{\text{C}}\\ &= \sqrt{2}U_{\text{A}}\cos(\omega t+\theta_{\text{A}})\times\sqrt{2}I_{\text{A}}\cos(\omega t+\theta_{\text{A}}-\varphi)+\\ &\quad\sqrt{2}U_{\text{B}}\cos(\omega t+\theta_{\text{A}}-120^\circ)\times\sqrt{2}I_{\text{B}}\cos(\omega t+\theta_{\text{A}}-120^\circ-\varphi)+\\ &\quad\sqrt{2}U_{\text{C}}\cos(\omega t+\theta_{\text{A}}+120^\circ)\times\sqrt{2}I_{\text{C}}\cos(\omega t+\theta_{\text{A}}+120^\circ-\varphi)\\ &= 3U_{\text{p}}I_{\text{p}}\cos\varphi = P\end{aligned}$$

由此可见，对称三相电路的瞬时功率为一常数，其值等于平均功率。这一现象称为瞬时功率平衡，是对称三相电路的一个优越性能。如果三相负载是电动机，由于三相总瞬时功率是定值，因而电动机的转矩是恒定的。因为电动机转矩的瞬时值是和总瞬时功率成正比的，因此，虽然每相的电流是随时间变化的，但转矩却并不是时大时小，这是三相电胜于单相电的一个优点。

3.8.3　不对称三相电路的分析

不对称三相电路通常指负载是不对称的，而电源则仍是对称的。分析时可把不对称三相电路看作一种具有三个电源的复杂交流电路，使用前面介绍的正弦稳态电路的各种分析方法进行分析，如用网孔法、节点法、电路定理等。

例 3-24　已知三相电路如图 3-72 所示，求各负载电压。

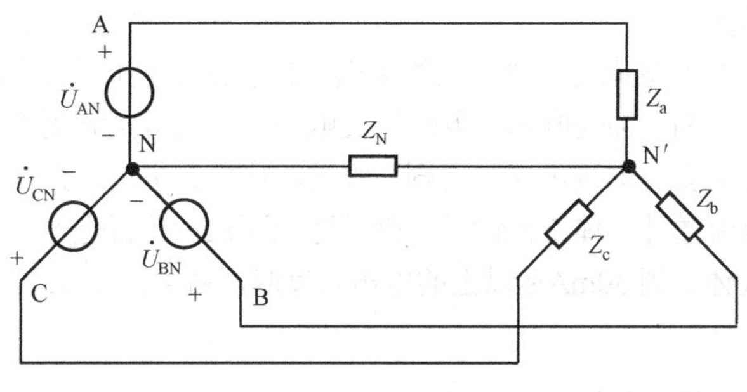

图 3-72

解：节点法求出NN′间的电压：

$$\dot{U}_{N'N}=\frac{\dfrac{\dot{U}_{AN}}{Z_a}+\dfrac{\dot{U}_{BN}}{Z_b}+\dfrac{\dot{U}_{CN}}{Z_c}}{\dfrac{1}{Z_a}+\dfrac{1}{Z_b}+\dfrac{1}{Z_c}+\dfrac{1}{Z_N}}$$

根据KVL，得各负载电压为

$$\dot{U}_{AN'}=\dot{U}_{AN}-\dot{U}_{N'N}$$
$$\dot{U}_{BN'}=\dot{U}_{BN}-\dot{U}_{N'N}$$
$$\dot{U}_{CN'}=\dot{U}_{CN}-\dot{U}_{N'N}$$

思考与练习

3.8-1　说出三相四线制和三相三线制供电系统中三相电源与三相负载的不同组合联接方式，并画出相应的连接图。

3.8-2　三相电源作三角形连接时，如果连接错误，则三角形内就会产生很大的环路电流，有烧毁电源的危险。试问，有哪种简单的方法可用来判断联接是否正确？请说明理由。

3.8-3　你认为“任何三相电路中线电压相量之和等于零，即 $\dot{U}_{AB}+\dot{U}_{BC}+\dot{U}_{CA}=0$ ”与“三相三线制电路中，线电流相量之和等于零，即 $\dot{I}_A+\dot{I}_B+\dot{I}_C=0$ ”这两句话对吗？试说明理由。

3.8-4　已知对称三相负载，其功率为12.2kW，线电压为220V，功率因数为0.8（感性），求线电流。如果负载接成Y形，求负载阻抗Z。

3.9　安全用电技术简介

在人们的日常生产和生活中，经常接触到电气设备，如果不小心，就会触及带电部分，或者触及电器设备的绝缘部分，若绝缘部分损坏就会发生触电事故。安全用电技术就是研究如何预防用电事故，保证人身及设备安全的技术。

3.9.1　人体所受伤害的分类

根据伤害的性质不同，电流通过人体所引起的损伤可以分为电伤和电击两种情况。

1．电击

电击指的是电流通过人体内部组织所引起的伤害，对人体的危害是体内的、致命的。伤害程度与通过人体的电流大小、通电时间、电流途径及电流性质有关。如不及时摆脱带电物体，可能就会有生命危险。

电击强度是通过人体的电流与通电时间的乘积。1毫安的电流可使人体产生电击的感觉；数毫安的电流可引起肌肉收缩、神经麻木；电疗仪及电子针灸仪就是利用微弱电流对人体的刺激来达到治疗的目的；十几毫安的电流可使肌肉剧烈收缩、痉挛、失去自控能力，无力使自己与带电体脱离；几十毫安的电流通过人体1秒钟以上就可造成死亡；几百毫安的电流可以使人体严重烧伤并立即停止呼吸；人体受到30mA·s以上的电击强度时，就会产生永久性伤害。

2．电伤

电伤指的是对人体外部的伤害，包括烧伤、电烙伤、皮肤金属化等，对人体的危害一般是体表的、非致命的。

3.9.2　触电事故

实际中，低压触电事故比高压事故多。触电事故对人体损伤程度与多种因素有关。

1. 通过人体的电流

据有关资料，工频交流 10mA 以上、直流在 50mA 以上的电流通过人体心脏时，触电者就不能摆脱电源脱险，有生命危险，在小于上述电流的情况下，触电者能够自己摆脱带电体，但时间过长也同样有危险。

2. 安全电压

一般情况下，人们触及 36V 以下的电压，通过人体的电流不至于产生危险，所以工程上规定了安全电压。

安全电压是指在一定的皮肤电阻下，人体不会受到电击时的最大电压。我国规定的安全电压等级有 42V、36V、24V、12V、6V 五种。

安全电压并非在所有条件下均对人体不构成危害，它与人体电阻和环境因素有关。

3. 人体的电阻

人体电阻一般分为体内电阻和皮肤电阻。

体内电阻基本上不受外界条件的影响，其值约为 500Ω。皮肤电阻因人因条件而异。干燥皮肤的电阻大约为 100kΩ，但随着皮肤的潮湿，电阻值逐渐减小，可小到 1kΩ 以下。因而，上述安全电压 42V、36V 是就人体的干燥皮肤而言的，在潮湿条件下，安全电压应为 24V 或 12V，甚至 6V。

人体的电阻越高，触电时通过人体的电流越小，伤害程度也越轻。当皮肤有完好的角质层并且很干燥时，人体电阻可达 10^4~10^5Ω。若皮肤湿润，如出汗或带有导电性尘土时，人体电阻急剧下降，约为 1kΩ。人体电阻还与触电时带电体的面积及触电电压等有关，接触面积越大，触电电压越高，人体电阻越低。

4. 触电的形式

最危险的触电事故是电流通过人体的心脏，因此，当触电电流从一只手到另一只手，或由手到脚通过是比较危险的，容易造成触电伤亡事故。

按照人体触及带电体的方式，触电一般分为单相触电和两相触电两种。

（1）单相触电

人体某一部位触及一相带电体的触电方式。对于中性点直接接地的三相电源，人站在地面上触及一根相线，电流从人体经大地回到电源中性点。若脚与地面绝缘良好，则流过人体的电流较小；若身体出汗或湿脚着地，则电流较大，十分危险。对于中性点不接地的三相电源，交流电经输电线与大地间分布电容构成的通路而流过人体，若绝缘性能差，则可能因绝缘电阻较小而形成一定的电流，发生触电。

（2）两相触电

两相触电是人体同时与两根相线接触的触电方式。此时人体处于线电压下，触电后果要严重得多。大多数的触电事故是在正常工作时接触不带电的部分，而因绝缘损坏引起触电，特别是电动机绕组绝缘损坏而涉及机壳或设备带电，或家用电器因绝缘破损外壳碰线而引起的触电伤亡应特别注意，为此应采取防护措施。

3.9.3 保护接地与保护接零

1. 三相电路的保护接地

保护接地多用在三相电源中性点不接地的三相三线制供电系统中。用电设备的外壳与大地连接起来称为保护接地，如图 3-73 所示。

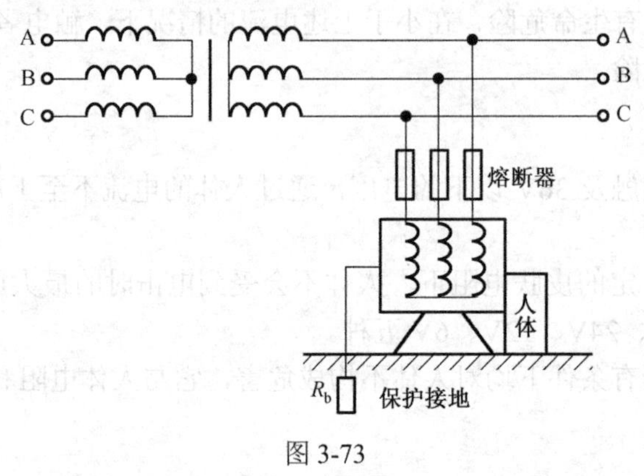

图 3-73

保护接地的优点是当一相线碰壳而设备未接地时，人触及设备外壳要发生单相触电。当采用保护接地时，接地电阻远小于人体电阻。所以，当人体接触带电外壳时，由于接地电阻（R_b）远小于人体电阻（R_r），流过人体的电流极微小，产生的大电流通过 R_b 到地，使电路保护装置动作，可避免人体的触电危险，人身安全得到保障。根据国家有关标准规定，接地电阻 $R_b \leqslant 4 \sim 10\Omega$。

2. 三相电路的保护接零

电力系统的供电是将 6kV 以上的高压电经变压器降压后，送给工厂和用户使用。我国采用三相四线制供电，如图 3-74 所示。变压器负端中性点接地叫做工作接地，从中性点引到用户的线称为工作零线。

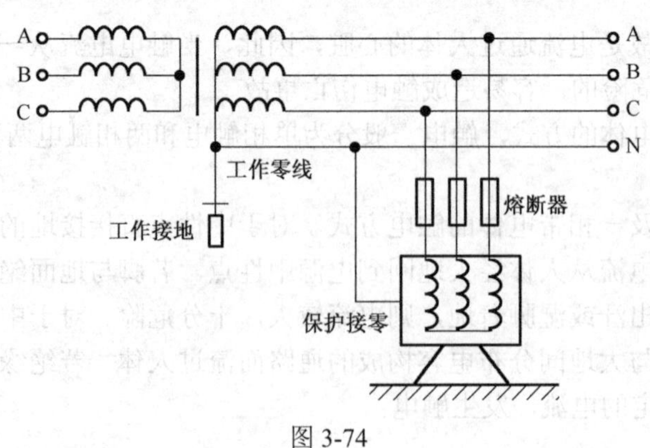

图 3-74

用电设备外壳与工作零线相接称为保护接零。其优点是当绝缘损坏，有一相线碰壳时，通过外壳设备使该相线与零线形成短路（即短路碰壳），利用短路时产生的大电流，促使线路保护装置断开（如熔断器断开），以消除触电的危险性。

必须注意零线不准接保险丝（即熔断器）。而且同一配电线路中，不允许一部分设备接地，另一部分设备接零线。因为当接地设备的外壳碰线时，该设备的外壳与相邻接零设备的外壳之间具有相电压的电位差。人若同时接触这两台设备的外壳，则将承受相电压，这是非常危险的。如果遇到触电事故，不必惊慌，应首先切断电源，然后采取有效的急救措施。

3. 单相电路的保护接零

常用电子仪器、家用电器均采用交流单相 220V 供电，其中输电线一根为相线，一根为工作零线。保护接零是指电器外壳要接地，即除火线、零线外，还应有一根保护零线，如图 3-75 所示。

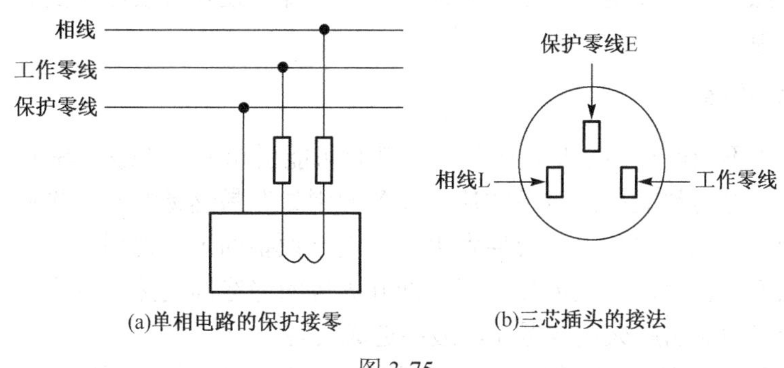

(a)单相电路的保护接零　(b)三芯插头的接法

图 3-75

保护接零的措施是采用三芯接头。正确的接法是 E 接外壳，L 接相线，N 接工作零线。必须注意不能把工作零线与保护零线接在一起，这样不仅不能起到保护作用，反而可能使外壳带电，当人体接触电器外壳时引起触电。保护零线（地线）和工作零线相比，对地电压均为零，但保护零线不能接熔断器，而工作零线可以接熔断器。

3.9.4　静电防护和电气防火防爆

1. 静电的产生

（1）摩擦起电

无论是固体、液体、粉尘等的摩擦都会产生静电。例如，皮带输送机皮带与皮带轮之间、液体在金属管道中流动时、液体从喷嘴高速喷溅时都会产生静电。

（2）感应起电

带静电的物体能使附近与之不相连的导体感应起电而产生静电。

（3）极化起电

当液体在非导体管道内流出管道后，会使管道外壁极化产生电荷，此极化电荷会引起邻近的导体感应起电。

除以上常见的几种产生静电的原因外，当气体中含有固态和液态杂质时也会产生静电。人体也会带电。例如，人行走时，鞋子与地面摩擦产生静电；又如，将尼龙织物从毛衣上脱下时，人体也会被感应带电或带电粒子附着在人体上带电等。一般情况下，人体的静电量都很小。

2. 静电的危害及防护

静电达到一定的能量时，足以产生火花放电，而周围如果有易燃易爆的混合物，就有可能引起火灾或爆炸。静电对人体也会产生伤害，使人感到刺痛或灼伤，其程度与放电量有关。

消除静电的基本途径有以下几种：

（1）尽量利用工艺措施控制生产中不产生静电或少产生静电。

（2）采取泄漏措施使静电迅速泄漏。

（3）利用中和方法减少静电的积累。

（4）改善生产环境，利用封闭方法限制危害的产生，减小易燃易爆物散发的浓度。

（5）防静电接地。

总之，应遵照有关技术规定在生产工艺、生产环境、设备及设施的安装等方面采取防静电灾害的工程措施。

3. 电气防火防爆

电气设备使用不当或设备本身发生故障，都有可能引起火灾或爆炸等事故。

电气设备的绝缘材料大多是可燃物质，设备周围如有易燃易漏易爆物质，由于绝缘材料老化可能引起的电火花、电弧等就会导致火灾。电气设备的过载使用或发生短路现象会使绝缘材料温升过高而氧化分解，又如变压器、油开关等的绝缘油受热，受到开关触头断开时的电弧作用也可能引燃而引起火灾或爆炸，最终造成灾害。

严格遵守设备的铭牌值、操作规程，勤于观察和检测设备的运行情况、温升情况以及设备的定期维修等，都可防止事故的发生。在易发生火灾危险的场所，应按国家有关技术规范选用封闭型、防尘型、防滴型或防爆型等电气设备。另外，还可安装报警等检测设备，防止灾害的发生。

思考与练习

3.8-1 单相触电和两相触电哪个更危险？为什么？

3.8-2 为什么静电容易引起易爆易燃环境发生火灾或爆炸？

3.8-3 防止静电危害的基本方法有哪些？

习 题 3

3-1 选择合适答案填入括号内，只需填入 A、B、C 或 D。

（1）若 $u = 10\sin(t+60^\circ)$V，$i = 5\cos(t+30^\circ)$A。则 u 超前于 i（ ）。

A．-120° B．0 C．-60° D．30°

（2）正弦交流电路如题 3-1（2）图所示，电源电压、频率不变，增大电容量时，电灯 L（ ）。

A．变亮

B．变暗

C．亮度不变

D．熄灭

题 3-1（2）图

（3）R、L 并联电路中，$R = 2\omega L$，总阻抗角为（ ）。

A．26.6° B．0 C．90° D．63.4°

（4）已知 RLC 串联的正弦交流电路中，总电压 $U_S = 10V$，$U_R = 6V$，$U_L = 4V$。则电路（　）。

A．呈阻性　　B．呈容性　　C．呈感性　　D．不能确定何种性质

（5）阻抗 $Z = 4+j3\Omega$ 所加的电压有效值相量为 $\dot{U} = 10\underline{/15^\circ}$ V，则其平均功率为（　）。

A．8W　　B．16W　　C．25W　　D．4W

（6）在电源电压不变的情况下，感性负载并联上一个电容后电路仍为感性，但（　）。

A．线路电流减小了　　B．感性负载本身功率因数提高了

C．增加了无功功率　　D．增加了平均功率

（7）RLC 串联电路处于谐振状态，已知 $X_L = X_C = 200\Omega$，$R = 2\Omega$，端口总电压为 20mV，则电容上的电压为（　）。

A．0　　B．2V　　C．$2\sqrt{2}$V　　D．$4\sqrt{2}$V

（8）一串联谐振电路如题 3-1（8）图所示，电源角频率 $\omega = 10^6$rad/s，谐振时，$I_0 = 100$mA，$U_{L0} = 100$V，电感量 $L =$（　）。

A．5mH

B．1mH

C．3mH

D．2mH

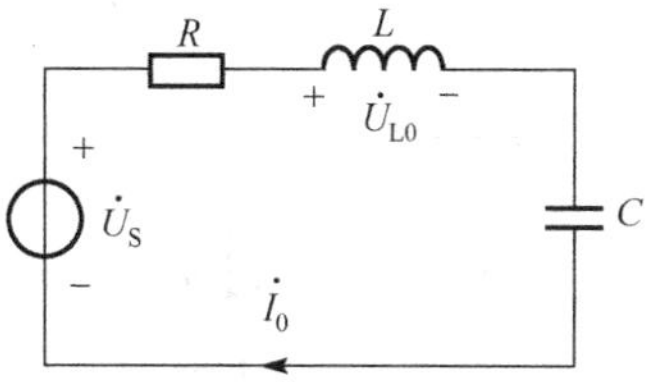

题 3-1（8）图

（9）对称三相电源接于Y对称负载，$\dot{U}_{AB} = 380\underline{/0^\circ}$ V，$\dot{I}_A = 10\underline{/0^\circ}$ A，则每相阻抗为（　）。

A．$38\underline{/0^\circ}$ Ω　　B．$22\underline{/-30^\circ}$ Ω　　C．$22\underline{/30^\circ}$ Ω　　D．$11\underline{/0^\circ}$ Ω

3-2　将合适答案填入空内。

（1）同频率的两个正弦量 $\dot{I}_1$ 和 $\dot{I}_2$，已知：$|\dot{I}_1+\dot{I}_2|=|\dot{I}_1-\dot{I}_2|$，则它们的相位关系为________。

（2）一 RC 串联电路如题 3-2（2）图所示，电压表 V_1 的读数为 30V，V_2 的读数为 40V，则 V 的读数为_______。

（3）题 3-2（3）图示电路中，端口电压、电流的相位差为 $\theta_u-\theta_i =$ _______。

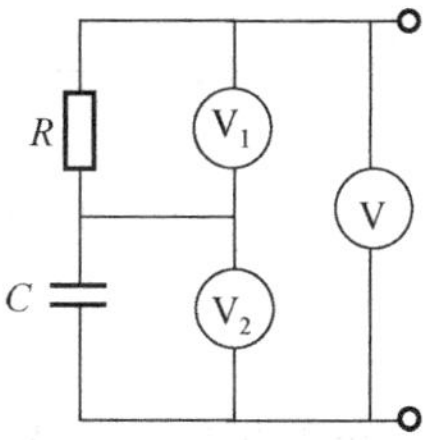

题 3-2（2）图 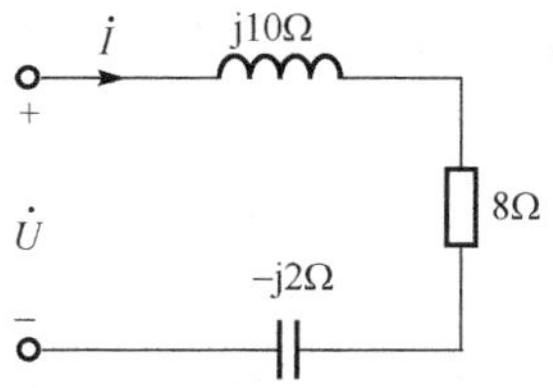　　题 3-2（3）图

（4）已知 RL 并联电路的阻抗角 $\varphi = 53.1^\circ$，端口电流 $I = 10$A，则 R 和 L 支路电流分别为 $I_R =$ _______，$I_L =$ _______。

（5）在 RC 串联电路中，u_C 及总电压 u 均和 i 取关联的参考方向，今测得 u_C 滞后于 u 的相位为 60°，$X_C = 100\Omega$，则 $R =$ _______。

（6）RLC 并联的正弦交流电路中，已知端口电压 $U = 100$V，$S = 500$VA，$R = 50\Omega$，则电路的平均功率 $P =$ _______，无功功率 $Q =$ _______。

（7）接于“220V、50Hz”正弦电压上的感性负载，消耗的有功功率为 3000W，功率因数为 0.6，若在其两端并联容抗为 48.4Ω 的电容后，整个电路的功率因数 $\cos\varphi =$ _______。

（8）RLC 串联电路 $R = 100\Omega$，$C = 400$pF，$L = 10$mH，则此电路的品质因数 $Q =$ _______。

（9）RLC 串联电路在 $\omega = 1000$rad/s 时，$U_L = 4U_C$，则此电路的谐振频率 $\omega_0 =$ _______。

（10）三相对称负载接成Y形时，线电流 $\dot{I}_A = 10\underline{/0^\circ}$ A，如果将其改成△形且三相电源不变，则此时线电流 $\dot{I}_A =$ ＿＿＿＿。

3-3　正弦电流的振幅 $I_m = 10$mA，角频率 $\omega = 10^3$rad/s，初相角 $\theta_i = 30^\circ$。写出其瞬时表达式，求电流的有效值 I。

3-4　如题 3-4 图之电路，已知 $R = 200\Omega$，$L = 0.1$mH，电阻上电压 $u_R = \sqrt{2}\cos 10^6 t$V，求电源电压 $u_S(t)$，并画出其相量图。

3-5　RC 并联电路如题 3-5 图所示，已知 $R = 10$kΩ，$C = 0.2\mu$F，$i_C = \sqrt{2}\cos(10^3 t + 60^\circ)$mA，试求电流 $i(t)$ 并画出其相量图。

3-6　如题 3-6 图所示的电路，设伏特计内阻为无限大，已知伏特计读数依次为 15V、80V、100V，求电源电压的有效值。

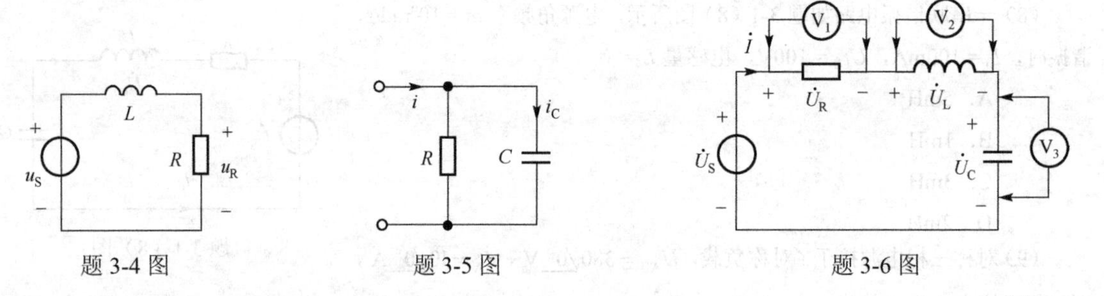

题 3-4 图　　题 3-5 图　　题 3-6 图

3-7　求如题 3-7 图中各电路 ab 端的阻抗和导纳。

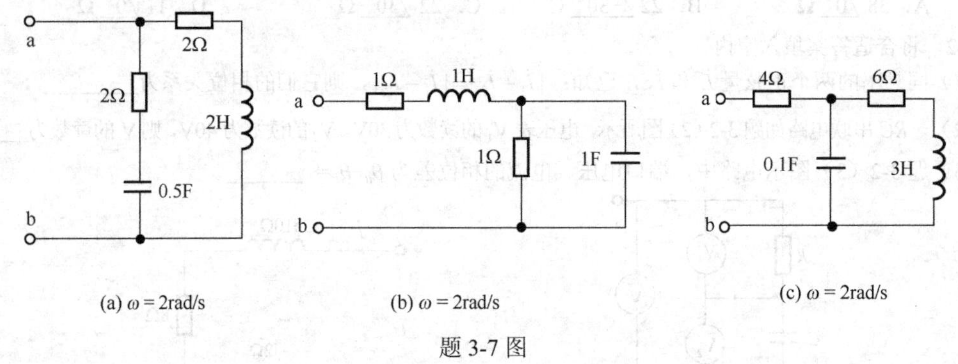

(a) $\omega = 2$rad/s　　(b) $\omega = 2$rad/s　　(c) $\omega = 2$rad/s

题 3-7 图

3-8　电路如题 3-8 图所示，已知 $R = 50\Omega$，$L = 2.5$mH，$C = 5\mu$F，电源电压 $U = 10$V，角频率 $\omega = 10^4$rad/s，求电流 $\dot{I}_R$、$\dot{I}_L$、$\dot{I}_C$ 和 $\dot{I}$，并画出其相量图。

3-9　题 3-9 图所示电路中 $I_R = 10$A，$U = 200$V，jX_L = j20Ω，$R = 20\Omega$，$\dot{U}$ 与 $\dot{I}_C$ 同相，求 X_C。

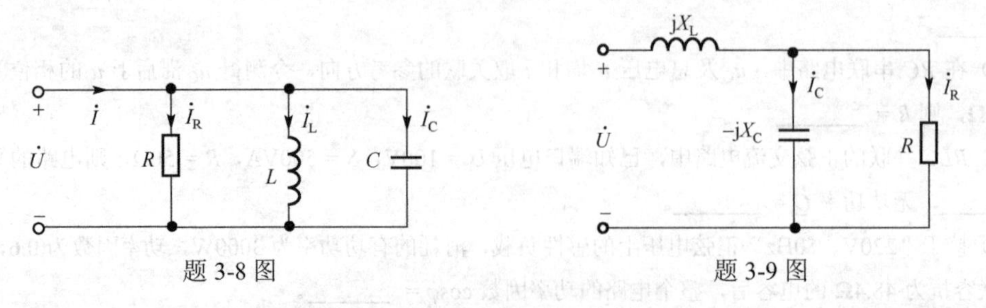

题 3-8 图　　题 3-9 图

3-10　如题 3-10 图所示电路，已知 $X_L = 100\Omega$，$X_C = 200\Omega$，$R = 150\Omega$，$U_C = 100$V。求电压 U 和 I，并画出其相量图。

3-11　如题 3-11 图所示电路，已知 $X_L = 100\Omega$，$X_C = 50\Omega$，$R = 100\Omega$，$I = 2A$。求 I_R 和 U，并画其相量图。

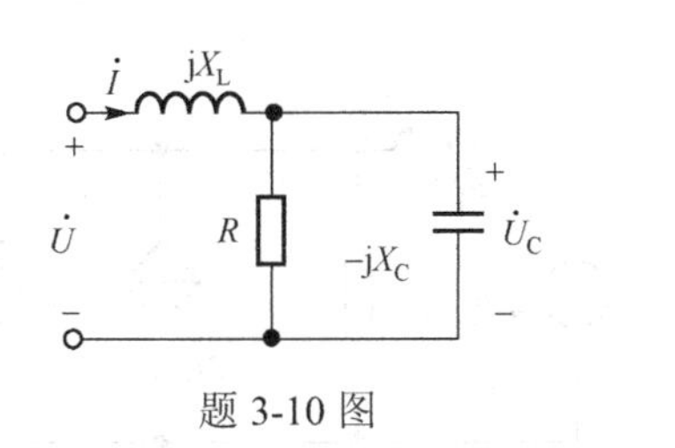

题 3-10 图

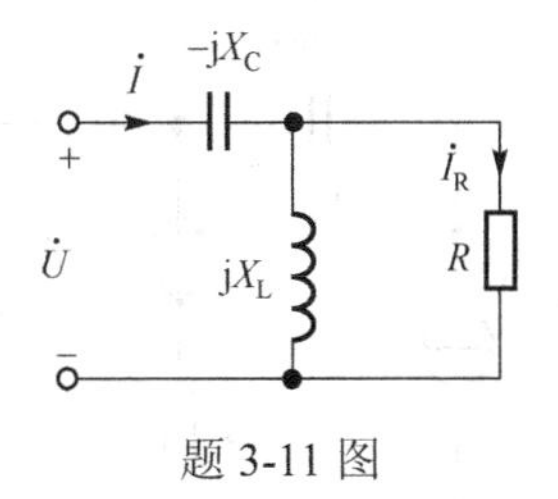

题 3-11 图

3-12　如题 3-12 图所示电路，已知 $C_1 = C_2 = 200\text{pF}$，$R = 1\text{k}\Omega$，$L = 6\text{mH}$，$u_L = 30\sqrt{2}\cos(10^6 t + 45°)\text{V}$，求 i_C。

3-13　如题 3-13 图所示电路，已知 $\dot{I} = 10\angle 45°\ \text{mA}$，$\omega = 10^7\text{rad/s}$，$R_S = 0.5\text{k}\Omega$，$R = 1\text{k}\Omega$，$L = 0.1\text{mH}$。

（1）求电容 C 为何值时，电流 $\dot{I}$ 与 $\dot{U}_S$ 同相；

（2）求上述情况时 U_S、U_{ab}、I_R 和 I_L 的值。

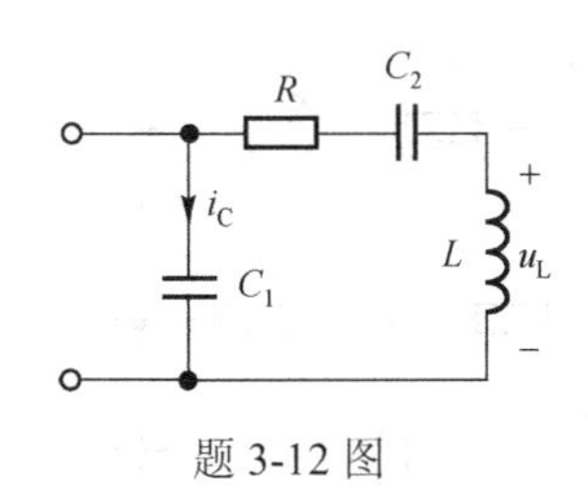

题 3-12 图

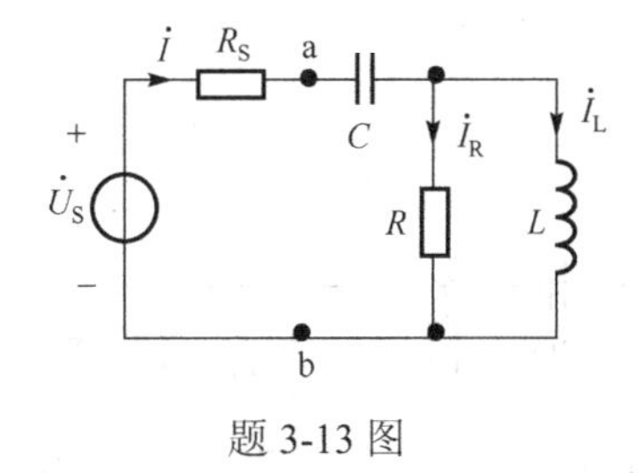

题 3-13 图

3-14　如题 3-14 图所示电路，已知 $I_R = 10A$，$X_C = 10\Omega$，并且 $U_1 = U_2 = 200V$，求 X_L。

3-15　电路如题 3-15 图所示，当调节电容 C，使电流 $\dot{I}$ 与电压 $\dot{U}$ 同相时，测得电压有效值 $U = 50V$，$U_C = 200V$，电流有效值 $I = 1A$。已知 $\omega = 10^3\text{rad/s}$，求元件 R、L、C 的值。

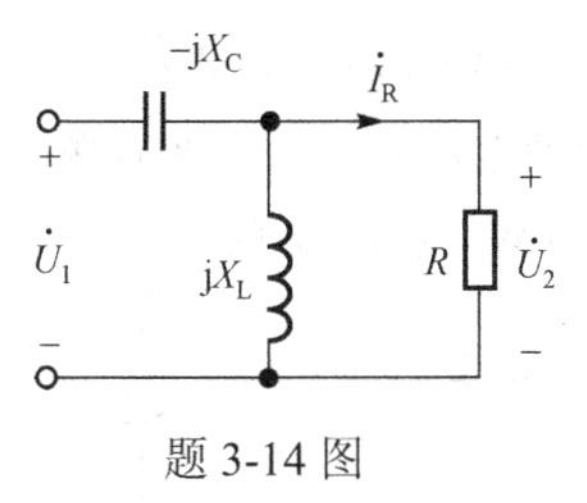

题 3-14 图

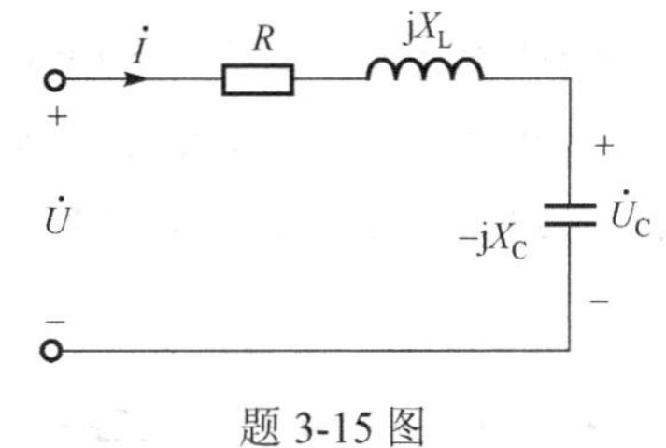

题 3-15 图

3-16　如题 3-16 图所示电路，已知 $I_1 = 10A$，$I_2 = 20A$，$R_2 = 5\Omega$，$U = 220V$，并且总电流 $\dot{I}$ 与总电压 $\dot{U}$ 同相，求电流 I 和 R、X_2、X_C 的值。

3-17　如题 3-17 图示电路，求电流 $\dot{I}$。

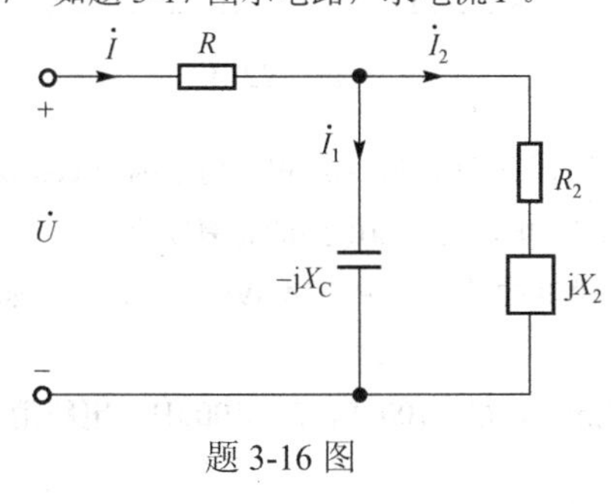

题 3-16 图

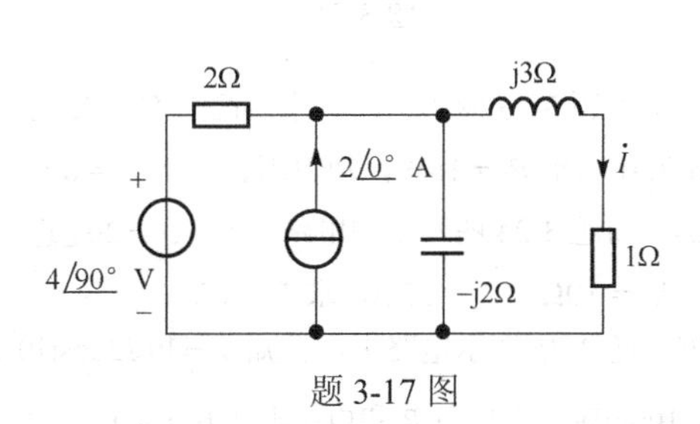

题 3-17 图

3-18　如题 3-18 图所示电路，求各电路中电压 $\dot{U}$ 。

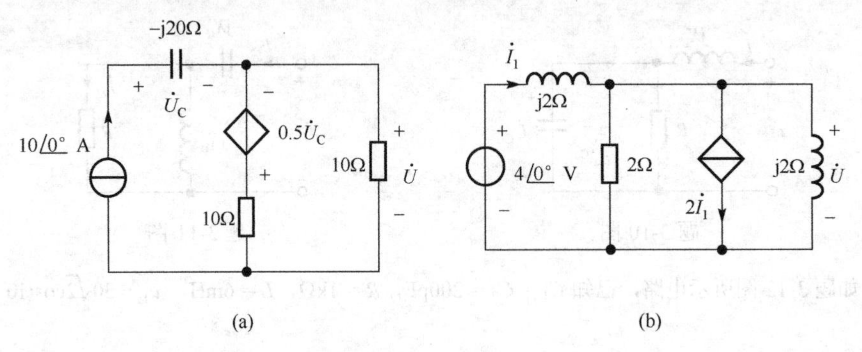

题 3-18 图

3-19　用戴维南定理求题 3-19 图所示电路中电流 $\dot{I}$ 值。

3-20　若用节点法求题 3-20 图所示电路中的电流 $\dot{I}_1$ 和 $\dot{I}_2$，列出需要的方程组（不必求解）。

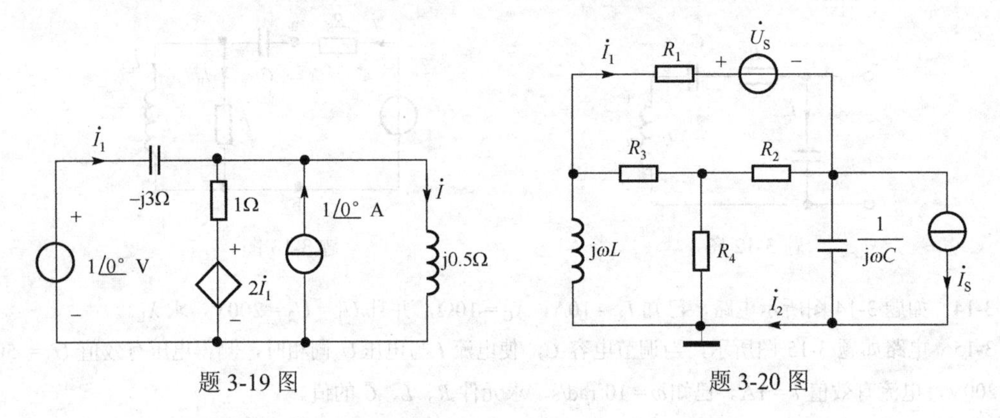

题 3-19 图　　　　题 3-20 图

3-21　电路如题 3-21 图所示，已知 $\dot{U}_S = \mathrm{j}6\mathrm{V}$，$\dot{I}_S = 2\angle 0^\circ\ \mathrm{A}$，求电流相量 $\dot{I}_1$ 和 $\dot{I}_2$ 。

3-22　用三表（电压表、电流表、功率表）可测出电感线圈的电阻和电感，电路如题 3-22 图所示。若电源为“220V，50Hz”的工频电源，三表读数分别为 15V、1A、10W，求 R、L 的值。

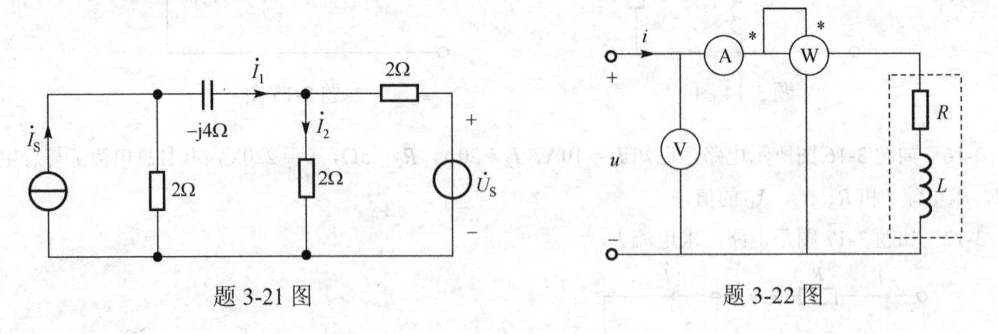

题 3-21 图　　　　题 3-22 图

3-23　如题 3-23 图所示的电路，已知 $U = 20\mathrm{V}$，电容支路消耗功率 $P_1 = 24\mathrm{W}$，功率因数 $\cos\varphi_{Z1} = 0.6$；电感支路消耗功率 $P_2 = 16\mathrm{W}$，功率因数 $\cos\varphi_{Z2} = 0.8$。求电流 I、电压 U_{ab} 和电路的总复功率。

3-24　如题 3-24 图所示的电路，已知 $\dot{U} = 20\angle 0^\circ\ \mathrm{V}$，电路消耗的总功率 $P = 34.6\mathrm{W}$，功率因数 $\cos\varphi = 0.866$（$\varphi<0$），$X_C = 10\Omega$，$R_1 = 25\Omega$，求 R_2 和 X_L。

3-25　题 3-25 图示电路中，已知 $i_C = 10\sqrt{2}\cos(10^7 t + 60^\circ)\mathrm{mA}$，$C = 100\mathrm{pF}$，$L = 100\mu\mathrm{H}$，电路消耗的平均功率 $P = 100\mathrm{mW}$，求电阻 R 和电压源电压 $u_S(t)$。

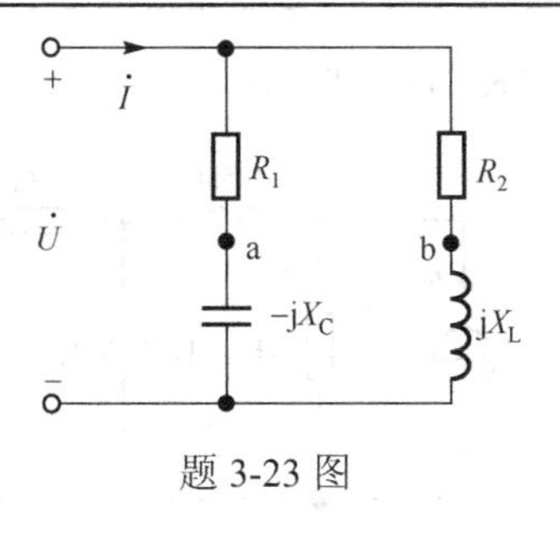

题 3-23 图

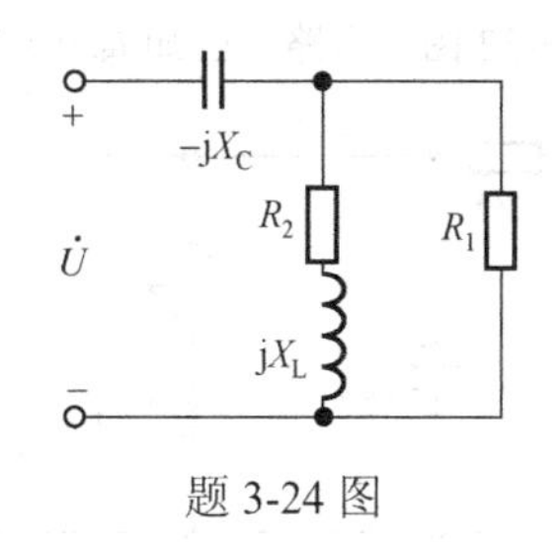

题 3-24 图

3-26 题 3-26 图所示电路 Z_L 的实、虚部单独可调，问 Z_L 调整为何值时才能获得最大功率，其最大功率为多少？

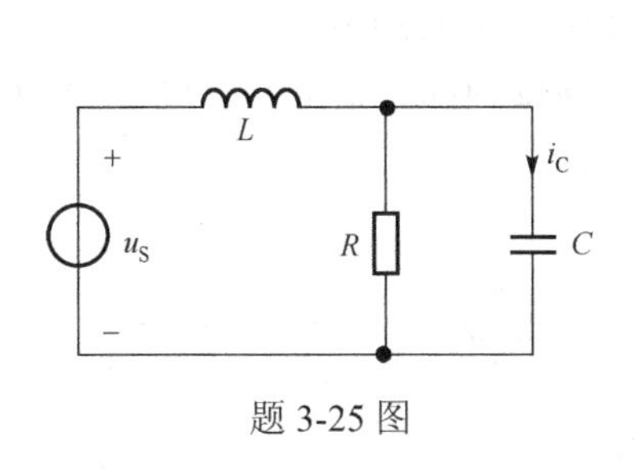

题 3-25 图

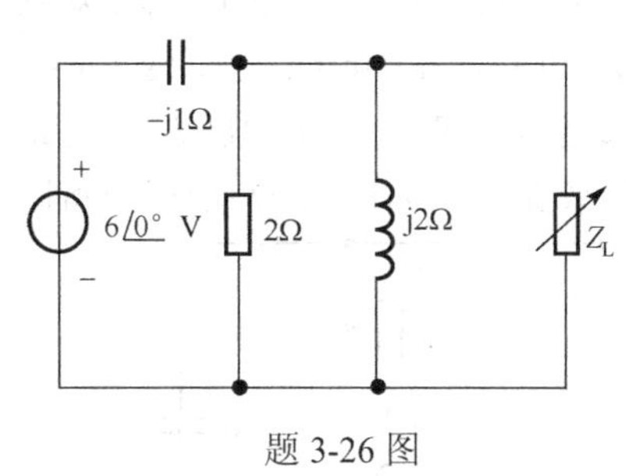

题 3-26 图

3-27 题 3-27 图所示电路中，已知电源 $u_S = 100\sqrt{2}\cos 10^3 t\text{V}$，$C = 250\mu\text{F}$，负载阻抗 Z_L 的实部和虚部均可单独调节，问其调节为何值时才能得到最大功率？最大功率为多少？

3-28 如题 3-28 图所示的电路，已知 $\dot{I}_S = 2\angle 0°\ \text{A}$，求负载 Z_L 获得最大功率时的阻抗值及负载吸收功率。

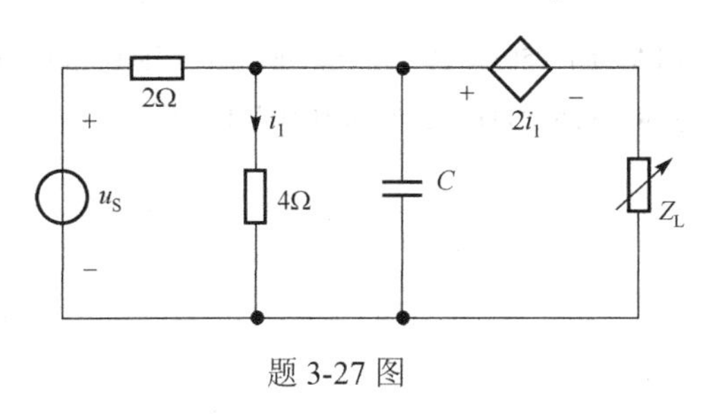

题 3-27 图

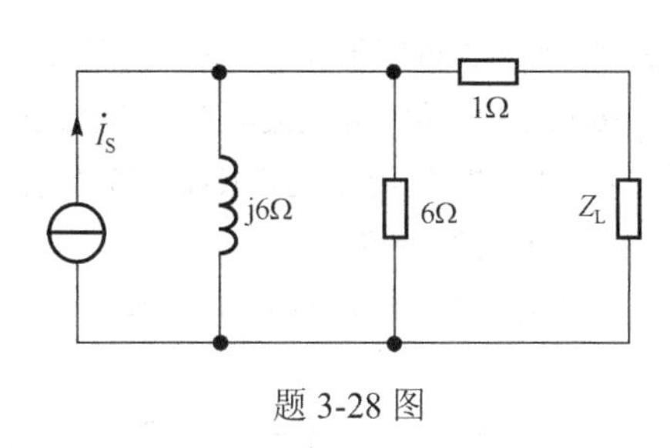

题 3-28 图

3-29 如题 3-29 图所示的电路，已知 $u_S = 3\cos t\text{V}$，$i_S = 3\cos t\text{A}$，求负载 Z_L 获得最大功率时的阻抗及负载吸收功率。

3-30 如题 3-30 图所示的电路，已知 $\dot{I}_S = 2\angle 0°\ \text{A}$，负载 Z_L 为何值时才能获最大功率？最大功率 P_{Lmax} 是多少？

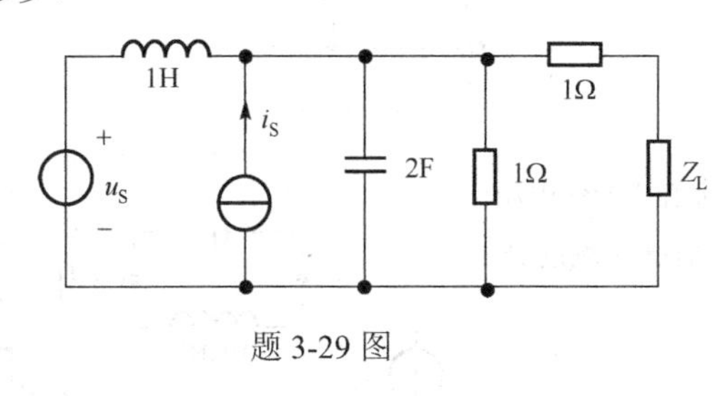

题 3-29 图

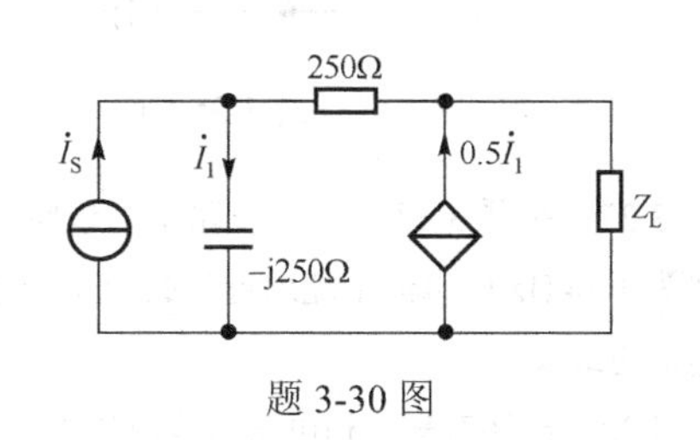

题 3-30 图

3-31 如题 3-31 图所示电路，已知 $\dot{U}_S = 6\angle 0°\ \text{V}$，负载 Z_L 为何值时它能获得最大功率？最大功率 P_{Lmax} 是多少？

3-32　如题 3-32 图示电路，已知 $i_S(t)=3\cos t\text{A}$，$u_S(t)=3\cos 2t\text{V}$，求 $u_C(t)$。

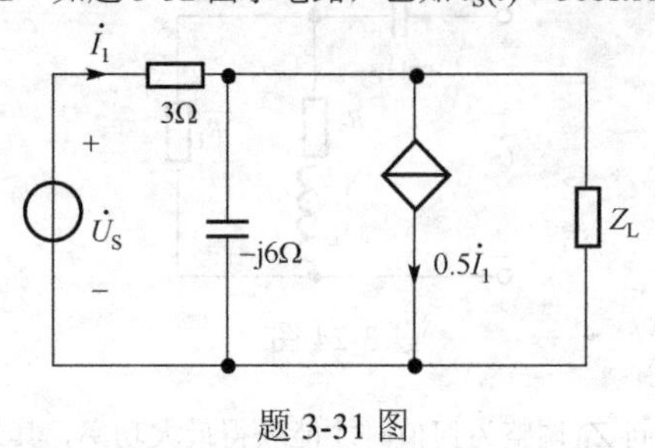

题 3-31 图

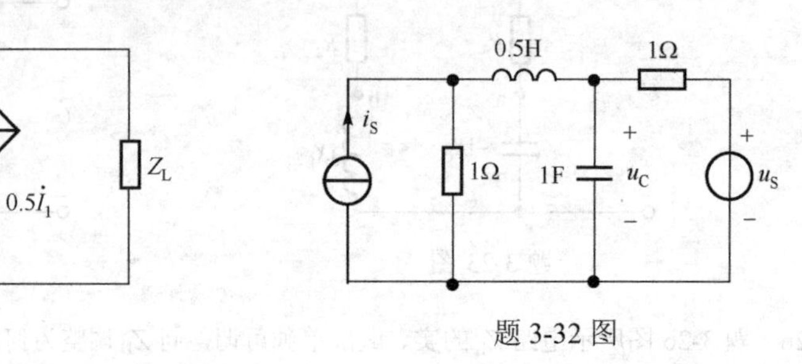

题 3-32 图

3-33　如题 3-33 图所示，日光灯可等效为 RL 串联的感性负载，已知 $U=220\text{V}$，$f=50\text{Hz}$，R 消耗的功率为 40W，$I_L=0.4\text{A}$。为使功率因数为 0.8，应并联多大的电容 C？并求 L 的值。

3-34　如题 3-34 图所示 RLC 串联的正弦电路，当 $\omega=5000\text{rad/s}$ 时发生谐振，已知 $R=5\Omega$，$L=100\text{mH}$，端口总电压有效值 $U=10\text{mV}$，求 Q 值及电路所标变量的有效值。

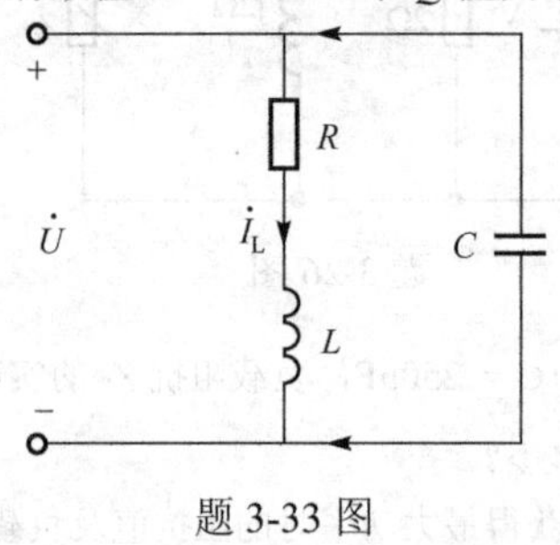

题 3-33 图

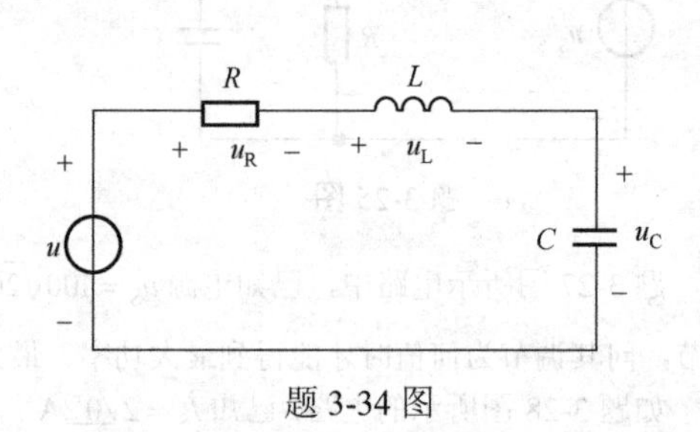

题 3-34 图

3-35　设题 3-35 图所示电路处于谐振状态，其中 $I_S=1\text{A}$，$U_1=50\text{V}$，$R_1=X_C=100\Omega$，求电压 U_L 和电阻 R_2。

3-36　题 3-36 图所示交流电路已发生谐振，已知 i_2 和 i_3 对应的有效值分别为 10A 和 8A。

求：（1）谐振频率表达式及端口等效电阻。

（2）i_1 对应的有效值。

（3）若 $\omega L>>R$，则电路的品质因数为多少？

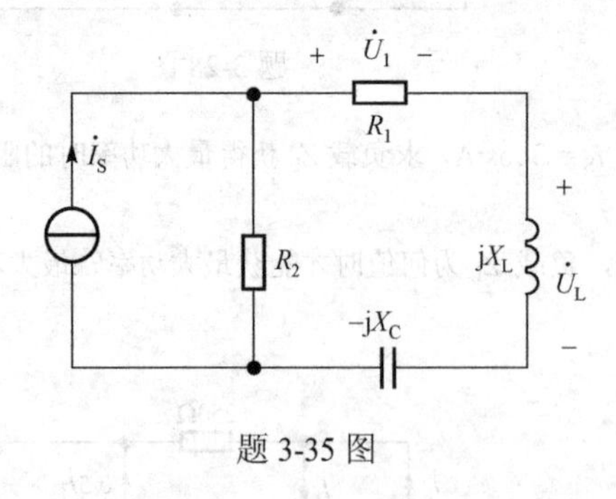

题 3-35 图

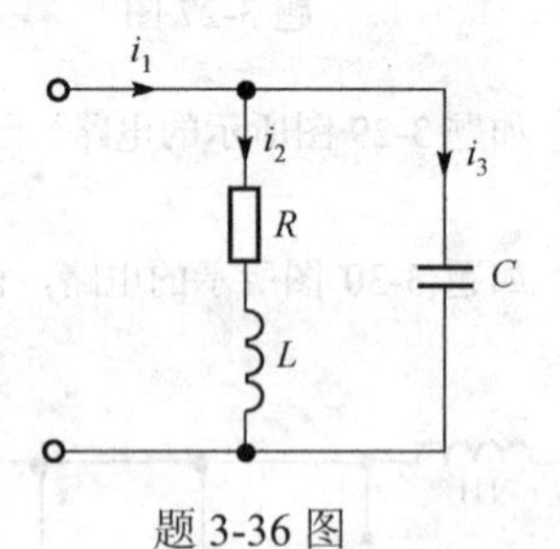

题 3-36 图

3-37　在题 3-37 图所示电路中，试问 C_1 和 C_2 为何值才能使电源频率为 100kHz 时电流不能通过负载 R_L，而在频率为 50kHz 时流过 R_L 的电流为最大。

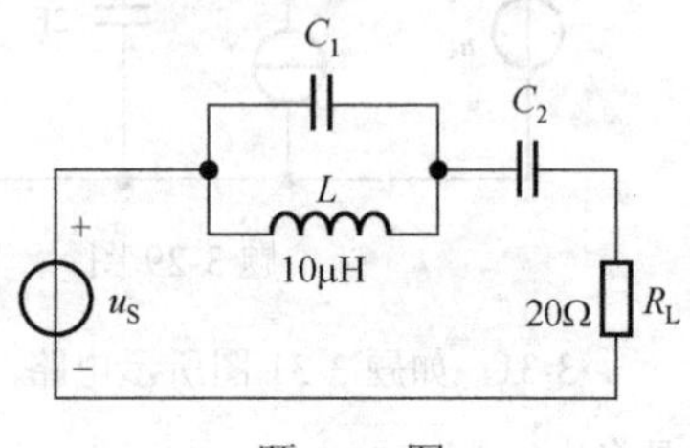

题 3-37 图

3-38　已知对称三相电路的线电压 $U_l=380\text{V}$。

（1）若负载为Y形连接，如图 3-38(a)所示，$Z=10+\text{j}15\Omega$，求负载的相电压和吸收的功率。

（2）若负载为△形连接，如图 3-38(b)所示，$Z = 15+\mathrm{j}20\Omega$，求线路电流和负载吸收的功率。

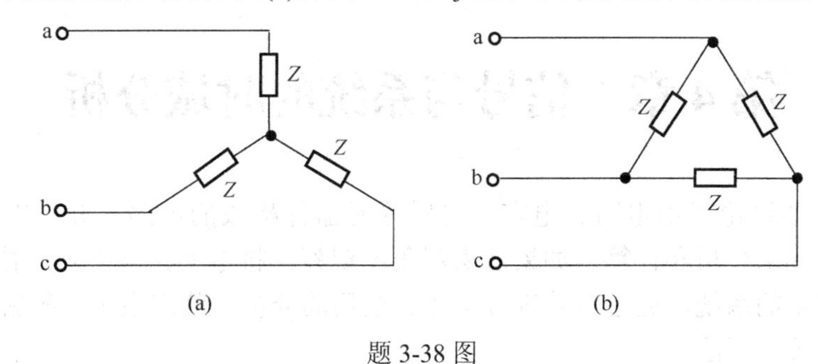

题 3-38 图

第 4 章　信号与系统的时域分析

前面三章主要讨论了由电阻、电容、电感等元器件构成的电路，并对电路中各支路的电流、电压进行局部分析和计算。如果从宏观角度观察，将电流、电压变量看作信号，将电路看作是一类重要的系统，通过对其进行整体、全局的分析，就产生了一种新的电路分析方法——信号与系统分析法。

那么，什么是信号？什么是系统？电路、信号与系统的相互关系是什么？如何用信号与系统的方法解决实际电路问题呢？从本章开始，我们陆续展开相关讨论，研究将具体电路问题抽象提升至系统层次的分析方法。

本章的主要内容与要求：

（1）理解信号的基本概念，掌握典型信号的定义及特性，掌握信号的基本运算和分解方法；

（2）理解系统的基本概念，掌握系统的线性、时不变、因果性的判断方法；

（3）掌握系统单位冲激响应的物理意义和求解方法；

（4）掌握卷积积分计算方法，掌握利用卷积法求解电路零状态响应的方法。

4.1　电路、信号与系统

4.1.1　信号的概念

在信息时代，我们随时随地在与各种各样载有信息的信号密切接触。手机通话、收音机广播是一种信号——声信号；电影电视图像、交通指示灯光是一种信号——光信号；我们身边无处不在、看不见摸不着的电磁波也是一种信号——电信号。这些声、光、电信号，还有诸如温度、压力和速度等其他形式的信号，虽然具体物理形态不同，但共同特点都是在向人们传递这样或那样的信息或消息。可见，信号是消息的表现形式，是反映消息的物理量，消息则是信号的具体内容。

由于电信号具有传播速度快（以光速传播）、传播方式多（如有线、无线、微波和卫星等）等众所周知的优点，因此人们主要依靠电信号来传递信息。许多非电的物理量，如压力、流速、声音、图像等，也都可以利用各种传感器变换为电信号进行处理和传输。本书所讨论的电信号，主要是随时间变化的电压或电流。

4.1.2　系统的概念

系统是由若干相互作用和相互联系的事物组合而成的具有特定功能的整体，例如通信系统、计算机操作系统、卫星定位系统、电力系统、生态平衡系统、社会经济系统等。本书主要讨论由元器件搭建的、用于传输和处理电信号的电系统。一个系统可以看作一个处理过程，它以某种方式对输入信号做出响应，其系统模型如图 4-1 所示。

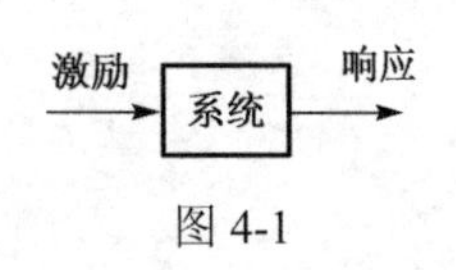

图 4-1

系统理论的研究主要包括系统分析和系统综合两个方面。系统分析是指在给定系统条件下，研究系统对于输入信号（激励）所产生的输出（响应），并据此分析系统的功能和特性；系统综合又称系统设计，它按照某种需求首先确定给定激励的响应形式，然后根据输入-输出关系设计出符合要求的系统。由于信号与系统两者总是紧密联系的，因此信号分析与系统分析共同构成了本书后半部分的主要研究内容。

在电路分析中，电流、电压都是连续时间信号，而系统也是实时对激励信号进行连续响应的，因此若本书未做特别说明，讨论范围仅针对连续时间信号与系统。对离散时间信号与系统的分析将在《数字信号处理》等后续课程中展开。

4.1.3 电路、信号与系统的相互关系

对电路和系统，两者的相互关系如下：

（1）电路是系统功能的一种具体实现。给定系统的功能，可以有多种电路实现。例如，具有相同功能的手机，但品牌、型号不同，其具体实现的电路可能千差万别。系统分析和综合更多关心的是系统对外所表现出来的功能和特性，因此常常将实现系统功能的具体电路视为一个黑匣子。

（2）系统问题注重全局，电路问题则关注局部。例如，由电阻和电容组成的简单电路，在电路分析中主要研究支路电流或电压，而系统的观点则是研究它如何构成具有微分或积分功能的运算器。

电系统中的信号通常是电路中的电压和电流，离开了信号，电路与系统将失去意义。对于信号、电路与系统，三者存在十分密切的联系：

（1）作为消息的运载工具，信号需要电路或系统来实现传输和处理。从传输的观点来看，信号通过系统后，由于系统的运算作用而使信号的时间特性及频率特性发生变化，从而产生新的信号。从系统响应的观点来看，系统在信号的激励下，将必然做出相应的反应，从而完成系统的运算作用。

（2）系统的主要任务是对信号进行传输和处理，系统功能和特性的分析必然首先涉及对信号的分析。信号分析与系统分析关系密切又各有侧重，信号分析侧重于讨论信号的表示、性质、特征；系统分析则着眼于系统的特性、功能。

（3）信号类别取决于系统所要实现的功能。例如，模拟通信系统要求输入信号和输出信号均为连续时间信号，数字通信系统则要求输入信号和输出信号均为数字信号。另一方面，电路类型通常取决于系统输入与输出的信号类别，即针对系统输入和输出信号的特点，设计相应类型的电路。例如，各种类别信号的发生电路、用于处理连续时间信号的模拟电路和用于加工数字信号的数字电路等。

4.2 信号的描述及其分类

信号是反映消息的物理量，它所包含的信息就蕴含在这些物理量的变化之中。为了对信号进行处理或传输，要对信号的特性进行分析研究。这既可以从信号随时间变化的快慢、延时等分析信号时间特性，也可以从信号所包含的频率分量、振幅、相位来分析信号的频率特性。当然，不同的信号具有不同的时间特性与频率特性。

为了便于分析，信号可表示为一个或多个自变量的函数，因此信号和函数两个术语可相互通用。本书讨论仅限于单一自变量（时间）的信号函数，可用数学表达式来描述。在时域

上，通过描绘信号的函数波形，信号随时间变化的快慢、延时等特性可以直观表现出来。随着讨论的深入，信号还可采用频谱分析或其他正交变换的方式进行描述。

根据信号的不同特性，可对信号进行多种分类，常用的有以下几种。

1．确定性信号与随机信号

可以表示为确定时间函数的信号是确定性信号，也称规则信号，如大家熟知的正弦信号就是确定性信号。确定性信号的波形曲线走向是可预见的，给定时刻就可知道该时刻的信号值。而不能用确定时间函数表示的信号是随机信号，如电子电路中的热噪声和电流噪声就属于随机信号，这类信号只知某时刻取某值的概率，其波形曲线走向是不可预见的。

按信息论观点，确定性信号不包括有用的或新的信息，只有随机信号才是未知信息的载体，所以实际通信系统往往传输的是随机信号。但确定性信号作为理想化模型，其基本理论与分析方法是研究随机信号的基础，在此基础上根据统计特性可进一步研究随机信号。本书只涉及确定性信号。

2．周期信号与非周期信号

周期信号是依一定的时间间隔周而复始、无始无终的信号。顾名思义，周期信号在 $-\infty < t < \infty$ 整个时间域上应满足：

$$f(t) = f(t \pm nT), \quad n = 1, 2, \cdots \tag{4.2-1}$$

满足式（4.2-1）的最小时间间隔 T 称为周期。周期 T 的单位用秒（s）表示，其倒数称为频率 f，单位用赫兹（Hz）表示。

不满足式（4.2-1）的信号称为非周期信号，即其信号函数不具有周期重复性。

3．连续时间信号与离散时间信号

按信号时间自变量取值的连续与否，可将信号分为连续时间信号与离散时间信号。连续时间信号在规定的时间范围内，任意时刻（除有限不连续点外）都可以给出确定的函数值。值得注意的是，连续时间信号用 t 表示连续时间变量，其函数取值没有限制，既可以是连续的，也可以是离散的，如图 4-2 所示。在通信和电子领域，时间、函数值都连续的信号称为模拟信号，且模拟信号与连续信号往往不予区分。

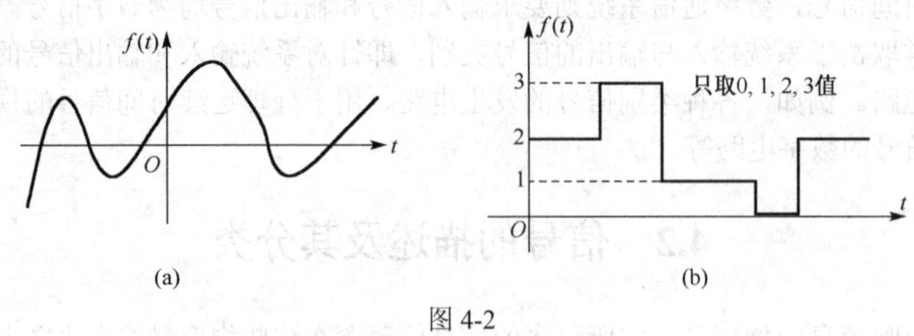

图 4-2

离散时间信号的自变量用 n 表示，n 的取值是离散的，通常为整数。因此，离散时间信号只在某些不连续的、规定的瞬时给出确定的函数值，在其他时间没有定义，如图 4-3 所示。信号幅值既可以是离散的，也可以是连续的。如果离散时间信号的幅值也离散，则称其为数字信号。

本书主要讨论连续时间信号。

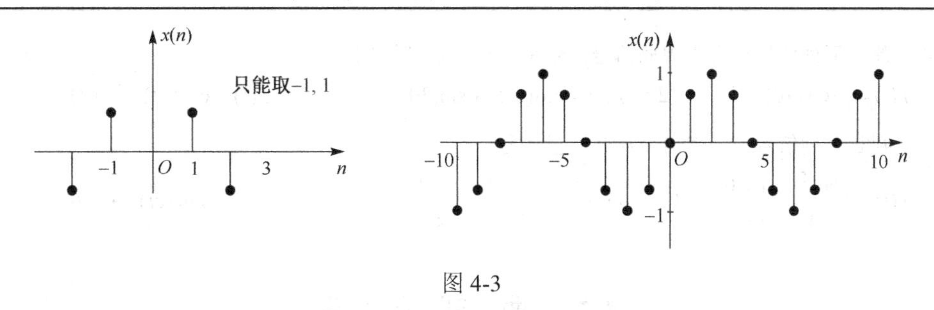

图 4-3

4．能量信号与功率信号

按信号的能量和平均功率是否有限，信号可区分为能量信号和功率信号。如前所述，就本书讨论的范围，信号可看作是随时间变化的电压或电流，则信号 $f(t)$ 在单位电阻上的瞬时功率为 $|f(t)|^2$ 。定义在 $-\infty<t<\infty$ 整个时间域上的信号能量 E 和平均功率 P 分别为

$$E=\int_{-\infty}^{\infty}|f(t)|^2\,\mathrm{d}t \qquad 和 \qquad P=\lim_{T\to\infty}\frac{1}{2T}\int_{-T}^{T}|f(t)|^2\,\mathrm{d}t \tag{4.2-2}$$

若信号 $f(t)$ 是实函数，则其能量和平均功率的定义式分别为

$$E=\int_{-\infty}^{\infty}f^2(t)\mathrm{d}t$$

$$P=\lim_{T\to\infty}\frac{1}{2T}\int_{-T}^{T}f^2(t)\mathrm{d}t \tag{4.2-3}$$

若信号的能量有限，其平均功率必为零，这样的信号称为能量有限信号，简称能量信号；若信号的平均功率有限，其能量必为无限大，这样的信号称为功率有限信号，简称功率信号。一般而言，周期信号和直流信号一定为功率信号，而持续时间有限的有界信号一定是能量信号。

5．因果信号与非因果信号

按照信号存在的时间范围，可以把信号分为因果信号与非因果信号。当 $t<0$ 时，若连续信号 $f(t)=0$ ，则信号 $f(t)$ 是因果信号；反之为非因果信号。

思考与练习

4.2-1　判断练习题 4.2-1 图所示各信号是连续时间信号还是离散时间信号，若是离散时间信号是否为数字信号。

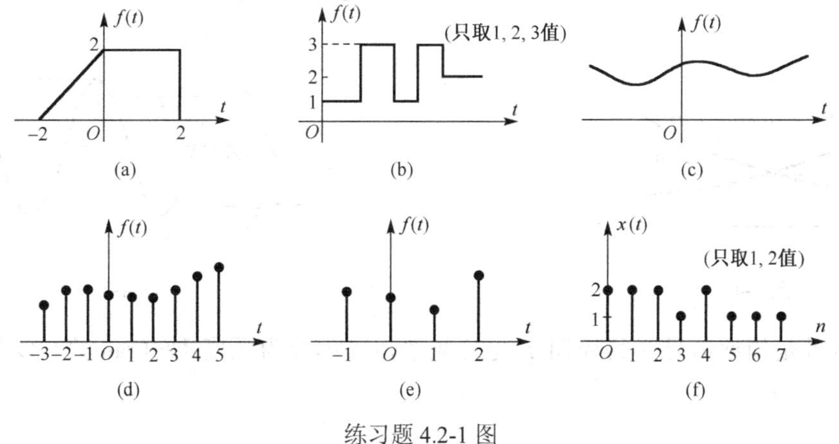

练习题 4.2-1 图

4.2-2 判断下列信号是否为周期信号，若是，试确定其周期。

（1）$f(t)=[5\cos(6t)]^2$ （2）$f(t)=\cos(10t)+\sin(30t)$ （3）$f(t)=\cos(\pi t)+\sin(t)$

4.2-3 判断下列信号是功率信号还是能量信号。

（1）$f(t)=\begin{cases}5e^{-5t}, & t>0\\ 0, & t<0\end{cases}$ （2）$f(t)=\begin{cases}e^{-2t}+1, & t>0\\ 0, & t<0\end{cases}$ （3）$f(t)=\sin(10t)\cdot\cos(20t)$

4.3 典 型 信 号

本节介绍一些典型的连续时间信号，一方面是许多复杂的连续时间信号可以用典型信号的组合来表示，另一方面是这些典型信号对分析系统和了解系统特性起着主导作用。

4.3.1 常用连续信号

1. 实指数信号

实指数信号的时域表达式为

$$f(t)=k\,e^{at}\text{，}k\text{，}a\text{ 均为实数} \tag{4.3-1}$$

其波形如图 4-4 所示（图中假设实系数 $k>0$）。根据 a 取值不同，分为三种情况：

（1）当 $a>0$ 时，$f(t)$ 随时间呈指数增长；

（2）当 $a<0$ 时，$f(t)$ 随时间呈指数衰减；

（3）当 $a=0$ 时，$f(t)=k$ 为直流信号。

$|a|$ 的大小反映了信号 $f(t)$ 随时间增长或衰减的速率。

2. 正弦信号

正弦信号与余弦信号两者仅在相位上相差 $\frac{\pi}{2}$，习惯上统称为正弦信号，时域表达式为

$$f(t)=k\sin(\omega t+\theta) \tag{4.3-2}$$

正弦信号的时域波形如图 4-5 所示。式（4.3-2）中振幅 k（$k>0$）、角频率 ω 和初相位 θ 统称为正弦信号的三要素。为确保初相位取值的唯一性，通常规定初相位取值范围为 $-\pi\leqslant\theta\leqslant\pi$。

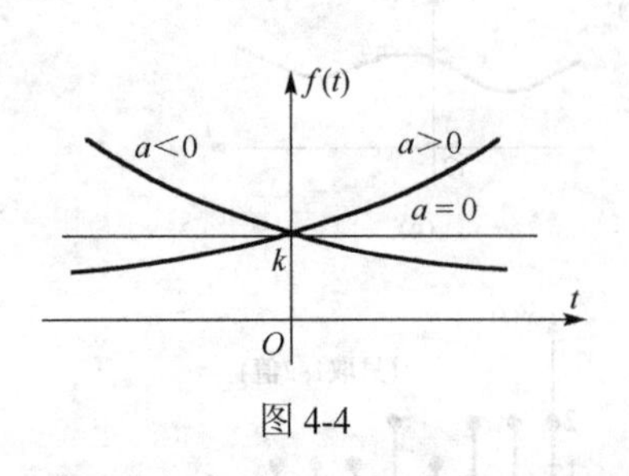

图 4-4

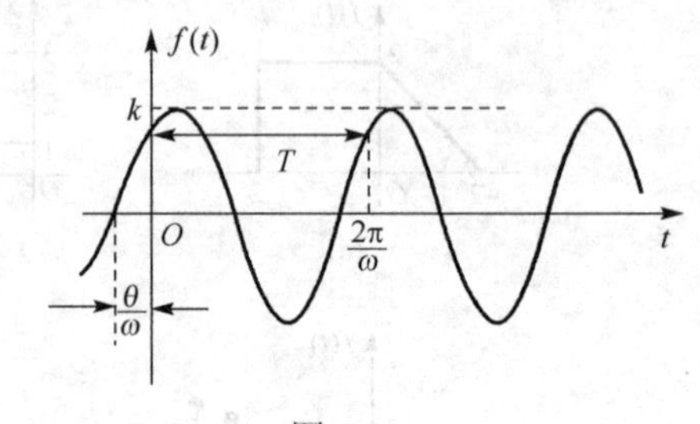

图 4-5

正弦信号是周期信号，其周期 T 与角频率 ω（单位为弧度/秒（rad/s））以及频率 f 满足关系：

$$T = \frac{2\pi}{\omega} = \frac{1}{f} \tag{4.3-3}$$

3. 复指数信号

复指数信号的时域表达式为

$$f(t) = k\mathrm{e}^{st} \tag{4.3-4a}$$

式中，k 为实数，复数 $s = \sigma + \mathrm{j}\omega$ 称为复频率，其实部和虚部分别为 σ 和 ω。根据欧拉公式有

$$f(t) = k\mathrm{e}^{st} = k\mathrm{e}^{(\sigma+\mathrm{j}\omega)t} = k\mathrm{e}^{\sigma t}\cos(\omega t) + \mathrm{j}k\mathrm{e}^{\sigma t}\sin(\omega t) \tag{4.3-4b}$$

当 $\omega = 0$ 时，复指数信号成为实指数信号 $f(t) = k\mathrm{e}^{\sigma t}$。当 $\sigma = 0$ 时，正弦、余弦信号可借助复指数信号表示为

$$\begin{cases} \cos(\omega t) = \dfrac{1}{2}(\mathrm{e}^{\mathrm{j}\omega t} + \mathrm{e}^{-\mathrm{j}\omega t}) \\ \sin(\omega t) = \dfrac{1}{2\mathrm{j}}(\mathrm{e}^{\mathrm{j}\omega t} - \mathrm{e}^{-\mathrm{j}\omega t}) \end{cases} \tag{4.3-5}$$

实际中遇到的信号都是实信号，但之所以引入复指数信号，一是因为它概括了多种情况，可以借助它来描述各种基本信号；二是利用它可以简化许多运算和分析，在第 3 章中采用的相量法与其思想可谓是一脉相承。

4. 抽样信号

抽样信号 Sa(t)的时域表达式为

$$\mathrm{Sa}(t) = \frac{\sin t}{t} \tag{4.3-6}$$

其波形如图 4-6 所示。Sa(t)信号波形的特点是：

（1）偶函数，即 $\mathrm{Sa}(t) = \mathrm{Sa}(-t)$。

（2）$t = 0$ 时，$\mathrm{Sa}(t)$ 取得最大值，$\mathrm{Sa}(0) = 1$。其他极值点位于 $t = \pm(2n+1)\pi/2$ 处，零点位于 $t = \pm n\pi$（n 取自然数）处。

（3）$\mathrm{Sa}(t)$ 随 $|t|$ 增大而振荡衰减，当 $t \to \pm\infty$ 时，$\mathrm{Sa}(t) \to 0$。

（4）$\int_{-\infty}^{\infty} \mathrm{Sa}(t)\mathrm{d}t = \pi$ 或 $\int_{0}^{\infty} \mathrm{Sa}(t)\mathrm{d}t = \pi/2$。

在实际中还经常遇到 $\mathrm{Sa}(at)$ 信号，其表达式为

$$\mathrm{Sa}(at) = \frac{\sin at}{at} \tag{4.3-7}$$

$\mathrm{Sa}(at)$ 的波形如图 4-7 所示。

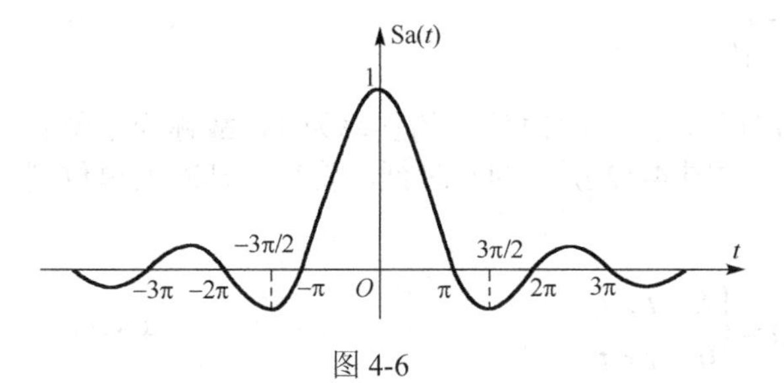

图 4-6

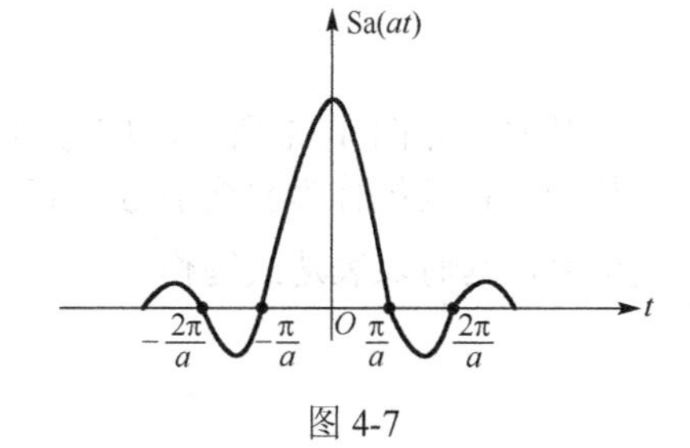

图 4-7

4.3.2 奇异信号

如果信号本身，或者其有限次导数，或者其有限次积分存在不连续点，这类信号统称为奇异信号。与本课程有关的奇异信号主要有单位阶跃信号、单位斜变信号、单位符号函数、单位门函数和单位冲激信号。

1. 单位阶跃信号

单位阶跃信号的时域表达式为

$$\varepsilon(t)=\begin{cases}0, & t<0\\ 1, & t>0\end{cases} \tag{4.3-8}$$

其波形如图 4-8 所示，信号跃变发生于 $t=0$ 时刻，因信号跃变值为 1，故称为单位阶跃信号，否则称为阶跃信号。注意，在跃变点 $t=0$ 处，函数值未定义。若信号跃变发生于如图 4-9 所示的 t_0 时刻，就称为延时的单位阶跃信号，其时域表达式为

$$\varepsilon(t-t_0)=\begin{cases}0, & t<t_0\\ 1, & t>t_0\end{cases} \tag{4.3-9}$$

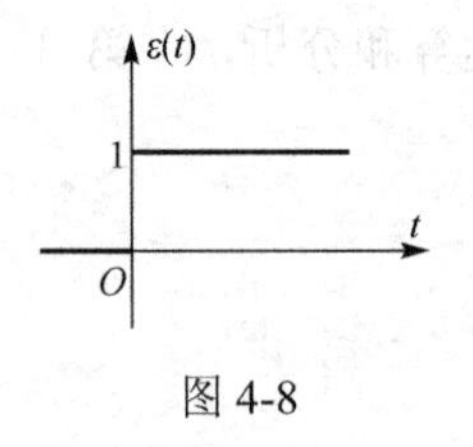

图 4-8

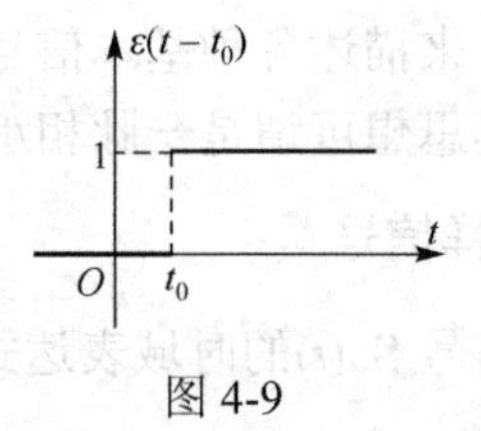

图 4-9

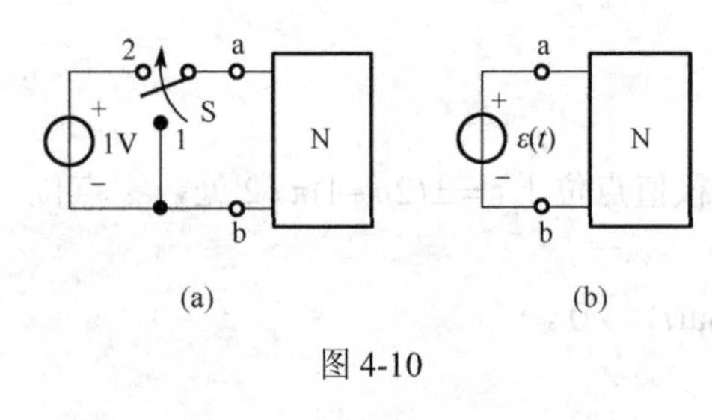

图 4-10

由于阶跃信号的数值在 $t=0$ 时发生突变，因此在自动控制等领域，常用阶跃信号作为输入信号来反映和评价系统的动态性能。在电路分析中，阶跃信号可用来描述开关的动作或信号的接入特性。例如，图 4-10(a)所示电路中的开关 S 在 $t=0$ 时刻由位置 1 切换至位置 2，其作用等效于图 4-10(b)中用一个单位阶跃电压源激励网络 N。对网络 N 而言，图 4-10(a)所示电路与图 4-10(b)所示电路互为等效电路。

2. 单位斜变信号

单位斜变信号的时域表达式为

$$R(t)=\begin{cases}t, & t>0\\ 0, & t<0\end{cases} \tag{4.3-10}$$

其波形如图 4-11 所示，信号斜变于 $t=0$ 时刻，因 $t>0$ 时信号的斜率为 1，故称为单位斜变信号，否则统称为斜变信号。若信号斜变于如图 4-12 所示的 t_0 时刻，就称为延时的单位斜变信号，其时域表达式写作

$$R(t-t_0)=\begin{cases}t, & t>t_0\\ 0, & t<t_0\end{cases} \tag{4.3-11}$$

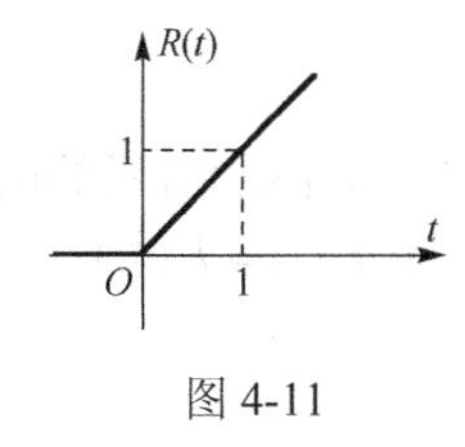

图 4-11

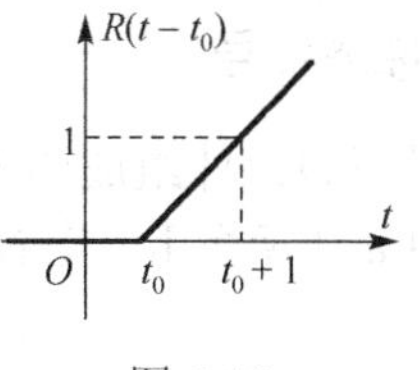

图 4-12

单位斜变信号也可用单位阶跃信号表示为

$$R(t)=\begin{cases}t, & t>0\\0, & t>0\end{cases}=t\varepsilon(t) \tag{4.3-12}$$

且两者互为微积分关系，即有

$$\frac{\mathrm{d}R(t)}{\mathrm{d}t}=\varepsilon(t) \tag{4.3-13}$$

$$R(t)=\int_{-\infty}^{t}\varepsilon(\tau)\mathrm{d}\tau=t\varepsilon(t) \tag{4.3-14}$$

3．单位符号函数

单位符号函数是 $t>0$ 时值为 1，而 $t<0$ 时值为−1 的函数，用 sgn(t)表示，波形如图 4-13 所示。

$$\mathrm{sgn}(t)=\begin{cases}1, & t>0\\-1, & t<0\end{cases} \tag{4.3-15}$$

利用阶跃信号可方便地表示符号函数，其表示形式为

$$\mathrm{sgn}(t)=2\varepsilon(t)-1=-\varepsilon(-t)+\varepsilon(t) \tag{4.3-16}$$

4．单位门函数

单位门函数 $G_\tau(t)$ 是指以原点为中心、以 τ 为时宽、高度为 1 的矩形单脉冲信号，波形如图 4-14 所示。门函数符号的下标 τ 意指时宽。

$$G_\tau(t)=\begin{cases}1, & |t|<\dfrac{\tau}{2}\\[2ex]0, & |t|>\dfrac{\tau}{2}\end{cases} \tag{4.3-17}$$

利用阶跃信号也可方便地表示单位门函数，其表示形式为

$$G_\tau(t)=\varepsilon\left(t+\frac{\tau}{2}\right)-\varepsilon\left(t-\frac{\tau}{2}\right) \tag{4.3-18}$$

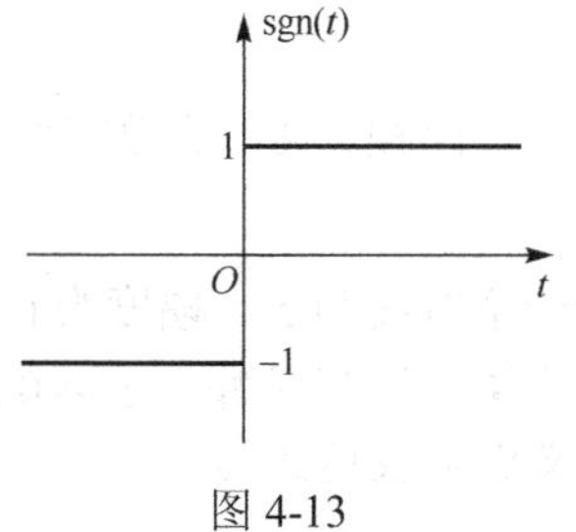

图 4-13

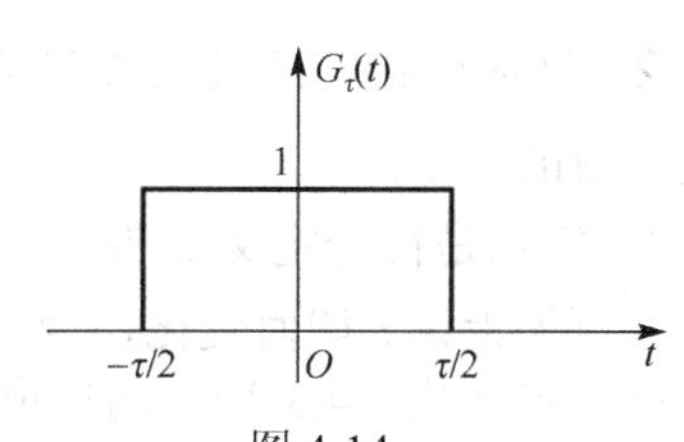

图 4-14

5. 单位冲激信号

可以借用理想元件组成的电路来理解冲激信号的概念。如图 4-15(a)所示的电路，当 $t=0$ 时，开关 S 由 a 切换至 b，电容电压的波形如图 4-15(b)所示，即 $u_C(t)=E\varepsilon(t)$。

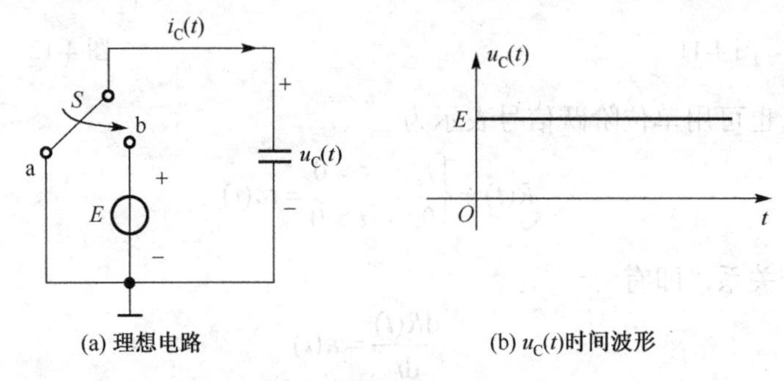

(a) 理想电路　　(b) $u_C(t)$时间波形

图 4-15

根据电容元件电压与电流之间的关系，可以得到电流表达式为

$$i_C(t)=C\frac{\mathrm{d}u_C(t)}{\mathrm{d}t}$$

在 $t>0$ 或 $t<0$ 时，不难知道流过电容器的电流 $i_C(t)$ 为零。而在 $t=0$ 时刻，电容电压 $u_C(t)$ 突变为 E，此时的电流一定不为零。可以认为在 $t=0$ 瞬间，有一无穷大的电流流过电容器，将电荷瞬间转移到电容器上，完成对电容器的充电，使得电容电压在这一时刻发生了跳变。这种电流持续时间为零且幅度为无穷大，但电流的时间积分有限的物理现象可以用冲激函数 $\delta(t)$ 描述。

单位冲激函数有多种定义方法，本书主要采用以下两种定义。

定义 1（狄拉克定义）：满足如下两个条件的函数称为单位冲激函数。

$$\begin{cases}\int_{-\infty}^{\infty}\delta(t)\mathrm{d}t=1\\ \delta(t)=0, \qquad t\neq 0\end{cases} \tag{4.3-19}$$

注意，上述定义不同于普通函数，它的严格理论属于广义函数。式（4.3-19）中 $\delta(t)$ 的积分值（函数面积）称为冲激强度，因其为 1，故称 $\delta(t)$ 为单位冲激函数。$\delta(t)$ 的波形常用箭头表示，如图 4-16 所示，箭头所在位置 $t=0$ 表示冲激发生的时刻，冲激强度用括号标注在箭头旁。图 4-17 表示发生在 $t=t_0$ 时刻且冲激强度为 E 的冲激函数，记为 $E\delta(t-t_0)$，其表达式为

$$\begin{cases}\int_{-\infty}^{\infty}E\delta(t-t_0)\mathrm{d}t=E\\ E\delta(t-t_0)=0, \qquad t\neq t_0\end{cases} \tag{4.3-20}$$

定义 2（冲激函数的广义极限定义）：单位冲激函数 $\delta(t)$ 是面积为 1，等效宽度趋于 0 的常规普通函数的极限。

图 4-18 所示是符合定义 2 的一个普通函数波形，它是一个宽度为 τ、幅度为 $1/\tau$ 的对称矩形脉冲。可见无论 τ 如何变化，函数面积始终为 1。不难想象，矩形脉冲在 $\tau\to 0$ 时的极限情况就是符合定义式（4.3-19）的单位冲激函数 $\delta(t)$。其广义极限表达式为

$$\delta(t)=\lim_{\tau\to 0}\frac{1}{\tau}\left[\varepsilon\left(t+\frac{\tau}{2}\right)-\varepsilon\left(t-\frac{\tau}{2}\right)\right] \tag{4.3-21}$$

符合定义 2 的普通函数还有其他选择，如对称三角形脉冲、双边指数脉冲、钟形脉冲和高斯函数等，这里不再一一介绍，有兴趣的读者可参阅相关文献资料。

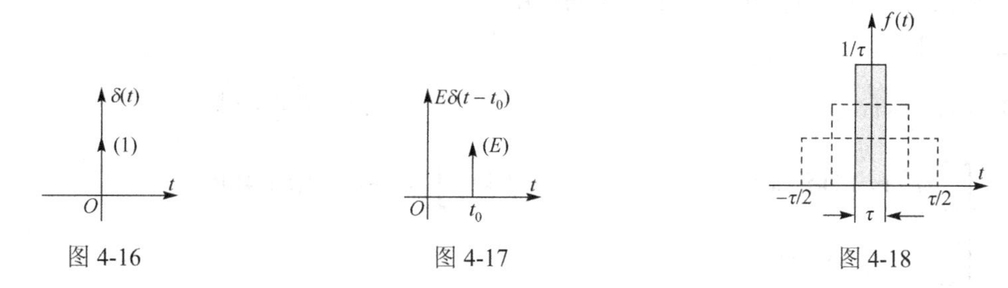

图 4-16　图 4-17　图 4-18

冲激函数具有如下运算与性质：

（1）相乘性。

若有界函数 $f(t)$ 在 $t=t_0$ 处连续，则

$$f(t)\delta(t-t_0)=f(t_0)\delta(t-t_0) \tag{4.3-22}$$

当 $t_0=0$ 时，有

$$f(t)\delta(t)=f(0)\delta(t) \tag{4.3-23}$$

（2）抽样性。

若有界函数 $f(t)$ 在 $t=t_0$ 处连续，则

$$\int_{-\infty}^{\infty}f(t)\delta(t-t_0)\mathrm{d}t=f(t_0) \tag{4.3-24}$$

当 $t_0=0$ 时，有

$$\int_{-\infty}^{\infty}f(t)\delta(t)\mathrm{d}t=f(0) \tag{4.3-25}$$

将式（4.3-24）和式（4.3-25）比较可知，抽样性体现了冲激函数对连续信号 $f(t)$ 的作用，其效果是“筛选”出冲激作用时刻所对应的信号值 $f(t_0)$。

（3）$\delta(t)$ 是偶函数，即 $\delta(t)=\delta(-t)$，一般来说，$\delta(t-t_0)=\delta(t_0-t)$。

（4）尺度特性。

$$\delta(at)=\frac{1}{|a|}\delta(t)\text{，}a\text{ 为非零实常数} \tag{4.3-26}$$

$$\delta(at-t_0)=\frac{1}{|a|}\delta\left(t-\frac{t_0}{a}\right)\text{，}a\text{ 为非零实常数} \tag{4.3-27}$$

（5）$\delta(t)$ 与单位阶跃函数 $\varepsilon(t)$ 互为微积分关系，即

$$\int_{-\infty}^{t}\delta(\tau)\mathrm{d}\tau=\begin{cases}0, & t<0\\ 1, & t>0\end{cases}=\varepsilon(t) \tag{4.3-28}$$

$$\frac{\mathrm{d}\varepsilon(t)}{\mathrm{d}t}=\delta(t)=\begin{cases}0, & t\neq 0\\ \infty, & t=0\end{cases} \tag{4.3-29}$$

由式（4.3-29），前面的电容电流 $i_{\mathrm{C}}(t)$ 可以用 $\delta(t)$ 函数描述为

$$i_C(t) = C\frac{\mathrm{d}u_C(t)}{\mathrm{d}t} = CE\delta(t)$$

$\delta(t)$ 函数的引入，使得函数在间断点处的导数乃至高阶导数都可以进行数学描述，人们对物理现象和过程的描述及分析有了强有力的工具。随着学习内容的拓展深入，大家会认识到 $\delta(t)$ 函数在信号与系统分析中举足轻重的作用。

例 4-1 计算：

（1）$\delta(t)\cdot\cos\pi t$　　（2）$\mathrm{e}^{-2t}\cdot\sin\pi t\cdot\delta\left(\frac{1}{2}-t\right)$

（3）$\int_{-\infty}^{+\infty}(t^2+t+1)\delta(t)\mathrm{d}t$　　（4）$\int_{-3}^{3}(2+\mathrm{e}^{-t})\delta(t+4)\mathrm{d}t$

（5）$\int_{-\infty}^{t}(2+\mathrm{e}^{-\tau})\delta(\tau)\mathrm{d}\tau$

解：（1）$\delta(t)\cdot\cos\pi t = \delta(t)\cdot\cos\pi t\big|_{t=0} = \delta(t)\cdot\cos 0 = \delta(t)$

（2）$\mathrm{e}^{-2t}\cdot\sin\pi t\cdot\delta\left(\frac{1}{2}-t\right) = \delta\left(t-\frac{1}{2}\right)\cdot\mathrm{e}^{-2t}\cdot\sin\pi t\Big|_{t=\frac{1}{2}} = \mathrm{e}^{-1}\cdot\sin\frac{\pi}{2}\cdot\delta\left(t-\frac{1}{2}\right) = \mathrm{e}^{-1}\delta\left(t-\frac{1}{2}\right)$

（3）$\int_{-\infty}^{+\infty}(t^2+t+1)\delta(t)\mathrm{d}t = t^2+t+1\big|_{t=0} = 1$

（4）因冲激 $\delta(t+4)$ 位于积分区间外，故 $\int_{-3}^{3}(2+\mathrm{e}^{-t})\delta(t+4)\mathrm{d}t = 0$

（5）$\int_{-\infty}^{t}(2+\mathrm{e}^{-\tau})\delta(\tau)\mathrm{d}\tau = \int_{-\infty}^{t}3\delta(\tau)\mathrm{d}\tau = \begin{cases}3, & t>0\\ 0, & t<0\end{cases} = 3\varepsilon(t)$

思考与练习

4.3-1　试用单位阶跃信号表示练习题 4.3-1 图所示各信号。

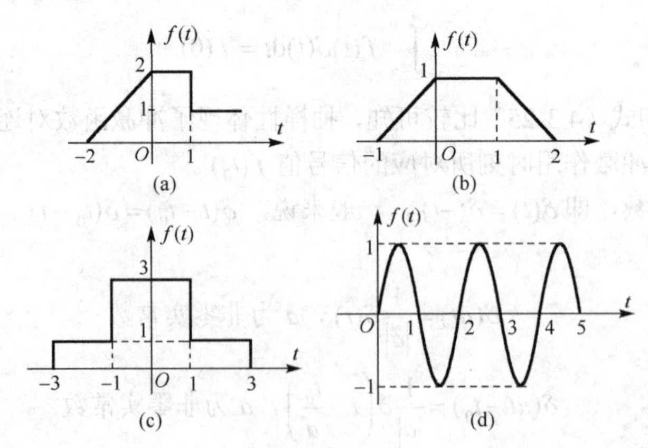

练习题 4.3-1 图

4.3-2　绘出下列各时间函数的波形图，注意它们的区别。

（1）$t[\varepsilon(t)-\varepsilon(t-1)]$　　（2）$t\varepsilon(t-1)$　　（3）$(t-1)\varepsilon(t-1)$

（4）$t[\varepsilon(t)-\varepsilon(t-1)]+\varepsilon(t-1)$　　（5）$-(t-1)[\varepsilon(t)-\varepsilon(t-1)]$

（6）$t[\varepsilon(t-1)-\varepsilon(t-2)]$　　（7）$(t-1)[\varepsilon(t-1)-\varepsilon(t-2)]$

4.3-3　应用冲激信号的抽样特性，求下列表示式的函数值（式中 t_0 为正值）。

（1）$\int_{-\infty}^{+\infty} f(t-t_0)\delta(t)\mathrm{d}t$　（2）$\int_{-\infty}^{+\infty} f(t_0-t)\delta(t)\mathrm{d}t$　（3）$\int_{-\infty}^{+\infty} \delta(t-t_0)\varepsilon\left(t-\frac{t_0}{2}\right)\mathrm{d}t$

（4）$\int_{-\infty}^{+\infty} \delta(t-t_0)\varepsilon(t-3t_0)\mathrm{d}t$　（5）$\int_{-\infty}^{+\infty} \delta(t+2)(\mathrm{e}^{-t}-t)\mathrm{d}t$　（6）$\int_{-\infty}^{+\infty} \delta\left(t-\frac{\pi}{3}\right)(\mathrm{e}^{-t}-\cos t)\mathrm{d}t$

（7）$\int_{-\infty}^{+\infty} \mathrm{e}^{-\mathrm{j}\omega t}[\delta(t)-\delta(t-t_0)]\mathrm{d}t$　（8）$\int_{-\infty}^{t} \delta(2\tau-1)\mathrm{d}\tau$　（9）$\int_{-\infty}^{t} 2\delta(\tau)\frac{\sin(2\tau)}{\tau}\mathrm{d}\tau$

4.4　信号的基本运算

在信号的传输与处理过程中，往往需要对信号进行变换，一些电子器件被用来实现这些变换功能，并且可以用相应的信号运算表示。这样的信号运算主要有三类：一是时移、反褶（折叠）和尺度；二是微分与积分；三是信号的加（减）、乘（除）。下面分别讨论这三类信号的基本运算。

4.4.1　时移、反褶和尺度

信号的时移也称信号的位移、时延。将信号 $f(t)$ 的自变量 t 用 $t-t_0$ 替换，得到的信号 $f(t-t_0)$ 就是 $f(t)$ 的时移，它是 $f(t)$ 的波形在时间 t 轴上整体移位 t_0。若 $t_0>0$，$f(t)$ 的波形在时间 t 轴上整体右移 t_0；若 $t_0<0$，$f(t)$ 的波形在时间 t 轴上整体左移 t_0，如图 4-19 所示。

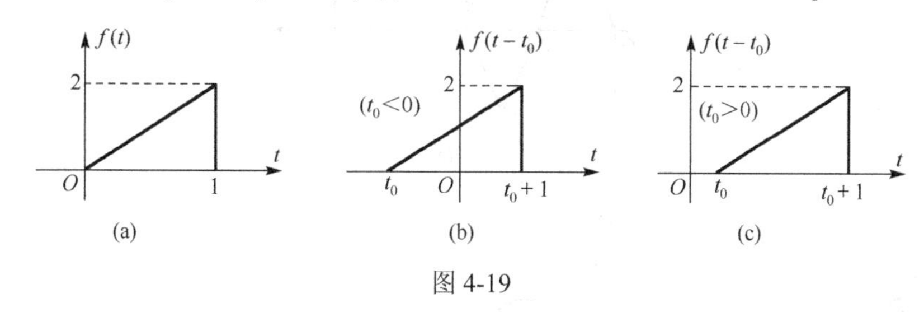

图 4-19

将 $f(t)$ 的自变量 t 用 $-t$ 替换，得到信号 $f(-t)$ 是 $f(t)$ 的反褶信号。$f(-t)$ 的波形是 $f(t)$ 的波形以 $t=0$ 为轴进行折叠，所以也称时间轴反转，如图 4-20 所示。

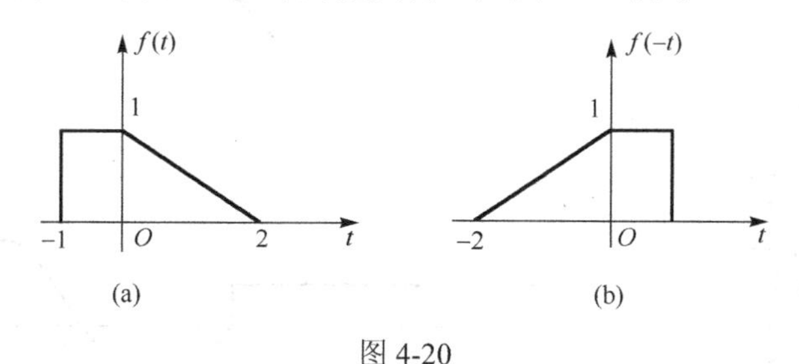

图 4-20

将 $f(t)$ 的自变量 t 用 at $(a\neq 0)$ 替换，得到的 $f(at)$ 称为 $f(t)$ 的尺度变换，其波形是 $f(t)$ 在时间轴上的压缩或扩展。若 $|a|>1$，波形在时间轴上压缩；若 $|a|<1$，波形在时间轴上扩展，故信号的尺度变换又称为信号的压缩与扩展。例如，假设 $f(t)=\sin\omega_0 t$ 是正常语速的信号，则 $f(2t)=\sin 2\omega_0 t=f_1(t)$ 是两倍语速的信号，而 $f\left(\frac{t}{2}\right)=\sin\frac{\omega_0}{2}t=f_2(t)$ 是降低一半语速的信号。$f_1(t)$ 与 $f_2(t)$ 在时间轴上被压缩或扩展，但幅度均没有变化，如图 4-21 所示。

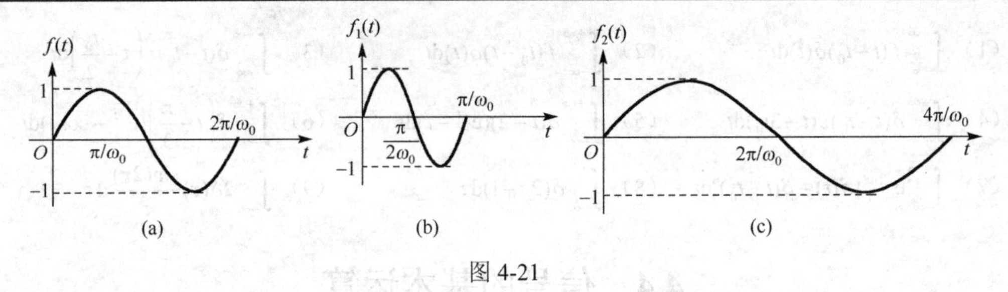

图 4-21

实际信号的运算往往是几种运算的综合。

例 4-2　已知 $f(t)$ 的波形如图 4-22(a)所示，试画出 $f(-2t)$ 和 $f\left(-\dfrac{t}{2}\right)$ 的波形。

解：$f(-2t)$、$f\left(-\dfrac{t}{2}\right)$ 除了尺度变换外，还要反褶。

第一步尺度变换，如图 4-22(b)、(c)所示。

第二步反褶，如图 4-22(d)、(e)所示。

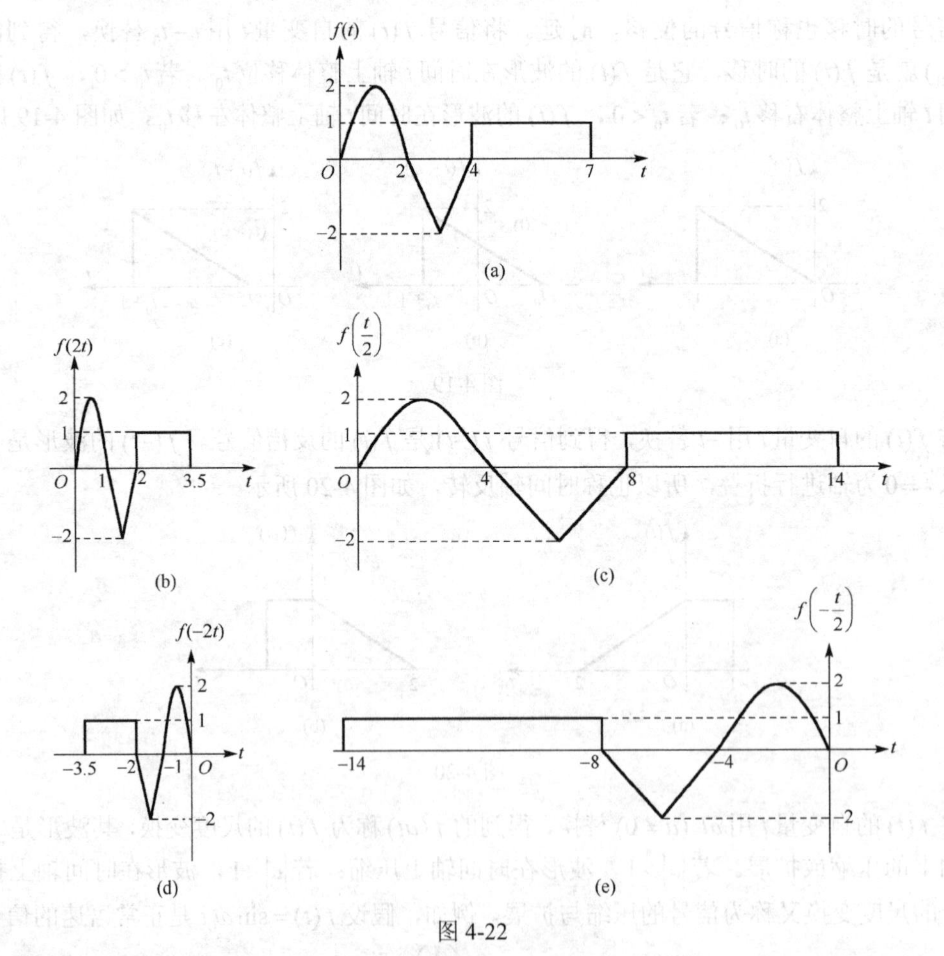

图 4-22

如果已知某信号的波形，要求该信号经过组合变换后的波形。方法是先分析其变换具体涉及哪些类型，如时移、反褶和尺度变换等；然后按照一定的变换顺序，分步画出各变换对应的信号波形，直至最终得到组合变换的信号。

例 4-3　信号 $f(t)$ 的波形如图 4-23 所示，试画出 $f(-0.5t-1)$ 的波形。

解：要将信号 $f(t)$ 综合变换为 $f(-0.5t-1)$，其中涉及时移、反褶和尺度三种变换，变换顺序的选择共 6 种。

方法一：选择先“时移”，后“尺度”，再“反褶”的变换顺序，即

$$f(t)\xrightarrow{\text{时移}}f(t-1)\xrightarrow{\text{尺度}}f(0.5t-1)\xrightarrow{\text{反褶}}f(-0.5t-1)$$

各步变换的信号波形如图 4-24 所示。

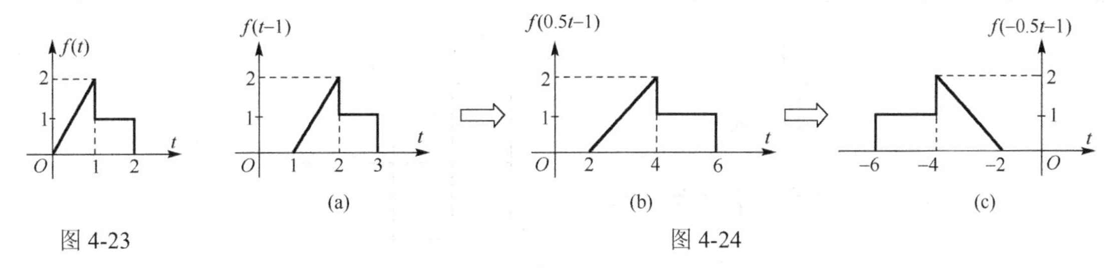

图 4-23　　图 4-24

方法二：选择先“反褶”，后“时移”，再“尺度”的变换顺序，即

$$f(t)\xrightarrow{\text{反褶}}f(-t)\xrightarrow{\text{时移}}f[-(t+1)]=f(-t-1)\xrightarrow{\text{尺度}}f(-0.5t-1)$$

在第一步“反褶”得到 $f(-t)$ 的基础上，注意第二步的“时移”就是把 $f(-t)$ 中的自变量 t 换成 $(t+1)$ 得到 $f[-(t+1)]$，即得到 $f(-t-1)$。因此，$f[-(t+1)]$ 或 $f(-t-1)$ 应是 $f(-t)$ 波形的左移。各步变换的信号波形如图 4-25 所示。

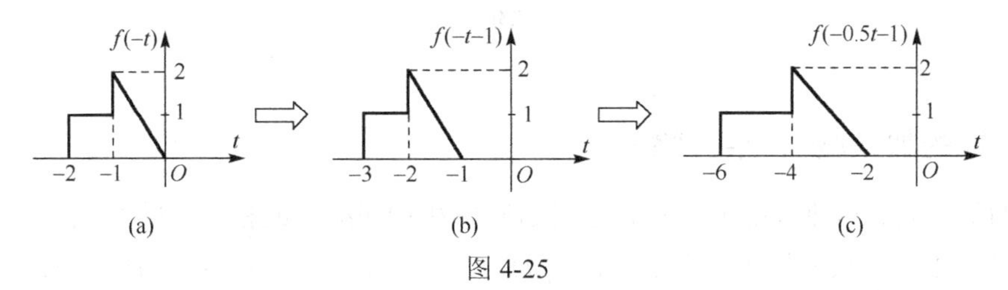

图 4-25

一般情况下，综合应用时移、反褶和尺度变换时，通常的处理方法为

$$f(t)\to f(-at\pm b)=f\left[-a(t\mp b/a)\right]，设\ a>0$$

（1）先尺度：$f(t)\to f(at)$，$a>1$，压缩 a 倍；$a<1$，扩展 $1/a$。

（2）后反褶：$f(at)\to f(-at)$。

（3）再时移：$f(-at)\to f\left[-a(t\mp b/a)\right]$，“+”表示左移 b/a 单位；“−”表示右移 b/a 单位。

需要注意的是：这三个步骤求具体变换对应的波形时，每种变换都是针对自变量 t 来进行的。因此按照这三个步骤可以画出例 4-3 中 $f(-0.5t-1)$ 的波形。

方法三：选择先“尺度”，后“反褶”，再“时移”的变换顺序，即

$$f(t)\xrightarrow{\text{尺度}}f(0.5t)\xrightarrow{\text{反褶}}f(-0.5t)\xrightarrow{\text{时移}}f[-0.5(t+2)]=f(-0.5t-1)$$

可见，不同变换顺序得出的最终波形完全一样。作为结论需指出，对于连续时间信号的组合变换，无论如何改变运算顺序，波形先画谁后画谁，最终都会得到相同的结果。请读者按照其他组合步骤画出例 4-3 的波形。

4.4.2　微分与积分

微分是对 $f(t)$ 的求导运算，表示为

$$f'(t) = \frac{\mathrm{d}}{\mathrm{d}t} f(t) \tag{4.4-1}$$

信号经过微分后突出了变化部分，如图 4-26(a)所示。

积分是对 $f(t)$ 在 $(-\infty, t)$ 区间内的定积分，表示为

$$y(t) = \int_{-\infty}^{t} f(\tau)\mathrm{d}\tau \tag{4.4-2}$$

信号经过积分后平滑了变化部分，如图 4-26(b)所示。

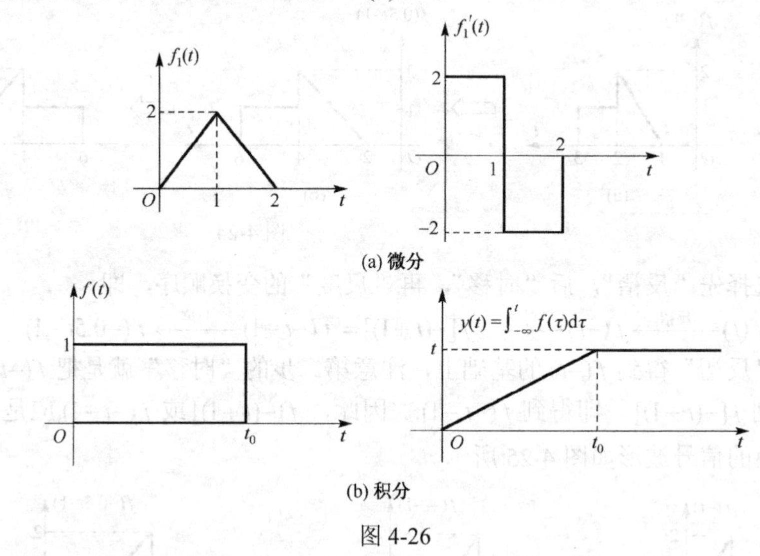

图 4-26

4.4.3　信号的加（减）、乘（除）

信号的加（减）或乘（除）运算是信号瞬时值相加（减）或相乘（除）。$f_1(t) \pm f_2(t)$ 是两个信号瞬时值相加（减）形成的新信号；$f_1(t) \cdot f_2(t)$ 或 $f_1(t) / f_2(t) = f_1(t) \cdot [1 / f_2(t)]$ 是两个信号瞬时值相乘形成的新信号。

例 4-4　$f_1(t)$、$f_2(t)$ 的波形如图 4-27(a)所示，请画出 $f_1(t) + f_2(t)$、$f_1(t) \cdot f_2(t)$ 的波形。

解： $f_1(t) + f_2(t)$、$f_1(t) \cdot f_2(t)$ 波形如图 4-27(b)、(c)所示。

实际工作中经常遇到幅度衰减的振荡信号，是信号相乘的典型应用。

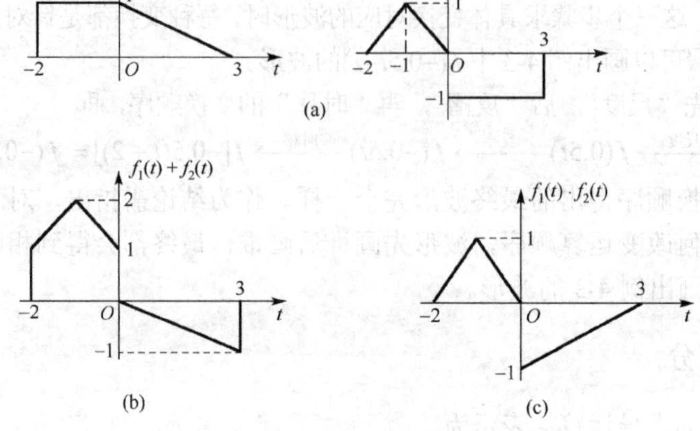

图 4-27

例 4-5　$f_1(t)=\begin{cases}k\mathrm{e}^{-at}, & t>0\\ 0, & t<0\end{cases}$，$f_2(t)=\cos\omega_0 t$，画出 $f_1(t)\cdot f_2(t)$ 的波形。

解： $f_1(t)\cdot f_2(t)=\begin{cases}k\mathrm{e}^{-at}\cos\omega_0 t, & t>0\\ 0, & t<0\end{cases}$ 是幅度按指数规律变化的余弦信号，如图 4-28 所示。一般来说，两个信号相乘时变化慢的信号形成包络，包络反映了相乘信号总的变化趋势。

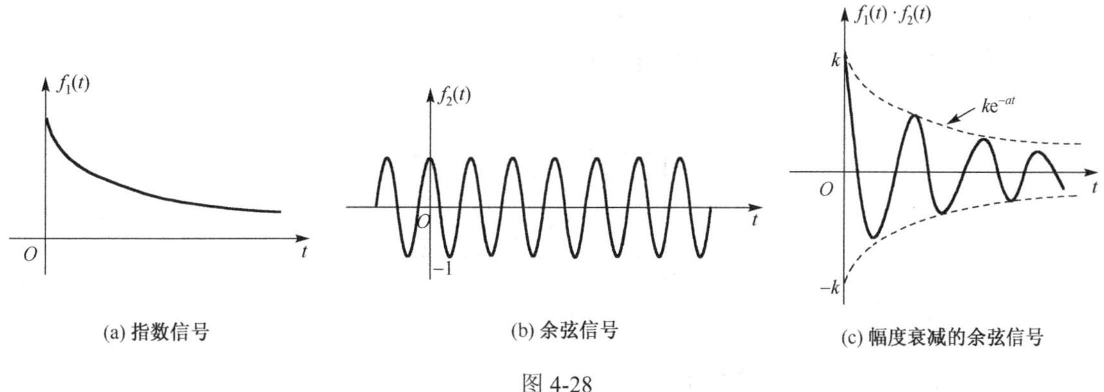

(a) 指数信号　(b) 余弦信号　(c) 幅度衰减的余弦信号

图 4-28

在通信系统的调制、解调过程中，常常会遇到两信号的相加或相乘运算，如图 4-29 所示。例如，在调幅（AM）中，就类似地采用了语音信号与载波信号相乘的原理。

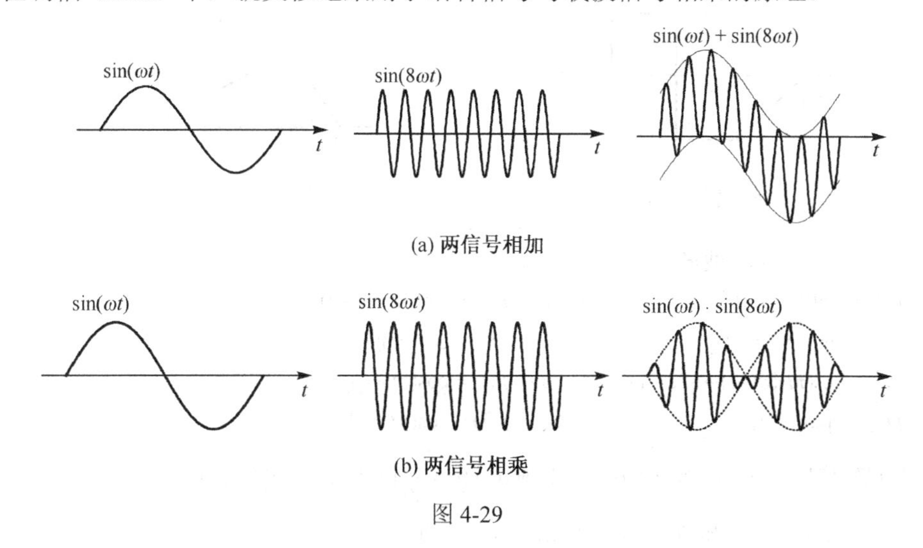

(a) 两信号相加

(b) 两信号相乘

图 4-29

思考与练习

4.4-1　选择题。

（1）已知 $f(t)$ 表示一盘录音磁带，则下列叙述中错误的是（　　）。

A．$f(-t)$ 表示将磁带倒放产生的信号

B．$f(2t)$ 表示将磁带以两倍速度快放产生的信号

C．$f(2t)$ 表示将磁带放音速度降低一半播放产生的信号

D. $2f(t)$ 表示将磁带音量放大一倍播放产生的信号

（2）信号 $f(5-2t)$ 是（　　）运算的结果。

A. $f(-2t)$ 右移 5　　B. $f(-2t)$ 左移 5

C. $f(-2t)$ 右移 5/2　　D. $f(-2t)$ 左移 5/2

4.4-2　已知信号 $f(t)$ 的波形如练习题 4.4-2 图所示，绘出下列信号的波形。

（1）$f(-t)$　　（2）$f(t+1)$

（3）$f(3-2t)$　　（4）$f(t)\varepsilon(1-t)$

（5）$f(t)\varepsilon(t-1)$　　（6）$f(t)\delta(t+0.5)$

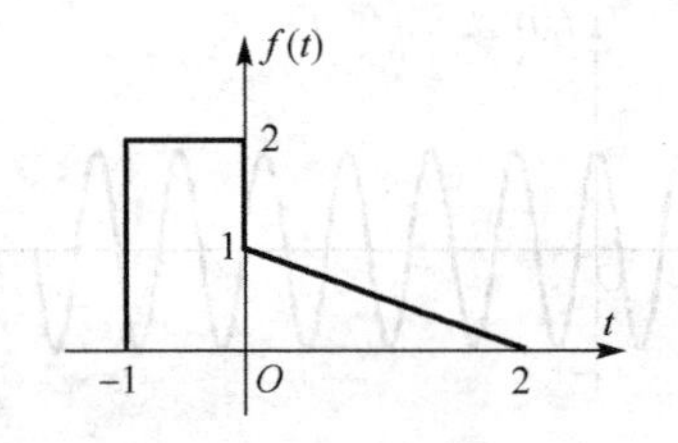

练习题 4.4-2 图

4.4-3　信号 $f(t)$ 的波形如图所示，试画出 $f(2-t)$ 的波形。

4.4-4　信号 $f(1+2t)$ 的波形如图所示，试画出 $f(t)$ 的波形。

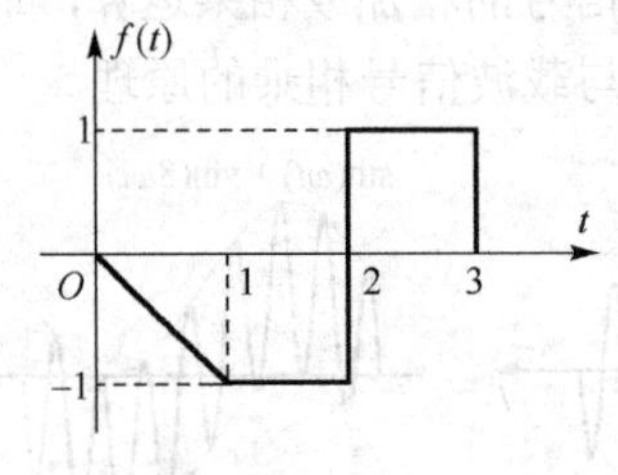

练习题 4.4-3 图

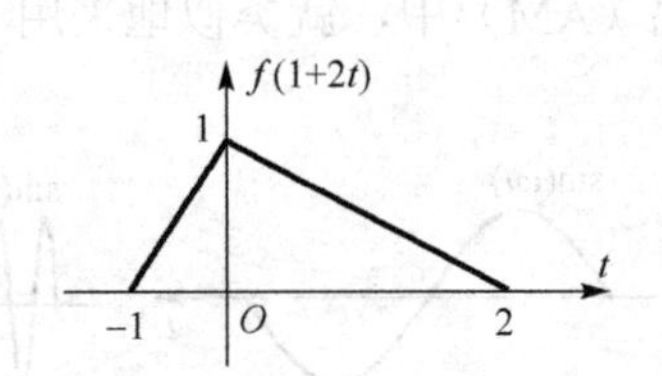

练习题 4.4-4 图

4.4-5　绘出下列信号的波形。

（1）$f(t)=\sin(0.5\pi t)\varepsilon(t)$　　（2）$f(t)=\sin[0.5\pi(t-1)]\varepsilon(t-1)$

（3）$f(t)=\sin[0.5\pi(t-1)]\varepsilon(t)$　　（4）$f(t)=\cos(\pi t)[\varepsilon(t)-\varepsilon(t-2)]$

（5）$f(t)=\cos(\pi t)[\varepsilon(-t)-\varepsilon(2-t)]$　　（6）$f(t)=\cos(\pi t)G_2(t)$

（7）$f(t)=\varepsilon[\cos(\pi t)]$　　（8）$f(t)=\cos(\pi t)\varepsilon(2-|t|)$

4.4-6　已知信号 $f(t)$ 的波形如图所示，试画出 $y(t)=\frac{\mathrm{d}}{\mathrm{d}t}\left[f(1-2t)\varepsilon(t)\right]$ 的波形。

4.4-7　信号 $f(t)$ 的波形如图所示，试绘出下列信号的波形。

（1）$f(-2t+4)$　　（2）$f'(t)\varepsilon(1-t)$

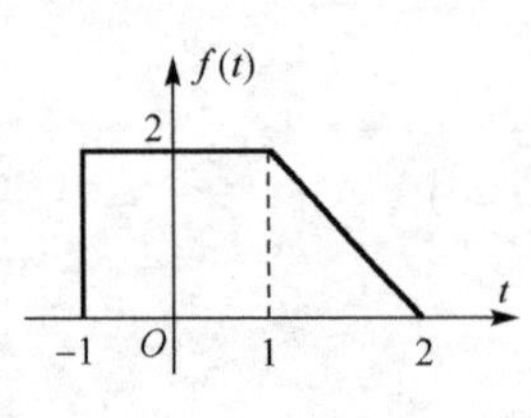

练习题 4.4-6 图

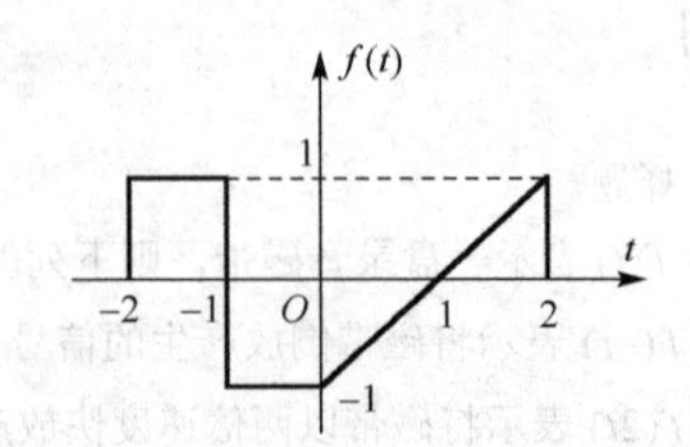

练习题 4.4-7 图

4.5　信号的分解

为了方便对复杂信号进行分析处理，往往需要将其分解为几个相对比较简单的信号（或基本信号）的叠加，这些简单信号的合成正好是复杂信号本身，与力学问题中将任意方向的力分解为几个分力类似。信号分析目的在于揭示信号不同特征信息（时域和频域等特征）及其对应关系，从不同的角度可以将信号分解为不同的分量。本节只讨论两种基本的信号时域分解形式。

4.5.1　信号的奇偶分解

这种分解方法是将实信号分解为偶分量与奇分量之和，优点是可以分别利用偶函数与奇函数的对称性简化信号运算。

信号 $f(t)$ 的偶分量一般表示为 $f_{\rm e}(t)$，其定义式为

$$f_{\rm e}(t)=f_{\rm e}(-t) \tag{4.5-1}$$

式（4.5-1）表明 $f_{\rm e}(t)$ 是一个偶函数，反褶后还是其本身，波形关于纵轴对称。

信号 $f(t)$ 的奇分量一般表示为 $f_{\rm o}(t)$，其定义式为

$$f_{\rm o}(t)=-f_{\rm o}(-t) \tag{4.5-2}$$

式（4.5-2）表明 $f_{\rm o}(t)$ 是一个奇函数，波形关于原点对称。

对任何实信号 $f(t)$，下式成立：

$$\begin{aligned} f(t)&=\frac{1}{2}[f(t)+f(t)+f(-t)-f(-t)]\\ &=\frac{1}{2}[f(t)+f(-t)]+\frac{1}{2}[f(t)-f(-t)]\\ &=f_{\rm e}(t)+f_{\rm o}(t) \end{aligned}$$

由此得到一个重要结论：任何实信号总可以分解为偶分量与奇分量两部分之和，即

$$f(t)=f_{\rm e}(t)+f_{\rm o}(t) \tag{4.5-3}$$

其中，

$$\begin{cases} f_{\rm e}(t)=\dfrac{1}{2}[f(t)+f(-t)]\\ f_{\rm o}(t)=\dfrac{1}{2}[f(t)-f(-t)] \end{cases} \tag{4.5-4}$$

例 4-6　试将图 4-30(a)所示 $f_1(t)$、$f_2(t)$ 信号分解为奇、偶分量之和。

解：首先画出反褶信号的波形，再根据式（4.5-4）进行运算求出奇、偶分量。图 4-30(b)画出了分解过程的图示。

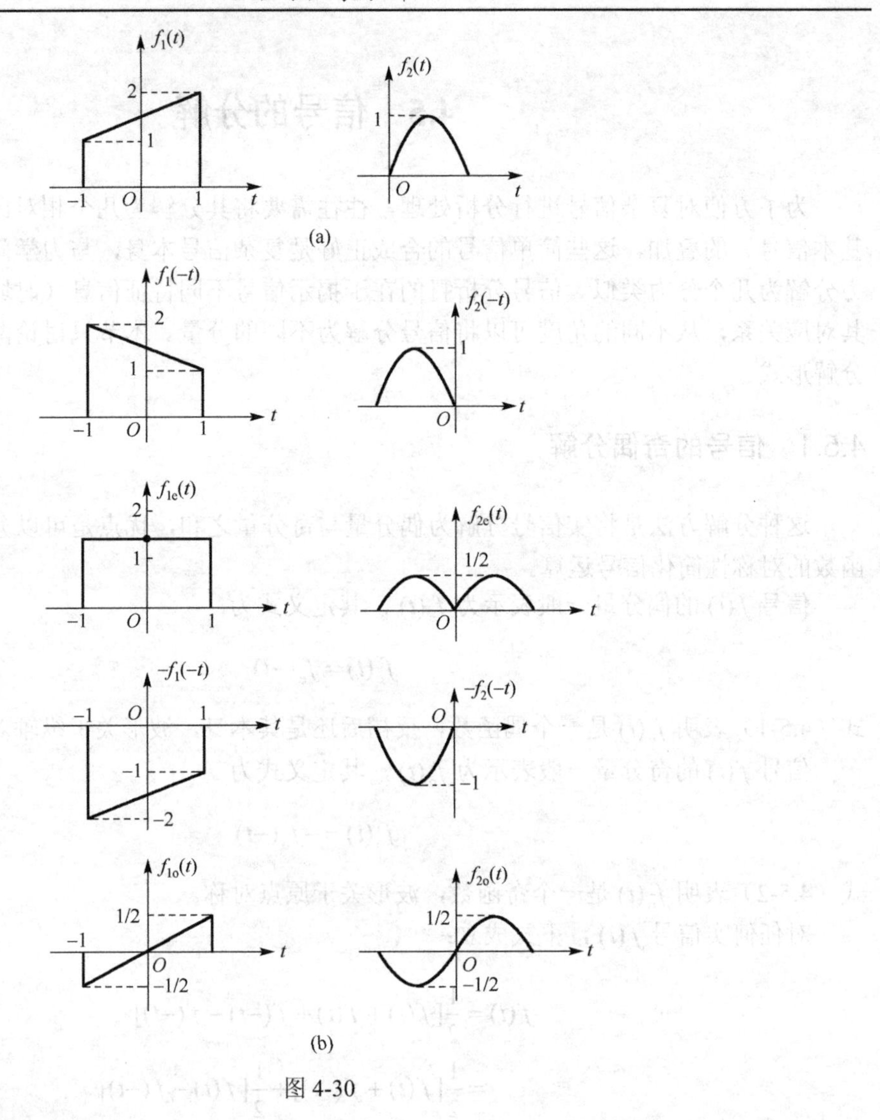

图 4-30

4.5.2 信号的冲激函数分解

这种分解方法是将冲激信号作为基本信号，把任意信号分解为无穷多个冲激信号的线性组合。这是信号分析中一个十分重要的概念，同时也是系统分析的重要基础。在 4.8 节和 4.9 节求解线性时不变系统的响应时将会看到，这种分解的优点是基本信号的波形简单，响应易求，并且可以充分利用系统的齐次性、叠加性与时不变性，方便地求解复杂信号输入时的响应。

根据式（4.3-24），利用冲激函数的抽样性，并将积分变量替换成 τ，有

$$f(t_0)=\int_{-\infty}^{\infty}f(\tau)\delta(\tau-t_0)\mathrm{d}\tau \tag{4.5-5}$$

对于处处连续的任意连续时间信号 $f(t)$，式（4.5-5）在任意时刻均成立。基于此，将某时刻变量符号 t_0 改写为任意时刻变量 t，同时考虑到冲激函数是偶函数，因此式（4.5-5）可改写为

$$f(t)=\int_{-\infty}^{\infty}f(\tau)\delta(t-\tau)\mathrm{d}\tau \tag{4.5-6}$$

上式所蕴含的物理意义是：就某一时刻 τ 来看，右边的被积函数是冲激强度为 $f(\tau)$ 的延时冲激函数，而积分意味着相加（极限求和），因此表达式表明时域中任意信号可分解为无穷多个单位冲激信号的线性组合。

思考与练习

4.5-1　试绘出如图所示各信号的奇分量和偶分量波形。

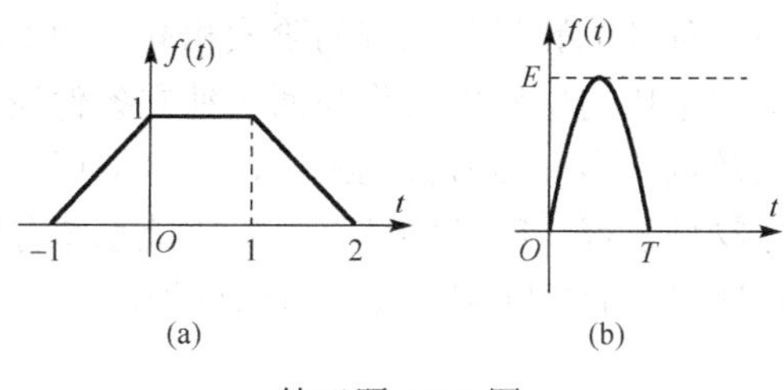

练习题 4.5-1 图

4.5-2　对实连续时间能量信号 $f(t)$，其奇分量和偶分量分别为 $f_o(t)$ 和 $f_e(t)$，试证明 $f(t)$ 的能量等于它的奇、偶分量的能量之和，即式

$$\int_{-\infty}^{\infty} f^2(t)\mathrm{d}t = \int_{-\infty}^{\infty} f_o^2(t)\mathrm{d}t + \int_{-\infty}^{\infty} f_e^2(t)\mathrm{d}t$$

成立。

4.5-3　证明实连续时间功率信号的平均功率等于它的奇、偶分量的平均功率之和。

4.6　系统模型及其分类

系统的功能是实现对信号的加工、处理和变换，可见信号与系统两者是相辅相成、紧密联系的。图 4-31 是一个系统的简单示意图，输入信号（激励）$f(t)$ 经系统处理后，产生输出信号（响应）$y(t)$。该系统是一个单输入单输出系统，复杂的系统可以有多个输入和多个输出，即所谓的多输入多输出系统。因为单输入单输出系统的分析方法是研究多输入多输出系统的基础，所以本书主要研究单输入单输出系统。

$f(t)$ → 系统 → $y(t)$

图 4-31

4.6.1　系统模型

为方便系统分析，需要建立系统模型。模型是系统物理特性的抽象，以数学表达式或者具有理想特性的符号组合图形来表征系统特性。本书重点讨论电系统模型，基于两类约束关系的许多分析方法都是建立电系统数学模型的具体手段。例如，图 4-32 所示的电路模型。R 代表电阻阻值，C 代表电容的容量，L 代表线圈的电感量。若激励信号是电压源 $u(t)$，欲求解电流 $i(t)$（输出响应），这是有两个独立动态元件的二阶系统，利用 KVL 列回路方程，可得：

$$Ri(t) + L\frac{\mathrm{d}}{\mathrm{d}t}i(t) + \frac{1}{C}\int_{-\infty}^{t} i(\tau)\mathrm{d}\tau = u(t) \qquad (4.6\text{-}1)$$

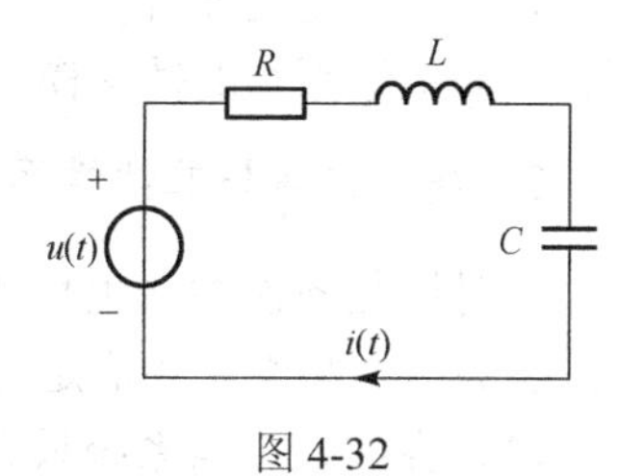

图 4-32

上式是一个微积分方程，对方程两边求导，整理为

$$LC\frac{\mathrm{d}^2}{\mathrm{d}t^2}i(t)+RC\frac{\mathrm{d}}{\mathrm{d}t}i(t)+i(t)=C\frac{\mathrm{d}}{\mathrm{d}t}u(t) \tag{4.6-2}$$

这是二阶 *RLC* 电路系统的数学模型——二阶线性微分方程。

建立数学模型只是进行系统分析工作的第一步，为了求得给定激励条件下系统的响应，还应当知道激励接入瞬时系统内部的能量储存情况。储能的来源可能是先前激励作用的结果，我们没有必要追究详细的历史演变过程，只需知道激励接入瞬间系统的状态。系统的起始状态由若干独立条件给出，独立条件的数目与系统的阶次相同。例如，刚才给出的电路二阶微分方程，通常以起始时刻电容电压与电感电流作为两个独立条件表征它的起始状态。如果系统的数学模型、起始状态以及输入激励信号都已确定，即可运用数学方法求解其响应。一般情况下可以对所得结果做出物理解释、赋予物理意义。因此系统分析的过程就是从实际物理问题抽象为数学模型，经数学解析后再回到物理实际的过程。

4.6.2 系统分类

系统的分类错综复杂，按照其数学模型和基本特性的差异可进行如下划分。

1. 连续时间系统与离散时间系统

若系统的输入和输出都是连续时间信号，其内部信号也未转换为离散时间信号，这样的系统称为连续时间系统，工程上习惯称为模拟系统。若系统的输入和输出都是离散时间信号，则称此系统为离散时间系统，工程上也习惯称为数字系统。连续时间系统的数学模型是微分方程，而离散时间系统的数学模型是差分方程。关于差分方程的各种问题将在《数字信号处理》课程中讨论。

随着大规模集成电路技术的发展和数字信号处理器的广泛使用，模拟技术和数字技术走向融合，越来越多的系统是由连续时间系统和离散时间系统组合而成的混合系统，图 4-33 所示的实时数字信号处理系统就是这样一类混合系统。

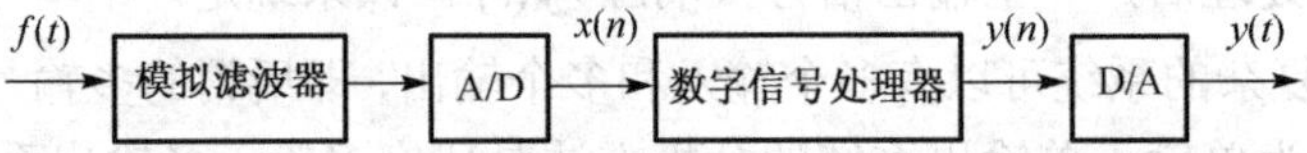

$f(t)$ → 模拟滤波器 → A/D → $x(n)$ → 数字信号处理器 → $y(n)$ → D/A → $y(t)$

图 4-33

2. 非记忆系统与记忆系统

如果系统的输出信号只取决于同时刻的激励信号，与它过去的工作状态无关，这样的系统称为非记忆系统。例如，只由电阻组成的电路系统就是非记忆系统。如果系统的输出信号不仅取决于同时刻的激励信号，而且与它过去的工作状态有关，这种系统称为记忆系统。例如，包含储能记忆元件（电容、电感、磁芯等）的电系统就是记忆系统。对于连续时间系统而言，非记忆系统的数学模型是代数方程，而记忆系统的数学模型是微分方程。

3. 线性系统与非线性系统

同时满足齐次性（也称比例性和均匀性）和叠加性的系统称为线性系统，齐次性和叠加性统称为线性特性。不满足齐次性或叠加性的系统则称为非线性系统。

（1）齐次性：当系统只有一个激励作用时，系统响应与产生该响应的激励成正比。若用箭头“→”表示系统的作用，系统功能表示为 $f(t)\to y(t)$，齐次性可表示为

若 $f(t) \to y(t)$

则 $kf(t) \to ky(t)$，k 为实常数　（4.6-3）

（2）叠加性：当几个激励信号同时作用于系统时，系统总的输出响应等于每个激励单独作用所产生的响应之和，即

若 $f_1(t) \to y_1(t)$，$f_2(t) \to y_2(t)$

则 $f_1(t) + f_2(t) \to y_1(t) + y_2(t)$　（4.6-4）

综合式（4.6-3）和式（4.6-4），可得到完全等价的线性性质，表示为

若 $f_1(t) \to y_1(t)$，$f_2(t) \to y_2(t)$

则 $k_1 f_1(t) + k_2 f_2(t) \to k_1 y_1(t) + k_2 y_2(t)$，$k_1$ 和 k_2 为实常数　（4.6-5）

式（4.6-5）综合反映了齐次性和叠加性的全部含义，因此称具有式（4.6-5）特性的系统为线性系统。第 1 章的直流电路分析中，由于电路中只含有电阻等线性元器件，因此是一个线性系统，其输入-输出关系满足齐次定理和叠加定理。

需要注意的是，对于起始状态不为零的电路系统，考虑到起始状态也是产生系统响应的原因之一，可将起始状态视为系统的另一种激励——内激励，此时线性电路系统必须同时满足以下三个条件：

① 分解特性：系统全响应可分解为零输入响应与零状态响应之和，即

$$y(t) = y_{zi}(t) + y_{zs}(t) \tag{4.6-6}$$

式（4.6-6）中 $y_{zi}(t)$ 表示系统外加激励为零时仅由起始状态（内激励）产生的响应，称为零输入响应；$y_{zs}(t)$ 表示系统起始状态为零时仅由外加激励产生的响应，称为零状态响应；$y(t)$ 为系统的全响应。

② 零输入线性：$y_{zi}(t)$ 对内激励满足式（4.6-5）的线性要求称为零输入线性。

③ 零状态线性：$y_{zs}(t)$ 对外加激励满足式（4.6-5）的线性要求称为零状态线性。

上述三个条件是关于线性系统的第三种描述方式，即线性系统既是一个具有分解特性，又同时具有零输入线性和零状态线性的系统。

例 4-7　判断下列方程描述的连续时间系统是否为线性系统，方程中的 $f(t)$ 和 $y(t)$ 分别代表系统的激励和响应。

（1）$y(t) = 3x(0)f(t)\varepsilon(t)$，$x(0)$ 为系统的起始状态（内激励）

（2）$y(t) = 3t^2 f(t)$

（3）$y(t) = \cos[f(t)]$

（4）$y(t) = \int_{-\infty}^{t} f^2(\tau)\mathrm{d}\tau$

（5）$y(t) = x(0)\mathrm{e}^{-t} + \mathrm{e}^{-t}\int_{0}^{t} f(\tau)\mathrm{e}^{-\tau}\mathrm{d}\tau, t > 0$

解：（1）系统全响应不满足可分解性，故为非线性系统。

（2）根据系统的输入-输出关系，有

$$f_1(t) \to y_1(t) = 3t^2 f_1(t) \quad 和 \quad f_2(t) \to y_2(t) = 3t^2 f_2(t)$$

激励 $f_1(t)$ 和 $f_2(t)$ 的线性组合作用于系统，有

$$k_1 f_1(t) + k_2 f_2(t) \to 3t^2[k_1 f_1(t) + k_2 f_2(t)] = k_1[3t^2 f_1(t)] + k_2[3t^2 f_2(t)] = k_1 y_1(t) + k_2 y_2(t)$$

可见系统满足线性叠加性，故为线性系统。

（3）因为 $kf(t)\to\cos[kf(t)]\neq ky(t)$，不满足齐次性，故该系统为非线性系统。

（4）$kf(t)\to\int_{-\infty}^{t}[kf(\tau)]^2\mathrm{d}\tau=k^2\int_{-\infty}^{t}f^2(\tau)\mathrm{d}\tau=k^2y(t)\neq ky(t)$，不满足齐次性，故该系统为非线性系统。（注：（3）和（4）也可以从不满足叠加性来证明。）

（5）将起始状态视为系统的内激励，系统总的激励可表示为 $\{x(0),f(t)\}$。按照线性系统必须同时满足的三个条件进行判断。

① 分解特性判断。

依题意有

$$\left.\begin{aligned}&\{x(0),f(t)=0\}\to y_{\mathrm{zi}}(t)=x(0)\mathrm{e}^{-t},t>0\\&\{x(0)=0,f(t)\}\to y_{\mathrm{zs}}(t)=\mathrm{e}^{-t}\int_0^t f(\tau)\mathrm{e}^{-\tau}\mathrm{d}\tau,t>0\end{aligned}\right.\Rightarrow\{x(0),f(t)\}\to y(t)=y_{\mathrm{zi}}(t)+y_{\mathrm{zs}}(t)$$

可见，系统全响应满足分解特性。

② 零输入线性判断。

根据零输入响应 $y_{\mathrm{zi}}(t)$ 与起始状态 $x(0)$ 的关系，有

$$\{x_1(0),f(t)=0\}\to y_{1\mathrm{zi}}(t)=x_1(0)\mathrm{e}^{-t},t>0$$

$$\{x_2(0),f(t)=0\}\to y_{2\mathrm{zi}}(t)=x_2(0)\mathrm{e}^{-t},t>0$$

$$\Rightarrow\{[k_1x_1(0)+k_2x_2(0)],f(t)=0\}\to[k_1x_1(0)+k_2x_2(0)]\mathrm{e}^{-t}=k_1y_{1\mathrm{zi}}(t)+k_2y_{2\mathrm{zi}}(t),t>0$$

可见，系统具有零输入线性。

③ 零状态线性判断。

根据零状态响应 $y_{\mathrm{zs}}(t)$ 与外加激励 $f(t)$ 的关系，有

$$\{x(0)=0,f_1(t)\}\to y_{1\mathrm{zs}}(t)=\mathrm{e}^{-t}\int_0^t f_1(\tau)\mathrm{e}^{-\tau}\mathrm{d}\tau,t>0$$

$$\{x(0)=0,f_2(t)\}\to y_{2\mathrm{zs}}(t)=\mathrm{e}^{-t}\int_0^t f_1(\tau)\mathrm{e}^{-\tau}\mathrm{d}\tau,t>0$$

$$\Rightarrow\{x(0)=0,[k_1f_1(t)+k_2f_2(t)]\}\to\mathrm{e}^{-t}\int_0^t[k_1f_1(t)+k_2f_2(t)]\mathrm{e}^{-\tau}\mathrm{d}\tau=k_1y_{1\mathrm{zs}}(t)+k_2y_{2\mathrm{zs}}(t),t>0$$

可见，系统具有零状态线性。

综上所述，该系统同时满足三个条件，故为线性系统。

4．时不变系统与时变系统

从系统的参数来看，参数不随时间变化的系统称为时不变系统，也称非时变系统、常参系统、定常系统等。从系统的响应来看，在初始状态相同的情况下，激励时移 t_0 时间作用于系统，其响应也时移相同时间 t_0，且响应波形保持不变，这样的系统称为时不变系统。即

若
$$\{\text{起始状态},f(t)\}\to y(t)$$

则有

$$\{\text{相同起始状态},f(t-t_0)\}\to y(t-t_0)\tag{4.6-7}$$

前面讨论线性系统的性质时，指出起始状态可视为系统的一种内激励，鉴于此（只要不遗忘它的潜在作用），我们常把式（4.6-7）简述为

$$若\quad f(t)\to y(t)，则\quad f(t-t_0)\to y(t-t_0) \tag{4.6-8}$$

其直观示意图如图 4-34 所示。

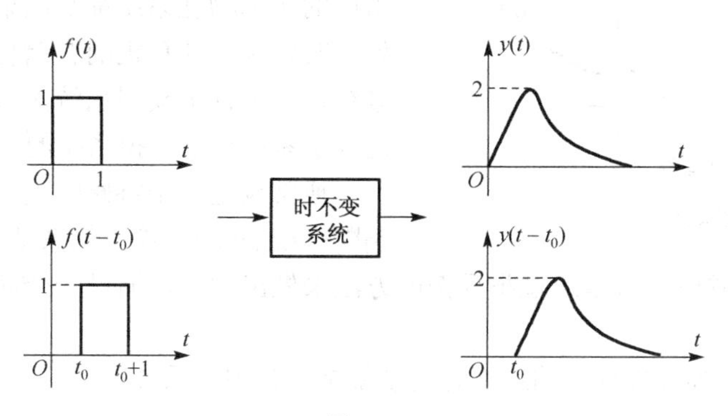

图 4-34

系统参数随时间变化或不满足式（4.6-8）特性的系统则称为时变系统。

例 4-8　判断下列方程描述的连续时间系统是否为时不变系统。方程中的 $f(t)$ 和 $y(t)$ 分别代表系统的激励和响应。

（1）$y(t)=\sin 5t\cdot x(0)+2t^2 f(t)\varepsilon(t)$　　（2）$y(t)=f(3t)$

（3）$y(t)=f(t)-f(t-5)$　　（4）$y(t)=f(t)\varepsilon(t)$

解：（1）因初始状态 $x(0)$ 与激励 $f(t)\varepsilon(t)$ 的系数均不是常数，所以是时变系统。

（2）因 $f(t)\to y(t)=f(3t)$，若满足时不变特性，则当激励变为 $f(t-t_0)$ 时，系统输出应为 $f(3t-t_0)$；而从输入-输出关系可看出该系统功能是对输入信号 $f(t)$ 进行尺度变换，其变换是针对自变量 t 而言的，因此，$f(t-t_0)\to f(3t-t_0)\neq f[3(t-t_0)]=y(t-t_0)$，故系统为时变系统。

（3）因 $f(t)\to y(t)=f(t)-f(t-5)$，而 $f(t-t_0)\to f(t-t_0)-f[(t-t_0)-5]=y(t-t_0)$，故该系统为时不变系统。

（4）因 $f(t)\to y(t)=f(t)\varepsilon(t)$，而 $f(t-t_0)\to f(t-t_0)\varepsilon(t)\neq f(t-t_0)\varepsilon(t-t_0)=y(t-t_0)$，故该系统为时变系统。

5. 因果系统与非因果系统

系统在任意时刻的响应只取决于该时刻以及该时刻以前的激励，而与该时刻以后的激励无关，这样的系统称为因果系统，反之称为非因果系统。也可以说，因果系统的响应是由激励引起的，激励是响应产生的原因，响应是激励作用的结果；响应不会发生在激励加入之前，系统不具有预知未来响应的能力。故因果系统具有如下特性：

若

$$f(t)\to y(t)$$

则当 $f(t)=0,\quad t<t_0$，有

$$y(t)=0,\quad t<t_0 \tag{4.6-9}$$

显然，一切非记忆系统都是因果系统。

例如，图 4-35(a)所示系统的响应与激励的关系为 $y_1(t)=f_1(t-1)$，响应出现在激励之后，

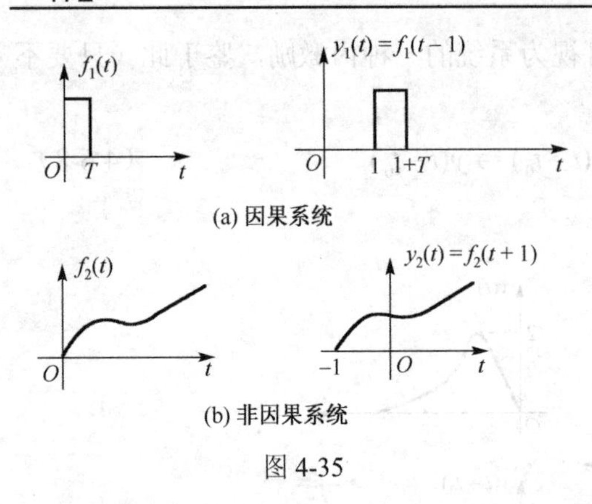

(a) 因果系统

(b) 非因果系统

图 4-35

系统是因果系统；如图 4-35(b)所示系统的响应与激励的关系为 $y_2(t)=f_2(t+1)$，响应出现在激励之前，是非因果系统。

一般由模拟元器件（如电阻、电容、电感等）组成的实际物理系统都是因果系统。在数字信号处理时，利用计算机的存储功能可以逼近非因果系统，实现许多模拟系统无法完成的功能，这也是数字系统优于模拟系统的一个重要方面。

通常设定一个特殊时刻（如起始时刻等）来判断系统的输入-输出关系是否满足因果性。尤其当某个问题是假命题时，可以通过举反例的方法来做出判定，通过一个简洁明了的反例来化解问题的复杂性。

例 4-9　判断下列方程描述的连续时间系统是否为因果系统。

（1）$y(t)=f(-t)$

（2）$y(t)=f(t)-f(t-5)$

（3）$y(t)=\int_{-\infty}^{5t}f(\tau)\mathrm{d}\tau$

解：（1）当 $t=-1$ 时，$y(-1)=f(1)$。可见，响应在 $t=-1$ 时刻的值与该时刻之后 $t=1$ 时刻的激励有关，故该系统为非因果系统。

（2）因系统在任意时刻 t 的响应仅取决于该时刻 t 及其之前 $(t-5)$ 时刻的激励，故该系统为因果系统。

（3）因 $f(t)\to y(t)=\int_{-\infty}^{5t}f(\tau)\mathrm{d}\tau$，当 $t=1$ 时，$y(1)=\int_{-\infty}^{5}f(\tau)\mathrm{d}\tau$。可见系统响应与 $t=1$ 时刻以及该时刻以后 $1<t\leqslant 5$ 时间内的激励有关，故该系统为非因果系统。

以上讨论了系统的不同分类，需强调指出，这些分类是彼此独立的概念，即关系是平行的。比如线性系统可以是时变的，也可以是时不变的；非线性系统可以是时变的，也可以是时不变的；如此等等。作为系统分析的主要对象，后续章节主要研究连续时间的线性时不变系统（Linear and Time-Invariant system），简称 LTI 系统。

思考与练习

4.6-1　系统有哪几种分类方式？

4.6-2　如何判断系统的线性、时不变性和因果性？

4.6-3　对于下列描述系统输入-输出关系的方程，其中 $f(t)$ 表示输入，$f(0)$ 表示初始状态，$y(t)$ 表示输出，试判断各系统的线性、时不变性和因果性。

（1）$y(t)=f(t)\varepsilon(t)$；　　（2）$y(t)=f'(t)$

（3）$y(t)=\mathrm{e}^2(t)$；　　（4）$y(t)=\cos[f(t)]\varepsilon(t)$

（5）$y(t)=\int_{-\infty}^{2t}f(\tau)\mathrm{d}\tau$　　（6）$y(t)=f(0)f'(t)$

（7）$y(t)=3f(0)+f'(t)$　　（8）$y(t)=f(0)\cos t+tf(t)$

4.7　线性时不变系统

4.7.1　LTI 系统的基本特性

LTI 系统同时具有线性特性和时不变特性，由上述两个基本特性还可推得 LTI 系统具有微分特性和积分特性。

1．微分特性

若 $f(t)\to y(t)$ 则
$$\frac{\mathrm{d}}{\mathrm{d}t}f(t)\to\frac{\mathrm{d}}{\mathrm{d}t}y(t) \tag{4.7-1}$$

证明：首先，由时不变性，输入时移 Δt，输出也时移 Δt，得到
$$f(t-\Delta t)\to y(t-\Delta t)$$

其次，由叠加性，输入为两项叠加，输出也为两项叠加，得到
$$f(t)-f(t-\Delta t)\to y(t)-y(t-\Delta t)$$

然后，再由比例性，输入乘以 $1/\Delta t$，输出也应该乘以 $1/\Delta t$，得到
$$\frac{f(t)-f(t-\Delta t)}{\Delta t}\to\frac{y(t)-y(t-\Delta t)}{\Delta t}$$

最后，对上式两边同时取极限：
$$\lim_{\Delta t\to 0}\frac{f(t)-f(t-\Delta t)}{\Delta t}\quad\to\quad\lim_{\Delta t\to 0}\frac{y(t)-y(t-\Delta t)}{\Delta t}$$

从而得到 $\frac{\mathrm{d}}{\mathrm{d}t}f(t)\to\frac{\mathrm{d}}{\mathrm{d}t}y(t)$。

这个性质说明，当系统的激励是原信号的导数时，LTI 系统的响应亦为原输出响应的导数。这一结论可以推导到高阶导数，即

若 $f(t)\to y(t)$　则　$\frac{\mathrm{d}^n}{\mathrm{d}t^n}f(t)\to\frac{\mathrm{d}^n}{\mathrm{d}t^n}y(t)$，$n$ 为正整数　（4.7-2）

2．积分特性

由式（4.7-1）亦可推广：当系统的激励是原信号的积分时，LTI 系统的响应亦为原输出响应的积分，即
$$\int_0^t f(\tau)\mathrm{d}\tau\to\int_0^t y(\tau)\mathrm{d}\tau \tag{4.7-3}$$

图 4-36 给出了 LTI 系统微积分特性的示意。

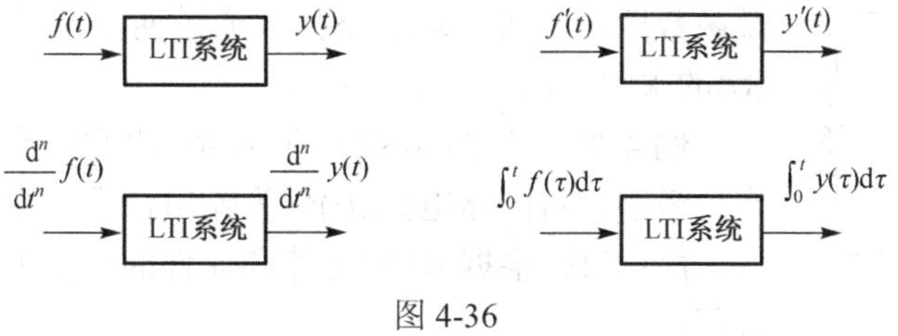

$f(t)$ → LTI系统 → $y(t)$　　$f'(t)$ → LTI系统 → $y'(t)$

$\frac{\mathrm{d}^n}{\mathrm{d}t^n}f(t)$ → LTI系统 → $\frac{\mathrm{d}^n}{\mathrm{d}t^n}y(t)$　　$\int_0^t f(\tau)\mathrm{d}\tau$ → LTI系统 → $\int_0^t y(\tau)\mathrm{d}\tau$

图 4-36

4.7.2 LTI 系统的单位冲激响应

单位冲激响应是描述系统的一种重要形式。它不仅能够反映 LTI 系统的基本特性，而且是 4.9 节卷积法求解系统零状态响应的基本要素，在 LTI 系统的时域分析中十分重要。本小节讨论根据系统的输入/输出微分方程，求解系统单位冲激响应的时域方法。

单位冲激响应定义为：系统在单位冲激信号 $\delta(t)$的激励下产生的零状态响应，简称冲激响应，记为 $h(t)$。对于用线性常系数微分方程描述的系统，满足：

$$\begin{aligned}&C_0\frac{\mathrm{d}^n}{\mathrm{d}t^n}y(t)+C_1\frac{\mathrm{d}^{n-1}}{\mathrm{d}t^{n-1}}y(t)+\cdots+C_{n-1}\frac{\mathrm{d}}{\mathrm{d}t}y(t)+C_ny(t)=\\&E_0\frac{\mathrm{d}^m}{\mathrm{d}t^m}f(t)+E_1\frac{\mathrm{d}^{m-1}}{\mathrm{d}t^{m-1}}f(t)+\cdots+E_{m-1}\frac{\mathrm{d}}{\mathrm{d}t}f(t)+E_mf(t)\end{aligned}\tag{4.7-4}$$

令激励 $f(t)=\delta(t)$，则输出 $y(t)=h(t)$，由式（4.7-4）得到冲激响应 $h(t)$满足微分方程：

$$\begin{aligned}&C_0\frac{\mathrm{d}^n}{\mathrm{d}t^n}h(t)+C_1\frac{\mathrm{d}^{n-1}}{\mathrm{d}t^{n-1}}h(t)+\cdots+C_{n-1}\frac{\mathrm{d}}{\mathrm{d}t}h(t)+C_nh(t)=\\&E_0\frac{\mathrm{d}^m}{\mathrm{d}t^m}\delta(t)+E_1\frac{\mathrm{d}^{m-1}}{\mathrm{d}t^{m-1}}\delta(t)+\cdots+E_{m-1}\frac{\mathrm{d}}{\mathrm{d}t}\delta(t)+E_m\delta(t)\end{aligned}\tag{4.7-5}$$

且对因果系统有 $\frac{\mathrm{d}^n}{\mathrm{d}t^n}h(0_-)=0,(k=0,1,\cdots,n-1)$。“$0_-$”为系统在激励信号加入之前瞬间的起始状态（简称 0_- 状态），它包含了为计算未来响应的全部“过去”信息；与之对应的“0_+ 状态”表示激励信号加入之后 $t=0_+$ 时刻的状态。由于 $\delta(t)$及其各阶导数在 $t\geqslant 0_+$ 时都等于零，因而式（4.7-5）右端在 $t\geqslant 0_+$ 时恒等于零，因此冲激响应 $h(t)$的通解与微分方程齐次解的形式相同。回顾一下，通解有以下三种形式：

（1）若方程的特征根 λ_i 均为单根，则

$$h(t)=\left(\sum_{i=1}^{n}c_i\mathrm{e}^{\lambda_i t}\right)\varepsilon(t)\tag{4.7-6}$$

阶跃函数 $\varepsilon(t)$ 表示 $t<0$ 时，$h(t)=0$。

（2）若方程的特征根中有 p 重根 λ_1，则该特征根对应的项变为

$$c_1\mathrm{e}^{\lambda_1 t}+c_2t\mathrm{e}^{\lambda_1 t}+\cdots+c_pt^{p-1}\mathrm{e}^{\lambda_1 t}\tag{4.7-7}$$

（3）若方程的特征根中有共轭复根 $\lambda_{1,2}=\alpha\pm\mathrm{j}\beta$，则该特征根的对应项变为

$$c_1\mathrm{e}^{\alpha t}\cos\beta t+c_2\mathrm{e}^{\alpha t}\sin\beta t\tag{4.7-8}$$

求解方程需要确定 $h(t)$及其各阶导数在 0_+ 时刻的状态值，可以用冲激函数匹配法来实现。下面，通过两个例子来具体讨论冲激响应 $h(t)$的求解方法。

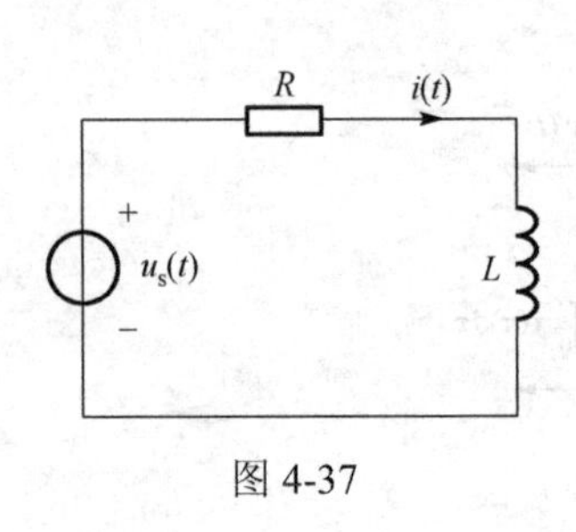

图 4-37

例 4-10 如图 4-37 所示的 RL 串联电路，将理想电压源 $u_s(t)$作为激励，将回路电流 $i(t)$作为输出，求冲激响应 $h(t)$。

解：（1）根据 KVL 定律和元件的伏安关系，列出系统的微分方程：

$$Ri(t)+L\frac{\mathrm{d}i(t)}{\mathrm{d}t}=u_{\mathrm{s}}(t)$$

根据冲激响应的定义，当激励 $u_{\mathrm{s}}(t)=\delta(t)$ 且 $i(0\_)=0$ 时，有 $h(t)=i(t)$ 。故将系统的微分方程改写为

$$Rh(t)+L\frac{\mathrm{d}h(t)}{\mathrm{d}t}=\delta(t) \tag{4.7-9}$$

（2）求通解。

由特征方程：

$$R+L\lambda=0\Rightarrow\lambda=-\frac{R}{L}$$

得通解形式为

$$h(t)=A\mathrm{e}^{-\frac{R}{L}t}\varepsilon(t) \tag{4.7-10}$$

（3）求待定系数。

对式（4.7-10）求导：

$$\frac{\mathrm{d}}{\mathrm{d}t}h(t)=A\delta(t)-\frac{AR}{L}\mathrm{e}^{-\frac{R}{L}t}\varepsilon(t) \tag{4.7-11}$$

将式（4.7-10）、式（4.7-11）代入微分方程（4.7-9），有

$$RA\mathrm{e}^{-\frac{R}{L}t}\varepsilon(t)+LA\delta(t)-RA\mathrm{e}^{-\frac{R}{L}t}\varepsilon(t)=\delta(t)\Rightarrow LA\delta(t)=\delta(t)$$

根据方程左右两端 $\delta(t)$ 的对应项匹配，立刻得到

$$LA=1\Rightarrow A=\frac{1}{L}$$

代入式（4.7-10），即得

$$h(t)=\frac{1}{L}\mathrm{e}^{-\frac{R}{L}t}\varepsilon(t)$$

例 4-11　某电路系统如图 4-38 所示。将理想电流源 $i_{\mathrm{s}}(t)$作为激励，将电容两端电压 $u_{\mathrm{C}}(t)$作为输出，求该电路系统的冲激响应。

解：（1）根据 KCL 定律和元件伏安关系，列出电路系统的微分方程：

$$i_{\mathrm{L}}(t)+C\frac{\mathrm{d}}{\mathrm{d}t}u_{\mathrm{C}}(t)=i_{\mathrm{s}}(t)$$

$$L\frac{\mathrm{d}}{\mathrm{d}t}i_{\mathrm{L}}(t)+Ri_{\mathrm{L}}(t)=u_{\mathrm{C}}(t)$$

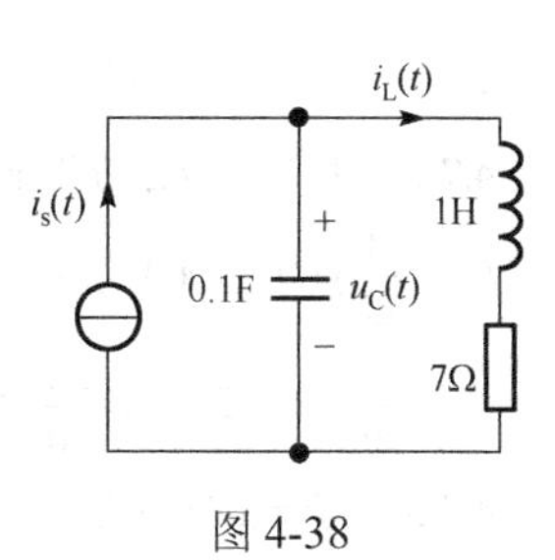

图 4-38

消去 $i_{\mathrm{L}}(t)$，得到二阶微分方程：

$$LC\frac{\mathrm{d}^2}{\mathrm{d}t^2}u_{\mathrm{C}}(t)+RC\frac{\mathrm{d}}{\mathrm{d}t}u_{\mathrm{C}}(t)+u_{\mathrm{C}}(t)=L\frac{\mathrm{d}}{\mathrm{d}t}i_{\mathrm{s}}(t)+Ri_{\mathrm{s}}(t)$$

代入元件参数值，得

$$\frac{\mathrm{d}^2}{\mathrm{d}t^2}u_{\mathrm{C}}(t)+7\frac{\mathrm{d}}{\mathrm{d}t}u_{\mathrm{C}}(t)+10u_{\mathrm{C}}(t)=10\frac{\mathrm{d}}{\mathrm{d}t}i_{\mathrm{s}}(t)+70i_{\mathrm{s}}(t)$$

故冲激响应 $h(t)$ 满足方程：

$$\frac{\mathrm{d}^2}{\mathrm{d}t^2}h(t)+7\frac{\mathrm{d}}{\mathrm{d}t}h(t)+10h(t)=10\delta'(t)+70\delta(t) \tag{4.7-12}$$

（2）求通解：特征方程 $\lambda^2+7\lambda+10=0$，解得特征根：$\lambda_1=-2,\lambda_2=-5$。则 $h(t)$的通解为

$$h(t)=(A_1\mathrm{e}^{-2t}+A_2\mathrm{e}^{-5t})\varepsilon(t) \tag{4.7-13}$$

（3）求待定系数。对式（4.7-13）分别求一阶、二阶导数，得

$$\frac{\mathrm{d}}{\mathrm{d}t}h(t)=-(2A_1\mathrm{e}^{-2t}+5A_2\mathrm{e}^{-5t})\varepsilon(t)+(A_1+A_2)\delta(t)$$

$$\frac{\mathrm{d}^2}{\mathrm{d}t^2}h(t)=(4A_1\mathrm{e}^{-2t}+25A_2\mathrm{e}^{-5t})\varepsilon(t)-(2A_1+5A_2)\delta(t)+(A_1+A_2)\delta'(t) \tag{4.7-14}$$

把式（4.7-13）、式（4.7-14）代入式（4.7-12），有

$$(A_1+A_2)\delta'(t)+(5A_1+2A_2)\delta(t)=10\delta'(t)+70\delta(t)$$

根据方程左右两端奇异函数对应项匹配，式中系数满足以下方程组：

$$\begin{cases}A_1+A_2=10\\5A_1+2A_2=70\end{cases}\Rightarrow\begin{cases}A_1=\dfrac{50}{3}\\A_2=-\dfrac{20}{3}\end{cases}$$

由此得到该电路系统的单位冲激响应为

$$h(t)=\left(\frac{50}{3}\mathrm{e}^{-2t}-\frac{20}{3}\mathrm{e}^{-5t}\right)\varepsilon(t) \tag{4.7-15}$$

如果已知输入激励的具体形式，电路分析问题往往需要求解系统的零状态响应。尽管在第 2 章动态电路分析中讨论过，但本章引入单位冲激响应后，通过时域卷积法，能够更方便地求解线性时不变系统的零状态响应，并且物理概念非常明确。下面，在 4.8 节介绍卷积及其计算方法的基础上，4.9 节将讨论线性时不变系统零状态响应的求解过程。

思考与练习

4.7-1　对下图所示电路，$e(t)$ 作为激励，电感两端的电压 $v_o(t)$ 作为输出，请列出系统的微分方程。

4.7-2　求下列微分方程描述的系统的单位冲激响应 $h(t)$。

（1）$\frac{\mathrm{d}}{\mathrm{d}t}y(t)+3y(t)=2f(t)$

（2）$\frac{\mathrm{d}}{\mathrm{d}t}y(t)+2y(t)=3\frac{\mathrm{d}}{\mathrm{d}t}f(t)+3f(t)$

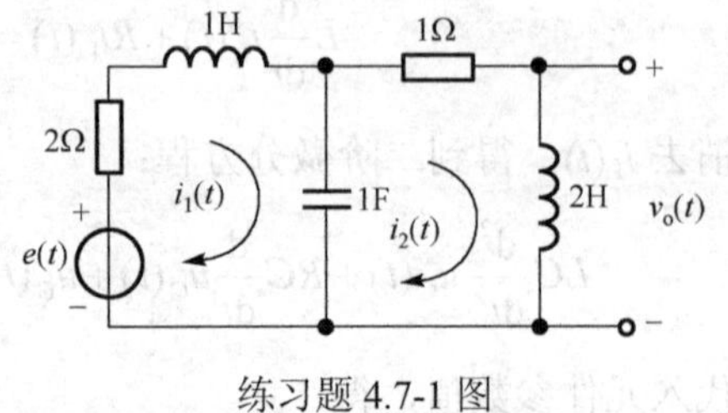

练习题 4.7-1 图

4.7-3　有一 LTI 系统当激励为 $f_1(t)=2\varepsilon(t)$ 时的零状态响应为 $y_1(t)=2\mathrm{e}^{-t}\varepsilon(t)$，求该系统的单位冲激响应。

4.7-4　某 LTI 连续时间系统，在相同的起始状态下，当激励为 $f(t)$ 时，系统全响应为 $y_1(t)=[2\mathrm{e}^{-3t}+\sin(2t)]\varepsilon(t)$；当激励为 $2f(t)$ 时，系统全响应为 $y_2(t)=[\mathrm{e}^{-3t}+2\sin(2t)]\varepsilon(t)$。试求：

（1）起始状态不变，激励为 $f(t-t_0)$ 时系统的全响应 $y_3(t)$；

（2）起始状态增大一倍，激励为 $0.5f(t)$ 时系统的全响应 $y_4(t)$。

4.7-5　某 LTI 系统，激励 $f_1(t)$ 单独作用时，响应 $y_1(t)$ 的波形如图所示，试画出激励 $f_2(t)$ 单独作用时响应 $y_2(t)$ 的波形。

4.7-6　电路如图所示，求系统的单位冲激响应。

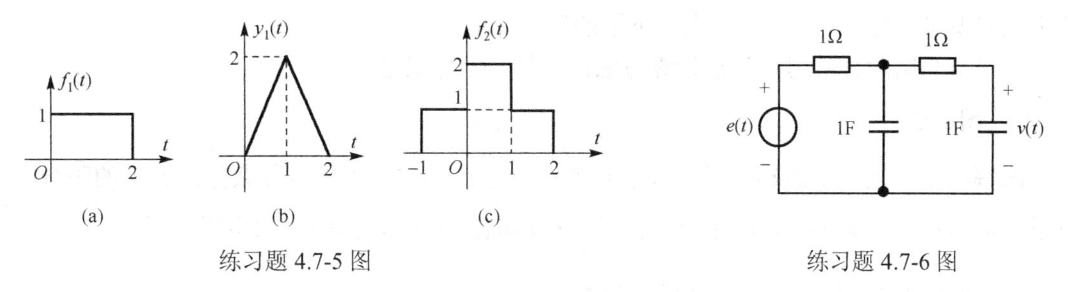

练习题 4.7-5 图　　　　练习题 4.7-6 图

4.8　卷　　积

4.8.1　卷积的引入

根据式（4.5-6），任意信号可以用冲激信号的组合表示，即

$$f(t)=\int_{-\infty}^{\infty}f(\tau)\delta(t-\tau)\mathrm{d}\tau$$

对于冲激响应为 $h(t)$ 的线性时不变系统，用 $H[\cdot]$ 表示系统作用。将 $f(t)$ 作为激励施加于系统，其响应为

$$y(t)=H\left[f(t)\right]=H\left[\int_{-\infty}^{+\infty}f(\tau)\delta(t-\tau)\mathrm{d}\tau\right]$$

利用线性性质：

$$y(t)=\int_{-\infty}^{+\infty}f(\tau)H\left[\delta(t-\tau)\right]\mathrm{d}\tau$$

再利用时不变性质，我们就得到激励 $f(t)$、冲激响应 $h(t)$ 与输出响应 $y(t)$ 之间的关系：

$$y(t)=\int_{-\infty}^{+\infty}f(\tau)h(t-\tau)\mathrm{d}\tau \tag{4.8-1}$$

式（4.8-1）定义为激励 $f(t)$ 与冲激响应 $h(t)$ 的卷积积分，简称卷积，常用符号*表示。由于 $h(t)$ 是在零状态下定义的，因此该式表示的响应即为系统的零状态响应。

4.8.2　卷积的计算

一般来说，对于任意两个信号 $f_1(t)$ 和 $f_2(t)$，两者做卷积运算的定义为

$$f(t)=f_1(t)*f_2(t)=\int_{-\infty}^{+\infty}f_1(\tau)f_2(t-\tau)\mathrm{d}\tau \tag{4.8-2}$$

进行变量代换后不难证明：

$$f(t)=f_1(t)*f_2(t)=f_2(t)*f_1(t)=\int_{-\infty}^{+\infty}f_2(\tau)f_1(t-\tau)\mathrm{d}\tau \qquad (4.8\text{-}3)$$

卷积是一种带参变量 t 的积分运算，两个时间函数经卷积后得到一个新的时间函数。在卷积运算中，积分限取 $-\infty \sim +\infty$，这是因为对 $f_1(t)$ 和 $f_2(t)$ 的作用时间范围没有加以限制。实际上由于系统的因果性或激励信号存在时间的局限性，其积分限会有变化。卷积的难点主要集中在参变量 t 的分段以及积分上、下限的确定方面。

本小节介绍两种常用的卷积计算方法：图解法和定义法。

1．图解法

图解法是通过图形的辅助来计算卷积的一种方法，它易于确定复杂分段波形的积分上、下限。依据卷积定义 $f(t)=f_1(t)*f_2(t)=\int_{-\infty}^{\infty}f_1(\tau)f_2(t-\tau)\mathrm{d}\tau$，图解法的步骤如下：

（1）根据 $f_1(t)$、$f_2(t)$，获取 $f_1(\tau)$ 和 $f_2(\tau)$。

用 τ 替换自变量 t，$f_1(t)\to f_1(\tau)$，$f_2(t)\to f_2(\tau)$；对应图形中 t 轴改为 τ 轴。

（2）根据 $f_2(\tau)$，获取 $f_2(t-\tau)$。

对 $f_2(\tau)$ 进行反褶和平移运算。通常先反褶，$f_2(\tau)\to f_2(-\tau)$；再平移 t，$f_2(-\tau)\to f_2(t-\tau)$。$t$ 是参变量，变化范围从 $-\infty$ 到 $+\infty$，$f_2(t-\tau)$ 波形随 t 平移。$t>0$ 时，波形往正 t 轴移动，即右移；$t<0$ 时，波形往负 t 轴移动，即左移。

（3）相乘。被积函数为：$f_1(\tau)f_2(t-\tau)$。

（4）计算 $f_1(\tau)f_2(t-\tau)$ 重叠区间的积分。

需要注意：随着参变量 t 的移动，$f_1(\tau)f_2(t-\tau)$ 的重叠区间在不断变化。在不同的重叠区间，有不同的积分上、下限，要重复步骤（3）和步骤（4）。下面举例说明。

例 4-12 已知 $e(t)=\varepsilon(t)$，$h(t)=\mathrm{e}^{-at}\varepsilon(t)$，求 $e(t)*h(t)$。

解：按定义 $h(t)*e(t)=\int_{-\infty}^{+\infty}h(\tau)e(t-\tau)\mathrm{d}\tau$，采用图解法计算。

第一步，更换图形横坐标，$t\to\tau$，波形保持不变，$e(\tau)$ 和 $h(\tau)$ 如图 4-39 所示。

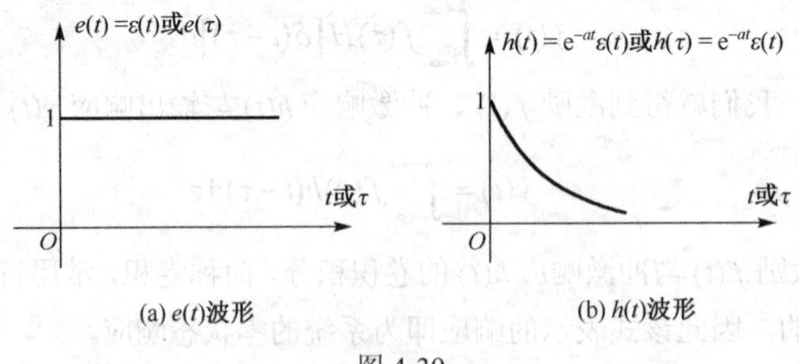

图 4-39

第二步，以 $\tau=0$ 为轴心，反褶 $e(\tau)$，得 $e(-\tau)$，波形见图 4-40(a)。请注意 $e(-\tau)$ 波形的上、下限。

第三步，$e(-\tau)$ 沿横轴平移 t，得 $e(t-\tau)$。若 $t>0$，$e(-\tau)$ 右移 t 段；若 $t<0$，$e(-\tau)$ 左移 t 段。需要注意的是：$e(t-\tau)$ 波形的位置随 t 移动，移动坐标下限始终为 $-\infty$，上限为 t，见图 4-40(b)。

第四步，分段积分计算：

$t\leqslant 0$ 时，如图 4-40(b)所示，两波形无重叠区间，得

$$e(t) * h(t) = 0$$

$t>0$ 时，如图 4-40(c)所示，两波形在(0，t)区间重叠，积分为

$$e(t) * h(t) = \int_0^t \mathrm{e}^{-a\tau} \mathrm{d}\tau = \frac{1}{a}(1-\mathrm{e}^{-at})$$

以上用分区间表示的分析结果也可用以下数学公式表示：

$$e(t) * h(t) = \mathrm{e}^{-at}\varepsilon(t) * \varepsilon(t) = \frac{1}{a}(1-\mathrm{e}^{-at})\varepsilon(t)$$

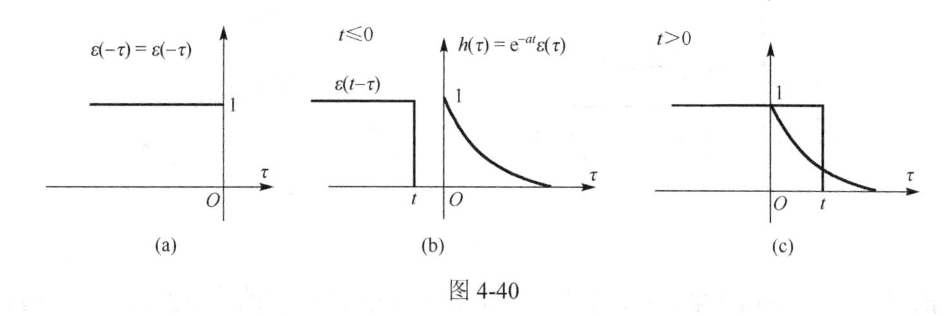

图 4-40

例 4-13　函数 $f_1(t)$与 $f_2(t)$的波形如图 4-41 所示，求 $f(t) = f_1(t) * f_2(t)$。

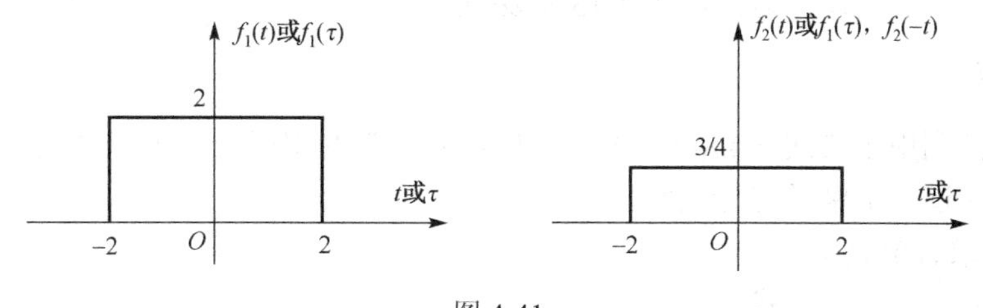

图 4-41

解： 采用图解法。依据定义 $f(t) = f_1(t) * f_2(t) = \int_{-\infty}^{\infty} f_1(\tau) f_2(t-\tau)\mathrm{d}\tau$。

（1）自变量替换 $t \to \tau$，得 $f_1(\tau)$、$f_2(\tau)$，波形不变，见图 4-41。

（2）对 $f_2(\tau)$进行变换。先反褶 $f_2(\tau) \to f_2(-\tau)$，波形保持原状，$f_2(-\tau)$的坐标为(−2，2)，见图 4-41；再平移 $f_2(-\tau) \to f_2(t-\tau)$；$f_2(t-\tau)$的浮动坐标为($t$−2，$t$+2)。

（3）分段计算积分。

当 $t+2 \leqslant -2$，即 $t \leqslant -4$ 时，如图 4-42(a)所示，两波形无重叠区域，卷积积分为零。

$$f(t) = f_1(t) * f_2(t) = 0$$

当 $-4 < t \leqslant 0$ 时，如图 4-42(b)所示，在重叠区域的积分为

$$f(t) = \int_{-2}^{t+2} 2 \times \frac{3}{4} \mathrm{d}\tau = \frac{3}{2}(t+4)$$

当 $0 < t \leqslant 4$ 时，如图 4-42(c)所示，在重叠区域的积分为

$$f(t) = \int_{t-2}^{2} 2 \times \frac{3}{4} \mathrm{d}\tau = \frac{3}{2}(4-t)$$

当 $t>4$ 时，如图 4-42(d)所示，两个波形无重叠区域：

$$f(t)=f_1(t)*f_2(t)=0$$

$f(t)$的波形如图 4-42(e)所示。

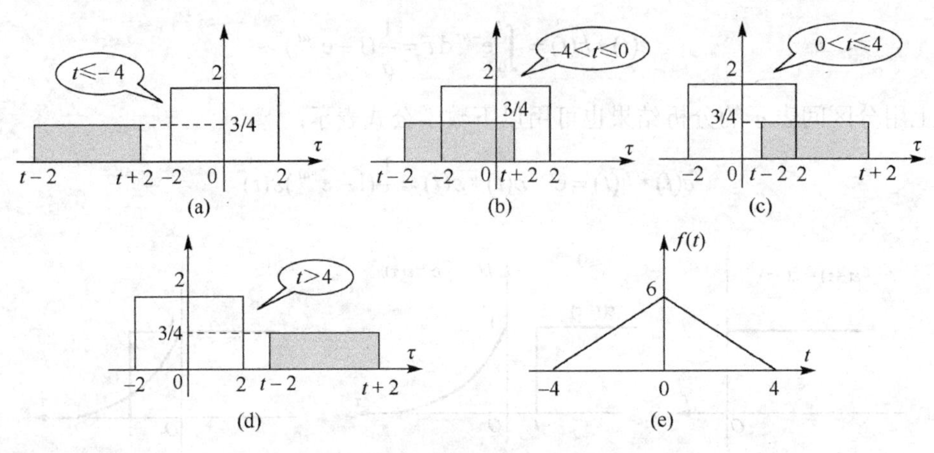

图 4-42

观察该例可见：卷积结果$f(t)$的非零值脉宽是函数$f_1(t)$和$f_2(t)$的非零值脉宽之和；$f(t)$的脉宽下限是$f_1(t)$和$f_2(t)$的脉宽下限之和；$f(t)$的脉宽上限是$f_1(t)$和$f_2(t)$的脉宽上限之和。在这一系列结果中蕴含着一般规律，请参考例 4-13 加深理解。

2．定义法

定义法直接利用定义式（4.8-2）或式（4.8-3）计算卷积积分，关键之处在于积分限的确定。下面仍然通过一个例子进行说明。

例 4-14 求 $\varepsilon(t)*\varepsilon(t)$。

解：由卷积积分的定义式，有

$$\varepsilon(t)*\varepsilon(t)=\int_{-\infty}^{+\infty}\varepsilon(\tau)\varepsilon(t-\tau)\mathrm{d}\tau$$

根据阶跃函数的定义，式中被积函数的自变量必须同时满足：

$$\tau>0 \text{ 和 } t-\tau>0\text{，即 } 0<t<\tau$$

故积分下限为 0，上限为 t，有

$$\varepsilon(t)*\varepsilon(t)=\int_0^t 1\cdot\mathrm{d}\tau=t\,,\quad t>0$$

或者表示为

$$\varepsilon(t)*\varepsilon(t)=t\varepsilon(t) \tag{4.8-4}$$

观察例 4-12 和例 4-14，从中可归纳出如下一般性规律：

（1）两个因果函数卷积得到的新函数仍是因果函数。

（2）积分 $\int_0^t f(\tau)\mathrm{d}\tau=f(t)\varepsilon(t)*\varepsilon(t)$ 是因果函数 $f(t)\varepsilon(t)$ 与单位阶跃函数 $\varepsilon(t)$ 的卷积。

作为一个基本关系，式（4.8-5）给出单位冲激信号与自身卷积的结果。有兴趣的读者可参考相关资料，这里证明从略。

$$\delta(t)*\delta(t)=\delta(t) \tag{4.8-5}$$

4.8.3　卷积的性质

卷积运算有其固有的性质，如果熟悉这些性质，并且能够在计算卷积时正确、灵活地加以运用，则可以简化卷积运算。同时，这些卷积性质也是 LTI 系统的性质，反映了在不同互联结构中，LTI 子系统的冲激响应与复合系统冲激响应的关系。

假设函数 $f_1(t)$、$f_2(t)$、$f_3(t)$分别可积，卷积存在如下性质。

1．交换律

$$f_1(t)*f_2(t)=f_2(t)*f_1(t) \tag{4.8-6}$$

交换律说明卷积结果与卷积次序无关。其实际意义如图 4-43 所示。信号 $f(t)$经过系统 $h(t)$产生的零状态响应与信号 $h(t)$经过系统 $f(t)$产生的响应相同。

$f(t)$ → $h(t)$ → $y_{zs}(t)=f(t)*h(t)$　＝　$h(t)$ → $f(t)$ → $y_{zs}(t)=h(t)*f(t)$

图 4-43

需要注意的是，虽然 $f_1(t)*f_2(t)$与 $f_2(t)*f_1(t)$的运算结果相同，但运算的难易程度往往不一样。因此在计算卷积时，可以利用卷积结果与卷积次序无关的性质，避繁就简，选择计算简单的一种。

2．分配律

$$f_1(t)*[f_2(t)+f_3(t)]=f_1(t)*f_2(t)+f_1(t)*f_3(t) \tag{4.8-7}$$

给予式（4.8-7）以下两种物理解释：

（1）若把 $f_1(t)$视为系统的冲激响应，$f_2(t)+f_3(t)$视为系统激励，分配律告诉我们：两个信号共同作用于 LTI 系统产生的零状态响应等于每个信号单独作用于该系统产生的零状态响应之和，如图 4-44 所示。该性质体现了线性系统的叠加性质。

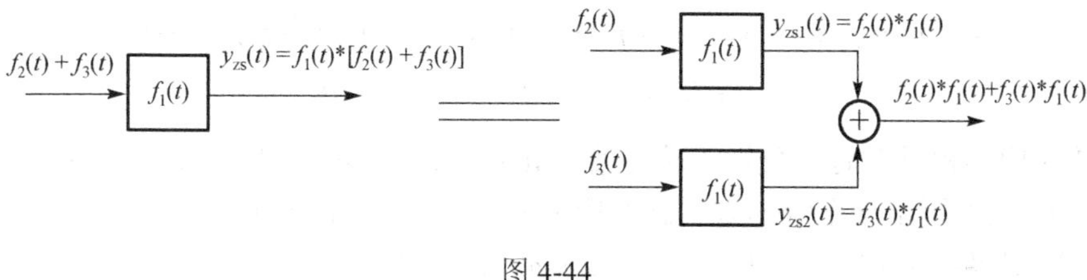

图 4-44

（2）若 $f_2(t)+f_3(t)$是系统的单位冲激响应，$f_1(t)$为系统激励，则式（4.8-7）告诉我们：一个单位冲激响应为 $f_2(t)+f_3(t)$的复杂系统，可由单位冲激响应分别为 $f_2(t)$和 $f_3(t)$的两个子系统并联组成，见图 4-45。换句话说，当一个系统的单位冲激响应为几项之和时，可把每项视为一个子系统的单位冲激响应，则该系统由几个子系统并联构成。反过来看，分配律给出了一种求并联系统冲激响应的方法，即先求子系统的冲激响应，再相加可得并联系统的冲激响应。

图 4-45 说明，信号 $f_1(t)$作用于并联系统产生的零状态响应等于 $f_1(t)$分别作用于两个子系统产生的零状态响应之和。

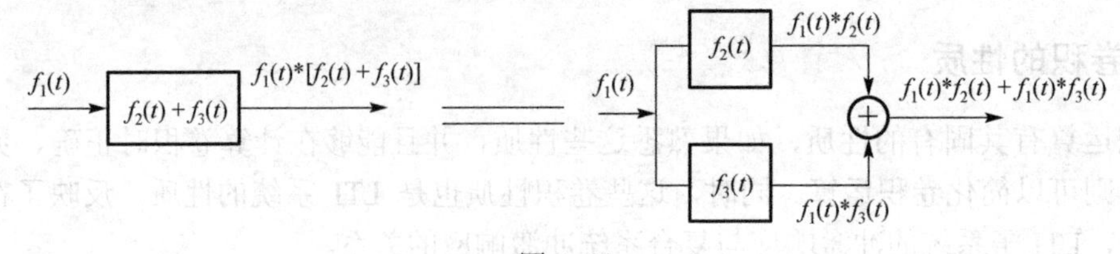

图 4-45

3．结合律

$$[f_1(t)*f_2(t)]*f_3(t)=f_1(t)*[f_2(t)*f_3(t)] \tag{4.8-8}$$

如果把$f_1(t)$视为系统激励，$f_2(t)$和$f_3(t)$视为两个子系统的单位冲激响应，式（4.8-8）的物理含义如图 4-46 所示：两个级联子系统产生的零状态响应等于一个单位冲激响应为$f_2(t)*f_3(t)$的复合系统产生的零状态响应。

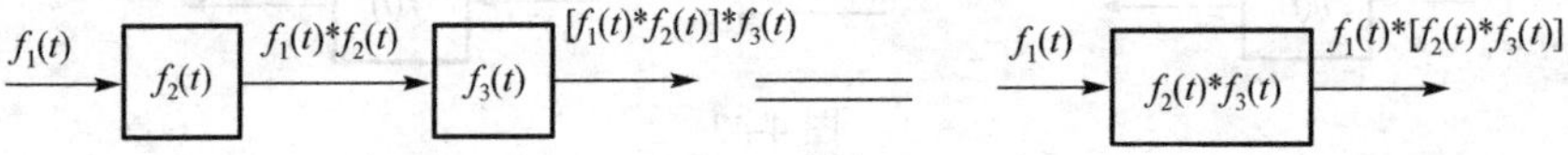

图 4-46

例 4-15 某复合系统如图 4-47 所示。已知三个子系统的冲激响应分别为：$h_1(t)=\varepsilon(t)$，$h_2(t)=\mathrm{e}^{-t}\varepsilon(t)$，$h_3(t)=\delta(t)$，求该复合系统的冲激响应$h(t)$。

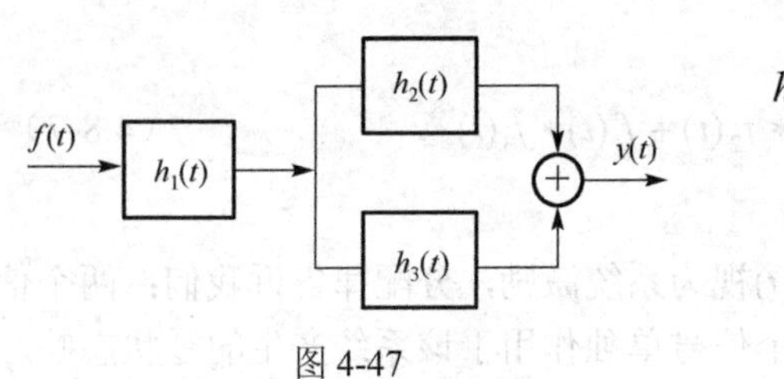

图 4-47

解：利用卷积的结合律和分配律，得

$$\begin{aligned}h(t)&=h_1(t)*[h_2(t)+h_3(t)]=h_1(t)*h_2(t)+h_1(t)*h_3(t)\\&=\varepsilon(t)*\mathrm{e}^{-t}\varepsilon(t)+\varepsilon(t)*\delta(t)=(1-\mathrm{e}^{-t})\varepsilon(t)+\varepsilon(t)\\&=(2-\mathrm{e}^{-t})\varepsilon(t)\end{aligned}$$

4．时移

若$f(t)=f_1(t)*f_2(t)$，则有

$$\begin{aligned}f_1(t-t_1)*f_2(t-t_2)&=f_1(t-t_2)*f_2(t-t_1)=f_1(t-t_1-t_2)*f_2(t)\\&=f_1(t)*f_2(t-t_1-t_2)=f(t-t_1-t_2)\end{aligned} \tag{4.8-9}$$

该性质说明卷积具有时不变性。若在信号$f(t)$作用下，系统的零状态响应为$y_{zs}(t)=f(t)*h(t)$，那么$f(t-t_0)$作用于该系统的零状态响应为$y_{zs}(t-t_0)=f(t-t_0)*h(t)$。

例 4-16 求卷积：（1）$f(t)*\delta(t-t_0)$；（2）$\delta(t-2)*\delta(t+4)$。

解：（1）根据$f(t)*\delta(t)=f(t)$与卷积的时移性，可得

$$f(t)*\delta(t-t_0)=f(t-t_0)$$

（2）由式（4.8-5）知，$\delta(t)*\delta(t)=\delta(t)$，则有

$$\delta(t-2)*\delta(t+4)=\delta(t-2+4)=\delta(t+2)$$

5．卷积的微分

$$\frac{\mathrm{d}}{\mathrm{d}t}[f_1(t)*f_2(t)]=\frac{\mathrm{d}f_1(t)}{\mathrm{d}t}*f_2(t)=f_1(t)*\frac{\mathrm{d}f_2(t)}{\mathrm{d}t} \tag{4.8-10}$$

例 4-17　求卷积：（1）$f(t)*\delta'(t)$；（2）$f(t)*\delta'(t-t_0)$。

解：（1）由卷积的微分性得 $f(t)*\delta'(t)=f'(t)*\delta(t)$。再根据 $f(t)*\delta(t)=f(t)$，有

$$f(t)*\delta'(t)=f'(t)*\delta(t)=f'(t)$$

（2）利用卷积的微分性和时移性，可求得

$$f(t)*\delta'(t-t_0)=f'(t)*\delta(t-t_0)=f'(t-t_0)$$

6．卷积的积分

$$\int_{-\infty}^{t}\left[f_1(\lambda)*f_2(\lambda)\right]\mathrm{d}\lambda=f_1(t)*\int_{-\infty}^{t}f_2(\lambda)\mathrm{d}\lambda=f_2(t)*\int_{-\infty}^{t}f_1(\lambda)\mathrm{d}\lambda \tag{4.8-11}$$

应用类似的推演可以导出卷积的高阶导数或多重积分的运算规律。

$$\left[f_1(t)*f_2(t)\right]^{(i)}=f_1^{(j)}(t)*f_2^{(i-j)}(t) \tag{4.8-12}$$

此处，当 i,j 取正整数时为导数的阶次，取负整数时为重积分的次数。一个简单但很重要的公式是

$$\frac{\mathrm{d}}{\mathrm{d}t}f_1(t)*\int_{-\infty}^{t}f_2(\tau)\mathrm{d}\tau=f_1(t)*f_2(t) \tag{4.8-13}$$

例 4-18　利用卷积性质，重做例 4-12。已知 $e(t)=\varepsilon(t)$，$h(t)=\mathrm{e}^{-at}\varepsilon(t)$，求 $h(t)*e(t)$。

解：

$$\begin{aligned}h(t)*e(t)&=e(t)*h(t)=\varepsilon(t)*\mathrm{e}^{-at}\varepsilon(t)\\&=\delta(t)*\int_0^t\mathrm{e}^{-a\tau}\mathrm{d}\tau=\int_0^t\mathrm{e}^{-a\tau}\mathrm{d}\tau=\frac{1}{a}(1-\mathrm{e}^{-at})\varepsilon(t)\end{aligned}$$

例 4-19　已知 $f_1(t)=2[\varepsilon(t+2)-\varepsilon(t-2)]$，$f_2(t)=\dfrac{1}{2}[\varepsilon(t+2)-\varepsilon(t-2)]$，求 $f(t)=f_1(t)*f_2(t)$。

解：直接利用例 4-14 的结果，$\int_{-\infty}^{t}\varepsilon(\tau)\mathrm{d}\tau=\int_0^t 1\cdot\mathrm{d}\tau=t\varepsilon(t)$，有

$$\begin{aligned}f(t)&=\frac{\mathrm{d}}{\mathrm{d}t}f_1(t)*\int_{-\infty}^{t}f_2(\tau)\,\mathrm{d}\tau=2\left[\delta(t+2)-\delta(t-2)\right]*\frac{1}{2}\left[(t+2)\varepsilon(t+2)-(t-2)\varepsilon(t-2)\right]\\&=\delta(t+2)*(t+2)\varepsilon(t+2)-\delta(t+2)*(t-2)\varepsilon(t-2)\\&\quad-\delta(t-2)*(t+2)\varepsilon(t+2)+\delta(t-2)*(t-2)\varepsilon(t-2)\\&=(t+4)\varepsilon(t+4)-2t\varepsilon(t)+(t-4)\varepsilon(t-4)\end{aligned}$$

思考与练习

4.8-1　已知 $f_1(t)$、$f_2(t)$、$f_3(t)$ 如图所示，画出下列各卷积的波形。

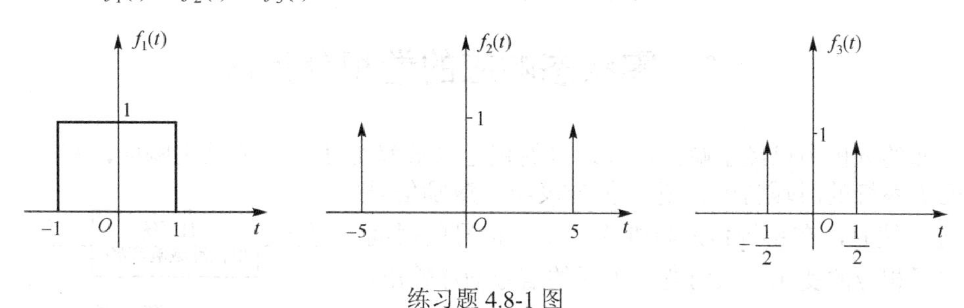

练习题 4.8-1 图

（1） $f_1(t) * f_2(t)$　　　　（2） $f_1(t) * f_3(t)$

（3） $f_1(t) * f_2(t) * f_3(t)$　　　　（4） $\{[f_1(t) * f_2(t)][\varepsilon(t) - \varepsilon(t-5)]\} * f_2(t)$

4.8-2　用图解法画出 $f_1(t)$ 和 $f_2(t)$ 卷积的波形，并计算卷积积分 $f_1(t) * f_2(t)$。

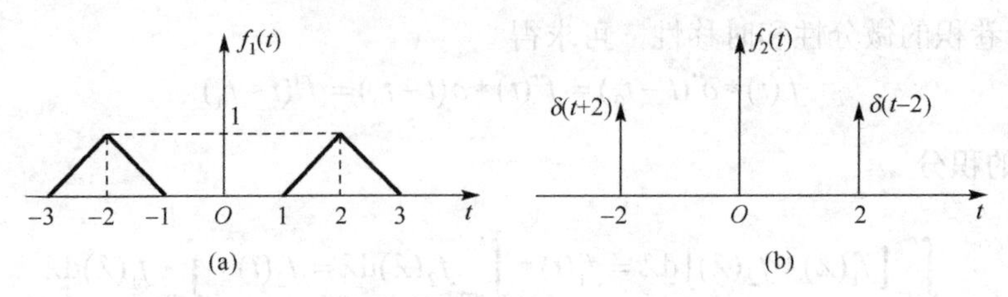

练习题 4.8-2 图

4.8-3　求下列 $f_1(t)$ 和 $f_2(t)$ 的卷积。

（1） $f_1(t) = \varepsilon(t)$， $f_2(t) = \mathrm{e}^{-at}\varepsilon(t)$　　　　（2） $f_1(t) = \delta(t)$， $f_2(t) = \sin\left(\omega t + \dfrac{\pi}{6}\right)$

（3） $f_1(t) = (1+t)[\varepsilon(t) - \varepsilon(t-1)]$， $f_2(t) = \varepsilon(t-1) - \varepsilon(t-2)$

（4） $f_1(t) = \sin(\omega t)$， $f_2(t) = \delta(t+1) - \varepsilon(t-1)$　　　　（5） $f_1(t) = \sin t \cdot \varepsilon(t)$， $f_2(t) = \mathrm{e}^{-at}\varepsilon(t)$

4.8-4　求下列两组卷积，并注意相互间的区别。

（1） $f(t) = \varepsilon(t) - \varepsilon(t-1)$，求 $f(t) * f(t)$；

（2） $f(t) = \varepsilon(t-1) - \varepsilon(t-2)$，求 $f(t) * f(t)$。

4.8-5　图中 H 是一无起始储能的线性时不变系统。已知激励 $f_1(t) = \varepsilon(t)$ 时，图(a)中系统的响应 $y_1(t) = \varepsilon(t) - \varepsilon(t-1)$。若激励 $f_2(t) = \varepsilon(t) - \varepsilon(t-1)$，试绘出图(b)中的 A 点信号和级联系统响应 $y_2(t)$ 的波形。

4.8-6　某 LTI 复合系统如图所示。已知子系统的单位冲激响应分别为：$h_1(t) = \delta(t-1)$， $h_2(t) = \varepsilon(t)$。

（1）求复合系统的单位冲激响应 $h(t)$；

（2）若输入 $f(t) = \mathrm{e}^{-t}\varepsilon(t)$，求零状态响应 $y(t)$。

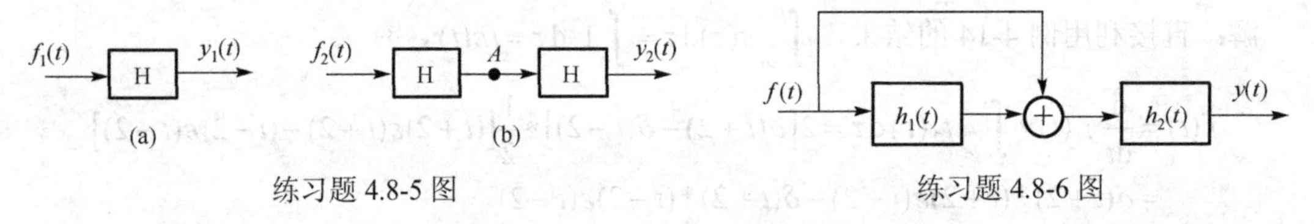

练习题 4.8-5 图　　　　练习题 4.8-6 图

4.8-7　H 是一无起始储能的线性时不变系统，输入信号 $f(t) = 2\mathrm{e}^{-3t}\varepsilon(t)$，在该输入下的响应为 $y(t)$，即 $y(t) = H[f(t)]$，又已知：

$$H\left[\frac{\mathrm{d}}{\mathrm{d}t}f(t)\right] = -3y(t) + \mathrm{e}^{-2t}\varepsilon(t)$$

求该系统的单位冲激响应 $h(t)$。

4.9　零状态响应的卷积分析法

在前面的分析中已经了解，可以通过卷积运算求解 LTI 系统零状态响应，其中冲激响应 $h(t)$ 表征了系统的时域特性。卷积积分表明：激励信号 $f(t)$ 通过系统时，在系统传递特性作用下，信号的时间特性发生了相应的变化，从而变成了新的信号 $y(t)$ 输出，可以用图 4-48 表示。

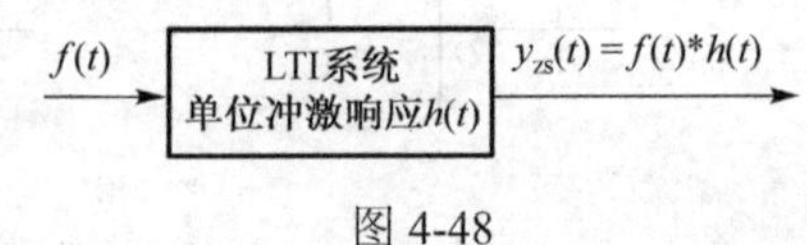

图 4-48

我们再来回顾一下这种分析方法的思路：

（1）首先把任意信号分解为无穷多个冲激信号的组合；

（2）然后研究系统对冲激信号的零状态响应（冲激响应）；

（3）再根据线性时不变系统的性质，把每一个冲激信号作用于系统所引起的零状态响应叠加起来就得到了系统在任意信号激励下的零状态响应。

这种方法把求解微分方程特解的问题转化为用卷积积分求解，不仅使运算大为简化，而且易于实现。应当指出，这种分析问题、解决问题的方法仍将在第 5、6 章变换域分析中应用，只是变换了观察事物的角度。将输入信号分解为基本信号的组合这一思路正是科学认识论的应用，是从更高的视点深入地认识事物的本质特征；而将基本信号的零状态响应叠加起来得到输出这一方法正是科学方法论的应用，是把握住事物的根本规律解决实际问题。着眼于这一层面，才能真正提高分析问题和解决问题的能力。

最后，通过两个具体例题，呈现用卷积法求系统零状态响应的过程。

例 4-20　如图 4-49 所示的 RL 串联电路，将理想电压源 $u_s(t)$作为激励，将回路电流 $i(t)$作为输出，当 $u_s(t)=\varepsilon(t)$时，求电路系统的输出响应 $i(t)$。

解：利用例 4-10 的计算结果，该电路系统的单位冲激响应为

$$h(t)=\frac{1}{L}\mathrm{e}^{-\frac{R}{L}t}\varepsilon(t)$$

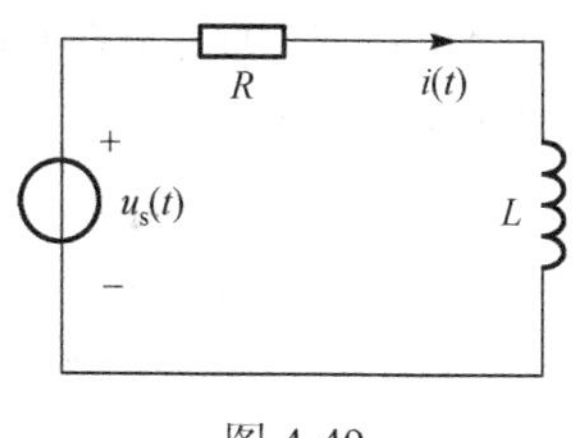

图 4-49

由于 $t<0$ 时，电路中无源，且电感无储能。因此，$t>0$ 时电路中无零输入响应，电路响应 $i(t)$是电压源 $u_s(t)$单独作用下的零状态响应。当 $u_s(t)=\varepsilon(t)$时，系统的响应为

$$i(t)=i_{zs}(t)=u_s(t)*h(t)=\varepsilon(t)*\frac{1}{L}\mathrm{e}^{-\frac{R}{L}t}\varepsilon(t)$$

$$=\delta(t)*\int_0^t\frac{1}{L}\mathrm{e}^{-\frac{R}{L}\tau}\mathrm{d}\tau=\frac{1}{R}\left(1-\mathrm{e}^{-\frac{R}{L}t}\right)\varepsilon(t)$$

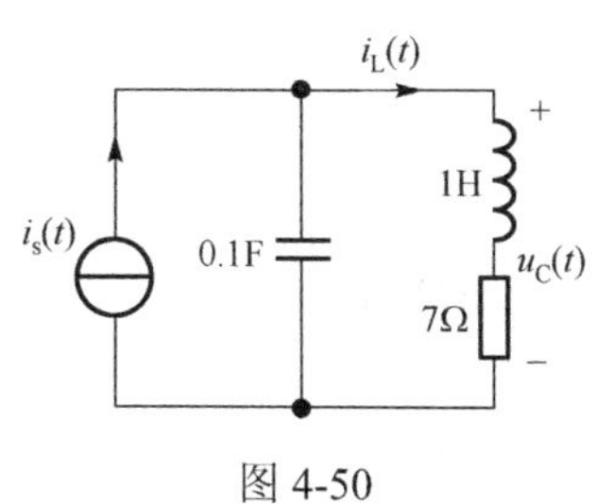

图 4-50

例 4-21　电路系统如图 4-50 所示。将理想电流源 $i_s(t)$作为激励，将电容两端电压 $u_C(t)$作为输出，当电流源 $i_s(t)=2\varepsilon(t)$时，求该电路系统的输出响应 $u_C(t)$。

解：利用例 4-11 的计算结果，该电路系统的单位冲激响应为

$$h(t)=\left(\frac{50}{3}\mathrm{e}^{-2t}-\frac{20}{3}\mathrm{e}^{-5t}\right)\varepsilon(t)$$

由于 $t<0$ 时电路中无源，且电感和电容均无储能。因此，$t>0$ 时电路中无零输入响应，电路响应 $u_C(t)$是电流源 $i_s(t)$单独作用下的零状态响应。当 $i_s(t)=2\varepsilon(t)$时，系统的响应为

$$u_C(t)=u_{Czs}(t)=i_s(t)*h(t)=2\varepsilon(t)*\left(\frac{50}{3}\mathrm{e}^{-2t}-\frac{20}{3}\mathrm{e}^{-5t}\right)\varepsilon(t)$$

$$=2\delta(t)*\int_0^t\left(\frac{50}{3}\mathrm{e}^{-2\tau}-\frac{20}{3}\mathrm{e}^{-5\tau}\right)\mathrm{d}\tau$$

$$=\left(14-\frac{50}{3}\mathrm{e}^{-2t}+\frac{8}{3}\mathrm{e}^{-5t}\right)\varepsilon(t)$$

思考与练习

4.9-1 电路模型与输入电压波形如图所示，已知电容的初始储能为零，求响应 $u_C(t)$。

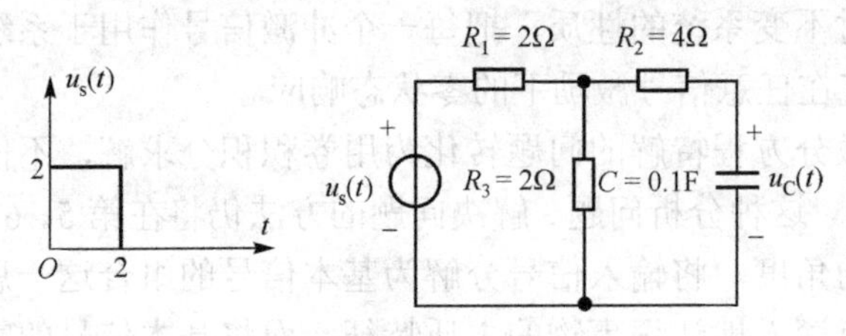

练习题 4.9-1 图

4.9-2 已知某 LTI 系统无起始储能，当输入 $f(t)=\varepsilon(t)$时，系统输出 $y(t)=2e^{-2t}\varepsilon(t)+\delta(t)$，当输入 $f(t)=3e^{-t}\varepsilon(t)$时，系统输出 $y(t)$是（ ）。

A. $(-9e^{-t}+12e^{-2t})\varepsilon(t)$　　B. $(3-9e^{-t}+12e^{-2t})\varepsilon(t)$

C. $\delta(t)-6e^{-t}\varepsilon(t)+8e^{-3t}\varepsilon(t)$　　D. $3\delta(t)-9e^{-t}\varepsilon(t)+12e^{-3t}\varepsilon(t)$

4.9-3 某 LTI 系统在 $f(t)$作用下产生零状态响应 $y_{zs}(t)$，波形如图所示。求：在激励 $f(t)=t\varepsilon(t)$作用下，系统的零状态响应。

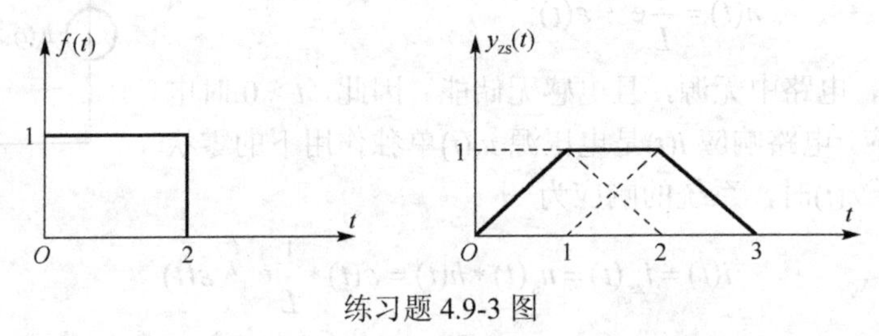

练习题 4.9-3 图

习　题　4

4-1 判断下列信号是否为周期信号，若是，请确定其周期。

（1）$f(t)=\left[\sin\left(t-\frac{\pi}{6}\right)\right]^2$　（2）$f(t)=[\cos(\pi t)]\varepsilon(t)$　（3）$f(t)=\cos(10t)+\sin(30t)$

4-2 已知信号 $f(t)$ 的波形如题 4-2 图所示，绘出下列信号的波形。

（1）$f(-t)$　（2）$f(t+2)$　（3）$f(5-3t)$

（4）$f(t)\varepsilon(1-t)$　（5）$f(t)\varepsilon(t-1)$　（6）$f(t)\delta(t+0.5)$

4-3 信号 $f(1-2t)$ 的波形如题 4-3 图所示，试画出 $f(t)$ 的波形。

4-4 已知信号 $f(t)$ 的波形如题 4-4 图所示，试画出其导数 $f'(t)$ 的波形。

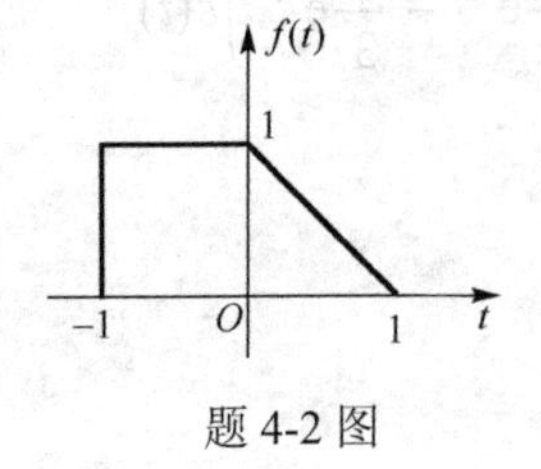

题 4-2 图

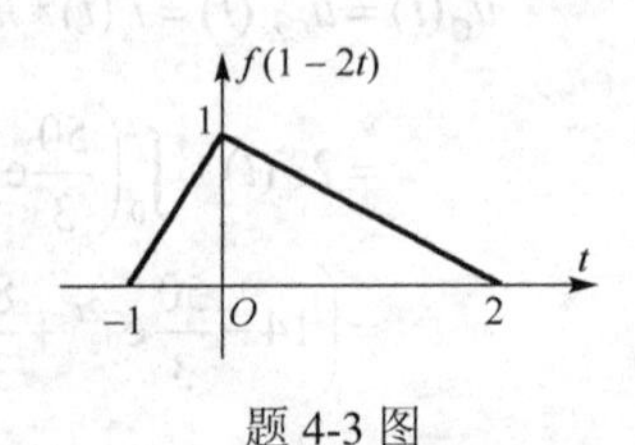

题 4-3 图

4-5　试绘出如题 4-5 图所示各信号的奇分量和偶分量波形。

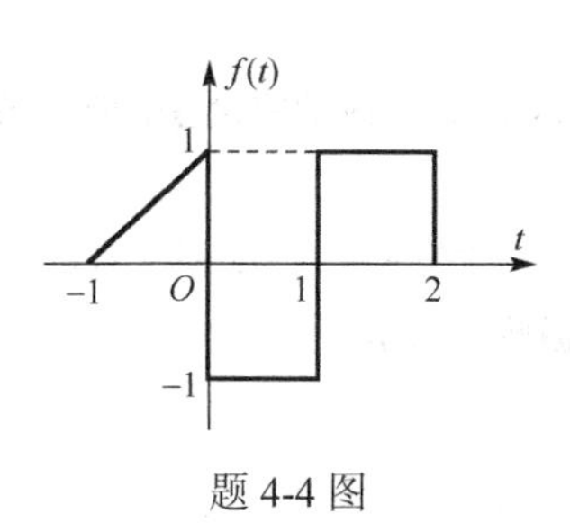

题 4-4 图

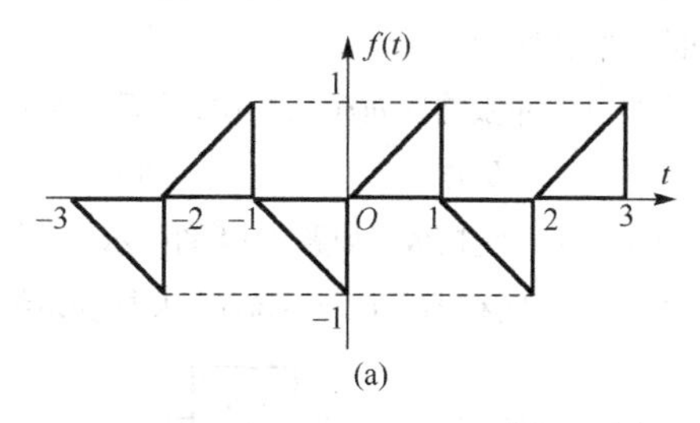

(a)

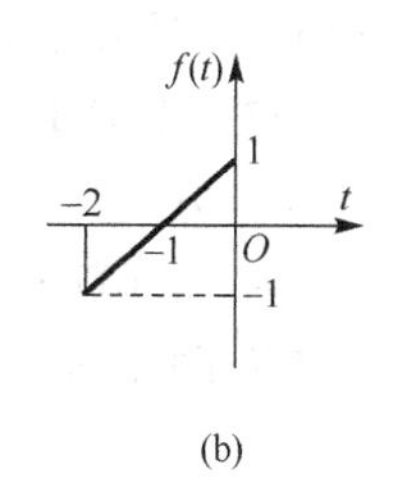

(b)

题 4-5 图

4-6　计算下列积分。

（1）$\int_{0}^{\infty}\delta(t-2)\cos[\omega_0(t-3)]\mathrm{d}t$　　（2）$\int_{-1}^{3}\delta(t-1)(t+\mathrm{e}^{-2t})\mathrm{d}t$

（3）$\int_{-\infty}^{t}\delta(\tau)\cos(\omega_0\tau)\mathrm{d}\tau$　　（4）$\int_{-\infty}^{\infty}\delta(\tau)\cos(\omega_0\tau)\mathrm{d}\tau$

（5）$\int_{-\infty}^{\infty}\delta(t-t_0)\varepsilon(t-2t_0)\mathrm{d}t$　　（6）$\int_{-\infty}^{t}[\delta(\tau+1)-\delta(\tau-3)]\mathrm{d}\tau$

4-7　对于下列描述系统输入–输出关系的方程，其中 $f(t)$ 表示输入，$y(t)$ 表示输出，试判断各系统的线性、时不变性和因果性。

（1）$y(t)=\mathrm{e}^{f(t)}$　　（2）$y(t)=f(t/3)$　　（3）$y(t)=f(1-t)$

（4）$y(t)=f(t)\cos(\omega_0 t)$　　（5）$y(t)=\int_{-\infty}^{t}f(\tau)\mathrm{d}\tau$

4-8　某起始储能为零的 LTI 系统，当激励 $f_1(t)=\varepsilon(t)$ 时，系统响应 $y_1(t)=\mathrm{e}^{-6t}\varepsilon(t)$，试求激励 $f_2(t)=\delta(t)$ 时的系统响应 $y_2(t)$。

4-9　电路如题 4-9 图所示，输入为 $u_s(t)$：

（1）若输出为 $u_L(t)$，列写输入/输出微分方程。

（2）若输出为 $i(t)$，列写输入/输出微分方程。

4-10　题 4-10 图给出了函数 $x_1(t)$和 $x_2(t)$的波形，请用图解法求 $x(t)=x_1(t)*x_2(t)$，并画出 $x(t)$的波形。

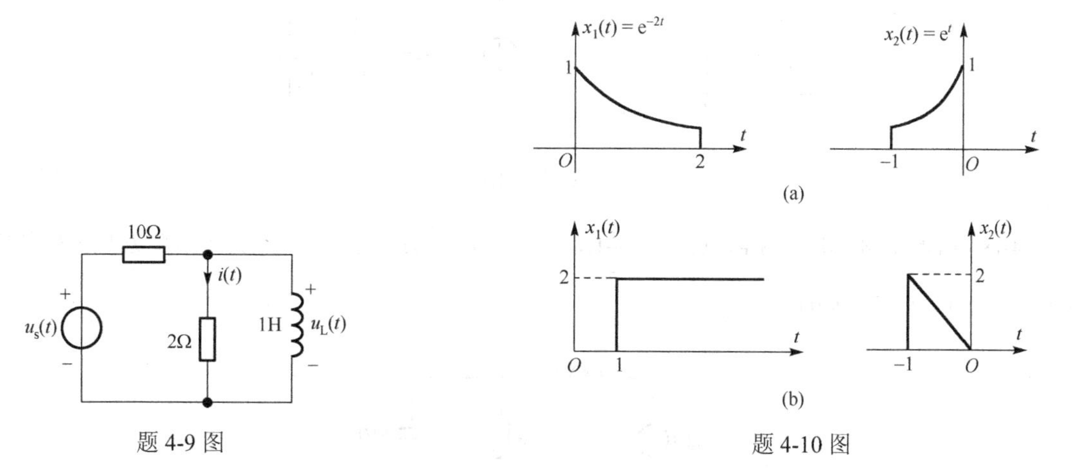

题 4-9 图　　题 4-10 图

4-11　计算下列卷积。

（1）$[(t+2)\varepsilon(t+2)+(t-2)\,\varepsilon(t-2)\,]*[\delta(t+2)-\delta(t-2)]$

（2）$t\,[\varepsilon(t)-\varepsilon(t-2)\,]*\delta(1-t)$

4-12 已知：函数 $x_1(t)$在区间 $T_1 \leqslant t \leqslant T_2$ 值不为零；$x_2(t)$在区间 $T_3 \leqslant t \leqslant T_4$ 值不为零；函数 $y(t) = x_1(t) * x_2(t)$，试确定 $y(t)$的非零值区间。

4-13 已知LTI系统的单位冲激响应 $h(t) = \mathrm{e}^{-t}\varepsilon(t)$，若系统输入 $f(t)$为下列函数，求系统的零状态响应 $y_{zs}(t)$。

（1）$\varepsilon(t)$ （2）$\mathrm{e}^{-t}\varepsilon(t)$ （3）$\sin 3t\,\varepsilon(t)$

4-14 某LTI系统由几个子系统构成，如题4-14图所示。已知各子系统的冲激响应分别为：积分器 $h_1(t) = \varepsilon(t)$，单位延时器 $h_2(t) = \delta(t-1)$，倒相器 $h_3(t) = -\delta(t)$。求复合系统的单位冲激响应 $h(t)$。

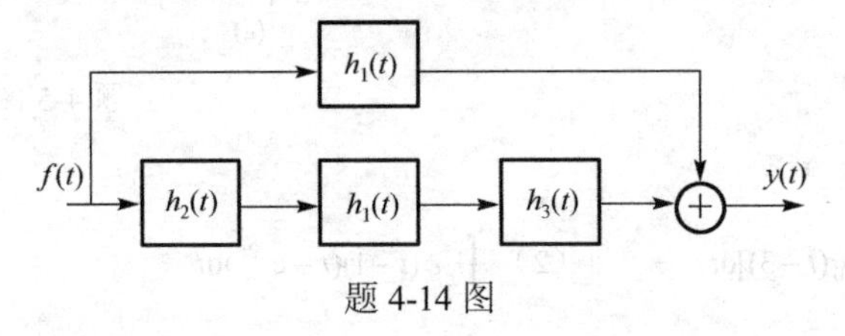

题 4-14 图

4-15 某一阶滤波器的单位冲激响应 $h(t) = \delta(t) - \mathrm{e}^{-t}\varepsilon(t)$，求输入 $f(t) = \mathrm{e}^{-2(t-3)}\varepsilon(t)$的系统零状态响应。

4-16 系统单位冲激响应 $h(t)$和激励 $f(t)$的波形如题4-16图所示，零状态响应 $y_{zs}(t) = f(t)*h(t)$，请画出输出响应 $y(t)$的波形图。

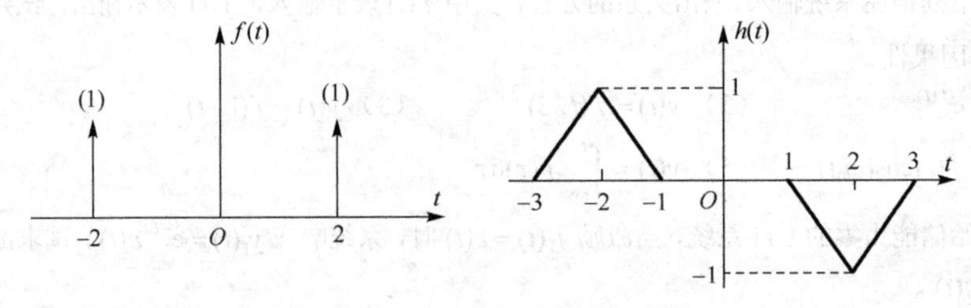

题 4-16 图

4-17 电路模型与输入电压波形如题4-16图所示，已知电容的初始储能为零，求响应 $u_C(t)$。

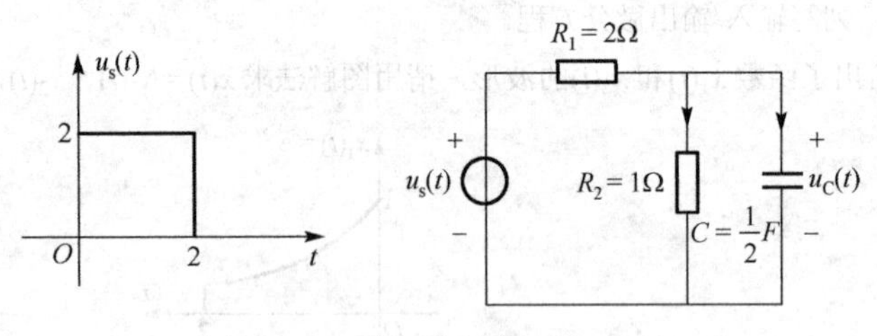

题 4-17 图

4-18 如题4-18图所示网络，已知 $L = \dfrac{1}{2}\mathrm{H}$，$C = 1\mathrm{F}$，$R = \dfrac{1}{3}\Omega$，电容、电感的初始储能为零，输入信号 $u_s(t) = \mathrm{e}^{-t}\varepsilon(t)$，求响应 $u_C(t)$。

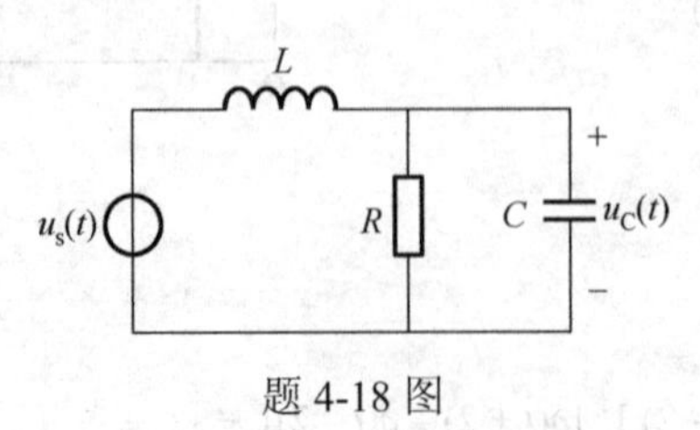

题 4-18 图

第 5 章　信号与系统的频域分析

第 4 章介绍了信号与系统的时域分析方法，是把信号和系统看作时间的函数，从时间的角度来讨论信号和系统的特性以及系统响应问题。这种方法比较直观，物理概念清晰。

为了研究信号通过系统而产生的响应，第 4 章采用了信号分解的思想，将信号分解为不同时刻、不同强度的单位冲激信号的线性组合，再利用线性时不变系统的齐次性、叠加性和时不变性而获得系统响应。信号存在多种分解方式，如果对信号进行正交分解，可分解为三角函数或复指数函数的线性组合，从而得到一种新的描述信号的方式，这就是本章要讨论的傅里叶变换。傅里叶变换是在傅里叶级数正交函数展开的基础上发展而来的。利用这种思想分析问题的方法通常称为傅里叶分析方法，也称为频域分析方法。频域分析将信号由时间变量变换成频率变量，揭示了信号内在的频率特性，从而导出了信号的频谱、带宽以及滤波、调制和频分复用等重要概念，在通信和信号处理领域有着广泛的应用。

本章从周期信号的傅里叶级数展开式着手，介绍信号频域表示的基本概念和基本方法，再引申到非周期信号的傅里叶变换，讨论信号时间特性与其频率特性之间的对应关系。为了从频域上分析系统，引入了系统函数，由此建立信号通过线性系统传输的一些重要概念，包括无失真传输条件、理想低通滤波器等，并讨论系统响应的频域求解方法。作为傅里叶变换的重要应用之一，最后介绍了时域采样定理。

5.1　周期信号的傅里叶级数

5.1.1　三角形式的傅里叶级数

1. 三角形式的傅里叶级数

第 4 章介绍过，信号分为周期信号和非周期信号。以一定的时间间隔，无始无终、周而复始的信号称为周期信号。通常周期为 T 的信号可表示为

$$f(t)=f(t\pm nT)\ ,\ \ n=1,2,3,4,\ \cdots$$

在高等数学中学过，周期为 T_1 的信号 $f(t)$ 可展开成三角形式的傅里叶级数，即

$$\begin{aligned}f(t)&=a_0+a_1\cos\omega_1 t+b_1\sin\omega_1 t+\cdots+a_n\cos n\omega_1 t+b_n\sin n\omega_1 t+\cdots\\&=a_0+\sum_{n=1}^{\infty}(a_n\cos n\omega_1 t+b_n\sin n\omega_1 t)\end{aligned}\tag{5.1-1}$$

式中，$\omega_1=\dfrac{2\pi}{T_1}$，$a_0$ 为直流分量的幅度，a_n 、b_n 分别为 $\cos n\omega_1 t$ 和 $\sin n\omega_1 t$ 的幅度，通常把 a_0 、a_n 和 b_n 称为傅里叶级数的系数，具体数值计算如下。

直流分量：

$$a_0=\frac{1}{T_1}\int_0^{T_1}f(t)\mathrm{d}t\tag{5.1-2}$$

余弦分量的幅度：
$$a_n = \frac{2}{T_1}\int_0^{T_1} f(t)\cos n\omega_1 t\mathrm{d}t \tag{5.1-3}$$

正弦分量的幅度：
$$b_n = \frac{2}{T_1}\int_0^{T_1} f(t)\sin n\omega_1 t\mathrm{d}t \tag{5.1-4}$$

式（5.1-1）其实是周期信号 $f(t)$ 的一种分解方法，从中可以看出，$f(t)$ 可以分解为直流和一些不同频率、不同幅度的正弦分量和余弦分量的叠加。不同的周期信号，由于 $f(t)$ 表示式和周期不同，所以展开式中各项并不相同。

注意，并不是任意周期信号都可以按照式（5.1-1）展开，通常需要满足狄里赫利条件，即

（1）在一个周期内连续或有有限个第一类间断点；

（2）一个周期内函数的极值（极大值、极小值）的数目是有限的；

（3）一个周期内函数是绝对可积的，即 $\int_0^{T_1}|f(t)|\,\mathrm{d}t < +\infty$。

工程中实际遇到的周期信号都能满足狄里赫利条件，可以按照式（5.1-1）展开，所以一般不考虑这一条件。

例 5-1 图 5-1 所示为一周期锯齿波，求其三角形式的傅里叶级数展开式。

解：从图 5-1 中可知，函数 $f(t)$ 一个周期内的关系式为

$$f(t) = \frac{A}{T_1}t,\quad -\frac{T_1}{2} < t < \frac{T_1}{2}$$

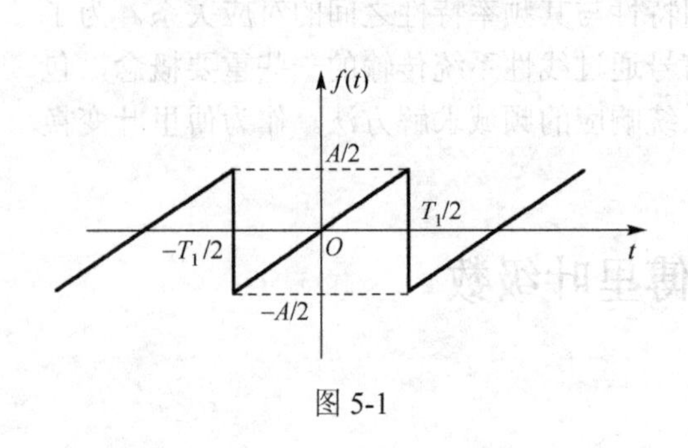

图 5-1

由于 $f(t)$ 是奇函数，可得

$$a_0 = \frac{1}{T_1}\int_{-T_1/2}^{T_1/2}\frac{A}{T_1}t\mathrm{d}t = 0$$

$$a_n = \frac{2}{T_1}\int_{-T_1/2}^{T_1/2}\frac{A}{T_1}t\cos(n\omega_1 t)\mathrm{d}t = 0$$

根据式（5.1-4），计算可得

$$b_n = \frac{2}{T_1}\int_{-T_1/2}^{T_1/2}\frac{A}{T_1}t\sin(n\omega_1 t)\,\mathrm{d}t = \frac{4}{T_1}\int_0^{T_1/2}\frac{A}{T_1}t\sin(n\omega_1 t)\,\mathrm{d}t = \frac{A}{n\pi}(-1)^{n+1}$$

则周期锯齿波信号三角形式的傅里叶级数展开式为

$$f(t) = \frac{A}{\pi}\sin\omega_1 t - \frac{A}{2\pi}\sin 2\omega_1 t + \frac{A}{3\pi}\sin 3\omega_1 t - \cdots$$

可以看出，奇函数 $f(t)$ 只包含正弦分量，而没有余弦分量和直流分量。

式(5.1-1)中，$a_n\cos n\omega_1 t$ 和 $b_n\sin n\omega_1 t$ 均为角频率为 $n\omega_1$ 的频率分量，所以可以将式(5.1-1)改写成傅里叶级数的另一种形式，也称为标准三角形式的傅里叶级数。

$$\begin{aligned}f(t) &= a_0 + \sum_{n=1}^{\infty}(a_n\cos n\omega_1 t + b_n\sin n\omega_1 t)\\ &= a_0 + \sum_{n=1}^{\infty}\sqrt{a_n^2+b_n^2}\left(\frac{a_n}{\sqrt{a_n^2+b_n^2}}\cos n\omega_1 t - \frac{-b_n}{\sqrt{a_n^2+b_n^2}}\sin n\omega_1 t\right)\end{aligned}$$

令 $c_0 = a_0$， $c_n = \sqrt{a_n^2 + b_n^2}$ ， $\varphi_n = \arctan\left(\dfrac{-b_n}{a_n}\right)$，则

$$\begin{aligned} f(t) &= c_0 + \sum_{n=1}^{\infty} c_n(\cos\varphi_n \cos n\omega_1 t - \sin\varphi_n \sin n\omega_1 t) \\ &= c_0 + \sum_{n=1}^{\infty} c_n \cos(n\omega_1 t + \varphi_n) \end{aligned} \tag{5.1-5}$$

式（5.1-5）表明，任何满足狄里赫利条件的周期信号可表示（分解）为无穷多个不同频率正弦信号的叠加。与式（5.1-1）的区别在于从中可以直接得到每个频率分量的幅度和相位。

通常把 c_0 称为 $f(t)$ 的直流分量，$\omega_1 = \dfrac{2\pi}{T_1}$ 称为基波频率，$c_1\cos(\omega_1 t + \varphi_1)$ 称为 $f(t)$的基波分量，c_1 称为基波幅度，φ_1 称为基波相位，$n\omega_1$（n>1）称为 n 次谐波频率，$c_n\cos(\omega_n t + \varphi_n)$ 称为 $f(t)$的第 n 次谐波分量，c_n 称为 n 次谐波幅度，φ_n 称为 n 次谐波相位，相位一般取值在 $-\pi$ ～ π 之间，所以通常也可以称周期信号由直流、基波和各次谐波构成。

例 5-2　已知周期信号 $f(t)$ 如下，写出其标准三角形式的傅里叶级数。

$$f(t) = 1 + \sqrt{2}\cos\omega_0 t - \cos\left(2\omega_0 t + \frac{5\pi}{4}\right) + \sqrt{2}\sin\omega_0 t + 0.5\sin 3\omega_0 t$$

解：

$$\begin{aligned} f(t) &= 1 + (\sqrt{2}\cos\omega_0 t + \sqrt{2}\sin\omega_0 t) + \cos\left(2\omega_0 t + \frac{5\pi}{4} - \pi\right) + 0.5\cos\left(3\omega_0 t - \frac{\pi}{2}\right) \\ &= 1 + 2\cos\left(\omega_0 t - \frac{\pi}{4}\right) + \cos\left(2\omega_0 t + \frac{\pi}{4}\right) + 0.5\cos\left(3\omega_0 t - \frac{\pi}{2}\right) \end{aligned}$$

从结果可以看出，周期信号 $f(t)$ 由直流、基波、二次谐波和三次谐波分量组成。

2. 三角形式的频谱图

为了直观、清楚地看出周期信号由哪些频率分量构成，以及各频率分量幅度和相位情况，通常可借助频谱图。所谓频谱图就是用图形的方式来描述信号所包含频谱分量的幅度和相位。

对于三角形式的频谱图，通常包括两个图，其中 c_n ～ ω 的关系图称为信号的幅度频谱，简称幅度谱，体现各频率分量的幅度和频率的关系；φ_n ～ ω 的关系图称为信号的相位频谱，简称相位谱，体现各频率分量的相位和频率的关系。

例 5-3　已知周期信号 $f(t)$ 如下，试画出其频谱图。

$$f(t) = 1 + \sqrt{2}\cos\omega_0 t - \cos\left(2\omega_0 t + \frac{5\pi}{4}\right) + \sqrt{2}\sin\omega_0 t + 0.5\sin 3\omega_0 t$$

解：例 5-2 已经给出了 $f(t)$标准三角形式的傅里叶级数，即

$$f(t) = 1 + 2\cos\left(\omega_0 t - \frac{\pi}{4}\right) + \cos\left(2\omega_0 t + \frac{\pi}{4}\right) + 0.5\cos\left(3\omega_0 t - \frac{\pi}{2}\right)$$

可以看出，直流信号的幅度 $c_0 = 1$，基波幅度 $c_1 = 2$，相位 $\varphi_1 = -\dfrac{\pi}{4}$，二次谐波幅度 $c_2 = 1$，

相位 $\varphi_2=\frac{\pi}{4}$，三次谐波幅度 $c_3=0.5$，相位 $\varphi_3=-\frac{\pi}{2}$。所以信号 $f(t)$ 幅度谱和相位谱如图 5-2 所示。

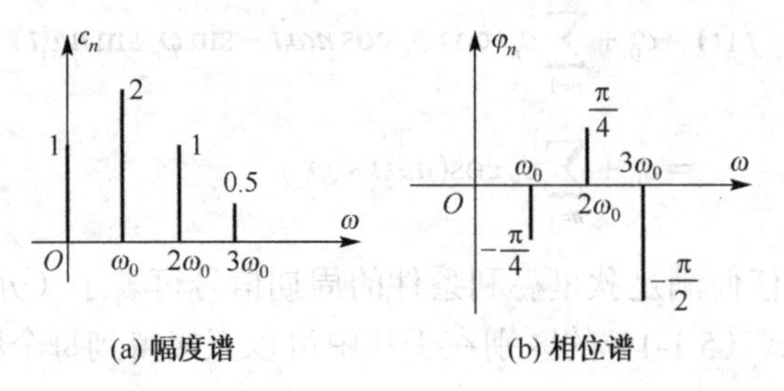

图 5-2

在三角形式的傅里叶级数展开式中，信号仅包含正的频率分量和零频（直流为零频），所以频谱图为单边谱（只有 $\omega\geqslant 0$ 才存在）。

5.1.2 复指数形式的傅里叶级数

1. 复指数形式的傅里叶级数

欧拉公式给出了三角函数和复指数函数的关系，即

$$\cos n\omega_1 t=\frac{\mathrm{e}^{\mathrm{j}n\omega_1 t}+\mathrm{e}^{-\mathrm{j}n\omega_1 t}}{2}\ ,\quad \sin n\omega_1 t=\frac{\mathrm{e}^{\mathrm{j}n\omega_1 t}-\mathrm{e}^{-\mathrm{j}n\omega_1 t}}{2\mathrm{j}}$$

所以也可采用复指数正交函数集 $\{\mathrm{e}^{jn\omega_1 t}\}$ 来表示周期信号 $f(t)$。

$$f(t)=a_0+\sum_{n=1}^{\infty}(a_n\cos n\omega_1 t+b_n\sin n\omega_1 t)=a_0+\sum_{n=1}^{\infty}\left(\frac{a_n-\mathrm{j}b_n}{2}\mathrm{e}^{\mathrm{j}n\omega_1 t}+\frac{a_n+\mathrm{j}b_n}{2}\mathrm{e}^{-\mathrm{j}n\omega_1 t}\right)$$

令 $F_0=a_0$，$F_n=\frac{1}{2}(a_n-jb_n)$，$F_{-n}=\frac{1}{2}(a_n+\mathrm{j}b_n)$，则

$$f(t)=F_0+\sum_{n=1}^{\infty}(F_n\mathrm{e}^{\mathrm{j}n\omega_1 t}+F_{-n}\mathrm{e}^{-\mathrm{j}n\omega_1 t})=\sum_{n=-\infty}^{\infty}F_n\mathrm{e}^{\mathrm{j}n\omega_1 t}\tag{5.1-6}$$

其中，

$$F_n=\frac{1}{2}(a_n-\mathrm{j}b_n)=\frac{1}{T_1}\int_0^{T_1}f(t)\mathrm{e}^{-\mathrm{j}n\omega_1 t}\mathrm{d}t\tag{5.1-7}$$

式（5.1-6）称为周期信号 $f(t)$ 复指数形式的傅里叶级数展开式，意味着周期信号可以分解为一系列复指数 $\mathrm{e}^{jn\omega_1 t}$ 的线性组合。F_n 为 $n\omega_1$ 频率分量的系数，通常是复数，所以称为傅里叶级数的复系数，可以写成模和辐角的形式，即 $F_n=|F_n|\mathrm{e}^{\mathrm{j}\varphi_n}$，其中 $|F_n|$ 为频率分量 $n\omega_1$ 的幅度，φ_n 为频率分量 $n\omega_1$ 的相位。由于这里 n 的取值为整数，所以 $n\omega_1$ 可能为正，也可能为负。

例 5-4 求图 5-3 所示周期矩形信号复指数形式的傅里叶级数展开式。

解：奇函数 $f(t)$ 的直流分量 $F_0=a_0=0$，有

$$F_n=\frac{1}{T}\int_{-\frac{T}{2}}^{\frac{T}{2}}f(t)\mathrm{e}^{-\mathrm{j}n\omega_1 t}\mathrm{d}t$$

$$=\frac{1}{T}\left(\int_{-\frac{T}{2}}^{0}(-A)\mathrm{e}^{-\mathrm{j}n\omega_1 t}\mathrm{d}t+\int_{0}^{\frac{T}{2}}A\mathrm{e}^{-\mathrm{j}n\omega_1 t}\mathrm{d}t\right)$$

$$=\frac{A}{T}\left(\int_{0}^{\frac{T}{2}}\mathrm{e}^{-\mathrm{j}n\omega_1 t}\mathrm{d}t-\int_{-\frac{T}{2}}^{0}\mathrm{e}^{-\mathrm{j}n\omega_1 t}\mathrm{d}t\right)$$

$$=\frac{A}{\mathrm{j}n\pi}(1-\cos n\pi)$$

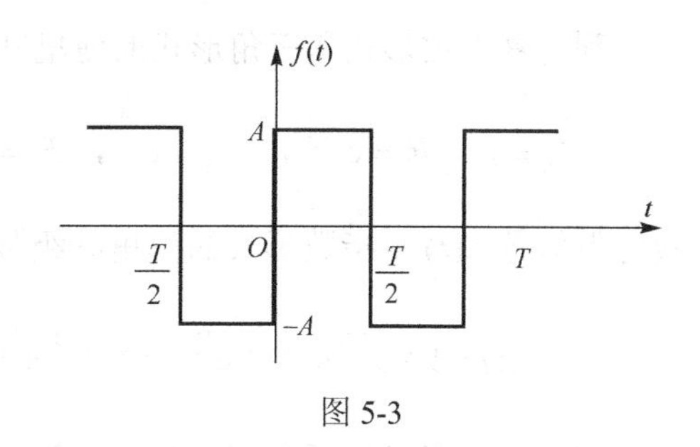

图 5-3

所以，$f(t)=\sum_{n=-\infty}^{\infty}\frac{A}{\mathrm{j}n\pi}(1-\cos n\pi)\mathrm{e}^{\mathrm{j}n\omega_1 t}$，$(n\neq 0)$

2. 傅里叶级数的复指数形式与三角形式的关系

从前面的分析过程可知：

$$F_n=\frac{1}{2}(a_n-\mathrm{j}b_n)，\quad F_{-n}=\frac{1}{2}(a_n+\mathrm{j}b_n)$$

可以看出，F_n 与 F_{-n} 为一对共轭复数。指数形式与三角形式的系数关系如下：

$$F_0=c_0 \tag{5.1-8}$$

$$|F_n|=|F_{-n}|=\frac{1}{2}\sqrt{a_n^2+b_n^2}=\frac{1}{2}c_n \tag{5.1-9}$$

$$\varphi_n=\arctan\left(\frac{-b_n}{a_n}\right)，\quad \varphi_{-n}=-\varphi_n \tag{5.1-10}$$

由于 $F_n=|F_n|\mathrm{e}^{\mathrm{j}\varphi_n}$，$F_{-n}=|F_{-n}|\mathrm{e}^{\mathrm{j}\varphi_{-n}}=|F_n|\mathrm{e}^{-\mathrm{j}\varphi_n}$，所以，

$$\begin{aligned}F_n\mathrm{e}^{\mathrm{j}n\omega_1 t}+F_{-n}\mathrm{e}^{-\mathrm{j}n\omega_1 t}&=|F_n|\mathrm{e}^{\mathrm{j}\varphi_n}\mathrm{e}^{\mathrm{j}n\omega_1 t}+|F_n|\mathrm{e}^{-\mathrm{j}\varphi_n}\mathrm{e}^{-\mathrm{j}n\omega_1 t}\\&=2|F_n|\cos(n\omega_1 t+\varphi_n)\\&=c_n\cos(n\omega_1 t+\varphi_n)\end{aligned}$$

可见，周期信号 $f(t)$ 的三角级数形式和复指数级数形式只是同一信号的两种不同表示方法而已。前者为实数级数，后者由欧拉公式展开为复指数级数，但都把周期信号表示为不同频率分量的组合。

3. 复指数形式的频谱图

周期信号也可以用复指数形式的频谱来描述频率分量的分布情况，称为复数频谱。通常把 $|F_n|\sim\omega$ 的关系图称为信号的幅度谱，$\varphi_n\sim\omega$ 的关系图称为信号的相位谱。

例 5-5　已知周期信号 $f(t)$ 如下，写出复指数形式的傅里叶级数展开式，并画出频谱图。

$$f(t)=1+\sqrt{2}\cos\omega_0 t-\cos\left(2\omega_0 t+\frac{5\pi}{4}\right)+\sqrt{2}\sin\omega_0 t+0.5\sin 3\omega_0 t$$

解：$f(t)$标准三角形式的傅里叶级数为

$$f(t)=1+2\cos\left(\omega_0 t-\frac{\pi}{4}\right)+\cos\left(2\omega_0 t+\frac{\pi}{4}\right)+0.5\cos\left(3\omega_0 t-\frac{\pi}{2}\right)$$

利用复指数形式和三角形式的傅里叶系数关系，可以看出：

$$F_0=1,\ F_1=\mathrm{e}^{-\mathrm{j}\frac{\pi}{4}},\ F_{-1}=\mathrm{e}^{\mathrm{j}\frac{\pi}{4}},\ F_2=\frac{1}{2}\mathrm{e}^{\mathrm{j}\frac{\pi}{4}},\ F_{-2}=\frac{1}{2}\mathrm{e}^{-\mathrm{j}\frac{\pi}{4}},\ F_3=\frac{1}{4}\mathrm{e}^{-\mathrm{j}\frac{\pi}{2}},\ F_{-3}=\frac{1}{4}\mathrm{e}^{\mathrm{j}\frac{\pi}{2}}$$

故可得信号 $f(t)$ 复指数形式的傅里叶级数展开式为

$$f(t)=1+\mathrm{e}^{-\mathrm{j}\frac{\pi}{4}}\mathrm{e}^{\mathrm{j}\omega_0 t}+\mathrm{e}^{\mathrm{j}\frac{\pi}{4}}\mathrm{e}^{-\mathrm{j}\omega_0 t}+\frac{1}{2}\mathrm{e}^{\mathrm{j}\frac{1}{4}\pi}\mathrm{e}^{\mathrm{j}2\omega_0 t}+\frac{1}{2}\mathrm{e}^{-\mathrm{j}\frac{1}{4}\pi}\mathrm{e}^{-\mathrm{j}2\omega_0 t}+\frac{1}{4}\mathrm{e}^{-\mathrm{j}\frac{\pi}{2}}\mathrm{e}^{\mathrm{j}3\omega_0 t}+\frac{1}{4}\mathrm{e}^{\mathrm{j}\frac{\pi}{2}}\mathrm{e}^{-\mathrm{j}3\omega_0 t}$$

其复指数形式的频谱图如图 5-4 所示。

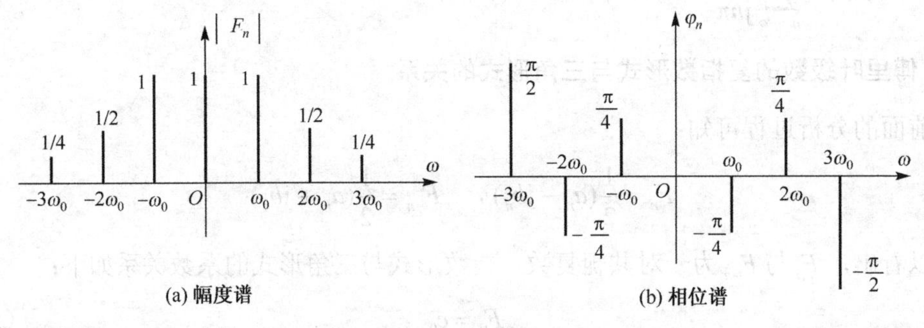

图 5-4

从复指数形式的频谱图中可以看出，由于 n 取整数，因此信号 $f(t)$ 既包含正的频率成分，也包含负的频率成分，所以频谱图为双边谱。因为 $|F_n|=|F_{-n}|=\frac{1}{2}c_n$，$\varphi_n=-\varphi_{-n}$，所以幅度谱是偶对称，相位谱为奇对称。与三角形式单边谱（见图 5-2）相比，两者幅度谱的直流分量相同，其他分量的双边谱幅度是单边谱幅度的一半，两者的相位谱在 $n\geqslant 0$ 时相同。

5.1.3 典型周期信号的傅里叶级数

1. 周期矩形脉冲信号的傅里叶级数

周期矩形脉冲是典型的周期信号，通过分析其频谱，可以了解周期信号频谱的一般规律和特点。

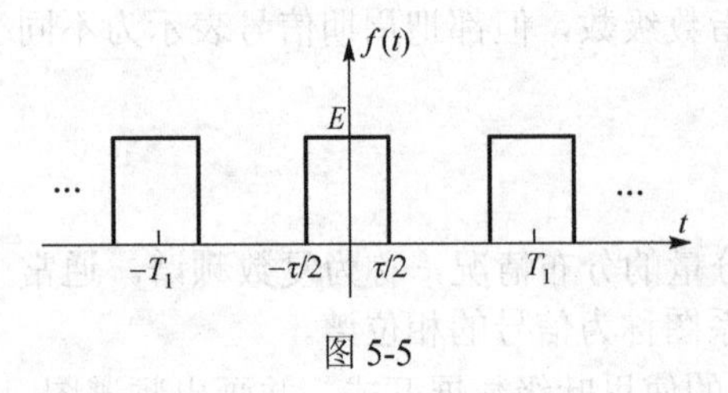

图 5-5

设 $f(t)$ 为脉宽为 τ，高度为 E，周期为 T_1 的周期矩形脉冲，波形如图 5-5 所示。

对信号 $f(t)$ 进行傅里叶级数展开，既可以采用三角形式的傅里叶级数，也可以采用复指数形式的傅里叶级数，为了与后续分析傅里叶变换方法统一，这里讨论复指数形式的傅里叶级数。

周期矩形信号 $f(t)$在一个周期内$\left(-\frac{T_1}{2}\leqslant t<\frac{T_1}{2}\right)$的表达式为

$$f(t)=\begin{cases}E, & -\frac{\tau}{2}\leqslant t<\frac{\tau}{2}\\ 0, & 其他\end{cases}$$

其复指数形式的傅里叶谱系数为

$$F_n = \frac{1}{T_1}\int_{-\frac{T_1}{2}}^{\frac{T_1}{2}} f(t)\mathrm{e}^{-\mathrm{j}n\omega_1 t}\,\mathrm{d}t = \frac{1}{T_1}\int_{-\frac{\tau}{2}}^{\frac{\tau}{2}} E\mathrm{e}^{-\mathrm{j}n\omega_1 t}\,\mathrm{d}t = \frac{E}{T_1}\frac{1}{-\mathrm{j}n\omega_1}\mathrm{e}^{-\mathrm{j}n\omega_1 t}\Big|_{-\frac{\tau}{2}}^{\frac{\tau}{2}}$$

$$= \frac{-E}{\mathrm{j}n\omega_1 T_1}\left[\mathrm{e}^{-\mathrm{j}n\omega_1\frac{\tau}{2}} - \mathrm{e}^{\mathrm{j}n\omega_1\frac{\tau}{2}}\right] = \frac{E\tau}{T_1}\frac{\sin\left(n\omega_1\frac{\tau}{2}\right)}{n\omega_1\frac{\tau}{2}} \tag{5.1-11}$$

$$= \frac{E\tau}{T_1}\mathrm{Sa}\left(n\omega_1\frac{\tau}{2}\right)$$

所以周期矩形信号复指数形式的傅里叶级数为

$$f(t) = \sum_{n=-\infty}^{+\infty} F_n \mathrm{e}^{\mathrm{j}n\omega_1 t} = \frac{E\tau}{T_1}\sum_{n=-\infty}^{+\infty}\mathrm{Sa}\left(\frac{n\omega_1\tau}{2}\right)\mathrm{e}^{\mathrm{j}n\omega_1 t} \tag{5.1-12}$$

2．周期矩形脉冲信号的频谱图

周期信号的频谱图通常由幅度谱和相位谱构成。从上面的求解结果可以看出，周期矩形脉冲信号 $f(t)$的傅里叶系数 F_n 为实数，所以，

$$|F_n| = \frac{E\tau}{T_1}\left|\mathrm{Sa}\left(\frac{n\omega_1\tau}{2}\right)\right| \tag{5.1-13}$$

当 $F_n > 0$ 时，相位 $\varphi_n = 0$，当 $F_n < 0$ 时，相位 $\varphi_n = \pm\pi$，所以幅度谱和相位谱如图 5-6 所示。为画图方便，这里假设 $T_1 = 5\tau$。

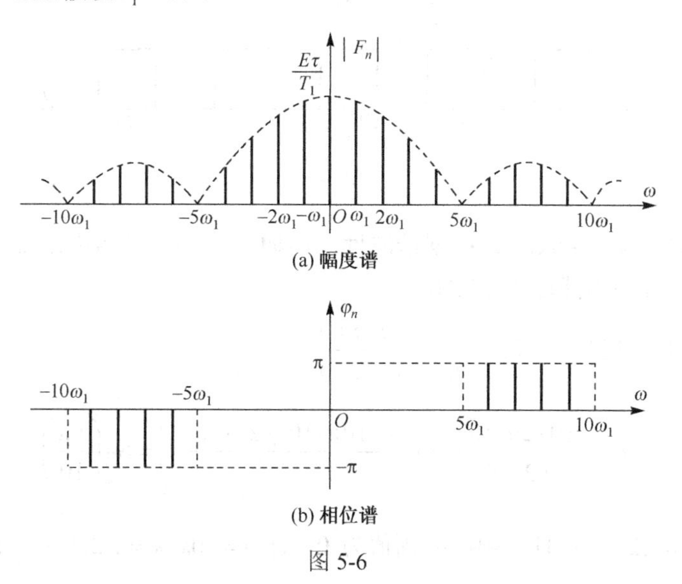

图 5-6

由于信号 $f(t)$ 的谱系数 F_n 是实数，所以幅度谱和相位谱可以合并为一个图，如图 5-7 所示，其中相位可通过幅值的正负来体现。

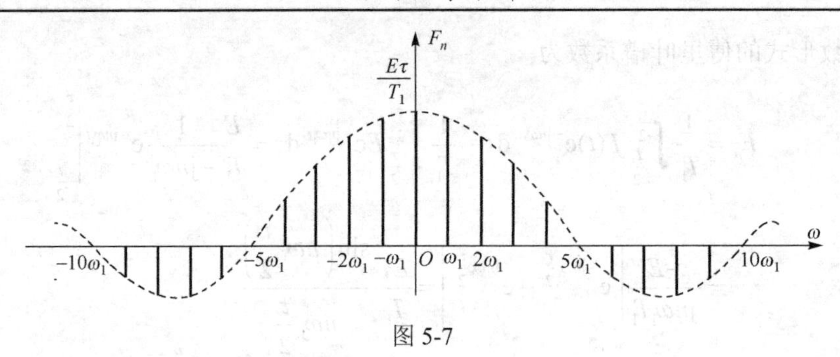

图 5-7

可以看出周期矩形信号 $f(t)$ 的频谱图具有以下特点：

（1）频谱图是离散的，谱线只在 $\omega = n\omega_1$ 取值，频率间隔为 $\omega_1 = \dfrac{2\pi}{T_1}$。随着周期 T_1 的增加，离散谱线间隔 ω_1 减小。

（2）直流、基波及各次谐波分量的大小与脉冲幅度 E 及脉冲宽度 τ 成正比，与周期 T_1 成反比，各谐波幅度随 $\mathrm{Sa}\left(\dfrac{n\omega_1\tau}{2}\right)$ 的包络变化，第一个过零点坐标为 $\omega = \dfrac{2\pi}{\tau}$。

（3）频谱图中有无穷多根谱线，即包含无穷的频率分量，但总体趋势是幅度越来越小，主要能量集中在第一个零点之间。

以上是周期矩形脉冲信号的频谱特点，通常一般周期信号的频谱都具有离散性、谐波性和收敛性的特点。

例 5-6 用可变中心频率的选频回路能否从图 5-8 所示的周期矩形信号中选取 5kHz，12kHz，50kHz，80kHz 和 100kHz 频率分量？其中频率 f_0=5kHz，$\tau = 20\mu s$, E=10V。

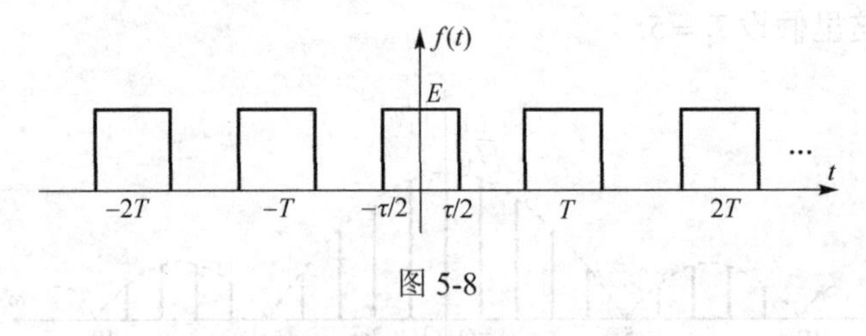

图 5-8

解：（1）已知基频 f_0=5kHz，根据谐波性，周期信号 $f(t)$ 频谱中出现的频率应为 f_0 的整数倍，则可判断 $f(t)$ 中不能选出 12kHz。

（2）$f(t)$ 的傅里叶复系数 $F_n = \dfrac{E\tau}{T_0}\mathrm{Sa}\left(\dfrac{n\omega_0\tau}{2}\right)$

$$F_n = \frac{10\cdot 20\cdot 10^{-6}}{0.2\cdot 10^{-3}}\mathrm{Sa}\left(\frac{n\cdot 10\pi\cdot 10^3\cdot 20\cdot 10^{-6}}{2}\right) = \mathrm{Sa}\left(\frac{n\pi}{10}\right)$$

当 $\dfrac{n\pi}{10} = k\pi(k = 1,2,3,\cdots)$ 时，频谱的幅值为 0，即 $n = 10k, k = 1,2,3,\cdots$，此时对应的谐波频率 nf_0=50kHz，100kHz，150kHz，…，所以不能选出 50kHz，100kHz 频率分量。

综合（1）和（2），只能选出 5kHz 和 80kHz 的频率分量。

3. 周期信号的平均功率

能量无穷大而平均功率有限的信号称为功率信号。周期信号通常为功率信号，其平均功率为

$$P=\frac{1}{T_1}\int_0^{T_1} f^2(t)\mathrm{d}t=\frac{1}{T_1}\int_0^{T_1}\left[a_0+\sum_{n=1}^{\infty}(a_n\cos n\omega_1 t+b_n\sin n\omega_1 t)\right]^2\mathrm{d}t$$

$$=a_0^2+\frac{1}{T_1}\int_0^{T_1}\left[\sum_{n=1}^{\infty}(a_n\cos n\omega_1 t+b_n\sin n\omega_1 t)\right]^2\mathrm{d}t \tag{5.1-14}$$

$$=a_0{}^2+\frac{1}{2}\sum_{n=1}^{\infty}\left(a_n{}^2+b_n{}^2\right)=a_0{}^2+\frac{1}{2}\sum_{n=1}^{\infty}c_n{}^2=\sum_{n=-\infty}^{\infty}\left|F_n\right|^2$$

式（5.1-14）表明，周期信号的平均功率等于直流和各谐波分量有效值的平方和，也意味着信号的时域能量等于频域能量。

前面提到周期矩形信号的主要能量集中在零频到第一个零点 $\omega=\dfrac{2\pi}{\tau}$ 之间，从中可以引出信号带宽的概念。设 $T_1=5\tau$，根据式（5.1-13），可得：

$$|F_n|=\frac{E\tau}{T_1}\left|\mathrm{Sa}\left(\frac{n\omega_1\tau}{2}\right)\right|=\frac{E}{5}\left|\mathrm{Sa}\left(\frac{n\pi}{5}\right)\right|$$

取直流和前 5 次谐波来计算其功率：

$$P_{5n}=F_0^2+\left|F_1\right|^2+\left|F_2\right|^2+\left|F_3\right|^2+\left|F_4\right|^2+\left|F_{-1}\right|^2+\left|F_{-2}\right|^2+\left|F_{-3}\right|^2+\left|F_{-4}\right|^2=0.181E^2$$

总功率为 $\dfrac{1}{T_1}\displaystyle\int_0^{T_1} f^2(t)\mathrm{d}t=0.2E^2$，两者比值为 $\dfrac{P_{5n}}{P}=90.5\%$。

可以看出，尽管周期矩形信号所包含的频率分布在无限宽的范围，但是在第一个过零点内集中了 90%以上的能量。所以在实际工程中，在满足一定失真条件下，可以用某段频率范围的信号来近似表示原信号，此频率范围称为频带宽度。一般把第一个过零点作为矩形信号的频带宽度，简称为带宽，记为

$$B_\omega=\frac{2\pi}{\tau}\,\mathrm{rad/s} \quad 或 \quad B_f=\frac{1}{\tau}\,\mathrm{Hz} \tag{5.1-15}$$

可以看出，矩形信号带宽与脉宽成反比，脉宽越窄，带宽越大。这也是信道带宽越大，数据传输速度（单位时间脉冲个数）可越高的一个重要原因。

思考与练习

5.1-1 周期信号 $f(t)$ 如练习题 5.1-1 图所示，傅里叶级数所含频率分量为（　　）。

A. 余弦项的奇次谐波，无直流

B. 正弦项的偶次谐波，直流

C. 正弦和余弦项的偶次谐波，直流

D. 正弦和余弦项的奇次谐波，无直流

5.1-2 周期信号 $f(t)$ 如练习题 5.1-2 图所示，其傅里叶系数中 F_0 为________。

5.1-3 周期信号 $f(t)=4+2\cos t+\sin 2t$ 的平均功率为________。

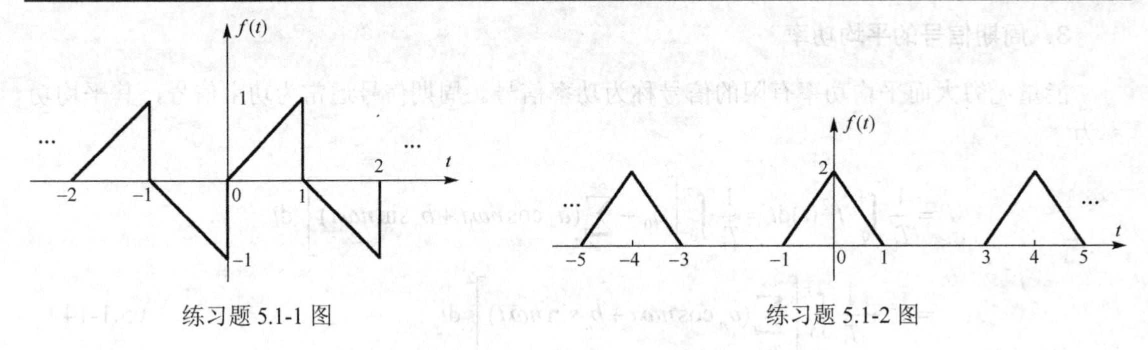

练习题 5.1-1 图　　　　　　练习题 5.1-2 图

5.2 傅里叶变换

上节讨论了周期信号的傅里叶级数展开，并以频谱图的形式反映出了信号所包含各频率分量的幅度和相位情况。在实际应用中，经常遇到非周期信号，那么对于非周期信号如何分析其频率特性呢？本节将介绍一种描述非周期信号频率特性的物理量，即频谱密度函数，也称为傅里叶变换，并说明傅里叶级数的系数与傅里叶变换之间的关系。

5.2.1 傅里叶变换概述

1. 傅里叶变换的定义

令周期信号 $f(t)$ 的周期 $T_1\to\infty$，则周期信号变成了非周期信号，此时谱系数为

$$F_n=\frac{1}{T_1}\int_{-\frac{T_1}{2}}^{\frac{T_1}{2}}f(t)\mathrm{e}^{-\mathrm{j}n\omega_1 t}\mathrm{d}t\to 0$$

对应的谱线间隔为

$$\omega_1=\frac{2\pi}{T_1}\to 0$$

这意味着信号频谱由离散谱变为了连续谱，同时幅度无限小，此时再用 F_n 表示频率分量的系数就不合适了。但是注意，虽然各频谱系数幅度无限小，但相对大小仍有区别。

为了描述这种情况，定义一个新的变量 $F(\mathrm{j}\omega)$，具体如下：

$$F(\mathrm{j}\omega)=\lim_{T_1\to\infty}T_1F_n=\lim_{T_1\to\infty}\int_{-\frac{T_1}{2}}^{\frac{T_1}{2}}f(t)\,\mathrm{e}^{-\mathrm{j}n\omega_1 t}\,\mathrm{d}t$$

由于 $T_1\to\infty$，$\omega_1\to 0$，$n\omega_1$ 由离散频率点变为连续频率，所以，

$$F(\mathrm{j}\omega)=\int_{-\infty}^{\infty}f(t)\,\mathrm{e}^{-\mathrm{j}\omega t}\mathrm{d}t \tag{5.2-1}$$

式（5.2-1）称为非周期信号 $f(t)$ 的傅里叶变换。

由于 $T_1F_n=\dfrac{F_n}{f_1}$，故通常把 $F(\mathrm{j}\omega)$ 称为频谱密度函数，简称频谱函数，常表示为 $F(\omega)$，即

$$F(\omega)=\mathcal{F}\left[f(t)\right]=\int_{-\infty}^{\infty}f(t)\mathrm{e}^{-\mathrm{j}\omega t}\mathrm{d}t \tag{5.2-2}$$

同样，可推出：

$$f(t)=\frac{1}{2\pi}\int_{-\infty}^{\infty}F(\omega)\mathrm{e}^{\mathrm{j}\omega t}\mathrm{d}\omega \tag{5.2-3}$$

式（5.2-3）称为频谱密度函数 $F(\omega)$ 的傅里叶反变换，可表示为

$$f(t)=\mathcal{F}^{-1}\left[F(\omega)\right]=\frac{1}{2\pi}\int_{-\infty}^{\infty}F(\omega)\mathrm{e}^{\mathrm{j}\omega t}\mathrm{d}\omega \tag{5.2-4}$$

式（5.2-2）和式（5.2-3）称为傅里叶变换对，简写为 $f(t)\leftrightarrow F(\omega)$。

从式（5.2-2）可以看出，$F(\omega)$ 一般为复信号，可以写为模和辐角的形式，即

$$F(\omega)=\left|F(\omega)\right|\mathrm{e}^{\mathrm{j}\phi(\omega)} \tag{5.2-5}$$

与周期信号的频谱类似，通常把 $\left|F(\omega)\right|$ 与 ω 的关系曲线称为幅度谱，$\varphi(\omega)$ 与 ω 的关系曲线称为相位谱。$\left|F(\omega)\right|$ 称为幅度谱函数，$\varphi(\omega)$ 称为相位谱函数。

傅里叶变换可以看作非周期信号的一种分解方式。利用傅里叶反变换可知：

$$\begin{aligned}f(t)&=\frac{1}{2\pi}\int_{-\infty}^{\infty}F(\omega)\mathrm{e}^{\mathrm{j}\omega t}\mathrm{d}\omega=\frac{1}{2\pi}\int_{-\infty}^{\infty}\left|F(\omega)\right|\mathrm{e}^{\mathrm{j}\varphi(\omega)}\mathrm{e}^{\mathrm{j}\omega t}\mathrm{d}\omega\\&=\frac{1}{\pi}\int_{0}^{\infty}\left|F(\omega)\right|\cos[\omega t+\varphi(\omega)]\,\mathrm{d}\omega\end{aligned} \tag{5.2-6}$$

式（5.2-6）的物理意义可以理解为：非周期信号可以分解成许多不同频率的正弦分量的叠加。与周期信号不同的是，它包含从零到无穷大的连续频率成分。

例 5-7　已知信号 $f(t)$ 波形如图 5-9 所示，其频谱密度函数为 $F(\omega)$，试计算下列值：

（1）$F(\omega)|_{\omega=0}$；（2）$\int_{-\infty}^{\infty}F(\omega)\mathrm{d}\omega$。

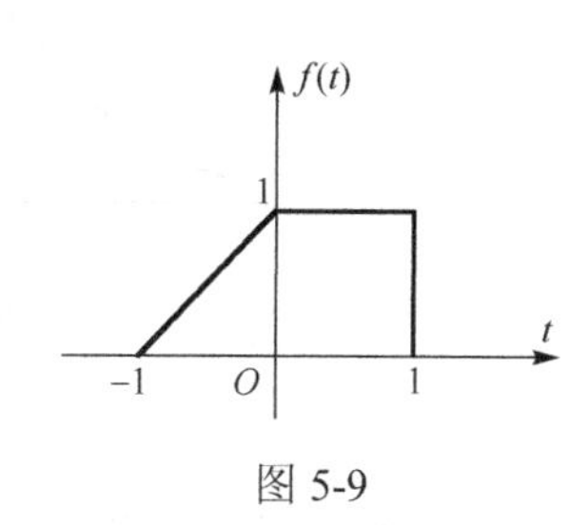

图 5-9

解：可以从傅里叶变换的定义式求解。

（1）$F(\omega)=\int_{-\infty}^{+\infty}f(t)\mathrm{e}^{-\mathrm{j}\omega t}\mathrm{d}t$

$$F(0)=F(\omega)|_{\omega=0}=\int_{-\infty}^{\infty}f(t)\,\mathrm{d}t=\frac{3}{2}$$

（2）$f(t)=\frac{1}{2\pi}\int_{-\infty}^{\infty}F(\omega)\mathrm{e}^{\mathrm{j}\omega t}\,\mathrm{d}\omega$

$$f(0)=\frac{1}{2\pi}\int_{-\infty}^{\infty}F(\omega)\mathrm{d}\omega$$

$$\int_{-\infty}^{\infty}F(\omega)\mathrm{d}\omega=2\pi f(0)=2\pi$$

2. 傅里叶变换存在的条件

前面讲到，周期信号展开为傅里叶级数需满足狄里赫利条件。同样，傅里叶变换也需要满足一定的条件才存在，不同之处在于时间范围由一个周期变为了无限的区间。信号 $f(t)$ 傅里叶变换存在的充分条件是无限区间内信号绝对可积，即

$$\int_{-\infty}^{\infty}\left|f(t)\right|\mathrm{d}t<\infty \tag{5.2-7}$$

可以看出，所有能量信号均满足此条件，即存在傅里叶变换。

5.2.2 常用信号的傅里叶变换

1．指数信号

（1）因果指数信号。

因果指数信号的时域数学表达式为

$$f(t)=E\mathrm{e}^{-\alpha t}\varepsilon(t),\ \ \alpha \text{ 为正实数}$$

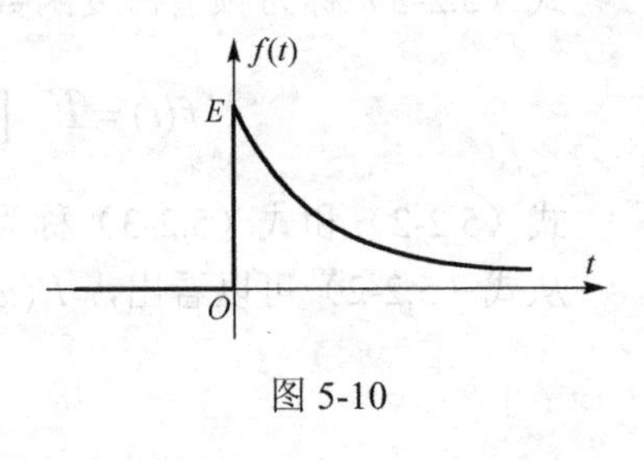

图 5-10

时域波形如图 5-10 所示。

根据式（5.2-2），其傅里叶变换为

$$F(\omega)=\mathcal{F}[f(t)]=\int_{-\infty}^{\infty}E\mathrm{e}^{-\alpha t}\varepsilon(t)\mathrm{e}^{-\mathrm{j}\omega t}\mathrm{d}t=E\int_{0}^{\infty}\mathrm{e}^{-\alpha t}\mathrm{e}^{-\mathrm{j}\omega t}\mathrm{d}t$$

$$=-\frac{E}{\alpha+\mathrm{j}\omega}\mathrm{e}^{-(\alpha+\mathrm{j}\omega)t}\Big|_{0}^{\infty}=\frac{E}{\alpha+\mathrm{j}\omega} \tag{5.2-8}$$

幅度谱函数为 $|F(\omega)|=\dfrac{E}{\sqrt{\alpha^2+\omega^2}}$，相位谱函数为 $\varphi(\omega)=-\arctan\dfrac{\omega}{\alpha}$，频谱图如图 5-11 所示。

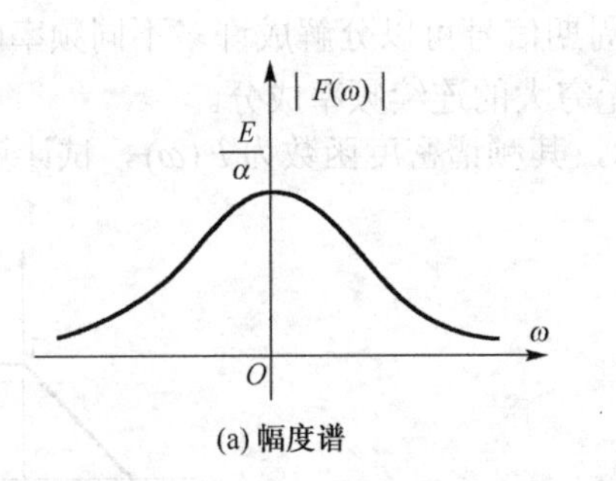

(a) 幅度谱

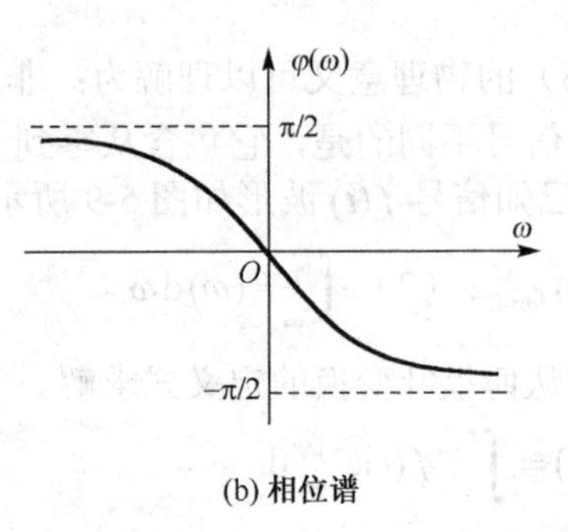

(b) 相位谱

图 5-11

（2）单边非因果指数信号。

时域数学表达式为

$$f(t)=E\mathrm{e}^{\alpha t}\varepsilon(-t),\ \ \alpha \text{ 为正实数}$$

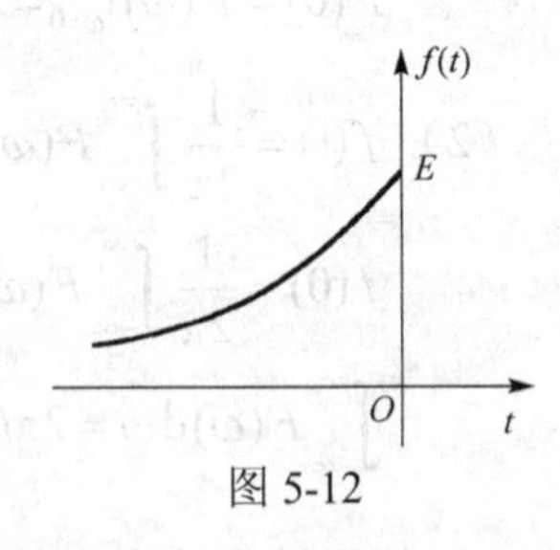

图 5-12

时域波形如图 5-12 所示。

其傅里叶变换为

$$F(\omega)=\mathcal{F}[f(t)]=\int_{-\infty}^{\infty}E\mathrm{e}^{\alpha t}\varepsilon(-t)\mathrm{e}^{-\mathrm{j}\omega t}\mathrm{d}t=E\int_{-\infty}^{0}\mathrm{e}^{\alpha t}\mathrm{e}^{-\mathrm{j}\omega t}\mathrm{d}t$$

$$=\frac{E}{\alpha-\mathrm{j}\omega}\mathrm{e}^{(\alpha-\mathrm{j}\omega)t}\Big|_{-\infty}^{0}=\frac{E}{\alpha-\mathrm{j}\omega} \tag{5.2-9}$$

幅度谱函数为 $|F(\omega)|=\dfrac{E}{\sqrt{\alpha^2+\omega^2}}$，相位谱函数为 $\varphi(\omega)=\arctan\dfrac{\omega}{\alpha}$，频谱图如图 5-13 所示。

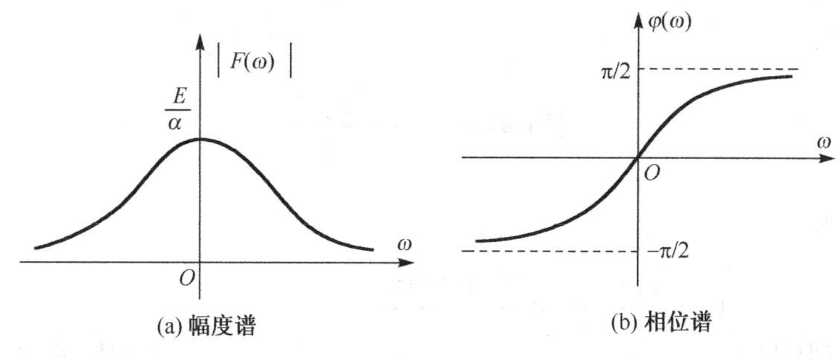

(a) 幅度谱　　(b) 相位谱

图 5-13

（3）双边指数信号

时域数学表达式为

$$f(t)=E[\mathrm{e}^{-\alpha t}\varepsilon(t)+\mathrm{e}^{\alpha t}\varepsilon(-t)],\quad \alpha\text{ 为正实数}$$

时域波形如图 5-14 所示。

其傅里叶变换为

$$\begin{aligned}F(\omega)&=\mathcal{F}[f(t)]=\int_{-\infty}^{\infty}E[\mathrm{e}^{-\alpha t}\varepsilon(t)+\mathrm{e}^{\alpha t}\varepsilon(-t)]\mathrm{e}^{-\mathrm{j}\omega t}\mathrm{d}t\\&=\frac{E}{\alpha+\mathrm{j}\omega}+\frac{E}{\alpha-\mathrm{j}\omega}=\frac{2E\alpha}{\alpha^2+\omega^2}\end{aligned}\qquad(5.2\text{-}10)$$

频谱图如图 5-15 所示。可以看出，双边指数信号的傅里叶变换为正实数，相位谱为零，幅度谱就是频谱。

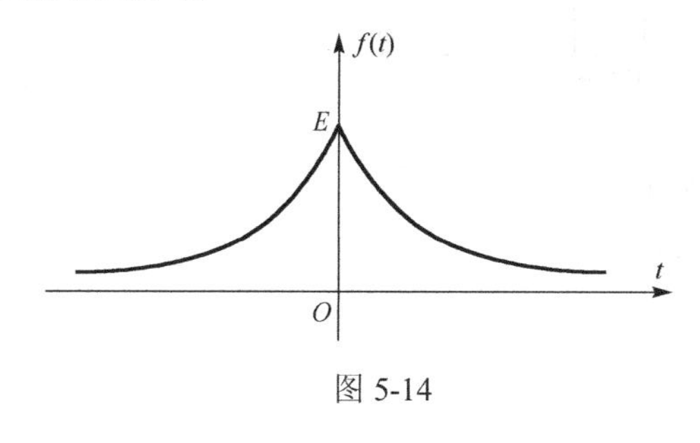

图 5-14

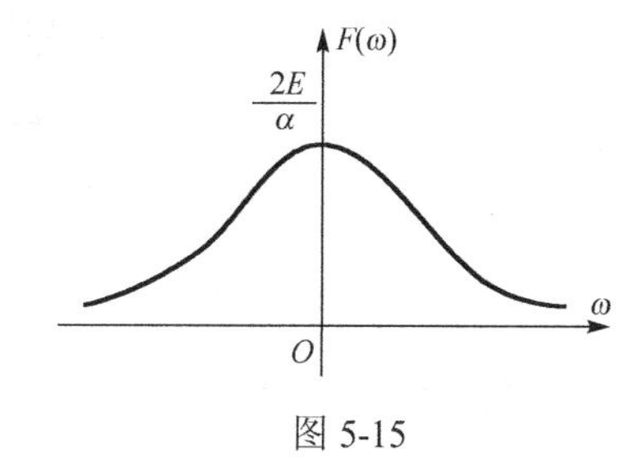

图 5-15

2. 矩形脉冲信号（门函数）

矩形脉冲信号是一种常用的非周期信号，尤其在数字通信领域中。幅度为 E、脉宽为 τ 的矩形脉冲信号的时域表示式为

$$f(t)=E\left[\varepsilon\left(t+\frac{\tau}{2}\right)-\varepsilon\left(t-\frac{\tau}{2}\right)\right]=EG_{\tau}(t)$$

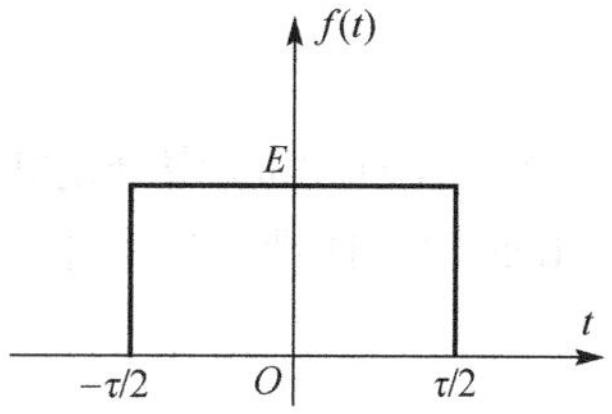

时域波形如图 5-16 所示。

图 5-16

其傅里叶变换为

$$\begin{aligned}F(\omega)&=\int_{-\frac{\tau}{2}}^{\frac{\tau}{2}}E\mathrm{e}^{-\mathrm{j}\omega t}\,\mathrm{d}t=E\cdot\frac{\mathrm{e}^{-\mathrm{j}\omega t}}{-\mathrm{j}\omega}\Big|_{-\tau/2}^{\tau/2}=-\frac{E}{\mathrm{j}\omega}\left[\mathrm{e}^{-\mathrm{j}\omega\tau/2}-\mathrm{e}^{\mathrm{j}\omega\tau/2}\right]\\&=\frac{2E\mathrm{j}\sin\dfrac{\omega\tau}{2}}{\mathrm{j}\omega}=E\tau\,\mathrm{Sa}\left(\frac{\omega\tau}{2}\right)\end{aligned}\qquad(5.2\text{-}11)$$

幅度谱函数为

$$|F(\omega)| = E\tau\left|\mathrm{Sa}\left(\frac{\omega\tau}{2}\right)\right|$$

相位谱函数为

$$\varphi(\omega)=\begin{cases}0, & \dfrac{4n\pi}{\tau}<|\omega|<\dfrac{2(2n+1)\pi}{\tau} \\ \pm\pi, & \dfrac{2(2n+1)\pi}{\tau}<|\omega|<\dfrac{2(2n+2)\pi}{\tau}\end{cases} \qquad n=0,1,2,\cdots$$

频谱图如图 5-17 所示。由于门函数的傅里叶变换是实数，与周期矩形信号类似，也可以将幅度谱和相位谱合并为一幅图，相位信息由幅值的正负体现。

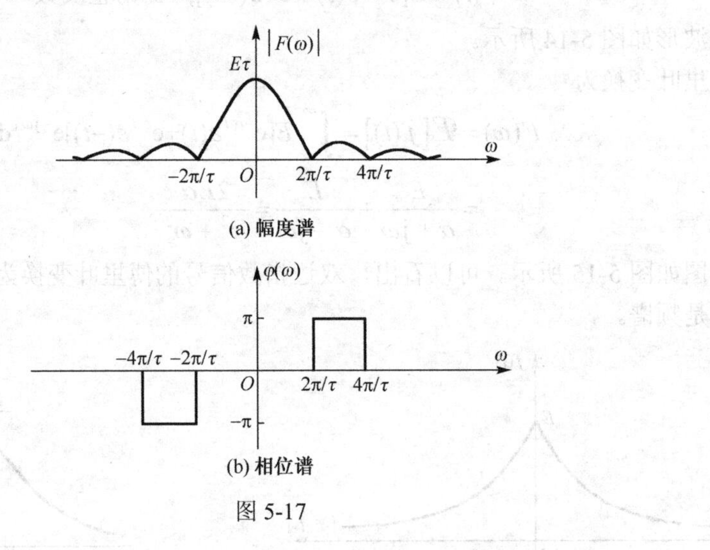

图 5-17

3．冲激函数

冲激函数 $\delta(t)$ 的傅里叶变换为

$$F(\omega)=\int_{-\infty}^{\infty}\delta(t)\mathrm{e}^{-\mathrm{j}\omega t}\,\mathrm{d}t=1 \tag{5.2-12}$$

时域波形和频谱分别如图 5-18 和图 5-19 所示。可以看出，冲激信号在时域上只存在于 $t=0$ 时刻，体现到频谱上，包含从零频到无穷大的频率成分。

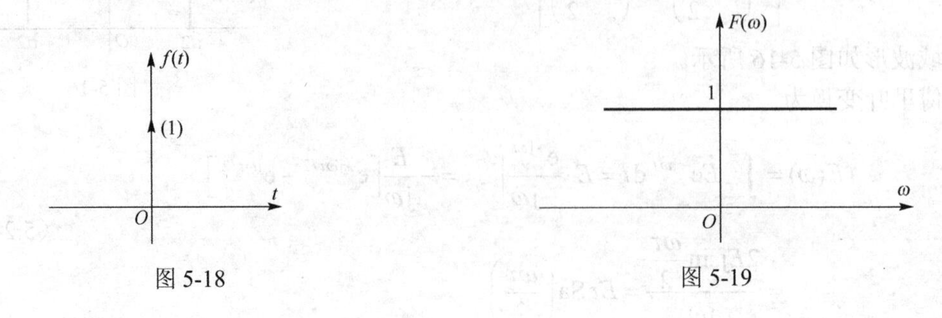

图 5-18　　图 5-19

4．直流信号

直流信号 $f(t)=E$ 的时域波形如图 5-20 所示。由于直流信号不满足绝对可积的条件，无法通过傅里叶变换的定义式来求其傅里叶变换。这里利用求 $\delta(\omega)$ 原函数的方法。

$\delta(\omega)$ 的傅里叶反变换为

$$\mathcal{F}^{-1}\left[\delta(\omega)\right]=\frac{1}{2\pi}\int_{-\infty}^{\infty}\delta(\omega)\mathrm{e}^{\mathrm{j}\omega t}\mathrm{d}\omega=\frac{1}{2\pi}$$

所以可得：

$$\frac{1}{2\pi}\leftrightarrow\delta(\omega)\text{，}\quad 1\leftrightarrow 2\pi\delta(\omega)$$

因此直流信号 $f(t)=E$ 的傅里叶变换为

$$E\leftrightarrow 2\pi E\delta(\omega) \tag{5.2-13}$$

其频谱图如图 5-21 所示。注意，这里引入了冲激函数，使得不满足绝对可积条件的直流信号也可以表示出其傅里叶变换。

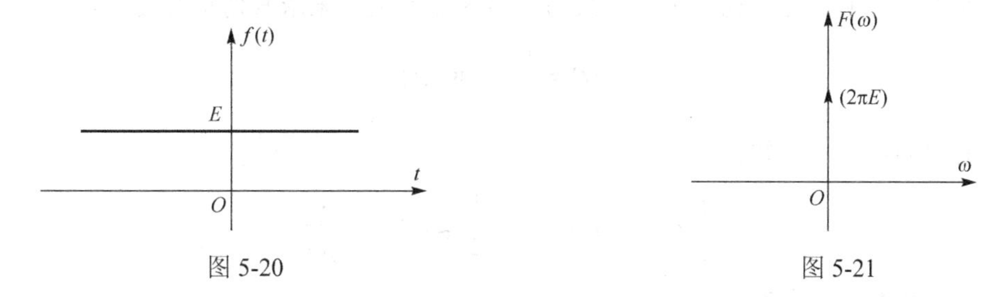

图 5-20　　　　图 5-21

可以看出，时间上无限窄的冲激信号，其频谱是无限宽的，而时域无限宽的直流信号，其频谱是无限窄的冲激函数，这体现了后面要介绍的信号时频域之间的对称性。

5．符号函数

符号函数的时域表达式为

$$f(t)=\mathrm{sgn}(t)=\begin{cases}+1, & t>0\\ -1, & t<0\end{cases}$$

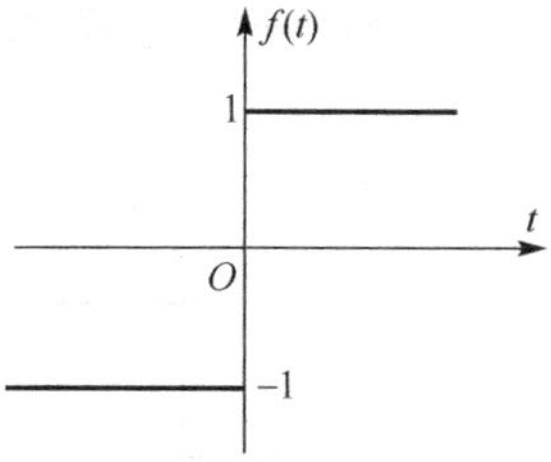

时域波形如图 5-22 所示。可以看出，符号函数同样不满足绝对可积的条件，可借助指数函数求极限的方法求其傅里叶变换。

图 5-22

因为 $\mathrm{sgn}(t)=\lim\limits_{\alpha\to 0}[\mathrm{e}^{-\alpha t}\varepsilon(t)-\mathrm{e}^{\alpha t}\varepsilon(-t)]$，所以其傅里叶变换为

$$F(\omega)=\lim_{\alpha\to 0}\left[\frac{1}{\alpha+\mathrm{j}\omega}-\frac{1}{\alpha-\mathrm{j}\omega}\right]=\frac{2}{\mathrm{j}\omega} \tag{5.2-14}$$

从式（5.2-14）可以看出，符号函数的傅里叶变换为虚数，其幅度函数为

$$|F(\omega)|=\left|\frac{2}{\mathrm{j}\omega}\right|=\frac{2}{|\omega|}$$

当 $\omega>0$ 时，相位 $\phi(\omega)=-\dfrac{\pi}{2}$；当 $\omega<0$ 时，$\phi(\omega)=\dfrac{\pi}{2}$，所以幅度谱和相位谱如图 5-23 所示。

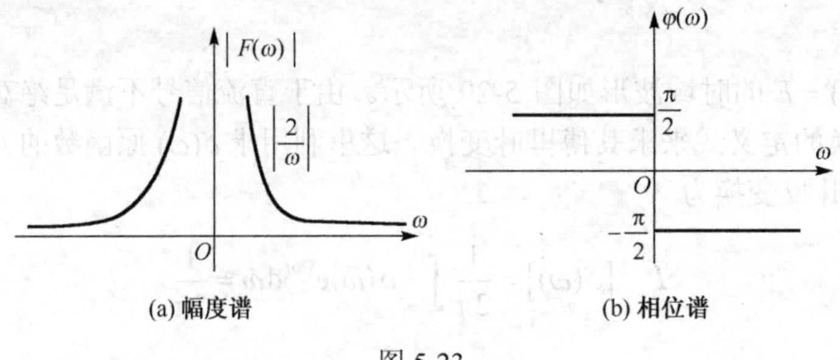

图 5-23

6. 单位阶跃函数

单位阶跃函数的时域表示式为

$$\varepsilon(t)=\begin{cases}1, & t>0\\ 0, & t<0\end{cases}$$

时域波形如图 5-24 所示。可以看出单位阶跃函数同样不满足绝对可积条件，不能用定义直接求其傅里叶变换。可以利用阶跃函数与符号函数的关系来求其傅里叶变换。因为

$$\varepsilon(t)=\frac{1}{2}+\frac{1}{2}\mathrm{sgn}(t)$$

根据前面的内容，可知：

$$\frac{1}{2}\leftrightarrow \pi\delta(\omega) \qquad \frac{1}{2}\mathrm{sgn}(t)\leftrightarrow \frac{1}{\mathrm{j}\omega}$$

故 $\varepsilon(t)$ 的傅里叶变换为

$$\mathcal{F}[\varepsilon(t)]=\pi\delta(\omega)+\frac{1}{\mathrm{j}\omega} \tag{5.2-15}$$

其幅度谱图如图 5-25 所示。

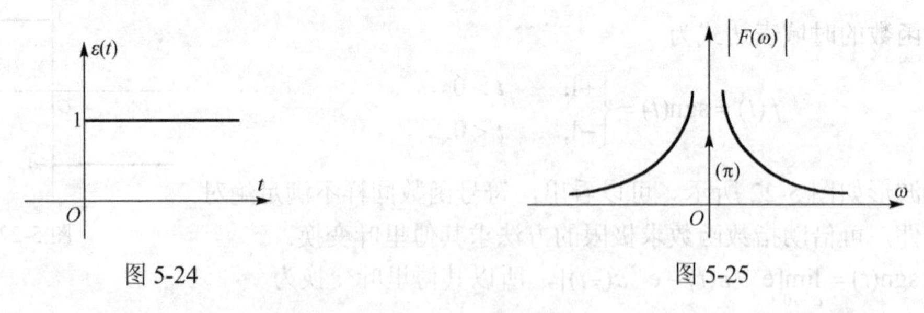

图 5-24　　　　图 5-25

5.2.3 傅里叶复系数 F_n 与频谱函数 $F(\omega)$的关系

如果周期信号的周期无穷大则变为非周期信号，所以周期信号傅里叶级数的复系数 F_n 与非周期信号的傅里叶变换 $F(\omega)$ 之间存在一定的对应关系。

设 $f(t)$ 是从周期矩形脉冲信号 $f_T(t)$ 中截取一个周期 $\left(-\frac{T}{2},\frac{T}{2}\right)$ 而得到的信号，如图 5-26 所示。则 $f(t)$ 的傅里叶变换为

$$F(\omega)=\int_{-\infty}^{\infty} f(t)\mathrm{e}^{-\mathrm{j}\omega t}\mathrm{d}t=\int_{-T/2}^{T/2} f_T(t)\mathrm{e}^{-\mathrm{j}\omega t}\mathrm{d}t$$

而周期信号 $f_T(t)$ 的傅里叶复系数为

$$F_n=\frac{1}{T}\int_{-T/2}^{T/2} f_T(t)\mathrm{e}^{-\mathrm{j}n\omega_1 t}\mathrm{d}t\text{，}\quad \omega_1=\frac{2\pi}{T}$$

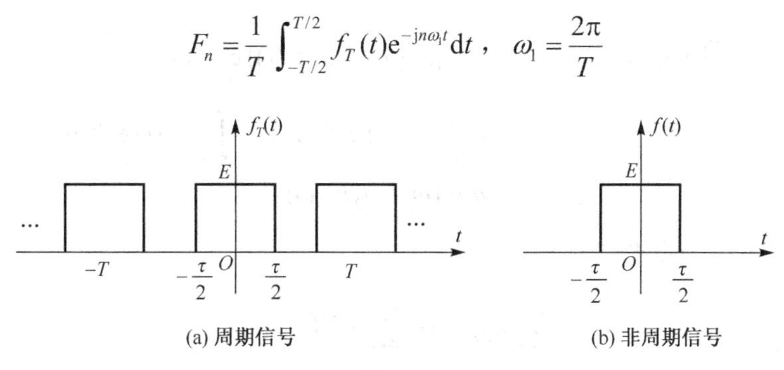

图 5-26

可以看出，非周期信号的频谱函数 $F(\omega)$ 与周期信号的傅里叶系数 F_n 之间存在如下关系：

$$F_n=\left.\frac{F(\omega)}{T}\right|_{\omega=n\omega_1}=\frac{F(n\omega_1)}{T} \tag{5.2-16}$$

图 5-26(b)中非周期信号 $f(t)$ 为矩形脉冲信号，易知：

$$F(\omega)=\mathcal{F}[f(t)]=E\tau\mathrm{Sa}\left(\frac{\omega\tau}{2}\right)$$

所以，图 5-26(a)中周期矩形信号的傅里叶复系数为

$$F_n=\left.\frac{E\tau}{T}\mathrm{Sa}\left(\frac{\omega\tau}{2}\right)\right|_{\omega=n\omega_1}=\frac{E\tau}{T}\mathrm{Sa}\left(\frac{n\omega_1\tau}{2}\right)$$

思考与练习

5.2-1　利用指数函数的傅里叶变换结论，可以得知 $\mathrm{e}^{-j2t}\varepsilon(t)$ 的傅里叶变换为 $\dfrac{1}{\mathrm{j}(\omega+2)}$，这种说法对吗？为什么？

5.2-2　引入冲激信号 $\delta(\omega)$ 扩大了可求傅里叶变换的信号范围，这些信号有什么特点？是不是意味着任意信号都可以求其傅里叶变换了？

5.3　傅里叶变换的性质和定理

傅里叶变换对揭示了信号的时间特性与频率特性之间的联系。这一对变换式从不同的角度反映了信号的特性，信号可以在时域中用时间函数 $f(t)$ 来描述，也可以在频域中用频谱密度函数 $F(\omega)$ 来描述，两者是一一对应的关系。

如果信号在时域进行某种运算，其频率特性有什么变化呢？借助本节所介绍的傅里叶变换性质，可以加深对信号时、频域对应关系的理解。

1. 线性

若 $f_1(t)\leftrightarrow F_1(\omega), f_2(t)\leftrightarrow F_2(\omega)$，则

$$a_1f_1(t)+a_2f_2(t)\leftrightarrow a_1F_1(\omega)+a_2F_2(\omega) \tag{5.3-1}$$

其中 a_1、a_2 为任意常数。

证明：

$$\mathcal{F}[a_1f_1(t)+a_2f_2(t)]=\int_{-\infty}^{\infty}[a_1f_1(t)+a_2f_2(t)]\,\mathrm{e}^{-\mathrm{j}\omega t}\mathrm{d}t$$
$$=a_1\int_{-\infty}^{\infty}f_1(t)\,\mathrm{e}^{-\mathrm{j}\omega t}\mathrm{d}t+a_2\int_{-\infty}^{\infty}f_2(t)\,\mathrm{e}^{-\mathrm{j}\omega t}\mathrm{d}t$$
$$=a_1F_1(\omega)+a_2F_2(\omega)$$

式（5.3-1）可进一步推广为

$$\sum_{i=1}^{\infty}a_if_i(t)\leftrightarrow\sum_{i=1}^{\infty}a_iF_i(\omega) \tag{5.3-2}$$

在实际应用中，经常会遇到分析较复杂信号的频谱。根据信号分解的知识可知，复杂信号可以分解为一些简单信号的叠加，所以利用傅里叶变换的线性性质，可知复杂信号的频谱是这些简单信号频谱的叠加。

例 5-8 求图 5-27 所示信号 $f(t)$ 的频谱函数 $F(\omega)$。

解：信号 $f(t)$ 可以看作为两个门函数的时域叠加，即

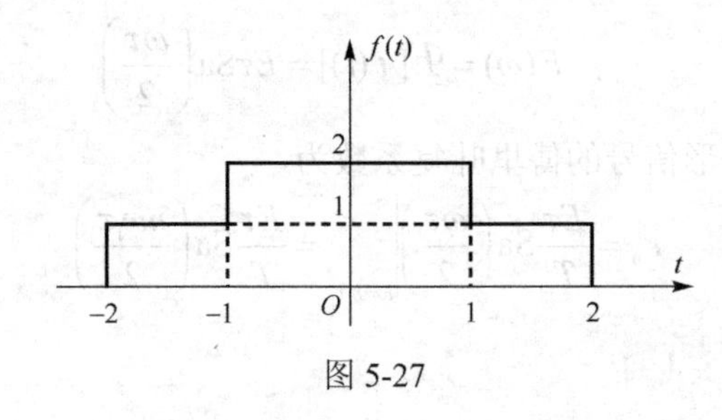

图 5-27

$$f(t)=[\varepsilon(t+2)-\varepsilon(t-2)]+[\varepsilon(t+1)-\varepsilon(t-1)]$$

因为

$$\varepsilon(t+2)-\varepsilon(t-2)\leftrightarrow 4\mathrm{Sa}(2\omega)$$
$$\varepsilon(t+1)-\varepsilon(t-1)\leftrightarrow 2\mathrm{Sa}(\omega)$$

利用傅里叶变换的线性性质，可得 $F(\omega)=4Sa(2\omega)+2Sa(\omega)$。

信号在传输过程中会受到噪声的污染，由于信号和噪声在时域上叠加在一起，所以不易分离。但是因为噪声往往呈现出高频特性，而信号往往集中在低频，因此对加性噪声可以在接收方设计合适的滤波器，让低频信号通过，高频噪声不能通过，这样就将信号在频域中进行了分离，滤除了噪声。

2. 尺度变换特性

若 $f(t)\leftrightarrow F(\omega)$，则

$$f(at)\leftrightarrow\frac{1}{|a|}F\left(\frac{\omega}{a}\right) \tag{5.3-3}$$

其中 a 为非零实常数。

证明：

$$\mathcal{F}[f(at)]=\int_{-\infty}^{+\infty}f(at)\,\mathrm{e}^{-\mathrm{j}\omega t}\mathrm{d}t$$

设 $x=at$，当 $a>0$ 时，

$$原式=\int_{-\infty}^{+\infty}f(x)\mathrm{e}^{-\mathrm{j}\frac{\omega x}{a}}d\left(\frac{x}{a}\right)=\frac{1}{a}\int_{-\infty}^{+\infty}f(x)\mathrm{e}^{-\mathrm{j}\frac{\omega x}{a}}\mathrm{d}t=\frac{1}{a}F\left(\frac{\omega}{a}\right)$$

当 $a<0$ 时，

$$原式=\int_{+\infty}^{-\infty}f(x)\mathrm{e}^{-\mathrm{j}\frac{\omega x}{a}}\mathrm{d}\left(\frac{x}{a}\right)=-\frac{1}{a}\int_{-\infty}^{+\infty}f(x)\mathrm{e}^{-\mathrm{j}\frac{\omega x}{a}}\mathrm{d}x=-\frac{1}{a}F\left(\frac{\omega}{a}\right)$$

综上，可得：

$$f(at)\leftrightarrow\frac{1}{|a|}F\left(\frac{\omega}{a}\right)$$

特别地，当 $a=-1$ 时，$f(-t)\leftrightarrow F(-\omega)$。

当 $a>1$ 时，$f(at)$ 的时域波形是 $f(t)$ 压缩 a 倍，$F\left(\frac{\omega}{a}\right)$ 是 $F(\omega)$ 的频谱展宽 a 倍；当 $0<a<1$ 时，$f(at)$ 的波形是 $f(t)$ 展宽 $\frac{1}{a}$ 倍，$F\left(\frac{\omega}{a}\right)$ 是 $F(\omega)$ 的频谱压缩 $\frac{1}{a}$ 倍。所以尺度变换性质说明信号持续时间与信号占有频带成反比。

图 5-28 展现了这种对应关系。其中图 5-28(a)给出了幅度为 E，脉宽为 τ 的矩形脉冲信号及其频谱图，图 5-28(b)和(c)分别给出了时域波形扩展和压缩所对应的频谱图变化。

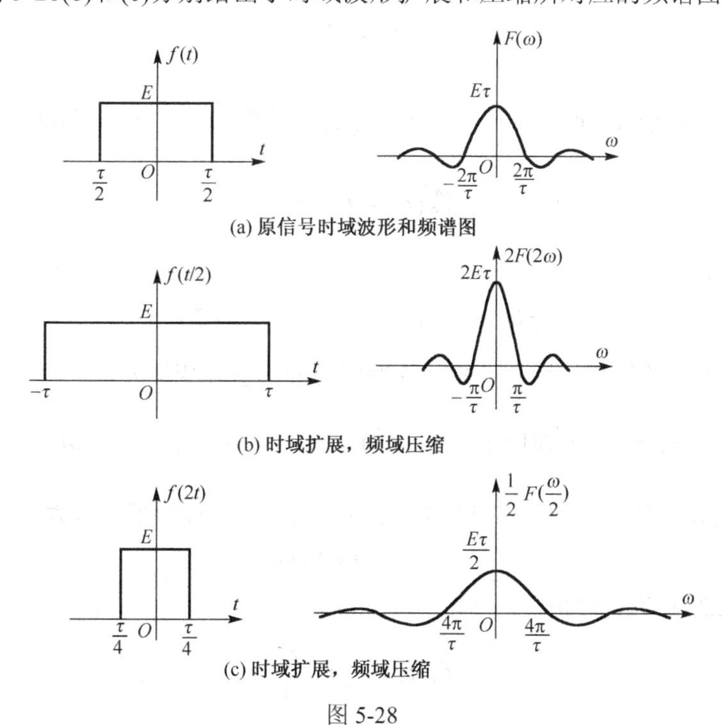

(a) 原信号时域波形和频谱图

(b) 时域扩展，频域压缩

(c) 时域扩展，频域压缩

图 5-28

通信中为了提高信号传输速率，就需要将信号持续时间压缩，以提高每秒内传送的脉冲数，这样做必然会使信号的频带变宽，所以通信速度与占用带宽是一对矛盾，这也是宽带信道能实现信号高速传输的原理。

3．时移特性

若 $f(t)\leftrightarrow F(\omega)$，则

$$f(t\pm t_0)\leftrightarrow F(\omega)\mathrm{e}^{\pm \mathrm{j}\omega t_0} \tag{5.3-4}$$

证明：

$$\mathcal{F}[f(t\pm t_0)]=\int_{-\infty}^{+\infty} f(t\pm t_0)\,\mathrm{e}^{-\mathrm{j}\omega t}\mathrm{d}t$$

令 $x=t\pm t_0$，有 $t=x\mp t_0$。

则
$$\int_{-\infty}^{+\infty} f(t\pm t_0)\,\mathrm{e}^{-\mathrm{j}\omega t}\mathrm{d}t=\int_{-\infty}^{+\infty} f(x)\,\mathrm{e}^{-\mathrm{j}\omega(x\mp t_0)}\mathrm{d}(x\mp t_0)=\mathrm{e}^{\pm \mathrm{j}\omega t_0}\int_{-\infty}^{+\infty} f(x)\mathrm{e}^{-\mathrm{j}\omega x}\mathrm{d}x$$

所以，
$$\mathcal{F}[f(t\pm t_0)]=F(\omega)\mathrm{e}^{\pm \mathrm{j}\omega t_0}$$

此性质说明信号在时域中的时移会带来频域的相移，但是时移信号和原信号的幅度谱是相同的。

例 5-9 求如图 5-29 所示的三脉冲信号的频谱。

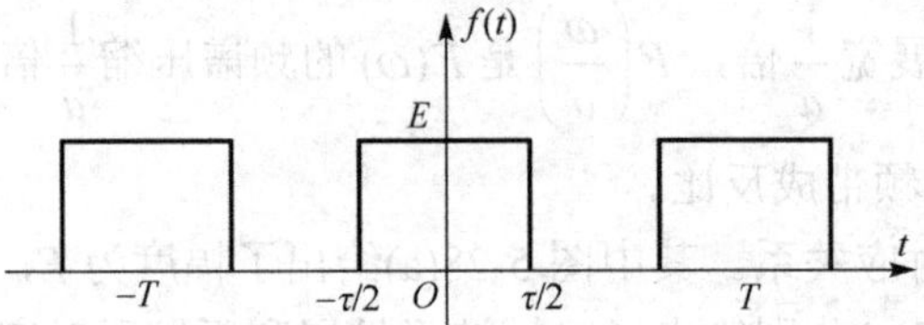

图 5-29

解：令 $f_0(t)=EG_\tau(t)=E\left[\varepsilon\left(t+\frac{\tau}{2}\right)-\varepsilon\left(t-\frac{\tau}{2}\right)\right]$，其傅里叶变换为 $F_0(\omega)$，则

$$F_0\left(\omega\right)=E\tau\cdot \mathrm{Sa}\left(\frac{\omega\tau}{2}\right)$$

从图中可以看出：

$$f(t)=f_0(t)+f_0(t+T)+f_0(t-T)$$

根据傅里叶变换的时移特性，可知三脉冲信号的傅里叶变换为

$$F(\omega)=F_0(\omega)(1+\mathrm{e}^{\mathrm{j}\omega T}+\mathrm{e}^{-\mathrm{j}\omega T})=E\tau\cdot \mathrm{Sa}\left(\frac{\omega\tau}{2}\right)[1+2\cos(\omega T)]$$

例 5-10 已知信号 $f(t)$ 的频谱函数为 $F(\omega)$，求 $f(3t-5)$ 的频谱函数。

解： 因为
$$f(t)\leftrightarrow F(\omega)$$

根据尺度变换性质，可知：

$$f(3t)\leftrightarrow \frac{1}{3}F\left(\frac{\omega}{3}\right)$$

因为
$$f(3t-5)=f\left[3\left(t-\frac{5}{3}\right)\right]$$

所以
$$f(3t-5)\leftrightarrow\frac{1}{3}F\left(\frac{\omega}{3}\right)\mathrm{e}^{-\mathrm{j}\frac{5}{3}\omega}$$

4．频移特性

若 $f(t)\leftrightarrow F(\omega)$，则

$$f(t)\mathrm{e}^{\pm\mathrm{j}\omega_0 t}\leftrightarrow F(\omega\mp\omega_0) \tag{5.3-5}$$

证明：

$$\mathcal{F}[f(t)\mathrm{e}^{\pm\mathrm{j}\omega_0 t}]=\int_{-\infty}^{+\infty}f(t)\mathrm{e}^{\pm\mathrm{j}\omega_0 t}\mathrm{e}^{-\mathrm{j}\omega t}\mathrm{d}t=\int_{-\infty}^{+\infty}f(t)\mathrm{e}^{-\mathrm{j}(\omega\mp\omega_0)t}\mathrm{d}t=F(\omega\mp\omega_0)$$

式（5.3-5）说明信号在时域中与因子 $\mathrm{e}^{\mathrm{j}\omega_0 t}$ 相乘，在频域中原信号频谱将右移 ω_0；与因子 $\mathrm{e}^{-\mathrm{j}\omega_0 t}$ 相乘，频谱将左移 ω_0。

从上面的性质和欧拉公式，可以导出以下两个实用结论：

$$\begin{cases}f(t)\cos\omega_0 t\leftrightarrow\dfrac{1}{2}[F(\omega+\omega_0)+F(\omega-\omega_0)]\\ f(t)\sin\omega_0 t\leftrightarrow\dfrac{j}{2}[F(\omega+\omega_0)-F(\omega-\omega_0)]\end{cases} \tag{5.3-6}$$

例 5-11　求图 5-30 所示高频脉冲信号 $f(t)=G_\tau(t)\cos\omega_0 t$ 的频谱密度函数 $F(\omega)$。

解：因为 $G_\tau(t)\leftrightarrow F_1(\omega)=\tau\mathrm{Sa}\left(\dfrac{\omega\tau}{2}\right)$，则

$$G_\tau(t)\cos\omega_0 t\leftrightarrow F(\omega)=\frac{1}{2}[F_1(\omega+\omega_0)+F_1(\omega-\omega_0)]=\frac{1}{2}\left\{\tau\mathrm{Sa}\left(\frac{(\omega+\omega_0)\tau}{2}\right)+\tau\mathrm{Sa}\left(\frac{(\omega-\omega_0)\tau}{2}\right)\right\}$$

图 5-31 分别给出了 $G_\tau(t)$和 $G_\tau(t)\cos\omega_0 t$ 的频谱图，可以看出 $G_\tau(t)\cos\omega_0 t$ 的频谱是 $G_\tau(t)$的频谱分别向左、向右平移 ω_0，幅度变为原来的一半再叠加而成。

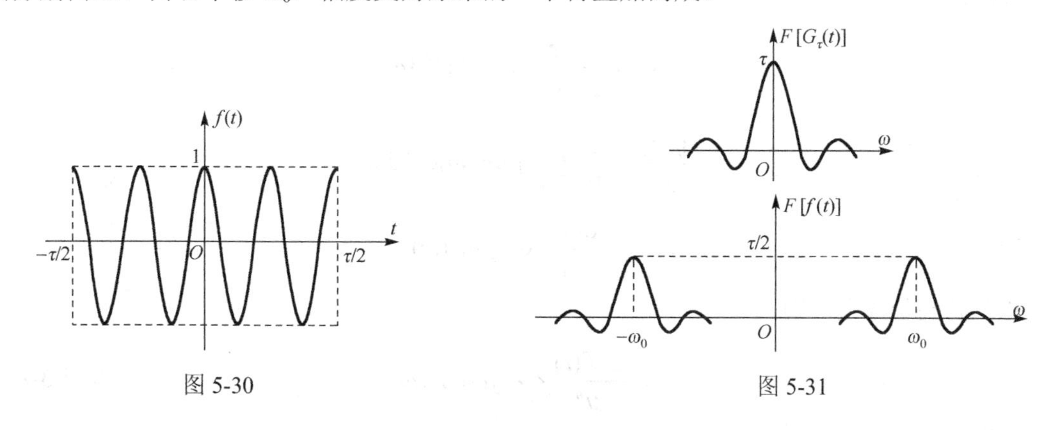

图 5-30　　图 5-31

这种频谱搬移的过程称为调制。在无线电通信中，为了将信号以电磁波的形式发射出去，必须把低频信号搬移到较高的发射频率附近，也就是要进行调制。实际做法就是把待传输的

信号与高频的$\cos\omega_0 t$或$\sin\omega_0 t$相乘。接收方为了恢复原信号，要进行一个解调的过程。调制和解调的框图如图 5-32 所示。

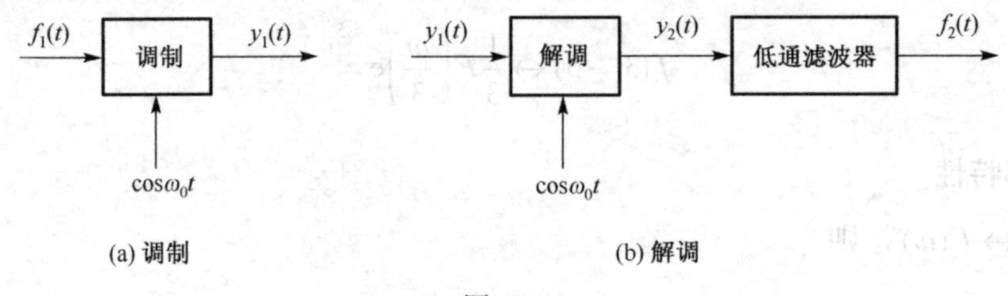

(a) 调制　　(b) 解调

图 5-32

假设原信号为$f_1(t)$，$\cos\omega_0 t$称为载波信号，ω_0称为载波频率，通常远大于原信号最高频率。$y_1(t)=f(t)\cos\omega_0 t$称为已调信号。不考虑传输信道的影响，设接收方输入信号为$y_1(t)$，解调时与一个和发送方同频同相的载波$\cos\omega_0 t$相乘，则解调之后的信号为

$$y_2(t)=y_1(t)\cos\omega_0 t=f_1(t)\cos\omega_0^2 t=\frac{1}{2}f_1(t)(1+\cos 2\omega_0 t)$$

其傅里叶变换为

$$Y_2(\omega)=\frac{1}{2}F_1(\omega)+\frac{1}{4}[F_1(\omega+2\omega_0)+F_1(\omega-2\omega_0)]$$

由于载波频率ω_0远大于原信号最高频率，所以$F_1(\omega+2\omega_0)$、$F_1(\omega-2\omega_0)$位于高频部分，$F_1(\omega)$位于低频部分。可通过本章后面介绍的低通滤波器将低频成分保留，滤除高频成分，则滤波器的输出$f_2(t)=\frac{1}{2}f_1(t)$，即恢复了原信号，只是幅度是原信号的一半。

5．时域微分特性

若$f(t)\leftrightarrow F(\omega)$，则

$$\frac{\mathrm{d}f(t)}{\mathrm{d}t}\leftrightarrow \mathrm{j}\omega F(\omega) \tag{5.3-7}$$

证明：

$$f(t)=\frac{1}{2\pi}\int_{-\infty}^{+\infty}F(\omega)\mathrm{e}^{\mathrm{j}\omega t}\mathrm{d}\omega$$

$$\frac{\mathrm{d}f(t)}{\mathrm{d}t}=\frac{1}{2\pi}\int_{-\infty}^{+\infty}\mathrm{j}\omega F(\omega)\mathrm{e}^{\mathrm{j}\omega t}\mathrm{d}\omega$$

即

$$\frac{\mathrm{d}f(t)}{\mathrm{d}t}\leftrightarrow \mathrm{j}\omega F(\omega)$$

推广到高阶导数，则

$$\frac{\mathrm{d}^n f(t)}{\mathrm{d}t^n}\leftrightarrow (\mathrm{j}\omega)^n F(\omega) \tag{5.3-8}$$

从式（5.3-8）可以看出，时域上的微分运算对应着频域上的代数运算。如果应用此性质对微分方程两端求傅里叶变换，即可将微分方程变换为代数方程。从理论上讲，这就为微分

方程的求解找到了一种新的方法。5.5 节介绍系统的频域分析时就利用了此性质求解系统的响应。

6. 时域积分特性

若 $f(t)\leftrightarrow F(\omega)$，则

$$\int_{-\infty}^{t} f(\tau)\,\mathrm{d}\tau \leftrightarrow \pi F(0)\delta(\omega)+\frac{F(\omega)}{\mathrm{j}\omega} \tag{5.3-9}$$

式中，$F(0)=F(\omega)\big|_{\omega=0}=\int_{-\infty}^{\infty} f(t)\mathrm{d}t$。

具体证明过程在本节后面介绍时域卷积定理时讨论。

若 $F(0)=0$，则式（5.3-9）可以简写为

$$\int_{-\infty}^{t} f(\tau)\,\mathrm{d}\tau \leftrightarrow \frac{F(\omega)}{\mathrm{j}\omega} \tag{5.3-10}$$

例 5-12 已知 $\delta(t)\leftrightarrow 1$，求 $\varepsilon(t)$ 的傅里叶变换。

解： 因为 $\delta(t)\leftrightarrow 1$，即 $F(\omega)=1$。

由时域积分特性可知：

$$\varepsilon(t)=\int_{-\infty}^{t}\delta(\tau)\mathrm{d}\tau \leftrightarrow \pi F(0)\delta(\omega)+\frac{F(\omega)}{\mathrm{j}\omega}=\pi\delta(\omega)+\frac{1}{\mathrm{j}\omega}$$

例 5-13 已知梯形脉冲如图 5-33 所示，求其频谱函数 $F(\omega)$。

解： 由分段折线组成的函数波形，可用积分特性来求其频谱函数。因为函数一次或多次微分后，总会出现阶跃和冲激函数，而阶跃和冲激函数的频谱函数是已知的，再利用时域积分特性即可求得原信号的频谱函数。

$f(t)$ 导数的波形如图 5-34 所示，且 $f'(t)=2[G_2(t+3)-G_2(t-3)]$。

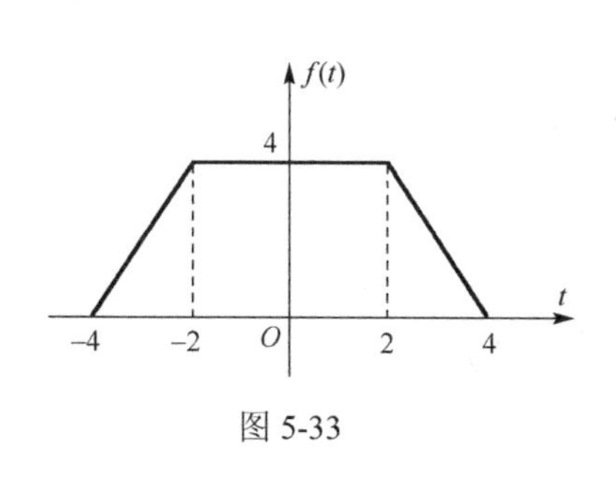

图 5-33

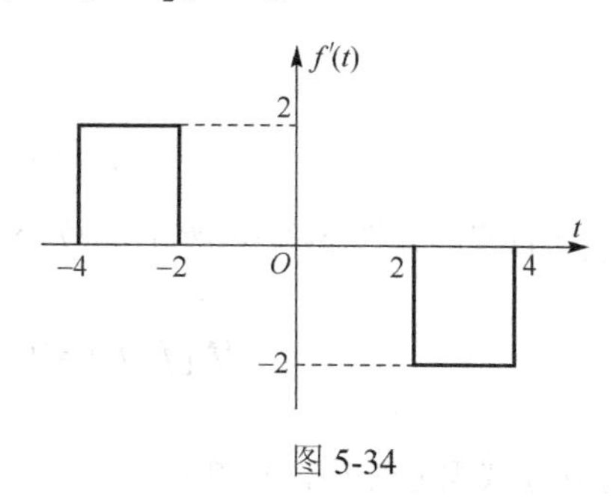

图 5-34

因为

$$\mathcal{F}[G_2(t)]\leftrightarrow 2\mathrm{Sa}(\omega)$$

所以

$$\mathcal{F}[G_2(t+3)]\leftrightarrow 2\mathrm{Sa}(\omega)\mathrm{e}^{\mathrm{j}3\omega}，\quad \mathcal{F}[G_2(t-3)]\leftrightarrow 2\mathrm{Sa}(\omega)\mathrm{e}^{-\mathrm{j}3\omega}$$

即

$$\mathcal{F}[f'(t)]=4\mathrm{Sa}(\omega)[\mathrm{e}^{\mathrm{j}3\omega}-\mathrm{e}^{-\mathrm{j}3\omega}]=8\mathrm{j}\mathrm{Sa}(\omega)\sin(3\omega)$$

由时域积分特性可知：

$$F(\omega)=\mathcal{F}[f(t)]=\frac{8\mathrm{j}\mathrm{Sa}(\omega)\sin(3\omega)}{\mathrm{j}\omega}=24\mathrm{Sa}(\omega)\mathrm{Sa}(3\omega)$$

例 5-14 求图 5-35 所示信号 $f(t)$ 的傅里叶变换 $F(\omega)$。

求解分段折线函数的傅里叶变换，采用例 5-13 的方法时，要求信号先微分再积分能够得到原信号。图 5-36 分别给出了 $f'(t)$ 和 $\int_{-\infty}^{t}f'(\tau)\mathrm{d}\tau$ 的波形，可以看出信号 $f(t)$ 微分再积分后不能得到 $f(t)$，此时直接利用时域积分性质会带来错误。

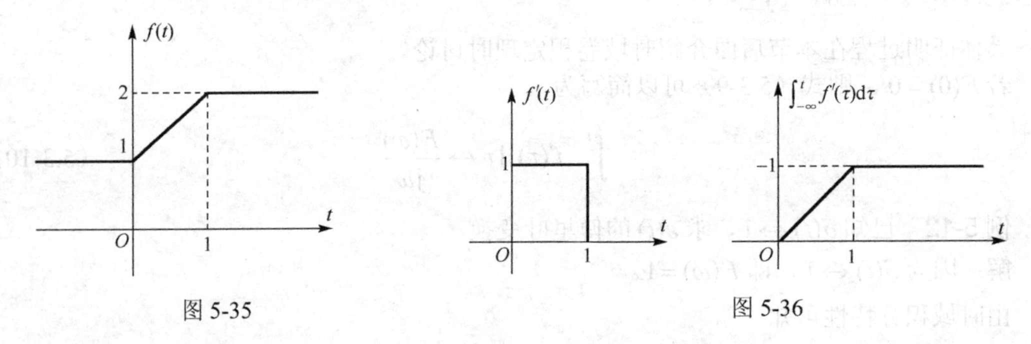

图 5-35 图 5-36

解：将 $f(t)$ 分解为 $f_1(t)$ 与 $f_2(t)$ 的叠加，即 $f(t)=f_1(t)+f_2(t)$，如图 5-37(a)和(b)所示。

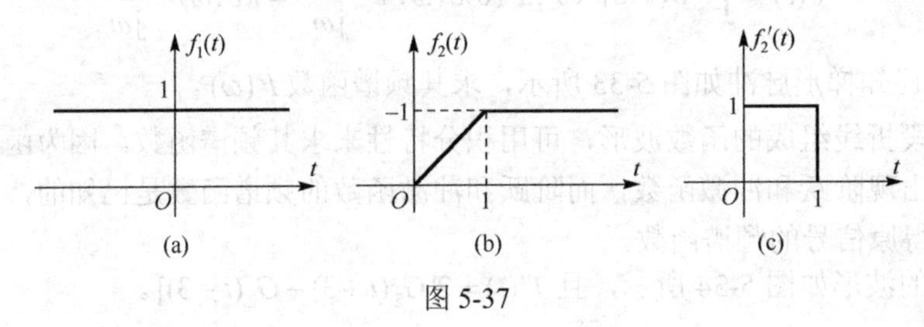

图 5-37

因为

$$F_1(\omega)=\mathcal{F}[f_1(t)]=2\pi\delta(\omega)$$

$f_2'(t)$ 的波形如图 5-37(c)所示，故得：

$$\mathcal{F}[f_2'(t)]=\mathcal{F}\left[G_1\left(t-\frac{1}{2}\right)\right]=\mathrm{Sa}\left(\frac{\omega}{2}\right)\mathrm{e}^{-\mathrm{j}\frac{\omega}{2}}$$

利用时域积分性质，可知：

$$F_2(\omega)=\mathcal{F}[f_2(t)]=\frac{1}{\mathrm{j}\omega}\mathrm{Sa}\left(\frac{\omega}{2}\right)\mathrm{e}^{-\mathrm{j}\frac{\omega}{2}}+\pi\delta(\omega)$$

所以原信号 $f(t)$ 的傅里叶变换为

$$F(\omega)=F_1(\omega)+F_2(\omega)=3\pi\delta(\omega)+\frac{1}{\mathrm{j}\omega}\mathrm{Sa}\left(\frac{\omega}{2}\right)\mathrm{e}^{-\mathrm{j}\frac{\omega}{2}}$$

7．频域微分特性

若 $f(t)\leftrightarrow F(\omega)$，则

$$(-\mathrm{j}t)f(t) \leftrightarrow \frac{\mathrm{d}F(\omega)}{\mathrm{d}\omega} \tag{5.3-11}$$

证明：

$$F(\omega)=\int_{-\infty}^{+\infty} f(t)\mathrm{e}^{-\mathrm{j}\omega t}\mathrm{d}t$$

$$\frac{\mathrm{d}F(\omega)}{\mathrm{d}\omega}=\int_{-\infty}^{+\infty}(-\mathrm{j}t)f(t)\mathrm{e}^{-\mathrm{j}\omega t}\mathrm{d}t$$

所以可得：

$$(-\mathrm{j}t)f(t) \leftrightarrow \frac{\mathrm{d}F(\omega)}{\mathrm{d}\omega}$$

推广到一般情况：

$$(-\mathrm{j}t)^n f(t) \leftrightarrow \frac{\mathrm{d}^n F(\omega)}{\mathrm{d}\omega^n} \tag{5.3-12}$$

频域微分性质更常用的形式为

$$t^n f(t) \leftrightarrow \mathrm{j}^n \frac{\mathrm{d}^n F(\omega)}{\mathrm{d}\omega^n} \tag{5.3-13}$$

例 5-15　求 $f(t)=t\mathrm{e}^{-at}\varepsilon(t)$， $a>0$ 的频谱函数 $F(\omega)$ 。

解：　因为

$$\mathrm{e}^{-at}\varepsilon(t) \leftrightarrow \frac{1}{a+\mathrm{j}\omega}$$

由频域微分特性可知：

$$t\mathrm{e}^{-at}\varepsilon(t) \leftrightarrow F(\omega)=\mathrm{j}\frac{\mathrm{d}}{\mathrm{d}\omega}\left(\frac{1}{a+\mathrm{j}\omega}\right)=\frac{1}{(a+\mathrm{j}\omega)^2}$$

例 5-16　已知 $f(t) \leftrightarrow F(\omega)$，求 $(t-2)f(t)$ 的傅里叶变换。

解：　因为

$$(t-2)f(t)=tf(t)-2f(t)$$

所以

$$\mathcal{F}[(t-2)f(t)]=\mathcal{F}[tf(t)-2f(t)]=\mathrm{j}\frac{\mathrm{d}F(\omega)}{\mathrm{d}\omega}-2F(\omega)$$

8．对称性

若 $f(t) \leftrightarrow F(\omega)$，则

$$F(t) \leftrightarrow 2\pi f(-\omega) \tag{5.3-14}$$

若 $f(t)$ 为偶函数，则

$$F(t) \leftrightarrow 2\pi f(\omega) \tag{5.3-15}$$

其中， $F(t)$ 与 $F(\omega)$ 的函数形式一致，只是自变量不同， $f(t)$ 与 $f(\omega)$ 也类似。

证明：

$$f(t)=\frac{1}{2\pi}\int_{-\infty}^{+\infty}F(\omega)\mathrm{e}^{\mathrm{j}\omega t}\mathrm{d}\omega$$

$$f(-t)=\frac{1}{2\pi}\int_{-\infty}^{+\infty}F(\omega)\mathrm{e}^{-\mathrm{j}\omega t}\mathrm{d}\omega$$

令 $x=\omega$，则

$$f(-t)=\frac{1}{2\pi}\int_{-\infty}^{+\infty}F(x)\mathrm{e}^{-\mathrm{j}xt}\mathrm{d}x$$

$$2\pi f(-t)=\int_{-\infty}^{+\infty}F(x)\mathrm{e}^{-\mathrm{j}xt}\mathrm{d}x$$

将变量 t 替换为 ω，则

$$2\pi f(-\omega)=\int_{-\infty}^{+\infty}F(x)\mathrm{e}^{-\mathrm{j}x\omega}\mathrm{d}x$$

将变量 x 替换为 t，则

$$2\pi f(-\omega)=\int_{-\infty}^{+\infty}F(t)\mathrm{e}^{-\mathrm{j}\omega t}\mathrm{d}t$$

即
$$F(t)\leftrightarrow 2\pi f(-\omega)$$

该性质说明，若 $f(t)$ 的频谱函数为 $F(\omega)$，则 $F(t)$ 的频谱函数的形状与 $f(t)$ 的形状一样，只是幅度相差 2π，即信号的时域波形与其频谱之间具有一定的对称性。

例 5-17 求直流信号 $f(t)=1$ 的频谱函数 $F(\omega)$。

解：因为 $\delta(t)\leftrightarrow 1$，由对称性可得：

$$1\leftrightarrow 2\pi\delta(-\omega)=2\pi\delta(\omega)$$

例 5-18 求抽样函数 $\mathrm{Sa}(t)=\dfrac{\sin t}{t}$ 的频谱函数 $F(\omega)$。

解：因为 $G_\tau(t)=\tau\mathrm{Sa}\left(\dfrac{\omega\tau}{2}\right)$，当 $\tau=2$ 时，$G_2(t)\leftrightarrow 2\mathrm{Sa}(\omega)$。

由对称性可知：

$$\mathrm{Sa}(t)\leftrightarrow\frac{1}{2}\cdot 2\pi G_2(\omega)=\pi G_2(\omega)$$

例 5-19 已知频谱函数 $F(\omega)$ 波形如图 5-38 所示，求原信号 $f(t)$。

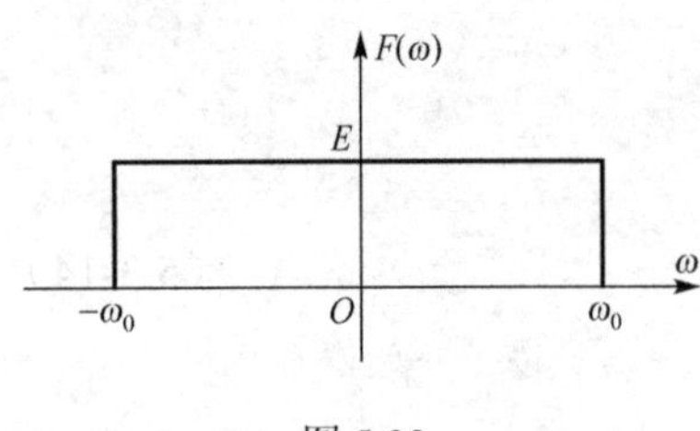

图 5-38

解：从图中可以看出：

$$F(\omega)=E[\varepsilon(\omega+\omega_0)-\varepsilon(\omega-\omega_0)]$$

令
$$f_1(t)=E[\varepsilon(t+\omega_0)-\varepsilon(t-\omega_0)]$$

则其傅里叶变换为

$$F_1(\omega)=2E\omega_0\mathrm{Sa}(\omega_0\omega)$$

利用对称性：

$$f_1(-\omega)=f_1(\omega)=F(\omega)\leftrightarrow\frac{1}{2\pi}F_1(t)$$

所以 $$f(t)=\mathcal{F}^{-1}[F(\omega)]=\frac{1}{2\pi}\cdot 2E\omega_0\mathrm{Sa}(\omega_0 t)=\frac{E\omega_0}{\pi}\mathrm{Sa}(\omega_0 t)$$

从上面的例题中可以得到一个有用的结论，即

$$G_{2\omega_0}(\omega)\leftrightarrow\frac{\omega_0}{\pi}\mathrm{Sa}(\omega_0 t) \tag{5.3-16}$$

可以看出，时域门函数的频谱为抽样函数，而时域抽样函数的频谱为门函数，这就是对称性的体现。

9. 奇偶虚实性

一般情况下，信号 $f(t)$ 的傅里叶变换 $F(\omega)$ 是复函数，所以可以写成实部和虚部之和，即

$$F(\omega)=|F(\omega)|\mathrm{e}^{\mathrm{j}\varphi(\omega)}=R(\omega)+\mathrm{j}X(\omega) \tag{5.3-17}$$

若 $f(t)$ 为实函数，利用傅里叶变换的定义式，可得：

$$\begin{aligned}F(\omega)&=\int_{-\infty}^{\infty}f(t)\,\mathrm{e}^{-\mathrm{j}\omega t}\mathrm{d}t=\int_{-\infty}^{\infty}f(t)(\cos\omega t-\mathrm{j}\sin\omega t)\,\mathrm{d}t\\&=\int_{-\infty}^{\infty}f(t)\cos\omega t\mathrm{d}t-\mathrm{j}\int_{-\infty}^{\infty}f(t)\sin\omega t\mathrm{d}t\end{aligned}$$

则 $$R(\omega)=\int_{-\infty}^{\infty}f(t)\cos\omega t\mathrm{d}t \tag{5.3-18}$$

$$X(\omega)=-\int_{-\infty}^{\infty}f(t)\sin\omega t\mathrm{d}t \tag{5.3-19}$$

可以看出，$R(\omega)$ 是 ω 的偶函数，$X(\omega)$ 是 ω 的奇函数，即

$$R(\omega)=R(-\omega)$$
$$X(\omega)=-X(-\omega)$$

若 $f(t)$ 为实偶函数，即 $f(t)=f(-t)$，可得：

$$X(\omega)=0\text{，}\quad F(\omega)=R(\omega)$$

若 $f(t)$ 为实奇函数，即 $f(-t)=-f(t)$，可得：

$$R(\omega)=0\text{，}\quad F(\omega)=\mathrm{j}X(\omega)$$

可以看出，时域的实偶函数，其频域上也是实偶函数。时域的实奇函数，其频谱函数为虚奇函数。上一节介绍常用信号的傅里叶变换时，奇偶虚实性就有所体现。例如，时域的门函数是实偶函数，它的傅里叶变换也为实偶函数；时域的符号函数是实奇函数，它的傅里叶变换是虚奇函数。

10. 时域卷积定理

若 $f_1(t)\leftrightarrow F_1(\omega)$，$f_2(t)\leftrightarrow F_2(\omega)$，则

$$f_1(t)*f_2(t)\leftrightarrow F_1(\omega)F_2(\omega) \tag{5.3-20}$$

证明：

$$\mathcal{F}[f_1(t)*f_2(t)]=\int_{-\infty}^{+\infty}\left[\int_{-\infty}^{+\infty}f_1(\tau)f_2(t-\tau)\mathrm{d}\tau\right]\mathrm{e}^{-\mathrm{j}\omega t}\mathrm{d}t$$

交换 t 与 τ 的积分次序，可得：

$$\mathcal{F}[f_1(t)*f_2(t)]=\int_{-\infty}^{+\infty}f_1(\tau)\left[\int_{-\infty}^{+\infty}f_2(t-\tau)\mathrm{e}^{-\mathrm{j}\omega t}\mathrm{d}t\right]\mathrm{d}\tau$$

因为
$$\int_{-\infty}^{+\infty}f_2(t-\tau)\,\mathrm{e}^{-\mathrm{j}\omega t}\mathrm{d}t=\int_{-\infty}^{+\infty}f_2(t)\mathrm{e}^{-\mathrm{j}\omega(t+\tau)}\mathrm{d}t=\mathrm{e}^{-\mathrm{j}\omega\tau}F_2(\omega)$$

所以可得：

$$\mathcal{F}[f_1(t)*f_2(t)]=F_2(\omega)\int_{-\infty}^{+\infty}f_1(\tau)\mathrm{e}^{-\mathrm{j}\omega\tau}\mathrm{d}\tau=F_1(\omega)F_2(\omega)$$

例 5-20　已知信号 $f(t)\leftrightarrow F(\omega)$，求 $\int_{-\infty}^{t}f(\tau)\mathrm{d}\tau$ 的傅里叶变换 $F_1(\omega)$。

解：根据卷积的性质，可知：

$$\int_{-\infty}^{t}f(\tau)\,\mathrm{d}\tau=\varepsilon(t)*f(t)$$

根据时域卷积定理，可知：

$$F_1(\omega)=\mathcal{F}[\varepsilon(t)]\cdot\mathcal{F}[f(t)]=\left[\pi\delta(\omega)+\frac{1}{\mathrm{j}\omega}\right]\cdot F(\omega)=\pi F(0)\delta(\omega)+\frac{F(\omega)}{\mathrm{j}\omega}$$

此例题也证明了傅里叶变换的时域积分特性。

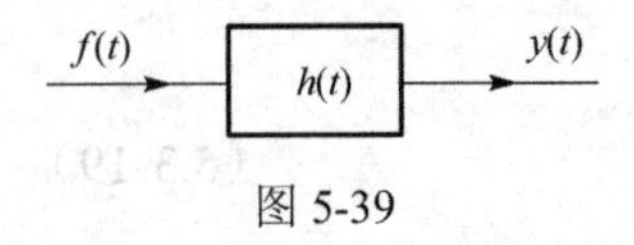

图 5-39

图 5-39 给出了信号通过系统的基本框图，根据第 4 章的讨论可知，系统产生的零状态响应 $y(t)=f(t)*h(t)$。

设 $f(t)\leftrightarrow F(\omega)$，$h(t)\leftrightarrow H(\omega)$，$y(t)\leftrightarrow Y(\omega)$，则由时域卷积定理可知

$$Y(\omega)=F(\omega)H(\omega) \tag{5.3-21}$$

这意味着求系统的零状态响应时，可以利用时域卷积定理，先求出零状态响应的傅里叶变换，再进行反变换，即可获得系统零状态响应的时域表示。由于时域的卷积运算对应着频域的相乘运算，会简化系统响应的求解。在 5.5 节介绍系统频域分析时会具体讨论利用卷积定理求解系统零状态响应。

11．频域卷积定理

若 $f_1(t)\leftrightarrow F_1(\omega)$，$f_2(t)\leftrightarrow F_2(\omega)$，则

$$f_1(t)\times f_2(t)\leftrightarrow\frac{1}{2\pi}[F_1(\omega)*F_2(\omega)] \tag{5.3-22}$$

证明方法与时域卷积定理类似，读者可以自行证明。

例 5-21　已知信号 $f_1(t)=\mathrm{Sa}(100t)$，$f_2(t)=\mathrm{Sa}(50t)$，则 $f_1(t)+f_2(t)$、$f_1(t)\cdot f_2(t)$ 和 $f_1(t)*f_2(t)$ 的最高频率分别为多少？

解：根据对称性，可知：

$$F_1(\omega)=\mathcal{F}[\mathrm{Sa}(100t)]=\frac{\pi}{100}G_{200}(\omega)$$

$$F_2(\omega)=\mathcal{F}[\mathrm{Sa}(50t)]=\frac{\pi}{50}G_{100}(\omega)$$

图 5-40 给出了 $f_1(t)$ 和 $f_2(t)$ 的频谱图。可以看出信号 $f_1(t)$ 的最高频率为 100rad/s，信号 $f_2(t)$ 的最高频率为 50rad/s。

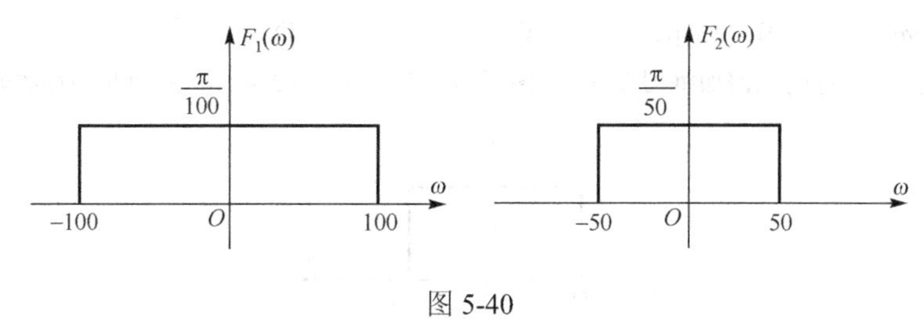

图 5-40

根据傅里叶变换的线性性质，可知：

$$\mathcal{F}[f_1(t)+f_2(t)]=F_1(\omega)+F_2(\omega)$$

所以信号 $f_1(t)+f_2(t)$ 的最高频率 $\omega_{\max}=\max(100,50)=100\text{rad/s}$。

根据傅里叶变换的频域卷积定理，可知：

$$\mathcal{F}[f_1(t)\cdot f_2(t)]=\frac{1}{2\pi}F_1(\omega)*F_2(\omega)$$

所以信号 $f_1(t)\cdot f_2(t)$ 的最高频率 $\omega_{\max}=100+50=150\text{rad/s}$。

根据傅里叶变换的时域卷积定理，可知：

$$\mathcal{F}[f_1(t)*f_2(t)]=F_1(\omega)\cdot F_2(\omega)$$

所以信号 $f_1(t)*f_2(t)$ 的最高频率 $\omega_{\max}=\min(100,50)=50\text{rad/s}$。

表 5-1 列出了本节讨论的傅里叶变换的基本性质和定理。

表 5-1　傅里叶变换的基本性质和定理

性　质	时　域	频　域
线性	$a_1f_1(t)+a_2f_2(t)$	$a_1F_1(\omega)+a_2F_2(\omega)$
尺度变换	$f(at)$	$\frac{1}{\|a\|}F\left(\frac{\omega}{a}\right)$
时移	$f(t\pm t_0)$	$F(\omega)e^{\pm j\omega t_0}$
频移	$f(t)e^{\pm j\omega_0 t}$	$F(\omega\mp\omega_0)$
时域微分	$\frac{d^n f(t)}{dt^n}$	$(j\omega)^n F(\omega)$
时域积分	$\int_{-\infty}^{t}f(\tau)d\tau$	$\pi F(0)\delta(\omega)+\frac{1}{j\omega}F(\omega)$
频域微分	$(-jt)^n f(t)$	$\frac{d^n F(\omega)}{d\omega^n}$
对称性	$F(t)$	$2\pi f(-\omega)$
时域卷积定理	$f_1(t)*f_2(t)$	$F_1(\omega)\times F_2(\omega)$
频域卷积定理	$f_1(t)\times f_2(t)$	$\frac{1}{2\pi}F_1(\omega)*F_2(\omega)$

思考与练习

5.3-1　已知信号 $f(t)$的频带宽度为 ω_1，则信号 $f(2t+5)$的频带宽度为________。

5.3-2　函数 $2\frac{\mathrm{d}}{\mathrm{d}t}\left[\sin\left(2t-\frac{\pi}{6}\right)\delta(t)\right]$ 的傅里叶变换等于（　　）

A. $1-\mathrm{j}\omega$　　B. $1+\mathrm{j}\omega$　　C. $-\mathrm{j}\omega$　　D. $\mathrm{e}^{\mathrm{j}\omega}$

5.3-3　已知信号 $f(t)$ 的频谱如练习题 5.3-3 图所示，若 $r(t)=f(2t-1)$，请画出 $r(t)$ 的幅度谱和相位谱。

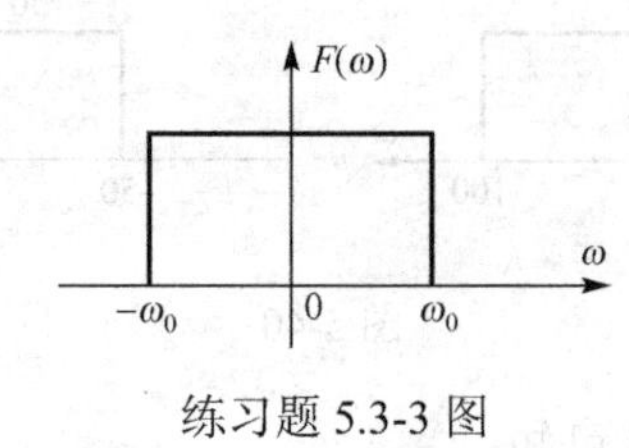

练习题 5.3-3 图

5.3-4　已知信号 $f(t)$ 的傅里叶变换 $F(\omega)=\delta(\omega-\omega_0)$，则 $f(t)=$ ________。

5.4　周期信号的傅里叶变换

设 $f(t)$ 是一个周期信号，周期为 T_1，则其复指数形式的傅里叶级数表示为

$$f(t)=\sum_{n=-\infty}^{\infty}F_n\mathrm{e}^{\mathrm{j}n\omega_1 t}\qquad \omega_1=\frac{2\pi}{T_1}$$

因为 $1\leftrightarrow 2\pi\delta(\omega)$，利用频移性质可知：

$$1\cdot\mathrm{e}^{\mathrm{j}n\omega_1 t}\leftrightarrow 2\pi\delta(\omega-n\omega_1)$$

所以周期信号 $f(t)$ 的傅里叶变换为

$$F(\omega)=\mathcal{F}[f(t)]=2\pi\sum_{n=-\infty}^{\infty}F_n\mathcal{F}[\mathrm{e}^{\mathrm{j}n\omega_1 t}]=2\pi\sum_{n=-\infty}^{\infty}F_n\delta(\omega-n\omega_1)\tag{5.4-1}$$

式（5.4-1）说明周期信号的傅里叶变换是一个冲激序列，冲激位于各次谐波频率 $n\omega_1$ 处，冲激强度分别等于各次谐波系数 F_n 的 2π 倍。从傅里叶变换的引入过程也可以理解这一点，由于傅里叶变换反映的是频谱密度，而周期信号的傅里叶系数 F_n 在谐波处是有限值，其频谱密度则为幅度无穷大的冲激函数。

特别地，对信号 $\sin\omega_0 t$ 和 $\cos\omega_0 t$，根据欧拉公式：

$$\sin\omega_0 t=\frac{1}{2\mathrm{j}}[\mathrm{e}^{\mathrm{j}\omega_0 t}-\mathrm{e}^{-\mathrm{j}\omega_0 t}]$$

$$\cos\omega_0 t=\frac{1}{2}[\mathrm{e}^{\mathrm{j}\omega_0 t}+\mathrm{e}^{-\mathrm{j}\omega_0 t}]$$

所以

$$\sin\omega_0 t\leftrightarrow \mathrm{j}\pi[\delta(\omega+\omega_0)-\delta(\omega-\omega_0)]\tag{5.4-2}$$

$$\cos\omega_0 t\leftrightarrow \pi[\delta(\omega+\omega_0)+\delta(\omega-\omega_0)]\tag{5.4-3}$$

例 5-22　周期单位冲激序列 $\delta_{T_1}(t)=\sum_{n=-\infty}^{\infty}\delta(t-nT_1)$ 如图 5-41 所示，求其傅里叶级数和傅里叶变换。

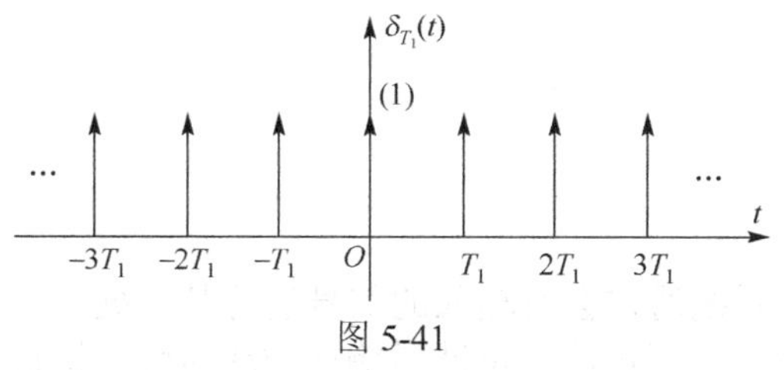

图 5-41

解：先求傅里叶级数的复系数：

$$F_n = \frac{1}{T_1}\int_{-\frac{T_1}{2}}^{\frac{T_1}{2}} \delta_{T_1}(t)\mathrm{e}^{-\mathrm{j}n\omega_1 t}\mathrm{d}t = \frac{1}{T_1}\int_{-\frac{T_1}{2}}^{\frac{T_1}{2}} \delta(t)\mathrm{e}^{-\mathrm{j}n\omega_1 t}\mathrm{d}t = \frac{1}{T_1}$$

所以周期单位冲激序列的傅里叶级数为

$$f(t) = \sum_{n=-\infty}^{+\infty} F_n \mathrm{e}^{\mathrm{j}n\omega_1 t} = \frac{1}{T_1}\sum_{n=-\infty}^{+\infty} \mathrm{e}^{\mathrm{j}n\omega_1 t} \tag{5.4-4}$$

由于

$$2\pi\sum_{n=-\infty}^{\infty} F_n \delta(\omega - n\omega_1) = \frac{2\pi}{T_1}\sum_{n=-\infty}^{\infty} \delta(\omega - n\omega_1) = \omega_1 \sum_{n=-\infty}^{\infty} \delta(\omega - n\omega_1)$$

所以周期单位冲激序列的傅里叶变换为

$$\mathcal{F}\left[\sum_{n=-\infty}^{\infty} \delta(t - nT_1)\right] = \omega_1 \sum_{n=-\infty}^{\infty} \delta(\omega - n\omega_1) \tag{5.4-5}$$

可以看出，时域周期单位冲激序列的傅里叶变换也是一个周期冲激序列，冲激强度和周期均为 ω_1。图 5-42 分别给出了周期单位冲激序列 $\delta_{T_1}(t)$ 傅里叶级数形式的频谱图和傅里叶变换的频谱图。

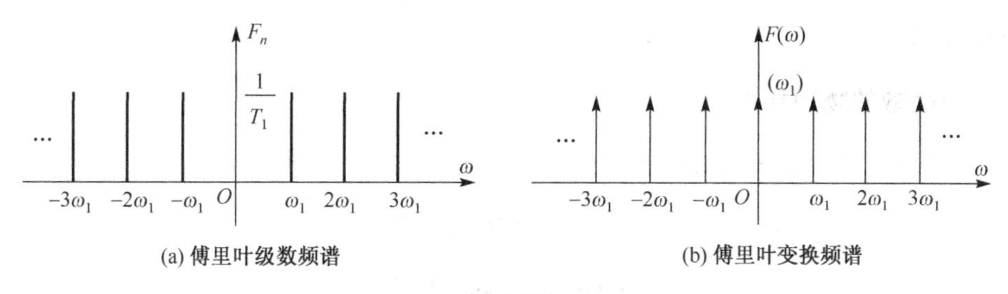

图 5-42

思考与练习

5.4-1　画出信号 $f(t) = \cos\omega_0 t$ 的傅里叶级数和傅里叶变换的频谱图（即 $F_n \sim \omega$ 和 $F(\omega) \sim \omega$ 关系图），并分析两者之间有什么联系。

5.5　系统的频域分析

第 4 章从时域的角度分析了系统模型和信号通过系统所产生的响应。本节从频域的角度分析系统的特性，介绍系统函数、系统无失真传输条件、低通滤波器等概念，同时讨论采用频域分析方法求解系统零状态响应的方法。

5.5.1 系统函数

1. 系统函数的定义

当信号通过系统时，系统通常会对输入的信号进行某种处理，所以系统可以看作是一个信号处理器。在时域分析中介绍过，单位冲激响应 $h(t)$ 体现系统自身特性，只要给定系统，即可求出系统的单位冲激响应。在频域分析中，如何描述系统自身特性呢？一种直观的想法就是利用 $h(t)$ 的傅里叶变换 $H(\omega)$ 。通常把 $H(\omega)$ 称为频域的系统函数，即

$$H(\omega)=\mathcal{F}[h(t)] \tag{5.5-1}$$

从定义可知，系统函数 $H(\omega)$ 由系统本身决定，与激励无关。在时域分析中，系统零状态响应 $r_{zs}(t)$ 可通过激励 $e(t)$ 和单位冲激响应 $h(t)$ 的卷积来计算，即 $r_{zs}(t)=e(t)*h(t)$ 。

设 $e(t)\leftrightarrow E(\omega)$ ， $h(t)\leftrightarrow H(\omega)$ ， $r_{zs}(t)\leftrightarrow R(\omega)$ 。根据时域卷积定理，可知

$$R(\omega)=E(\omega)H(\omega)$$

即零状态响应的傅里叶变换是激励信号的傅里叶变换和单位冲激响应的傅里叶变换的乘积，所以系统函数 $H(\omega)$ 的另一种定义可写为

$$H(\omega)=\frac{R(\omega)}{E(\omega)} \tag{5.5-2}$$

系统函数 $H(\omega)$ 也称为系统的频响函数，可以写成模和辐角的形式，即

$$H(\omega)=\left|H(\omega)\right|\mathrm{e}^{\mathrm{j}\varphi(\omega)}$$

通常把 $|H(\omega)|$ 与 ω 的关系曲线称为系统的幅频特性曲线， $\phi(\omega)$ 与 ω 的关系曲线称为系统的相频特性曲线。

2. 系统函数的物理意义

将激励信号、系统函数和响应都写成模和辐角的形式，可得：

$$E(\omega)=\left|E(\omega)\right|\mathrm{e}^{\mathrm{j}\varphi_{\mathrm{e}}(\omega)}$$

$$H(\omega)=\left|H(\omega)\right|\mathrm{e}^{\mathrm{j}\varphi_{\mathrm{h}}(\omega)}$$

$$R(\omega)=\left|R(\omega)\right|\mathrm{e}^{\mathrm{j}\varphi_{\mathrm{r}}(\omega)}$$

则

$$R(\omega)=E(\omega)H(\omega)=\left|E(\omega)\right|\mathrm{e}^{\mathrm{j}\varphi_{\mathrm{e}}(\omega)}\cdot\left|H(\omega)\right|\mathrm{e}^{\mathrm{j}\varphi_{\mathrm{h}}(\omega)}$$

$$\left|R(\omega)\right|=\left|E(\omega)\right|\cdot\left|H(\omega)\right| \tag{5.5-3}$$

$$\phi_{\mathrm{r}}(\omega)=\phi_{\mathrm{e}}(\omega)+\phi_{\mathrm{h}}(\omega) \tag{5.5-4}$$

可以看出，响应的幅度 $|R(\omega)|$ 是系统函数幅度 $|H(\omega)|$ 和激励信号幅度 $|E(\omega)|$ 的乘积，响应的相位 $\phi_{\mathrm{r}}(\omega)$ 是系统函数相位 $\phi_{\mathrm{h}}(\omega)$ 和激励信号相位 $\phi_{\mathrm{e}}(\omega)$ 的叠加。当 $|H(\omega)|$ 不是常数时，系统对于输入信号的不同频率分量，其幅度有着不同的加权。

通过系统频响特性曲线可以很方便地观察出系统对激励信号的作用。图 5-43 给出了系统

频响特性曲线的示例，为讨论方便，这里假设系统的相位谱为零，所以幅度谱即为系统的频谱。

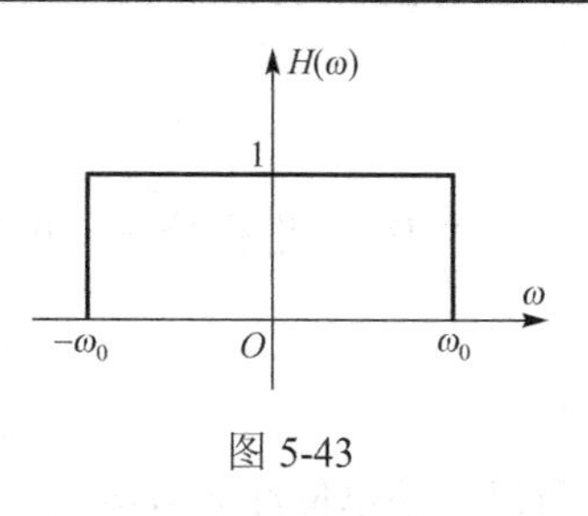

图 5-43

设激励信号 $e(t)$ 的频谱如图 5-44(a)所示。当 $e(t)$ 通过图 5-43 所示的系统时，响应的频谱是激励信号的频谱与系统函数的频谱乘积。若激励信号最高频率 ω_1 大于系统函数的最高频率 ω_0，则系统响应的频谱如图 5-44(b)所示。可以看出，由于系统的作用，响应中只包含 $(-\omega_0,\omega_0)$ 的频谱成分。

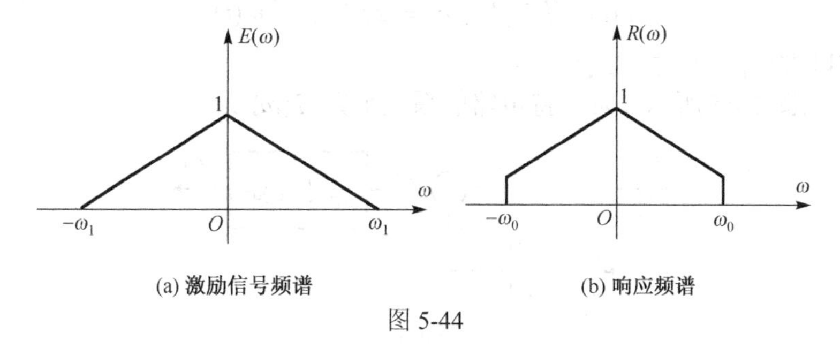

(a) 激励信号频谱　　(b) 响应频谱

图 5-44

3．系统函数的求解

从前面的学习中可知，系统可以用多种形式来描述，例如微分方程、方框图、电路等，所以系统函数也存在多种求解方法。

（1）系统以微分方程的形式表示

n 阶 LTI 系统的微分方程一般可表示为

$$a_n\frac{\mathrm{d}^n y(t)}{\mathrm{d}t^n}+a_{n-1}\frac{\mathrm{d}^{n-1}y(t)}{\mathrm{d}t^{n-1}}+\cdots+a_1\frac{\mathrm{d}y(t)}{\mathrm{d}t}+a_0y(t)$$
$$=b_m\frac{\mathrm{d}^m f(t)}{\mathrm{d}t^m}+b_{m-1}\frac{\mathrm{d}^{m-1}f(t)}{\mathrm{d}t^{m-1}}+\cdots+b_1\frac{\mathrm{d}f(t)}{\mathrm{d}t}+b_0f(t)$$

其中，$f(t)$ 为激励，$y(t)$ 为响应。对上式两边取傅里叶变换：

$$[a_n(\mathrm{j}\omega)^n+a_{n-1}(\mathrm{j}\omega)^{n-1}+\cdots+a_1(\mathrm{j}\omega)+a_0]Y(\omega)$$
$$=[b_m(\mathrm{j}\omega)^m+b_{m-1}(\mathrm{j}\omega)^{m-1}+\cdots+b_1(\mathrm{j}\omega)+b_0]F(\omega)$$

所以系统函数为

$$H(\omega)=\frac{Y(\omega)}{F(\omega)}=\frac{b_m(\mathrm{j}\omega)^m+b_{m-1}(\mathrm{j}\omega)^{m-1}+\cdots+b_1(\mathrm{j}\omega)+b_0}{a_n(\mathrm{j}\omega)^n+a_{n-1}(\mathrm{j}\omega)^{n-1}+\cdots+a_1(\mathrm{j}\omega)+a_0}$$

例 5-23　已知描述某线性时不变系统的微分方程如下，求系统函数 $H(\omega)$ 和单位冲激响应 $h(t)$。

$$\frac{\mathrm{d}^2y(t)}{\mathrm{d}t^2}+3\frac{\mathrm{d}y(t)}{\mathrm{d}t}+2y(t)=\frac{\mathrm{d}f(t)}{\mathrm{d}t}+3f(t)$$

解：对微分方程两边同时取傅里叶变换，得到：

$$\left[(\mathrm{j}\omega)^2+3(\mathrm{j}\omega)+2\right]Y(\omega)=\left[(\mathrm{j}\omega)+3\right]F(\omega)$$

所以系统函数为

$$H(\omega)=\frac{Y(\omega)}{F(\omega)}=\frac{(\mathrm{j}\omega)+3}{(\mathrm{j}\omega)^2+3(\mathrm{j}\omega)+2}$$

对 $H(\omega)$ 进行分解，可得：

$$H(\omega)=\frac{(\mathrm{j}\omega)+3}{(\mathrm{j}\omega)^2+3(\mathrm{j}\omega)+2}=\frac{2}{\mathrm{j}\omega+1}-\frac{1}{\mathrm{j}\omega+2}$$

所以系统单位冲激响应为

$$h(t)=\mathcal{F}^{-1}[H(\omega)]=(2\mathrm{e}^{-t}-\mathrm{e}^{-2t})\varepsilon(t)$$

（2）系统以方框图的形式表示

例 5-24 求图 5-45 所示零阶保持电路的系统函数 $H(\omega)$。

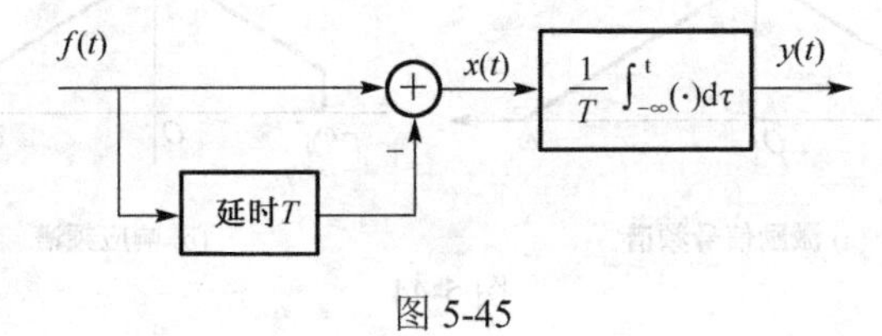

图 5-45

解：方法一：通过单位冲激响应求系统函数。

当 $f(t)=\delta(t)$ 时，系统输出 $y(t)=h(t)$。

此时

$$x(t)=\delta(t)-\delta(t-T)$$

所以

$$y(t)=\frac{1}{T}\left[\varepsilon(t)-\varepsilon(t-T)\right]=h(t)$$

$$H(\omega)=\mathcal{F}\left[h(t)\right]=\mathcal{F}\left\{\frac{1}{T}\left[\varepsilon(t)-\varepsilon(t-T)\right]\right\}=\frac{1}{\mathrm{j}\omega T}(1-\mathrm{e}^{-\mathrm{j}\omega T})$$

方法二：通过输入−输出关系求系统函数。

从图中可以看出：

$$y(t)=\frac{1}{T}\int_{-\infty}^{t}[f(\tau)-f(\tau-T)]\,\mathrm{d}\tau$$

$$F_1(\omega)=\mathcal{F}[f(t)-f(t-T)]=F(\omega)(1-\mathrm{e}^{-\mathrm{j}\omega T})$$

利用傅里叶变换的时域积分特性，可得：

$$Y(\omega)=\frac{1}{T}\left[\pi F_1(0)\delta(\omega)+\frac{F_1(\omega)}{\mathrm{j}\omega}\right]=\frac{F(\omega)}{\mathrm{j}\omega T}(1-\mathrm{e}^{-\mathrm{j}\omega T})$$

$$H(\omega)=\frac{Y(\omega)}{F(\omega)}=\frac{1}{\mathrm{j}\omega T}(1-\mathrm{e}^{-\mathrm{j}\omega T})$$

（3）系统以电路的方式表示

为了从频域角度来分析具体电路，就需要研究电路元件的频域模型。

无初始储能的电容元件的时域模型如图 5-46(a)所示。假设电容两端的电压为 $u_{\mathrm{C}}(t)$，通过它的电流为 $i_{\mathrm{C}}(t)$，参考方向如图中所标。

根据电容元件的伏安特性，流过电容两端的电流为

$$i_C(t) = C\frac{\mathrm{d}u_C(t)}{\mathrm{d}t}$$

上式两边同时进行傅里叶变换，由傅里叶变换的时域微分特性可以得到：

$$I_C(\omega) = \mathrm{j}\omega C U_C(\omega) \tag{5.5-5}$$

$$U_C(\omega) = \frac{1}{\mathrm{j}\omega C} I_C(\omega) \tag{5.5-6}$$

式（5.5-6）描述了电容频域电压和电流的关系，即电容的频域电压等于 $\frac{1}{\mathrm{j}\omega C}$ 与流过它的频域电流的乘积，此时 $\frac{1}{\mathrm{j}\omega C}$ 具有阻抗的含义，所以式（5.5-6）可以看作为频域的欧姆定律。电容元件阻抗形式的频域等效模型如图 5-46(b)所示。由于傅里叶变换的时域微分特性中没有包含初始状态，所以该模型是电容的零状态模型，即电容等效为一个频域容抗为 $\frac{1}{\mathrm{j}\omega C}$ 的元件。

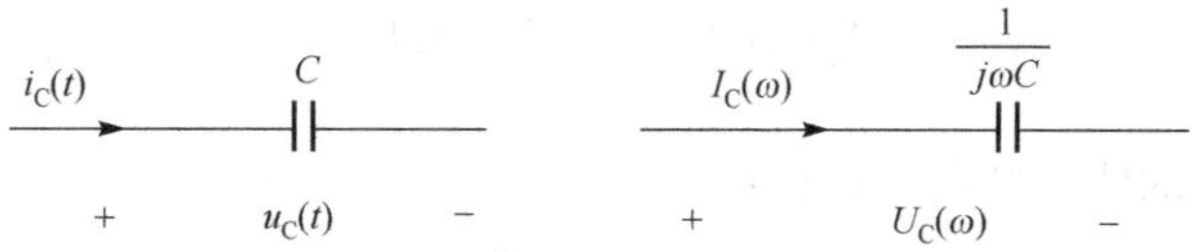

$i_C(t)$　C　$+$　$u_C(t)$　$-$

(a) 电容元件的时域模型

$I_C(\omega)$　$\frac{1}{j\omega C}$　$+$　$U_C(\omega)$　$-$

(b) 电容元件的频域模型

图 5-46

同样，对于电感元件，设其两端的电压为 $u_L(t)$，通过它的电流为 $i_L(t)$，时域模型和参考方向如图 5-47(a)所示。

根据电感元件的的伏安特性，可知

$$u_L(t) = L\frac{\mathrm{d}i_L(t)}{\mathrm{d}t}$$

对等式两边同时进行傅里叶变换，可得：

$$U_L(\omega) = \mathrm{j}\omega L I_L(\omega) \tag{5.5-7}$$

$$I_L(\omega) = \frac{1}{\mathrm{j}\omega L} U_L(\omega) \tag{5.5-8}$$

从式（5.5-7）可以看出，电感的频域电压等于 $\mathrm{j}\omega L$ 与流过它的频域电流的乘积。同样，$\mathrm{j}\omega L$ 可看作频域阻抗。所以式（5.5-7）也可以看作为频域的欧姆定律。电感元件在零状态条件下的频域模型如图 5-47(b)所示。

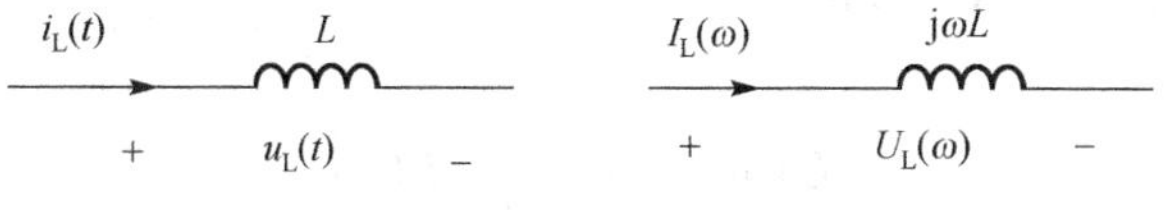

$i_L(t)$　L　$+$　$u_L(t)$　$-$

(a) 电感元件的时域模型

$I_L(\omega)$　$\mathrm{j}\omega L$　$+$　$U_L(\omega)$　$-$

(b) 电感元件的频域模型

图 5-47

电阻元件的时域模型如图 5-48(a)所示，其伏安特性为

$$u_{\mathrm{R}}(t)=i_{\mathrm{R}}(t)R$$

对上式两端进行傅里叶变换，可得：

$$U_{\mathrm{R}}(\omega)=I_{\mathrm{R}}(\omega)R \tag{5.5-9}$$

所以电容元件的频域模型如图 5-48(b)所示。

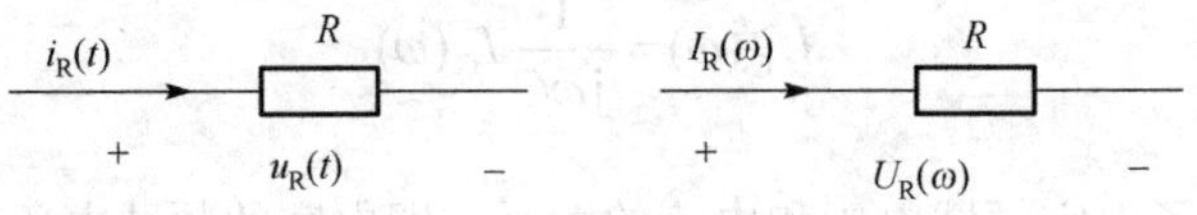

$i_{\mathrm{R}}(t)$ R + $u_{\mathrm{R}}(t)$ −　　$I_{\mathrm{R}}(\omega)$ R + $U_{\mathrm{R}}(\omega)$ −

(a) 电阻元件的时域模型　　(b) 电阻元件的频域模型

图 5-48

若将电路中的激励、响应和所有元件均用频域形式表示，则得到的电路称为频域电路模型。为了分析具体频域电路，除了元件特性约束，还需要网络拓扑约束。

时域中的 KVL 和 KCL 定律分别为

$$\sum_m u_m(t)=0\,,\quad \sum_m i_m(t)=0$$

根据傅里叶变换的线性性质，可得：

$$\sum_m U_m(\omega)=0\,,\quad \sum_m I_m(\omega)=0 \tag{5.5-10}$$

式（5.5-10）可以看作为频域的 KVL 和 KCL 定律，与时域的形式一致。结合元件的频域模型和频域 KVL 和 KCL 定律，即可以建立电路系统的频域方程，从频域上来分析电路。

例 5-25　电路如图 5-49(a)所示，已知激励 $e(t)=\sin t\mathrm{V}$，$R=10\Omega$，$C=0.1\mathrm{F}$，响应为电容两端的电压，求该系统的系统函数，并大致画出系统的幅频特性曲线。

解：电路的频域模型如图 5-49(b)所示。在频域模型中，电容用值为 $\dfrac{1}{\mathrm{j}\omega C}$ 的阻抗来代替，其他各电压和电流用其相应的频域表示来替代。

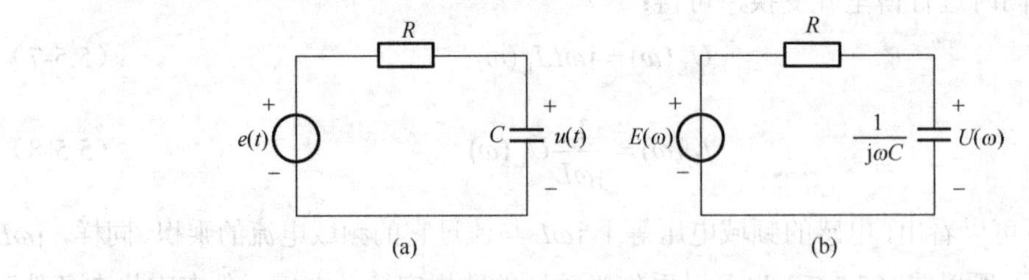

图 5-49

根据频域电路的分压关系，可得：

$$U(\omega)=\frac{\dfrac{1}{\mathrm{j}\omega C}}{R+\dfrac{1}{\mathrm{j}\omega C}}E(\omega)$$

所以系统函数为

$$H(\omega)=\frac{U(\omega)}{E(\omega)}=\frac{\dfrac{1}{\mathrm{j}\omega C}}{R+\dfrac{1}{\mathrm{j}\omega C}}$$

代入 $R=10\Omega$，$C=0.1\mathrm{F}$，可得系统函数为

$$H(\omega)=\frac{1}{\mathrm{j}\omega+1}$$

系统的幅度谱函数为

$$|H(\omega)|=\frac{1}{\sqrt{\omega^2+1}}$$

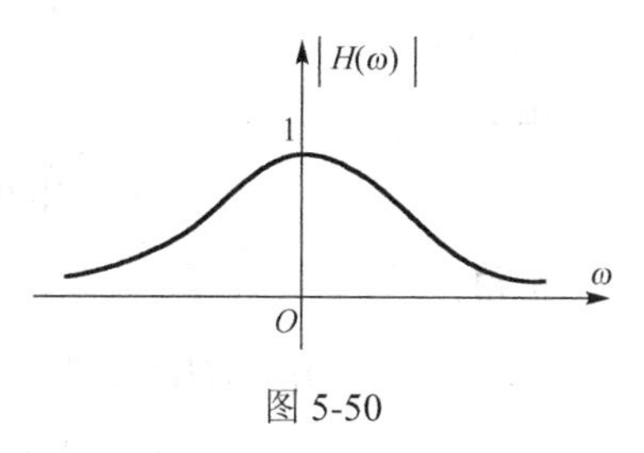

图 5-50

图 5-50 给出了系统的幅频特性曲线。可以看出，信号通过系统时，系统对高频分量的衰减比低频分量大，通常可称这个电路具有低通的功能。同时也可以看出，系统特性与激励信号无关。

例 5-26　图 5-51(a)所示电路中，输入是激励电压 $f(t)$，输出是电容电压 $u(t)$，求系统函数 $H(\omega)$。

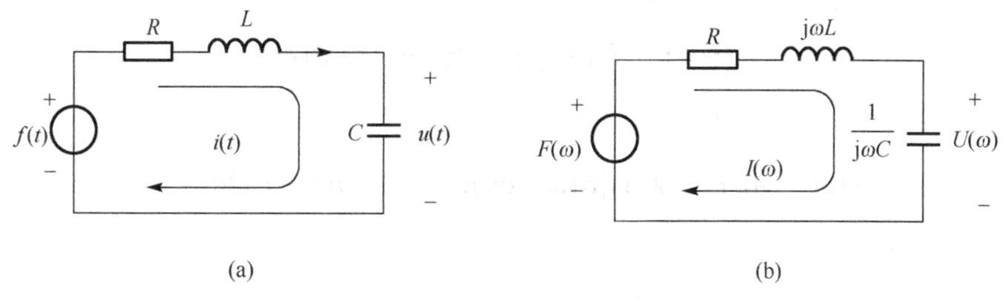

图 5-51

解：电路的频域模型如图 5-51(b)所示。

列出 KVL 方程，可得：

$$F(\omega)=[R+\mathrm{j}\omega L+1/(\mathrm{j}\omega C)]\cdot I(\omega)$$

根据频域电容的伏安关系，可得：

$$U(\omega)=\frac{1}{\mathrm{j}\omega C}\cdot I(\omega)$$

所以系统函数为

$$H(\omega)=\frac{U(\omega)}{F(\omega)}=\frac{1/(\mathrm{j}\omega C)}{R+\mathrm{j}\omega L+1/(\mathrm{j}\omega C)}$$

5.5.2　系统的频域分析

系统分析中一个很重要的部分就是在已知激励和系统时，求解系统的响应。利用频域分析方法有时可以简化分析过程。

1．正弦信号激励下的响应

设激励信号为正弦信号 $f(t)=A\sin(\omega_0 t)$，系统函数为 $H(\omega)=|H(\omega)|\mathrm{e}^{\mathrm{j}\varphi(\omega)}$。根据系统函数

的物理意义，信号通过系统输出时，幅度被系统函数加权，同时会产生相移。由于激励信号为 $A\sin(\omega_0 t)$，只包含 ω_0 频率成分，而系统对 ω_0 频率分量幅度放大 $|H(\omega_0)|$ 倍，相移 $\varphi(\omega_0)$，所以系统的输出为

$$y(t)=A|H(\omega_0)|\sin[\omega_0 t+\phi(\omega_0)] \tag{5.5-11}$$

具体证明如下。

设输入信号 $A\sin\omega_0 t$ 通过该系统时，输出为 $y(t)$，则

$$Y(\omega)=\mathcal{F}[y(t)]=H(\omega)\mathcal{F}[A\sin\omega_0 t]$$

由于

$$\mathcal{F}[\sin\omega_0 t]=\mathrm{j}\pi[\delta(\omega+\omega_0)-\delta(\omega-\omega_0)]$$

可得：

$$\begin{aligned}Y(\omega)&=\left|H(\omega)\right|\mathrm{e}^{\mathrm{j}\varphi(\omega)}\cdot\mathrm{j}A\pi[\delta(\omega+\omega_0)-\delta(\omega-\omega_0)]\\&=A\left|H(-\omega_0)\right|\mathrm{e}^{\mathrm{j}\varphi(-\omega_0)}\cdot\mathrm{j}\pi\delta(\omega+\omega_0)-A\left|H(\omega_0)\right|\mathrm{e}^{\mathrm{j}\varphi(\omega_0)}\cdot\mathrm{j}\pi\delta(\omega-\omega_0)\end{aligned}$$

由于幅度谱 $\left|H(\omega)\right|$ 是 ω 的偶函数，相位谱 $\phi(\omega)$ 是 ω 的奇函数，则

$$\left|H(\omega_0)\right|=\left|H(-\omega_0)\right|,\quad \varphi(-\omega_0)=-\varphi(\omega_0)$$

所以

$$Y(\omega)=A\left|H(\omega_0)\right|\cdot\mathrm{j}\pi[\delta(\omega+\omega_0)\mathrm{e}^{-\mathrm{j}\varphi(\omega_0)}-\delta(\omega-\omega_0)\mathrm{e}^{\mathrm{j}\varphi(\omega_0)}]$$

因为

$$\delta(\omega+\omega_0)\longleftrightarrow\frac{1}{2\pi}\mathrm{e}^{-\mathrm{j}\omega_0 t},\quad \delta(\omega-\omega_0)\longleftrightarrow\frac{1}{2\pi}\mathrm{e}^{\mathrm{j}\omega_0 t}$$

所以

$$\begin{aligned}y(t)&=A\left|H(\omega_0)\right|\cdot\frac{\mathrm{j}}{2}[\mathrm{e}^{-\mathrm{j}\omega_0 t}\mathrm{e}^{-\mathrm{j}\varphi(\omega_0)}-\mathrm{e}^{\mathrm{j}\omega_0 t}\mathrm{e}^{\mathrm{j}\varphi(\omega_0)}]\\&=A\left|H(\omega_0)\right|\sin[\omega_0 t+\varphi(\omega_0)]\end{aligned}$$

式（5.5-11）说明频率为 ω_0 的正弦信号通过系统时，系统响应为同频率的正弦信号，只是幅度放大了 $\left|H(\omega_0)\right|$ 倍，增加了 $\varphi(\omega_0)$ 的相移。

例 5-27 若 $H(\omega)=\dfrac{1}{1+\mathrm{j}\omega}$，当输入分别为 $\sin t$、$\sin 2t$ 和 $\sin 3t$ 时，输出为多少？

解：系统幅度谱函数和相位谱函数分别为

$$|H(\omega)|=\frac{1}{\sqrt{1+\omega^2}},\quad \varphi(\omega)=-\arctan\omega$$

当激励信号为 $\sin t$ 时，

$$|H(1)|=\frac{\sqrt{2}}{2},\quad \varphi(1)=-\frac{\pi}{4}$$

所以
$$r_1(t)=\frac{1}{\sqrt{2}}\sin(t-45°)$$

同理，当激励信号为 $\sin 2t$ 和 $\sin 3t$ 时，

$$|H(2)|=\frac{\sqrt{5}}{5},\quad \varphi(2)=-\arctan 2\approx -63^\circ$$

$$|H(3)|=\frac{\sqrt{10}}{10},\quad \varphi(3)=-\arctan 3\approx -71.6^\circ$$

所以

$$r_2(t)=\frac{1}{\sqrt{5}}\sin(2t-63^\circ),\quad r_3(t)=\frac{1}{\sqrt{10}}\sin(3t-72^\circ)$$

例 5-28　已知图 5-52(a)所示的 RLC 串联电路，其中 $R=2\Omega$，$L=0.4\text{H}$, $C=0.05\text{F}$，激励为 $e(t)=10\sin 10t$ V，求电路中电流的稳态响应。

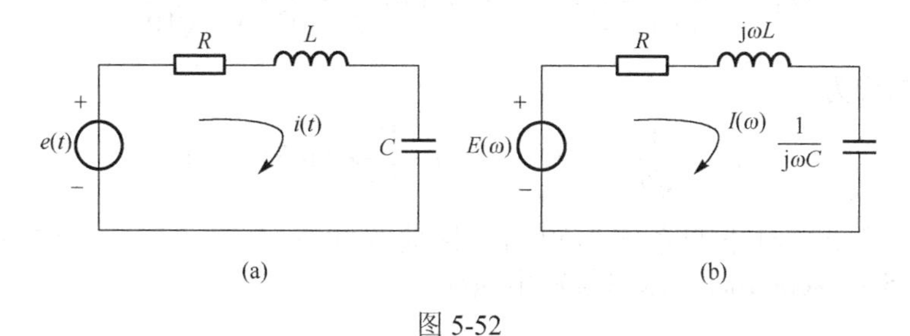

图 5-52

解：电路的频域模型如图 5-52(b)所示。

列 KVL 方程，可得：

$$E(\omega)=[2+0.4\mathrm{j}\omega+20/(\mathrm{j}\omega)]I(\omega)$$

所以系统函数为

$$H(\omega)=\frac{I(\omega)}{E(\omega)}=\frac{1}{2+0.4\mathrm{j}\omega+20/(\mathrm{j}\omega)}$$

由于激励为 $e(t)=10\sin 10t$ V，因此

$$H(10)=\frac{1}{2+4\mathrm{j}+2/\mathrm{j}}=\frac{1}{2+2\mathrm{j}}=\frac{\sqrt{2}}{4}\mathrm{e}^{-\mathrm{j}\frac{\pi}{4}}$$

$$|H(10)|=\frac{\sqrt{2}}{4},\quad \varphi(10)=-\frac{\pi}{4}$$

电流的稳态响应为

$$i(t)=\frac{5}{2}\sqrt{2}\sin(10t-\frac{\pi}{4})\approx 3.54\sin(10t-\frac{\pi}{4})\ \text{V}$$

2．一般周期信号激励下系统的响应

满足狄里赫利条件的周期信号 $f_T(t)$ 可以展开为三角形式的傅里叶级数，即

$$f_T(t)=c_0+\sum_{n=1}^{\infty}c_n\cos(n\omega_1 t+\varphi_n),\quad \omega_1=\frac{2\pi}{T}$$

当系统函数为 $H(\omega)=|H(\omega)|\mathrm{e}^{\mathrm{j}\varphi(\omega)}$ 时，根据线性系统的特性，信号 $f_T(t)$ 通过系统的响应为

$$y(t)=c_0H(0)+\sum_{n=1}^{\infty}c_n\left|H(n\omega_1)\right|\cos[n\omega_1t+\varphi_n+\varphi(n\omega_1)] \qquad (5.5\text{-}12)$$

可以看出，当包含多个频率成分的信号通过系统时，系统对每个频率成分都进行幅度加权和相移处理，这就是从频域角度反映出的系统对信号的作用。

例 5-29　已知某 LTI 系统的系统函数 $H(\omega)=\dfrac{1}{\mathrm{j}\omega+1}$，激励 $f(t)=\cos t+\sin 3t$，求系统的稳态响应 $y(t)$。

解：从题目中可知，$f(t)$ 包含 $\omega=1$ 和 $\omega=3$ 的频率成分：

$$H(\omega)\big|_{\omega=1}=\frac{1}{\mathrm{j}+1}=\frac{1}{\sqrt{2}}\mathrm{e}^{-\mathrm{j}45°}，\quad H(\omega)\big|_{\omega=3}=\frac{1}{\mathrm{j}3+1}=\frac{1}{\sqrt{10}}\mathrm{e}^{-\mathrm{j}71.6°}$$

所以系统稳态响应为

$$y(t)=\frac{1}{\sqrt{2}}\times\cos(t-45°)+\frac{1}{\sqrt{10}}\times\sin(3t-71.6°)$$

例 5-30　某线性时不变系统的频响特性曲线如图 5-53 所示，已知系统的激励为 $f(t)=2+4\cos(5t)+4\cos(10t)$，求系统输出 $y(t)$。

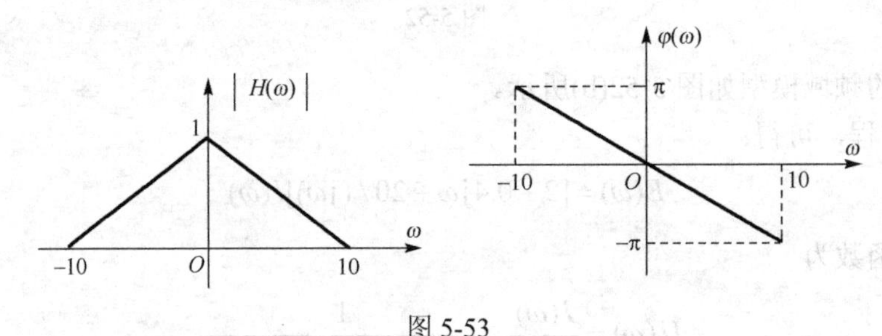

图 5-53

解：输入信号包含 $\omega=0$（直流）、$\omega=5$ 和 $\omega=10$ 的频率成分。从频响特性曲线可以看出

$$|H(0)|=1 \qquad \varphi(0)=0$$

$$|H(5)|=\frac{1}{2} \qquad \varphi(5)=-\frac{\pi}{2}$$

$$|H(10)|=0 \qquad \varphi(5)=-\pi$$

所以

$$y(t)=2+4\times\frac{1}{2}\cos(5t-\pi/2)=2+2\cos(5t-\pi/2)$$

3．非周期信号激励下系统的响应

非周期信号的频谱是连续谱，不便独立求系统对每个频率分量的幅度加权和相移。由前面的讨论可知：

$$r_{zs}(t)=e(t)*h(t)$$

$$R(\omega)=E(\omega)H(\omega)$$

所以求解系统响应通常包括以下步骤：

（1）求得激励信号 $e(t)$ 的傅里叶变换 $E(\omega)$；

（2）求得系统函数 $H(\omega)$；

（3）求系统响应的频域表示 $R(\omega)=E(\omega)H(\omega)$；

（4）利用傅里叶反变换，求系统响应 $r(t)=\mathcal{F}^{-1}[R(\omega)]$。

例 5-31　已知描述某 LTI 系统的微分方程为

$$\frac{\mathrm{d}^2r(t)}{\mathrm{d}t^2}+3\frac{\mathrm{d}r(t)}{\mathrm{d}t}+2r(t)=\frac{\mathrm{d}e(t)}{\mathrm{d}t}+3e(t)$$

求激励 $e(t)=e^{-3t}\varepsilon(t)$ 时，该系统的零状态响应 $r(t)$。

解：对微分方程两端同时进行傅里叶变换，根据时域微分性质可得：

$$(\mathrm{j}\omega)^2R(\omega)+3\mathrm{j}\omega R(\omega)+2R(\omega)=\mathrm{j}\omega E(\omega)+3E(\omega)$$

$$R(\omega)=\frac{\mathrm{j}\omega+3}{(\mathrm{j}\omega+1)(\mathrm{j}\omega+2)}E(\omega)=H(\omega)E(\omega)$$

$$e(t)=\mathrm{e}^{-3t}\varepsilon(t)\leftrightarrow E(\omega)=\frac{1}{\mathrm{j}\omega+3}$$

$$R(\omega)=\frac{1}{\mathrm{j}\omega+3}\times\frac{\mathrm{j}\omega+3}{(\mathrm{j}\omega+1)(\mathrm{j}\omega+2)}=\frac{1}{(\mathrm{j}\omega+1)(\mathrm{j}\omega+2)}=\frac{1}{(\mathrm{j}\omega+1)}-\frac{1}{(\mathrm{j}\omega+2)}$$

所以，　$r(t)=F^{-1}[R(\omega)]=\mathrm{e}^{-t}\varepsilon(t)-\mathrm{e}^{-2t}\varepsilon(t)=(\mathrm{e}^{-t}-\mathrm{e}^{-2t})\varepsilon(t)$

5.5.3　无失真传输

信号经系统传输，由于受到系统函数 $H(\omega)$ 的作用，输出信号的波形与输入波形可能不同，通常称信号在传输过程中发生了失真。信号的失真通常分为线性失真和非线性失真。线性失真通常不产生新的频率分量，包括幅度失真和相位失真，而非线性失真在信号通过系统后会产生新的频率分量。

信号通过系统时，有时希望系统能够无失真传输。无失真传输是指信号通过系统后，输出信号与输入信号相比，只有幅度大小和出现时间先后的不同，而波形形状不变，如图 5-54 所示。此时输出信号 $r(t)$ 与输入信号 $e(t)$ 的关系为

$$r(t)=Ke(t-t_0)\tag{5.5-13}$$

从时域波形来看，输出信号只是对输入信号波形幅度放大了 K 倍，延迟了 t_0。

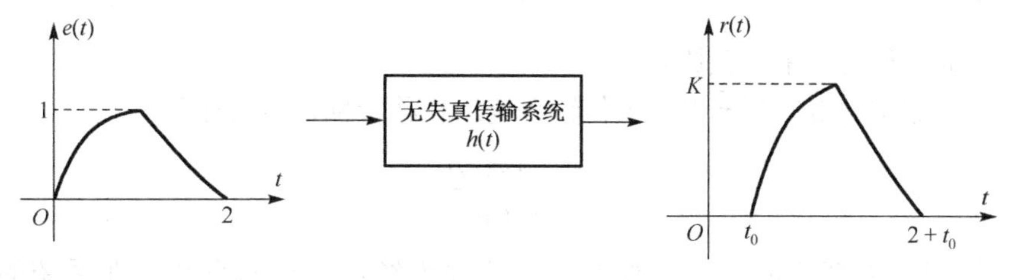

图 5-54

因为 $r(t)=e(t)*h(t)$，所以系统单位冲激响应为

$$h(t)=K\delta(t-t_0)\tag{5.5-14}$$

式（5.5-14）称为系统无失真传输的时域条件。

对式（5.5-13）两端同时进行傅里叶变换，可得：

$$R(\omega)=KE(\omega)\mathrm{e}^{-\mathrm{j}\omega t_0} \tag{5.5-15}$$

则频域系统函数为

$$H(\omega)=\frac{R(\omega)}{E(\omega)}=K\mathrm{e}^{-\mathrm{j}\omega t_0} \tag{5.5-16}$$

即

$$|H(\omega)|=K \tag{5.5-17}$$

$$\varphi(\omega)=-\omega t_0 \tag{5.5-18}$$

式（5.5-16）称为系统无失真传输的频域条件。图 5-55 给出了无失真系统的频响特性曲线。可以看出，系统幅频特性为常数，对输入信号各频率分量的幅度放大同样倍数，系统相频特性 $\phi(\omega)=-\omega t_0$，特性曲线为经过原点的直线，系统对各频率分量的相移与频率成正比。

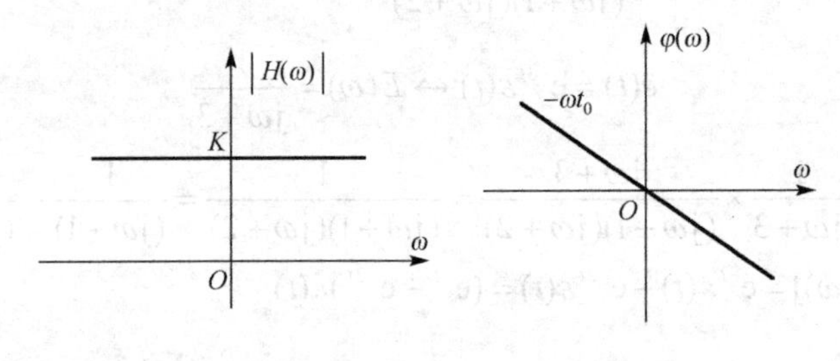

图 5-55

对输入信号所有的频率分量放大同样的倍数，意味着信号通过系统传输不会产生幅度失真，所以式（5.5-17）是幅度不失真的条件。对各频率分量的相移与频率成正比，则保证各频率成分具有相同的延迟时间，叠加后相位不失真，所以式（5.5-18）是相位不失真的条件。

以信号 $f(t)=\sin\omega_1 t+\sin\omega_2 t$ 为例，若通过系统后信号整体延时 t_0，不产生相位失真，则系统输出为

$$f(t-t_0)=\sin\omega_1(t-t_0)+\sin\omega_2(t-t_0)=\sin(\omega_1 t-\omega_1 t_0)+\sin(\omega_2 t-\omega_2 t_0)$$

可以看出，ω_1 频率分量相移 $\varphi_1=-\omega_1 t_0$，ω_2 频率分量相移 $\varphi_2=-\omega_2 t_0$，此时：

$$\frac{\varphi_1}{\varphi_2}=\frac{-\omega_1 t_0}{-\omega_2 t_0}=\frac{\omega_1}{\omega_2}$$

即各频率分量的相移与频率成正比。

在通信中，通常用群时延 τ 来表示传输系统的相移特性，定义如下：

$$\tau=-\frac{\mathrm{d}\varphi(\omega)}{\mathrm{d}\omega} \tag{5.5-19}$$

在不产生相位失真的情况下，相位特性曲线为经过原点的直线，即系统的群时延为常数。

例 5-32 已知某系统的振幅、相位特性如图 5-56 所示，求：(1)给定输入 $f_1(t)=2\cos10\pi t+\sin12\pi t$ 及 $f_2(t)=2\cos10\pi t+\sin25\pi t$ 时，系统输出 $y_1(t)$ 和 $y_2(t)$；（2）$y_1(t)$ 和 $y_2(t)$ 有无失真？若有，指出为何种失真。

解：输入信号 $f_1(t)$ 和 $f_2(t)$ 包含 $\omega=10\pi$、$\omega=12\pi$ 和 $\omega=25\pi$ 的频率成分，从频响特性曲线中可以看出：

$$|H(10\pi)| = 2 \qquad \varphi(10\pi) = -\frac{\pi}{6}$$

$$|H(12\pi)| = 2 \qquad \varphi(12\pi) = -\frac{\pi}{5}$$

$$|H(25\pi)| = 1 \qquad \varphi(25\pi) = -\frac{5\pi}{12}$$

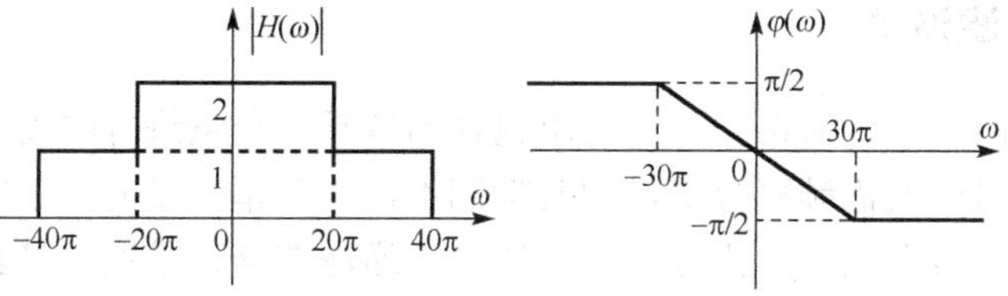

图 5-56

（1）利用频域分析方法可得：

$$y_1(t) = 2\left[2\cos\left(10\pi t - \frac{\pi}{6}\right) + \sin\left(12\pi t - \frac{\pi}{5}\right)\right]$$

$$= 4\cos\left(10\pi t - \frac{\pi}{6}\right) + 2\sin\left(12\pi t - \frac{\pi}{5}\right)$$

$$y_2(t) = 2\times 2\cos\left(10\pi t - \frac{\pi}{6}\right) + \sin\left(25\pi t - \frac{5\pi}{12}\right)$$

$$= 4\cos\left(10\pi t - \frac{\pi}{6}\right) + \sin\left(25\pi t - \frac{5\pi}{12}\right)$$

（2）由系统函数的频谱特性曲线可知，系统对 $\omega = 10\pi$ 和 $\omega = 12\pi$ 的频率分量幅度放大同样的倍数，相移与频率成正比，所以 $y_1(t)$ 无失真。系统对 $\omega = 10\pi$ 和 $\omega = 25\pi$ 的频率分量幅度放大的倍数不同，但相移与频率成正比，所以 $y_2(t)$ 存在幅度失真。

例 5-33　在图 5-57(a)所示电路中，为使系统无失真传输信号，求电阻 R_1 和 R_2 的值。

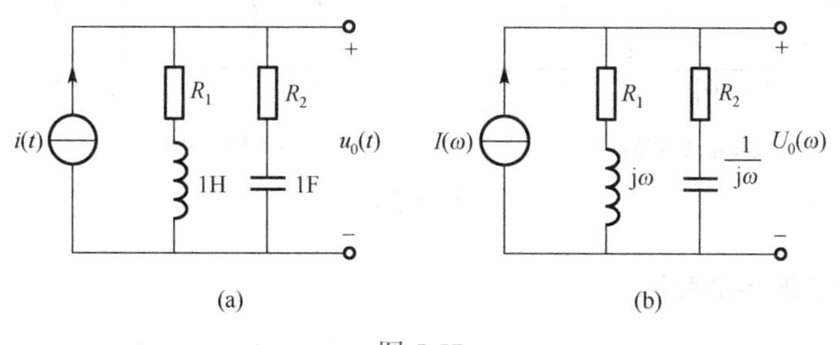

图 5-57

解：该电路所对应的频域电路模型如图 5-57(b)所示。

列电路方程，可得：

$$I(\omega)\left[(R_1 + \mathrm{j}\omega)//\left(R_2 + \frac{1}{\mathrm{j}\omega}\right)\right] = U_0(\omega)$$

系统函数为

$$H(\omega)=\frac{U_0(\omega)}{I(\omega)}=(R_1+\mathrm{j}\omega)//\left(R_2+\frac{1}{\mathrm{j}\omega}\right)$$

$$=\frac{(R_1+\mathrm{j}\omega)\cdot[R_2+1/(\mathrm{j}\omega)]}{(R_1+\mathrm{j}\omega)+R_2+1/(\mathrm{j}\omega)}=\frac{(R_1R_2+1)+\mathrm{j}(\omega R_2-R_1/\omega)}{R_1+R_2+\mathrm{j}(\omega-1/\omega)}$$

可以看出，当 $R_1=R_2=1\Omega$ 时，$H(\omega)=1$，系统可无失真传输信号。

5.5.4 理想低通滤波器

信号通过系统时，系统通常会对信号所包含的各频率分量进行幅度加权和相移。滤波器是一种具有选取信号中所需频率分量，同时抑制不需要频率分量的系统或电路。根据选取的频率分量的不同，滤波器通常分为低通滤波器、高通滤波器、带通滤波器和带阻滤波器。为了便于研究滤波器特性，有时会将滤波器的某些特性理想化而定义滤波网络，这就是所谓的“理想滤波器”。

图 5-58 分别给出了理想低通滤波器、理想高通滤波器、理想带通滤波器和理想带阻滤波器的幅频特性曲线。对于理想低通滤波器，$|\omega|<\omega_c$ 时，信号无衰减通过，而其他频率分量则被完全抑制，所以 ω_c 称为截止频率，$|\omega|<\omega_c$ 的频率范围称为通带，$|\omega|>\omega_c$ 的频率范围称为阻带。对于理想高通滤波器，$|\omega|<\omega_c$ 的频率范围为阻带，$|\omega|>\omega_c$ 的频率范围为通带。理想带通滤波器的通带为 $\omega_l<|\omega|<\omega_h$，理想带阻滤波器的阻带为 $\omega_l<|\omega|<\omega_h$。可以看出，理想滤波器在通带内系统的幅频特性 $|H(\omega)|=1$，在阻带内 $|H(\omega)|=0$。本节重点讨论理想低通滤波器的频率特性。

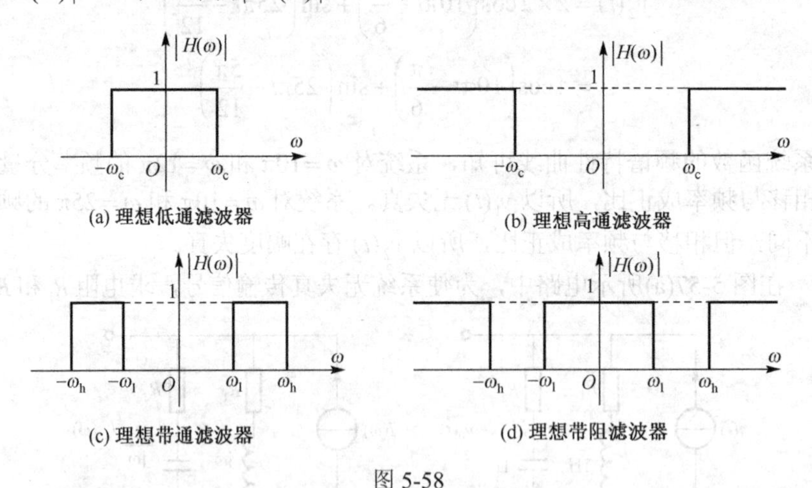

图 5-58

1. 理想低通滤波器的频率特性

图 5-59 给出了理想低通滤波器的幅频特性曲线和相频特性曲线。

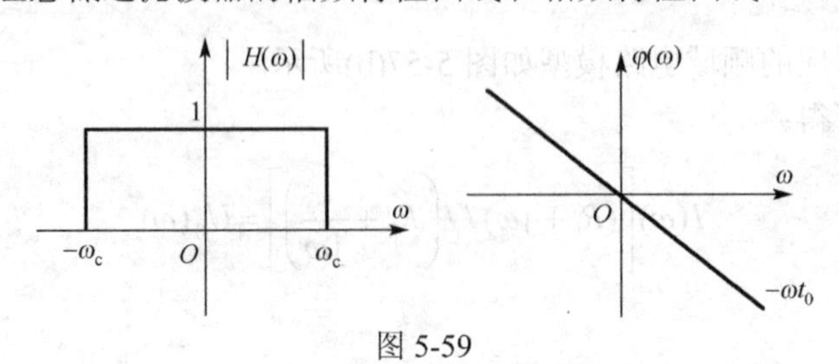

图 5-59

理想低通滤波器系统函数为

$$H(\omega)=[\varepsilon(\omega+\omega_c)-\varepsilon(\omega-\omega_c)]e^{-j\omega t_0} \tag{5.5-20}$$

即

$$\begin{cases}|H(\omega)|=1\\ \varphi(\omega)=-\omega t_0\end{cases},\qquad |\omega|<\omega_c$$

其中 ω_c 为截止频率。信号通过理想低通滤波器时，频率低于 ω_c 的分量无失真传输，频率高于 ω_c 的部分被完全滤除。

2．理想低通滤波器的冲激响应

根据傅里叶变换的对称性，可知：

$$[\varepsilon(\omega+\omega_c)-\varepsilon(\omega-\omega_c)]\leftrightarrow\frac{\omega_c}{\pi}\mathrm{Sa}(\omega_c t)$$

利用傅里叶变换的时移性质，可得：

$$[\varepsilon(\omega+\omega_c)-\varepsilon(\omega-\omega_c)]e^{-j\omega t_0}\leftrightarrow\frac{\omega_c}{\pi}\mathrm{Sa}[\omega_c(t-t_0)]$$

所以理想低通滤波器的单位冲激响应为

$$h(t)=\mathscr{F}^{-1}\left[H(\omega)\right]=\frac{\omega_c}{\pi}\cdot\mathrm{Sa}[\omega_c(t-t_0)] \tag{5.5-21}$$

图 5-60 给出了单位冲激信号和理想低通滤波器单位冲激响应的波形图。

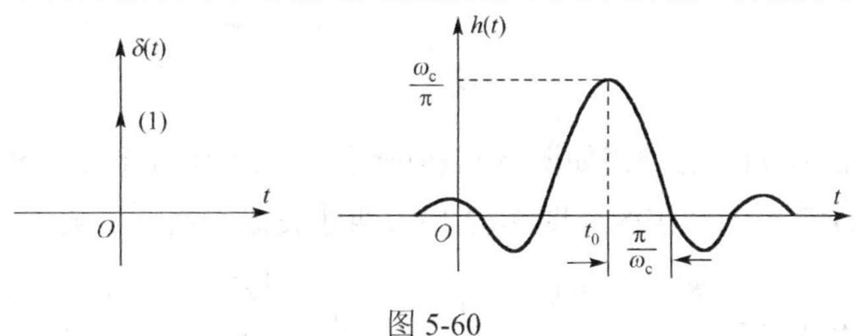

图 5-60

由于单位冲激信号的频带无限宽，通过理想低通滤波器时，ω_c 以上的频率分量完全衰减，所以从图中可以看出，单位冲激信号通过理想低通滤波器之后，波形产生了失真。同时也可以看到，激励信号 $\delta(t)$ 在 $t=0$ 时出现，而单位冲激响应 $h(t)$ 在 $t<0$ 时就已经存在，所以理想低通滤波器是一个物理不可实现的非因果系统。

3．理想低通滤波器的阶跃响应

阶跃信号通过理想低通滤波器的输出为

$$\begin{aligned}r(t)&=\varepsilon(t)*h(t)=\int_{-\infty}^{t}h(\tau)\mathrm{d}\tau=\frac{\omega_c}{\pi}\int_{-\infty}^{t}\mathrm{Sa}[\omega_c(\tau-t_0)]\,\mathrm{d}\tau\\
&=\frac{\omega_c}{\pi}\int_{-\infty}^{t}\frac{\sin[\omega_c(\tau-t_0)]}{\omega_c(\tau-t_0)}\mathrm{d}\tau=\frac{1}{\pi}\int_{-\infty}^{\omega_c(t-t_0)}\frac{\sin x}{x}\mathrm{d}x\\
&=\frac{1}{\pi}\int_{-\infty}^{0}\frac{\sin x}{x}\mathrm{d}x+\frac{1}{\pi}\int_{0}^{\omega_c(t-t_0)}\frac{\sin x}{x}\mathrm{d}x\\
&=\frac{1}{2}+\frac{1}{\pi}\int_{0}^{\omega_c(t-t_0)}\frac{\sin x}{x}\mathrm{d}x\end{aligned}$$

令

$$\mathrm{Si}(y)=\int_0^y \frac{\sin x}{x}\mathrm{d}x$$

所以

$$r(t)=\frac{1}{2}+\frac{1}{\pi}\mathrm{Si}[\omega_c(t-t_0)] \tag{5.5-22}$$

图 5-61 给出了阶跃信号 $\varepsilon(t)$ 及其通过低通滤波器输出 $r(t)$ 的波形。从波形可以看出，由于 ω_c 以上的频率分量被完全滤除，输出信号失真。由于滤除了高频分量，信号通过滤波器由跳变变成了平滑的缓升，输出最大值出现在 $t=t_0+\dfrac{\pi}{\omega_c}$，最小值出现在 $t=t_0-\dfrac{\pi}{\omega_c}$。

定义输出由最小值到最大值所经历的时间为上升时间，记作 t_r，则

$$t_r=\frac{2\pi}{\omega_c} \tag{5.5-23}$$

可以看出上升时间 t_r 与滤波器的截止频率 ω_c 成反比，也就是说 ω_c 越大，允许越多的高频分量通过，阶跃响应的上升速度越快。

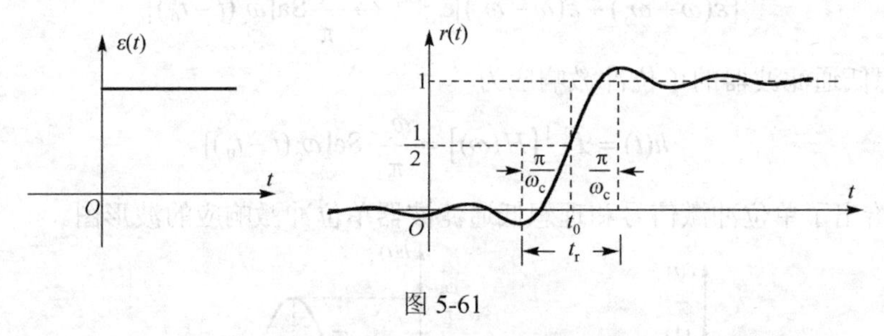

图 5-61

例 5-34 带限信号 $f(t)$ 的频谱如图 5-62(a)所示，画出当 $f(t)$ 通过图 5-62(b)的系统时，在系统 A、B、C、D 各点的频谱图。图 5-62(b)中两滤波器的系统函数分别为

$$H_1(\omega)=\begin{cases}K, & |\omega|\geqslant|\omega_0|\\ 0, & |\omega|<|\omega_0|\end{cases}\quad H_2(\omega)=\begin{cases}K, & |\omega|\leqslant|\omega_0|\\ 0, & |\omega|>|\omega_0|\end{cases}$$

其中，$\omega_0>\omega_1$。

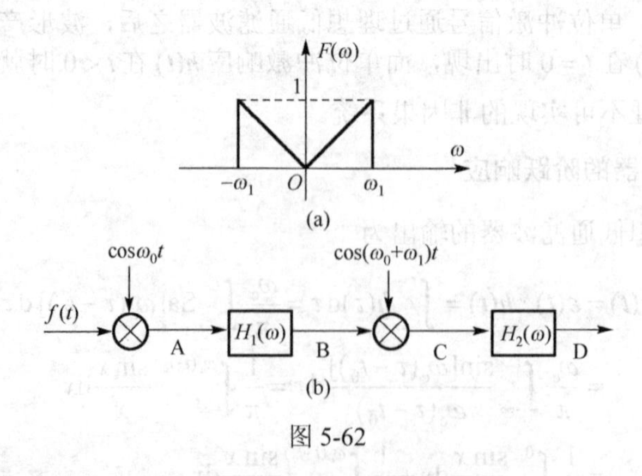

图 5-62

解：从图中可以看出 A 点信号的时域表示为

$$f_A(t)=f(t)\cos\omega_0 t$$

则 A 点的傅里叶变换为

$$F_A(\omega) = \mathcal{F}^{-1}[f(t)\cos\omega_0 t] = \frac{1}{2}[F(\omega+\omega_0) + F(\omega-\omega_0)]$$

A 点的频谱图如图 5-63 所示。

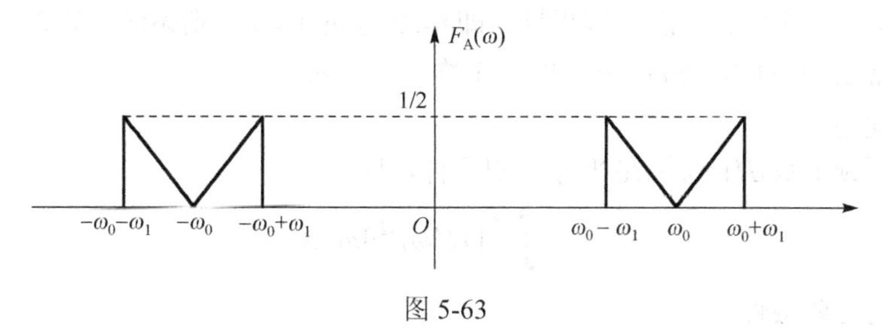

图 5-63

因为 $F_B(\omega) = F_A(\omega)H_1(\omega)$， $H_1(\omega)$ 为高通滤波器，所以 B 点的频谱图如图 5-64 所示。

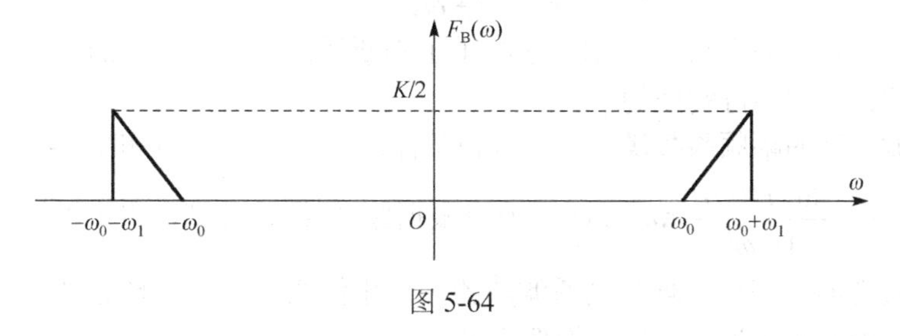

图 5-64

C 点信号的时域表示为 $f_C(t) = f_B(t)\cos(\omega_0+\omega_1)t$，利用频移性质：

$$F_C(\omega) = \frac{1}{2}[F_B(\omega+\omega_0+\omega_1) + F_B(\omega-\omega_0-\omega_1)]$$

所以 C 点的频谱图如图 5-65 所示。

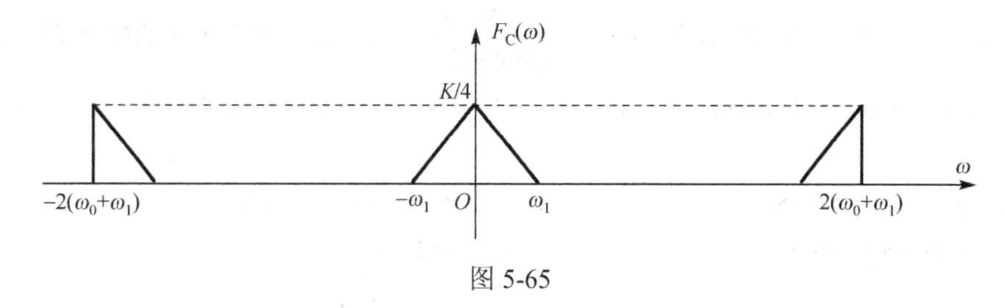

图 5-65

$F_D(\omega) = F_C(\omega)H_2(\omega)$，其中 $H_2(\omega)$ 为低通滤波器，所以 D 点的频谱图如图 5-66 所示。

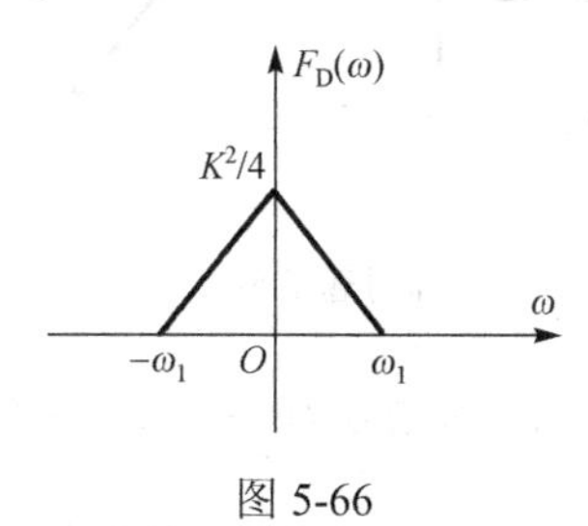

图 5-66

4．系统物理可实现的条件

前面提到过，理想低通滤波器是物理不可实现的非因果系统。实际应用中通常可以通过时域准则和频域准则来判断系统的物理可实现性。

（1）时域准则

系统的单位冲激响应$h(t)$满足因果性，即$t<0$时$h(t)=0$，则系统是物理可实现的。由于理想低通滤波器在$t<0$时，$h(t)\neq 0$，所以是物理不可实现的。

（2）频域准则

若系统的幅频函数$|H(\omega)|$满足平方可积条件，即

$$\int_{-\infty}^{+\infty}|H(\omega)|^2\mathrm{d}\omega<\infty \tag{5.5-24}$$

则物理可实现的必要条件为

$$\int_{-\infty}^{\infty}\frac{\left|\ln|H(\omega)|\right|}{1+\omega^2}\mathrm{d}\omega<\infty \tag{5.5-25}$$

式（5.5-25）称为佩利-维纳准则，它给出了判断系统物理可实现的必要条件，所以不满足该条件的系统是物理不可实现的。

理想低通滤波器的幅频函数满足平方可积条件，但是在$-\infty\sim\omega_c$和$\omega_c\sim+\infty$的频带范围内$|H(\omega)|=0$，则$\int_{-\infty}^{+\infty}\frac{|\ln|H(\omega)||}{1+\omega^2}\mathrm{d}\omega\to\infty$，所以根据佩利-维纳准则，也可以判断理想低通滤波器是物理不可实现的。同样，理想高通滤波器、理想低通滤波器、理想带阻滤波器由于幅频特性在某个频带内的幅值为零，均为物理不可实现的。

式（5.5-25）是系统物理可实现的必要条件，必须有合适的相频特性与之匹配才能保证系统物理可实现。

思考与练习

5.5-1　已知某二阶系统的系统函数为$H(\omega)=\dfrac{3+\mathrm{j}\omega}{(\mathrm{j}\omega)^2+3\mathrm{j}\omega+2}$，则该系统所对应的微分方程为________。

5.5-2　某系统的系统函数$H(\omega)=|H(\omega)|\mathrm{e}^{\mathrm{j}\varphi(\omega)}$，频响特性曲线如练习题5.5-2图所示，则该系统对（　　）不产生失真。

A．$f(t)=\cos t+\cos 8t$　　B．$f(t)=\cos 2t+\cos 4t$

C．$f(t)=\cos 2t\sin 4t$　　D．$\mathrm{Sa}2\pi t$

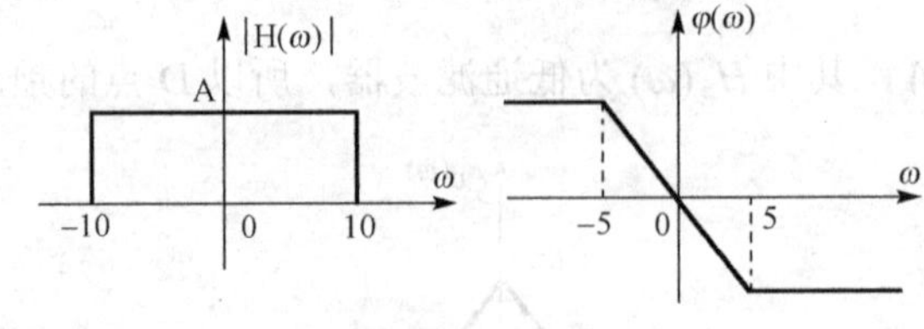

练习题5.5-2图

5.5-3　若系统函数$H(\omega)=\dfrac{1+\mathrm{j}\omega}{1-\mathrm{j}\omega}$，如周期信号$f(t)=\sin t+\sin(3t)$通过该系统，将会（　　）。

A．幅度失真　　B．相位失真

C．幅度和相位均失真　　D．无失真

5.5-4　已知系统微分方程为 $y'(t)+3y(t)=f(t)$，当输入为 $f(t)=\mathrm{e}^{-4t}\varepsilon(t)$ 时，系统零状态响应 $y(t)=$________。

5.5-5　若系统函数为 $H(\omega)=\dfrac{1}{\mathrm{j}\omega+2}\mathrm{e}^{-\mathrm{j}\omega}$，该系统的冲激响应 $h(t)=$________。

5.6　时域采样定理

随着通信和计算机技术的发展，在实际应用中，存在大量数字信号处理系统。这就需要把连续时间信号转换为数字信号，也称为模数转换。模数转换通常包括采样、量化和编码三个步骤。本节利用频域分析方法讨论对时域采样的要求。

1．时域采样

所谓时域采样就是利用“采样器”从连续时间信号中抽取一系列离散样值的过程。

图 5-67 描述了连续时间信号 $f(t)$ 与采样信号 $f_s(t)$ 之间的关系。可以看出采样后的信号 $f_s(t)$ 是由原信号 $f(t)$ 中抽取的样点构成的。通常采样也称为“抽样”或“取样”。

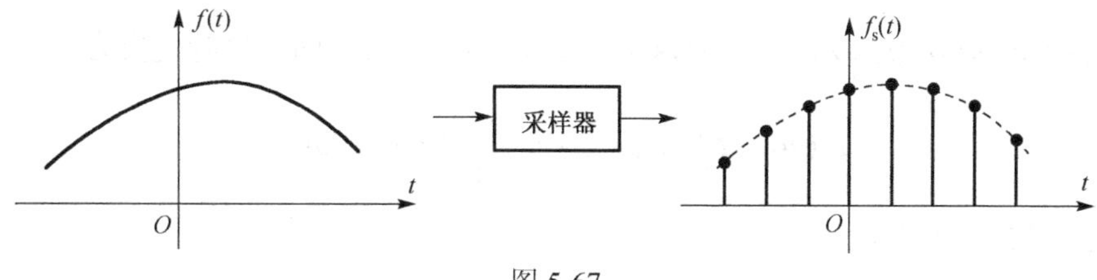

图 5-67

采样过程可以通过物理开关的闭合和断开来实现，如图 5-68 所示。当开关在“1”的位置时，输出 $f_s(t)=f(t)$；当开关在“2”的位置时，输出 $f_s(t)=0$；当开关在“1”和“2”之间周期切换时，输出为输入信号的一些样值，完成了信号的采样。

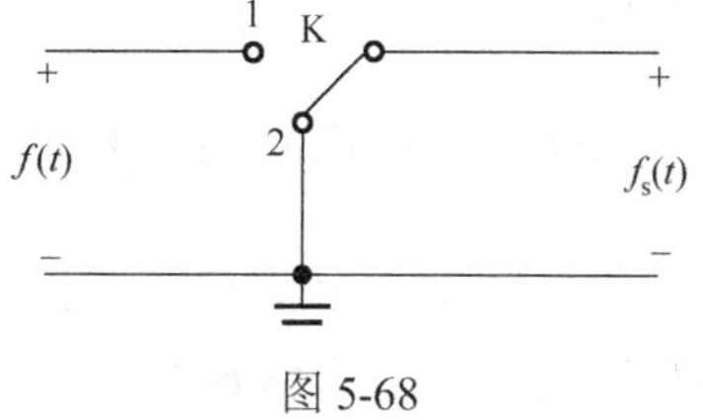

图 5-68

从图 5-67 所示的时域波形可以看出，连续时间信号被离散采样后，其大部分被丢弃，采样信号只是原信号中的一部分。实际系统中就是把这些样值点再进行量化和编码转换为数字信号。那么对采样通常有什么要求呢？能否从采样信号中恢复原信号呢？如果能恢复，有什么条件呢？对于这些问题，可以采用前面学习的频域分析方法进行讨论。

2．采样信号的频谱

采样过程可以抽象为图 5-69(a)所示的乘法器。可以看出当 $p(t)=1$ 时，$f_s(t)=f(t)$，当 $p(t)=0$ 时，$f_s(t)=f(t)$，在 $p(t)$ 的控制下，就完成了采样的过程。通常 $p(t)$ 称为采样脉冲，采样信号可看作是连续时间信号与采样脉冲的乘积，即

$$f_s(t)=f(t)\times p(t) \tag{5.6-1}$$

采样脉冲可以存在多种形式，如果采用如图 5-69(b)所示的周期矩形脉冲信号，则这种采样方式与实际开关的作用非常相似，称为自然采样。通常把采样脉冲的周期 T_s 称为采样周期，它的倒数称为采样频率，用 f_s 或 ω_s 表示。

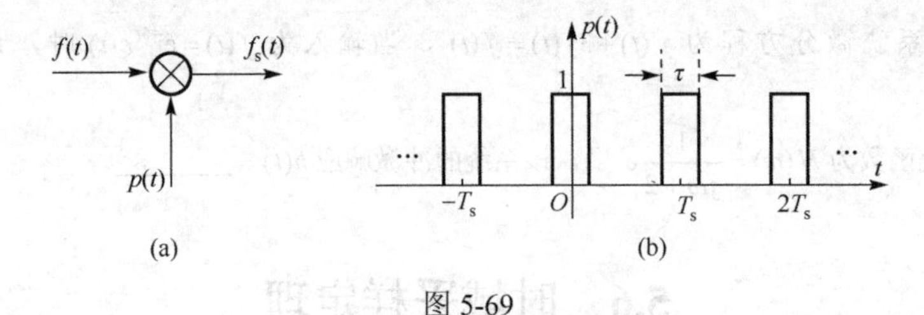

图 5-69

为了简化采样的分析，先考虑一种特殊的采样方式，即理想采样。

（1）理想采样。

理想采样是指采样脉冲为周期冲激序列，即

$$p(t)=\delta_{T_s}(t)=\sum_{n=-\infty}^{+\infty}\delta(t-nT_s)$$

此时采样信号的时域表示式为

$$f_s(t)=f(t)p(t)=f(t)\sum_{n=-\infty}^{+\infty}\delta(t-nT_s) \tag{5.6-2}$$

设 $f(t)\leftrightarrow F(\omega),\delta_{T_s}(t)\leftrightarrow P(\omega),f_s(t)\leftrightarrow F_s(\omega)$，则采样信号的傅里叶变换为

$$F_s(\omega)=\mathcal{F}[f(t)\delta_{T_s}(t)]=\frac{1}{2\pi}F(\omega)*P(\omega) \tag{5.6-3}$$

在例题 5-22 中已讨论过：

$$\delta_{T_s}(t)=\sum_{n=-\infty}^{+\infty}\delta(t-nT_s)\leftrightarrow P(\omega)=\omega_s\sum_{n=-\infty}^{+\infty}\delta(\omega-n\omega_s)$$

所以，

$$F_s(\omega)=\frac{1}{2\pi}F(\omega)*\omega_s\sum_{n=-\infty}^{+\infty}\delta(\omega-n\omega_s)=\frac{\omega_s}{2\pi}\sum_{n=-\infty}^{+\infty}F(\omega-n\omega_s)=\frac{1}{T_s}\sum_{n=-\infty}^{\infty}F(\omega-n\omega_s) \tag{5.6-4}$$

可以得出结论：理想采样信号的频谱是原信号频谱的加权周期重复，重复周期为 ω_s，加权系数 $1/T_s$ 是一个常数。

以上是从数学表示式导出了理想采样信号的频谱表示式，为了更直观地看出采样信号的频谱特点，下面以频谱图的方式来分析采样信号的频谱图与原信号频谱图之间的关系。

设信号 $f(t)$ 是一个频带有限的信号，其最高频率为 ω_m，幅度最大值为 1，时域波形和频谱图如图 5-70(a)和(b)所示。由于这里讨论理想采样，所以采样脉冲为周期冲激序列，其频谱也是一个周期冲激序列，时域波形和频谱图如图 5-70(c)和(d)所示。图 5-70(e)给出了采样信号的时域波形，图 5-70(f)给出了采样频率 ω_s 大于信号最高频率 ω_m 两倍（$\omega_s>2\omega_m$）时采样信号的频谱图。

从图 5-70(f)中可以看出，采样后信号的频谱 $F_s(\omega)$ 是原信号频谱 $F(\omega)$ 的周期重复，重复周期为 ω_s，幅度变为原来的 $\frac{1}{T_s}$。当 $\omega_s>2\omega_m$ 时，$F_s(\omega)$ 包含原信号频谱的全部信息，所以可以使用一个幅度为 T_s，截止频率 $\omega_m<\omega_c<\omega_s-\omega_m$ 的理想低通滤波器，即可得到原信号的频谱 $F(\omega)$，以恢复原信号 $f(t)$，如图 5-71 所示。

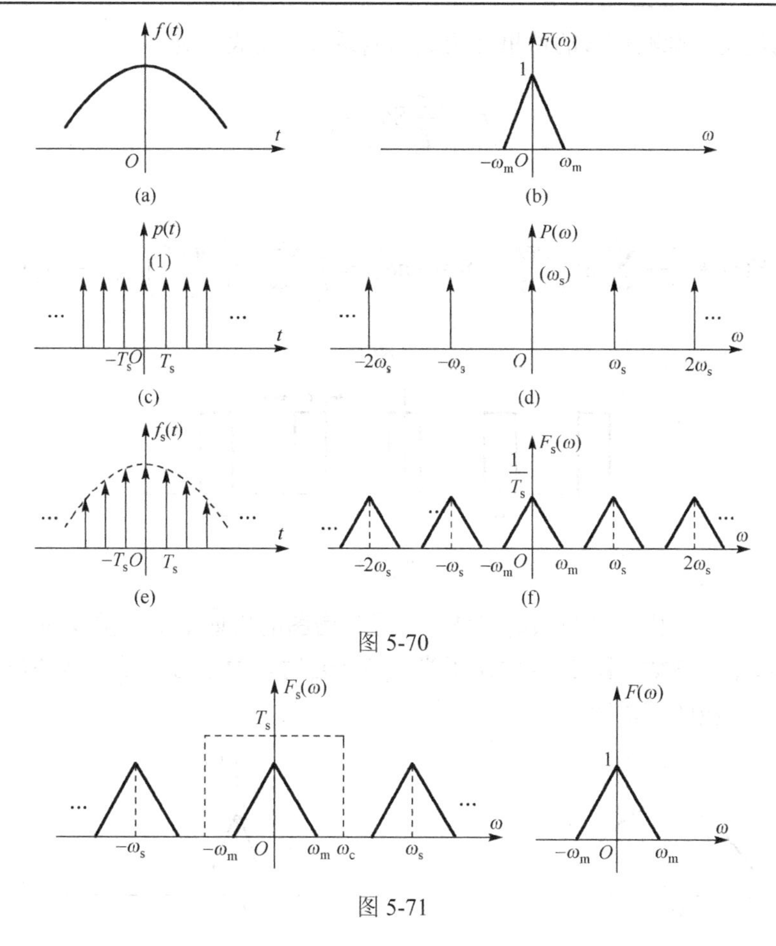

图 5-70

图 5-71

图 5-72(a)和(b)分别给出了 $\omega_s = 2\omega_m$ 和 $\omega_s < 2\omega_m$ 时采样信号的频谱图，可以看出当 $\omega_s < 2\omega_m$ 时，由于采样信号的频谱发生了混叠，因此无法恢复原始信号。

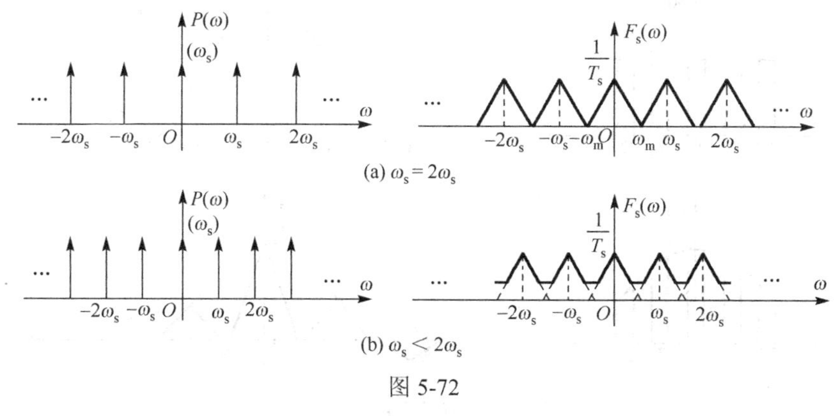

图 5-72

（2）自然采样。

自然采样是指采样脉冲为周期矩形脉冲信号，即 $p(t)$ 的时域波形，如图 5-73 所示。

采样信号 $f_s(t) = f(t)p(t)$，利用周期信号的傅里叶变换，可知：

$$P(\omega) = 2\pi \sum_{n=-\infty}^{+\infty} p_n \delta(\omega - n\omega_s)$$

其中，p_n 为周期矩形脉冲信号的傅里叶级数的复系数，可表示为

$$p_n = \frac{\tau}{T_s}\mathrm{Sa}\left(\frac{n\omega_s\tau}{2}\right)$$

所以，

$$F_s(\omega) = \frac{1}{2\pi}F(\omega) * \frac{2\pi\tau}{T_s}\sum_{n=-\infty}^{+\infty}\mathrm{Sa}\left(\frac{n\omega_s\tau}{2}\right)\delta(\omega - n\omega_s) = \frac{\tau}{T_s}\sum_{n=-\infty}^{+\infty}\mathrm{Sa}\left(\frac{n\omega_s\tau}{2}\right)F(\omega - n\omega_s) \tag{5.6-5}$$

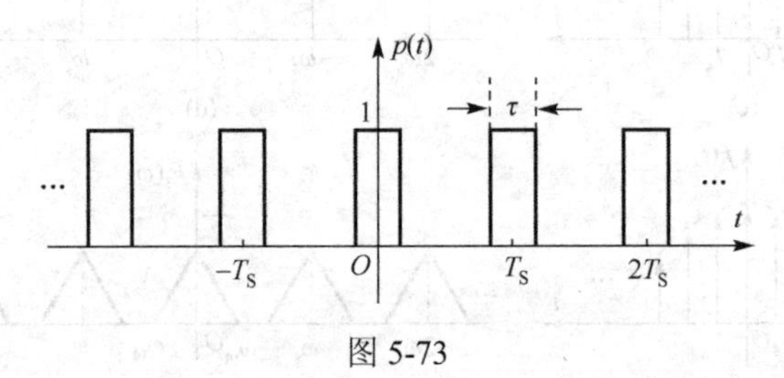

图 5-73

可以看出，自然采样信号的频谱图是原信号频谱图的周期重复，重复周期为 ω_s，只是此时幅度加权系数不为常数。图 5-74 给出了当 $\omega_s > 2\omega_m$ 时，原信号、采样脉冲信号和采样信号的时域波形以及对应的频谱图。

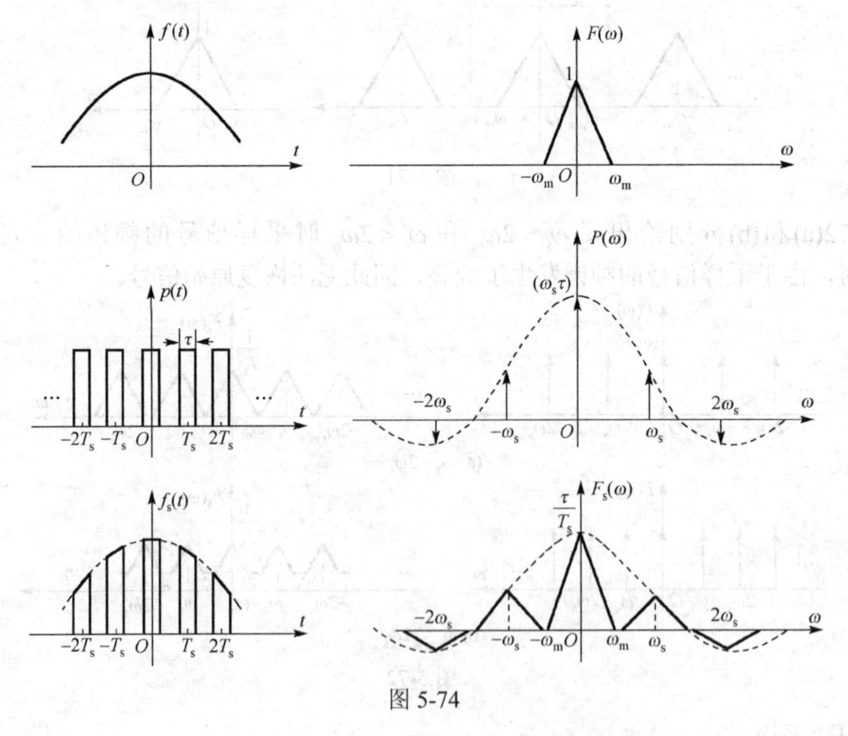

图 5-74

与理想采样类似，当 $\omega_s \geqslant 2\omega_m$ 时，采样信号的频谱没有混叠，可以通过理想低通滤波器恢复原信号；当 $\omega_s < 2\omega_m$ 时，采样信号的频谱存在混叠，不能无失真恢复原信号。

3．时域采样定理

从前面的分析可知，如果 $f(t)$ 为带宽有限的连续信号，其频谱 $F(\omega)$ 的最高频率为 f_m，则

以采样间隔 $T_s \leqslant 1/(2f_m)$ 对信号 $f(t)$ 进行等间隔采样，所得的采样信号 $f_s(t)$ 将包含原信号的全部信息，因而可利用 $f_s(t)$ 恢复原信号。这就是时域采样定理的内容。

时域采样定理是由法国科学家奈奎斯特（Nyquist）提出的，所以通常把该定理称为奈奎斯特采样定理，把信号最高频率的两倍称为奈奎斯特采样频率，其倒数称为奈奎斯特采样间隔。

例 5-35　若下列信号被理想采样，求信号无失真恢复的最小采样频率。

（1）$\mathrm{Sa}(100t)$　（2）$\mathrm{Sa}^2(100t)$

解：（1）根据对称性，有 $\mathrm{Sa}(100t) \leftrightarrow \dfrac{\pi}{100}G_{200}(\omega)$。

可以看出信号 $\mathrm{Sa}(100t)$ 最高频率 $\omega_m = 100\mathrm{rad/s}$，所以无失真恢复的最小采样频率为 $\omega_s = 2\omega_m = 200\mathrm{rad/s}$。

（2）时域相乘对应于频域卷积，卷积结果所占有的频宽等于两个频谱函数频宽之和。所以信号 $\mathrm{Sa}^2(100t)$ 的最高频率 $\omega_m = 200\mathrm{rad/s}$，无失真恢复的最小采样频率为

$$\omega_s = 2\omega_m = 400\mathrm{rad/s}$$

例 5-36　已知 $f(t)$ 的频谱如图 5-75(a)所示，通过如图 5-75(b)所示的系统，其中 $\delta_T(t) = \sum_{n=-\infty}^{+\infty}\delta(t-nT)$。

（1）求从 $f_s(t)$ 中无失真恢复 $f(t)$ 时最大采样间隔 $T_{\max}$；

（2）画出 $T = T_{\max}$ 时 $f_s(t)$ 的频谱图。

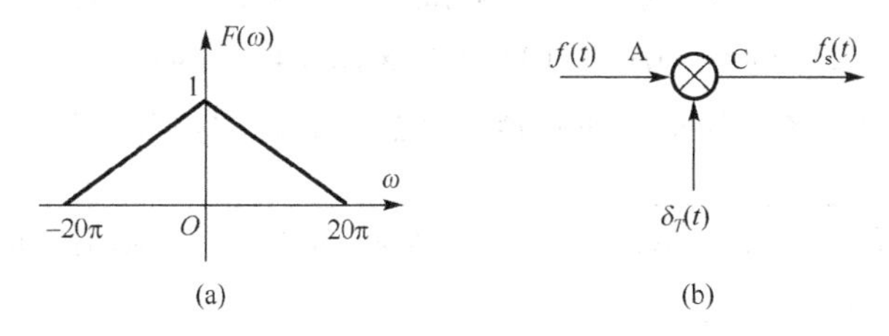

图 5-75

解：（1）从图 5-75(a)中可以看出，$\omega_{\max} = 20\pi$。

根据时域采样定理，可知当 $\omega_s \geqslant 2\omega_{\max} = 40\pi$ 时，可以从 $f_s(t)$ 中无失真恢复 $f(t)$，所以最大采样间隔 $T_{\max} = \dfrac{2\pi}{2\omega_{\max}} = 0.05\mathrm{s}$。

（2）当 $T = T_{\max}$ 时，采样频率 $\omega_s = 2\omega_m = 40\pi$，理想采样信号的频谱为

$$F_s(\omega) = \frac{1}{T_s}\sum_{n=-\infty}^{\infty}F(\omega - n\omega_s) = 20\sum_{n=-\infty}^{\infty}F(\omega - 40n\pi)$$

所以 $f_s(t)$ 的频谱图如图 5-76 所示。

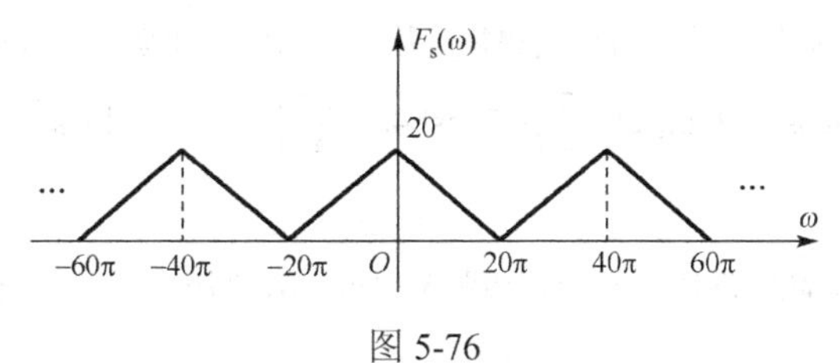

图 5-76

采样在模拟信号的数字化中有着广泛的应用，但是在实际工程应用中还需要考虑两个问题。第一个问题是：工程中的实际信号通常时间有限、频带无限宽，此时直接对信号进行采样会造成频谱混叠，所以需要采用一个低通滤波器（通常称为抗混叠滤波器）以限制输入信号的频带范围。例如，以信号有效带宽作为滤波器截止频率，滤除高频成分，再进行采样。此时虽然避免了频谱混叠，但由于损失了高频成分，会带来信号的失真，所以只能在允许一定失真的情况下近似恢复原始信号。第二个问题是：根据佩利-维纳准则，理想低通滤波器是物理不可实现的，如图 5-77(a)所示，实际滤波器总有一个过渡带。此时若采样频率等于信号最高频率的两倍，通过滤波器得到的就不仅是原信号的频率成分，如图 5-77(b)所示。所以在实际工程应用中采样频率通常要大于信号最高频率的两倍，通常选择为信号最高频率的 3～6 倍。

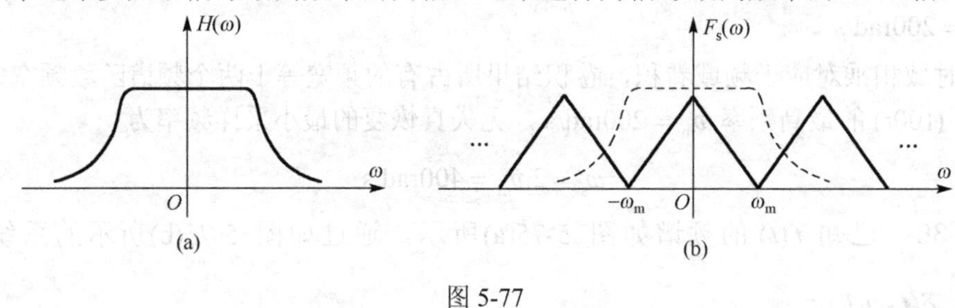

图 5-77

思考与练习

5.6-1　理想带限信号 $f_1(t)$ 和 $f_2(t)$ 的带宽分别为 10kHz 和 20kHz，分别对信号

（1） $f_1(t)+f_2(t)$　（2） $f_1(t)*f_2(t)$　（3） $f_1(2t)*f_2(t/4)$　（4） $f_1(t)\cdot f_2(t)$

进行理想采样，为使各采样信号的频谱不产生混叠，它们各自的奈奎斯特采样间隔分别为________、________、________、________。

5.6-2 连续信号 $f(t)$ 的频谱 $F(\omega)$ 如练习题 5.6-2 图所示，证明当 $\omega_2=2\omega_1$ 时，最低采样率等于 ω_2 就可以使采样信号不产生频谱混叠。

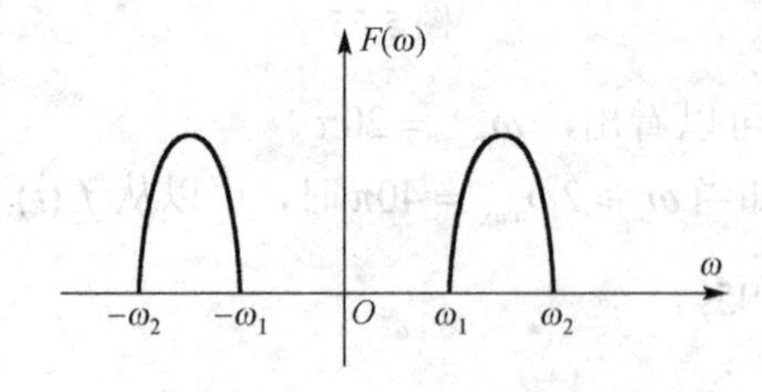

练习题 5.6-2 图

习　题　5

5-1　求题 5-1 图所示周期信号的三角形式和复指数形式的傅里叶级数表示式。

5-2　周期信号 $f(t)=3\cos t+2\sin\left(2t+\dfrac{\pi}{6}\right)-2\cos\left(4t-\dfrac{2\pi}{3}\right)$，写出其标准三角形式和复指数形式的傅里叶级数，并画出频谱图。

5-3　已知一周期信号的幅度谱和相位谱分别如题 5-3 图所示，写出信号的三角形式的傅里叶级数表示式。

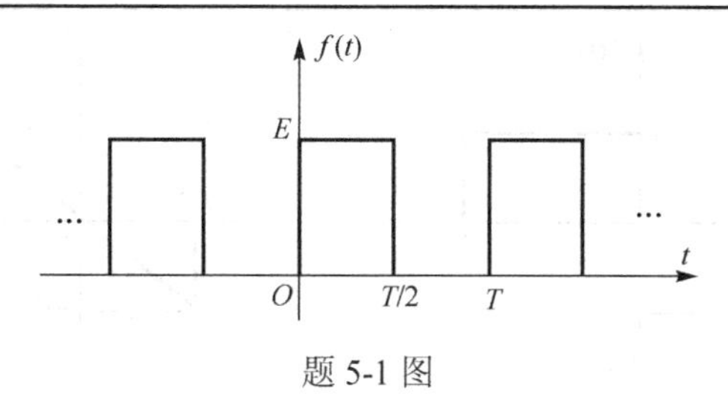

题 5-1 图

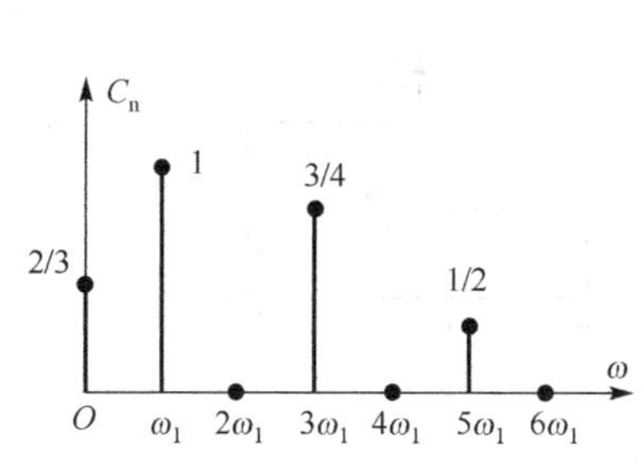

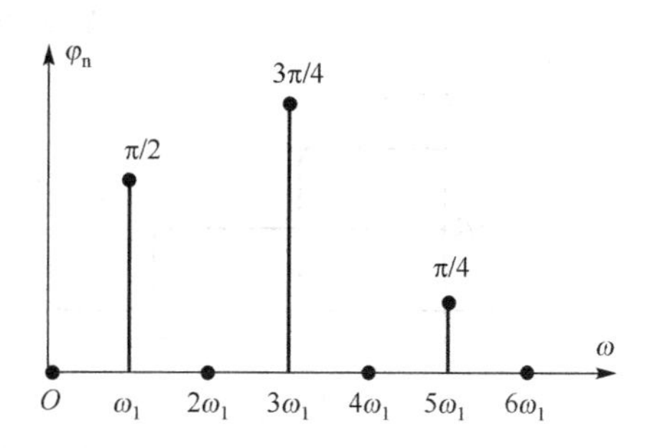

题 5-3 图

5-4　已知题 5-4 图所示周期对称方波信号 $f(t)$ 的三角形式傅里叶级数为

$$\frac{2E}{\pi}\sum_{n=1}^{\infty}\frac{1}{n}\sin\frac{n\pi}{2}\cos n\omega_1 t$$

（1）画出信号 $f(t)$ 的三角形式的频谱图；

（2）试写出 $f(t)$ 的复指数形式傅里叶级数，并画出复指数形式的频谱图。

5-5　求信号 $f(t)=2[\varepsilon(t+4)-\varepsilon(t-4)]$ 的傅里叶变换，并画出频谱图。

5-6　求题 5-6 图所示信号 $f(t)$ 的傅里叶变换。

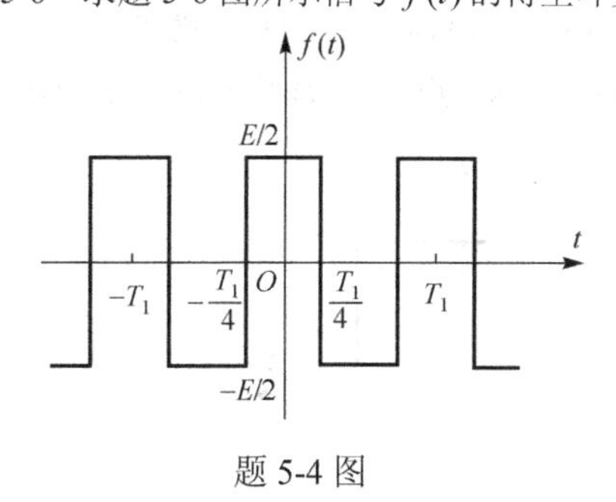

题 5-4 图

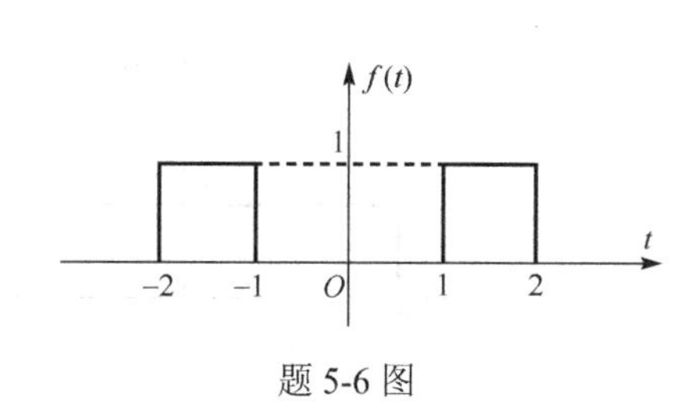

题 5-6 图

5-7　已知频谱函数 $F(\omega)=\dfrac{\mathrm{j}\omega+3}{(\mathrm{j}\omega)^2+3\mathrm{j}\omega+2}+2\pi\delta(\omega)$，求原信号 $f(t)$。

5-8　已知 $\mathcal{F}[f(t)]=F(\omega)$，求下列函数的傅里叶变换。

（1）$2f(3t-1)$　　（2）$\mathrm{e}^{-\mathrm{j}2t}f(t-2)$　　（3）$f(t)\cos t$

5-9　求下列信号的傅里叶变换。

（1）$\varepsilon(t)-\varepsilon(t-2)$　　（2）$\cos(\beta t)\varepsilon(t)$　　（3）$\dfrac{\sin t}{2t}$

5-10　已知信号 $f(t)$ 的时域波形如题 5-10 图所示，求其傅里叶变换 $F(\omega)$。

5-11　已知题 5-11(a)图所示信号 $f_1(t)$ 的傅里叶变换为 $F_1(\omega)$，求题 5-11 图(b)所示信号 $f_2(t)$ 的傅里叶变换 $F_2(\omega)$。

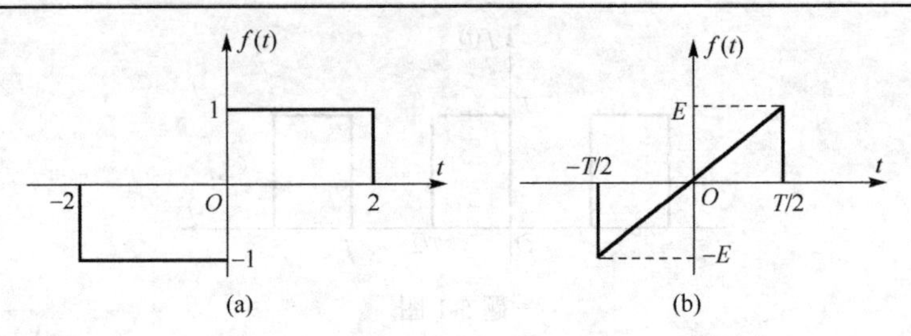

题 5-10 图

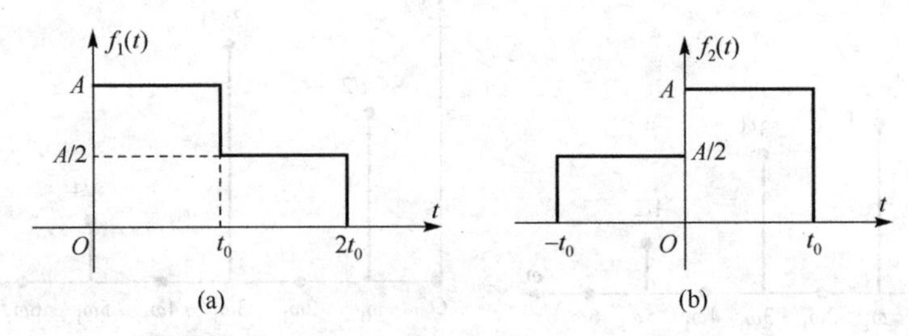

题 5-11 图

5-12　求题 5-12 图所示周期信号 $f(t)$ 的频谱函数 $F(\omega)$。

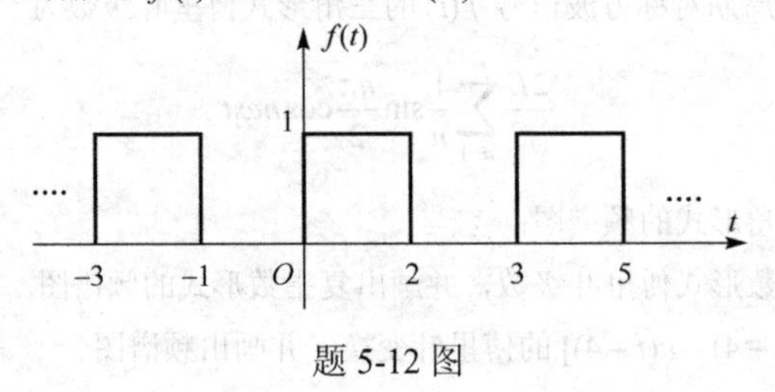

题 5-12 图

5-13　已知 $x(t)=E[\varepsilon(t+1)-\varepsilon(t-1)]$，求 $y(t)=x(t)\cos 200\pi t$ 的频谱 $Y(\omega)$，并画出频谱图。

5-14　$f_1(t)$ 与 $f_2(t)$ 的频谱如题 5-14 图所示，分别画出 $f_1(t)+f_2(t)$，$f_1(t)*f_2(t)$ 及 $f_1(t)\times f_2(t)$ 的频谱图。

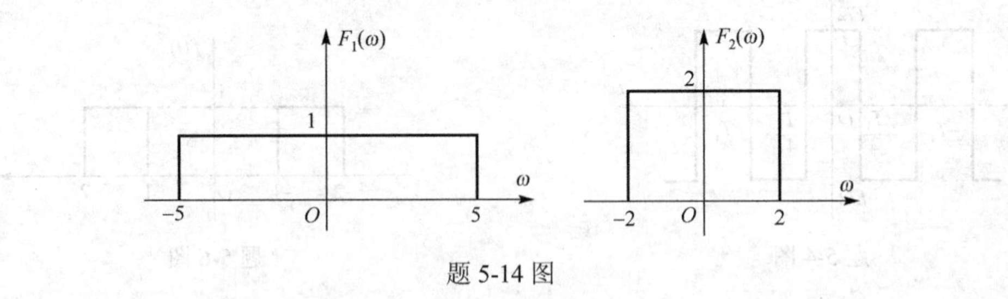

题 5-14 图

5-15　求题 5-15 图所示信号的傅里叶反变换 $f(t)$。

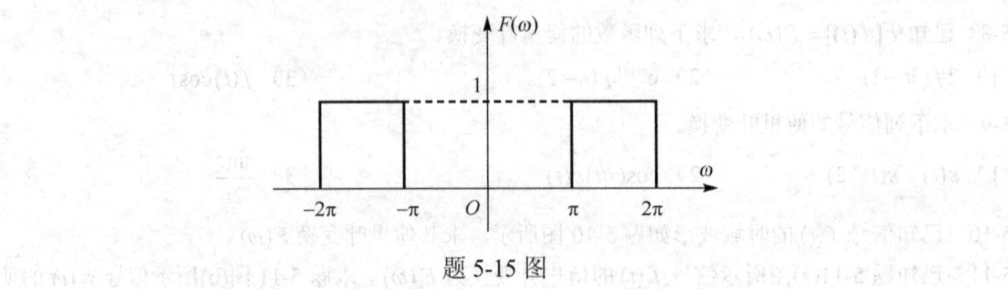

题 5-15 图

5-16　已知频谱函数 $F(\omega)$ 如下式，求原信号 $f(t)$。

$$F(\omega)=\frac{2\sin\left[3(\omega-2\pi)\right]}{\omega-2\pi}$$

5-17　题 5-17 图(a)所示信号 $f(t)$ 的傅里叶变换为 $F(\omega)=R(\omega)+\mathrm{j}X(\omega)$，求题 5-17 图(b)所示信号 $y(t)$ 的傅里叶变换 $Y(\omega)$。

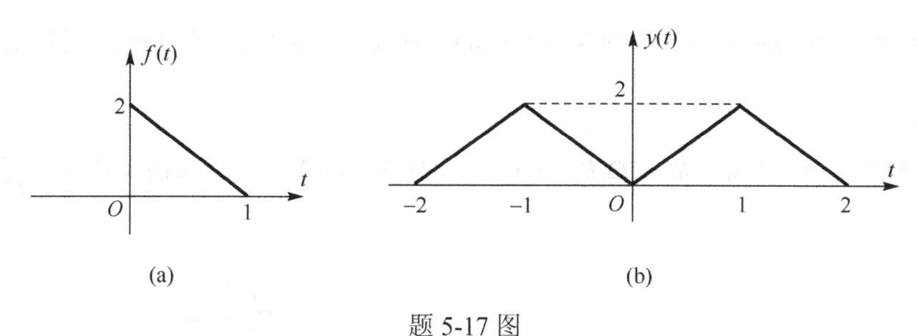

题 5-17 图

5-18　已知一线性时不变系统的方程如下，求系统函数 $H(\omega)$ 和冲激响应 $h(t)$。

$$\frac{\mathrm{d}^2y(t)}{\mathrm{d}t^2}+4\frac{\mathrm{d}y(t)}{\mathrm{d}t}+3y(t)=\frac{\mathrm{d}f(t)}{\mathrm{d}t}+2f(t)$$

5-19　求题 5-19 图中以 $u_{\mathrm{R}}(t)$ 为响应的系统函数 $H(\omega)$，并画出频率特性曲线。

5-20　求题 5-20 图所示电路的系统函数 $H(\omega)=\dfrac{U_2(\omega)}{U_1(\omega)}$，其中 $R=1\Omega,L=1\mathrm{H},C=1\mathrm{F}$。

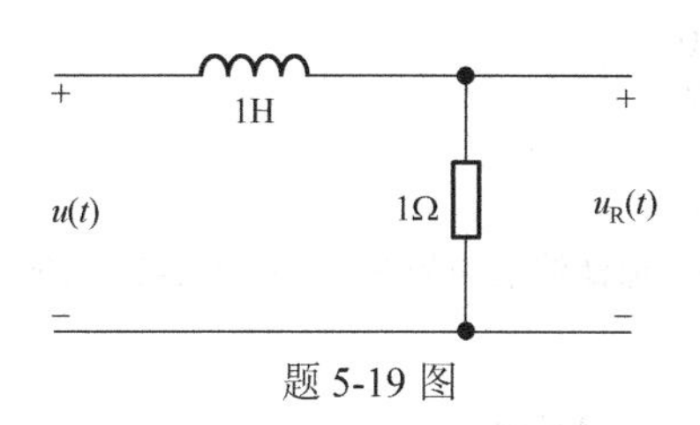

题 5-19 图

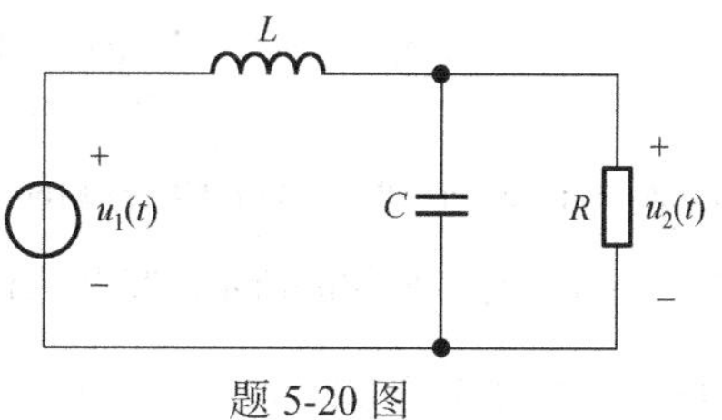

题 5-20 图

5-21　求题 5-21 图所示电路的系统函数 $H(\omega)=\dfrac{U_{\mathrm{c}}(\omega)}{F(\omega)}$ 和单位冲激响应 $h(t)$。

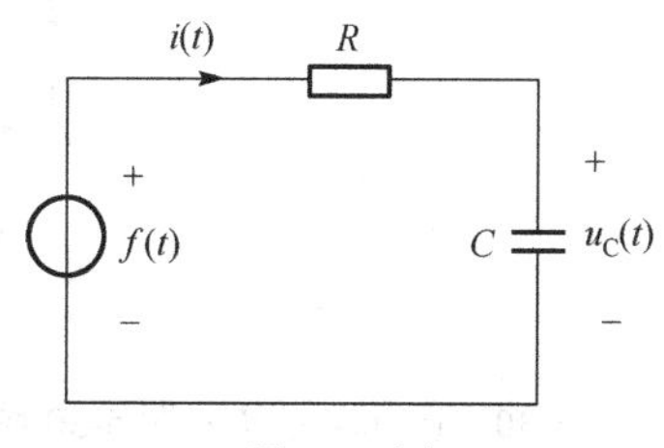

题 5-21 图

5-22　一个线性时不变系统的系统函数是 $H(\omega)=-2\mathrm{j}\omega$，求系统对下列信号 $f(t)$ 的响应 $y(t)$。

（1）$F(\omega)=\dfrac{1}{\mathrm{j}\omega(6+\mathrm{j}\omega)}$　　（2）$F(\omega)=\dfrac{1}{2+\mathrm{j}\omega}$

5-23　已知系统频率特性曲线如题 5-23 图所示，若输入 $f(t)=\sum\limits_{n=0}^{\infty}\cos nt$，试求响应 $y(t)$。

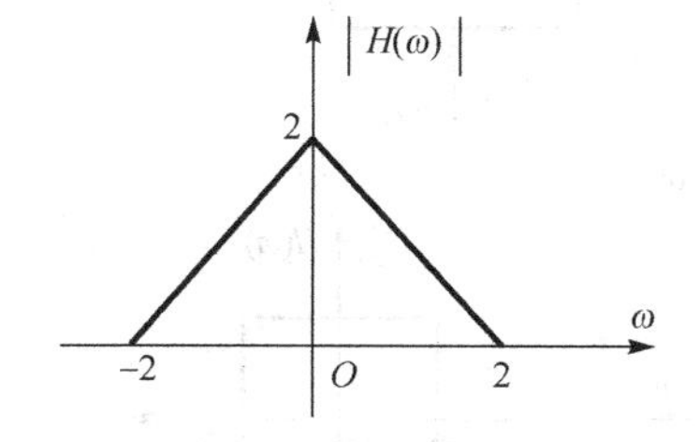

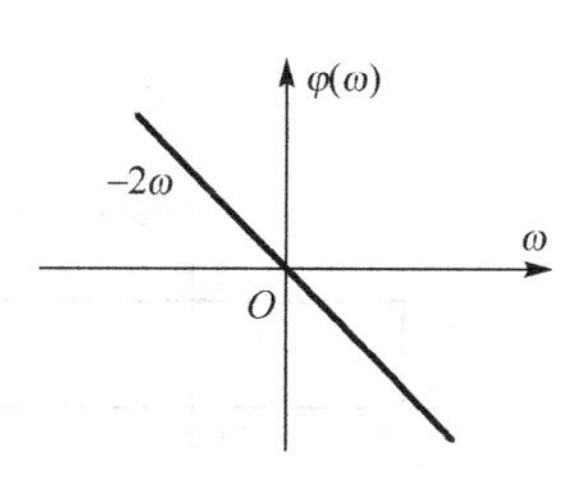

题 5-23 图

5-24　某 LTI 系统的频率响应 $H(\omega)=\dfrac{2-\mathrm{j}\omega}{2+\mathrm{j}\omega}$，若系统输入 $f(t)=\cos(2t)$，求系统输出 $y(t)$。

5-25　已知系统如题 5-25 图所示，其中 $f(t)=8\cos100t$，$s(t)=\cos500t$，系统函数 $H(\omega)=\varepsilon(\omega+120)-\varepsilon(\omega-120)$，试求系统响应 $y(t)$。

5-26　系统函数 $H(\omega)=\dfrac{1}{1+\mathrm{j}\omega}$，激励为 $e(t)=\sin t+\sin3t$，求系统稳态响应 $r(t)$，并讨论信号经传输后是否引起失真。

5-27　题 5-27 图所示电路中 $R_1=2\Omega, R_2=1\Omega$，$C_1=1\text{F}$ 和 $C_2=2\text{F}$，求系统函数 $H(\omega)=\dfrac{U_2(\omega)}{U_1(\omega)}$，并判断系统是否失真。

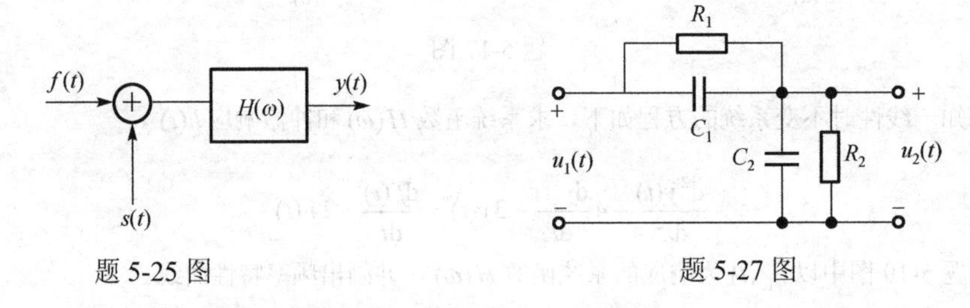

题 5-25 图　　　　题 5-27 图

5-28　描述某线性时不变系统的微分方程为

$$\frac{\mathrm{d}^2y(t)}{\mathrm{d}t^2}+5\frac{\mathrm{d}y(t)}{\mathrm{d}t}+6y(t)=\frac{\mathrm{d}f(t)}{\mathrm{d}t}+f(t)$$

求激励 $f(t)=\mathrm{e}^{-t}\varepsilon(t)$ 时，系统零状态响应 $y(t)$。

5-29　系统如题 5-29 图(a)所示，其中 $e(t)=\dfrac{\sin2\pi t}{2\pi t}$，理想带通滤波器的频率响应如题 5-29 图(b)所示，求 $y(t)$ 和 $r(t)$，并画出它们的频谱图。

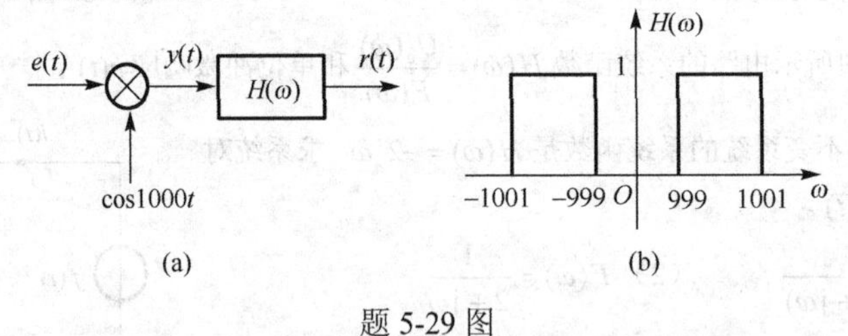

题 5-29 图

5-30　已知某系统如题 5-30 图(a)所示，频响特性 $H(\omega)$ 及激励信号的频谱 $F(\omega)$ 如题 5-30 图(b)所示。

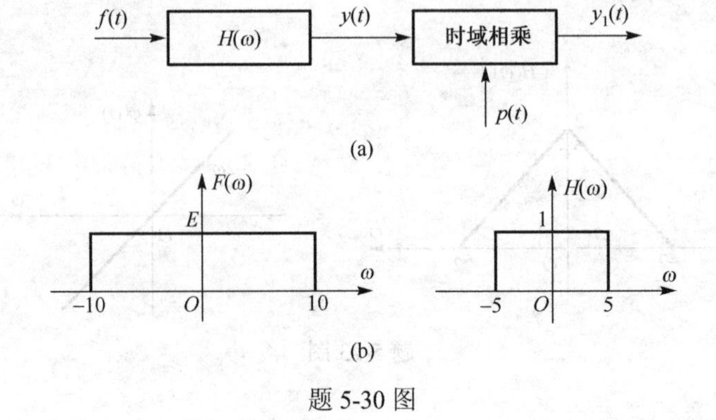

题 5-30 图

（1）写出 $y(t)$ 的频谱 $Y(\omega)$ 的表示式，并画出频谱图；

（2）若 $p(t)=\cos 200t$，画出 $y_1(t)$ 的频谱 $Y_s(\omega)$。

5-31　画出题 5-31 图所示系统中 B、C、D、E、F 各点的频谱图。已知 $f(t)$ 频谱 $F_A(\omega)$ 如图 5-31(b)所示，$\delta_T=\sum_{n=-\infty}^{\infty}\delta(t-nT)$，$T=0.02$。

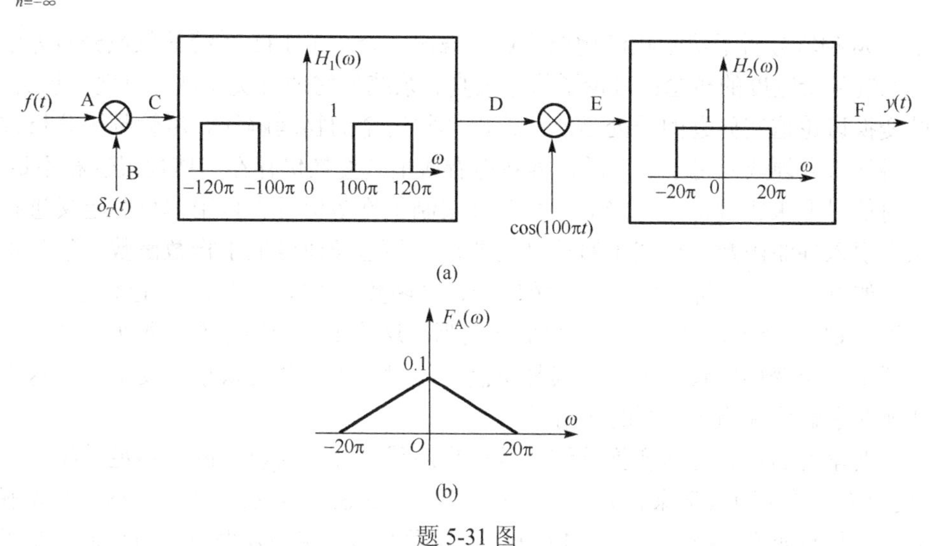

题 5-31 图

5-32　系统如题 5-32 图所示，已知 $f(t)=1+\cos t$，用 $\delta_T(t)=\sum_{n=-\infty}^{\infty}\delta(t-nT_s)$ 对其进行理想取样，其中 $T_s=\dfrac{\pi}{3}$ 秒。

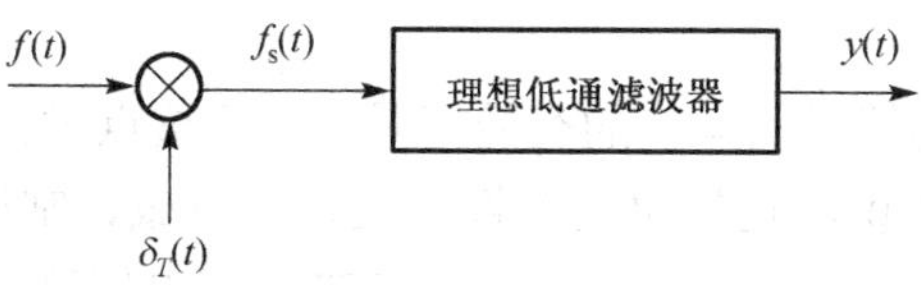

题 5-32 图

（1）求信号 $f(t)$ 的频谱 $F(\omega)$，并画出频谱图；

（2）画出信号 $f_s(t)$ 的频谱图；

（3）若将 $f_s(t)$ 通过一个频响特性为 $H(\omega)=\varepsilon(\omega+2)-\varepsilon(\omega-2)$ 的理想低通滤波器，求滤波器的输出信号 $y(t)$。

5-33　给理想低通滤波器输入一个周期冲激序列 $\delta_T(t)$，周期 $T_s=3$，滤波器的系统函数为 $H(\omega)=[\varepsilon(\omega+\pi)-\varepsilon(\omega-\pi)]$。

（1）求滤波器的响应 $y(t)$ 的频谱 $Y(\omega)$，并画出频谱图；

（2）求滤波器的响应 $y(t)$。

5-34　频带信号 $f(t)$ 的最高频率为 100Hz，若对下列信号进行时域采样，求奈奎斯特采样频率 f_s。

（1）$f^2(t)$　　（2）$f(t)*f(2t)$

5-35　信号 $f(t)=5+2\cos(2\pi f_1 t)+\cos(4\pi f_1 t)$，其中 $f_1=1\text{kHz}$，用 $f_s=5\text{kHz}$ 的冲激函数序列 $\delta_{T_s}(t)$ 进行采样，能否从采样信号中恢复出原信号？若可以，理想低通滤波器的截止频率 f_c 应如何选择。

第6章　信号与系统的复频域分析

第5章从频域分析了信号频谱构成特点与规律；介绍了LTI系统的频域分析方法，建立了信号与系统频带宽度的概念；讨论了信号失真、系统的物理可实现性等有现实意义的问题。用傅里叶变换讨论这些问题的长处是能够给出非常清楚的物理解释。尽管频域分析方法在众多工程与科学研究领域应用十分广泛，客观地看傅里叶变换仍存在一些局限性和不足：

（1）对信号要求比较苛刻。绝对可积条件限制了许多信号直接用傅里叶定义进行时频变换。虽然在引入冲激函数后放宽了对信号的要求，使增长速度低于指数函数的信号也有傅里叶变换，比如直流信号、阶跃信号、正弦信号、幂函数 t^n 等，但是，在无线电技术中常用的指数增长函数 e^{at}（$a>0$）仍不在傅里叶变换之列，这给工程应用带来了很大的不便。

（2）傅里叶反变换比较麻烦，尤其是不满足绝对可积函数的傅里叶反变换，这就限制了傅里叶变换在求解系统响应方面的应用。

本章将要学习的拉普拉斯变换能够有效地克服傅里叶变换以上两点不足。拉普拉斯变换（简称拉氏变换）是法国数学家和天文学家拉普拉斯（P. S. Laplace，1749—1827）为解微分方程提出的一种复数变换，拉普拉斯在1779年首次发表该变换方法时并没有引起人们的注意，直到19世纪末，当一位自学成才的英国工程师海维塞德（O. Heaviside，1850—1925）再次独立发现该变换方法时，数学家批评他的发现缺乏严密的数学论证，这才促使人们关注到一个多世纪前拉普拉斯的论文，从中寻找到了可靠的数学依据，使得该复数变换被理解与流行，并命名为拉普拉斯变换。

拉氏变换是分析LTI连续时间系统的有效工具，本章重点讨论拉氏变换的两方面的内容：一是单边拉氏变换的基本知识，包括拉氏变换定义、收敛域、常用性质和拉氏反变换；二是单边拉氏变换的应用，学习用单边拉氏变换求解LTI系统响应的方法，分析系统的稳定性、时域特性和频域特性等一系列问题。

6.1　单边拉普拉斯变换

拉普拉斯变换有双边拉氏变换与单边拉氏变换之分。在单边拉氏变换中，又有“0^+系统”与“0^-系统”两种模式。基于实际问题中激励和响应多为有始信号，以及用“0^-系统”模型分析响应具有简单便捷、易于区分零输入响应分量和零状态响应分量等优点，本章仅学习与讨论“0^-系统”模式的单边拉氏变换。

6.1.1　单边拉普拉斯变换的定义

以下从改进傅里叶变换的第一点不足入手，引出“0^-系统”模式的单边拉普拉斯变换。设 $f(t)$为因果函数，用 $f(t)\varepsilon(t)$表示。当 $t\to\infty$ 时，如果函数 $f(t)\varepsilon(t)$收敛速度慢，或者不收敛，甚至于增长而绝对不可积，那么 $f(t)\varepsilon(t)$则不能直接用定义进行傅里叶变换，或者 $f(t)\varepsilon(t)$根本不存在傅里叶变换。但是，只要 $f(t)\varepsilon(t)$的增长速度不超过指数函数，就能够找到一个实数σ_0，当$\sigma>\sigma_0$时，使得乘积函数 $e^{-\sigma t}f(t)\varepsilon(t)$随 $t\to\infty$ 以指数速度衰减，有 $\lim\limits_{t\to\infty} e^{-\sigma t}f(t)\varepsilon(t)=0$。则函数 $e^{-\sigma t}f(t)\varepsilon(t)$满足绝对可积条件，有：

$$\int_0^{\infty}|f(t)e^{-\sigma t}|\,dt<\infty$$

函数 $e^{-\sigma t}f(t)\varepsilon(t)$能够用定义求傅里叶变换。

令 $f_1(t)=e^{-\sigma t}f(t)\varepsilon(t)$，$f_1(t)$的傅里叶正变换为

$$F_1(j\omega)=\int_{-\infty}^{\infty}f_1(t)\,e^{-j\omega t}dt=\int_{0^-}^{\infty}e^{-\sigma t}f(t)e^{-j\omega t}dt=\int_{0^-}^{\infty}f(t)\,e^{-(\sigma+j\omega t)}dt$$

令 $s=\sigma+j\omega$，代入上式，得：

$$F_1(j\omega)=\int_{-\infty}^{\infty}f_1(t)\,e^{-j\omega t}dt=\int_{0^-}^{\infty}f(t)\,e^{-st}dt=F(s) \tag{6.1-1}$$

式（6.1-1）说明，求函数 $e^{-\sigma t}f(t)\varepsilon(t)$的谱函数 $F_1(j\omega)$等于求函数$f(t)\varepsilon(t)$的复变函数 $F(s)$。

$F_1(j\omega)$的傅里叶反变换为

$$f_1(t)=e^{-\sigma t}f(t)\varepsilon(t)=\frac{1}{2\pi}\int_{-\infty}^{\infty}F_1(j\omega)\,e^{j\omega t}d\omega$$

上式两边同乘 $e^{\sigma t}$，代入 $s=\sigma+j\omega$，$F_1(j\omega)=F(s)$，$ds=jd\omega$，并改变积分上下限，有

$$e^{\sigma t}f_1(t)=f(t)\varepsilon(t)=\frac{1}{2\pi}\int_{-\infty}^{\infty}F_1(j\omega)\,e^{(\sigma+j\omega)t}d\omega=\frac{1}{2\pi j}\int_{\sigma-j\infty}^{\sigma+j\infty}F(s)\,e^{st}ds \tag{6.1-2}$$

把$f(t)$与 $F(s)$的变换称为拉普拉斯变换。与傅里叶变换相似，单边拉普拉斯变换是一对变换式。拉普拉斯变换定义为

拉普拉斯正变换：
$$F(s)=\mathscr{L}[f(t)]=\int_{0^-}^{\infty}f(t)\,e^{-st}dt \tag{6.1-3}$$

拉普拉斯反变换：
$$f(t)\varepsilon(t)=\mathscr{L}^{-1}[F(s)]=\frac{1}{2\pi j}\int_{\sigma-j\infty}^{\sigma+j\infty}F(s)\,e^{st}ds \tag{6.1-4}$$

式中，符号“$\mathscr{L}$”是用 Amazone 字体书写的字母 L，表示拉氏变换。时间函数$f(t)$或$f(t)\varepsilon(t)$被称为“原函数”，复变函数 $F(s)$被称为“象函数”。已知$f(t)$求 $F(s)$为拉氏正变换，用式（6.1-3）；已知 $F(s)$求 $f(t)\varepsilon(t)$为拉氏反变换，用式（6.1-4）。细心的读者会产生疑问：为什么正、反变换式中原函数差一个$\varepsilon(t)$？在单边拉氏正变换中，$f(t)$不限于因果信号，也可以是非因果信号，只要满足条件 $\lim\limits_{t\to\infty} e^{-\sigma t}f(t)=0$ 的条件就存在单边拉氏变换，所以式（6.1-3）用 $f(t)$表示。由于正变换是对时间函数从 $t=0^-$开始的积分，丢掉了非因果信号 $t<0$ 的信息，反变换只能还原 $t>0$ 的函数值，所以还原的时间函数用$f(t)\varepsilon(t)$表示。不难想见，两个 $t\geqslant 0$ 波形相同，但 $t<0$ 波形不同的原函数，它们单边拉氏变换的象函数 $F(s)$完全相同。

拉氏正变换存在三种积分下限定义：若式（6.1-3）积分下限取$-\infty$，在整个时间轴的积分称为双边拉氏变换；下限取 0，只在正时间轴上的积分称为单边拉氏变换。在单边拉氏变换中，若下限取 0^-，如式（6.1-3），则为“0^-系统”模式；若下限取 0^+，则为“0^+系统”模式。积分下限取 0^-与 0^+的区别见以下举例。

例 6-1　用积分下限不同的两种单边拉氏变换，求 $f(t)=\delta(t)$的象函数。

解：在 0^-系统模式中，$F(s)=\int_{0^-}^{\infty}\delta(t)\mathrm{e}^{-st}\mathrm{d}t=1$。（6.1-5）

在 0^+系统模式中，$F(s)=\int_{0^+}^{\infty}\delta(t)\mathrm{e}^{-st}\mathrm{d}t=0$。

可见，两者的差别在于积分是否包括 $t=0$。"0^-模式"考虑被积函数在 $t=0$ 处可能存在的冲激以及冲激导函数的作用；"0^+模式"则不考虑 $t=0$ 处出现的冲激及冲激导函数。

$f(t)$与 $F(s)$的单边拉氏变换关系常用以下符号表示：

$$f(t)\longleftrightarrow F(s)$$

6.1.2 单边拉普拉斯变换的收敛域

由前述傅里叶变换到拉普拉斯变换的推演过程知道，任意函数 $f(t)$存在单边拉氏变换的条件是：若能找到一个实数σ_0，当$\sigma>\sigma_0$时，使得：

$$\lim_{t\to\infty}\mathrm{e}^{-\sigma t}f(t)=0 \tag{6.1-6}$$

则函数 $f(t)$存在单边拉氏变换，否则不存在。本小节以该条件为依据，讨论象函数 $F(s)$的收敛域问题。

象函数 $F(s)$的自变量 $s=\sigma+\mathrm{j}\omega$ 是复数，所以也称拉氏变换为复频域变换。s 在复平面上取值；复平面也称为 s 平面。复平面的横轴为实轴 $\mathrm{Re}[s]=\sigma$；纵轴为虚轴 $\mathrm{Im}[s]=\mathrm{j}\omega$；每一个确定的自变量值 $s_0=\sigma_0+\mathrm{j}\omega_0$ 对应平面上的一个点；如图 6-1(a)所示。当某个函数存在拉氏变换时，在横轴上一定能找到一点σ_0，通过σ_0作垂线，把 s 平面分割为两个区域，见图 6-1(b)。$\sigma>\sigma_0$是垂线的右边区域。对于单边拉氏变换，当 s 在 $\mathrm{Re}[s]>\sigma_0$的区域取值时，拉氏变换存在；把 $\mathrm{Re}[s]>\sigma_0$的区域称为拉氏变换的收敛域。换句话说，倘若一个函数能在 s 平面上找到拉氏变换的收敛域，则该函数拉氏变换存在；否则，拉氏变换不存在。

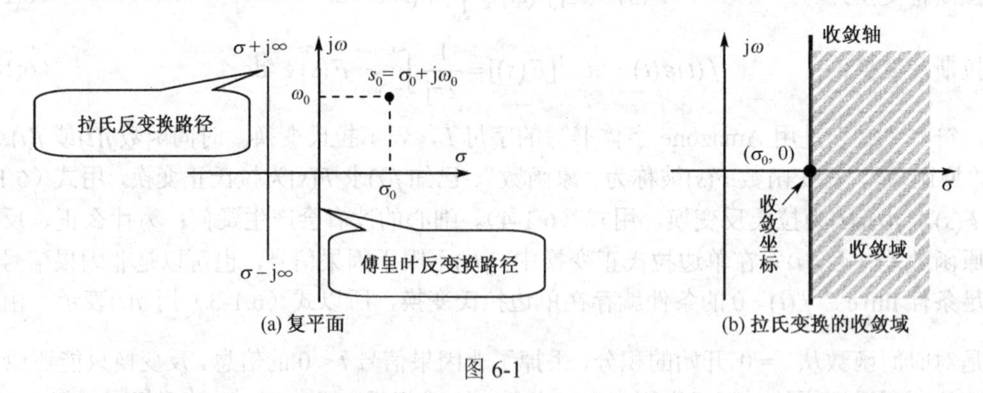

图 6-1

从式（6.1-6）不难推断，只要函数随时间的增长速度不超过指数函数，就能在 s 平面的实轴上找到一个σ_0，使式（6.1-6）成立，函数存在拉氏变换。象函数的收敛区域与时间函数变化规律有关。下面具体分析几类函数的拉氏变换收敛域。

1．绝对可积函数

绝对可积函数都有傅里叶变换。谱函数 $F(\mathrm{j}\omega)$的自变量 $\mathrm{j}\omega$仅在 s 平面的虚轴上取值，所以绝对可积函数都有拉氏变换，并且拉氏变换的收敛域包含虚轴。比如，单边指数衰减函数 $\mathrm{e}^{-at}\varepsilon(t)$

绝对可积，并且 $e^{-\sigma t}f(t)=e^{-(\sigma+a)t}\varepsilon(t)$；当$\sigma+a>0$时，$\lim\limits_{t\to\infty}e^{-(\sigma+a)t}\varepsilon(t)=0$。因此，$e^{-at}\varepsilon(t)$的收敛区域为$\sigma>-a$，如图 6-2(a)所示。又如时宽有限的可积函数，其象函数的收敛域为整个 s 平面。

请读者分析：时宽有限的可积函数 $G_\tau(t-\tau/2)$的收敛域为整个 s 平面。

2．周期函数与阶跃函数

该类函数随 $t\to\infty$ 不收敛，函数绝对不可积。但是，只要$\sigma>0$，就有 $\lim\limits_{t\to\infty}e^{-\sigma t}f(t)=0$。比如阶跃函数$\varepsilon(t)$，当$\sigma>0$时，$\lim\limits_{t\to\infty}e^{-\sigma t}\varepsilon(t)=0$。所以，这类信号的象函数收敛区域为不包括虚轴的整个右半平面，见图 6-2(b)。

3．幂函数 $t^n\varepsilon(t)$

幂函数与以上第 2 类函数有相似特点。只要$\sigma>0$，可使得 $\lim\limits_{t\to\infty}e^{-\sigma t}t^n\varepsilon(t)=0$。幂函数的拉氏变换收敛区域也是不包括虚轴的整个右半平面，如图 6-2(b)所示。

4．指数增长函数 $e^{at}\varepsilon(t)$, $a>0$

指数增长函数没有傅里叶变换，但存在拉氏变换。其象函数的收敛区域为$\sigma>a$，见图 6-2(c)。

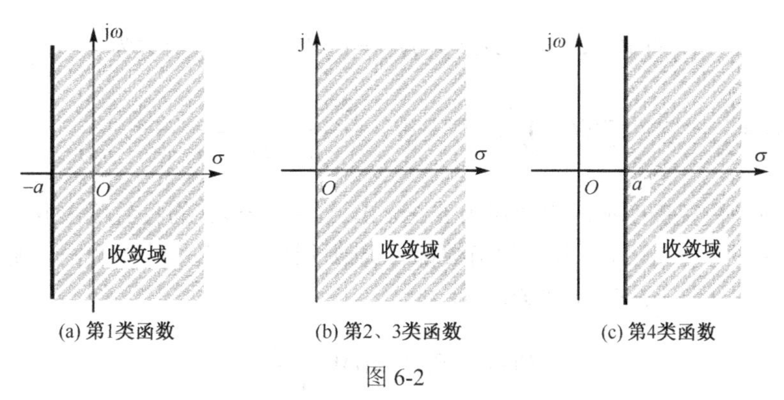

(a) 第1类函数　(b) 第2、3类函数　(c) 第4类函数

图 6-2

在后面的学习中涉及的信号增长速度都不会超过指数函数，在 s 平面都能找到收敛域。因此，不再说明与标注拉氏变换的收敛域，但这并不等于收敛域不重要。

6.1.3　部分基本函数的单边拉普拉斯变换

熟悉基本函数的拉氏变换是简化线性系统分析的前提条件之一。本小节采用两种方法求基本函数的象函数 $F(s)$。若因果函数 $f(t)$绝对可积，并已知其谱函数 $F(j\omega)$，则利用 $F(j\omega)$与 $F(s)$之间存在的简单对应关系，根据 $F(j\omega)$间接获取 $F(s)$。对于不满足绝对可积条件的 $f(t)$，则用拉氏变换的定义求取象函数。

1．因果绝对可积函数

当因果函数 $f(t)\varepsilon(t)$绝对可积时，其拉氏变换的收敛区域包括虚轴 $j\omega$。在这种情况下，$f(t)$的谱函数 $F(j\omega)$与其象函数 $F(s)$之间存在如下关系：

已知 $f(t)$的谱函数 $F(j\omega)$，求 $f(t)$的象函数 $F(s)$，可用

$$F(s)=F(\mathrm{j}\omega)\big|_{\mathrm{j}\omega=s} \tag{6.1-7}$$

反之，已知$f(t)$的象函数$F(s)$，求$f(t)$的谱函数$F(\mathrm{j}\omega)$，可用

$$F(\mathrm{j}\omega)=F(s)\big|_{s=\mathrm{j}\omega} \tag{6.1-8}$$

例 6-2 求单边指数函数$f(t)=\mathrm{e}^{-at}\varepsilon(t)$，$a>0$ 的拉氏变换。

解：已知$\mathrm{e}^{-at}\varepsilon(t)$的谱函数为$F(\mathrm{j}\omega)=\dfrac{1}{a+\mathrm{j}\omega}$，则$\mathrm{e}^{-at}\varepsilon(t)$的象函数为

$$F(s)=\mathscr{L}[e^{-at}\varepsilon(t)]=\frac{1}{\mathrm{j}\omega+a}\bigg|_{\mathrm{j}\omega=s}=\frac{1}{s+a},\qquad \text{收敛域：}\sigma>-a$$

例 6-3 求单位冲激函数$\delta(t)$和单位延迟冲激函数$\delta(t-t_0)$的象函数。

解：已知有傅里叶变换$\delta(t)\leftrightarrow 1$，$\delta(t-t_0)\leftrightarrow \mathrm{e}^{-\mathrm{j}\omega t_0}$，则有

$$F(s)=\mathscr{L}[\delta(t)]=1,\qquad \sigma>-\infty$$

$$F(s)=\mathscr{L}[\delta(t-t_0)]=\mathrm{e}^{-\mathrm{j}\omega t_0}\Big|_{\mathrm{j}\omega=s}=\mathrm{e}^{-st_0},\qquad \sigma>-\infty$$

2．指数类函数

根据单边拉氏变换的定义，复指数函数$f(t)=\mathrm{e}^{(a+\mathrm{j}\omega)t}\varepsilon(t)$的象函数为

$$F(s)=\int_{0^-}^{\infty}\mathrm{e}^{(a+\mathrm{j}\omega)t}\mathrm{e}^{-st}\mathrm{d}t=\int_{0^-}^{\infty}\mathrm{e}^{(a+\mathrm{j}\omega-s)t}\mathrm{d}t=\frac{\mathrm{e}^{(a+\mathrm{j}\omega-s)t}}{a+\mathrm{j}\omega-s}\bigg|_{0^-}^{\infty}=\frac{1}{s-(a+\mathrm{j}\omega)} \tag{6.1-9}$$

请注意：复指数函数拉氏变换的收敛域为$a-\sigma<0$，当s在$\sigma>a$的收敛域内取值时，积分上限值$\mathrm{e}^{(a+\mathrm{j}\omega-s)\infty}=\mathrm{e}^{(a-\sigma)\infty}=0$。以下分析的函数都有类似的情况，不再给予一一说明。

当$a=0$，$\omega\neq 0$时，$f(t)=\mathrm{e}^{\mathrm{j}\omega t}\varepsilon(t)$，有：

$$F(s)=\mathscr{L}[\mathrm{e}^{\mathrm{j}\omega t}\varepsilon(t)]=\frac{1}{s-\mathrm{j}\omega} \tag{6.1-10}$$

当$\omega=0$，$a\neq 0$时，$f(t)=\mathrm{e}^{at}\varepsilon(t)$，指数增长函数的象函数为

$$F(s)=\mathscr{L}[\mathrm{e}^{at}\varepsilon(t)]=\frac{1}{s-a} \tag{6.1-11}$$

当$a=0$，$\omega=0$时，$f(t)=\varepsilon(t)$，阶跃函数的拉氏变换为

$$F(s)=\mathscr{L}[\varepsilon(t)]=\frac{1}{s} \tag{6.1-12}$$

3．正幂函数$\varepsilon(t)$

根据拉氏变换的定义，有：

$$F(s)=\mathscr{L}[t^n\varepsilon(t)]=\int_{0^-}^{\infty}t^n\mathrm{e}^{-st}\mathrm{d}t$$

利用分部积分法，有：

$$\int_{0^-}^{\infty} t^n \mathrm{e}^{-st}\mathrm{d}t = -\frac{1}{s}t^n \mathrm{e}^{-st}\Big|_{0^-}^{\infty} + \frac{n}{s}\int_{0^-}^{\infty} t^{n-1}\mathrm{e}^{-st}\mathrm{d}t = \frac{n}{s}\int_{0^-}^{\infty} t^{n-1}\mathrm{e}^{-st}\mathrm{d}t$$

由此得到递推关系：

$$\mathscr{L}[t^n\varepsilon(t)] = \frac{n}{s}\mathscr{L}[t^{n-1}\varepsilon(t)] \tag{6.1-13}$$

当 $n = 1$ 时，根据上式和式（6.1-12），得单位斜变函数的拉氏变换为

$$F(s) = \mathscr{L}[t\varepsilon(t)] = \frac{1}{s}\mathscr{L}[\varepsilon(t)] = \frac{1}{s^2} \tag{6.1-14}$$

当 $n = 2$ 时，利用式（6.1-13）和式（6.1-14），得：

$$F(s) = \mathscr{L}[t^2\varepsilon(t)] = \frac{2}{s}\mathscr{L}[t\varepsilon(t)] = \frac{2}{s^3} \tag{6.1-15}$$

依次类推，可得：

$$F(s) = \mathscr{L}[t^n\varepsilon(t)] = \frac{n!}{s^{n+1}} \tag{6.1-16}$$

6.2　单边拉普拉斯变换的常用性质与定理

与傅里叶变换相似，绝大多数信号的象函数一般不直接用定义求取，而是利用拉普拉斯变换的性质、定理和已知基本函数的拉氏变换间接地获取。性质与定理揭示出 $f(t)$ 的时域运算与 $F(s)$ 在复频域运算之间存在的规律。由于拉氏变换是对傅里叶变换的改进与扩展，所以部分拉氏变换的性质和定理与傅里叶变换相似，以下将省略这部分相似性质的证明。另一方面，由于单边拉氏变换具有不同于傅里叶变换的单边性，致使某些性质和定理与傅里叶变换不同，这将是学习本节需要重点关注的内容。

6.2.1　性质

1．线性

若有 $f_1(t) \longleftrightarrow F_1(s)$，$f_2(t) \longleftrightarrow F_2(s)$，则有

$$k_1 f_1(t) + k_2 f_2(t) \quad \longleftrightarrow \quad k_1 F_1(s) + k_2 F_2(s) \tag{6.2-1}$$

其中 k_1 和 k_2 为任意常数。拉氏变换与傅里叶变换一样，属于线性变换，因而该线性变换必然有比例性和叠加性。

例 6-4　求 $\cos\omega_0 t\varepsilon(t)$ 和 $\sin\omega_0 t\varepsilon(t)$ 的拉氏变换。

解：根据欧拉公式分解余弦函数，$\cos\omega_0 t = \frac{1}{2}(\mathrm{e}^{\mathrm{j}\omega t} + \mathrm{e}^{-\mathrm{j}\omega t})$。运用线性性质，有：

$$\mathscr{L}[\cos\omega_0 t\,\varepsilon(t)] = \frac{1}{2}\mathscr{L}[\mathrm{e}^{\mathrm{j}\omega_0 t}\varepsilon(t)] + \frac{1}{2}\mathscr{L}[\mathrm{e}^{-\mathrm{j}\omega_0 t}\varepsilon(t)]$$

利用式（6.1-10）的结果，$\mathrm{e}^{\mathrm{j}\omega t}\varepsilon(t) \longleftrightarrow \dfrac{1}{s-\mathrm{j}\omega}$，得：

$$\mathscr{L}[\cos\omega_0 t\,\varepsilon(t)]=\frac{1}{2}\left(\frac{1}{s-\mathrm{j}\omega}+\frac{1}{s+\mathrm{j}\omega}\right)=\frac{s}{s^2+\omega^2} \tag{6.2-2}$$

同理可求得：
$$\mathscr{L}[\sin\omega_0 t\varepsilon(t)]=\frac{1}{2j}\left(\frac{1}{s-\mathrm{j}\omega}-\frac{1}{s+\mathrm{j}\omega}\right)=\frac{\omega}{s^2+\omega^2} \tag{6.2-3}$$

把阶跃函数$\varepsilon(t)$、单边正、余弦函数 $\cos\omega_0 t\varepsilon(t)$和 $\sin\omega_0 t\varepsilon(t)$的 $F(s)$与 $F(\mathrm{j}\omega)$做个比较可以看到，这类绝对不可积函数的 $F(s)$比 $F(\mathrm{j}\omega)$简单，在 $F(s)$中没有冲激函数以及冲激导函数，象函数都是有理函数，这就为拉氏反变换提供了便利。但是，$F(s)$的物理概念没有 $F(\mathrm{j}\omega)$清楚。

2．延时性（时移性）

若有 $f(t)\longleftrightarrow F(s)$，则有：

$$f(t-t_0)\varepsilon(t-t_0) \quad\longleftrightarrow\quad F(s)\mathrm{e}^{-st_0}, \qquad t_0>0 \tag{6.2-4}$$

延时性说明：函数在时间上延时 t_0，在复频域里，象函数要乘以 e^{-st_0}。

证明：$\mathscr{L}[f(t-t_0)\varepsilon(t-t_0)]=\int_{0^-}^{\infty}f(t-t_0)\varepsilon(t-t_0)\mathrm{e}^{-st}\mathrm{d}t=\int_{t_0^-}^{\infty}f(t-t_0)\mathrm{e}^{-st}\mathrm{d}t$

上式积分考虑了延时阶跃函数在 $t<t_0$时，$\varepsilon(t-t_0)=0$。令 $t-t_0=x$，则 $\mathrm{d}t=\mathrm{d}x$；当 $t=t_0^-$时，$x=0$；当 $t=\infty$时，$x=\infty$，代入上式得：

$$\int_{t_0^-}^{\infty}f(t-t_0)\mathrm{e}^{-st}\mathrm{d}t=\int_{0^-}^{\infty}f(x)\mathrm{e}^{-s(x+t_0)}\mathrm{d}x=\mathrm{e}^{-st_0}\int_{0^-}^{\infty}f(x)\mathrm{e}^{-sx}\mathrm{d}x=\mathrm{e}^{-st_0}F(s)$$

证毕。

初学者容易混淆$f(t-t_0)\varepsilon(t)$、$f(t)\varepsilon(t-t_0)$与延时函数$f(t-t_0)\varepsilon(t-t_0)$的区别。图 6-3 绘出了某个非因果函数$f(t)$在以上三种不同函数情况下的波形图。由于原函数与象函数之间存在一一对应关系，因而 $t>0$ 的不同原函数将对应不同的象函数。

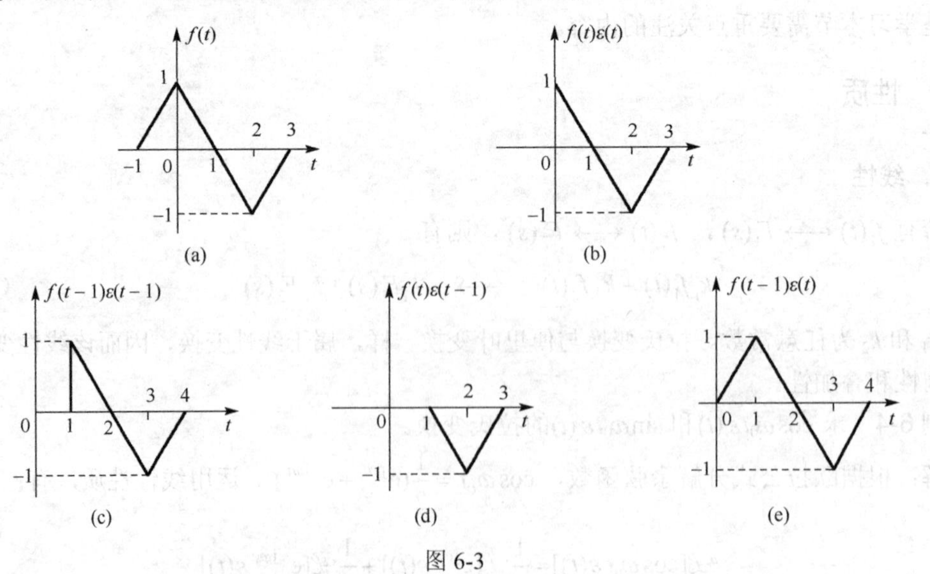

图 6-3

例 6-5　求图 6-4 所示波形的象函数。

解：$f(t)=\mathrm{e}^{-t}[\varepsilon(t)-\varepsilon(t-1)]=\mathrm{e}^{-t}\varepsilon(t)-\mathrm{e}^{-t}\varepsilon(t-1)$

$\qquad=\mathrm{e}^{-t}\varepsilon(t)-\mathrm{e}^{-1}\mathrm{e}^{-(t-1)}\varepsilon(t-1)$

利用拉氏变换的线性、延时性和已知指数衰减函数的拉氏变换，有

$$F(s)=\frac{1}{s+1}-\frac{\mathrm{e}^{-1}}{s+1}\mathrm{e}^{-s}=\frac{1}{s+1}[1-\mathrm{e}^{-(s+1)}]$$

图 6-4

例 6-6　$f(t)$的波形如图 6-5(a)所示，用$f(t)$构成因果重复函数$f_T(t)$，波形见图 6-5(b)。已知$\mathscr{L}[f(t)]=F(s)$，试求$f_T(t)$的象函数$F_T(s)$。

解： $f_T(t)=f(t)+f(t-T)+f(t-2T)+\cdots=\sum_{n=0}^{\infty}f(t-nT)$

运用拉氏变换的线性性质和延时性，有：

$$\mathscr{L}[f_T(t)]=F_T(s)=\sum_{n=0}^{\infty}F(s)\mathrm{e}^{-nTs}=F(s)\sum_{n=0}^{\infty}\mathrm{e}^{-nTs}$$

根据无穷递缩等比数列a_1、a_1q、a_1q^2、a_1q^3、…的求和公式$S=\dfrac{a_1}{1-q}$，得：

$$\mathscr{L}[f_T(t)]=F_T(s)=\frac{F(s)}{1-\mathrm{e}^{-Ts}} \tag{6.2-5}$$

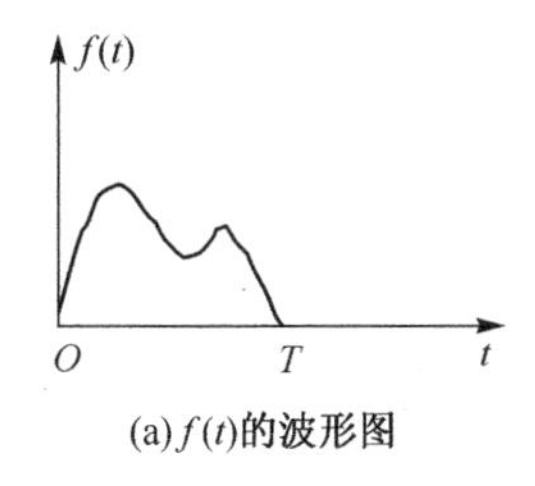

(a) $f(t)$的波形图

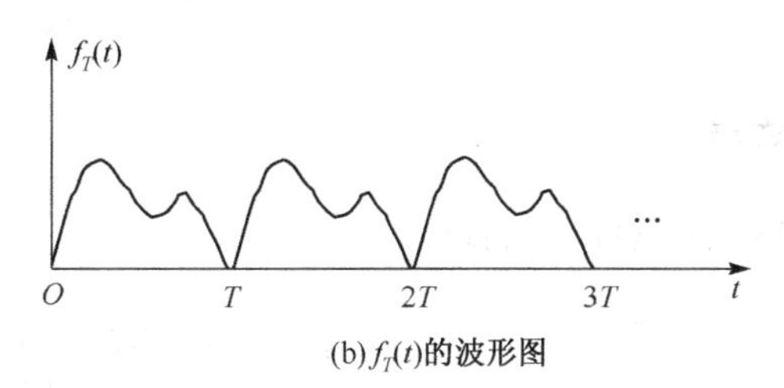

(b) $f_T(t)$的波形图

图 6-5

例 6-7　求图 6-6 所示半波整流波形的象函数，其中$\omega_1=2\pi/T$。

解： 在第一个T周期内波形的数学表达式为

$$f(t)=E\sin\omega_1 t\,\varepsilon(t)+E\sin\omega_1\left(t-\frac{T}{2}\right)\varepsilon\left(t-\frac{T}{2}\right)$$

$f(t)$的象函数为

$$F(s)=\mathscr{L}[f(t)]=\frac{E\omega_1}{s^2+\omega_1^2}(1+\mathrm{e}^{-\frac{T}{2}s})$$

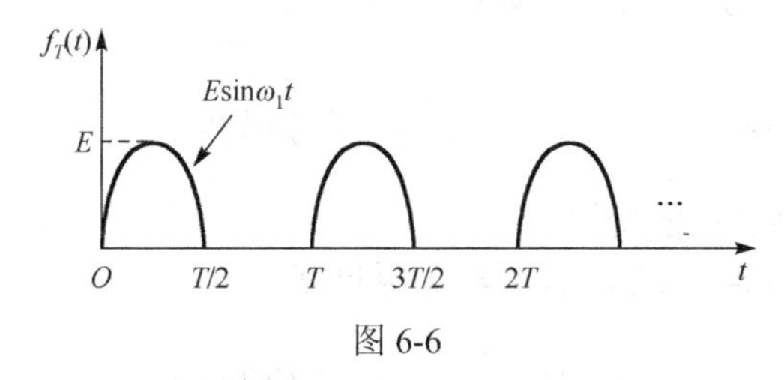

图 6-6

根据式（6.2-5），得：

$$F_T(s)=\frac{F(s)}{1-\mathrm{e}^{-Ts}}=\frac{E\omega_1}{s^2+\omega_1^2}\frac{1+\mathrm{e}^{-\frac{T}{2}s}}{1-\mathrm{e}^{-Ts}}=\frac{E\omega_1}{s^2+\omega_1^2}\frac{1}{1-\mathrm{e}^{-sT/2}}$$

3．*s* 域平移

若有 $f(t) \longleftrightarrow F(s)$，则有：

$$f(t)e^{s_0 t} \quad \longleftrightarrow \quad F(s-s_0) \tag{6.2-6}$$

例 6-8　求 $e^{-at}\sin\omega t\,\varepsilon(t)$ 和 $e^{-at}\cos\omega t\,\varepsilon(t)$ 的象函数。

解：已知：$\sin\omega t\,\varepsilon(t) \longleftrightarrow \dfrac{\omega}{s^2+\omega^2}$，$\cos\omega t\,\varepsilon(t) \longleftrightarrow \dfrac{s}{s^2+\omega^2}$，利用 *s* 域平移性，得：

$$e^{-at}\sin\omega t\,\varepsilon(t) \quad \longleftrightarrow \quad \frac{\omega}{(s+a)^2+\omega^2} \tag{6.2-7}$$

$$e^{-at}\cos\omega t\,\varepsilon(t) \quad \longleftrightarrow \quad \frac{s+a}{(s+a)^2+\omega^2} \tag{6.2-8}$$

例 6-9　求 $te^{-at}\varepsilon(t)$的象函数。

解：已知 $\mathscr{L}[t\varepsilon(t)] = \dfrac{1}{s^2}$，运用频移性得：

$$te^{-at}\varepsilon(t) \quad \longleftrightarrow \quad \frac{1}{(s+a)^2} \tag{6.2-9}$$

4．尺度变换

若有 $f(t) \longleftrightarrow F(s)$，则有：

$$f(at) \quad \longleftrightarrow \quad \frac{1}{a}F\left(\frac{s}{a}\right), \qquad a>0 \tag{6.2-10}$$

例 6-10　求$\varepsilon(at)$的象函数。

解：已知 $\mathscr{L}[\varepsilon(t)] = \dfrac{1}{s}$，利用尺度变换得：

$$\mathscr{L}[\varepsilon(at)] = \frac{1}{a}\frac{1}{s/a} = \frac{1}{s}$$

不难理解，$\varepsilon(at)$与$\varepsilon(t)$波形相同，所以两者的象函数必然相同。

例 6-11　求$\delta(at)$的象函数。

解：已知 $\mathscr{L}[\delta(t)]=1$，运用尺度变换得 $\mathscr{L}[\delta(at)]=\dfrac{1}{a}$。

例 6-12　若有 $f(t)\varepsilon(t) \longleftrightarrow F(s)$，求 $e^{-\frac{t}{2}}f\left(\dfrac{t}{2}\right)$ 的象函数。

解：方法一：先频移后尺度变换。

由频移性得：$e^{-t}f(t) \longleftrightarrow F(s+1)$；再运用尺度变换，得：

$$e^{-\frac{t}{2}}f\left(\frac{t}{2}\right) \quad \longleftrightarrow \quad 2F(2s+1)$$

方法二：先尺度变换后频移。

由尺度变换得：

$$f\left(\frac{t}{2}\right) \quad \longleftrightarrow \quad 2F(2s)$$

再运用频移得：
$$e^{-\frac{1}{2}t}f\left(\frac{t}{2}\right) \longleftrightarrow 2F\left[2\left(s+\frac{1}{2}\right)\right]=2F(2s+1)$$

5. 时域微分与积分

（1）时域微分。

若有 $f(t)\longleftrightarrow F(s)$，则有：

$$\frac{\mathrm{d}f(t)}{\mathrm{d}t} \longleftrightarrow sF(s)-f(0^-) \tag{6.2-11}$$

$$\frac{\mathrm{d}^2 f(t)}{\mathrm{d}t^2} \longleftrightarrow s^2F(s)-sf(0^-)-f'(0^-) \tag{6.2-12}$$

$$\begin{aligned}\frac{\mathrm{d}^n f(t)}{\mathrm{d}t^n} \longleftrightarrow\ & s^nF(s)-s^{n-1}f(0^-)-s^{n-2}f^{(1)}(0^-)\cdots-sf^{(n-2)}(0^-)-f^{(n-1)}(0^-)\\ &=s^nF(s)-\sum_{k=0}^{n-1}s^{n-k-1}f^{(k)}(0^-)\end{aligned} \tag{6.2-13}$$

式中，$f^{(k)}(0^-)=\left.\frac{\mathrm{d}^k f(t)}{\mathrm{d}t^k}\right|_{t=0^-}$。当 $f(0^-)=f^{(1)}(0^-)=f^{(2)}(0^-)=\cdots=f^{(n-1)}(0^-)=0$ 时，以上公式简化为

$$\frac{\mathrm{d}f(t)}{\mathrm{d}t} \longleftrightarrow sF(s) \tag{6.2-14}$$

$$\frac{\mathrm{d}^n f(t)}{\mathrm{d}t^n} \longleftrightarrow s^nF(s) \tag{6.2-15}$$

证明式（6.2-11）：根据拉氏变换的定义以及运用分部积分，得：

$$\mathscr{L}\left[\frac{\mathrm{d}f(t)}{\mathrm{d}t}\right]=\int_{0^-}^{\infty}\frac{\mathrm{d}f(t)}{\mathrm{d}t}e^{-st}\mathrm{d}t=e^{-st}f(t)\Big|_{0^-}^{\infty}+s\int_{0^-}^{\infty}f(t)e^{-st}\mathrm{d}t=-f(0^-)+sF(s)$$

证毕。

反复应用式（6.2-11）可证得式（6.2-12）和式（6.2-13）。比如，令 $f_1(t)=\frac{\mathrm{d}f(t)}{\mathrm{d}t}$，则有 $\frac{\mathrm{d}^2 f(t)}{\mathrm{d}t^2}=\frac{\mathrm{d}f_1(t)}{\mathrm{d}t}$。二阶导函数的拉氏变换为

$$\mathscr{L}\left[\frac{\mathrm{d}^2 f(t)}{\mathrm{d}t^2}\right]=\mathscr{L}\left[\frac{\mathrm{d}f_1(t)}{\mathrm{d}t}\right]=s\mathscr{L}[f_1(t)]-f_1(0^-)=s\mathscr{L}\left[\frac{\mathrm{d}f(t)}{\mathrm{d}t}\right]-f'(0^-)$$

把式（6.2-11）代入上式，可证得式（6.2-12）。有：

$$\mathscr{L}\left[\frac{\mathrm{d}^2 f(t)}{\mathrm{d}t^2}\right]=s[sF(s)-f(0^-)]-f'(0^-)=s^2F(s)-sf(0^-)-f'(0^-)$$

高阶导函数的拉普拉斯变换式（6.2-13）的证明方法相同，这里省略。

例 6-13 $f_1(t)$、$f_2(t)$的波形如图 6-7 所示，求$f_1(t)$、$f_2(t)$、$\dfrac{\mathrm{d}f_1(t)}{\mathrm{d}t}$、$\dfrac{\mathrm{d}f_2(t)}{\mathrm{d}t}$的单边拉氏变换。

解：$t>0$ 时，$f_1(t)=f_2(t)=\varepsilon(t)-\varepsilon(t-\tau)$，故有：

$$F_1(s)=F_2(s)=\mathscr{L}[\varepsilon(t)-\varepsilon(t-\tau)]=\frac{1}{s}(1-\mathrm{e}^{-s\tau})$$

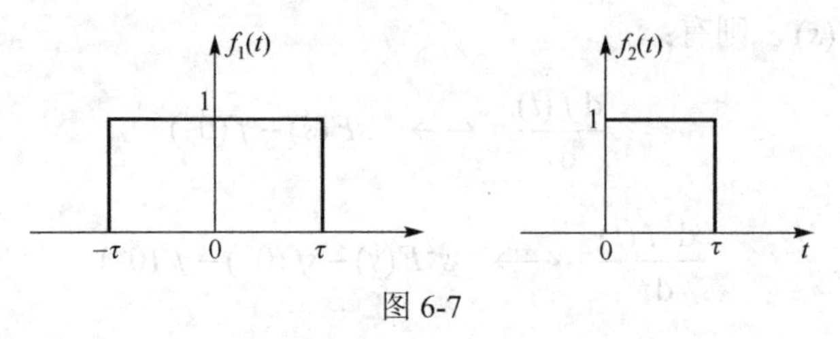

图 6-7

由图 6-7 可见，$f_1(0^-)=1$，$f_2(0^-)=0$。运用微分性质，导函数的拉氏变换为

$$\mathscr{L}\left[\frac{\mathrm{d}f_1(t)}{\mathrm{d}t}\right]=sF_1(s)-f_1(0^-)=s\frac{1}{s}(1-\mathrm{e}^{-s\tau})-1=-\mathrm{e}^{-s\tau}$$

$$\mathscr{L}\left[\frac{\mathrm{d}f_2(t)}{\mathrm{d}t}\right]=sF_2(s)=1-\mathrm{e}^{-s\tau}$$

例 6-14 已知电感电流 $i_{\mathrm{L}}(t)$的象函数为 $I_{\mathrm{L}}(s)$，电感电流与电压参考方向关联，求电感电压 $u_{\mathrm{L}}(t)$的象函数 $U_{\mathrm{L}}(s)$的表达式。

解：在关联参考方向下，电感微分形式的电压与电流关系为

$$u_{\mathrm{L}}(t)=L\frac{\mathrm{d}i_{\mathrm{L}}(t)}{\mathrm{d}t}$$

对上式两边取拉氏变换，得电感元件的 s 域伏安关系 $U_{\mathrm{L}}(s)=LsI_{\mathrm{L}}(s)-Li_{\mathrm{L}}(0^-)$　　（6.2-16）

式中，$i_{\mathrm{L}}(0^-)$是电感的起始电流，与电感在 $t=0^-$时刻的储能成正比。当 $i_{\mathrm{L}}(0^-)=0$ 时，电感元件的 s 域伏安关系简化为

$$U_{\mathrm{L}}(s)=LsI_{\mathrm{L}}(s) \tag{6.2-17}$$

（2）时域积分。

若有 $f(t)\longleftrightarrow F(s)$，则有：

$$\int_{0^-}^{t}f(\tau)\mathrm{d}\tau \quad\longleftrightarrow\quad \frac{1}{s}F(s) \tag{6.2-18}$$

证明：根据拉氏变换的定义，积分函数的象函数为

$$\mathscr{L}\left[\int_{0^-}^{t}f(\tau)\mathrm{d}\tau\right]=\int_{0^-}^{\infty}\left[\int_{0^-}^{t}f(\tau)\mathrm{d}\tau\right]\mathrm{e}^{-st}\mathrm{d}t$$

对上式进行分部积分，得：

$$\mathscr{L}\left[\int_{0^-}^{t}f(\tau)\mathrm{d}\tau\right]=-\frac{1}{s}\mathrm{e}^{-st}\int_{0^-}^{t}f(\tau)\mathrm{d}\tau\bigg|_{0^-}^{\infty}+\frac{1}{s}\int_{0^-}^{\infty}f(t)\mathrm{e}^{-st}\,\mathrm{d}t$$

等式右边第一项为零。因为在收敛域内，积分函数 $\int_{0^-}^{t}f(\tau)\mathrm{d}\tau$ 的增长速度低于指数函数 $\mathrm{e}^{-\sigma t}$

的衰减速度，所以把上限 $t=\infty$ 代入时，$\lim\limits_{t\to\infty}\mathrm{e}^{-st}\int_{0^-}^{t}f(\tau)\mathrm{d}\tau=\lim\limits_{t\to\infty}\mathrm{e}^{-(\sigma+\mathrm{j}\omega)t}\int_{0^-}^{t}f(\tau)\mathrm{d}\tau=0$；上式积分为

$$\mathscr{L}\left[\int_{0^-}^{t}f(\tau)\mathrm{d}\tau\right]=\frac{1}{s}\int_{0^-}^{\infty}f(t)\mathrm{e}^{-st}\,\mathrm{d}t=\frac{1}{s}F(s)$$

证毕。

例 6-15　运用时域积分性质求单位斜变函数 $t\varepsilon(t)$的拉氏变换。

解： 已知：$t\varepsilon(t)=\int_{0}^{t}\varepsilon(\tau)\mathrm{d}\tau=\int_{0}^{t}\mathrm{d}\tau$，$\mathscr{L}[\varepsilon(t)]=F(s)=\frac{1}{s}$，则有：

$$\mathscr{L}[t\,\varepsilon(t)]=\mathscr{L}\left[\int_{0}^{t}\varepsilon(\tau)\mathrm{d}\tau\right]=\frac{1}{s}F(s)=\frac{1}{s^2}$$

如果 $t<0$ 时，$f(t)\neq 0$，$f(t)$是非因果函数，对 $f(t)$积分要从$-\infty$开始，有：

$$\int_{-\infty}^{t}f(\tau)\mathrm{d}\tau=\int_{-\infty}^{0^-}f(\tau)\mathrm{d}\tau+\int_{0^-}^{t}f(\tau)\mathrm{d}\tau$$

等式右边第一项定积分为常数。对上式两边取单边拉氏变换，有：

$$\mathscr{L}\left[\int_{-\infty}^{t}f(\tau)\mathrm{d}\tau\right]=\mathscr{L}\left[\int_{-\infty}^{0^-}f(\tau)\mathrm{d}\tau\right]+\mathscr{L}\left[\int_{0^-}^{t}f(\tau)\mathrm{d}\tau\right]$$

$$=\frac{1}{s}\int_{-\infty}^{0^-}f(\tau)\mathrm{d}\tau+\frac{1}{s}F(s)\qquad(6.2\text{-}19)$$

以上非因果函数的积分通常在动态元件的电压与电流关系中出现。比如，电感元件积分形式的伏安关系为

$$i_{\mathrm{L}}(t)=\frac{1}{L}\int_{-\infty}^{t}u_{\mathrm{L}}(\tau)\mathrm{d}\tau=\frac{1}{L}\int_{-\infty}^{0^-}u_{\mathrm{L}}(\tau)\mathrm{d}\tau+\frac{1}{L}\int_{0^-}^{t}u_{\mathrm{L}}(\tau)\mathrm{d}\tau=i_{\mathrm{L}}(0^-)+\frac{1}{L}\int_{0^-}^{t}u_{\mathrm{L}}(\tau)\mathrm{d}\tau$$

对等式两边取单边拉氏变换，若有 $\mathscr{L}[i_{\mathrm{L}}(t)]=I_{\mathrm{L}}(s)$，$\mathscr{L}[u_{\mathrm{L}}(t)]=U_{\mathrm{L}}(s)$，则有：

$$I_{\mathrm{L}}(s)=\frac{i_{\mathrm{L}}(0^-)}{s}+\frac{1}{Ls}U_{\mathrm{L}}(s)\qquad(6.2\text{-}20)$$

该式与式（6.2-16）是同一个式子不同的表示形式，都是电感元件的 s 域伏安关系式。在 6.4.1 节中将讨论式（6.2-20）、式（6.2-16）和式（6.2-17）的 s 域等效电路。

6.2.2　定理

1．初值定理

设函数 $f(t)$及一阶导函数 $\frac{\mathrm{d}f(t)}{\mathrm{d}t}$ 存在拉氏变换，有 $F(s)=\mathscr{L}[f(t)]$；并且 $f(t)$中不包含$\delta(t)$，则有：

$$f(0^+)=\lim_{t\to 0^+}f(t)=\lim_{s\to\infty}sF(s)\qquad(6.2\text{-}21)$$

证明：根据拉氏变换的微分性，$\frac{\mathrm{d}f(t)}{\mathrm{d}t}$ 的象函数为

$$sF(s)-f(0^-)=\int_{0^-}^{\infty}\frac{\mathrm{d}f(t)}{\mathrm{d}t}\mathrm{e}^{-st}\mathrm{d}t=\int_{0^-}^{0^+}\frac{\mathrm{d}f(t)}{\mathrm{d}t}\mathrm{e}^{-st}\mathrm{d}t+\int_{0^+}^{\infty}\frac{\mathrm{d}f(t)}{\mathrm{d}t}\mathrm{e}^{-st}\mathrm{d}t \quad \text{（分段积分）}$$

$$=f(t)\mathrm{e}^{-st}\Big|_{0^-}^{0^+}+s\int_{0^-}^{0^+}f(t)\,\mathrm{e}^{-st}\mathrm{d}t+\int_{0^+}^{\infty}\frac{\mathrm{d}f(t)}{\mathrm{d}t}\mathrm{e}^{-st}\mathrm{d}t \quad \text{（对第一项分部积分）}$$

当$f(t)$中不包含$\delta(t)$时，$\int_{0^-}^{0^+}f(t)\,\mathrm{e}^{-st}\mathrm{d}t=0$。上式为

$$sF(s)-f(0^-)=f(0^+)-f(0^-)+\int_{0^+}^{\infty}\frac{\mathrm{d}f(t)}{\mathrm{d}t}\mathrm{e}^{-st}\mathrm{d}t$$

整理得：

$$sF(s)=f(0^+)+\int_{0^+}^{\infty}\frac{\mathrm{d}f(t)}{\mathrm{d}t}\mathrm{e}^{-st}\mathrm{d}t \tag{6.2-22}$$

当$s\to\infty$时，等式右边第二项$\lim\limits_{s\to\infty}\int_{0^+}^{\infty}\frac{\mathrm{d}f(t)}{\mathrm{d}t}\mathrm{e}^{-st}\mathrm{d}t=\int_{0^+}^{\infty}\frac{\mathrm{d}f(t)}{\mathrm{d}t}\lim\limits_{s\to\infty}\mathrm{e}^{-st}\mathrm{d}t=0$，证得式（6.2-21）。

初值定理告诉我们，在不知原函数$f(t)$的情况下，根据象函数$F(s)$推知$f(0^+)$的方法。请注意，当$f(t)$中无冲激函数$\delta(t)$时才能运用式（6.2-21）。你可能会问：在不知道$f(t)$的情况下，如何知道$f(t)$中是否存在$\delta(t)$呢？

假设$F(s)$是有理函数结构，为

$$F(s)=\frac{B(s)}{A(s)}=\frac{b_m s^m+b_{m-1}s^{m-1}+\cdots+b_0}{s^n+a_{n-1}s^{n-1}+\cdots+a_0}$$

当$m<n$时，$F(s)$是真分式，对应原函数$f(t)$中没有冲激函数$\delta(t)$；若$m\geqslant n$，$F(s)$是假分式，其对应的$f(t)$中含有$\delta(t)$或者冲激函数的导函数，这时不能用式（6.2-21）。当$m\geqslant n$时，要先做长除运算，用分母多项式$A(s)$作除数，分子多项式$B(s)$作被除数，把$F(s)$分解为多项式与真分式之和，然后再对真分式部分运用初值定理，确定$f(0^+)$值。下面举例说明。

例 6-16　已知象函数$F(s)=\frac{s}{s^2+3}$，求初始值$f(0^+)$。

解：$F(s)$是真分式，对应$f(t)$中无冲激。运用初值定理，得：

$$f(0^+)=\lim_{s\to\infty}s\frac{s}{s^2+3}=1$$

例 6-17　已知象函数$F(s)=\frac{s^2+3s+2}{s^2+s+1}$，求$f(0^+)$。

解：$m=2$，$n=2$，$F(s)$为假分式，对$F(s)$进行长除，得：

$$F(s)=\frac{s^2+3s+2}{s^2+s+1}=1+\frac{2s+1}{s^2+s+1}$$

等式中第一项多项式是“1”，其反变换为$\delta(t)$。去除常数项，仅对第二项运用初值定理，得：

$$f(0^+)=\lim_{s\to\infty}s\frac{2s+1}{s^2+s+1}=2$$

2．终值定理

设：当$t\to\infty$时，$f(t)$的极限存在；$f(t)$与$\frac{\mathrm{d}f(t)}{\mathrm{d}t}$都存在拉氏变换，有$F(s)=\mathscr{L}[f(t)]$，则$f(t)$的终值为

$$f(\infty)=\lim_{t\to\infty}f(t)=\lim_{s\to 0}sF(s) \tag{6.2-23}$$

证明：令式（6.2-22）中 $s \to 0$，有：

$$\lim_{s\to 0} sF(s) = f(0^+) + \lim_{s\to 0}\int_{0^+}^{\infty}\frac{\mathrm{d}f(t)}{\mathrm{d}t}\mathrm{e}^{-st}\mathrm{d}t = f(0^+) + \int_{0^+}^{\infty}\frac{\mathrm{d}f(t)}{\mathrm{d}t}\lim_{s\to 0}\mathrm{e}^{-st}\mathrm{d}t$$

$$= f(0^+) + \int_{0^+}^{\infty}\mathrm{d}f(t) = f(0^+) + f(\infty) - f(0^+) = f(\infty)$$

$f(\infty)$存在是使用式（6.2-23）的前提条件。当$f(\infty)$不存在时，运用式（6.2-23）估计终值会得出错误结果。从式（6.2-23）可见，当终值存在时，$sF(s)$的收敛域包括虚轴。根据 $F(s)$ 的极点位置判断$f(\infty)$是否存在，留在 6.5 节讨论。

例 6-18　已知 $F(s) = \dfrac{s+2}{s(s+1)}$，试求原函数的终值$f(\infty)$。

解： $f(\infty) = \lim\limits_{s\to 0} s\dfrac{s+2}{s(s+1)} = 2$。

3．时域卷积定理

若有 $f_1(t) \longleftrightarrow F_1(s)$，$f_2(t) \longleftrightarrow F_2(s)$，则有

$$f_1(t) * f_2(t) \quad \longleftrightarrow \quad F_1(s)F_2(s) \tag{6.2-24}$$

当$f_1(t) = e(t)$为系统输入信号，$f_2(t) = h(t)$为 LTI 系统的单位冲激响应时，若有 $\mathscr{L}[e(t)] = E(s)$；$\mathscr{L}[h(t)] = H(s)$，系统零状态响应的象函数为 $\mathscr{L}[r_{zs}(t)] = R_{zs}(s)$，则有：

$$r_{zs}(t) = e(t) * h(t) \quad \longleftrightarrow \quad R_{zs}(s) = E(s)H(s) \tag{6.2-25}$$

单位冲激响应 $h(t)$的象函数 $H(s)$称为系统函数。

表 6-1　单边拉普拉斯变换的常用性质与定理

$\mathscr{L}[f_1(t)] = F_1(s)$，$\mathscr{L}[f_2(t)] = F_2(s)$，$\mathscr{L}[f(t)] = F(s)$

名称	时域	复频域
线性	$k_1 f_1(t) + k_2 f_2(t)$	$k_1 F_1(s) + k_2 F_2(s)$
延时性	$f(t-t_0)\varepsilon(t-t_0)$	$F(s)\mathrm{e}^{-st_0}$
s 域平移	$f(t)\mathrm{e}^{-at}$	$F(s+a)$
尺度变换	$f(at)\quad a>0$	$\dfrac{1}{a}F\left(\dfrac{s}{a}\right)$
时域微分	$\dfrac{d^n f(t)}{\mathrm{d}t^n}$	$s^n F(s) - \sum\limits_{k=0}^{n-1} s^{n-k-1} f^{(k)}(0^-)$
时域积分	$\int_{0^-}^{t} f(\tau)\mathrm{d}\tau$	$\dfrac{F(s)}{s}$
	$\int_{-\infty}^{t} f(\tau)\mathrm{d}\tau$	$\dfrac{F(s)}{s} + \dfrac{1}{s}\int_{-\infty}^{0^-} f(\tau)\mathrm{d}\tau$
* 复频域微分	$tf(t)$	$-\dfrac{\mathrm{d}F(s)}{\mathrm{d}s}$
* 复频域积分	$\dfrac{f(t)}{t}$	$\int_{s}^{\infty} F(\eta)\mathrm{d}\eta$
初值定理	$f(0^+) = \lim\limits_{s\to\infty} sF(s)$	
终值定理	$f(\infty) = \lim\limits_{s\to 0} sF(s)$	
时域卷积定理	$f_1(t) * f_2(t)$	$F_1(s)F_2(s)$

思考与练习

6.2-1 判断下列说法是否正确。正确打“√”，错误打“×”。

（1）非周期信号的拉氏变换一定存在。（ ）

（2）有界周期信号的单边拉氏变换收敛域为 $\mathrm{Re}[s]>0$ 的平面。（ ）

（3）绝对可积信号的单边拉氏变换收敛域是整个 s 平面。（ ）

（4）信号 e^{t^2} 的拉氏变换不存在。（ ）

（5）一个信号存在单边拉氏变换，就一定存在傅里叶变换。（ ）

（6）一个信号存在傅里叶变换，就一定存在单边拉氏变换。（ ）

6.2-2 根据定义计算与对比：双边指数函数 $\mathrm{e}^{-a|t|}$与单边指数函数 $\mathrm{e}^{-at}\varepsilon(t)$（$a>0$）单边拉氏变换的象函数；请解释计算结果。

6.2-3 已知 $f(t)=\mathrm{e}^{-a|t|}$的谱函数 $F(\mathrm{j}\omega)=\dfrac{2a}{\omega^2+a^2}$，能否用式（6.2-7）求 $F(s)$，为什么？

6.2-4 已知 $f(t)=\varepsilon(t)$的谱函数 $F(\mathrm{j}\omega)=\pi\delta(\omega)+\dfrac{1}{\mathrm{j}\omega}$，能否用式（6.2-7）求 $F(s)$，为什么？

6.3 拉普拉斯反变换

前两节主要解决求象函数的问题，本节将讨论求原函数的方法。已知象函数，求原函数的常用方法有留数法和部分分式展开法，前者比后者应用范围宽。但是，在求有理分式结构的 $F(s)$反变换时，部分分式展开法更为简单。本节围绕有理分式结构的 $F(s)$展开讨论，因此，只介绍部分分式展开法。

为什么要着重讨论有理分式结构 $F(s)$的反变换呢？从第 2 章的学习中知道，n 阶 LTI 连续时间系统的单位冲激响应满足如下线性常系数微分方程：

$$\begin{cases}\dfrac{\mathrm{d}^n h(t)}{\mathrm{d}t^n}+a_{n-1}\dfrac{\mathrm{d}^{n-1}h(t)}{\mathrm{d}t^{n-1}}+\cdots a_k\dfrac{\mathrm{d}^k h(t)}{\mathrm{d}t^k}+\cdots+a_0h(t)=b_m\dfrac{\mathrm{d}^m\delta(t)}{\mathrm{d}t^m}+b_{m-1}\dfrac{\mathrm{d}^{m-1}\delta(t)}{\mathrm{d}t^{m-1}}+\cdots+b_0\delta(t)\\ h(0^-)=h'(0^-)=\cdots=h^{(k)}(0^-)=\cdots=h^{(n-1)}(0^-)=0\end{cases}$$

式中，$h^{(k)}(0^-)=\left.\dfrac{\mathrm{d}^k h(t)}{\mathrm{d}t^k}\right|_{t=0^-}$。若有 $\mathscr{L}[h(t)]=H(s)$，由微分性知 $\mathscr{L}\left[\dfrac{\mathrm{d}^k h(t)}{\mathrm{d}t^k}\right]=s^kH(s)$；已知 $\mathscr{L}[\delta(t)]=1$，$\mathscr{L}\left[\dfrac{\mathrm{d}^k\delta(t)}{\mathrm{d}t^k}\right]=s^k$。对以上微分方程取拉氏变换，有：

$$(s^n+a_{n-1}s^{n-1}+\cdots+a_ks^k+\cdots+a_0)H(s)=b_ms^m+b_{m-1}s^{m-1}+\cdots\cdots+b_0$$

则
$$H(s)=\frac{b_ms^m+b_{m-1}s^{m-1}+\cdots\cdots+b_0}{s^n+a_{n-1}s^{n-1}+\cdots+a_ks^k+\cdots+a_0}$$

可见，LTI 系统的 $H(s)$是有理分式函数，这就是为什么要侧重讨论有理分式结构 $F(s)$反变换的意义所在。

1．部分分式展开法的步骤

设：象函数 $F(s)$为如下有理分式结构：

$$F(s)=\frac{B(s)}{A(s)}=\frac{b_ms^m+b_{m-1}s^{m-1}+\cdots+b_0}{s^n+a_{n-1}s^{n-1}+\cdots+a_0}\tag{6.3-1}$$

式中，$B(s)=b_m s^m+b_{m-1}s^{m-1}+\cdots+b_0$，$A(s)=s^n+a_{n-1}s^{n-1}+\cdots+a_0$。令 $n>m$，$F(s)$为真分式。

第一步，求分母多项式 $A(s)=0$ 的根。

第二步，根据 $A(s)=0$ 的根，把 $F(s)$展开成若干低阶有理分式 $F_i(s)$ 之和的数学结构，即

$$F(s)=\sum_{i=1}^{k}F_i(s)$$

通常，子系统 $F_i(s)$是一阶或二阶有理分式。$F_i(s)$的结构与根的形式有关。比如，分母多项式 $A(s)=0$ 有 n 个单实根，分别为 p_1、p_2、…、p_n；展开式的形式为

$$F(s)=\frac{B(s)}{A(s)}=\frac{k_1}{(s-p_1)}+\frac{k_2}{(s-p_2)}+\cdots+\frac{k_n}{(s-p_n)}=\sum_{i=1}^{n}\frac{k_i}{s-p_i}=\sum_{i=1}^{n}F_i(s) \tag{6.3-2}$$

其中，$F_i(s)=\dfrac{k_i}{s-p_i}$。

第三步，运用拉氏变换的线性性质和已知基本函数的拉氏变换，求出各子系统 $F_i(s)$的原函数 $f_i(t)$，再进行时域求和。比如，当 $F_i(s)=\dfrac{k_i}{s-p_i}$ 时，$f_i(t)=\mathscr{L}\left[\dfrac{k_i}{s-p_i}\right]=k_i\mathrm{e}^{p_i t}\varepsilon(t)$，则式（6.3-2）的反变换为

$$f(t)=\mathscr{L}[F(s)]=\sum_{i=1}^{n}\mathscr{L}[F_i(s)]=\sum_{i=1}^{n}k_i\mathrm{e}^{p_i t}\varepsilon(t)$$

学习部分分式展开法的重点是第二步。运用部分分式展开法需要熟悉基本函数的拉氏变换，见表 6-2。

表 6-2　基本函数的单边拉普拉斯变换

序号	原函数	象函数	序号	原函数	象函数
1	$\delta(t)$	1	7	$\delta'(t)$	s
2	$\varepsilon(t)$	$\frac{1}{s}$	8	$\delta''(t)$	s^2
3	$\mathrm{e}^{-at}\varepsilon(t)$	$\frac{1}{s+a}$	9	$t\mathrm{e}^{-at}\varepsilon(t)$	$\frac{1}{(s+a)^2}$
4	$t^n\varepsilon(t)$	$\frac{n!}{s^{n+1}}$	10	$t^n\mathrm{e}^{-at}\varepsilon(t)$	$\frac{n!}{(s+a)^{n+1}}$
5	$\sin\omega t\,\varepsilon(t)$	$\frac{\omega}{s^2+\omega^2}$	11	$\mathrm{e}^{-at}\sin\omega t\,\varepsilon(t)$	$\frac{\omega}{(s+a)^2+\omega^2}$
6	$\cos\omega t\,\varepsilon(t)$	$\frac{s}{s^2+\omega^2}$	12	$\mathrm{e}^{-at}\cos\omega t\,\varepsilon(t)$	$\frac{s+a}{(s+a)^2+\omega^2}$

2. 展开式的结构和系数的求取方法

系数为实常数的方程 $A(s)=0$ 只存在实数单根、共轭复根、重根三种情况。以下分别讨论这三种情况的展开式结构和展开式系数 k_i 的求法。

（1）$A(s)=0$ 的根是实数单根。

展开式的结构为

$$F(s)=\frac{B(s)}{A(s)}=\frac{B(s)}{\prod_{i=1}^{n}(s-p_i)}=\frac{k_1}{s-p_1}+\frac{k_2}{s-p_2}+\cdots+\frac{k_n}{s-p_n}=\sum_{i=1}^{n}\frac{k_i}{s-p_i} \tag{6.3-3}$$

确定系数 k_i 有多种方法，这里介绍两种。

方法一：

式（6.3-3）等式两边乘以$(s-p_i)$，得：

$$(s-p_i)F(s)=\frac{k_1(s-p_i)}{s-p_1}+\frac{k_2(s-p_i)}{s-p_2}+\cdots+k_i+\cdots+\frac{k_n(s-p_i)}{s-p_n}$$

令$s=p_i$，有：

$$k_i=(s-p_i)F(s)\big|_{s=p_i} \tag{6.3-4}$$

例 6-19 已知系统函数$H(s)=\dfrac{s+3}{s^2+3s+2}$，求系统单位冲激响应$h(t)$。

解：$H(s)$分母多项式$s^2+3s+2=0$的根为：$s_1=-1$，$s_2=-2$。$H(s)$展开为

$$H(s)=\frac{s+3}{s^2+3s+2}=\frac{s+3}{(s+1)(s+2)}=\frac{k_1}{s+1}+\frac{k_2}{s+2} \tag{1}$$

其中，

$$k_1=(s+1)H(s)\big|_{s=-1}=\frac{s+3}{s+2}\bigg|_{s=-1}=2$$

$$k_2=(s+2)H(s)\big|_{s=-2}=\frac{s+3}{s+1}\bigg|_{s=-2}=-1$$

把k_1和k_2代入式（1），得：

$$H(s)=\frac{2}{s+1}-\frac{1}{s+2} \tag{2}$$

根据已知单边指数函数的拉氏变换：$k\mathrm{e}^{-at}\varepsilon(t)\leftrightarrow\dfrac{k}{s+a}$，式（2）的反变换为

$$h(t)=(2\mathrm{e}^{-t}-\mathrm{e}^{-2t})\varepsilon(t)$$

方法二：举例说明。

例 6-20 求$H(s)=\dfrac{s+2}{s(s+1)}$的原函数$h(t)$。

解：$H(s)=\dfrac{s+2}{s(s+1)}=\dfrac{k_1}{s}+\dfrac{k_2}{(s+1)}=\dfrac{k_1(s+1)+k_2s}{s(s+1)}=\dfrac{s(k_1+k_2)+k_1}{s(s+1)}$

比较分子多项式的系数，得如下方程组：

$$\begin{cases}k_1+k_2=1\\k_1=2\end{cases}$$

解得：$k_1=2$，$k_2=-1$。$H(s)$的反变换为

$$h(t)=\mathscr{L}^{-1}\left[\frac{2}{s}-\frac{1}{s+1}\right]=(2-\mathrm{e}^{-t})\varepsilon(t)$$

（2）$A(s)=0$的根是共轭复根。

当多项式的系数为实常数时，复数根总以共轭复数形式成对出现。共轭复根可以按前述单根的方法处理，但单根对应的原函数是复变函数，在时域把复变函数整理成实函数的运算较为繁杂，这里采用一种省略整理过程的求逆变换的方法。设象函数为

$$F(s)=\frac{B(s)}{A(s)}=\frac{B(s)}{D(s)(s+a-\mathrm{j}\beta)(s+a+\mathrm{j}\beta)}$$

其中，$A(s)=D(s)(s+a-\mathrm{j}\beta)(s+a+\mathrm{j}\beta)=D(s)[(s+a)^2+\beta^2]$，把一对共轭复根$s=-a\pm\mathrm{j}\beta$合并为一个展开项。展开式结构为

$$F(s)=\frac{B(s)}{D(s)[(s+a)^2+\beta^2)]}=\frac{k_1s+k_2}{(s+a)^2+\beta^2}+\frac{E(s)}{D(s)}$$

在求出系数 k_1 和 k_2 后，通过凑系数，把 $\frac{k_1s+k_2}{(s+a)^2+\beta^2}$ 往基本结构 $\frac{s+a}{(s+a)^2+\beta^2}$ 或 $\frac{\beta}{(s+a)^2+\beta^2}$ 上凑。若 $a=0$，则把 $\frac{k_1s+k_2}{s^2+\beta^2}$ 往标准形式 $\frac{s}{s^2+\beta^2}$ 或 $\frac{\beta}{s^2+\beta^2}$ 上凑。下面举例说明。

例 6-21　求 $H(s)=\frac{s}{s^2+2s+5}$ 的原函数 $h(t)$。

解： $H(s)$有一对共轭复根，$s_1=-1+\mathrm{j}\,2$，$s_2=-1-\mathrm{j}\,2$。

$$H(s)=\frac{s}{s^2+2s+1+4}=\frac{s+1-1}{(s+1)^2+2^2}=\frac{s+1}{(s+1)^2+2^2}-\frac{1}{2}\frac{2}{(s+1)^2+2^2}$$

逆变换为

$$h(t)=\left(\mathrm{e}^{-t}\cos 2t-\frac{1}{2}\mathrm{e}^{-t}\sin 2t\right)\varepsilon(t)$$

例 6-22　求 $F(s)=\frac{s^2+3}{(s^2+2s+5)(s+2)}$ 的拉氏反变换。

解： 把象函数展开为

$$F(s)=\frac{s^2+3}{(s^2+2s+5)(s+2)}=\frac{k_1}{(s+2)}+\frac{k_2s+k_3}{(s^2+2s+5)}$$

式中，$k_1=(s+2)F(s)\big|_{s=-2}=\frac{s^2+3}{(s^2+2s+5)}\Big|_{s=-2}=\frac{7}{5}$。

系数 k_1 和 k_2 通过比较分子多项式系数求取。把 $F(s)$另写为

$$F(s)=\frac{k_1(s^2+2s+5)+(k_2s+k_3)(s+2)}{(s^2+2s+5)(s+2)}=\frac{(k_1+k_2)s^2+(2k_1+2k_2+k_3)s+5k_1+2k_3}{(s^2+2s+5)(s+2)}$$

比较分子多项式中 s^2 项的系数，得：

$$k_1+k_2=1\quad\rightarrow\quad k_2=1-k_1=-\frac{2}{5}$$

比较分子多项式中常数项的系数，得：

$$5k_1+2k_3=3\quad\rightarrow\quad k_3=-2$$

展开式为

$$F(s)=\frac{7}{5}\frac{1}{(s+2)}-\frac{\frac{2}{5}s+2}{(s+1)^2+2^2}=\frac{7}{5}\frac{1}{(s+2)}-\frac{2}{5}\frac{s+1}{(s+1)^2+2^2}-\frac{4}{5}\frac{2}{(s+1)^2+2^2}$$

逆变换得：

$$f(t)=\left[\frac{7}{5}\mathrm{e}^{-2t}-\left(\frac{2}{5}\cos 2t+\frac{4}{5}\sin 2t\right)\mathrm{e}^{-t}\right]\varepsilon(t)$$

（3）$A(s)=0$ 的根是重根。

设：$s=p_1$ 是多项式 $A(s)$的 r 重根。象函数为

$$F(s)=\frac{B(s)}{A(s)}=\frac{B(s)}{D(s)(s-p_1)^r}$$

式中，$A(s)=D(s)(s-p_1)^r$，展开式结构为

$$F(s)=\frac{k_{11}}{(s-p_1)^r}+\frac{k_{12}}{(s-p_1)^{r-1}}+\cdots+\frac{k_{1r}}{(s-p_1)}+\frac{E(s)}{D(s)} \tag{6.3-5}$$

r 重根被展开为 r 项。式（6.3-5）两边同乘 $(s-p_1)^r$，有

$$(s-p_1)^r F(s)=k_{11}+(s-p_1)k_{12}+\cdots+(s-p_1)^{r-1}k_{1r}+(s-p_1)^r\frac{E(s)}{D(s)} \tag{6.3-6}$$

令 $s=p_1$，得：

$$k_{11}=(s-p_1)^r F(s)\big|_{s=p_1} \tag{6.3-7}$$

对等式（6.3-6）两边 s 求导，有

$$\frac{\mathrm{d}}{\mathrm{d}s}[(s-p_1)^r F(s)]=k_{12}+2(s-p_1)k_{13}+\cdots+(r-1)(s-p_1)^{r-2}k_{1r}+\frac{\mathrm{d}}{\mathrm{d}s}(s-p_1)^r\frac{E(s)}{D(s)} \tag{6.3-8}$$

令上式中 $s=p_1$，得：

$$k_{12}=\frac{\mathrm{d}}{\mathrm{d}s}[(s-p_1)^r F(s)]\big|_{s=p_1} \tag{6.3-9}$$

同样，再对式（6.3-8）两边 s 求导，有：

$$\frac{\mathrm{d}^2}{\mathrm{d}s^2}[(s-p_1)^r F(s)]=2k_{13}+\cdots+(r-1)(r-2)(s-p_1)^{r-3}k_{1r}+\frac{\mathrm{d}^2}{\mathrm{d}s^2}(s-p_1)^r\frac{E(s)}{D(s)}$$

令 $s=p_1$，得：

$$k_{13}=\frac{1}{2}\frac{\mathrm{d}^2}{\mathrm{d}s^2}[(s-p_1)^r F(s)]\big|_{s=p_1} \tag{6.3-10}$$

依次类推，可得计算重根系数的一般表达式：

$$k_{1i}=\frac{1}{(i-1)!}\frac{\mathrm{d}^{i-1}}{\mathrm{d}s^{i-1}}[(s-p_1)^r F(s)]\big|_{s=p_1} \tag{6.3-11}$$

例 6-23 求 $F(s)=\dfrac{s+3}{(s+1)^2(s+2)}$ 的原函数。

解：象函数展开为

$$F(s)=\frac{k_1}{s+2}+\frac{k_2}{(s+1)^2}+\frac{k_3}{s+1}$$

式中系数分别为：

$$k_1=(s+2)F(s)\big|_{s=-2}=\frac{s+3}{(s+1)^2}\bigg|_{s=-2}=1$$

$$k_2=(s+1)^2F(s)\big|_{s=-1}=\frac{s+3}{s+2}\bigg|_{s=-1}=2$$

$$k_3=\frac{\mathrm{d}}{\mathrm{d}s}\left[\frac{s+3}{s+2}\right]\bigg|_{s=-1}=\frac{s+2-(s+3)}{(s+2)^2}\bigg|_{s=-1}=-1$$

$$F(s)=\frac{1}{s+2}+\frac{2}{(s+1)^2}-\frac{1}{s+1}$$

拉氏反变换得

$$f(t)=[\mathrm{e}^{-2t}+2t\mathrm{e}^{-t}-\mathrm{e}^{-t}]\varepsilon(t)$$

以上讨论了有理真分式 $F(s)$在三种不同情况下的反变换。如果 $n \leqslant m$，$F(s)$是假分式，则要先用长除法把 $F(s)$分解为真分式与 s 多项式之和两部分，然后分别对两部分求反变换。

例 6-24　求 $F(s)=\dfrac{s^3+5s^2+9s+7}{s^2+3s+2}$ 的原函数 $f(t)$。

解：用长除法分解 $F(s)$，有：

$$F(s)=s+2+\frac{s+3}{(s+1)(s+2)}=F_1(s)+F_2(s)$$

其中，$F_1(s)=s+2$ 是多项式，$F_2(s)=\dfrac{s+3}{(s+1)(s+2)}$ 为真分式；对 $F_2(s)$ 进行部分分式展开，象函数 $F(s)$展开为

$$F(s)=s+2+\frac{2}{s+1}-\frac{1}{s+2}$$

利用已知变换 $s\longleftrightarrow\delta'(t)$，$1\longleftrightarrow\delta(t)$，得：

$$f(t)=\delta'(t)+2\delta(t)+(2\mathrm{e}^{-t}-\mathrm{e}^{-2t})\varepsilon(t)$$

如果 $F(s)$是如下非有理分式结构：

$$F(s)=F_1(s)\mathrm{e}^{-st_0}=\frac{b_m s^m+b_{m-1}s^{m-1}+\cdots+b_0}{s^n+a_{n-1}s^{n-1}+\cdots+a_0}\mathrm{e}^{-st_0}$$

先求出有理函数 $F_1(s)$的反变换 $f_1(t)$；再运用延时性求 $F(s)$的反变换，有 $f(t)=f_1(t-t_0)$。

例 6-25　已知 $F(s)=\dfrac{1-(1+s)\mathrm{e}^{-s}}{s^2}$，求原函数 $f(t)$，并画出时域波形。

解：$F(s)=\dfrac{1-(1+s)\mathrm{e}^{-s}}{s^2}=\dfrac{1}{s^2}-\left(\dfrac{1}{s^2}+\dfrac{1}{s}\right)\mathrm{e}^{-s}$

令：$F_1(s)=\dfrac{1}{s^2}$，$F_2(s)=-\left(\dfrac{1}{s^2}+\dfrac{1}{s}\right)$，则 $F(s)=F_1(s)+F_2(s)\mathrm{e}^{-s}$；有：

$$f_1(t)=\mathscr{L}^{-1}[F_1(s)]=\mathscr{L}^{-1}\left[\frac{1}{s^2}\right]=t\varepsilon(t)$$

$$f_2(t)=\mathscr{L}^{-1}[F_2(s)]=\mathscr{L}^{-1}\left[-\frac{1}{s^2}-\frac{1}{s}\right]=-(t+1)\varepsilon(t)$$

利用线性和时移性得：

$$f(t)=f_1(t)+f_2(t-1)=t\varepsilon(t)-t\varepsilon(t-1)=t[\varepsilon(t)-\varepsilon(t-1)]$$

波形见图 6-8。

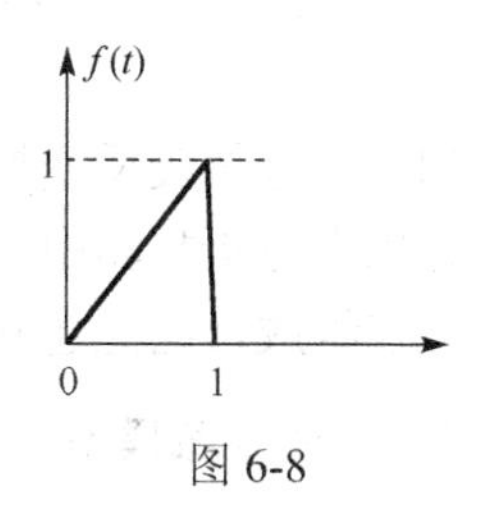

图 6-8

思考与练习

6.3-1　已知：$\mathrm{e}^{-t}\varepsilon(t)\longleftrightarrow\dfrac{1}{s+1}$，请根据时移性计算与对比以下三个不同函数的象函数：（1）$\mathrm{e}^{-a(t-t0)}\varepsilon(t-t_0)$；（2）$\mathrm{e}^{-a(t-t0)}\varepsilon(t)$；（3）$\mathrm{e}^{-at}\varepsilon(t-t_0)$。

6.3-2　试归纳总结：什么类型的函数只存在拉氏变换而不存在傅氏变换？什么类型的函数拉氏变换与傅氏变换都存在，且有 $F(\mathrm{j}\omega)=F(s)|_{s=\mathrm{j}\omega}$和 $F(s)=F(\mathrm{j}\omega)|_{\mathrm{j}\omega=s}$ 的互换关系？什么类型的函数拉氏变换与傅氏变换都存在，但没有 $F(\mathrm{j}\omega)=F(s)|_{s=\mathrm{j}\omega}$和 $F(s)=F(\mathrm{j}\omega)|_{\mathrm{j}\omega=s}$ 的互换关系？

6.4 用拉普拉斯变换分析LTI连续时间系统

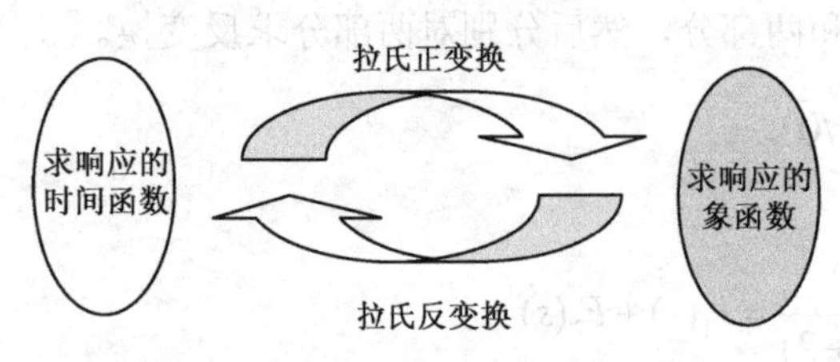

图 6-9 拉氏变换分析法的示意图

拉氏变换的重要应用之一是求解 LTI 连续时间系统的响应。分析思路用图 6-9 说明。先通过拉氏正变换，把一个时域求解系统响应的问题转换到复频域中进行求解；通过在复频域列解方程，得到系统响应的象函数，再经过拉氏反变换，把响应的象函数转换为时间函数。这种变换域分析方法是科学研究领域中常用的一种方法。拉氏变换带来的好处是多方面的。一是能简化数学分析，把时域的微积分运算转换为复频域的代数运算；二是在微分和积分的拉氏变换中自动引入起始条件；三是"0 系统"模型的拉氏变换能够区分零输入响应分量和零状态响应分量。本节将讨论两个问题：①利用 s 域电路模型求系统响应；②根据不同已知条件，求系统函数。

6.4.1 s 域电路模型分析法

在已知电系统模型的条件下，s 域电路模型分析法是一种较为简单而有效的求解系统响应的方法。假设已知时域电路模型和外加激励，并且电路在 $t=0$ 时刻发生换路，用 s 域电路模型求解响应一般采用如下步骤。

（1）建立 $t=0^-$的等效电路，求电容电压 $u_C(0^-)$和电感电流 $i_L(0^-)$。

$u_C(0^-)$和 $i_L(0^-)$两个电量反映储能元件在换路前最终时刻的储能状态，电路中电容元件和电感元件在 $t=0^-$时刻的储能是产生零输入响应的"源泉"。所以，第一步求换路前 $u_C(0^-)$和 $i_L(0^-)$就是找产生零输入响应的"激励"。若 $u_C(0^-)$和 $i_L(0^-)$都为零，意味在 $t>0$ 的响应中无零输入响应分量。

（2）进行拉氏正变换。

拉氏正变换要做两方面的工作。其一，激励、响应以及各种电量都用象函数表示。其二，根据已知的时域电路模型、$u_C(0^-)$和 $i_L(0^-)$值，建立 $t>0$ 的 s 域电路模型。

（3）以 s 域电路模型为基础，利用电路分析方法，在 s 域列、解代数方程，求出响应的象函数。

（4）通过拉氏反变换，得到响应的时域表达式。

在以上分析步骤中，唯一需要学习的内容是如何建立 s 域电路模型。s 域电路模型由 s 域元件互连组成，因此建立 s 域电路模型首先需要了解元件的 s 域电路模型。

1. 元件 s 域模型

s 域电路模型中的基本元件包括电阻、电容、电感和电源。以下仅以电阻和电容为例，介绍 s 域元件模型的建立方法。

例 6-26 设电阻元件两端电压 $u(t)$与电阻电流 $i(t)$参考方向关联。若有 $\mathscr{L}[u(t)]=U(s)$，$\mathscr{L}[i(t)]=I(s)$，（1）求电阻元件的 s 域伏安关系式；（2）根据 s 域伏安关系式，画出电阻 s 域电路模型。

解： 在电压与电流参考方向关联的条件下，电阻元件的时域伏安关系为

$$u(t)=Ri(t) \quad 或者 \quad i(t)=G\,u(t)$$

对等式两边取拉氏变换，得

$$U(s)=RI(s) \quad 或者 \quad I(s)=GU(s) \tag{6.4-1}$$

式（6.4-1）是电阻元件的 s 域欧姆定律。根据该式画出电阻 s 域电路模型，见表 6-3 第 1 行。

例 6-27　设电容电流与电压参考方向关联。若有 $\mathscr{L}[i_C(t)]=I_C(s)$，$\mathscr{L}[u_C(t)]=U_C(s)$；（1）求电容元件的 s 域伏安关系式；（2）根据 s 域伏安关系式，画出电容 s 域等效电路模型。

解：当电压与电流参考方向关联时，电容微分形式的伏安关系为

$$i_C(t)=C\frac{\mathrm{d}u_C(t)}{\mathrm{d}t}$$

对上式取拉氏变换，根据拉氏变换的微分性，电容元件的 s 域伏安关系为

$$I_C(s)=C[sU_C(s)-u_C(0^-)]=CsU_C(s)-Cu_C(0^-) \tag{6.4-2}$$

或者

$$U_C(s)=\frac{1}{sC}I_C(s)+\frac{u_C(0^-)}{s} \tag{6.4-3}$$

根据式（6.4-3），把 $u_C(0^-)\neq 0$ 的电容等效为一个实际电压源，电路模型见表 6-3 第四行。电压源大小为 $u_C(0^-)$，对应象函数是 $u_C(0^-)/s$；电压源内阻为 $1/sC$。通过电源等效变换，实际电压源可等效为实际电流源。式（6.4-2）则是实际电流源等效电路的伏安关系式。在电路分析时，根据需要选择不同的等效电路模型。

当 $u_C(0^-)=0$ 时，电容的伏安关系简化为式（6.4-4），与之对应的 s 域等效电路见表 6-3。在 s 域电路模型中，无储能电容的电路符号为 $\frac{1}{Cs}$ 或者 Cs。$\frac{1}{Cs}$ 为电容的 s 域阻抗，Cs 为电容的 s 域异纳。

$$U_C(s)=\frac{1}{sC}I_C(s) \quad 或者 \quad I_C(s)=sCU_C(s) \tag{6.4-4}$$

电感元件 s 域电压与电流关系已在例 6-14 中推出，根据式（6.2-20）、式（6.2-16）和式（6.2-17）可画出电感 s 域模型，见表 6-3 最后两行。其他元件不再一一详细推导。

表 6-3　元件的 s 域模型

$\mathscr{L}[u(t)]=U(s)$，$\mathscr{L}[i(t)]=I(s)$，$\mathscr{L}[u_s(t)]=U_s(s)$，$\mathscr{L}[i_s(t)]=I_s(s)$

元件	时域模型	条件	s 域模型
电阻	$i(t)$　$R(G)$　+　$u(t)$　−		$I(s)$　$R(G)$　+　$U(s)$　−
电压源	+　$u_s(t)$　−		+　$U_s(s)$　−
电流源	$i_s(t)$		$I_s(s)$
电容	+　$i_C(t)$　$u_C(t)$　C　−	$u_C(0^-)\neq 0$	+　$I_C(s)$　$\frac{1}{sC}$　$U_C(s)$　$\frac{u_C(0^-)}{s}$　+　−　−；+　$I_C(s)$　$U_C(s)$　$\frac{1}{sC}$　$Cu_C(0^-)$　−
		$u_C(0^-)=0$	+　$I_C(s)$　$\frac{1}{sC}$　$U_C(s)$　−

续表

元件	时域模型	条件	s 域模型
电感	$i_L(t)$ + $u_L(t)$ − L	$i_L(0^-)\neq 0$	+ $I_L(s)$ $U_L(s)$ sL $\frac{i_L(0^-)}{s}$ − ；+ $I_L(s)$ $U_L(s)$ sL − $Li_L(0^-)$ +
		$i_L(0^-)=0$	+ $I_L(s)$ $U_L(s)$ sL −

2．电路 s 域模型

根据已知的时域电路模型建立 s 域电路模型遵循以下规则：时域电路中元件的互连关系、电量（指电压与电流）的参考方向保持不变；把元件的时域模型改为 s 域模型；电量都用象函数表示。

例 6-28　电路如图 6-10(a)所示。$t<0$ 时，电路处于直流稳定状态；$t=0$ 开关合上，请画出 $t>0$ 的 s 域电路模型。

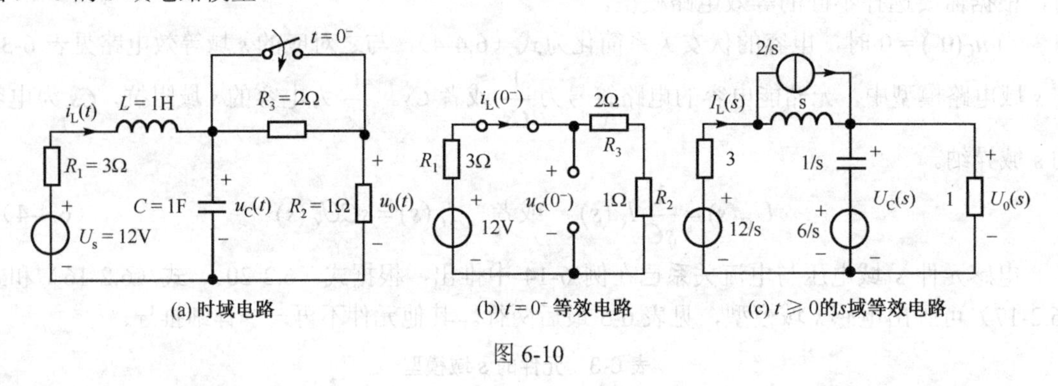

图 6-10

解：第一步，求 $u_C(0^-)$和 $i_L(0^-)$。

在 $t=0^-$时刻，电路处于直流稳态，电感短路，电容开路，等效电路如图 6-10(b)所示。根据图 6-10(b)求得：

$$i_L(0^-)=\frac{12}{3+2+1}=2\,(\mathrm{A})$$

$$u_C(0^-)=\frac{2+1}{3+2+1}\times 12=6\,(\mathrm{V})$$

第二步，画 $t\geqslant 0$ 的 s 域等效电路，如图 4-10(c)所示。

在图 4-10(c)中，外加激励是象函数为 $12/s$ 的电压源，它单独作用产生零状态响应；$2/s$ 电流源和 $6/s$ 电压源分别是电感元件和电容元件起始储能转化的电源，在这两个等效电源作用下产生零输入响应。

3．举例

例 6-29　电路如图 6-11(a)所示。$t<0$ 时电路处于稳定状态，已知 $u_C(0^-)=-2\mathrm{V}$；$t=0$ 时

开关 S 闭合，接入电压源 $u_s(t)=e^{-2t}$ V。求 $t>0$ 的电容电压全响应 $u_C(t)$、零输入响应 $u_{czi}(t)$和零状态响应 $u_{czs}(t)$。

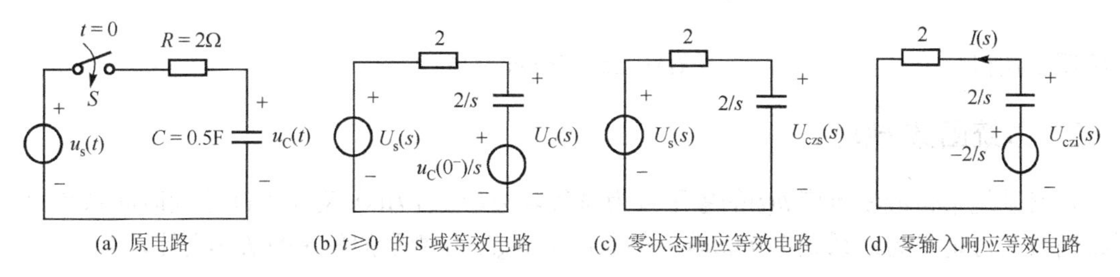

图 6-11

解：根据已知条件绘出 $t\geqslant 0$ 的 s 域等效电路，见图 6-11(b)。图中电压源 $U_s(s)$为外加激励，是产生零状态响应的“源”；电容元件在 $t=0^-$时刻的储能等效为电压源 $u_C(0^-)/s$，是产生零输入响应的“源”。

（1）求零状态响应。

令：$u_C(0^-)/s=0$，把图 6-11(b)中的该电压源短路，零状态响应的等效电路如图 6-11(c)所示。外加电压源的象函数$U_S(s)=\mathscr{L}[e^{-2t}\varepsilon(t)]=\dfrac{1}{s+2}$。利用分压公式得：

$$U_{czs}(s)=\frac{2/s}{2+2/s}U_S(s)=\frac{1}{s+1}\times\frac{1}{s+2}=\frac{1}{s+1}-\frac{1}{s+2}$$

拉氏反变换得：
$$u_{czs}(t)=\mathscr{L}^{-1}[U_{czs}(s)]=(e^{-t}-e^{-2t})\varepsilon(t)\ \ \text{V}$$

（2）求零输入响应。

令 $U_s(s)=0$，把图 6-11(b)中的该电压源短路，零输入响应的等效电路见图 6-11(d)。

$$U_{czi}(s)=2I(s)=2\times\frac{-2/s}{2/s+2}=-\frac{2}{s+1}$$

拉氏反变换得：
$$u_{czi}(t)=\mathscr{L}^{-1}[U_{czi}(s)]=-2e^{-t}\varepsilon(t)\quad \text{V}$$

（3）求全响应。

时域叠加零输入响应和零状态响应，全响应为

$$u_C(t)=u_{czi}(t)+u_{czs}(t)=-2e^{-t}\varepsilon(t)+(e^{-t}-e^{-2t})\varepsilon(t)=-(e^{-t}+e^{-2t})\varepsilon(t)$$

例 6-30　二阶电路如图 6-12(a)所示。$t=0$ 开关闭合，求 $t>0$ 的电流 $i_L(t)$。

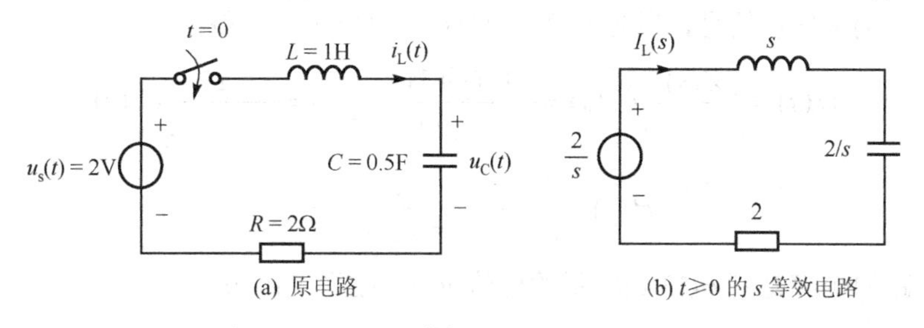

图 6-12

解：由题意知，电感与电容都无起始储能，有 $u_C(0^-)=0$V，$i_L(0^-)=0$A；因而，$t>0$ 的响应只有零状态响应。绘制 $t\geqslant 0$ 的 s 域电路模型如图 6-12(b)所示。图中回路电流为

$$I_{\mathrm{L}}(s)=\frac{1}{2+s+\frac{2}{s}}\times\frac{2}{s}=\frac{2}{s^2+2s+2}=\frac{2}{(s+1)^2+1}$$

拉氏反变换得：$$i_{\mathrm{L}}(t)=2\mathrm{e}^{-t}\sin t\,\varepsilon(t)\quad \mathrm{A}$$

6.4.2 系统函数 $H(s)$

定义系统单位冲激响应 $h(t)$的象函数为系统函数，记为 $H(s)$。对于 LTI 连续时间系统而言，系统函数又可定义为：系统零状态响应的象函数 $R_{\mathrm{zs}}(s)$与激励的象函数 $E(s)$之比，有：

$$H(s)=\frac{R_{\mathrm{zs}}(s)}{E(s)} \tag{6.4-5}$$

在 LTI 系统中，系统函数与激励无关，完全由系统结构与系统参数决定，所以在求系统函数 $H(s)$时可以任意假设输入信号。

例 6-31 电路如图 6-13(a)所示，输出是 $u(t)$。求系统函数 $H(s)$。

解：根据系统函数的定义，要在零状态条件下求 $H(s)$。画零状态响应的 s 域等效电路模型，如图 6-13(b)所示。图 6-13(c)为化简等效电路，其中 $Z(s)=1//\frac{1}{s}=\frac{1}{s+1}$。

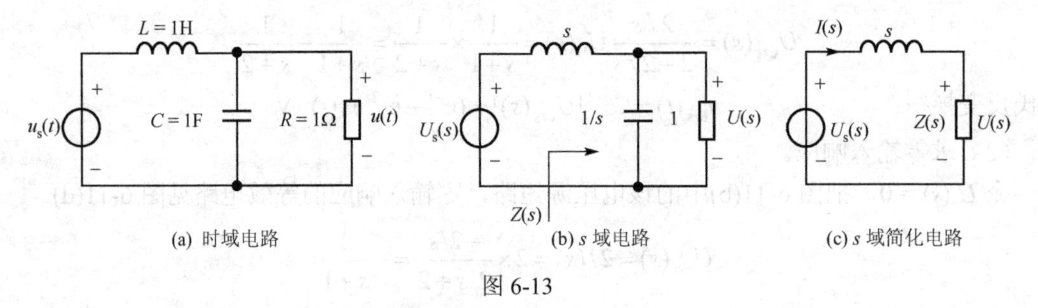

图 6-13

方法一：依据 $h(t)$与 $H(s)$是一对拉氏变换，求 $H(s)$。

令：外加激励 $u_s(t)=\delta(t)$，则 $U_s(s)=1$。利用分压关系得：

$$H(s)=U(s)=\frac{Z(s)}{s+Z(s)}=\frac{1/(s+1)}{s+1/(s+1)}=\frac{1}{s^2+s+1}$$

方法二：根据式（6.4-5），求 $H(s)$。

设电压源 $u_s(t)$是任意信号，其象函数为 $U_s(s)$。由分压公式得：

$$U(s)=\frac{Z(s)}{s+Z(s)}U_s(s)=\frac{1/(s+1)}{s+1/(s+1)}U_s(s)=\frac{1}{s^2+s+1}U_s(s)$$

则有：$$H(s)=\frac{U(s)}{U_s(s)}=\frac{1}{s^2+s+1}$$

如果该电路的响应是图 6-13(c)所示的电流 $I(s)$，则系统函数为

$$H(s)=\frac{I(s)}{U_s(s)}=\frac{1}{s+\frac{1}{s+1}}=\frac{s+1}{s^2+s+1}$$

可见，一个系统的系统函数不是唯一的，选择不同的响应会有不同的 $H(s)$。

例 6-32　已知 $H(\mathrm{j}\omega)=\dfrac{\mathrm{j}\omega+3}{2-\omega^2}$，求 $H(s)$。

解： $H(s)=H(\mathrm{j}\omega)\big|_{\mathrm{j}\omega=s}=\left.\dfrac{\mathrm{j}\omega+3}{2-\omega^2}\right|_{\mathrm{j}\omega=s}=\left.\dfrac{\mathrm{j}\omega+3}{2+(\mathrm{j}\omega)^2}\right|_{\mathrm{j}\omega=s}=\dfrac{s+3}{2+s^2}$

例 6-33　已知描述某因果系统输入与输出关系的微分方程为

$$r''(t)+3r'(t)+2r(t)=e'(t)+3e(t)$$

求系统函数 $H(s)$。

解： 设激励 $e(t)$是因果信号，则 $e'(0^-)=e(0^-)=0$；当 $r(t)=r_{zs}(t)$为因果系统的零状态响应时，$r_{zs}(0^-)=r_{zs}'(0^-)=0$；对微分方程两边取拉氏变换，若有 $\mathscr{L}[r_{zs}(t)]=R_{zs}(s)$，$\mathscr{L}[e(t)]=E(s)$，则有：

$$s^2R_{zs}(s)+3sR_{zs}(s)+2R_{zs}(s)=sE(s)+3E(s)$$

整理得：

$$H(s)=\frac{R_{zs}(s)}{E(s)}=\frac{s+3}{s^2+3s+2}$$

例 6-34　描述系统输入与输出关系的方框图如图 6-14 所示，求该系统函数。

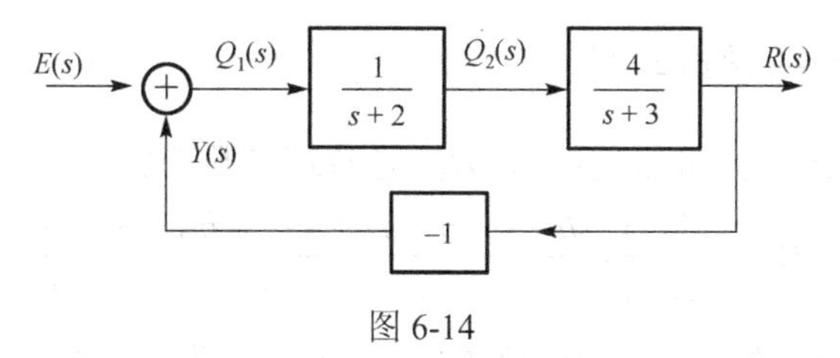

图 6-14

解： 在图中加法器、子系统的输出中设中间变量 $Q_1(s)$、$Q_2(s)$和 $Y(s)$，见图 6-14。根据系统函数的定义，三个子系统的输入与输出关系分别为

$$Q_2(s)=\frac{1}{s+2}Q_1(s) \tag{1}$$

$$R(s)=\frac{4}{s+3}Q_2(s) \tag{2}$$

$$Y(s)=-R(s) \tag{3}$$

加法器输出为

$$Q_1(s)=E(s)+Y(s)=E(s)-R(s) \tag{4}$$

联立以上四个式子，消去中间变量 $Q_1(s)$、$Q_2(s)$和 $Y(s)$，得到输出与输入之比，即系统函数为

$$H(s)=\frac{R(s)}{E(s)}=\frac{4}{s^2+5s+10}$$

思考与练习

6.4-1　能否由已知的 $H(s)$写出描述系统的时域微分方程？为什么？

6.4-2　某系统模型如练习题图 6.4-2(a)所示。已知系统的初始储能为零，若输入信号 $e(t)=2\varepsilon(t)$V：

（1）请用三要素法求输出电压 $u(t)$；

（2）请用卷积法求 $u(t)$；

（3）请用拉氏变换求 $u(t)$；

（4）如果输入信号 $e(t)$如练习题图 6.4-2(b)所示，你认为能用哪些方法求 $u(t)$？请用你选择的方法求之。

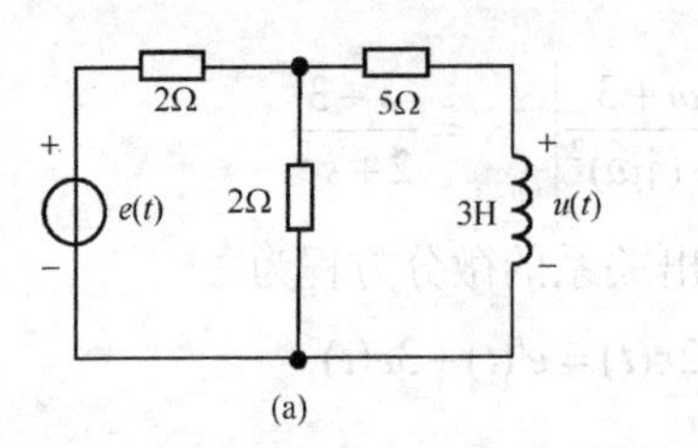

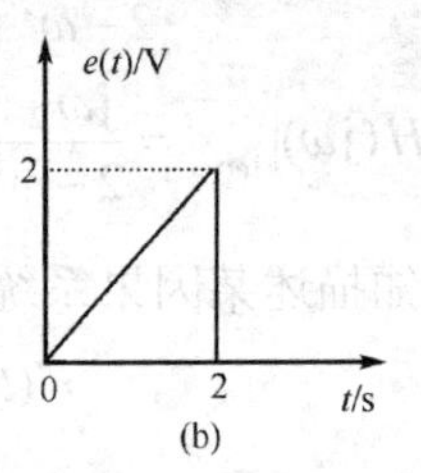

练习题 6.4-2 图

6.5 系统函数的零、极点分析

与时域单位冲激响应 $h(t)$和频域系统函数 $H(j\omega)$一样，复频域系统函数 $H(s)$也是描述系统的一种数学函数。用三个不同域中的函数表示同一个系统，这三个函数之间必然存在某种联系，本节将从零点与极点角度分析它们之间的关系。首先给出零点与极点的定义，再讨论 $H(s)$的零点、极点在复平面上的分布与系统时域特性、频域特性和系统稳定性的关系。

6.5.1 系统函数 $H(s)$的零点与极点

在 6.3 节已指出，LTI 连续时间系统的 $H(s)$是有理函数形式

$$H(s)=\frac{B(s)}{A(s)}=\frac{b_m s^m+b_{m-1}s^{m-1}+\cdots+b_i s^i+\cdots+b_0}{s^n+a_{n-1}s^{n-1}+\cdots+a_j s^j+\cdots+a_0}$$

把式中分子多项式 $B(s)=0$ 的根称为 $H(s)$的零点；分母多项式 $A(s)=0$ 的根称为 $H(s)$的极点。上式可用零、极点表示为

$$H(s)=\frac{B(s)}{A(s)}=b_m\frac{(s-z_1)(s-z_2)\dots(s-z_m)}{(s-p_1)(s-p_2)\dots(s-p_n)}=b_m\frac{\prod_{i=1}^{m}(s-z_i)}{\prod_{j=1}^{n}(s-p_j)} \quad (6.5\text{-}1)$$

由式可见，一旦确定了系数 b_m、系统的全部极点 p_j 和零点 z_i，该系统就完全确定了。系统函数 $H(s)$的变化规律及特性与常数 b_m 无关，完全取决于极点和零点。为了直观地了解系统的零点和极点分布情况，通常把零点和极点标注在 s 平面上；极点用“×”表示，零点用“○”表示，这样构成的零点与极点的分布图被称为零极图。

例 6-35 已知某系统函数 $H(s)=\dfrac{2(s^2-2s+2)}{s^3+2s^2+s}$，请绘出该系统的零极图。

解：$H(s)$的极点是分母多项式 $s^3+2s^2+s=s(s+1)^2=0$ 的根，三个极点分别为

$$p_1=0，p_2=p_3=-1$$

系统的零点是分子多项式 $s^2-2s+2=(s-1-j)(s-1+j)=0$ 的根，系统的零点分别为

$$z_1=1-j，z_2=1+j$$

把以上零点和极点标注在 s 平面上，如图 6-15 所示。在 $s=-1$ 处用两个“×”表示二阶极点。

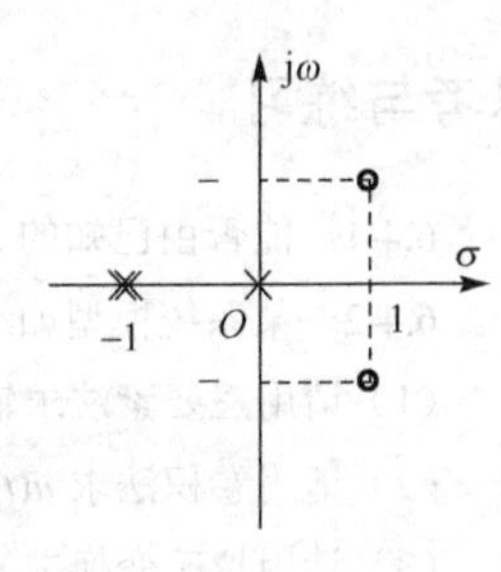

图 6-15

例 6-36　某系统的零极图如图 6-16 所示。已知 $h(0^+)=2$，求该系统函数 $H(s)$。

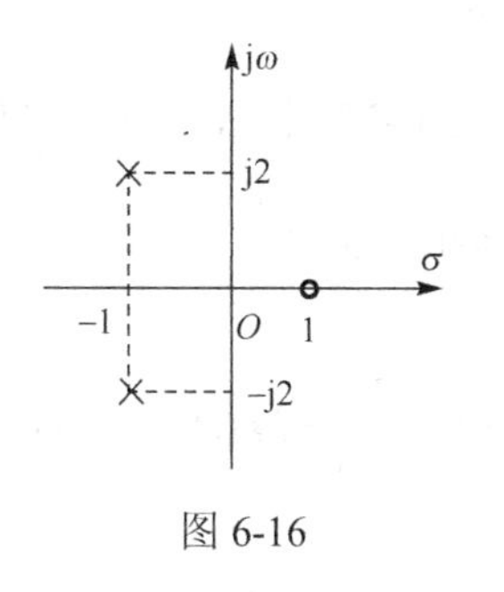

图 6-16

解：根据零极图给出的零点和极点，设系统函数为

$$H(s)=k\frac{s-1}{(s+1+\mathrm{j}2)(s+1-\mathrm{j}2)}=k\frac{s-1}{s^2+2s+5}$$

根据初值定理确定系数 k，有：

$$h(0^+)=2=\lim_{s\to\infty}sH(s)=\lim_{s\to\infty}\frac{ks(s-1)}{s^2+2s+5}=k$$

系统函数为
$$H(s)=\frac{2(s-1)}{s^2+2s+5}$$

对于 LTI 连续时间系统，由于复数零点和复数极点都以共轭形式成对出现，所以零点和极点都沿实轴镜像对称分布。

6.5.2　$H(s)$的零点和极点分布与时域波形的关系

系统函数 $H(s)$的逆变换是单位冲激响应 $h(t)$，因此 $h(t)$的波形特点和变化规律必然与 $H(s)$的零点与极点在 s 平面上的位置和分布存在密切联系。弄清 $H(s)$的零点和极点位置与时域波形之间存在的规律，有助于分析系统的稳定性。

1．极点与波形的关系

回顾用部分分式展开法的求解过程不难理解，象函数 $F(s)$的极点决定时间函数 $f(t)$的模式，对 $f(t)$的变化起主导作用。以下讨论单极点、共轭极点和重极点在 s 平面的位置与时域波形的对应关系。

1）单极点

（1）极点位于左半平面。

当单极点落在负实轴上时，其对应指数衰减波形。比如，$H_1(s)=\dfrac{k}{s+a}$，$a>0$，有一个 $s=-a$ 的极点，$H_1(s)$ 的逆变换为 $h_1(t)=k\mathrm{e}^{-at}\varepsilon(t)$，见图 6-17 中标号为①的极点与波形。$a$ 值越大，极点距离纵轴越远，衰减越快。

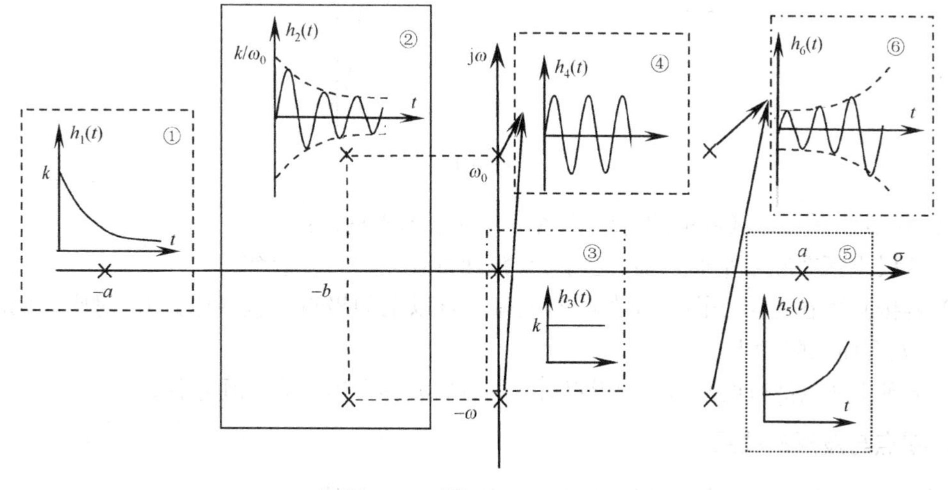

图 6-17

位于左半平面上的共轭极点，比如，系统函数$H_2(s)=\dfrac{k}{(s+b)^2+\omega_0^2}$，$b>0$，其对应的原函数为$h_2(t)=\dfrac{k}{\omega_0}\mathrm{e}^{-bt}\sin\omega_0 t\,\varepsilon(t)$，时域波形按指数规律振荡衰减，见图 6-17 中标号为②的共轭极点$s=-b\pm \mathrm{j}\omega_0$与对应的时域波形。极点离横轴越远，波形的振荡频率越高。

（2）极点位于虚轴。

当单极点位于原点时，对应的时域波形为阶跃函数，如$h_3(t)=\mathscr{L}\left[\dfrac{k}{s}\right]=k\varepsilon(t)$。$h_3(t)$的极点与波形见图 6-17 中的标号③。

在虚轴上的共轭极点对应等幅振荡的时域波形，比如$h_4(t)=\mathscr{L}\left[\dfrac{k}{s^2+\omega_0^2}\right]=\dfrac{k}{\omega_0}\sin\omega_0 t\varepsilon(t)$，极点$s=\pm \mathrm{j}\omega_0$与波形见图 6-17 中的标号④。

（3）极点位于右半平面。

落在正实轴上的单极点，对应的时域波形呈单调指数增长，见图 6-17 中标号为⑤的极点与波形。

位于右半平面上的共轭极点，对应的时域波形按指数增长规律振荡，见图 6-17 中标号为⑥的极点与波形。

2）重极点

重极点对应的时域波形比单极点复杂，但仍存在规律。图 6-18 呈现了几种典型的二重极点与对应时域波形的关系。

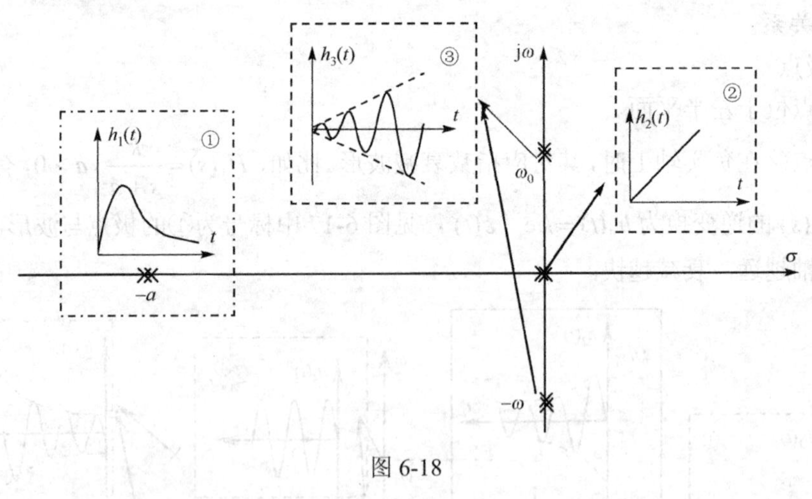

图 6-18

归纳极点位置与时域波形的对应关系，有以下基本规律：

① 若极点落在左半平面，随t趋于无穷，时域波形呈衰减趋势。

② 若极点落在右半平面，或在虚轴上有二阶以上的极点（包括原点），对应时域波形随时间趋于无穷而无限增大。

③ 虚轴上（包括原点）的一阶极点对应的时域波形等幅振荡或恒定不变。

2. 零点与波形的关系

零点对时域波形的影响可以从以下特例窥视到一般规律。

例 6-37　求 $H_1(s)=\dfrac{s}{s^2+\omega_0^2}$ 和 $H_2(s)=\dfrac{s+\omega_0}{s^2+\omega_0^2}$ 的原函数。

解：两个象函数的差别是零点不同，$H_1(s)$的零点在原点，$H_2(s)$的零点为 $s=-\omega_0$。

$$h_1(t)=\mathscr{L}\left[\frac{s}{s^2+\omega_0^2}\right]=\cos\omega_0 t\,\varepsilon(t)$$

$$h_2(t)=\mathscr{L}\left[\frac{s}{s^2+\omega_0^2}+\frac{\omega_0}{s^2+\omega_0^2}\right]=(\cos\omega_0 t+\sin\omega_0 t)\varepsilon(t)=\sqrt{2}\cos(\omega_0 t-45^\circ)\varepsilon(t)$$

可见，象函数的零点影响时域波形的幅度和初相，象函数的极点则决定时域波形的模式。

6.5.3　系统的稳定性

一个能够正常工作的系统首先必须是稳定系统，稳定是对系统的基本要求。所谓稳定是指，当系统被施加一个小的扰动时，只会引起一个有限响应。稳定系统定义为：若对任意有界输入，系统的零状态响应也有界，则称该系统是有界输入有界输出（BIBO）稳定系统，简称为稳定系统。换句话说，只要有一个有界输入使系统产生了无界输出，这个系统就是不稳定的。事实上，通过穷举全部有界输入信号来考察某个系统是否输出有界是不可操作的，因此需要改变观察角度。从上述定义出发，可以证明，LTI 系统 BIBO 稳定的充分必要条件是单位冲激响应绝对可积，即

$$\int_{-\infty}^{\infty}|h(\tau)|\mathrm{d}\tau<\infty \tag{6.5-2}$$

对于 LTI 因果系统，BIBO 稳定的充分必要条件则为

$$\int_{0^-}^{\infty}|h(\tau)|\mathrm{d}\tau<\infty \tag{6.5-3}$$

由式（6.5-3）可进一步推知，绝对可积的 $h(t)$一定是随时间增加而衰减的函数。因此，因果稳定系统的单位冲激响应该具有以下极限值：

$$\lim_{t\to\infty}h(t)=0 \tag{6.5-4}$$

由 6.5.2 节的学习中我们知道，落在 s 域左半平面的极点，无论是单极点还是重极点，是实数极点还是共轭复极点，其对应的时间函数都满足式（6.5-4）。从极点角度看，因果系统稳定的充分必要条件是：当且仅当 $H(s)$的极点都落在 s 域的左半平面时，LTI 因果系统稳定，否则不稳定。

例 6-38　二阶系统如图 6-19(a)所示，输入为 $u_s(t)$，输出为 $i(t)$，试判断系统的稳定性。

分析思路：先找系统函数 $H(s)$，然后求出 $H(s)$的极点，再根据极点位置判断系统的稳定性。

解：$H(s)$属于零状态响应，因此建立零状态响应的 s 域电路模型，如图 6-19(b)所示。列回路电压方程：

$$\left(\frac{2}{s}+3+s\right)I(s)=U_s(s)$$

整理得：

$$H(s)=\frac{I(s)}{U_s(s)}=\frac{1}{\dfrac{2}{s}+3+s}=\frac{s}{s^2+3s+2}=\frac{s}{(s+1)(s+2)}$$

$H(s)$的两个极点分别为 $p_1=-1$，$p_1=-2$，都在 s 域的左半平面，故判断该系统稳定。

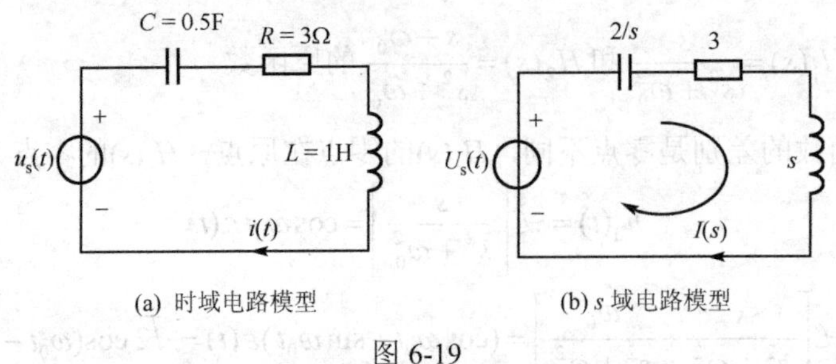

(a) 时域电路模型 (b) s 域电路模型

图 6-19

系统的稳定性取决于 $H(s)$的分母多项式的根，那么稳定系统 $H(s)$的分母多项式有何基本特征呢？下面讨论这个问题。设：系统函数 $H(s)$的分母多项式的一般形式为

$$\begin{aligned} A(s) &= a_n s^n + a_{n-1}s^{n-1} + a_{n-2}s^{n-2} + \cdots + a_j s^j + \cdots + a_1 s + a_0 \\ &= a_n(s+p_1)(s+p_2)\cdots(s+p_k)\cdots(s+p_n) \end{aligned} \tag{6.5-5}$$

当系统稳定时，$A(s) = 0$ 的 n 个根 p_k 都落在左半平面内。根 p_k 的基本形式有两种：实数根与共轭复根。当根是负实数时，多项式结构为

$$A(s) = s + \sigma_1, \qquad \sigma_1 > 0 \tag{6.5-6}$$

当根落在左半平面，为共轭复数时，多项式结构为

$$A(s) = (s+\sigma_0+\text{j}\omega_0)(s+\sigma_0-\text{j}\omega_0) = s^2 + 2\sigma_0 s + (\sigma_0^2+\omega_0^2) \quad \sigma_0 > 0,\ \omega_0 > 0 \tag{6.5-7}$$

可见，多项式（6.5-6）和式（6.5-7）从最高项到常数项都不缺项且系数同号。稳定系统的 $A(s)$由以上两种基本形式的多项式相乘构成。比如，负实轴上的二重根 $A(s) = a_n(s+\sigma)^2$；负实轴上两个不相等的实根 $A(s) = a_n(s+\sigma_1)(s+\sigma_2)$；在左半平面上有一个实根和一对共轭复根 $A(s) = a_n(s+\sigma)[(s+\sigma_1)^2+\omega_1^2]$等各种组合。不难推断，由式（6.5-6）和式（6.5-7）相乘构成的多项式 $A(s)$也都不缺项和系数同号。由此，归纳稳定系统函数的分母多项式 $A(s)$有两个基本特征：

① $A(s)$从最高项 s^n 到常数项无缺项。

② $A(s)$的系数 a_j 全同号。

若 $A(s)$缺项或者系数不同号，意味着系统函数 $H(s)$在右半平面或虚轴上有极点。可断定系统不稳定。

例 6-39 四个系统的 $H(s)$分别如下，试判断它们的稳定性。

（1）$H_1(s) = \dfrac{s^2+2s+1}{s^3+4s^2+2s-1}$

（2）$H_2(s) = \dfrac{2s^2+3}{2s^3+5s^2+9}$

（3）$H_3(s) = \dfrac{3}{s^2+9s+8}$

（4）$H_4(s) = \dfrac{s^2+4s+1}{2s^3+s^2+s+6}$

解：（1）$H_1(s)$的分母多项式系数不同号，故可判断该系统不稳定。

（2）$H_2(s)$的分母多项式缺 s 项，故判断该系统不稳定。

（3）二阶系统 $H_3(s)$的分母多项式不缺项且系数同号，判断该二阶系统稳定。不难求出，该系统的两个极点分别为：$p_1 = -1$，$p_2 = -8$，都在左半平面。

（4）$H_4(s)$的分母多项式不缺项且系数同号，但不能由此断定该三阶系统稳定。事实上，分母多项式 $2s^3+s^2+s+6=0$ 的三个根分别为 $0.5\pm\mathrm{j}\sqrt{7}/2$、$-1.5$，其中两个共轭复根位于在右半平面，系统不稳定。

对于一阶和二阶系统，$A(s)$多项式无缺项且系数同号是判断系统稳定的充分必要条件。但是，对于三阶以上系统而言，$A(s)$不缺项和系数同符号只是系统稳定的必要条件，而非充分条件。当系统稳定时，分母多项式 $A(s)$一定不缺项且系数同号。反之，当 $A(s)$不缺项且系数同号时，系统不一定稳定。当遇到三阶以上系统函数 $H(s)$的分母多项式 $A(s)$不缺项且系数同号时，需要进一步采用其他方法判断系统的稳定性，比如罗斯准则。

在前述终值定理时指出，只有当$f(t)$的终值存在时才能用终值定理求$f(\infty)$。现在可以回答“如何根据 $F(s)$判断终值$f(\infty)$是否存在”的问题了。仅当 $F(s)$的极点都落在左半平面（包括 $s=0$ 有一阶极点）时，或者说，当 $F(s)$在右半平面和虚轴上（不包括原点的单极点）没有极点时，$f(\infty)$存在，这时能用终值定理确定$f(\infty)$。

6.5.4　H(s)的零点和极点分布与频率特性的关系

当 $H(s)$的收敛域包括虚轴时，根据 $H(s)$能够直接获取系统的频谱函数 $H(\mathrm{j}\omega)$，两者之间的关系为

$$H(\mathrm{j}\omega)=H(s)\big|_{s=\mathrm{j}\omega}$$

可见，通过 $H(s)$分析系统频率特性时，限制 s 在虚轴上连续取值。本节的中心议题为：如何根据 $H(s)$的零极图绘制系统的幅频特性曲线和相频特性曲线。一旦掌握了系统的频率特性曲线，系统的频率变化规律、滤波器的类型就一目了然了。下面举例说明。

例 6-40　已知某一阶系统的系统函数 $H(s)=\dfrac{s}{s+2}$，请粗略地绘出系统频率特性曲线，并判断是何种滤波器。

解：分析方法与步骤：

第一步，绘制 $H(s)$的零极图，如图 6-20(a)所示。

第二步，确定谱函数 $H(\mathrm{j}\omega)$。

利用 $H(\mathrm{j}\omega)=H(s)\big|_{s=\mathrm{j}\omega}$ 获取 $H(\mathrm{j}\omega)$ 的前提条件是 $H(s)$的收敛域要包括虚轴。那么，由零极图如何确定 $H(s)$的收敛域呢？应掌握两个要点：①收敛域内无极点；②单边拉氏变换的收敛域在收敛轴的右边区域。以图 6-21 零极图为例，平面中最右端是一对共轭极点，其实部 $\sigma=-1$，因此要保证收敛域内无极点，收敛轴在$\sigma=-1$；$H(s)$的收敛域为$\sigma>-1$，见图 6-21 的深色区域。

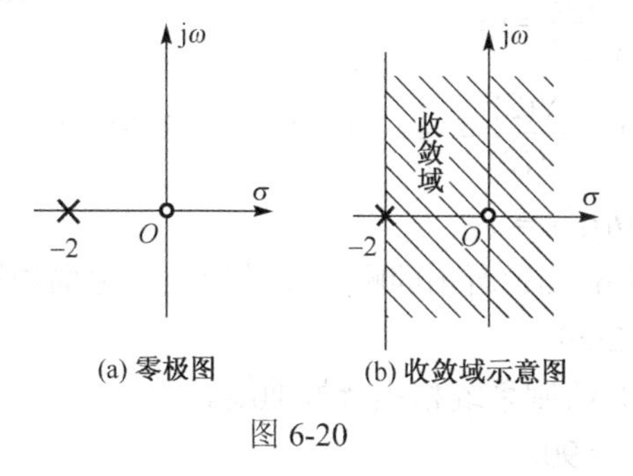

(a) 零极图　(b) 收敛域示意图

图 6-20

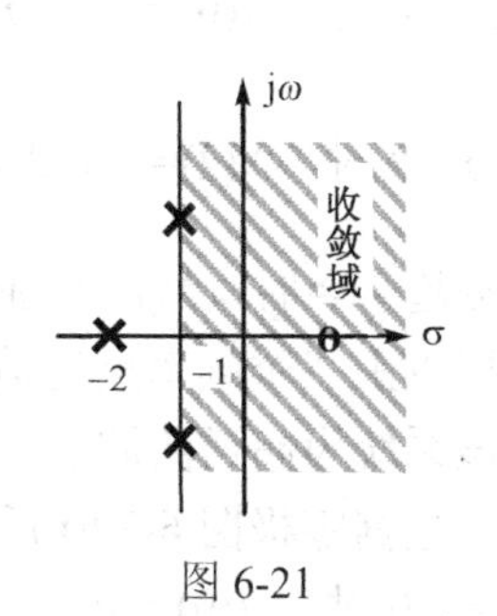

图 6-21

在例 6-40 中，系统函数只有一个位于 $s=-2$ 的极点，故收敛域为 $\sigma>-2$，$H(s)$的收敛域包括虚轴，见图6-20(b)所示的深色区域。因而有：

$$H(\mathrm{j}\omega)=H(s)\big|_{s=\mathrm{j}\omega}=\frac{\mathrm{j}\omega}{2+\mathrm{j}\omega} \quad (1)$$

第三步，用矢量表示 $H(\mathrm{j}\omega)$。

令：$\mathrm{j}\omega=\omega\angle 90^\circ=N(\omega)\angle\varphi(\omega)$，$2+\mathrm{j}\omega=\sqrt{4+\omega^2}\angle\arctan\dfrac{\omega}{2}=M(\omega)\angle\theta(\omega)$。式（1）的极坐标形式为

$$H(\mathrm{j}\omega)=|H(\mathrm{j}\omega)|\angle\psi(\omega)=\frac{N(\omega)\angle\varphi(\omega)}{M(\omega)\angle\theta(\omega)}=\frac{N(\omega)}{M(\omega)}\angle\varphi(\omega)-\theta(\omega)$$

$$=\frac{\omega\angle 90^\circ}{\sqrt{4+\omega^2}\angle\arctan\dfrac{\omega}{2}}=\frac{\omega}{\sqrt{4+\omega^2}}\angle 90^\circ-\arctan\frac{\omega}{2}$$

系统幅频函数为
$$|H(\mathrm{j}\omega)|=\frac{N(\omega)}{M(\omega)}=\frac{\omega}{\sqrt{4+\omega^2}} \quad (2)$$

系统相频函数为
$$\psi(\mathrm{j}\omega)=\varphi(\omega)-\theta(\omega)=90^\circ-\arctan\frac{\omega}{2} \quad (3)$$

在正虚轴上任选一个频率点ω，见图 6-22(a)。式（1）中分子 jω用从零点指向频率点ω的矢量表示，矢量模$N(\omega)=\omega$，矢量与正实轴夹角为$\varphi(\omega)=90^\circ$；式（1）中分母 2+jω用从极点指向频率点ω的矢量表示，见图 6-22(a)。矢量模 $M(\omega)=\sqrt{2^2+\omega^2}$，矢量与正实轴夹角为 $\theta(\omega)=\arctan\dfrac{\omega}{2}$。

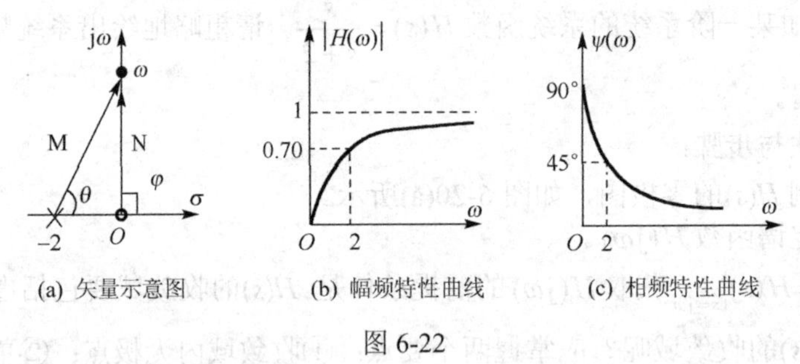

(a) 矢量示意图　(b) 幅频特性曲线　(c) 相频特性曲线

图 6-22

第四步，根据式（2）和式（3），绘制系统的频率特性曲线。

（1）根据零极图 6-22(a)和幅频函数式（2）绘制系统的幅频特性曲线。

当$\omega=0$ 时，$N(0)=0$，$M(0)=2$，$|H(0)|=\dfrac{N(0)}{M(0)}=0$；

当$\omega=2$ 时，$N(2)=2$，$M(2)=2\sqrt{2}$，$|H(2)|=\dfrac{N(2)}{M(2)}=\dfrac{1}{\sqrt{2}}=0.707$，为半功率点；

当ω趋于∞时，$N(\omega)$和 $M(\omega)$都趋于∞，$|H(\mathrm{j}\omega)|=1$。

根据以上三个频率点的数值，粗略绘出图 6-22(b)所示的幅频特性曲线。由幅频特性曲线可知，该系统为高通滤波器，截止角频率$\omega_c=2\text{rad/s}$。

（2）根据零极图 6-22(a)和相频函数式（3）绘制系统相频特性曲线。

当$\omega=0$ 时，$\theta(0)=0^\circ$，$\psi(0)=90^\circ-\theta(0)=90^\circ$；

当$\omega=2$时，$\theta(2)=45°$，$\psi(2)=90°-\theta(2)=45°$；

当ω趋于∞时，$\theta(\omega)$趋于 90°，有$\psi(\mathrm{j}\omega)=0$。

根据以上分析，大致绘出系统的相频特性曲线，如图 6-22(c)所示。

在复平面上，不同位置的零点与极点对频率特性的影响程度大不相同。靠近虚轴的零点和极点对系统频率特性的影响要比远离虚轴的零点和极点大，因为它们的模与角度随频率的变化比远离虚轴的零点和极点要灵敏得多。通常，在靠近虚轴的极点 $p=(\sigma_0+\mathrm{j}\omega_0)$的虚部$\omega_0$附近，幅频曲线呈现峰值，见图 6-23，形成带通选频特性。在靠近虚轴的零点 $z=(\sigma_1+\mathrm{j}\omega_1)$的虚部$\omega_1$附近，幅频曲线出现谷值，见图 6-24。说明$\omega_1$附近的频率受到抑制，形成带阻特性。相频曲线则在$\omega_0$及$\omega_1$附近变化均加快。

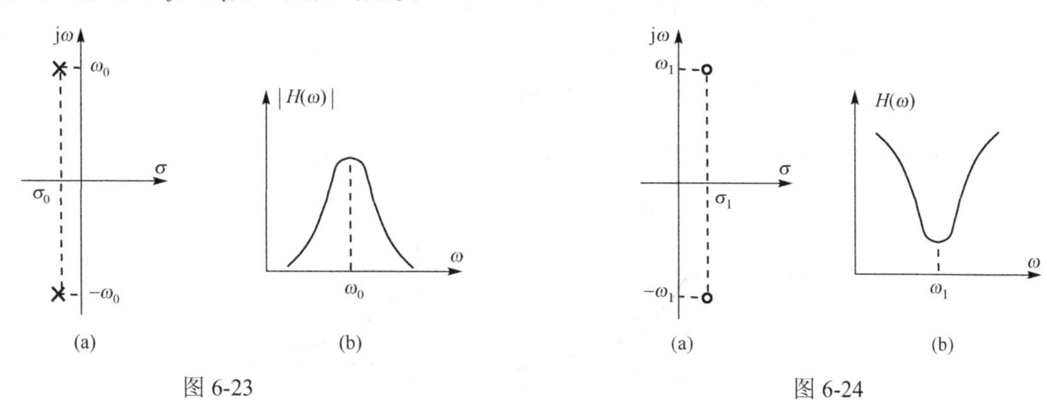

图 6-23　　图 6-24

思考与练习

6.5-1　如果两个稳定系统对某一输入信号作用下产生的零状态响应相同（响应不为零），可否推断，这两个稳定系统对任意输入信号产生的响应都相同？

6.5-2　当系统函数 $H(s)$的全部极点都落在 s 域的左半平面时，该系统是因果稳定系统，还是非因果稳定系统？为什么？

习　题　6

6-1　根据单边拉氏变换的定义，求下列时间函数的象函数，并指出其收敛域。

（1）$\varepsilon(t+1)-\varepsilon(t-1)$；　（2）$\varepsilon(t)-\varepsilon(t-1)$；

（3）$\delta(t)+2\mathrm{e}^{2t}\varepsilon(t)$；　（4）$(1-\mathrm{e}^{-at})\varepsilon(t)$；

6-2　根据单边拉氏变换的性质、定理以及已知常用函数的单边拉氏变换，求下列时间函数的单边拉氏变换。

（1）$[4\cos 2t-\sin 3t]\,\varepsilon(t)$；　（2）$\mathrm{e}^{-2t}\varepsilon(t)-\mathrm{e}^{-3t}\varepsilon(t)$；

（3）$t\mathrm{e}^{-t}\varepsilon(t)$；　（4）$\mathrm{e}^{-(t+2)}\cos 4t\,\varepsilon(t)$；

（5）$\delta(2t)+\varepsilon(t/2)$；　（6）$(2t+t^2)\,\varepsilon(t)$；

（7）$\int_{0^-}^{t}\mathrm{d}\tau$；　（8）$\int_{0^-}^{t}\mathrm{e}^{-a\tau}\mathrm{d}\tau$；

（9）$\mathrm{e}^{-2t}\varepsilon(t)*\mathrm{e}^{-t}\varepsilon(t)$；；　（10）；$(2t)^3\varepsilon(t)*\mathrm{e}^{-5t}\varepsilon(t)$；

6-3　利用单边拉氏变换的时移性，求下列函数的象函数。

（1）$\sin 2(t-t_0)\varepsilon(t-t_0)$；　（2）$\cos\omega_0 t\ \varepsilon(t-1)$；

（3）$\mathrm{e}^{-t}\varepsilon(t-1)$；　（4）$\mathrm{e}^{-t}\cos(t-t_0)\varepsilon(t-t_0)$；

（5）$\varepsilon(t)-2\varepsilon(t-1)+\varepsilon(t-2)$　（6）$\mathrm{e}^{-t}[\varepsilon(t)-\varepsilon(t-1)]$

6-4 请用至少两种方法计算题 6-1 图所示各波形的单边拉氏变换。

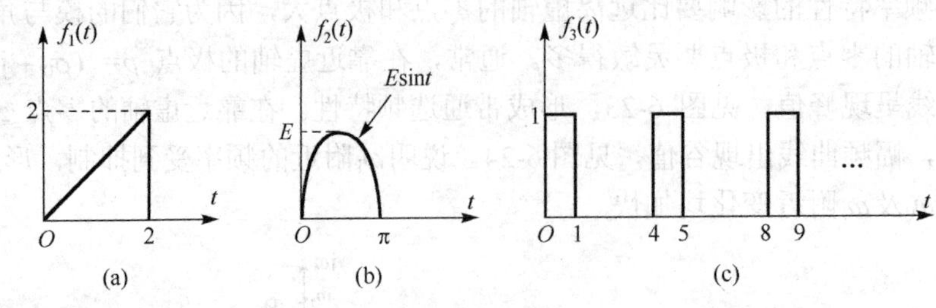

题 6-1 图

6-5 $f_1(t)$和$f_2(t)$的波形如题 6-2 图所示，求$f_1'(t)$与$f_2'(t)$的单边拉氏变换。

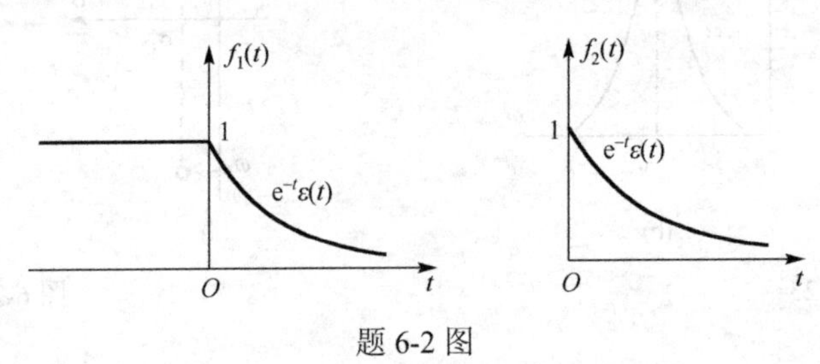

题 6-2 图

6-6 求下列象函数对应的原函数的初值$f(0^+)$和终值$f(\infty)$。

（1）$F(s)=\dfrac{s+2}{s^2+4s+5}$；　（2）$F(s)=\dfrac{2s^2+4}{s(s^2+2s+2)}$

6-7 用部分分式展开法求下列象函数的拉氏反变换。

（1）$F(s)=\dfrac{1}{(s+1)(s+2)}$；　（2）$F(s)=\dfrac{2s+5}{s^2+7s+12}$

（3）$F(s)=\dfrac{s+1}{s^2-1}$　（4）$F(s)=\dfrac{s+1}{s(s^2+4)}$

（5）$F(s)=\dfrac{3s}{(s+1)^2}$　（6）$F(s)=\dfrac{s+2}{s^2+2s+5}$

（7）$F(s)=\dfrac{s^2+4s+2}{s^2+6s+8}$　（8）$F(s)=\dfrac{2+s+\mathrm{e}^{-2s}}{s^2+4}$

（9）$F(s)=\dfrac{1-\mathrm{e}^{-s}+\mathrm{e}^{-2s}}{s^2}$　（10）$F(s)=\dfrac{1}{s(1+\mathrm{e}^{-3})}$

6-8 已知 $f(t)\varepsilon(t)\leftrightarrow F(s)$，求 $\mathrm{e}^{-at}f(at)\varepsilon(t)$ 的象函数。

6-9 已知 $f(t)\varepsilon(t)\leftrightarrow F(s)=\dfrac{s}{s^2+5s+4}$，求 $f\left(\dfrac{t}{2}\right)\varepsilon(t)$ 的拉氏变换。

6-10 求用下列微分方程描述的系统函数 $H(s)$和系统单位冲激响应 $h(t)$。

（1）$\dfrac{\mathrm{d}^2r(t)}{\mathrm{d}t^2}+11\dfrac{\mathrm{d}r(t)}{\mathrm{d}t}+24r(t)=5\dfrac{\mathrm{d}e(t)}{\mathrm{d}t}+3e(t)$

（2）$\dfrac{\mathrm{d}^2r(t)}{\mathrm{d}t^2}-r(t)=\dfrac{\mathrm{d}e(t)}{\mathrm{d}t}-e(t)$

6-11　某二阶 LTI 连续时间系统的系统函数为

$$H(s)=\frac{2s+3}{s^2+2s+5}$$

（1）若系统激励为 $e(t)=10\varepsilon(t)$，求系统的零状态响应；

（2）若系统激励为 $e(t)=\varepsilon(t-5)$，求系统的零状态响应；

（3）请写出描述该二阶系统的微分方程。

6-12　当激励 $e(t)=\mathrm{e}^{-t}\varepsilon(t)$作用于某 LTI 连续时间系统时，系统的零状态响应为

$$r_{\mathrm{zs}}(t)=(\mathrm{e}^{-t}-\mathrm{e}^{-2t}+\mathrm{e}^{-3t})\,\varepsilon(t)$$

求：（1）系统函数 $H(s)$；

（2）系统的单位冲激响应 $h(t)$。

6-13　电路如题 6-3 图所示。$t<0$ 时电路处于直流稳定状态，$t=0$ 时开关闭合，请用拉普拉斯变换求 $t\geqslant 0$ 的电感电流 $i_{\mathrm{L}}(t)$。

6-14　电路如题 6-4 图所示。（1）画出 s 域电路模型；（2）若电流源 $i_{\mathrm{s}}(t)=\varepsilon(t)$，求电压 $u(t)$。

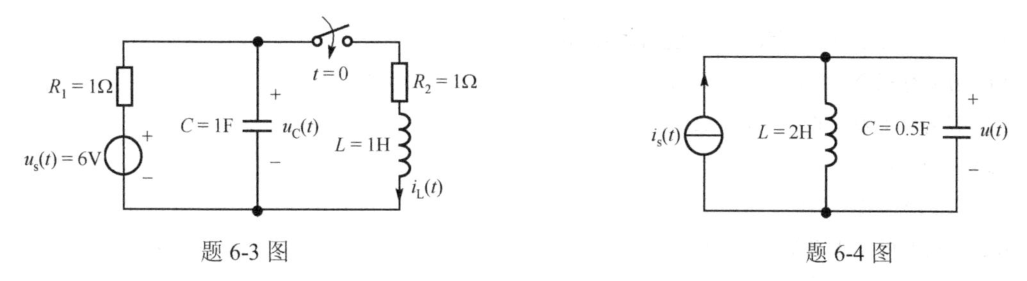

题 6-3 图　　　　题 6-4 图

6-15　题 6-5(a)图所示电路的输入信号如题 6-5(b)图所示，求 $t>0$ 的电流 $i(t)$。

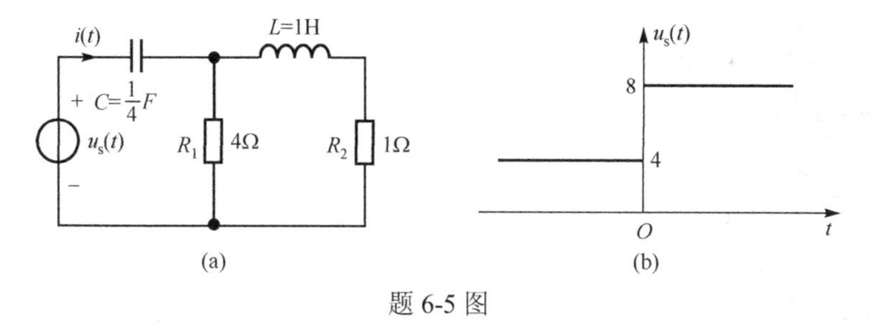

题 6-5 图

6-16　电路如题 6-6 图所示。已知 $t<0$ 时电路处于稳定状态，$t=0$ 时开关闭合；求 $t>0$ 流过电阻 R_1 的电流。

（1）全响应 $i(t)$；

（2）零输入响应分量 $i_{\mathrm{zi}}(t)$；

（2）零状态响应分量 $i_{\mathrm{zs}}(t)$。

6-17　电路如题 6-7 图所示，求：

（1）系统函数 $H(s)$；

（2）若输入电压 $u_{\mathrm{s}}(t)=\mathrm{e}^{-t}\varepsilon(t)\mathrm{V}$，求零状态响应 $u(t)$。

6-18　某系统函数的零、极点分布如题 6-8 图所示，已知 $H(\infty)=5$，请写出系统函数 $H(s)$的表达式。

6-19　某系统函数 $H(s)$的零极点分布见题 6-9 图。已知冲激响应初值 $h(0^+)=2$，求：（1）系统函数 $H(s)$；（2）系统的单位冲激响应 $h(t)$。

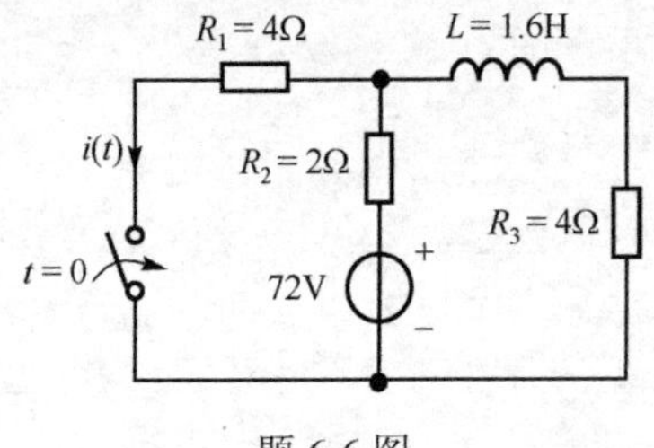

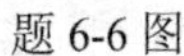

题 6-6 图

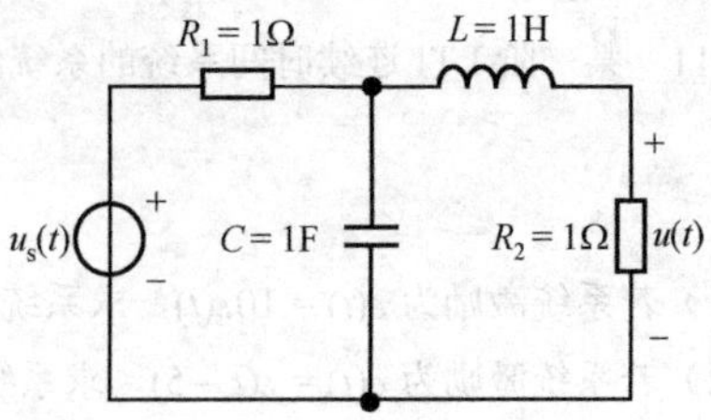

题 6-7 图

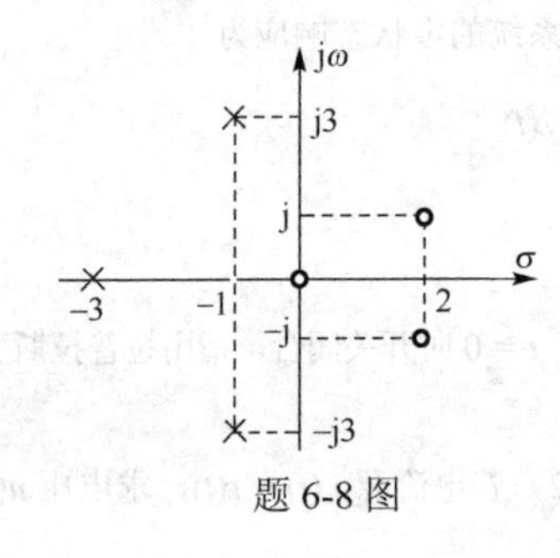

题 6-8 图

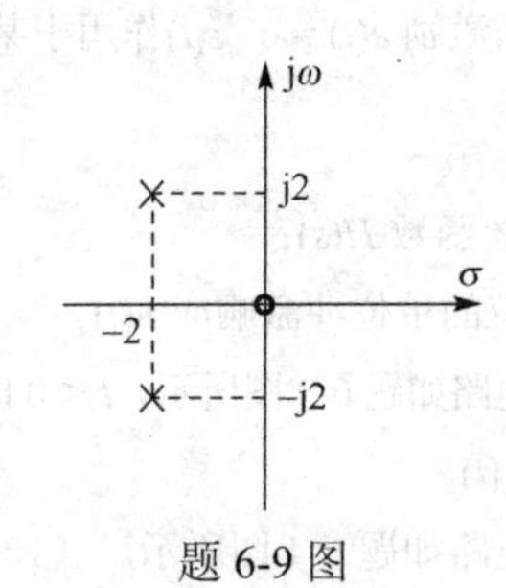

题 6-9 图

6-20　某 LTI 连续时间系统的系统函数 $H(s)$满足以下条件：

（1）$H(s)$有三个极点，其中两个极点分别为 $s_1 = -2 + \mathrm{j}2$，$s_2 = -4$；

（2）$H(s)$在有限 s 平面内无零点；

（3）$H(s)|_{s=0} = 8$。

请确定系统函数 $H(s)$。

6-21　请判断以下系统的稳定性，并说明理由。

（1）$H_1(s) = \dfrac{2s+1}{s^2+2s+3}$

（2）$H_2(s) = \dfrac{2s^3+s^2+1}{s^4+2s^3+4s+2}$

（3）$H_3(s) = \dfrac{1}{2s^2+s-1}$

（4）$H_4(s) = \dfrac{5s^2+20s+25}{s^3+5s^2+16s+30}$

6-22　若要使以下系统稳定，请确定 k 的取值范围。

（1）$H_1(s) = \dfrac{2s+k}{s^2+5s+2-k}$

（2）$H_2(s) = \dfrac{2s}{6s^2+8s+k}$

6-23　若 $H(s)$的零极点分布如题 6-10 图所示。（1）试根据矢量图，粗略地画出系统幅频特性曲线和相频特性曲线；（2）判别它们分别为何种滤波器（低通、高通、带通、带阻）。

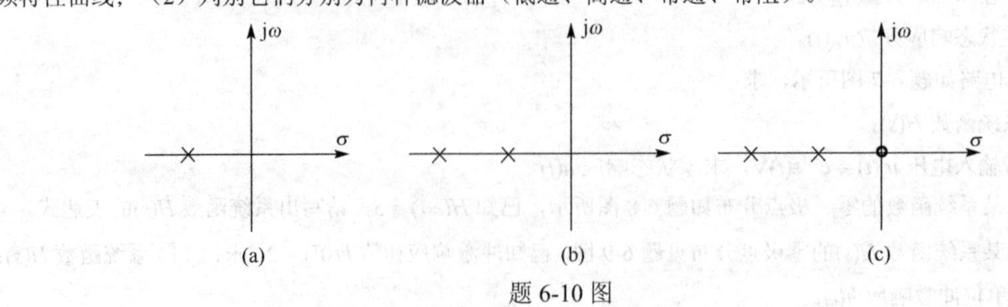

题 6-10 图

6-24　已知系统函数 $H(s)=2\dfrac{(s-2)(s-4)}{(s+2)(s+4)}$。（1）请画出系统的零极点分布图；（2）粗略绘出系统的频率特性曲线。

*6-25　某系统框图如题 6-11 图所示。（1）求复合系统函数 $H(s)$；（2）判断该复合系统的稳定性。

6-26　某系统框图见题 6-12 图。求：（1）系统函数 $H(s)$；（2）使系统稳定的系数 k 的取值范围。

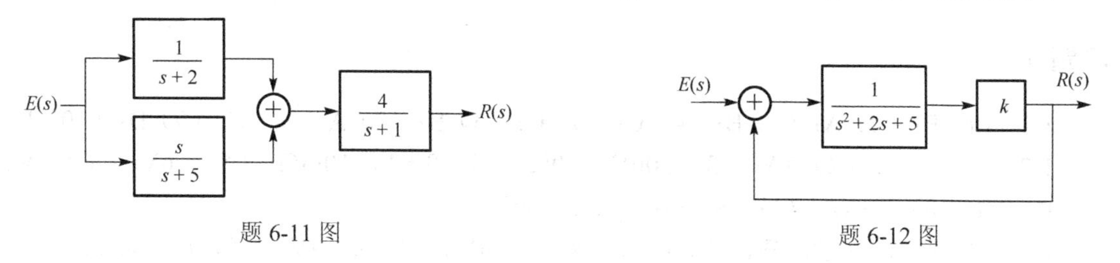

题 6-11 图　　　　题 6-12 图

6-27　在长途电话通信中，接收端在接收到正常信号 $e(t)$的同时可能还会反射信号，反射信号经线路传回到发射端后会再次被反射，又送至接收端，我们把它称之为“回波”，用 $ae(t-t_0)$表示。其中参数 a 代表传输中的幅度衰减，t_0 表示回波传输产生的延时。假定只接收到一个回波，接收信号可用下式表示：

$$r(t)=e(t)+ae(t-t_0)$$

（1）求该回波系统的系统函数 $H(s)$；

（2）令 $H(s)\,H_1(s)=1$，$H_1(s)$是一个逆系统，请求 $H_1(s)$的表达式。

附录A　部分习题参考答案

习题 1

1-1 （1）B；（2）A；（3）B；（4）C；（5）C；（6）B；（7）A；（8）C；（9）D；（10）D。

1-2 （1）35V；（2）3A；（3）100V，20Ω；（4）0.6A，10/3Ω；（5）–6V；（6）6V；（7）0，4Ω；（8）1.5A，–3A；（9）9A；（10）0.4Ω。

1-3 （1）吸收功率为 8W；（2）吸收功率为-10μW；（3）$u=4\text{V}$；（4）$i=-60\text{A}$。

1-4 （1）发出功率为 6W；（2）发出功率为 10mW；（3）$u=-5\text{V}$；（4）$i=-20\text{A}$。

1-5 A 和 B 吸收的功率分别为 32W 和–12W。

1-6 B 和 C 吸收的功率为–30W 和 15W。

1-7 $i_1=-2\text{A},\quad i_2=3\text{A}$。

1-8 $u_1=-2\text{V},\quad u_{\text{ab}}=9\text{V}$。

1-9 $i=0.5\text{A}$。

1-10 (a) $R=2.5\text{k}\Omega$；(b) $R=0.8\text{k}\Omega$。

1-11 （1）$i=2\text{A}$；（2）$u=14\text{V}$；（3）$i=2.5\text{A}$。

1-12 （1）$i=1\text{A}$；（2）$i=0.5\text{A}$；（3）$u=-4\text{V}$。

1-13 (a) $R_{\text{ab}}=20\Omega$；(b) $R_{\text{ab}}=2\Omega$；(c) $R_{\text{ab}}=3.5\Omega$；

(d) $R_{\text{ab}}=1.5\Omega$；(e) $R_{\text{ab}}=14\Omega$；(f) $R_{\text{ab}}=10\Omega$。

1-14 S 断开时 4Ω，S 闭合时 3Ω。

1-15

(a) $R_{\text{ab}}=\dfrac{1}{1+\beta}\Omega$；(b) $R_{\text{ab}}=\dfrac{6}{5-r}\Omega$；(c) $R_{\text{ab}}=\dfrac{2}{3-\alpha}\Omega$。

1-16 电压源串联电阻：(a) (4V,1.2Ω)；(b) (5V,3Ω)；(c) (8V,4Ω)。

1-17 (a) $i=-0.075\text{A}$；(b) $i=-0.5\text{A}$。

1-18 (a) $i_1=i_2=-1\text{A}$，$i_3=-2\text{A}$；

(b) $i_1=-0.8\text{A}$，$i_2=-2\text{A}$，$i_3=-1.2\text{A}$。

1-19 (a) $\begin{cases}3i_1-1\times i_2=2\\4i_2-1\times i_1=-3\end{cases}$；

(b) $\begin{cases}4i_a+2i_b+1\times i_c=-2\\5i_b+2i_a=-6\\3i_c+1\times i_a=6\end{cases}$；

(c) $\begin{cases}5i_1-3i_2=-2+2i_a\\5i_2+2i_3-3i_1=-4\\3i_3+2i_2=2i_a\\i_a=i_2+i_3\end{cases}$；

(d) 增设 2A 电流源电压变量为 u（上“+”下“−”）：

$$\begin{cases} 3i_b - 2\times i_a + u = 0 \\ 3i_c - 1\times i_a - u = -2 \\ i_a = 1\text{A} \\ i_b = 2 + i_c \rightarrow \text{补足的KCL方程} \end{cases}$$

1-20　$i_x = 3\text{A}$。

1-21　网孔法：$\begin{cases} (R_1+R_2+R_3)I_1 - R_2I_2 - R_3I_S = U_{S1} \\ (R_2+R_4)I_2 - R_2I_1 - R_4I_S = -U_{S2} \end{cases}$

节点法：$\begin{cases} \left(\dfrac{1}{R_2}+\dfrac{1}{R_3}+\dfrac{1}{R_4}\right)U_2 - \dfrac{1}{R_3}U_3 - \dfrac{1}{R_2}U_{S2} = 0 \\ \left(\dfrac{1}{R_1}+\dfrac{1}{R_3}\right)U_3 - \dfrac{1}{R_3}U_2 - \dfrac{1}{R_1}U_{S2} = I_S - \dfrac{U_{S1}}{R_1} \end{cases}$

1-22

(a) $\begin{cases} \left(1+\dfrac{1}{2}+\dfrac{1}{2}\right)u_1 - \dfrac{1}{2}u_2 - u_3 = 1 \\ \left(\dfrac{1}{2}+\dfrac{1}{2}\right)u_2 - \dfrac{1}{2}u_1 - \dfrac{1}{2}u_3 = -2 \\ \left(1+1+\dfrac{1}{2}\right)u_3 - 1\times u_1 - \dfrac{1}{2}u_2 = 3 \end{cases}$

(b) $\begin{cases} (3+5)u_1 - 5u_3 = -2 \\ (1+2)u_2 - 1\times u_3 = 2 \\ (1+5)u_3 - 5u_1 - u_2 = 3 \end{cases}$

(c) $\begin{cases} u_3 = 10\text{V} \\ u_1 = u \\ (1+1+2)u_1 - u_2 - 2u_3 = 6 \\ (1+2)u_2 - u_1 - 2u_3 = -3u \end{cases}$

(d) $\begin{cases} \left(\dfrac{1}{0.5}+\dfrac{1}{2}\right)u_1 - \dfrac{1}{2}u_2 - \dfrac{1}{0.5}u_2 = \dfrac{4}{0.5} - 2 \\ \left(\dfrac{1}{0.5}+\dfrac{1}{2}+\dfrac{1}{2}\right)u_2 - \dfrac{1}{2}u_1 - \dfrac{1}{0.5}u_1 = \dfrac{6}{2} - \dfrac{4}{0.5} \end{cases}$

1-23　$u = 16\text{V}$，$i = -4\text{A}$。

1-24　（1）$u_x = -4\text{V}$；（2）$u_x = -3\text{V}$；（3）$u_x = -1\text{V}$。

1-25　$u = 15\text{V}$，$i = 1\text{A}$。

1-26　$u = 2\text{V}$。

1-27　(a) 戴维南等效电路（6V，2Ω）；(b) 戴维南等效电路（4V，1Ω）。

1-28　$R = 4\Omega$。

1-29　30V。

1-30　（1）戴维南等效电路（5V，2Ω）；（2）$R_L = 2\Omega$；$P_{Lm} = 25/8\text{W}$。

1-31　(a) $R_L = 5\Omega$，$P_{Lm} = 1.25\text{W}$；（b）$R_L = 10\Omega$，$P_{Lm} = 2.5\text{W}$。

习题 2

2-1 （1）D；（2）B；（3）A；（4）C；（5）C。

2-2 （1）−12V，−2A；（2）12V；（3）0.9s；（4）$-5\mathrm{e}^{-4t}\mathrm{V}, t>0$； $5-5\mathrm{e}^{-4t}\mathrm{V}, t>0$。

2-3 $i=2\mathrm{e}^{-t}\mathrm{A}$，$t\geqslant 0$，$W_{\mathrm{C\,max}}=4\mathrm{J}$。

2-5 $$u(t)=\begin{cases}0 & t<0\\ 10t\ \mathrm{V} & 0\leqslant t<1\mathrm{s}\\ 10\ \mathrm{V} & 1\mathrm{s}\leqslant t<3\mathrm{s}\\ 10t-20\ \mathrm{V} & 3\mathrm{s}\leqslant t<4\mathrm{s}\\ 20\ \mathrm{V} & t\geqslant 4\mathrm{s}\end{cases}$$

2-6 $u=2\mathrm{e}^{-2t}\mathrm{V}$，$t\geqslant 0$，$W_{\mathrm{Lmax}}=2.5\mathrm{J}$。

2-7 $$i=\frac{1}{L}\int_0^t u\mathrm{d}t=\begin{cases}\dfrac{1}{4}\displaystyle\int_0^t 2\mathrm{d}t=\dfrac{1}{2}t\ \mathrm{A} & [0,1]\\ \dfrac{1}{4}\displaystyle\int_0^1 2\mathrm{d}t=\dfrac{1}{2}\ \mathrm{A} & [1,3]\\ \dfrac{1}{2}+\dfrac{1}{4}\displaystyle\int_3^t(-2)\mathrm{d}t=2-\dfrac{t}{2}\ \mathrm{A} & [3,4]\\ 0 & [4,\infty)\end{cases}$$

2-8 $u(t)=5\mathrm{V}, t\geqslant 0$。

2-9 $$i=\begin{cases}5t+2\mathrm{mA}, & 0\leqslant t<1\mathrm{s}\\ 5\mathrm{mA}, & 1\mathrm{s}\leqslant t<2\mathrm{s}\\ -2.5t+9\mathrm{mA}, & 2\mathrm{s}\leqslant t<4\mathrm{s}\\ 0, & t\geqslant 4\mathrm{s}\end{cases}$$

2-10 $R=2\Omega,\ C=0.5\mathrm{F}$。

2-11 $i_{\mathrm{L}}(0_+)=-2\mathrm{A}$，$u_{\mathrm{L}}(0_+)=80\mathrm{V}$。

2-12 $u_{\mathrm{C}}(0_+)=4\mathrm{V},\ i_{\mathrm{L}}(0_+)=-10\mathrm{mA}, i_{\mathrm{C}}(0_+)=0, i_{\mathrm{R}}(0_+)=10\mathrm{mA}$。

2-13 $u_{\mathrm{L}}(0_+)=0,\ i(0_+)=0.5\mathrm{A},\ i_{\mathrm{C}}(0_+)=-0.5\mathrm{A}$。

2-14 $u_{\mathrm{R}}(0_+)=4\mathrm{V},\ i_{\mathrm{C}}(0_+)=-2\mathrm{A},\quad u_{\mathrm{L}}(0_+)=0$。

2-15 $u_{\mathrm{C}}(t)=18\mathrm{e}^{-\frac{2}{3}\times 10^3 t}\mathrm{V}$。

2-16 零输入响应：$u_{\mathrm{Cx}}(t)=9\mathrm{e}^{-2t}\mathrm{V}, t\geqslant 0$； $i_{\mathrm{x}}(t)=0.6\mathrm{e}^{-2t}\mathrm{A}, t>0$。

零状态响应：$u_{\mathrm{Cf}}(t)=6(1-\mathrm{e}^{-2t})\mathrm{V}, t\geqslant 0$； $i_{\mathrm{f}}(t)=1-0.4\mathrm{e}^{-2t}\mathrm{A}, t>0$。

2-17 零输入响应：$i_{\mathrm{Lx}}(t)=3\mathrm{e}^{-2t}\mathrm{A},\ t\geqslant 0$； $u_{\mathrm{x}}(t)=-9\mathrm{e}^{-2t}\mathrm{V},\ t\geqslant 0$。

零状态响应：$i_{\mathrm{Lf}}(t)=1-\mathrm{e}^{-2t}\mathrm{A},\ t\geqslant 0$； $u_{\mathrm{f}}(t)=3(1+\mathrm{e}^{-2t})\mathrm{V},\ t\geqslant 0$。

2-18 $u_{\mathrm{C}}(t)=10(1-\mathrm{e}^{-t})\mathrm{V}, t\geqslant 0$。

2-19 $i_{\mathrm{L}}(t)=\dfrac{1}{2}+\dfrac{5}{2}\mathrm{e}^{-4t}\mathrm{A}, t\geqslant 0$； $u(t)=-6+10\mathrm{e}^{-4t}\mathrm{V}, t>0$。

2-20 $u_C(t)=\begin{cases}5+20e^{-\frac{t}{4}}V, & 0\leqslant t\leqslant 10s\\ 25-18.36e^{-\frac{t-10}{20}}V, & t>10s\end{cases}$

2-21 （1） $u_C(t)=\begin{cases}4e^{-t/2}\ V, & 0\leqslant t<2s\\ 4-2.53e^{-(t-2)}\ V, & t\geqslant 2s\end{cases}$

（2）2.93s

2-22 $i(t)=2e^{-\frac{t}{2}}+1.5-0.5e^{-t}A,\quad t\geqslant 0$

2-23 $u(t)=-2e^{-2t}+2e^{-\frac{t}{2}}V,\quad t\geqslant 0$

$i(t)=1+e^{-\frac{t}{2}}-e^{-2t}A,\quad t\geqslant 0$

2-24 电路产生的报警时间延迟范围为47～165ms。

2-25 $R=1.27\Omega$。

习题3

3-1 （1）C；（2）A；（3）D；（4）B；（5）B；（6）A；（7）B；（8）B；（9）B。

3-2 （1）$\pm 90°$；（2）50V；（3）$45°$；（4）6A，8A；（5）$100\sqrt{3}\Omega$；（6）200W，$\pm 100\sqrt{21}$Var；（7）0.707；（8）50；（9）500rad/s；（10）$30\angle 0°A$。

3-3 $i(t)=10\cos(10^3t+30°)\,mA$，$I=5\sqrt{2}\,mA$。

3-4 $u_S(t)=1.58\cos(10^6t+26.6°)V$。

3-5 $i(t)=1.58\cos(10^3t+33.4°)\,mA$。

3-6 25V。

3-7 (a) $Z=2\Omega$，$Y=0.5S$；

(b) $Z=2\angle 53.1°\Omega$，$Y=0.5\angle -53.1°S$；

(c) $Z=9.85\angle -35.2°\Omega$，$Y=0.102\angle 35.2°S$。

3-8 $\dot{I}_R=0.2\angle 0°A$，$\dot{I}_L=0.4\angle -90°A$，$\dot{I}_C=0.5\angle 90°A$，$\dot{I}=0.223\angle 26.6°A$。

3-9 $X_C=20\Omega$。

3-10 $U=83.3V, I=\frac{5}{6}A$。

3-11 $I_R=\sqrt{2}A$，U=100V。

3-12 $i_C(t)=2\cos(10^6t+90°)mA$。

3-13 （1）$C=2\times 10^{-10}$F=200pF。

（2）$U_S=10V,\ U_{ab}=5V,\ I_R=5\sqrt{2}A,\ I_L=5\sqrt{2}A$。

3-14 $X_L=74.6\Omega$或$X_L=5.36\Omega$。

3-15 $R=50\Omega$，$C=5\mu F$，$L=0.2H$。

3-16 $I=10\sqrt{3}A$，$R=6.03\Omega$，$X_2=2.89\Omega$，$X_C=11.55\Omega$。

3-17 $\dot{I}=\sqrt{2}\angle -45°A$。

3-18 (a) $\dot{U}=50\sqrt{2}\angle 45^{\circ}\text{V}$；(b) $\dot{U}=\text{j}4=4\angle 90^{\circ}\text{V}$。

3-19 $\dot{I}=2\angle 0^{\circ}\text{A}$。

3-20

$$\begin{cases}\left(\dfrac{1}{R_1}+\dfrac{1}{R_3}+\dfrac{1}{\text{j}\omega L}\right)\dot{U}_1-\dfrac{1}{R_3}\dot{U}_2-\dfrac{1}{R_1}\dot{U}_3=\dfrac{\dot{U}_\text{S}}{R_1}\\ \left(\dfrac{1}{R_2}+\dfrac{1}{R_3}+\dfrac{1}{R_4}\right)\dot{U}_2-\dfrac{1}{R_3}\dot{U}_1-\dfrac{1}{R_2}\dot{U}_3=0\\ \left(\dfrac{1}{R_1}+\dfrac{1}{R_2}+\text{j}\omega C\right)\dot{U}_3-\dfrac{1}{R_1}\dot{U}_1-\dfrac{1}{R_2}\dot{U}_2=-\dfrac{\dot{U}_\text{S}}{R_1}-\dot{I}_\text{S}\\ \dot{I}_1=\dfrac{\dot{U}_1-\dot{U}_2-\dot{U}_\text{S}}{R_1}\\ \dot{I}_2=\dot{I}_\text{S}+\text{j}\omega C\dot{U}_3\end{cases}$$

3-21 $\dot{I}_1=1\angle 16.2^{\circ}\text{A},\quad \dot{I}_2=1.71\angle 73.7^{\circ}\text{A}$。

3-22 10Ω，0.0356H。

3-23 $I=\sqrt{5}\text{A}$，$U_{\text{ab}}=20\text{V}$，复功率 $\tilde{S}=40-\text{j}20\text{VA}$。

3-24 $R_2=9.96\Omega$，$X_\text{L}=10.68\Omega$。

3-25 1000Ω，$10\sqrt{2}\cos(10^7 t+60^{\circ})\text{V}$。

3-26 $Z_\text{L}=1+\text{j}\Omega$，$P_{\text{Lm}}=18\text{W}$。

3-27 $Z_\text{L}=0.6+\text{j}0.2\Omega$，$P_{\text{Lm}}=416.7\text{W}$。

3-28 $Z_\text{L}=4-\text{j}3\Omega$，$P_{\text{Lmax}}=\dfrac{9}{2}\text{W}$。

3-29 $Z_\text{L}=1.5+\text{j}0.5\Omega$，$P_{\text{Lmax}}=\dfrac{3}{4}\text{W}$。

3-30 $Z_\text{L}=500+\text{j}500\Omega$，$P_{\text{Lmax}}=625\text{W}$。

3-31 $Z_\text{L}=3+\text{j}3\Omega$，$P_{\text{Lmax}}=\dfrac{3}{2}\text{W}$。

3-32 $u_\text{C}(t)=\sqrt{2}\cos(t-45^{\circ})+\sqrt{2}\cos(2t-45^{\circ})\text{V}$。

3-33 $C=3.18\mu\text{F}$，$L=1.56\text{H}$。

3-34 $Q=100$，$\text{BW}=50\text{rad/s}$，$U_\text{R}=10\text{mV}$，$U_\text{L}=U_\text{C}=1\text{V}$。

3-35 $U_\text{L}=50\text{V}$，$R_2=100\Omega$。

3-36 （1）$\omega_\text{o}=\sqrt{\dfrac{1}{LC}-\left(\dfrac{R}{L}\right)^2}$，$Z_\text{o}=\dfrac{L}{CR}$；

（2）$I_1=6\text{A}$；

（3）$Q=\dfrac{1}{R}\sqrt{\dfrac{L}{C}}$。

3-37 $C_1=0.253\mu\text{F},\quad C_2=0.76\mu\text{F}$。

3-38 （1）$U_\text{p}=220\text{V}$，$P=4465.2\text{W}$；

（2）$I_1=26.33\text{A}$，$P=10397\text{W}$。

习题 4

4-1　（1）周期信号，周期为 π；（2）非周期信号；（3）周期信号，周期为 0.2 π 。

4-2

（1）

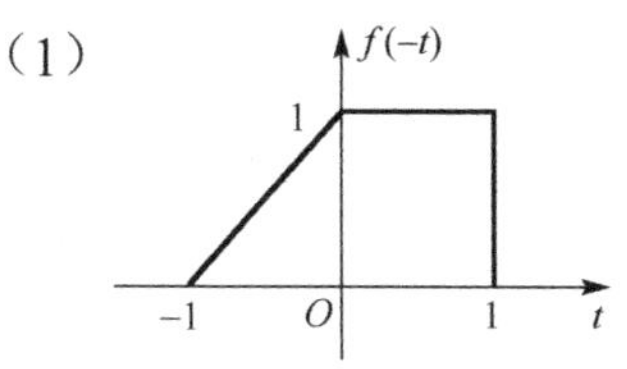

（2）

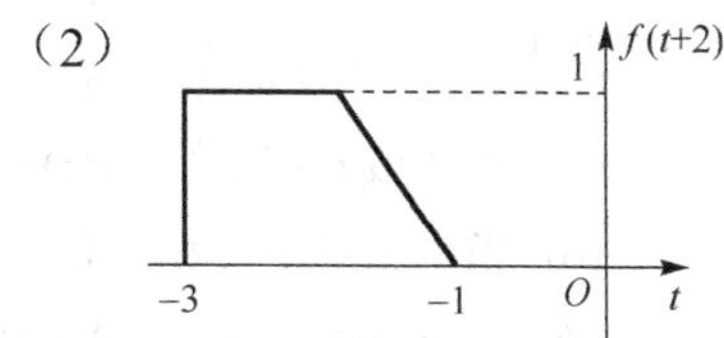

（3）

（4）

（5）$f(t)\varepsilon(t-1)=0$

（6）

4-3

4-4

4-5

(a)

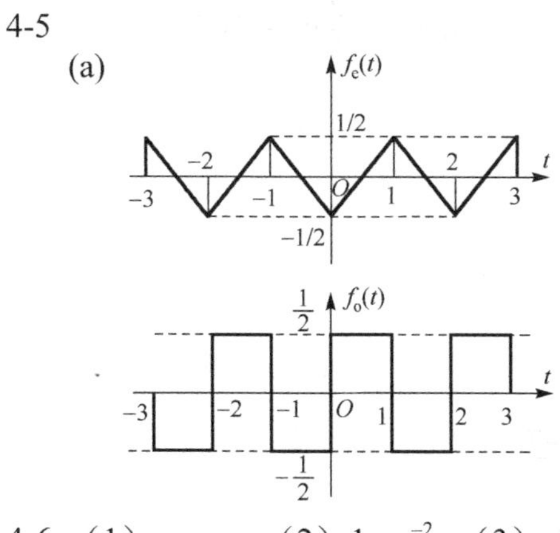

(b)

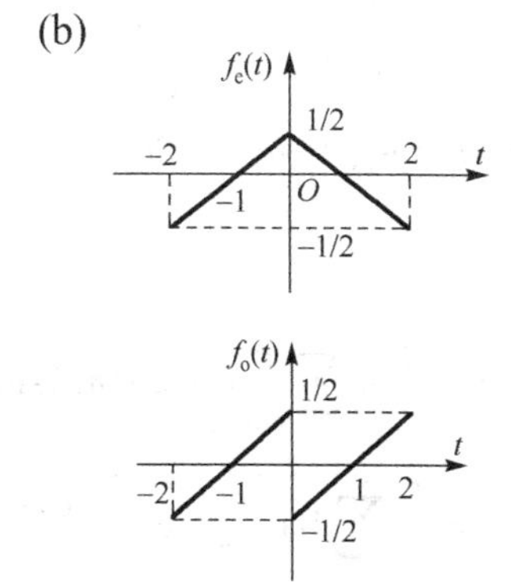

4-6　（1）$\cos\omega_0$；（2）$1+\mathrm{e}^{-2}$；（3）$\varepsilon(t)$；（4）1；（5）$\varepsilon(-t_0)$；（6）$\varepsilon(t+1)-\varepsilon(t-3)$ 。

4-7　（1）非线性，时不变，因果；（2）线性，时变，非因果；（2）线性，时变，非因果；（4）线性，时变，因果；（5）线性，时不变，因果。

4-8　$y_2(t)=-6\mathrm{e}^{-6t}\varepsilon(t)+\delta(t)$ 。

4-9　（1）$0.6\frac{\mathrm{d}}{\mathrm{d}t}u_{\mathrm{L}}(t)+u_{\mathrm{L}}(t)=0.1\frac{\mathrm{d}}{\mathrm{d}t}u_{\mathrm{s}}(t)$；（2）$1.2\frac{\mathrm{d}}{\mathrm{d}t}i(t)+2i(t)=0.1\frac{d}{\mathrm{d}t}u_{\mathrm{s}}(t)$ 。

4-10 (a) 当$-1\leqslant t\leqslant 0$时，$x(t)=\frac{1}{3}e^{t}-\frac{1}{3}e^{-2t-3}$

当$0\leqslant t\leqslant 1$时，$x(t)=\frac{1}{3}e^{-2t}-\frac{1}{3}e^{-2t-3}$

当$1\leqslant t\leqslant 2$时，$x(t)=\frac{1}{3}e^{-2t}-\frac{1}{3}e^{t-6}$

当$t<-1$或$t>2$时，$x(t)=0$

(b) 当$t\leqslant 0$时，$x(t)=0$

当$0<t\leqslant 1$时，$x(t)=2-2(t-1)^2$

当$t>1$时，$x(t)=2$

4-11 （1）$(t+4)\varepsilon(t+4)-(t-4)\varepsilon(t-4)$；（2）$(t-1)[\varepsilon(t-1)-\varepsilon(t-3)]$。

4-12 $t\in[T_1+T_3,T_2+T_4]$。

4-13 （1）$(1-e^{-t})\varepsilon(t)$；（2）$te^{-t}\varepsilon(t)$；（3）$(\frac{3}{4}e^{-t}+\frac{1}{4}\sin 3t-\frac{3}{4}\cos 3t)\varepsilon(t)$

4-14 $h(t)=\varepsilon(t)-\varepsilon(t-1)$。

4-15 $y(t)=(2e^{6-2t}-e^{6-t})\varepsilon(t)$。

4-16

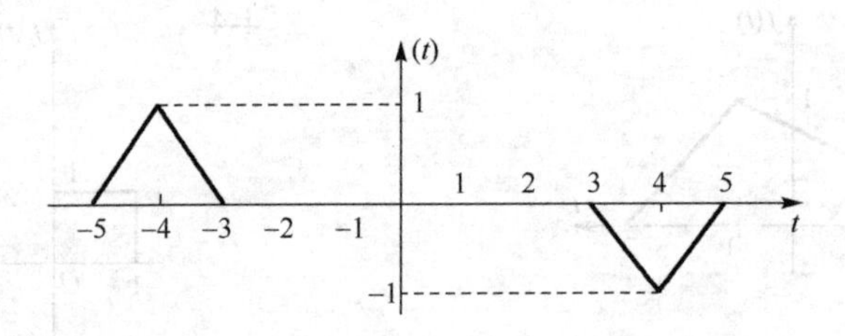

4-17 $h(t)=e^{-3t}\varepsilon(t)$

$u(t)=u_s(t)*h(t)=-\frac{2}{3}e^{-3t}\varepsilon(t)+\frac{2}{3}\varepsilon(t)+\frac{2}{3}e^{-3(t-2)}\varepsilon(t-2)-\frac{2}{3}\varepsilon(t-2)$

4-18 $h(t)=2(e^{-t}-e^{-2t})\varepsilon(t)$

$u(t)=u_s(t)*h(t)=2(te^{-t}+e^{-2t}-e^{-t})\varepsilon(t)$

习题 5

5-1 $f(t)=\frac{E}{2}+\sum_{n=1}^{\infty}\frac{E}{n\pi}(1-\cos n\pi)\sin n\omega_1 t$

$f(t)=\frac{E}{2}\sum_{n=-\infty}^{\infty}\mathrm{Sa}\left(\frac{n\pi}{2}\right)e^{-j\frac{n\pi}{2}}e^{jn\omega_1 t}$，其中$\omega_1=\frac{2\pi}{T}$

5-2 $f(t)=3\cos t+2\cos\left(2t-\frac{\pi}{3}\right)+2\cos\left(4t+\frac{\pi}{3}\right)$

$f(t)=\frac{3}{2}(e^{jt}+e^{-jt})+(e^{-j\frac{\pi}{3}}e^{j2t}+e^{j\frac{\pi}{3}}e^{-j2t})+(e^{j\frac{\pi}{3}}e^{j4t}+e^{-j\frac{\pi}{3}}e^{-j4t})$

5-3 $f(t)=\frac{2}{3}+\cos\left(\omega_1 t+\frac{\pi}{2}\right)+\frac{3}{4}\cos\left(3\omega_1 t+\frac{3\pi}{4}\right)+\frac{1}{2}\cos\left(5\omega_1 t+\frac{\pi}{4}\right)$

5-4 （2） $f(t)=\frac{E}{\pi}\sum_{n=-\infty}^{\infty}\frac{1}{n}\sin\left(\frac{n\pi}{2}\right)e^{jn\omega_1 t}$， $\omega_1=\frac{2\pi}{T_1}$。

5-5 $F(\omega)=16\mathrm{Sa}(4\omega)$。

5-6 $F(\omega)=2\mathrm{Sa}\left(\frac{\omega}{2}\right)\cos\left(\frac{3\omega}{2}\right)$ 或 $F(\omega)=4\mathrm{Sa}(2\omega)-2\mathrm{Sa}(\omega)$。

5-7 $f(t)=(2e^{-t}-e^{-2t})\varepsilon(t)+1$。

5-8 （1） $\frac{2}{3}F\left(\frac{\omega}{3}\right)e^{-j\frac{\omega}{3}}$；（2） $F(\omega+2)e^{-j2(\omega+2)}$；（3） $\frac{1}{2}[F(\omega+1)+F(\omega-1)]$。

5-9 （1） $\frac{1-e^{-j2\omega}}{j\omega}$；（2） $\frac{\pi}{2}[\delta(\omega+\beta)+\delta(\omega-\beta)]-\frac{j\omega}{\omega^2-\beta^2}$；（3） $\frac{\pi}{2}G_2(\omega)$。

5-10 (a) $F(\omega)=-4j\mathrm{Sa}(\omega)\sin\omega$；(b) $F(\omega)=j\frac{2E}{\omega}\left[\cos\frac{\omega T}{2}-\mathrm{Sa}\left(\frac{\omega T}{2}\right)\right]$。

5-11 $F_2(\omega)=F_1(-\omega)e^{-j\omega t_0}$。

5-12 $F(\omega)=\frac{4\pi}{3}\sum_{n=-\infty}^{\infty}\mathrm{Sa}\left(\frac{2n\pi}{3}\right)e^{-j\frac{2n\pi}{3}}\delta\left(\omega-\frac{2}{3}n\pi\right)$。

5-13 $Y(\omega)=E[\mathrm{Sa}(\omega+200\pi)+\mathrm{Sa}(\omega-200\pi)]$。

5-15 $f(t)=\mathrm{Sa}\left(\frac{\pi}{2}t\right)\cos\left(\frac{3}{2}\pi t\right)$。

5-16 $f(t)=G_6(t)e^{j2\pi t}$。

5-17 $Y(\omega)=4R(\omega)\cos\omega$。

5-18 $H(\omega)=\frac{j\omega+2}{(j\omega)^2+4j\omega+3}$， $h(t)=\frac{1}{2}(e^{-t}+e^{-3t})\varepsilon(t)$。

5-19 $H(\omega)=\frac{1}{1+j\omega}$。

5-20 $H(\omega)=\frac{1}{(j\omega)^2+j\omega+1}$。

5-21 $H(\omega)=\frac{1}{j\omega RC+1}$， $h(t)=\frac{1}{RC}e^{-\frac{1}{RC}t}\varepsilon(t)$。

5-22 （1） $f(t)=-2e^{-6t}\varepsilon(t)$；（2） $-2\delta(t)+4e^{-2t}\varepsilon(t)$。

5-23 $y(t)=2+\cos(t-2)$。

5-24 $y(t)=\cos\left(2t-\frac{\pi}{2}\right)=\sin(2t)$。

5-25 $y(t)=8\cos 100t$。

5-26 $r(t)=\frac{1}{\sqrt{2}}\sin(t-45^\circ)+\frac{1}{\sqrt{10}}\sin(3t-71.6^\circ)$，失真。

5-27 $H(\omega)=\frac{1}{3}$，系统无失真。

5-28 $y(t)=(e^{-2t}-e^{-3t})\varepsilon(t)$。

5-29 $y(t)=e(t)\cos 1000t$， $r(t)=\frac{1}{2\pi}\mathrm{Sa}(t)\cos 1000t$。

5-30 $Y(\omega)=E[\varepsilon(\omega+5)+\varepsilon(\omega-5)]$。

5-32 （1） $F(\omega)=\pi[\delta(\omega+1)+2\delta(\omega)+\delta(\omega-1)]$；

（3） $y(t)=\dfrac{3}{\pi}(1+\cos t)$

5-33 （1） $Y(\omega)=\dfrac{2\pi}{3}\left[\delta\left(\omega+\dfrac{2\pi}{3}\right)+\delta(\omega)+\delta\left(\omega-\dfrac{2\pi}{3}\right)\right]$；

（2） $y(t)=\dfrac{1}{3}\left(1+2\cos\dfrac{2\pi t}{3}\right)$

5-34 （1） $f_s=400\text{Hz}$；

（2） $f_s=200\text{Hz}$。

5-35 $2\text{kHz}<f_c<3\text{kHz}$

习题 6

6-1 （1），（2） $\dfrac{1}{s}(1-e^{-s})$ 收敛域整个 s 平面；

（3） $1+\dfrac{2}{s-2}$，$\text{Re}[s]>2$；

（4） $\dfrac{1}{s}-\dfrac{1}{s+a}$，$\text{Re}[s]>a$ ($a>0$)，$\text{Re}[s]>0$ ($a<0$)。

6-2 （1） $\dfrac{4s}{s^2+4}-\dfrac{3}{s^2+9}$；（2） $\dfrac{1}{s+2}-\dfrac{1}{s+3}$；（3） $\dfrac{1}{(s+1)^2}$；（4） $\dfrac{s+1}{(s+1)^2+16}e^{-2}$；（5） $\dfrac{1}{2}+\dfrac{1}{s}$；

（6） $\dfrac{2}{s^2}(1+\dfrac{1}{s})$；（7） $\dfrac{1}{s^2}$；（8） $\dfrac{1}{s(s+a)}$；（9） $\dfrac{1}{(s+2)(s+1)}$；（10） $\dfrac{48}{s^4(s+5)}$。

6-3 （1） $\dfrac{2}{s^2+4}e^{-st_0}$；（2） $e^{-s}\left(\dfrac{s\cos\omega_0}{s^2+\omega_0^2}-\dfrac{\omega_0\sin\omega_0}{s^2+\omega_0^2}\right)$；（3） $\dfrac{e^{-(s+1)}}{s+1}$；（4） $\dfrac{s+1}{(s+1)^2+1}e^{-(s+1)t_0}$；

（5） $\dfrac{1}{s}(1-2e^{-s}+e^{-2s})$；（6） $\dfrac{1}{s+1}[1-e^{-(s+1)}]$。

6-6 （1） $f(0^+)=1,\ f(\infty)=0$；（2） $f(0^+)=2,\ f(\infty)=2$。

6-7 （1） $(e^{-t}-e^{-2t})\varepsilon(t)$；（2） $(3e^{-4t}-e^{-3t})\varepsilon(t)$；（3） $e^{t}\varepsilon(t)$；（4） $\dfrac{1}{2}(1-\sin 2t-\cos 2t)\varepsilon(t)$；

（5） $3(1-t)e^{-t}\varepsilon(t)$；（6） $e^{-t}\left(\cos 2t-\dfrac{1}{2}\sin 2t\right)\varepsilon(t)$；（7） $\delta(t)-(e^{-2t}+e^{-4t})\varepsilon(t)$；

（8） $(\sin 2t+\cos 2t)\varepsilon(t)+\dfrac{1}{2}\sin 2(t-2)\varepsilon(t-2)$；（9） $t\varepsilon(t)-(t-1)\varepsilon(t-1)+(t-2)\varepsilon(t-2)$；

（10） $f_1(t)=\varepsilon(t)-\varepsilon(t-1)$， $f(t)=\sum\limits_{n=1}^{\infty}f_1(t-2n)$。

6-8 $\dfrac{1}{a}F\left(\dfrac{s+a}{a}\right)$。

6-9 $\dfrac{4}{4s^2+10s+4}$。

6-10　（1）$H(s)=\dfrac{5s+3}{s^2+11s+24}$，$h(t)=\dfrac{1}{5}(-12\mathrm{e}^{-3t}+37\mathrm{e}^{-8t})\varepsilon(t)$；（2）$H(s)=\dfrac{1}{s+1}$，$h(t)=\mathrm{e}^{-t}\varepsilon(t)$。

6-11　（1）$r_{zs}(t)=[6+\mathrm{e}^{-t}(-6\cos 2t+7\sin 2t)]\varepsilon(t)$；

（2）$r_{zs}(t)=\dfrac{1}{5}\left\{3+\mathrm{e}^{-(t-5)}\left[-3\cos 2(t-5)+\dfrac{7}{2}\sin 2(t-5)\right]\right\}\varepsilon(t-5)$；

（3）$r''(t)+2r'(t)+5r(t)=2e'(t)+3e(t)$。

6-12　（1）$H(s)=\dfrac{s^2+4s+5}{s^2+5s+6}$；

（2）$h(t)=\delta(t)+(\mathrm{e}^{-2t}-2\mathrm{e}^{-3t})\varepsilon(t)$

6-13　$i_{\mathrm{L}}(t)=3[1+\mathrm{e}^{-t}(\sin t-\cos t)]\varepsilon(t)$ A。

6-14　（2）$u(t)=2\sin t\varepsilon(t)$ V。

6-15　$i(t)=\mathrm{e}^{-t}(\cos 2t+2\sin 2t)\varepsilon(t)$ A

6-16　（1）全响应 $i(t)=(9-\mathrm{e}^{-\frac{10}{3}t})\varepsilon(t)$ A；

（2）零输入响应 $i_{zi}(t)=-4\mathrm{e}^{-\frac{10}{3}t}\varepsilon(t)$ A；

（3）零状态响应 $i_{zs}(t)=(9+3\mathrm{e}^{-\frac{10}{3}t})\varepsilon(t)$ A。

6-17　（1）$H(s)=\dfrac{1}{s^2+2s+2}$；

（2）$u_{zs}(t)=\mathrm{e}^{-t}(1-\cos t)\varepsilon(t)$。

6-19　（1）$H(s)=\dfrac{2s}{s^2+4s+8}$；

（2）$h(t)=2\mathrm{e}^{-2t}(\cos 2t-2\sin 2t)\varepsilon(t)$。

6-20　$H(s)=\dfrac{256}{(s^2+4s+8)(s+4)}$。

6-21　（1）稳定；（2）不稳定；（3）不稳定；（4）稳定。

6-22　（1）$k<2$；（2）$k>0$。

6-23　（2）(a) 低通；(b) 低通；(c) 带通。

6-26　（1）$H(s)=\dfrac{k}{s^2+2s+5+k}$；（2）$k>-5$。

6-27　（1）$H(s)=1+a\mathrm{e}^{-st_0}$；（2）$H_1(s)=\dfrac{1}{1+a\mathrm{e}^{-st_0}}$。

参考文献

[1] 刘景夏，等．电路分析基础[M]．北京：清华大学出版社，2012.

[2] 王松林，等．电路基础[M]，3 版．西安：西安电子科技大学出版社，2008.

[3] 李瀚荪．电路分析基础[M]，4 版．北京：高等教育出版社，2006.

[4] 张永瑞，陈生潭．电路分析基础[M]．北京：电子工业出版社，2002.

[5] 沈元隆，刘陈，等．电路分析[M]．北京：人民邮电出版社，2001.

[6] 胡翔骏．电路分析[M]，2 版．北京：高等教育出版社，2006.

[7] 邱关源，罗先觉．电路[M]，5 版．北京：高等教育出版社，2006.

[8] 史健芳，等．电路基础[M]．北京：人民邮电出版社，2006.

[9] 陈洪亮，张峰，等．电路基础[M]．北京：高等教育出版社，2007.

[10] 秦曾煌．电工学[M]，7 版．北京：高等教育出版社，2009.

[11] 燕庆明．电路分析教程[M]，2 版．北京：高等教育出版社，2007.

[12] 于歆杰，朱桂萍，陆文娟，等．电路原理[M]．北京：清华大学出版社，2007.

[13] 俎云霄，李巍海，吕玉琴．电路分析基础[M]．北京：电子工业出版社，2009.

[14] 赵录怀，等．工程电路分析[M]．北京：高等教育出版社，2007.

[15] 陈飞，张轶，等．电路与信号[M]．北京：北京邮电大学出版社，2010.

[16] 袁贵民，高英，等．电路与信号基础[M]．北京：人民邮电出版社，2012.

[17] Alan V. Oppenheim，等．信号与系统[M]，2 版．刘树棠，译．西安：西安交通大学出版社，2002.

[18] B. L. Lathi．线性系统与信号[M]，2 版．刘树棠，王薇洁，译．西安：西安交通大学出版社，2006.

[19] 郑君里，应启珩，杨为理．信号与系统引论[M]．北京：高等教育出版社，2009.

[20] 陆哲明，赵春晖．信号与系统学习与考研指导[M]．北京：科学出版社，2004.

[21] 吴大正．信号与线性系统[M]，4 版．北京：高等教育出版社，2006.

[22] 张小虹．信号与系统[M]，2 版．西安：西安电子科技大学出版社，2008.

[23] 燕庆明．信号与系统教程[M]，2 版．北京：高等教育出版社，2007.

[24] 陈生潭，郭宝龙，李学武，等．信号与系统[M]．西安：西安电子科技大学出版社，2001.

[25] 郑君里．教与写的记忆——信号与系统评注[M]．北京：高等教育出版社，2005.

[26] 郑君里，应启珩，杨为理．信号与系统[M]，3 版．北京：高等教育出版社，2011.

[27] 张建奇，张增年，陈琢，等．信号与系统[M]．杭州：浙江大学出版社，2006.

[28] 岳振军，贾永兴，余元德，等．信号与系统[M]．北京：机械工业出版社，2008.